Dore Jacobs

Die menschliche Bewegung

7. Auflage
© 1990 Kallmeyer'sche Verlagsbuchhandlung, D-30917 Seelze
Faximilierung, Digitaldruck und Verarbeitung: Griebsch & Rochol Druck GmbH, Hamm
ISBN 3-7800-6038-8

Inhaltsverzeichnis

Vorwort Dore Jacobs 13
Vorwort Karl Lorenz 19
Einleitung 21

Allgemeiner Teil:

I. Außenbewegung 26
Zur Mechanik der Bewegung

1. Organik und Mechanik 26
2. Bewegungsorgane 27
3. Muskelspiel 30
   Tätigkeit der Muskeln 30
   Funktion und Lage 32
   Hebelwirkung 33
   ,Örtliche Kräftigungsübungen' 35
   Zusammenspiel (Koordination) 37
   Haltungs- und Formspannungsfunktionen 38
   Schwere, Trägheit, Fliehkraft 39
   Grenzen der Bewegungs-Analyse 40
4. Wirkung der Bewegung auf Muskeln und Gesamtorganismus 41
   Funktionelle Anpassung 41
   Quantitativer und qualitativer Übungswert 44
   Bestimmung des quantitativen Übungswertes 45
   Örtlicher Kräftigungswert 48
   Grenzen quantitativen Übens 51
5. Das Muskelorgan als Einheit 52

II. Innenbewegung 57
Zur Organik der Bewegung

1. Der Lebensboden der Bewegung 57
   Muskeln und innere Lebenstätigkeit 58

2. Innenbewegung und Außenbewegung 61
   Wirkung von außen nach innen 61
   Kennzeichen gestörter Innenbewegung 62
   Wann weckt Bewegung inneres Leben? 63
   Wirkung von innen nach außen 64
   Innenbewegung und Bewegungsablauf 67
   Wechselwirkungen und Fehlerkreisläufe 70
   Kräftehaushalt und Innenbewegung 72

3. Erlebte Innenbewegung 73
   Der Lebensstrom 73
   Innenbewegungs-Experiment 75
   Objektiver Kräftestrom 78
   Vernunft des Leibes 79
   Innenbewegung und Lebensgefühl 81
   Einklang zwischen innen und außen 82

4. Durchströmte Bewegung 86
   Gleichgewichtsversuche 86
   Bewegungs-Vorbereitung 87
   Bewegungs-Einfälle 88
   Kreislauf-Umstellung 89
   Haltung aus dem Lebensganzen 90
   Bewegung im Atemrhythmus 90
   Das Bewegungsbild 91
   Bild durchströmter Bewegung 92
   Beobachten und Sicheinfühlen 94

5. Das Individuelle in der Bewegung 96
   Was ist individuell? 96
   Entfaltung des Individuellen 99

6. Bewegungsrhythmus und Ausdrucksgehalt 101
   Bewegungsrhythmus 101
   Innerer Bewegungsantrieb 104
   Bewegung aus dem Lebensganzen 105
   Stetigkeit oder Rundlinigkeit? 106
   Welle zwischen innen und außen 106
   Spannung und Lösung 107
   Gleichform und Ähnlichkeit 109
   Dynamik des inneren Lebensrhythmus 110
   Ausdruck 111
   Wandelbarkeit 113
   Sich getragen fühlen 114

III. Bewegungslenkung 116
Zur Innervation der Bewegung

1. Willkürliches und Unwillkürliches in der Bewegung 116

Ein Problem der Zivilisation 116
Unwillkürliches im animalen Bereich 117
Der Reflex-Aufbau der Bewegung 118
Unwillkürliches in der Willensbewegung 119
Willkürliche und unwillkürliche Muskelspannung 122

2. Vegetative Einflüsse in der Bewegung 124
Das Gamma-Nervensystem 125
Mit den Lebenskräften oder gegen sie? 126
Vegetative Einflüsse über die Innenbewegung 126
Anteil des vegetativen Systems an den Instinktbewegungen 127
Vegetative Einflüsse auf die animalen Funktionen 128
Vegetative Steuerung des Muskeltonus 129
Vegetative Einflüsse auf Zusammenspiel und Gleichgewichtsregelung . . 130
Der psycho-physiologische Reflex 130
Bereitschafts-Reflex als Vermittler der Bewegungseinheit 133
Rhythmusstörung als vegetative Reflexstörung 134

3. Die Natur im Menschen 136
Rebellion der vegetativen Zone 136
Wiederherstellung der vegetativen Reflexe 138
Das biologische Gewissen 141
Elementare Beziehung zur Natur 141
„Intellektualismus" 143

4. Bewegung als Improvisation 144
Gelernte oder schaffende Bewegung? 144
Bewegung in jedem Augenblick neu gefunden 145
Bestätigung aus der Nervenphysiologie 147
Schaltknopf-Auffassung 147
Wider die Lokalisations-Theorie 148
Gibt es Teilreflexe? 149
Das Nervensystem als „Fluidum" 151

5. Das Problem der Bewegungserziehung 151
Bewegungen lernen oder sich bewegen lernen? 151
Ursprünglichkeit der Bewegung 152
Bedeutung der sensiblen Vorgänge 153
Aktivität und Rezeptivität 155

6. Wege der Bewegungsbildung 156
Horchen und gehorchen 156
Lernen vom Gerät 158
Lernen vom Ding 159
Lernen vom Boden 161
Bewegungssinn in jedem Glied 162
Geführte Bewegung 162
Massage 163

7. Bewegungsbildung in Sport und Tanz 165
Geschicklichkeit 165

Sportliche Ausbildung 167
Tänzerische Gymnastik 171
Technik im Tanz 173

Besonderer Teil:

IV. Atmung 176

1. Atemvorgang 177
   Innere Atmung 177
   Luftströmung 178
   Bewegungen 179
   Einatemmuskeln 182
   Ausatemmuskeln 183
   Rolle der Haltung 187
   Kräftespiel 188
   Schlüsselstellung des Zwerchfells 189
   Gesamtatmung 191
   Geschlechtstypen der Atmung? 192
   Atemform 193
   Atemrhythmus 195
   Das Atemhalten 197

2. Nervliche Steuerung 198
   Naturatmung 198
   Atemzentrum 199
   Periphere Einflüsse 200
   Tonussteuerung 200
   Zwischenhirnzentren und Großhirnfunktionen 201
   Naturatmung und Willensatmung 202
   Willensatmung als zentraler Störungsherd 204
   Abwehr-, Erholungs- und Ausdrucksreflexe der Atmung . . 205
   Beweglichkeit der Atmung 207
   Anpassungsreflexe 208
   Der Willensmensch 210
   Der trainierte Atem 211
   Atembeweglichkeit und Kräftehaushalt 213
   Überwindung seelischer Erschütterungen 213
   Atmung und seelische Lebendigkeit 214
   Atmung und Psychotherapie 216

3. Atemstörungen 218
   Störungsquellen 218
   Notatmung 221
   Fehlatmung 224
   Fehlatmung und Körperform 231

4. Atemspannung und Bewegung 235
   Atemspannung 235

Atemspannung und Haltung 237
Schwerarbeit 239
Leichte Bewegung 241

5. Wege und Irrwege der Atemerziehung 243
   Atemübungen 243
   Atembehandlung als Reiztheraphie 248
   Atemmassage 249
   Atembehandlung durch geführte Bewegung 252
   Laut und Ton 254
   Aktive Bewegung 259
   Atemanpassung in der Bewegung 263
   Atembehandlung als Entspannungstherapie 267

V. Haltung 270

1. Grundfragen der Haltungserziehung 270
   Ein Problem des ganzen Menschen 270
   Haltung als Gleichgewichtsaufgabe 273
   Innewohnender Haltungssinn 274
   Aufbau in der Bewegung 274
   Aufbau und Innenbewegung 275

2. Das Bild aufrechter Haltung 278
   Haltungs-Experiment 279
   Stehen als Bewegung 283
   Bestätigung aus Sport und Artistik 284

3. Zur Mechanik der Haltung 286
   Gesamtlinie 286
   Gelenk- und Muskelfunktionen 287

4. Fehlhaltung 293
   Ursachen 293
   Zur Mechanik der Haltungsfehler 293
   Grundformen der Fehlhaltung 295
   Zur Organik der Haltungsfehler 298
   Einige charakteristische Fehlhaltungen 301
   Zur Diagnose von Haltungsfehlern 307
   Haltungsfragen des Schultergürtels 309
   Wirkende Kräfte 309
   Wirbelsäule und Schultergürtelform 310
   Schultergürtel und Atmung 310
   Muskelkräfte und ihre Rückwirkung auf Brustkorb und Schultergürtel . 311
   Fehlhaltung und Bewegungsablauf 312

5. Probleme des orthopädischen Turnens 314
   Positive Zielsetzung 314
   Lebendige Arbeitsweise 315
   Beweglichkeit 316

    Kraft 319
    Ausgleich 320

6. Arbeit am Aufbau 322
    Haltung Sache des Bewegungssinns 322
    Diagnose und Zielsetzung 323
    „Fernwirkungen" 325
    Unter- und Oberkörper 326
    Beckenneigung 328
    Aufbau der Wirbelsäule 330
    Aufbauerziehung im Liegen 331
    Im Kriechen 333
    Im Sitzen 334
    Das Bücken 335
    Im Stehen und Sitzen 336
    Rumpfspannung 337
    Aufbau von Brustkorb und Schultergürtel 338
    Kopfhaltung 339
    Bewährung 340
    Kräftigung 342

7. Aufbau in der Bewegung 343
    Bewegungs-, nicht Haltevorgang 343
    Der Unterschied 344
    Rumpfbewegungen beim Gehen und Laufen 345
    Aufbau und Gliederbewegung 347
    Haltungserziehung als Bewegungsbildung 348

8. Entstehung und Behandlung der Skoliosen 349
    Entstehung 350
    Schiefatmung als Entstehungsursache 352
    Fehlerkreisläufe 354
    Behandlungshinweise 355

VI. Form 361

1. Das Problem der Form in der menschlichen Bewegung 361

2. Haltung als formendes Prinzip 363

3. Zur Bedeutung der Kopfhaltung für den Bewegungsablauf 366

4. Die Polarität der Bewegung 368

Bewegungsbilder

5. Gehen 371
    Äußerer Ablauf 373
    Becken und Wirbelsäule 375

Beine 377
Fußbewegung 378
Bild 379
Formen des Gehens 383
Räumliches Gehen 384

6. Laufen 389
   Zur Mechanik des Laufens 390
   Spielformen 393

7. Springen 394
   Bild 394
   Zur „Technik" des Springens 397
   Spielformen 399

8. Schwingen 400
   Sichschwingen 405

9. Sitzen 409

10. Arbeitsbewegungen 413
    Schieben 416
    Ziehen 418
    Werfen, fangen, schlagen, stoßen 419
    Heben und tragen 421

11. Geräteturnen 423

Schlußbetrachtung:
Das Experiment als Erkenntnisquelle der Bewegungslehre 426

Literatur 436

Bildteil . . . . 1 - 28

Da wir nicht mit wenig viel tun können, so muß es uns nicht verdrießen, mit vielem wenig zu tun, und wenn der Mensch die ganze Natur nicht einmal in einem dunklen Gefühl umfassen kann, so kann er doch vieles in ihr erkennen und wissen.

Die Wissenschaft ist eigentlich das Vorrecht des Menschen, und wenn er durch sie immer wieder auf den großen Begriff geleitet wird, daß das All nur ein harmonisches Eins, und er doch auch wieder ein harmonisches Eins sei, so wird dieser große Begriff weit reicher und voller in ihm stehen, als wenn er in einem bequemen Mystizismus ruhte, der seine Armut gern in einer respektablen Dunkelheit verbirgt.

Goethe

Über Kristallisation und Vegetation 1789

Vorwort

Die Lebenswirklichkeit unsrer Zeit stellt die Leibeserziehung vor neue Aufgaben. Zerstreutheit, motorische Unruhe und seelische Labilität der Kinder und Jugendlichen, — von den Erwachsenen gar nicht zu reden —, ihre mangelnde Fähigkeit, sich von innen her zu ordnen, ihre verfrühte geschlechtliche Reife, von Jahr zu Jahr zunehmende vegetative Störungen bei jung und alt, all das macht uns deutlich, wie leibliche Vorgänge in alles menschliche Tun und Sein bestimmend mit hineinwirken. So erweist sich das Problem der Leibeserziehung als untrennbar verflochten mit Grundproblemen der Erziehung in unsrer Zeit.

Darüber hinaus ist unsre Auffassung der Leib-Seele-Beziehung in einer tiefgehenden Wandlung begriffen. Die Vorstellungen des Fortschritts-Zeitalters sind erschüttert. Wir beginnen zu ahnen, daß der Leib mehr ist als ein technisches Werkzeug. Leib und Seele gehören zusammen wie Instrument und Spieler. Die psychosomatische Medizin lehrt es uns für den Kranken, und eine psychosomatische Leibeserziehung sollte es für den Gesunden fruchtbar machen. Sie würde dem Arzt manche zu späte Bemühung ersparen können.

Dankbar nehmen wir die Ergebnisse der analysierenden Forschung an, der Anatomie, Physiologie, Psychologie, Antropologie, Kunstwissenschaft, Gesellschaftskunde, Geschichte usw. Aber wir erkennen, daß der lebendige Mensch als das unteilbare Ganze, das er ist, mit einer Summe von Teilerkenntnissen nicht zu erfassen ist, und wir versuchen, wenn auch zunächst noch tastend, von diesem Ganzen ein Bild zu gewinnen, in das sich die Teilerkenntnisse einfügen.

Damit gelangt das Suchen nach geeigneten Wegen der Leibeserziehung in eine neue Phase: Nicht mehr wird, wie noch im Anfang des Jahrhunderts, im wesentlichen nach dem Körper und seiner Tüchtigkeit, Kraft, Gewandtheit, Leistungsfähigkeit gefragt, in der fraglosen Annahme, „zugehörige" geistig-seelische Werte würden sich daraus von selbst ergeben. Sondern gefragt wird nach dem Menschen als ganzem, und gesucht wird nach einer Leibeserziehung, deren Leitbild — über das bloß Biologische hinaus — Geistig-Seelisches einschließt. Es wird deutlich, daß die *Leibeserziehung eine Sache des ganzen Menschen* nicht des

Körpers allein ist, und daraus folgt daß sie nicht ein Fach unter Fächern, sondern eines der mitgestaltenden Prinzipien aller Erziehung sein sollte.

Leider blieb bis heute Ganzheit in diesem Sinne im wesentlichen Gegenstand pädagogischer Theorien und Programme. Was sie für die *Praxis* der Leibeserziehung bedeutet, und wie sie zu verwirklichen wäre, – wie es also möglich ist, über das bloß Biologische hinaus in der leiblichen Äußerung die „Innerlichkeit" mit zu erfassen und zu entfalten –, darüber gibt es wohl allgemeine, philosophisch-psychologische Erörterungen, aber für die Praxis sind wir immer noch meist auf Ahnen und Fühlen oder auf Hinnehmen und Fürwahrhalten angewiesen.

Wir haben gute Darstellungen der sogenannten Physiologie der Leibesübungen. Sie sehen die menschliche Bewegung im wesentlichen als physikalisches Geschehen an und lassen ihre Beziehung zum Seelisch-Geistigen außer acht. Ihr Gegenstand sind die *quantitativen,* meßbaren Eigenschaften der Bewegung. Art und Grad der *Leistung* und deren Wirkung auf die Ausbildung von Muskeln, Gelenken und Organen.

Auf der anderen Seite haben wir Erörterungen, die auf den Ablauf der Bewegung, ihre *Qualität* ihren Ausdruck, ihre rhytmische Gestalt gerichtet sind. Unter Ablehnung rationaler Methoden suchen sie die Eigenschaften der menschlichen Bewegung aus dem von Klages formulierten Begriff des Rhythmus abzuleiten. Daraus aber ergeben sich keine konkreten, praktisch anwendbaren und diskutierbaren Maßstäbe, – wie überhaupt im Irrationalen, etwa in der Kunst, allenfalls Begriffliches aus Getanem, aber nie zu Tuendes aus Begrifflichem abgeleitet werden kann. Eine wissenschaftlich gegründete, nüchtern fachliche Arbeit, die uns erkennbare und diskutierbare Maßstäbe für die pädagogische Praxis einer auf die *Qualität* der Bewegung und auf den *Menschen als Ganzes* gerichteten Leibeserziehung gibt, haben wir meines Wissens bis heute nicht.

„Die menschliche Bewegung" versucht solche Grundlagen zu geben. Die Gesamtheit der Bewegungsprobleme – vom Zweckgebunden-Alltäglichen über das Leistungsgerichtete bis zum Musisch-Rhythmischen und „Ausdruckvollen" – soll auf wissenschaftlicher Grundlage entwickelt und bis in praktische Einzelheiten faßbar gemacht werden. Nirgend geht es dabei um die Bewegung als bloß technischen Vorgang, immer um den *Menschen* in der Bewegung, den Menschen im allgemeinen, der mehr als nur Lebewesen ist, und den Menschen unserer Zeit im besonderen mit seinen Problemen und Schwierigkeiten. Wie das gesamtmenschliche Verhalten sich im Leiblichen auswirkt, und wie es wiederum vom Leiblichen her mitgeformt werden kann, davon soll ein deutliches und zu praktischem Tun anregendes Bild gegeben werden.

Die Frage, um die es hier geht, tauchte im allgemeinen Bewußtsein zum ersten Mal um die Jahrhundertwende auf, als unter dem Einfluß des Maschinenwesens die Menschen in ihren Lebensäußerungen zu verkümmern begannen. Man fing an, sich für die menschliche Bewegung in einem neuen, unmittelbaren Sinne zu interessieren. Es entstanden die neuen Systeme „rhythmischer Gymnastik": Duncan, Bode, Loheland und noch mehrere von ihnen abgeleitete, die durch Bewegung dem Menschen Ursprünglichkeit und vitale Ganzheit zurückgewinnen wollten. (Die Methode „Jacques-Dalcroze", obwohl der Name „rhythmische Gymnastik" von ihr entlehnt wurde, verfolgt andere Ziele).

Seitdem sind mehr als fünfzig Jahre vergangen. Die neue Gymnastik ist in manchen ihrer Bestandteile in die allgemeine Leibeserziehung aufgenommen worden. Damit geriet sie – wohl kaum im Sinne ihrer Begründer – unter wesensfremde Wertungen wie Leistung, Ertüchtigung, Ästhetik. Heute „wertet" man sie bereits nach Punkten wie Turnen und Sport.

Das Problem, durch Entfaltung der ursprünglichen Bewegungsfähigkeit den immer leibfremder werdenden, in reizbarer Überaktivität erstarrenden Menschen in seinem Leibe wieder heimisch werden zu lassen, ihn mit den leiblichen Lebensquellen zurückzuverbinden, wird dabei verschüttet. Es von neuem und in konkreter Gestalt ins Bewußtsein zu heben und auf Wege zu seiner Lösung hinzuweisen, ist die Aufgabe dieses Buches.

In mehr als vierzigjähriger Arbeit mit Menschen aller Schichten und jeden Alters ist es aus Praxis und Alltag erwachsen. Versuchs- und Forschungsstätte war die „Bundesschule für Körperbildung und rhythmische Erziehung" in Essen, in der ein Kreis sachlich und menschlich eng miteinander verbundener Lehrer gemeinsam nach Ziel und Wegen suchte. Ihre treue Mitarbeit in immer neuem Erproben gemeinsam gefundener Einsichten hat zum Werden des Buches wesentlich beigetragen.

In diesen langen Jahren hat unsere Arbeit mancherlei Wandlungen erfahren. Es wurde versucht und angenommen, wieder verworfen und neu versucht – immer mit dem Blick auf ein Ziel, das, anfangs nur abstrakt und allgemein geschaut, erst in immer neuen Versuchen deutlich und bestimmt werden konnte.

Wir haben uns in diesen Jahrzehnten des Suchens mit allen uns zugänglichen Methoden neuer Bewegungsbildung auseinandergesetzt.

Auch der nach dem ersten Weltkrieg aufblühende künstlerische Tanz wurde einbezogen. Die Auseinandersetzung wurde fruchtbar besonders in der Klärung und Verdeutlichung des anfänglich viel zu allgemein gestellten und darum nicht lösbaren Problems. Sehr allmählich erhellte sich dabei die Sicht, und es zeichneten sich Wege ab.

Zu einem „System" freilich sind wir nicht gelangt, wir suchten es auch nicht. Was sich ergab, ist *grundsätzliche Einsicht* in das wesentliche der menschlichen Bewegung und eine *Arbeitsweise,* die es uns möglich macht, mit einer Fülle von Mitteln auf einfache und elementare Art dieser Einsicht gemäß zu handeln: gestörtes Bewegungsleben in Ordnung zu bringen, verkümmertes zu entfalten. – gleichgültig an welchem „Lehrstoff" –, und ein handwerklich sauberes Bewegungskönnen zu entwickeln. Es zeigte sich dabei, daß Bewegung sehr wohl am Menschen etwas ordnen und entfalten, daß sie *einen Zugang zu seiner Mitte öffnen kann.*

Bestätigung mancher Einsichten und wertvolle Aufschlüsse über die Problematik des Lernens auf dem Gebiet der Bewegung – wie auf allen anderen – empfing ich von dem in Zürich wirkenden Pädagogen Heinrich Jacoby, meines Wissens dem einzigen, dem es gelungen ist, die Bewegungsfrage gleichrangig mit allen andern in die Problematik der gesamtmenschlichen Entfaltung einzuordnen. In den intensiven und beharrlich suchenden Gesprächen seiner Ferienkurse am Zürichsee kamen Grundfragen der Bewegungsbildung wie des Menschen und seiner Selbstgestaltung zur Erörterung. Immer wurden neue Probleme angerührt und Ausblicke auf ihre Lösung gegeben. Auch Elsa Gindler, Berlin, möchte ich hier nennen, denn sie war meines Wissens die erste, die wirklich Zugang zu einer Bildung des ganzen Menschen auf dem Wege über die Leiblichkeit gefunden hat. Ihre Arbeit hätte allen, die an der menschlichen Bewegung arbeiten, noch auf lange hinaus wesentliches zu sagen.

Gedacht ist diese Bewegungslehre für werdende Gymnastik- und Turnlehrer und für alle, denen das Problem der Bewegung lebenswichtig ist, seien es bildende Künstler, Tänzer, Musiker (Instrumentspiel) oder Sportler, dann aber auch für jeden Erzieher, der in der Bewegung eine Selbstdarstellung des Menschen und in der Bewegungserziehung einen Weg der Menschenbildung sieht.

An vielen Fachschulen leidet die Ausbildung darunter, daß Anatomie- und Physiologie-Unterricht, als bloße Vermittlung von Wissensstoff, mehr oder minder unverbunden neben der Praxis herlaufen. „Die menschliche Bewegung" zeigt die mannigfachen Verbindungsfäden zwischen Theorie und Praxis auf und sucht dadurch die *wissenschaftlichen Einsichten lebendig und für praktisches Handeln fruchtbar zu machen.* Darum wird auch der Fachmann gebeten, die einleitenden physiologischen Erörterungen mitzulesen; denn die ihm als solche bekannten Tatsachen werden hier in unmittelbare Beziehung zu Fragen der Bewegungsbildung gesetzt.

Der Laie wird in dem Buch mehr Fachliches finden als ihm zusagt. Er mag es ruhig übergehen und zunächst herausgreifen, was ihn anspricht. Wichtig ist, daß er ein Bild gewinnt, daß er erfährt, um was es bei der menschlichen Bewegung geht.

Nicht immer konnten Wiederholungen vermieden werden: die gleichen grundsätzlichen Einsichten, die im allgemeinen Teil zum Bild der menschlichen Bewegung im ganzen zusammenwirken, tauchen im besonderen wieder auf, um Einzelfragen der Atmung, der Haltung oder Bewegungsform klären zu helfen. Ich habe versucht, sie so zu bringen, daß der Gegenstand möglichst wieder von einer neuen Seite beleuchtet wurde.

Das Buch ist 1928 skizziert, 1932 zum ersten Male niedergeschrieben und während des Krieges mehrfach überarbeitet worden. Niemand ist vor Irrtum geschützt, und wenn man es wagt, auf einem so wenig erforschten Gebiet wie dem der menschlichen Bewegung mit seinen Behauptungen in Einzelheiten zu gehen, sind, trotz immer neuer gewissenhafter Nachprüfung, gelegentliche Irrtümer kaum zu vermeiden.

Zum Verständnis der fachlichen Erörterungen wurden, wo es nötig erschien, anspruchslose Strichzeichnungen beigegeben. Für ihre Hilfe bei diesen Zeichnungen danke ich der Kunsterzieherin Johanna Ganzer, Düsseldorf. Auf Gymnastikbilder ist verzichtet worden, denn zuverlässigen Aufschluß über die Bewegungsqualität könnte nur ein Film geben; auch sollten nicht eigene Versuche als Musterbilder hingestellt werden. Die Fotos sind nicht Buchschmuck, sondern wesentliche Bestandteile des Inhalts. Hinweise unter den Bildern wollen dem Leser andeuten, was das betreffende Bild zum Gegenstand zu sagen hat.

In der zweiten Auflage habe ich einige, allzu sehr ins Einzelne gehende physiologische Erörterungen fortgelassen. So wurde Raum für einige wichtige Zusätze, insbesondre über das Gamma-Nervensystem als Mittler zwischen animalem und vegetativem Geschehen (im allgemeinen Teil) und über die Bedeutung der Kopfhaltung für den Bewegungsablauf (im besonderen Teil). Beide sind Versuche, neue Erkenntnisse für die Praxis der Leibeserziehung auszuwerten.

17

Einige Leser haben in der ersten Auflage ein Quellenverzeichnis vermißt. Sie haben recht. Aber als ich mir die Kenntnisse erarbeitete, auf die sich diese Arbeit stützt, – wie hätte ich da wissen können, daß ich sie einmal für ein Buch verwenden würde?

So kann ich jetzt nichts tun, als ein Verzeichnis derjenigen Bücher anfügen, die mir als in irgendeiner Hinsicht – positiv oder negativ – wesentlich für Grundfragen des Buches in der Erinnerung geblieben sind.

Dore Jacobs

Vorwort von Karl Lorenz

„Eigentlich wäre es eine ärztliche Aufgabe gewesen, die Grundlagen für ein Wissen von der menschlichen Bewegung zu schaffen. Leider aber ist die Medizin zum Verzweifeln eng mit dem mechanistischen Denken verbunden." So schrieb 1964 Dr. med. R. Wilhelm in der Zeitschrift „Heilkunde und Heilwege" zwei Jahre nach der Erstveröffentlichung der Schrift „Die menschliche Bewegung" von Dore Jacobs.

Diese Schrift, die bereits 1932 in ihren Grundzügen fertig vorlag und 1972 die zweite Auflage erlebte, ist zweifellos das Lebenswerk von Dore Jacobs und zählt heute zu den Standardwerken der rhythmischen Bewegungserziehung.

1894 in Essen a.d. Ruhr als Tochter eines Rechtsanwaltes geboren, findet Dore Jacobs über Otto Blensdorf, der bereits ab 1906 in einer Elberfelder Grundschule die Rhythmik in den Unterricht einbezieht und zahlreiche Fortbildungskurse für Erzieher im Ruhrgebiet und Bergischen Land veranstaltet, den Weg zu Dalcroze und studiert von 1911 bis 1913 in Hellerau bei Dresden „Rhythmische Gymnastik".

Nach ihrer Heirat im Jahre 1914 bricht sie ihre Mathematik- und Physikstudien an der Universität Heidelberg ab, um sich ganz der Bewegungserziehung und Körperbildung auf der Grundlage der Rhythmik zu widmen. Mit der ihr eigenen Konsequenz und Zielstrebigkeit geht sie unbeirrt von verwirrenden Zeitströmungen ihren Weg und verwirklicht ihn schließlich zusammen mit ihren Mitarbeitern — darunter vor allem Lisa Jacob — in der von ihr gegründeten und lange Jahre geleiteten „Bundesschule für Körperbildung" in Essen-Stadtwald.

Dore Jacobs gehört zu jenen großen Erzieherpersönlichkeiten unseres Jahrhunderts, die sich nicht mit der Dreiteilung des Menschen in Körper, Geist und Seele abfinden konnten*). Die Bewegung wurde ihr zum Schlüssel zu der so viel und falsch zitierten Ganzheit des Menschen. Schon im ersten Satz der Einleitung ihres hier in der Neuauflage vorgelegten Hauptwerkes läßt sie darüber keinen Zweifel aufkommen. Sie schreibt: „Bewegung ist die Sprache des Menschen. Über alle äußeren Zwecke hinaus ist sie das Instrument, mit dem er äußert, was in ihm lebt und wirkt. Es gibt kein anderes Mittel, durch das der Mensch dem Menschen vernehmlich wird."

Diesen auch aus anthropologischer Sicht gültigen Worten ist nichts mehr hinzuzufügen, und so gehört dieses Buch nicht nur in die Hände von Bewegungserziehern, Rhythmikern, Musikern und Tänzern, es sollte vor allem auch von Ärzten, Erziehern, Künstlern, Anthropologen, Biologen, Biokybernetikern und Seelsorgern gründlich studiert werden. „Gedanken und Stil des Werkes sind wunderbar klar und durchsichtig, für jeden Laien lesbar, wenn er einfühlsam und aufgeschlossen herangeht; aber auch keinem Fachmann kann es zu schlicht sein, wenn er nicht in 'reiner Wissenschaftlichkeit' verarmt ist**).

Im Jahre 1978, ein Jahr vor ihrem Tode, erscheint das zweite größere Werk von Dore Jacobs unter dem Titel „Bewegungsbildung — Menschenbildung". Es enthält 72 Aufsätze aus mehr als fünf Jahrzehnten eines reichen Lebens, das ganz im Dienst einer Aufgabe stand, die sich in diesem Buchtitel widerspiegelt***).

Möge das Lebenswerk der unvergessenen Dore Jacobs die ihr gebührende Verbreitung finden!

Karl Lorenz

*) Zu diesem Thema seien vor allem folgende Schriften empfohlen:
Frederic Fester: Neuland des Denkens. DVA Stuttgart 1980
Sigrid Hunke: Glauben und Wissen. Econ Verlag Düsseldorf 1979
F.G. Winter: Der Wachstumskomplex. Herder Verlag Freiburg 1980
Elfriede Feudel: Durchbruch zum Rhythmischen in der Erziehung
Klett Verlag Stuttgart 1965 (2. neubearbeitete Auflage)
Elfriede Feudel: Dynamische Pädagogik. Kallmeyer Verlag Wolfenbüttel
1980, Reprint der Ausgabe Freiburg 1963
**) Dr. med. R. Wilhelm in der Zeitschrift „Heilkunde und Heilwege", Jahrgang 1964, Heft 4
***) Der Text dieser Einführung basiert auf Tonbandaufzeichnungen eines Gespräches, das Dore Jacobs am 14.3.1976 in ihrer Wohnung in Essen-Stadtwald mit Karl Lorenz führte.

Einleitung

Bewegung ist die Sprache des Menschen. Über alle äußeren Zwecke hinaus ist sie das Instrument, mit dem er äußert, was in ihm lebt und wirkt. Es gibt kein anderes Mittel, durch das der Mensch dem Menschen vernehmlich wird.

Denn alles, was ein Mensch unternimmt, wird ja durch Bewegung verwirklicht. Jeder Handgriff des Alltags, jede Arbeit, jede künstlerische Schöpfung, die Gestalt eines Bildwerkes, der Klang einer Geigensaite, die Handschrift, all das ist sichtbar oder hörbar gewordene Bewegung der Hand und mit ihr des ganzen Leibes. Der Klang der Stimme, der so viel mehr von einem Menschen aussagt als seine Worte, kommt durch Bewegungen von Zwerchfell und Sprechorganen zustande. Selbst das Denken wird von inneren Bewegungen der Atemorgane begleitet.

Die Haltung im Stehen, Sitzen, Gehen formt den Leib; die Art des Greifens und Haltens, des Sichgebens oder Sichzurückhaltens gibt der Hand ihre sprechende Gestalt. *Durch Bewegung wird der ganze Leib zum Ausdruck des Menschen geprägt.*

Und was der Mensch nicht tut, sondern was unwillkürlich aus ihm spricht, Mienenspiel, Gebärde, die Art des Ruhens bis in den Tiefschlaf, des Übergangs von der Ruhe zur Tätigkeit, von der Tätigkeit zur Ruhe, das Maß von Aktivität in der Ruhe, von Empfänglichkeit im Tun, das ist erst recht Bewegung. Es ist nämlich *die Innengestalt, der vitale Gehalt der Bewegung* und macht ganz eigentlich die Bewegungsweise eines Menschen aus.

Bewegung ist also mehr als Zwecktun; sie ist eine *Äußerung des ganzen Menschen,* nicht nur des Körpers. Als Zwecktun ist sie auf bestimmte Stunden und Tätigkeitsgebiete beschränkt; als Sprache erfüllt und durchdringt sie das Leben.

Das Problem der Bewegung ist deshalb ein *Grundproblem des Menschenn.* Entartet die Bewegung, so ist etwas im Menschen gestört, gesundet sie, so werden davon heilsame Wirkungen auf das Innere des Menschen ausgehen.

Zugleich aber ist das Bewegungsproblem ein *Grundproblem der Kultur.* Denn wenn jede kulturelle Äußerung durch Bewegung vermittelt wird, so müssen Eigenart und Wert jeder kulturellen Äußerung von der Art der sie vermittelnden Bewegung mitbestimmt werden.

Als Probleme der Bewegung sind das Kulturproblem wie das Problem des Menschen bisher nicht gesehen worden, weil sie als solche praktisch nicht wirksam wurden. Heute zum ersten Mal tritt das Problem der Bewegung in das menschliche Bewußtsein, weil heute zum ersten Mal, durch eine völlig neue, bisher in der Geschichte nicht dagewesene Gestaltung der technischen und gesellschaftlichen Lebensgrundlagen, die Bewegung des Menschen als Äußerung seines Inneren gefährdet und tief gestört ist. Die Kulturkrise, die wir durchleben, ist wie jede Kulturkrise eine Weltanschauungskrise; sie ist aber zugleich und unter vielem anderen auch eine Leib- und Bewegungskrise.

Mechanisierung, Entseelung, Verkopfung, Intellektualismus, unter solchen Schlagwörtern hat das Bewegungsproblem seit der Jahrhundertwende denkende Erzieher beschäftigt. Mag die Deutung, die diese Worte enthalten, fragwürdig sein; sie zeigen aber, daß das Problem zumindest in einer Hinsicht richtig gesehen wurde, nämlich als Problem des Menschen, nicht des Körpers.

Der Mensch unserer Zeit ist in seinem Bewegungsleben gestört. Haltung, Bewegung und Sprache geben davon beredtes Zeugnis. Schulärztliche Untersuchungen ergeben, daß in Westdeutschland zwei Drittel aller Schulkinder an Haltungsschwächen und Fußfehlern leiden, also konsequenter Weise zum orthopädischen Sonderturnen geschickt werden müßten. Der Verfall der Haltung, früher eine vorübergehende Erscheinung etwa der ersten beiden Schuljahre und der Reifezeit, setzt heute schon vor Schulbeginn ein und läuft durch die ganze Schulzeit. Erwachsene Menschen mit normaler Haltung und Atmung sind seltene Ausnahmen.

Von der unbefangenen Lebens- und Bewegungsganzheit, die bis vor hundert Jahren jedem gesunden Menschen eigen gewesen sein muß, finden wir beim Erwachsenen nur noch Reste, und bei den Kindern sehen wir sie schon weit vor dem Schulbeginn gefährdet. Was jedem ungestörten Kleinkind von der Natur mitgegeben wird, das weiche Fließen und der beseelte Ausdruck der kleinsten Bewegung wie der größten,— beim erwachsenen Menschen ist es uns so wenig mehr bekannt daß wir uns des Mangels kaum noch bewußt werden. Die Störung ist uns zur Norm geworden.

Man muß sich einmal mit Liebe und Einfühlung in die Bewegungsweise von Primitiven oder von ungestörten Kleinkindern und in den

Bewegungsausdruck guter Kunstwerke eingelebt haben, um ganz zu empfinden, was hier verstört ist und täglich neu verstört wird. Als nächstliegende Ursache mag man Einflüsse der technischen Zivilisation annehmen, die sich vermutlich indirekt, nämlich auf dem Wege über verstörte und nervöse Eltern und Erzieher noch stärker auswirken als direkt. Denn vielfach beginnen die Störungen, bevor noch die Kinder in unmittelbare Berührung mit Technik, Lärm usw. kommen.

Aber dann muß man sich fragen, warum denn die großartige Anpassungsfähigkeit des Menschen, die sich bei jeder einzelnen Herausforderung durch neue technische Mittel bewährt, gegenüber dem Ganzen der technischen Zivilisation versage. Die Antwort ist nicht im körperlichen, sie ist nur im gesamtmenschlichen Bereich zu finden.

Die Zeit der Technik ist eine Ichzeit. Der Mensch lebt in ihr ganz und gar aus seinem subjektiven Wollen und Können, seinen Leistungen und Erfolgen. Er ist „sein eigener Gott". Darin, in der gestörten Beziehung zu der großen Lebensordnung, liegt der tiefere Grund für die Bewegungskrise unserer Zeit.

Zeiten des Ich wechseln in der Geschichte mit Zeiten des Es, Zeiten der Losreißung mit Zeiten der Bindung, die mehr ist als Bekenntnis und Glaube. Wenn der Mensch sich seiner selbst und seiner Kräfte bewußt wird, – und das liegt in seiner Bestimmung, – wenn er seine eigenen Leistungen zu bewundern beginnt, dann verliert er das Bewußtsein seiner notwendigen Abhängigkeit von Höherem. Damit verschließt er sich selbst den Zugang zu den Quellen. Die gestaltenden und bewahrenden Kräfte versiegen, der Bau der Gesellschaft wird rissig, und soziale Krisen, Kriege, Katastrophen entstehen, die ihn aus seinem Gottähnlichkeitswahn herausreißen, ihm seine Grenzen bewußt machen und ihn durch wirtschaftliche und soziale, durch leibliche und seelische Not zwingen, sich einen neuen Zugang zu den immer gleichen, aber von unenthüllbarem Geheimnis umgebenen ewigen Mächten zu bahnen.

Eine der gewaltigsten Ichzeiten geht heute ihrem Ende entgegen. Das Jahrhundert des Fortschritts hat den Menschen an den Abgrund geführt. Wir erleben unter bitteren Schmerzen die Wende.

In diesem größeren Zusammenhang erst wird die Bewegungskrise unserer Zeit voll verständlich. Sie ist ein Teil der religiösen Krise, genau wie heute Krisen der Gesellschaft, ja sogar solche der Wirtschaft Teile der religiösen Krise sind. In diesem Zusammenhang muß das Problem der Bewegung gesehen werden, wenn es eine zulängliche Lösung finden soll. Es handelt sich also nicht nur darum, Verstörtes zu ordnen, Krankes zu heilen, Angelegtes zu entfalten, sondern darum, daß der vital unerfüllte Mensch unserer Tage auf eine ihm gemäße Weise wieder Zugang zu den Quellen finde.

In der Bewegung haben wir es dabei zunächst mit der Natur im Menschen zu tun. Zwar spricht in allen Lebensäußerungen eines Menschen seine geistige Grundhaltung mit, aber die Natur vermittelt. Sie ist es, die die Äußerung gestaltet; ihr vom Menschen ungestörtes Wirken entscheidet über die Reinheit der leiblichen Funktion und die Echtheit des Ausdrucks. Die Frage ist also: *wie muß der losgerissene und tief gespaltene Mensch unserer Zeit sich verhalten, um die Kraft- und Lebensquellen der Natur wieder in seine Bewegung und damit in all sein Tun einströmen zu lassen?*

Die alte, unbewußte und unwillkürliche, also kindliche Beziehung zur Natur ist zerrissen und nicht wieder zu knüpfen. Auf keinem Gebiet kann der Mensch, der einmal seine „Unschuld" verloren hat, zur alten Unbefangenheit zurückfinden. Eine neue, bewußte und dennoch elementare Beziehung muß aufgebaut werden.

Das erscheint als eine ungeheure Aufgabe, wenn man bedenkt, daß es sich nicht um eine bloße Gefühlsbeziehung zur Natur handelt, sondern um jene *objektive* Verbindung zwischen Mensch und Natur, für deren Störung beim heutigen Menschen oft gerade eine gefühlsüberbetonte Naturliebe kennzeichnend ist. Solche Gefühle gehen vom Menschen aus und richten sich auf die Natur. Was ihn aber zur Ganzheit zurückführen kann, geht von der Natur aus. Soll es den Menschen erreichen, so muß er sich empfänglich verhalten; er muß gleichsam zur Antenne werden.

Das geht in tieferen Schichten vor sich als der des „Denkens, Fühlens und Wollens". Es betrifft den ganzen Menschen einschließlich der unwillkürlichen und meist auch unbewußten Vorgänge, die das Allgemein- und Lebensgefühl bestimmen. In diesen Vorgängen hat die menschliche Bewegung ihren Ursprung. Von hier aus muß sie erweckt und gebildet werden, wenn mehr erreicht werden soll als ein Können, das die Störung bemäntelt.

Die menschliche Bewegung wurzelt im Leibe als Ganzem, als Lebensgebilde, nicht im „Bewegungsapparat"; sie quillt aus dem unmittelbaren, nicht vom Bewußtsein abhängigen Lebensgefühl, das zu den Lebensvorgängen des Leibes in unlöslicher Beziehung steht.

Für die Darstellung solcher Zusammenhänge ergibt sich eine besondere Schwierigkeit daraus, daß wir in der Theorie der Leibeserziehung noch mit einer strikten Trennung von Körper und Seele zu arbeiten gewohnt sind. Entweder wird überhaupt nur das Körperliche durch-

24

dacht – eine wissenschaftlich saubere, aber einseitige Methode –, oder es werden nur mittelbare Einflüsse auf Seelisches einbezogen, wie etwa die charakterbildende Wirkung von Ausdauer- und Mutübungen.

Dasjenige „Seelische", das unmittelbar und unabtrennbar mit dem Leiblichen verbunden ist, ist uns noch wenig bewußt. Darum fehlt es uns an einer Terminologie, die unmißverständlich sagt, was gemeint ist.

Die moderne Verhaltensforschung spricht von der *Innerlichkeit* eines Lebewesens, die sich in seinem Verhalten äußert. Ein guter Ausdruck, weil er bestimmte Inhalte, Gedanken, Gefühle vermeidet. Aber zugleich ein zu unbestimmter, als daß er den Leser an eigene Erfahrungen erinnern könnte.

Eher brauchbar wäre ein Bild: der Leib als ein Musikinstrument, dessen Reingestimmt – oder Verstimmtsein über den Klang der Musik entscheidet. Es trifft das, was für unsere Fragestellung wichtig ist, das allgemeine Lebensgefühl. Aber es ist zu allgemein. So werden wir nicht darum herumkommen, von Leiblichem und Seelischem zu sprechen – nicht um zu trennen, sondern im Gegenteil, um an vielen Einzelbeispielen ihre untrennbare Verbindung, die mehr ist als eine Wechselwirkung, deutlich zu machen.

Die Aufgabe ist, das Bewegungsgeschehen als Ausfluß des Lebensganzen zu erfassen. Für die Lösung dieser Aufgabe möchte die Arbeit Material herbeitragen. Sie möchte, vom Biologischen und Leiblichen ausgehend, ein Bild davon geben, *wie die Bewegung sich gestaltet,* wenn der Mensch in jener unmittelbaren Seinsbeziehung zur Natur in sich lebt, die wir so schmerzlich entbehren: *wenn er aus den Quellen schöpft.*

I. Außenbewegung

Zur Mechanik der Bewegung

1. Organik und Mechanik

Aufgabe dieses Buches ist es, die menschliche Bewegung im Zusammenhang des leiblichen Lebensganzen darzustellen und damit den Blick von dem bloß Materiellen der Bewegung fort auf das an ihr zu lenken, was Ausdruck des Menschen sein kann. Dazu ist die Mechanik der Bewegung unerläßlich. Denn man muß das leibliche Äußere kennen, um seinen Zusammenhang mit dem leiblichen Inneren zu verstehen. Ohne die Mechanik der Bewegung bleibt ihre Organik unverständlich, im ganzen und erst recht im einzelnen.

Die organischen Bedingungen einer Wirbelsäulenverkrümmung sind ohne ihre Statik nicht zu verstehen. Von den Kreislaufreaktionen beim Bücken, vom Atemablauf beim Springen kann man kein Bild bekommen, wenn man nicht weiß, was Springen und Bücken ihrem äußeren Verlauf nach sind.

Es ist noch nicht sehr viel, was wir von der Physik der menschlichen Bewegungen wissen. Zwar im allgemeinen wissen wir über die Tätigkeit der Muskeln und über die Bewegung der Knochen einigermaßen Bescheid, aber was im Einzelfall vorgeht, welche Muskeln bei einer bestimmten Bewegung beteiligt sind und wie sie zusammenwirken, darüber kann die Physiologie bis heute nur unvollständige Auskunft geben. Die Bewegungsanalyse steckt noch in ihren Anfängen.

Das ist kein Zufall: schon die einfachste Bewegung geht aus einem höchst komplizierten Zusammenspiel der Muskeln hervor. Der sogenannte Bewegungsapparat ist eben keine Maschine, deren Teile in übersichtlicher, restlos berechenbarer Weise zusammenarbeiten. *Die Muskulatur ist ein Organsystem,* das seine Antriebe aus dem Ganzen des Lebensgefüges erhält und immer als Ganzes wirkt. Berechenbar sind dabei nur die gröbsten und auffälligsten Wirkungen. Man darf deshalb von der

Mechanik, auch wenn sie wesentlich weiter fortgeschritten wäre als sie ist, keinen Aufschluß über das innere Gefüge der Bewegung erwarten. Sie gibt das technische Rüstzeug, nicht mehr.

2. Bewegungsorgane

Bewegungsfähigkeit und Bewegungsausdruck des Menschen werden bestimmt vom Bau seiner Knochen und Gelenke. Kurze Menschen bewegen sich anders als lange, gedrungene anders als schlanke, Kinder mit ihren kurzen Gliedern anders als Erwachsene. Die Bewegungsverwirrung in den Wachstumsjahren hat ihre Ursache darin, daß das Kind mit seinen plötzlich veränderten Bewegungswerkzeugen nicht umzugehen weiß. Schrittlänge und -dauer hängen von der Länge der Beine ab. Kinder trippeln, langbeinige Erwachsene schreiten weit und ruhig aus. Von der proportionalen Länge der Arme hängt ihre Reichweite im Verhältnis zum Gesamtkörper ab. Langgliedrige und Schmale können mit ihren Händen im Verhältnis zur Körpergröße weiter greifen als Gedrungene.

Wie stark auch die Beweglichkeit der Gelenke den Bewegungsausdruck bestimmt, zeigt die „schlacksige", unbeherrschte Bewegung von Kindern mit Schlottergelenken und stärker noch der unmenschliche Bewegungsausdruck der „Schlangenmenschen", die durch übermäßiges Rückbeugen der Wirbelsäule von Kind an die normale Entwicklung der Gelenkhemmungen verhindert haben.

Die *Knochen* muß man sich nicht als leblose Stützbalken des Körpers vorstellen: sie sind lebendige, in steter innerer Um- und Neubildung begriffene Organe. Der Knochen besteht nicht aus Kalk, er besteht aus Zellen, aus Lebewesen also, die sich ein Gehäuse aus Kalk bauen, ähnlich wie eine Korallenbank aus Korallentierchen besteht. Er ist lebendiges Organ, ein lebenswichtiges sogar, denn in seinem Innern, dem Knochenmark, werden die roten Blutkörperchen geboren, die als Träger des Sauerstoffs über Leben und Tod des Organismus entscheiden; und ein bewegungslebendiges Organ ist er auch, denn unter dem Einfluß der Bewegung ist er in fortwährender Umbildung begriffen.

Der leichte, lufthaltige und dabei enorm belastungsfeste Gewölbebau, aus zarten „Knochenbälkchen" streng nach den Gesetzen der Mechanik gefügt, ist nicht ein für allemal fertig, sondern in hohem Maße wandelbar. Ändert sich durch veränderte Belastung die Druck- oder Zugrichtung (z. B. bei schief angeheilten Knochen), so wird sogleich das ganze Bälkchengefüge in Anpassung an die neue Druck- oder Zugrichtung umgebaut. Hören Druck und Zug auf, etwa bei langem Liegen, so läßt die Kalkabsonderung allmählich nach, der Knochen wird kalkarm und bricht leicht. Der Knochen ist – allem Augenschein zuwider – nichts Bestehendes, sondern etwas immerfort Werdendes.

Sogar Längenwachstum und Derbheit der Knochen ändern sich in „funktioneller Anpassung"; von zwei Pferdegeschwistern bekommt das zum Springen abgerichtete längere Beine als das Zugpferd; die Ansatzstellen der Muskeln an den Knochen, die sogenannten Rauhigkeiten, bilden sich umso stärker aus, je schwerer ein Lebewesen arbeitet, je stärker seine Muskeln an den Knochen ziehen, so daß man nach dem Tode dem Skelett ansehen kann, ob sein Bewohner ein Schwerarbeiter oder ein Sitzmensch war.

So wenig wie die Knochen bloße Stützen, sind die *Gelenke* mechanische „Scharniere". Sie sind Gebilde von intensiver Lebenstätigkeit, die ihren Dienst versagen, sobald diese Tätigkeit stockt. Die Bindegewebkapsel, die zwei Knochenenden miteinander verbindet und luftdicht abschließt, ist kein „Sack", sondern ein Lebensgebilde, von ernährenden Blutgefäßen durchzogen und von drüsigen Organen, den Schleimbeuteln, mit Gelenkschmiere versorgt; ebenso sind die Verstärkungs- und Hemmungsbänder der Gelenke nicht Bindfäden, sondern Organe, deren Wohlverhalten von ihrer Durchblutung, ihrer Ernährung und Entschlackung abhängt.

Luftleer innerhalb der Kapsel, wird das Gelenk nicht durch die Festigkeit von Bändern und Kapsel, sondern durch den Druck der Außenluft zusammengehalten, -- eine höchst sinnreiche Einrichtung, die die Glieder nahezu gewichtlos macht und eine Menge Energie spart; wie viel, das spürt ein Verletzter, dem Luft in die Hüftgelenkkapsel gedrungen ist, und der sein Bein als zentnerschwer empfindet.

Nur durch Gebrauch wird ein Organ erhalten. Still-liegende Gelenke verkümmern: es fehlt an Gelenkschmiere, die Bewegung gibt Reibegeräusche, die Kapsel schrumpft, die Beweglichkeit wird geringer; sind zudem noch entzündliche Vorgänge am Werk, so bildet sich aus den entzündlichen Absonderungen innerhalb der Kapsel Knorpel, schließlich Knochen: das Gelenk wird steif.

Umgekehrt bildet sich ein neues Gelenk da, wo es gar nicht hingehört, wenn die beiden Enden eines gebrochenen Knochens dauernd gegeneinander bewegt werden („künstliche" Gelenke), ein eindrucksvolles Zeugnis dafür, daß die Organe von der Funktion abhängen, ja durch die Funktion erst eigentlich gebildet werden.

Die Tätigkeit der aktiven Bewegungsorgane, der *Muskeln,* beruht auf der Fähigkeit der langgestreckten Muskelzelle, der „Muskelfaser", sich auf einen Reiz vom Nervensystem hin augenblicklich zu verdicken und zu verkürzen und so durch Annäherung ihrer beiden Enden Arbeit zu leisten. Den Muskel kann man sich im Prinzip als einen Strick aus solchen längsgelagerten, verkürzungsfähigen Fäserchen vorstellen, der an seinen beiden Enden mit festen bindegewebigen Verbindungsstücken, den Sehnen, an zwei (meist benachbarten) Knochen angewachsen ist. Auf den gemeinsamen Nervenreiz hin summieren sich die Verkürzungen und Verdickungen der Millionen Einzelfäserchen zu erheblicher Verkürzung und Verdickung des ganzen Muskels, so daß die beiden Knochen einander genähert werden.

Im Ruhezustand, der *Lösung* (Relaxion) ist der gesunde Muskel *weich, aber nicht schlaff;* er behält eine gewisse vitale Spannung, die benso auf der Flüssigkeitsfüllung seiner Adern und Gewebespalten wie auf fortwirkenden Reizen vom Nervensystem beruht. Muskeln, die sich in der Lösung schwammig anfühlen, fehlt es an vitaler Spannkraft; sie sind *schlaff.*

Der tätige, *gespannte* (kontrahierte) Muskel ist im Verhältnis zum ruhenden kürzer dicker und fester, bleibt aber elastisch. Er fühlt sich straff und prall an, aber nicht hart. „Eiserne" oder „drahtige" Muskeln sind *verspannt;* ihre Blutversorgung ist gestört und damit auch ihr Stoffwechsel. Verspannte Muskeln erweisen sich nicht selten beim Lösen als schlaff; *Schlaffheit und Verspannung hängen zusammen.*

Wird ein Muskel durch Entfernen seiner beiden Ansätze über seine Ruhelänge hinaus *gedehnt,* – sei es durch fremde Kraft oder durch Tätigkeit anderer, ihm entgegen arbeitender Muskeln –, so fühlt er sich wiederum „gespannt" an, ähnlich wie eine gespannte Saite. Es ist dies aber eine passive Spannung; der gedehnte Muskel leistet keine Arbeit. Lösung und Dehnung sind also passive Zustände; nur der verkürzte Muskel ist aktiv.

Gesunde Muskeln sind in der Dehnung *straff, aber nicht hart.* Hart werden beim Dehnen Muskeln, die des Dehnens ungewohnt sind, aber auch solche, die dauernd gedehnt bleiben, z. B. bei Stillegung eines Gliedes im Verband. Härte und Unelastizität gedehnter Muskeln sind Zeichen schlechter Durchblutung und mangelnder Lebenstätigkeit.

Die *Sehnen* sind bei der Bewegung passiv. Wichtig ist ihre hohe Reiz-empfindlichkeit und Reaktionsbereitschaft, die sie mit allem Bindege-webe gemein haben. Eine gute Muskelmassage wird deshalb immer die Muskelansätze besonders bedenken, denn die Heil- und Erneuerungsvor-gänge gehen wesentlich vom Bindegewebe aus.

Die *Ruhespannung* der Muskeln, ihr Tonus, wird vom Nervensystem aus einheitlich geregelt. Ihr Sinn ist es, die Muskeln in *Arbeitsbereit-schaft* zu halten. Demgemäß wechselt der Tonus je nach dem Körperzu-stand, der Tageszeit, der Lebensweise. Er ist individuell sehr verschieden und beim selben Menschen im Wachen höher als im Schlaf, am Morgen höher als nach ermüdender Arbeit, in Luft und Sonne höher als in verbrauchter Stubenluft.

Er ist aber auch ungleich bei verschiedenen Muskelgruppen: arbeits-gewohnte Muskeln haben einen hohen, ungeübte einen geringen Tonus.

Der Zustand der ruhenden Muskulatur, ihre Elastizität, ihre Schlaff-heit oder Härte, das Spannungsverhältnis verschiedener Muskelgruppen zueinander bildet deshalb einen guten Prüfstein für die Funktionstüch-tigkeit der Muskeln; er gibt auch ein Bild von der Bewegungsweise eines Menschen.

3. Muskelspiel

Tätigkeit der Muskeln

Für die *Tätigkeit der Muskeln* kann man tieferes Verständnis nur aus der Betrachtung des nervlichen Geschehens gewinnen (s. Teil IV, Bewe-gungslenkung). Die Mechanik ist nur das Einmaleins der Bewegung; aber ohne Einmaleins kann man keine algebraischen Aufgaben lösen.

Wer wissen will, welche Muskeln bei einer Bewegung arbeiten, muß sich vor allem darüber klar sein, wie die Wirkungsweise eines Muskels mit seinem Bau zusammenhängt. Ist ein Muskel – im einfachsten Fal-le – zwischen zwei Knochen ausgespannt wie ein selbsttätig sich verkür-zender Strick zwischen einem festen Gegenstand und einem fahrbaren, so wird er bei seiner Verkürzung den beweglicheren Knochen in Bewe-gung setzen und ihn an den festeren (fixierten) heranholen.

Hat der Muskel an seinem einen Ende eine, am anderen Ende aber mehrere Sehnen (mehrköpfige Muskeln, fächerförmige usw.), so wird,

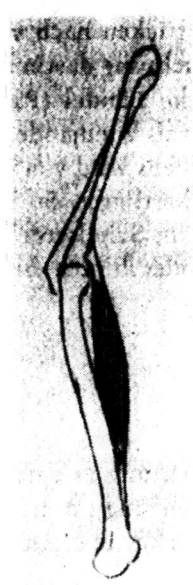

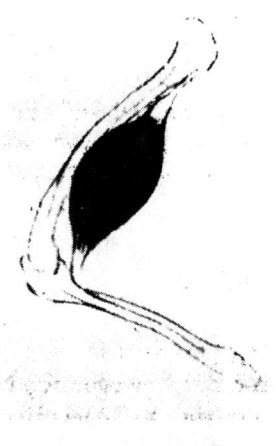

wie bei einem Wagen, an dem mit mehreren Stricken nach verschiedenen Richtungen gezogen wird, die Bewegungsrichtung davon abhängen, an welchen Stricken gezogen wird, d. h. welche Bündel (Partien) des Muskels arbeiten und in welchem Kräfteverhältnis zueinander. Die tatsächliche Bewegungsrichtung des loseren Knochens wird von der Resultierenden der zusammenwirkenden Zugkräfte bestimmt. So kann z. B. der fächerförmige Deltamuskel, der den Arm im Schultergelenk hebt, ihn rein seitlich, aber auch mehr nach vorn oder hinten bewegen, je nach der Zusammenarbeit seiner Bündel.

Funktion und Lage

Ferner muß man wissen, wie die Bewegungsrichtung in einem Gelenk mit der Lage des bewegenden Muskels zusammenhängt, d. h. wo für die Hauptgelenke des Körpers die Beuger und Strecker, die Anzieher und Abspreizer, die Ein- und Ausroller liegen.

Wenn man sich den Muskel wieder als einen sich selbsttätig verkürzenden Verbindungsstrick zwischen zwei Knochen vorstellt, so leuchtet es ein, daß die Bewegungsrichtung von der Lage des Muskels zum Gelenk bestimmt wird: Muskeln, die über die Beugeseite eines Gelenks hinweglaufen, werden das Gelenk beugen, Muskeln, die über seine Streckseite hinziehen, werden es strecken. Es sitzen also die *Beuger* an der Beugeseite des Gelenks und die *Strecker* an seiner Streckseite: beim Hüftgelenk die Strecker hinten und die Beuger vorn, beim Kniegelenk die Beuger hinten, die Strecker vorn, beim Ellenbogen die Strecker außen und die Beuger innen, für die Wirbelsäule die Beuger vorn (in der Bauchdecke), die Strecker hinten (lange Rückenmuskeln), für das Handgelenk die Beuger innen und die Strecker außen; die Beuger der Finger und Zehen müssen an der Innenseite der Hand und an der Sohlenseite des Fußes, ihre Strecker an Hand- und Fußrücken entlanglaufen usw.
Ein Muskel, der von der Außenseite eines Gliedes, z. B. des Beines, zum Rumpf läuft, wird das Glied seitlich vom Körper entfernen (abspreizen), einer, der von der Innenseite zum Rumpf geht, wird es wieder an ihn heranziehen. Es sitzen also die *Abspreizer* der Glieder, der Daumen, der großen Zehen an ihrer Außenseite, die *Anzieher* an ihrer Innenseite.
Drehung eines Gliedes um seine eigne Achse wird dadurch möglich, daß ein Muskel an dem einen der beiden Knochen an der Innenseite, am

anderen an der Außenseite ansetzt, so daß er sich zwischen Ursprung und Ansatz spiralig um das Gelenk herumwindet. Ein Muskel, der von

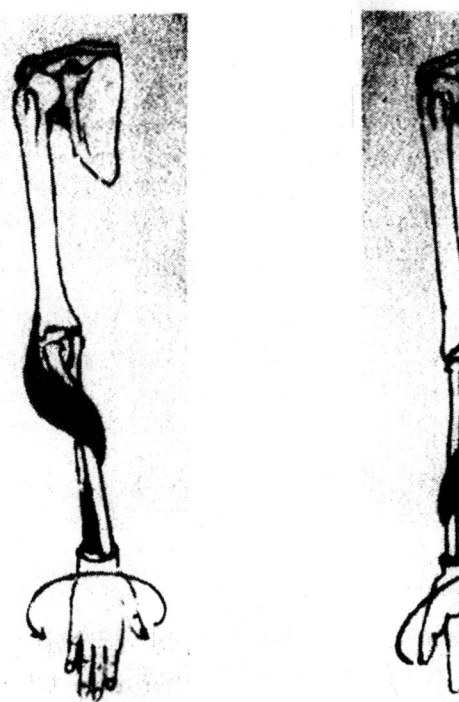

der Beugeseite des Oberarms kommt, sich nach außen um das Ellenbogengelenk windet und an der Streckseite des Unterarms ansetzt, muß den Unterarm nach innen, einer, der hinter dem Ellenbogen her vom selben Ursprung zum selben Ansatz läuft, muß den Unterarm nach außen rollen: *Einroller und Ausroller.*

Hebelwirkung

Die Knochen wirken als einarmige *Hebel.* Ansatzpunkt der Kraft ist der Ansatz des bewegenden Muskels, Ansatzpunkt der Last bei freier Bewegung der Schwerpunkt des bewegten Gliedes, bei Bewegung gegen einen Widerstand, etwa mit Belastung durch ein Gewicht, der Schwerpunkt des Gliedes mitsamt dem zu bewegenden Gewicht. Kraftarm* ist der

---

* ein physikalisches Fachwort, das nichts mit dem menschlichen Arm zu tun hat.

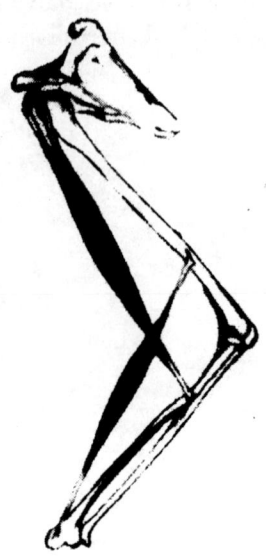

Abstand vom Muskelansatz bis zum Drehpunkt des Hebels, dem bewegten Gelenk, Lastarm die Entfernung zwischen dem Gelenk und dem
Schwerpunkt des Gliedes.

Nach dem Hebelgesetz verhält sich die für die Bewegung notwendige
Kraft zur Last wie der Lastarm zum Kraftarm. Praktisch bedeutet das:
je länger der Kraftarm, d. h. je weiter vom Gelenk der arbeitende Muskel am zu bewegenden Knochen ansetzt, umso weniger Kraft ist notwendig, um die Last zu bewegen. Es wird also ökonomischer Weise von
zwei Muskeln mit derselben Wirkungsrichtung immer derjenige arbeiten,
der nahe dem Gelenk entspringt, lang am bewegten Knochen hinläuft
und weit vom Gelenk ansetzt. So wird beim Anbeugen des belasteten
Unterarms und beim Heranziehen einer Last an den Körper in erster
Linie der Unterarmbeuger (m. brachioradialis) arbeiten, der dicht beim
Ellenbogen am Oberarm entspringt und weit von ihm näher dem Handgelenk am Unterarm ansetzt. Dagegen wird beim Heranziehen des Oberarms an den Unterarm, des Körpers an einen festen Gegenstand
(Klimmzug) in erster Linie der zweiköpfige Oberarmbeuger (m.
biceps brachii) arbeiten, der am Unterarm dicht beim Ellenbogen,
am Oberarm aber weit von ihm, nahe dem Schultergelenk ansetzt.

So wenigstens sieht die Sache theoretisch aus; praktisch zeigt die Erfahrung, daß immer beide Muskeln arbeiten, aber in verschiedenem Kräfteverhältnis je nach der Bewegungsaufgabe.

Daraus erklärt es sich, daß die Arme, als die eigentlichen Arbeitsorgane, für das Beugen wie für das Strecken je zwei Muskeln haben, einen für die Bewegung des Unterarms bei festgestelltem Oberarm und einen für die des Oberarms bei festgestelltem Unterarm – während z.B. für das Strecken des Kniegelenks im wesentlichen nur der vierköpfige Kniestrecker (m. quadriceps femoris) da ist, der bei festgestelltem Unterschenkel (im Stehen) den Oberschenkel zur Kniestreckung bewegt: da wir mit den Füßen keine Lasten tragen, braucht es keiner besonderen Kniestrecker am Unterschenkel.

Andrerseits ist zur Leistung umso weniger Kraft nötig, je kürzer der Lastarm, d.h. je näher beim Körper die zu hebende Last gefaßt wird. Man trägt deshalb eine Last umso leichter, je dichter man sie beim Körper hält, am leichtesten auf dem Kopf oder auf beide Schultern oder Arme verteilt, wobei der gemeinsame Schwerpunkt beider Teile in die Mittellinie des Körpers fällt, und am schwersten mit waagerecht ausgestrecktem Arm.

Günstig ist also langer Kraftarm und kurzer Lastarm, ungünstig langer Lastarm und kurzer Kraftarm.

„Örtliche Kräftigungsübungen"

Sinngemäße Anwendung des Hebelgesetzes ergibt ein objektives Kriterium, zwischen natürlichen und unnatürlichen Turnübungen zu unterscheiden. Unnatürlich und von schlechter Wirkung auf Bewegungsablauf, Atmung und Kreislauf ist es, die Leistung dadurch zu steigern, daß man den Lastarm künstlich verlängert und den Kraftarm künstlich verkürzt. Unnatürlich ist es z.B., die Bauchmuskeln durch Anheben der gestreckten Beine in der Rückenlage oder durch Aufrichten des Oberkörpers mit über dem Kopf erhobenen Armen zu üben; denn man macht eine an sich leichte Bewegung künstlich schwer, indem man eine unökonomische und darum unnatürliche Ausführung vorschreibt.

Auf natürliche Weise werden die Bauchmuskeln geübt, wenn man sich etwa mit einem schweren Ball in den Händen aus der Rückenlage aufrichtet, ihn im Aufrichten abwirft, ihn mit den Füßen heranholt, hochstemmt, abwirft, mit den Händen auffängt usw. Die Bewegung verläuft

dann kraftökonomisch richtig, und die Leistung wird durch das Fremd-
gewicht des Balles statt durch künstliche Verlängerung des Lastarmes an
Bein oder Oberkörper erhöht.

Nur natürliche, kraftökonomisch richtig ausgeführte Bewegungen
sind zur Übung der Muskulatur geeignet. Unnatürliche Bewegungen verderben den Bewegungssinn, stören die natürliche Innervation und das
Zusammenspiel der Muskeln und kräftigen die Muskeln auf eine fragwürdige, ihrer Funktion im Alltag schädliche Weise. Sie schaffen überdies Verwirrung im Lebensgefühl und in der Bewegungsphantasie.

Von hier aus gesehen verdient die Bewegung mit Dingen, in diesem
Fall mit schweren Dingen, bei weitem den Vorzug vor „Freiübungen",
in Wahrheit Zwangsübungen, die darauf angelegt sind, durch künstliches
Verlängern des Lastarms Leistung zu erzwingen.

Die Hebelwirkung der Muskeln hängt außerdem von dem Winkel ab,
in dem die Kraft am von ihr bewegten Knochen angreift („Drehmoment"). Um voll zur Wirkung zu kommen, müßte die Kraft senkrecht
zum Knochen angreifen. Greift sie im spitzen Winkel an, so wirkt sich
ein Teil der Kraft in der Längsrichtung des Knochens selbst aus, also als
Druck oder Zug im Gelenk, und nur der Rest als bewegende Kraft.

Daher kommt es, daß viele Bewegungen in ihrem Anfang „schwerer"
sind als im weiteren Verlauf: der Muskel, der ein gestrecktes Gelenk
beugen soll, läuft beinahe parallel zu dem zu bewegenden Knochen; erst
in dem Maße, wie die Bewegung fortschreitet, wird sein Angriffswinkel
kleiner und die Bewegung leichter. Man kommt deshalb weit leichter
aus der halben Kniebeuge hoch als aus einer tiefen, und ein Klimmzug
ist unvergleichlich schwerer, wenn die Arme zu Beginn ganz gestreckt,
als wenn sie auch nur ein wenig gebeugt sind.

Ungeübte Muskeln soll man so lange unter günstigem Ansatzwinkel
arbeiten lassen, bis sie Spannkraft und Arbeitslust bekommen haben.
Auch von hier aus sind die genannten künstlichen Bauchmuskelübungen
zu verurteilen.

Dem denkenden Leser wird hier die Frage aufsteigen, wie man denn
dazu komme, Muskeln durch sogenannte Übungen, d.h. durch isolierte
Bewegungen bestimmter Körperteile bei Feststellung anderer kräftigen
zu wollen statt durch natürliche Arbeit des Gesamtorganismus, bei der
die Aufgabe ja leicht so zu stellen wäre, daß bestimmte Muskelgruppen
von ihr besonders in Anspruch genommen würden? Also warum man
z. B. zur Kräftigung der Rückenmuskeln Aufbeugen in Bauchlage übt,
statt etwa einen Ziegelstein zu heben, zu tragen, einander zuzureichen
und zuzuwerfen?

Nun, aus demselben Grunde, aus dem man in der Schule das Lesen beim Buchstaben statt beim Wort anfängt oder die Fremdsprache bei der Vokabel statt beim Sinnzusammenhang; aus dem man den kranken Darm oder die kranke Seele behandelt statt den ganzen Menschen, oder aus dem man beim Gesunden vitaminhaltige Nahrungsmittel durch Vitaminpillen zu ersetzen meint.

Das für die Naturwissenschaft unentbehrliche und sie kennzeichnende Zergliedern von Ganzheiten hat uns vergessen lassen, daß ein Ganzes nicht aus seinen Bestandteilen zusammengesetzt ist, sondern in sie nur zu Forschungszwecken zerlegt wird. Rund hundert Jahre lang wurden wir blind und immer blinder für Grundtatsachen des Lebens. Wir betrachteten Tiere außer Zusammenhang mit ihrem Lebensraum, beurteilten ungesetzliche Handlungen junger Menschen unabhängig von Familie und sozialem Hintergrund, und so bildeten wir auch den Körper — nicht etwa den Menschen — zu angeblicher Harmonie, indem wir seine Muskelgruppen mit ausgedachten Übungen einzeln durchtrainierten. Daß selbst bei „klassisch" gleichmäßiger Entwicklung der Muskulatur unsre Sportler so selten den Eindruck von Geschlossenheit und fragloser Bewegungssicherheit hervorrufen wie jedes kleine Kind und jede Katze, scheint uns nicht sehr zu beunruhigen. Übungen machen scheint immer noch ein fraglos hingenommener Weg der Leibeserziehung zu sein.

Zusammenspiel (Koordination)

Bewegung ist ein *antagonistischer Vorgang*. Der einzelne Muskel kann Geschwindigkeit erteilen, aber die Bewegung nicht zum Halten bringen, wie man an den ausfahrenden, übers Ziel hinausgehenden Bewegungen bei krankhaftem Versagen des Zusammenspiels sehen kann. Nie ist deshalb bei einer Bewegung nur *ein* Muskel tätig; immer arbeitet der bewegende Muskel mit einem in entgegengesetzter Richtung arbeitenden, seinem *Gegenspieler oder Antagonisten* zusammen. Wie man die Bewegung eines Schlittens auf glatter Fläche feiner abstufen kann, wenn man ihn zu zweit führt, so daß der eine vorn zieht, der andere von hinten mit geringerem Gegenzug hemmt, so werden auch die Bewegungen der Glieder in ihrer Geschwindigkeit durch Zug und Gegenzug abgestuft.

Auch die *Richtung* der Bewegung wird durch Zusammenspiel der Muskeln bestimmt. Nur ausnahmsweise genügt die Arbeit eines einzelnen Muskels, um der Bewegung die gewünschte Richtung zu geben, denn kaum je wird ja ein Knochen genau in der Richtung bewegt, in der ein bestimmter Muskel wirkt. Fast immer müssen mehrere in verschiedene Richtungen ziehende Muskeln zusammenwirken, um die gewünschte Bewegungsrichtung zu erreichen. Denn einerseits sind die meisten Bewegungen rundlinig, andererseits verläuft kaum ein Muskel genau in der Längsrichtung des Gliedes; so müssen stets viele Muskeln zusammenwirken und einander ablösen, um eine einzige Bewegung zustande zu bringen.

Jeder dieser Muskeln aber bedarf wieder seines Antagonisten als Mitspielers, wodurch sich die Zahl der wirkenden Muskeln wiederum verdoppelt.

Es wirken also bei einer Bewegung eine große Zahl von Muskeln zusammen, die man je nach ihrer Wirkungsrichtung als Beweger und Gegenspieler die Synergisten und Antagonisten der Bewegung nennt.

So wirkt etwa bei der Streckung in einem Gelenk die Gruppe der Strecker als Hauptsynergisten gegen die Gruppe der Beuger als Antagonisten der Bewegung. Zugleich aber wirken als Antagonisten solche Muskeln mit, die eine Nebenfunktion der Strecker, etwa eine Drehwirkung, verhindern; denn nicht jeder Muskel hat nur *eine* Aufgabe. Und so kann schon eine einfache Streckbewegung ein kompliziertes Zusammenspiel erfordern.

Wer sich darüber klar wird, welch fein abgestufte Zusammenarbeit von Spielern und Gegenspielern erfordert wird, um auch nur die einfachste Bewegung reibungslos und fließend ablaufen zu lassen, wird kaum auf den Gedanken kommen, dies zarte, gleichsam musikalisch abgestimmte Zusammenspiel könne anders als durch unwillkürliche nervliche Regulationen gesteuert werden; und er hat recht. Kaum ein gröberer und schädlicherer Eingriff in die „Musik" des Muskelorchesters ist denkbar als die Anweisung, im Stehen oder gar in der Bewegung alle Muskeln anzuspannen. Wenn sie immer noch vorkommt, so zeigt das, wie stümperhaft, trotz physiologischer Belehrung unser Wissen vom Ablauf der natürlichen, dem Leibe und dem Menschen gemäßen Bewegung noch ist.

Haltungs- und Formspannungsfunktionen

Die Muskeln sind aber nicht nur Beweger; sie haben außerdem die wichtige Aufgabe, den Körper in Form zu halten. In jeden Bewegungsvorgang spielen nämlich Haltungsfunktionen hinein — selbst bei Bewegungen im Liegen.

Um eine Tür öffnen zu können, muß man zunächst einmal aufrecht stehen, und es müssen so ziemlich alle Bewegungsmuskeln des Rumpfes arbeiten, um den Körper aufrecht zu halten. Jede Tätigkeit der Hände fordert, daß die Arme zur Waagerechten erhoben und bei den verschiedensten Bewegungen der Hände und Finger in dieser Lage erhalten werden. Kein Arm- und kein Rückenmuskel bleibt dabei unbeschäftigt. Diese Haltungs- und Formspannungsfunktionen beruhen genau wie die Bewegungsleistungen der Muskeln auf Wirkung und Gegenwirkung: der Unterschenkel eines Stehenden z. B. wird von der Wadenmuskulatur im Fußgelenk nach hinten, er wird zugleich von den Schienbeinmuskeln als Antagonisten der Wadenmuskeln nach vorn gezogen; sonst würde der Körper nach hinten fallen. Waden- und Schienbeinmuskeln halten den Unterschenkel unter fortwährenden kleinen Schwankungen zwischen sich in der Schwebe. Und dasselbe gilt für Oberschenkel, Becken, Brustkorb und Kopf, nur daß hier die Verhältnisse wesentlich komplizierter und die Zahl der zusammenarbeitenden Muskeln um ein vielfaches größer ist.

Schon das Stehen als solches verlangt also die Zusammenarbeit vieler, ja praktisch aller Muskeln. Jede Arbeit, jede mit einer Last oder gegen einen Widerstand geleistete Tätigkeit der Arme übt aber außerdem Druck- und Zugwirkungen auf den stehenden oder sitzenden Körper aus, gefährdet damit sein Gleichgewicht und verlangt ausgleichende Muskeltätigkeit, Gegendruck und Gegenzug, die, bei ungestörter Bewegungsfunktion, im Sitzen wie im Stehen bis in Beine und Füße durchlaufen.

Schwere, Trägheit, Fliehkraft

Jede Bewegung verläuft unter der Einwirkung der *Schwerkraft*. Ist die Bewegung aufwärts gerichtet, so wirkt die Schwere ihr als Antagonist entgegen und macht die antagonistische Tätigkeit abwärtsziehender Muskelgruppen unnötig; ist sie abwärts gerichtet, so wirkt die Schwere als Synergist, und die Muskeln brauchen nur die gegenhaltende antagonistische Arbeit zu leisten. Verläuft die Bewegung in der waagerechten Ebene, so müssen die sich bewegenden Glieder ständig der Schwere entgegen in der Waagerechten gehalten werden; es wirken also als Gegenspieler der Schwerkraft, außer den Bewegern, die Muskeln mit, die die Glieder zu heben haben. Und in allen Fällen haben die Muskeln gegen die Schwerkraft Haltungsaufgaben zu erfüllen.

Bei fortlaufenden Bewegungen spielt das *Beharrungsvermögen* (die Trägheit) mit und macht einen Teil der Muskelarbeit unnötig. Eine praktisch erhebliche Rolle spielt es beim Gehen auf glatter Fläche (Eis, Schnee) sowie bei allen pendelnden Bewegungen, beim Schwingen der Arme und Beine und bei Schwungbewegungen mit Dingen. Die der Schwerkraft folgende Last des Pendels wird durch die Trägheit, d. h. das Vermögen der Körper, in einer begonnenen Bewegung zu verharren, über den Tiefpunkt der Bewegung hinaus und ungefähr (denn Luftwiderstand und Reibung in den Gelenken geben eine geringe Hemmung) zur selben Höhe wieder emporgehoben, aus der die Pendelbewegung begann. Die Leistung bei Schwungbewegungen liegt daher nicht im Schwingen selbst, – denn das besorgen Schwerkraft und Trägheit, – sondern im Gegenhalten gegen die durch die Halbkreisbewegung ins Spiel gesetzte Fliehkraft.

Die *Fliehkraft* wirkt in jeder pendelnden, kreisenden oder drehenden Bewegung; sie zieht den den Körper vom Kreismittelpunkt nach außen. Die Muskeltätigkeit bei kreisenden und schwingenden Bewegungen besteht wesentlich darin, der Fliehkraft Widerstand zu leisten, das schwingende Glied und den ganzen Körper in seiner Form zu erhalten oder – bei Drehungen und Kurven – dem Körper eine Haltung zu geben, in der er die Fliehkraft wirken lassen kann, ohne sich von ihr aus seiner Bahn schleudern zu lassen (Bogenlauf auf dem Eise).

Grenzen der Bewegungsanalyse

Das alles muß man zusammensehen, um ein einigermaßen zutreffendes Bild vom Zusammenspiel der Muskeln erhalten. Man erkennt dann, daß, von der Koordination her betrachtet, die menschliche Bewegung als ein höchst zusammengesetzter Vorgang erscheint, und man beginnt zu begreifen, daß die Analyse auch nur einer einzigen Alltagsbewegung, d. h. die exakte Beschreibung der Muskeltätigkeit bei einer solchen Bewegung, den Forscher vor kaum überwindliche Schwierigkeiten stellt.

Tatsächlich versagen hier oft die klarsten Berechnungen: man hat ausgetüftelt, daß eine bestimmte Muskelgruppe bei einer bestimmten Bewegung die Hauptarbeit zu leisten habe, und in der Praxis erscheint der Muskelschmerz, das Zeichen ungewohnter Muskelanstrengung, an einer ganz anderen Gruppe. Nachträglich gelingt es dann nicht selten, hinter das Warum zu kommen; aber im ganzen ergibt sich der Eindruck, daß die Bewegungsanalyse kein praktisch brauchbares Mittel zur Erforschung des Bewegungsablaufs ist. Nur im allergröbsten Sinne ist sie brauchbar.

4. Wirkung der Bewegung auf Muskeln und Gesamtorganismus.

Funktionelle Anpassung *

Mit dem Begriff der Anpassung wird bereits die mechanische Betrachtung verlassen und eine organische eingeleitet. Wenn die Ergebnisse der funktionellen Anpassung dennoch unter die mehr mechanischen Vorbetrachtungen eingereiht werden, so deshalb, weil sie in der Hauptsache auf die quantitativen, leistungsmäßigen Werte der Bewegung, weniger auf ihre qualitativen hinweisen. Auch erscheint es als wünschenswert, die allgemein bekannten und anerkannten, mehr das Nur-Körperliche betreffenden Ergebnisse der Bewegungslehre dem einleitenden Kapitel einzufügen, um die folgenden für eine neue, den Menschen einbeziehende Betrachtungsweise freizuhalten.

Ein Organismus ist keine Maschine. Eine Maschine wird durch Schonung erhalten und durch Gebrauch abgenutzt; ein Organismus wird durch Gebrauch erhalten und entwickelt, und er verkümmert durch Untätigkeit.

Die Leistungsfähigkeit der Organe ist uns nicht mitgegeben; sie wird erst durch ihren Gebrauch ausgebildet. Jedes Organ entwickelt sich so, daß es sich den Leistungsansprüchen der Umwelt anpaßt. Alle Entwicklung der Individuen während des nachgeburtlichen Lebens beruht auf Anpassungsvorgängen, und darüber hinaus scheint die Anpassung an Umweltreize, d. h. an veränderte Lebensbedingungen eine wichtige Rolle auch bei der Entwicklung der Arten zu spielen. Außer Zweifel ist, daß nur anpassungsfähige Tierarten sich unter veränderten Lebensbedingungen erhalten, festgelegte zugrunde gehen.

Auf Anpassung beruhen alle wichtigen Lebensvorgänge. Die Heilung von Wunden beruht auf Anpassung von Blutströmung und Zelltätigkeit der Blutkörperchen und des Bindegewebes, die Erhaltung der gleichmäßigen Körpertemperatur bei stärkstem Temperaturwechsel der Außenwelt auf Anpassungsvorgängen der Hautblutgefäße, der Haut-

---

* siehe Lange/Roux, funktionelle Anpassung und Gaulhofer-Streicher, österreichisches Volksschulturnen

41

muskeln und Schweißdrüsen, die Möglichkeit von Arbeitsleistungen auf der Anpassung von Bewegungsmuskeln, Herz, Gefäßsystem, Lungen, Nieren usw.

Für die Anpassung der Organe gelten zwei Grundregeln, die sogenannten *Roux'schen Gesetze*. Das qualitative oder physiologische sagt, daß ein Organ sich erhöhten Ansprüchen durch Steigerung der ihm eigentümlichen (spezifischen) Leistung anpaßt, das quantitative oder morphologische, daß das beanspruchte Organ sich in der Richtung des erhöhten Gebrauchs so lange vergrößert, bis es die für die neue Leistung günstigste Gestalt erreicht hat.

Als Anpassungsreiz wirkt in beiden Fällen die erhöhte Leistung. Zur Anpassung führt sie nur dann, wenn der Anpassungsreiz hinreichend groß ist, d. h. wenn eine erhebliche Mehrleistung stattfindet. Diese Bedingung ist praktisch wichtig; läßt man sie außer acht, wie es vielfach geschieht, d. h. nimmt man an, daß *jede* Mehrleistung zur Anpassung führe, so kommt man zu Ergebnissen, die die Regeln der funktionellen Anpassung zu widerlegen scheinen, während sie sie in Wirklichkeit bestätigen. Man wird es z. B. mit sehr allmählicher Gewöhnung an Kältereize versuchen und sich wundern, daß keine Abhärtung eintritt, – trotz aller Vorsicht, wie man meint, in Wirklichkeit aber *wegen* ihrer. Nur sprunghafte, wenn auch wohlüberlegte und behutsame Leistungssteigerung führt zur Anpassung.

Kommt ein Mensch ins Hochgebirge, d. h. in dünnere Luft, die weniger Sauerstoff im Kubikmeter enthält, so vermehren sie die roten Blutkörperchen, die den Sauerstoff von der Lunge zu den Geweben bringen; es lernt aber auch das einzelne Blutkörperchen, mehr Sauerstoff aufzunehmen als bisher.

Müssen infolge starker Bewegung die Nieren mehr Stoffwechselschlacken in der Zeiteinheit wegschaffen, so wachsen sie nicht nur, sondern sie lernen auch, im Verhältnis zu ihrer Größe mehr Flüssigkeit in der Zeiteinheit auszuscheiden. Ein Herz, das sich vom Gehen in der Ebene auf Bergsteigen umstellen muß, lernt, bei einer Zusammenziehung mehr Blut in die Hauptschlagader zu pumpen als zuvor; außerdem wird es größer und dickwandiger. Beides vergrößert sein Schlagvolumen.

Häufig gedehnte Muskeln werden durch Bewegung elastischer und länger, häufig gelöste werden weicher. Muskeln, die in der Zeiteinheit mehr Arbeit leisten, werden kürzer und dicker, aber auch leistungsfähiger, und zwar nicht nur durch Vermehrung der Faserzahl im Querschnitt, sondern auch durch wachsende Leistungsfähigkeit der einzelnen Muskelfaser.

Wechsel von aktiver Arbeit und passivem Dehnen kräftigt den Muskel, ohne ihn zu verkürzen. Er kann dabei gleichzeitig dicker und (durch Längenwachstum der Sehnen und Fasern) länger werden. Durch solchen Wechsel werden die Muskeln gefestigt und zugleich elastisch erhalten, während einseitig auf Kraft geübte Muskeln hart und knollig werden (Schwerathleten) und bei mangelnder Übung ihrer Antagonisten sich überdies so stark verkürzen, daß die Glieder nicht mehr frei und gelöst hängen können (gekrümmte Arme und Finger mancher Schwerarbeiter).

Passiv wirkende Gewebe (Stützgewebe, Sehnen, Bänder, Knochen) werden günstig nur durch kurze starke Beanspruchung beeinflußt. Gleichbleibende Dauerbelastung wirkt nicht mehr als Reiz, und die Gewebe reagieren wie toter Stoff; sie werden überdehnt oder verbogen.

So werden Senk-, Platt- und Spreizfüße oft durch langes Stehen erzeugt; kurzes schnelles Laufen oder Springen dagegen kann zu lebendiger Anpassung, zu Straffung und Verkürzung überdehnter Bänder und Sehnen anregen.

Auch für Muskeln gilt es, daß sie durch dauernde passive Belastung geschädigt werden können. Dauerleistungen wie Radfahren oder übermüdendes Gehen auf ebenen Wegen, bei denen dem Herzen dauernd ein wenig mehr Blut zugeführt wird als gewöhnlich, können zu schwerer Schädigung durch Überdehnung des Herzmuskels (Herzerweiterung) führen, weil der Reiz des größeren Blutzustroms unter der Reizschwelle bleibt und die Muskelfasern des Herzens nicht zu erhöhter Tätigkeit anregt; kurze Überanstrengungen beim Schnellauf oder Steigen dagegen werden von einem organisch gesunden Herzen selbst dann ohne dauernden Schaden vertragen, wenn sie zu starken augenblicklichen Beschwerden führen. Die Verhältnisse liegen hier ähnlich wie bei der Wirkung der Genußgifte: einmalige große Gaben werden ohne dauernden Schaden verarbeitet, weil sie heftige Abwehr hervorrufen; dauernd zugeführte kleine Gaben schaden, weil sie keine Abwehr mehr hervorrufen.

Das gibt wichtige Hinweise für die Übung kranker Herzen: bei aller Besonnenheit und Vorsicht muß die Steigerung sprungweise vor sich gehen; allzu allmähliche, „einschleichende" Steigerung nützt nichts und kann schaden.

Wichtig ist das Wissen von der funktionellen Anpassung der Stützgewebe auch für die Behandlung bewegungsgehemmter Gelenke, verkürzter und überdehnter Sehnen. Gelenke werden beweglicher nur durch ausgiebigere Bewegung, d. h. durch Vergrößerung ihres Bewegungsumfanges. Häufige Bewegung macht kein Gelenk beweglicher; sonst müßten alle täglich gebrauchten Gelenke voll beweglich sein.

Sehnen verlängern sich, wenn die beiden Ansatzpunkte ihres Muskels dauernd auseinanderrücken (dehnende Lagen); rücken die Ansätze näher zusammen, werden die Sehnen kürzer (Beugersehnen bei dauernder Beugestellung eines Gelenks). Bei Rückkehr in die normale Stellung gewinnen verkürzte Sehnen ihre normale Länge wieder, überdehnte verkürzen sich.

Danach ist es möglich, durch Bewegung Gelenke, Muskeln und Sehnen planmäßig auszubilden. Gleichzeitig mit der Anpassung der Bewegungsorgane gehen aber Anpassungsvorgänge fast sämtlicher anderer Organe vor sich: Herz und Gefäße stellen sich auf den erhöhten Blutbedarf der arbeitenden Muskeln ein, Lungen und Atemmuskeln auf den vermehrten Sauerstoffbedarf des Muskelstoffwechsels, Haut und Nieren auf die Ausscheidung vermehrter Stoffwechselschlacken, die Verdauungsdrüsen auf den größeren Bahrungsbedarf. Das vegetative Nervensystem lernt, durch seine Reflexe die Organe zur Unterstützung der Muskeln rascher in Tätigkeit zu setzen, das animale, die Arbeit der Muskeln zu neuen und schwierigen Bewegungsleistungen zu koordinieren.

Quantitativer und qualitativer Übungswert

Unter dem Übungswert einer Bewegung versteht man die Art und das Maß ihrer entfaltenden Wirkungen auf Gestalt und Funktionstüchtigkeit des Organismus. Um diese Wirkungen beurteilen zu können, sollte man zwischen *qualitativem und quantitativem Übungswert* unterscheiden. Der quantitative Übungswert bestimmt sich nach der berechenbaren und meßbaren Mehrleistung der arbeitenden Organe, der qualitative beruht auf der lebensteigernden Wirkung der Bewegung für das gebrauchte Organ und für den Organismus als Ganzes.

Der quantitative Übungswert hängt mehr vom Was, der qualitative mehr vom Wie der Bewegung ab. Das Urteil über den qualitativen muß aus der lebendigen Erfahrung, aus dem eigenen Körpergefühl und Bewegungssinn geholt werden; den quantitativen zu bestimmen, ist eine physikalische Aufgabe. Der Mechanik ist nur der quantitative Übungswert zugänglich; um den qualitativen beurteilen zu können, muß man mit der Organik der Bewegung vertraut sein.

Quantitativer und qualitativer Übungswert brauchen keineswegs übereinzustimmen. Eine Bewegung kann Muskeln kräftigen, aber sie zugleich in einen Verspannungszustand versetzen und dadurch ihren Stoffwechsel d. h. die Lebenstätigkeit ihrer Zellen schädigen; sie kann darüber hinaus den Atem hemmen und damit die Lebendigkeit des ganzen Organismus herabsetzen und das Lebensgefühl beeinträchtigen. Sie kann das Herz oder die Nieren zum Wachsen zwingen, aber das Nervensystem schädigen. Das sind nicht etwa nur theoretische Möglichkeiten, sondern sehr wirkliche und praktische Gefahren. Die Leibeserziehung unserer Zeit krankt an der *einseitigen Schätzung des quantitativen Übungswertes;* der qualitative wird allenfalls in den Programmen umschrieben, aber in der Praxis geht man nur zu oft Wege, auf denen er nicht zur Wirkung kommt.

Umgekehrt kann eine Bewegung großen Lebenswert haben, ohne daß die erzielte Mehrleistung sich berechnen ließe. Die Muskeln werden weder länger noch dicker, aber sie werden angriffslustiger und lösungsfähiger, sie fühlen sich auch anders an, elastischer und spannkräftiger. Dem Herzen werden keine Aktionen zugemutet, die es zur Vergrößerung seiner Muskulatur nötigen, aber es wird besser durchblutet, wirksamer als zuvor durch periphere und zentrale Kreislaufkräfte unterstützt und ist infolgedessen größeren Belastungen gewachsen.

Die Lunge wird nicht durch Schnellauf gezwungen, für eine Augenblicksleitung ein vielfaches an Luft zu pumpen, aber sie lernt, im ruhigen Gang des Alltags dauernd mehr zu tun als zuvor, und dieses bescheidene tägliche Mehr kann Werte bringen, an die kein Leistungssport heranreicht, – Lebenswerte, nicht bloß Gesundheitswerte. Von diesen Möglichkeiten weiß unsere öffentliche Leibeserziehung noch wenig; sie will das Gegengewicht gegen die einseitige nervliche Belastung der Zivilisation durch körperliches Ausarbeiten in der Freizeit schaffen. Aber was wir brauchen, ist nicht nur ein Gegengewicht, sondern ein Mitgewicht. *Die allzu „leichte", unkörperliche Nervenarbeit der meisten Berufe muß durch lebensgemäßes Verhalten erdschwerer, körpergemäßer, naturverbundener gestaltet werden.* Mechanische Leichtarbeit und Sport, körperloses Nerventraining im Alltag und seelenloser Muskeldrill als Erholung, das sind zwei gleicherweise lebenswidrige Extreme. Man treibt nicht eine Krankheit durch die entgegengesetzte aus; einige Symptone mag man so zum Verschwinden bringen, aber echte Gesundheit, kraftvolle Lebensfülle wird so nicht erlangt.

Bestimmung des quantitativen Übungswertes

Der quantitative Übungswert einer Bewegung wird bestimmt durch die Art der Anpassungsvorgänge, die sie in inneren und äußeren Organen hervorruft. Auf die Tätigkeit kleinerer Muskelpartien reagieren nur die arbeitenden Muskeln selbst mit Wachstum und Mehrleistung, nicht die inneren Organe. Solche Teilarbeit kann wohl *qualitativen* Wert für innere Organe haben, z. B. fördernde Wirkungen auf den Kreislauf, aber keinen quantitativen. *Berechenbare* Mehrleistung innerer Organe kommt erst zustande, wenn die Bewegung ausgiebig genug ist, um den Energieverbrauch des ganzen Organismus erheblich zu steigern und dadurch den Gesamtstoffwechsel zu vermehren.

Der Übungswert für die Stoffwechselorgane richtet sich nach dem Energieverbrauch innerhalb der gesamten Übungszeit, nicht in der Zeiteinheit. Ausgiebige Dauerbewegung wie kräftig ausschreitendes Wandern, Bergsteigen, Skilaufen, Schlittschuhlaufen, Schwimmen (bei dem die Abkühlung einen hohen Energieverbrauch in kurzer Zeit bewirkt) sind *Stoffwechselübungen*. Sie verlangen Mehrleistungen aller am Stoffwechsel beteiligten Organe: der Atem- und Kreislauforgane, der Nieren und der Haut. Durch das vergrößerte Nahrungsbedürfnis wirken sie außerdem mittelbar auf die Verdauungsorgane.

Zu den Stoffwechselübungen muß auch intensives *Singen* gerechnet werden, denn es steigert die Atmung und belebt den Kreislauf ähnlich wie Wandern und Schwimmen.

Auf großen Energieverbrauch in kürzester Zeit reagiert der Organismus mit stark vergrößertem und beschleunigtem Atem und Herzschlag. Schnelligkeitsübungen wie Schnellauf, Springen, Schnellschwimmen, aber auch jede Bewegung, bei der häufig hintereinander das ganze Korpergewicht gehoben wird, wie Klettern, Berganlaufen, schnelles Berg- und Treppensteigen sind *Herz- und Lungenübungen,*

Bewegung des nackten Leibes in Wind, Sonne und Wasser verlangt intensive Tätigkeit der Hautblutgefäße und der Hautmuskeln zur Wärmeregelung bei wechselnder Erhitzung und Abkühlung; sie ist *Hautübung.*

Hautübung ist das Mittel zur Abhärtung gegen Wärme- und Kältereize, gegen Hitze, Frost und Nässe und damit zum Schutz vor Erkältungskrankheiten. Nur stärkere Unterschiede der Temparatur wirken abhärtend, geringe bleiben unter der Reizschwelle. Ein kühles Bad entzieht dem Körper Wärme, ohne ihn zur Anpassung anzuregen; eine Abreibung mit kaltem Wasser oder Schnee ruft lebhafte Erwärmungswirkung hervor.

Die Grenze wird durch die Reaktionsfähigkeit des vegetativen Nervensystems gesetzt. Nur wenn die Hautgefäße sich weitstellen, die Haut sich rötet, der Atem belebt und vertieft wird, wirken Temperaturreize abhärtend. Reize, die die vegetativen Reflexe einschüchtern (hilflos-hastiges Luftschnappen unter der kalten Brause, blaue Lippen und Nägel beim Schwimmen) schädigen Kreislauf und Nerven.

Abhärtende Maßnahmen sind deshalb nur in der Reizspanne heilsam, in der sie das vegetative Reflexleben anregen. Durch Übung der vegetativen Reflexe kann diese Spanne aber planmäßig erweitert werden.

Das *vegetative Nervensystem,* das die Tätigkeit der inneren Organe, der Gefäße, der Haut und der Drüsen lenkt, kann durch jede Tätigkeit geübt werden, die Forderungen an die Anpassungsfähigkeit von Kreislauf und Atmung stellt: durch Hautpflege, Kälte- und Wärmereize, Luft- und Lichtbad, Wechsel zwischen lebhafter und ruhiger Bewegung usw.

Es kann, aber es muß nicht. Die Art, wie Abhärtung und Bewegung oft übertrieben werden, wirkt auf das vegetative System nicht fördernd, sondern störend, nicht aufweckend, sondern abstumpfend. Nur wenn man objektive Merkmale für die vegetativen Reaktionen, wie Hautfarbe und Atemrhythmus, beachtet, kann man mit Sicherheit fördernd auf das vegetative System einwirken. (näheres unter „Bewegungslenkung").

Das, was der Laie „die Nerven", der Arzt das *animale Nervensystem* nennt (Großhirn, Kleinhirn und Rückenmark), kann durch Bewegung ebensowohl geschädigt wie entfaltet werden. Starke Konzentrationsanstrengungen beim Lernen neuer Bewegungen sind Nervenstrapazen und alles andere als „Gegengewichte" gegen nervenbelastende Berufsarbeit. Aber auch einfache gymnastische Übungen, wenn sie vom Kopf und vom Willen her, ohne intensive Beteiligung von Lebensgefühl und Spielfreude „gemacht" werden, strengen das Großhirn an, ohne ihm fruchtbare und fördernde Aufgaben zu stellen. Gar die so oft geübte willkürliche Atmung und erst recht die krampfhafte Konzentration und die verbissene Selbstbeherrschung, (besser Leibesunterdrückung) bei mißverstandenen und falsch ausgeführten östlichen Atemübungen können eine ernsthafte Schädigung des Nervensystems bedeuten.

Auf die *Muskeln* wirkt Bewegung verschieden, je nachdem sie Kraft- oder Dauerleistung, Schnellkraft oder zügigen Krafteinsatz, Spannung, Dehnung oder Lösung verlangt. Dauerleistungen, die nur geringe Anstrengungen in der Zeiteinheit fordern, wie Wandern, Bergsteigen, Skiwandern, Schlittschuhlaufen, gemächlicher Dauerlauf, machen die Muskeln schlank, so daß sie mit wenig Nahrung auskommen, und erziehen sie zu rascher Entmüdung.

Kraftleistungen, bei denen eine Muskelgruppe verhältnismäßig große Widerstände überwinden muß, lassen die arbeitenden Muskeln kurz und dick werden und schaffen leicht Dissonanz in der Muskulatur (Gewichtstemmer, „starke Männer"). Solche Bewegungen sind anstrengend und bringen dem Gesamtorganismus wenig Nutzen. Sie sind aber manchmal nützliche Vorbereitungen für wertvolle Gesamtbewegungen; so ist die Kniebeuge auf einem Bein, bei der die Strecker eines Beines das Gewicht des ganzen Körpers tragen, als Bergsteigerübung bekannt.

Schnellkraftübungen wie springen, schlagen, stoßen üben die Muskulatur im raschen Wechsel von Spannung und Lösung. Dehnende und lösende Bewegungen machen sie elastisch und weich.

Örtlicher Kräftigungswert

Um wenigstens im gröbsten beurteilen zu können, *welche Muskelgruppen bei einer Bewegung die Hauptarbeit leisten* und also durch sie gekräftigt werden können, muß man sich als erstes klar werden, welche Gelenke benutzt werden und wie: ob Beugen oder Strecken, Abspreizen oder Anziehen, Ein- oder Ausrollen oder all dies in Folge oder Verbindung vorgeht, und welche Muskelgruppen demnach für die Bewegung in Frage kommen.

Ganz so einfach, wie es scheinen könnte, ist das nicht. Ein Armkreisen etwa enthält Armheben vorwärts, aufwärts, rückwärts-seitlich, rückwärts-abwärts, dazu noch ein- und ausrollende Bewegungen, und bei jeder dieser einzelnen Bewegungen wirken mehrere Muskelgruppen zusammen.

Als zweites hat man zu fragen, welche Rolle bei der betreffenden Bewegung die *Schwerkraft* spielt. Denn die Schwerkraft ist Mit- und Gegenspielerin bei aller Bewegung. Verläuft eine Bewegung ihr entgegen, also aufwärts, so haben die bewegenden Muskeln, meist Strecker, die Hauptarbeit; verläuft sie nach unten, so liegt die Leistung bei den hemmenden, gegenhaltenden Muskeln, den Antagonisten der Bewegung, also wiederum den Streckern. Geht sie in eine andere Richtung, so wirkt die Schwerkraft ablenkend, und ein verwickeltes Zusammenspiel von haltenden und bewegenden Muskeln wird nötig. Die Bewegung kann dann als Verbindung von Haltung und Bewegung angesehen werden, und die Schwerkraft wirkt sowohl auf haltende wie bewegende Muskeln ein.

Eine *Kniebeuge* z. B. entsteht durch Beugen in Fuß-, Knie- und Hüftgelenken. Dazu kommen kleinere Ausgleichsbewegungen der Wirbelsäule. In Frage kommen Beuger und Strecker der drei Gelenke und die Rückenstrecker. Die Beuge geschieht *mit* der Schwerkraft; die Schwerkraft wirkt als Synergist der Bewegung; Tätigkeit der Beuger ist also nicht nötig. Dagen müssen die Strecker antagonisch arbeiten, um rasches Zusammensinken zu verhindern.

Die Streckung geschieht *gegen* die Schwerkraft. Wiederum müssen die Strecker arbeiten; antagonistisches Gegenhalten der Beuger ist nicht nötig, da die Schwerkraft gegenwirkt. Die Kniebeuge ist also eine ausgesprochene *Streckerübung*. Sie hat Kräftigungswert für den großen Gesäßmuskel, den vierköpfigen Kniestrecker und die Wadenmuskeln.

Außerdem ist die Kniebeuge eine künstliche und deshalb schwierige *Haltungsübung*. Als solche verlangt sie von den Muskeln nicht Schwer-, sondern Feinarbeit.

Sie wendet sich insbesondere an das Funktionsgefühl der an der Rückseite des Oberschenkels herablaufenden Beckenhalter (mm semitendinosus und semimembranosus), die beim Beugen das Becken vollends aufrichten müssen, so daß das Kreuzbein senkrecht steht. Daß einfaches Bücken mit gestreckt vorgeneigtem Rumpf so viel leichter ist als eine kunstgerechte Kniebeuge, hängt mit dieser Haltefunktion der Becken-halter zusammen. Bücken ist eine Naturbewegung, die Kniebeuge eine Kunstform.

Genau wie die Kniebeuge ist das *Armbeugen und- strecken* im Bar-ren- oder Liegestütz eine *Strecker-*, keine Beugerübung. Der Liegestütz ist außerdem eine der schwierigsten Haltungsübungen, der Barrenstütz fordert ein hohes Maß von innerer Rumpfspannung (s. Kapitel „At-mung"). Als Übung für die *Armbeuger* erweist sich bei gleichartiger Untersuchung der Klimmzug am Reck.

Bei ruhigem *Rumpfbeugen* vorwärts im Stehen oder Knien arbeiten die Rückenstrecker, denn die Schwerkraft unterstützt die Bewegung, und so müssen die Strecker beim Beugen gegenhalten, beim Strecken die Arbeit tun. Dagegen müssen beim Rumpfbeugen in der Rückenlage die Beuger der Wirbelsäule (gerade Bauchmuskeln) arbeiten, denn hier wirkt die Schwerkraft der Bewegung entgegen.

Seitbeugen im Stehen, Knien, Sitzen beansprucht aus den gleichen Gründen die Rückenstrecker der entgegengesetzten Seite, also Rechts-beugen die linken Rückenstrecker. Ebenso übt Tragen und Heben mit dem rechten Arm die linken Rückenstrecker und umgekehrt.

Im Liegen arbeiten beim Anheben des Beckens die dem Boden nächsten Muskeln, d.h. in Rückenlage die der Rückseite, in Bauchlage die der Vorderseite, in Seitenlage die der nach unten liegenden Seite.

Das alles sind mehr oder weniger künstliche Bewegungen, die sich, mit unentwickeltem Bewegungssinn ausgeführt, oft lebenswidrig auswir-ken und dann am Ganzen mehr verderben, als sie am einzelnen Teil vielleicht gutmachen.

Wirksamer als durch sogenannte Freiübungen kann man eine Muskel-gruppe *durch Arbeit* kräftigen, indem man den zu überwindenden Wi-derstand erhöht, — etwa durch ein schweres Gerät wie Vollball, Ziegel-stein usw. Die Leistung wird dadurch *objektiv größer*, zugleich aber fällt sie *subjektiv leichter*, weil die Aufgabe eine natürliche ist: Leute, die keine Kniebeuge fertigbringen, bekommen sie heraus, wenn man ihnen einen schweren Vollball zu halten gibt. Eine erstaunliche Tatsache; sie erklärt sich aus der günstigeren psychologischen Lage: Freiübungen ha-ben zwar einen Zweck, aber der leuchtet dem Lebensgefühl nicht ein; es fühlt sich gerade durch die Zweckhaftigkeit der Bewegung gehemmt. *Arbeit dagegen wird vom Lebensgefühl bejaht*, als sinnvoll empfunden; *die Muskeln haben mehr zu tun, aber der Mensch fühlt sich freier.* Künstliche Übungen machen starr und stumpf, natürliche Arbeit weckt Bewegungslust und Spannkraft; die Muskeln packen freiwillig zu.

Nach den Regeln der funktionellen Anpassung muß man *überdehnte Muskeln*, die sich verkürzen sollen, *im Zustand der Verkürzung arbeiten lassen* nicht in dem der Dehnung. In Rückenlage die Beine flach überm Boden in der waagerechten Ebene zu bewegen, ist für die Bauchmuskeln zwar sehr anstrengend, bringt ihnen aber wenig Nutzen. Hebt man stattdessen Oberkörper und Beine an, so daß man auf dem Becken balanciert, und spielt in dieser Schwebelage in schräger Richtung mit den Beinen in der Luft, so haben die Bauchmuskeln einen günstigen Angriffswinkel und bekommen starke und wirksame Verkürzungsreize, ohne sich übermäßig plagen zu müssen. Aus demselben Grund ist einseitiges Tragen und Heben eine bessere Übung für die Rückenstrecker der Gegenseite als etwa Aufbeugen aus der Seitlage. Auch hier zeigt sich die Überlegenheit natürlicher Bewegungsformen über künstliche.

Ist es auf Dickenwachstum und Verkürzung von Muskeln abgesehen, so muß man außerdem bedenken, daß nur erhebliche Leistung in der Zeiteinheit einen genügenden Wachstumsreiz übt. Die Vorstellung, jede Muskeltätigkeit bringe Muskelwachstum hervor, ist unbegründet.

Grenzen quantitativen Übens

Alles quantitative Üben ist eng begrenzt in seiner Wirksamkeit. Es nutzt nämlich die Anpassungsfähigkeit der Organe aus, um Mehrleistung und Organwachtstum zu erzwingen, aber keineswegs entwickelt es sie. Die Anpassungsfähigkeit ist aber kein festliegender Wert; sie schwankt innerhalb weiter Grenzen. Sie kann verkümmern, und sie kann entfaltet werden.

Daß Kinder so leicht lernen, beruht auf der noch unbeschränkten Anpassungsfähigkeit ihrer Organe, sowohl der inneren Organe und der Muskeln wie des Nervensystems; daß Erwachsene oft so eng an sogenannte Begabung, Geschicklichkeit usw. gebunden sind, liegt an verkümmertem Anpassungsvermögen. Gelingt es, die Anpassungsfähigkeit zu wecken, so wird der „tote Punkt" überwunden, und anstelle des bloßen Lernens kommt eine *Entwicklung* in Gang.

Beim Zivilisationsmenschen ist die Anpassungsfähigkeit meist stark verkümmert. Sein leibliches, nervliches und seelisches Versagen entspringt zu einem erheblichen Teil aus versagender Anpassungsfähigkeit an veränderte Umweltbedingungen. Er braucht deshalb die Entfaltung seiner Anpassungsfähigkeit weit nötiger als ihre Ausnutzung zu körperlichen Leistungs- und Wachstumszwecken. *Verkümmertes Anpassungsver-*

mögen zu wecken und zu entfalten, ist eine der wichtigsten Aufgaben der Körperbildung in unserer Zeit. Die Grundlagen dafür gibt die Organik der Bewegung (s. „Innenbewegung").

5. Das Muskelorgan als Einheit

Die Mechanik betrachtet den Bewegungsorganismus nach Art einer aus Teilen zusammengesetzten Maschine; sie bezeichnet ihn ja auch als Bewegungsapparat. Man muß sich bewußt halten, daß eine solche Betrachtung ein Hilfsmittel ist, – daß sie nur *eine* Seite des Bewegungsgeschehens erfaßt. Macht man aus der mechanischen Betrachtungsweise eine *Auffassung* der Bewegung, so gelangt man zu falschen Folgerungen und zu einer lebenswidrigen Praxis.

Die Muskulatur ist kein aus Teilen zusammengesetzter Apparat, sondern ein *einheitlich wirkendes Organsystem.* Ihre Teile sind nicht nur aus äußeren physikalischen Gründen zum Zusammenwirken genötigt, sie sind auch mit mannigfachen Fäden innerlich verbunden und voneinander abhängig.

Die mechanische Betrachtung schon hat ja deutlich gemacht, daß bei jeder Bewegung des täglichen Lebens mehr oder minder sämtliche Muskeln mitarbeiten: als Zusammenspieler, um aus verschiedenen Zugrichtungen die gewünschte Bewegungsrichtung zu erwirken, als Beweger und Gegenhalter, um die Geschwindigkeit zu regeln und um in jedem Augenblick bremsen zu können, als Haltemuskeln, um Körper und Glieder in der für die Bewegung nötigen Form zu erhalten, als Ausgleicher der dauernd vorgehenden Gleichgewichtsverschiebungen usw.

So innig ist dieses Zusammwirken, daß jede Bewegungsstörung an einer Stelle des Körpers sich sogleich in Störungen über das ganze System auswirkt. Wird z. B. ein gebrochener Arm in der Binde getragen, so erschlafft sogleich die Rumpfmuskulatur an der kranken Seite, das Schulterblatt hängt, die Atmung wird ungleichseitig, der Mittelkörper schlaff, und sogar das Gehen leidet. Es gibt Fälle von Nervenentzündungen im Bein (Ischias), bei denen eine Kopfbewegung (!) heftigen Schmerz im kranken Beinnerv hervorruft. *Es gibt keine isolierte Muskeltätigkeit.*

Über das mechanisch Erklärbare hinaus gehen die sogenannten *Mitbewegungen,* wie sie z. B. als Mienenspiel bei der Arbeit entstehen. Mit dem Zweck der Bewegung haben sie offensichtlich nichts zu tun. Sie sind Ausdrucksbewegungen. Es gibt störende und fördernde Mitbewegungen. Störend sind die mannigfachen Verzerrungen des Gesichts bei Muskelanstrengungen und bei schwieriger Feinarbeit, wie Zusammenpressen der Kiefer, Zukneifen oder Aufreißen der Augen, Verspannen von Schlundmuskeln und Zunge, Einkneifen der Lippen, Nachinnenziehen oder Blähen des Halses, aber auch alle überflüssigen Spannungen an Rumpf und Gliedern (sogenannte Verkrampfungen). Zu den fördernden gehört das ausdrucksvolle Mitspielen der Gesichtszüge bei der Bewegung. Das Gesicht trägt den Ausdruck der Bewegungsweise, es sieht anders aus beim Wegschieben einer schweren Last als beim mühelosen Zurechtstellen kleiner Dinge, anders beim Hämmern als beim Sägen, anders beim Nähen als beim Schneiden.

Die Ausdrucksbewegungen beschränken sich aber nicht aufs Gesicht, sie laufen über den ganzen Leib. Bewegungen der Hände und Arme, Haltung, Gehen und Laufen, Treppensteigen, Aufstehen und Sichsetzen sind ebenso ausdrucksvoll wie das Mienenspiel. Sie sprechen von der Eigenart, der Individualität, dem Charakter, dem Temperament des sich Bewegenden wie von seiner Stimmung. Darüber hinaus sind sie aufs lebendigste von sozialen Kräften mannigfacher Art geprägt. Das Kind übernimmt die Bewegungsweise seiner sozialen Umwelt: nicht zufällig haben Japaner einen anderen „Bewegungsstil" als Eskimos, Neger eine andere Bewegungsweise als Indianer, Zivilisierte eine andere als Eingeborene. Ja selbst zwischen Nord- und Süddeutschen, Rheinländern und Westfalen gibt es erhebliche Unterschiede. .

Vor der Tatsache der Ausdrucksbewegung versagt die mechanische Erklärung. Sie läßt keinen Zweifel, daß die Bewegung von einem Zentrum her gelenkt wird, das mehr ist als die Schaltstelle eines zusammengesetzten Hebelwerks, *von der leiblich-seelischen „Mitte" des Menschen.*

In dieselbe Richtung weist die Beobachtung von Bewegungsstörungen beim Gesunden: Störungen im Bewegungsablauf, Hemmungen, Stockungen, Unstetigkeiten, Starrheiten, Schlaffheiten sind nie örtlich beschränkt. Mögen sie ursprünglich aus örtlichen Ursachen (beengende Kleidung, falsches Sitzen, schlechtes Schuhwerk) entstanden sein, mag der Ort ihrer Entstehung noch so schwer betroffen sein, *immer greifen sie aufs Ganze über.*

Übermäßige Muskelspannung z. B. findet man beim Gesunden nie nur an einer, immer an vielen und verstreut liegenden Stellen, wenn auch oft an einzelnen besonders auffällig. Oft haben sie ihre Ursache im

Stoffwechsel (rheumatische Zustände) und sind nur von da wirksam zu bekämpfen. Oft beruhen sie auf einer allgemeinen Neigung des gesamten Bewegungsorganismus, in der Bewegung das Heranholen der Glieder zu betonen und nie bis zur vollen Streckung zu kommen. Es besteht dann ein *Mißverhältnis zwischen Beugen und Strecken;* das Ruhen in der Bewegung fehlt ganz. Folgen der Überanstrengung an einer Stelle sind dann Schlaffheiten an anderer.

Oder der Mensch — nicht die Muskeln — neigt zum Verharren in der Streckung; seine Bewegungen sind träge und gedehnt (die Langen neigen manchmal dazu), es fehlt an vitaler Angriffslust. Auch da gibt es Verspannungen und Schlaffheiten, denen man von der Muskulatur aus nur scheinbar, wirklich aber nur vom Ganzen der Bewegung her beikommt. Denn immer ist der Bewegungsablauf als Ganzes gestört, und die örtlichen Dissonanzen sind Folgen zentraler Unstimmigkeit.

Hier zeigt sich, wie wenig der wirkliche Sachverhalt getroffen wird, wenn man die leiblichen Vorgänge als bloß physikalische behandelt: im gleichen Augenblick, in dem man einen Bewegungsvorgang leiblich „ganzheitlich" betrachtet, d. h. ihn im Ganzen auch nur des Bewegungsgeschehens (geschweige des Organgeschehens) sieht, spielen *menschliche* Vorgänge hinein. Denn Nichtruhenkönnen, vitale Trägheit, Rhythmusstörung, das sind Verhaltensweisen des Menschen, nicht nur des Leibes. Und so erweist sich: nur als Verhalten des *Menschen* betrachtet, kann die Bewegung als leiblicher Vorgang richtig gesehen werden.

Nochmals zurück zu den Muskeln: *das Muskelorgan arbeitet,* von den Auswirkungen örtlicher Organerkrankungen oder Verletzungen abgesehen, *entweder als ganzes richtig oder als ganzes falsch;* es arbeitet einheitlich. Man kommt deshalb Störungen des Bewegungsablaufs niemals vom Örtlichen her bei. Und selbst wenn man statt einiger Muskeln alle übt, wird nichts Entscheidendes geändert. Erst wenn man die Störung als eine Verhaltensweise des Menschen ansieht und zu beeinflussen sucht, kommt Licht in die Sache.

Bewegungsstörungen sind Rhythmusstörungen. Sie beruhen auf Mißverhältnissen zwischen Spannen und Lösen der Muskeln, zwischen Ballen und Strecken der Glieder, zwischen Anholen und Ausgeben, zwischen Tätigkeit und Ruhe, und sie können deshalb nur durch Neufinden des Bewegungsrhythmus, nicht durch Herumarbeiten an den Muskeln wahrhaft überwunden werden. Geht man statt vom Bewegungsgeschehen als Ganzem — von Antrieb, Ablauf, Ausklang und Neubeginn -- von den einzelnen Muskelgruppen aus, so kann man wohl gewisse Symptome der Bewegungsstörung abüben, aber an den Ursprung der Störung kommt man nicht heran. Deshalb gelangt man zu Ergebnissen, die in der Übungsstunde Erfolg vortäuschen, aber im Alltag versagen.

Der Bewegungsorganismus arbeitet rhythmisch, wie Herz und Gefäße rhythmisch arbeiten. Die Tätigkeit der Muskeln verläuft im Wechsel von Verkürzung, Dehnung und Lösung, deutlich sichtbar am Herzmuskel und am Zwerchfell, die Bewegung der Glieder im Wechsel von Beugung, Streckung und Ruhe. Dieser rhythmische Wechsel geht von keinem äußeren Zweck aus, sondern entspringt der *inneren Natur des Organismus.* Dem äußeren Zweck wird die Bewegung durch *Abwandlung* ihres Rhythmus angepaßt.

Darin verhalten sich also die Muskeln genau wie Atemorgane und Blutgefäße: Das Gesetz ihres Wirkens empfangen sie von innen. Der Atem strömt im Wechsel von Einatmung, Ausatmung und Pause, das Blut fließt in rhythmischen Pulsstößen durch die Adern. Kommen Anforderungen von außen, wird mehr Luft, mehr Blut gebraucht, so wird der Atem vertieft, die Blutströmung beschleunigt; ihr Rhythmus wird abgewandelt aber nicht aufgegeben.

So arbeiten auch die Muskeln in einem dem Leibe innewohnenden Rhythmus. Dieser Rhythmus wird in Anpassung an die äußeren Gegebenheiten abgewandelt; die ganze Mannigfaltigkeit der sichtbaren Bewegung ist eine immer neue Abwandlung eines Grundthemas.

An einem wesentlich einfacheren Fall kann man sich das deutlich machen. Ein Regenwurm kann zwei Dinge tun: er kann sich beugen und strecken, und zwar nach allen Richtungen, und er kann sich zusammenziehen und ausdehnen, wobei er kurz und dick und dann wieder lang und dünn wird. Daraus entsteht eine charakteristische Bewegungsweise, die wir „schlängeln" nennen. Und nun mag der Regenwurm tun, was er will, er mag auf glattem Stein, auf rauhem Sand, über bergige Gartenerde, durch büscheliges Gras kriechen: immer schlängelt er sich, und alle Sonderformen seiner Bewegungen sind Abwandlungen des Sichschlängelns.

Genauso hat der Mensch einen *naturgegebenen Bewegungsrhythmus, der von äußeren Gegebenheiten nicht erzeugt, sondern nur hervorgelockt und abgewandelt wird.* Leibliche und seelische Störungen können diesen Rhythmus verwirren, sie können ihn bis zur Unkenntlichkeit verzerren. Aber selbst im völlig verstörten Zustande bleibt er noch verstörter Rhythmus, nie wird er bloße Mechanik.

Mit der Erscheinung des Rhythmus stoßen wir also zum zweiten Mal an die Grenzen des mechanisch Erklärbaren. Rhythmus ist nach dem Prinzip der Zweckmäßigkeit so wenig zu erklären wie Ausdruck. Die

Erfahrung lehrt zwar, daß der Rhythmus der Bewegung sich zweckmäßig auswirkt, z. B. kraftsparend, daß unrhythmische Bewegung anstrengend und kraftvergeudend ist, daß sie – höchst merkwürdig! – nie die letzte Präzision, die haarscharfe Genauigkeit erreicht, und daß sie vor schwierigen technischen Leistungen, wie sie etwa das Klavier- oder Geigenspiel fordert, versagt. Aber der Versuch, diese Erfahrungstatsachen mechanisch zu erklären, führt zu Konstruktionen und Trugschlüssen. Ausdruck und Rhythmus gehören einer andern Ebene an als mechanische Zweckmäßigkeit.

II. Innenbewegung

Zur Organik der Bewegung

1. Der Lebensboden der Bewegung

Bewegung ist eine Äußerung des Gesamtlebens, nicht eine bloße Muskelleistung. Einen Bewegungsapparat im Sinne eines für sich arbeitenden Hebelwerks gibt es nicht. Er ist eine Arbeits-Hypothese der Physiologen, keine Wirklichkeit. Wir müssen teilen, um zu erkennen, aber die Natur wirkt überall im Ganzen. Das muß man bei aller unentbehrlichen Teilerkenntnis im Sinn haben, sonst kommt man zu Ergebnissen, die als logische Folgerungen aus Teilerkenntnissen richtig sein mögen, als Aussagen über das Wesentliche der Bewegung aber grob falsch sein können. In der Literatur der Leibeserziehung wimmelt es von solchen Trugschlüssen, die daraus kommen, daß man einen Teil der Voraussetzungen übergeht und aus einer oder einigen richtige Konsequenzen zieht. Die Regel ist dabei, daß die mechanischen Gegebenheiten berücksichtigt und die organischen Zusammenhänge übersehen werden. Oder aber es bleibt bei allgemeinen und vieldeutigen Vorstellungen über das Organische, aus denen sich keine konkreten, praktischen Folgerungen ergeben.

Auch im mechanischen Bereich kommen grobe Fehlschlüsse vor, z. B. werden die Hebelarme berücksichtigt, aber das Drehmoment außer acht gelassen. Die Anzahl der Voraussetzungen ist eben im Lebendigen unbegrenzt. Sie sind immer nur zum Teil bekannt; daher sind Fehlschlüsse nie mit Sicherheit zu vermeiden. Das ist der Grund dafür, daß die Bewegungslehre auf dem logischen Schlußverfahren allein niemals sicher steht, so wenig wie etwa die Heilkunde. Überall in der Naturwissenschaft sind Anschauung und Erfahrung die wesentlichen Quellen der Erkenntnis. Das Schlußverfahren hat mehr kritische als aufbauende Funktionen; es prüft nach und verwirft oder bestätigt.

Zu den bestimmenden Voraussetzungen jedes Bewegungsgeschehens im Lebendigen, den immer fortwirkenden Einflüssen, gehören die inneren Lebensvorgänge des Leibes. Es gibt kein Organsystem, das nicht auf die Bewegung einwirkte und von ihr beeinflußt würde. Jede Störung einer Organfunktion beeinträchtigt Lebensgefühl und Bewegungsbereitschaft; jede Hebung des Organlebens, jede Entlastung und Befreiung innerer Lebensvorgänge hebt Bewegungsbereitschaft und -qualität. Luft- und Lichtbäder lassen die Muskulatur harmonischer sich entwickeln, nach dem Fußbad tritt der Fuß zarter und feinfühliger auf, rollt besser ab, fängt das Körpergewicht spannkräftiger auf. Auf längeren Wanderungen, bei einfacher und naturnaher Ernährung beginnt das Bewegungsleben sich zu reinigen und zu richten; Verspannungen lösen, Muskeln straffen sich. Spannkraft erscheint an Stelle von Schlaffheit.

Besonders nahe stehen der Bewegung die rhythmisch arbeitenden Systeme der Atmung und des Kreislaufs sowie das die Bewegung lenkende und ihren Zusammenhang mit dem leiblichen Gesamtgeschehen regelnde Nervensystem. Verdauungs- und Auscheidungsorgane haben zu den Bewegungsorganen nur mittelbare Beziehung, Atmung, Kreislauf und Nervensystem unmittelbare. Jede Bewegung beeinflußt Atmung und Blutströmung; jede Änderung von Atmung und Kreislauf ändert Zustand und Tätigkeit der Bewegungsorgane. Jede Bewegung schickt Erregungswellen durch das gesamte Nervensystem; jeder Reiz, der das Nervensystem trifft, ändert die Reaktionslage in den Bewegungsorganen.

Die Atem- und Kreislaufbeziehungen der Bewegung belehren uns über ihre Lebensbedingungen, gleichsam ihren *Lebensboden,* über ihr Hineingewebtsein in das Ganze des Leibes, ihr Verflochtensein mit allen anderen Lebenstätigkeiten. Ihre Beziehungen zum Nervensystem zeigen uns, wie sie zustande kommt; sie lassen uns in ihr *Triebwerk* hineinsehen.

Muskeln und innere Lebenstätigkeit

Die Nahrung der Muskelzelle besteht aus Zucker- bzw. Stärkestoffen (Kohlehydraten), die ihr das Blut zuführt. Ihr Abbau geschieht durch einen Verbrennungsvorgang ohne Flamme, wie wir ihn etwa vom Rosten des Eisens oder dem Mürbewerden der Gardinen an Sonnenfenstern kennen. Bei der Verbrennung der Kohlehydrate in der Muskelzelle wird Wärme frei. Es wird also nur ein Teil der in der Nahrung gebundenen Sonnenenergie in mechanische, ein anderer Teil in thermische Energie umgewandelt: Bewegung erwärmt. Sie erwärmt allerdings nur, wenn dem Muskel Zeit zur Nahrungsaufnahme gelassen wird. Bleibt man kalt, so stimmt es mit der Bewegung nicht.

Den zur Verbrennung der Nahrung notwendigen Sauerstoff nimmt die Muskelzelle aus dem Blut, das ihn in der Lunge aus der eingeströmten Außenluft aufgesogen hat. Die bei der Verbrennung entstehenden „Abbauprodukte" werden vom Blut weggeschwemmt und durch die Ausscheidungsorgane nach außen abgesondert, die flüssigen durch Nieren und Haut, die gasförmigen (Kohlensäure) durch Haut und Lungen.

Wenn das Blut dem Muskel Nahrung und Sauerstoff zuführt und ihn von gasförmigen und flüssigen Schlacken befreit, so leuchtet es ein, daß die Zusammensetzung des Blutes und sein geordneter Zu- und Abstrom von größter Bedeutung für Zustand und Tätigkeit der Bewegungsorgane sind.

Das Hauptproblem bei der Zusammensetzung des Blutes ist nun nicht sein Nahrungsgehalt, sondern die Ausscheidung der Abbauprodukte, — in unserm Zusammenhang besonders der Kohlensäure —, und der Gehalt an Sauerstoff. Der Körper hat kein Sauerstoffdepot; er muß in jedem Augenblick die zur Verbrennung der Nahrung notwendige Menge Sauerstoff einatmen. Atmet er nicht, erstickt der Mensch. Atmet er zu wenig, so müssen die Gewebe bei vollen Tischen hungern. Es gibt eine Sauerstoffunterernährung bei hinreichender Nahrungsaufnahme. Ob die Nahrung gut oder schlecht verwertet wird, hängt von der Atmung ebenso ab wie vom Darm. Magere können bei unveränderter Ernährung zunehmen, wenn sie besser atmen.

Von der Atmung hängt ferner der Kohlensäuregehalt des Blutes ab. Die vom Stoffwechsel der Gewebe gebildete Kohlensäure wird in den Lungen dem Blut entzogen und durch die Ausatmung ausgeschieden. Unvollständige Ausatmung bedeutet kohlensäurebelastetes Blut, das aus den Geweben nicht hinreichend Kohlensäure wegschwemmen kann und ein schweres und „dickes" Gefühl gibt. Es scheint ein Aufgeschwemmtsein nicht nur durch Flüssigkeit, sondern auch durch Kohlensäure zu geben. Ebenso wie Magere durch Atmen dicker, können — die Erfahrung zeigt es — unter Umständen Dicke durch Atmen schlanker werden.

Der dritte bewegungswichtige Vorgang ist der geordnete Zustrom des Blutes zu den Bewegungsorganen. Von der Vielfalt der Kreislaufkräfte, die da zusammenwirken, sind die Rückstromkräfte, die den *Abfluß des Blutes* aus den Geweben bewirken, die für unser Thema wichtigsten. Denn der Zufluß des Blutes vom Herzen zu den Geweben wird von unwillkürlichen und beim Gesunden immer einwandfrei arbeitenden Kräften besorgt, besonders von den Eigenbewegungen des Herzens und

der Schlagadern. Die Strömung in den Geweben selbst, der Kapillar-
kreislauf, ist ebenfalls der unmittelbaren Einwirkung des Willens entzogen. Dagegen sind beim Rückstrom von den Geweben zum Herzen zwei
Vorgänge beteiligt, die vom Verhalten des Menschen abhängen: Atmung
und Muskeltätigkeit.

Rückstrom und Atmung: durch den Unterdruck im Brustraum, der
das Einströmen der Außenluft in die Lunge bewirkt, wird zugleich eine
Saugwirkung auf das Venenblut geübt, die besonders für den Rückstrom
aus Unterkörper und Beinen sowie aus der für den Muskelstoffwechsel
bedeutsamen Leber wichtig ist. Dadurch wird die Atmung zu einer
unentbehrlichen *Kreislaufkraft,* von deren Qualität der Abfluß des Blutes aus den Muskeln und damit wiederum die Kapillarströmung in
ihnen, also die Durchblutung der Muskeln abhängt.

Rückstrom und Muskeltätigkeit: beim Strecken der Glieder wird
durch die Ballung der Muskeln auf die großen Venenäste ein Druck
geübt, der die Venen auspreßt und infolge der Tätigkeit der Venenklap-
pen (Ventile, die den Rückfluß des Blutes aus den Venen zu den Geweben verhindern) das Blut mit kräftigem Druck dem Herzen zutreibt. Die
volle *Streckung der Glieder* bei der Bewegung, besonders der Beine, ist
deshalb für den Rückstrom von den Geweben zum Herzen eine notwendige Hilfskraft. Von völlig anderer, nämlich von kreislauf-physiologi-
scher Seite her ergibt sich hier eine wichtige Bestätigung dessen, was wir
vorher vom Bewegungsrhythmus in seinem Zusammenhang mit dem
Arbeitsrhythmus der Muskeln gesagt haben: die volle Streckung der
Glieder ist lebenswichtig für den physiologisch richtigen Ablauf der
Bewegung.

Weniger bekannt, aber nicht minder wichtig als die Zusammenhänge
mit Atmung und Kreislauf sind die wechselseitigen Einflüsse zwischen
Bewegung und innerer Organtätigkeit: Verspannungen wie Erschlaffungen von Rumpfmuskeln können innere Organe wie Leber, Nieren, Magen, Darm, Geschlechtsorgane quetschen oder aus ihrer Lage bringen,
was dann auf dem Wege über einen gestörten Kreislauf auf die Bewegung zurückwirkt.

Auf dem Wege über die innere Sekretion endlich ist die Bewegung
aufs engste mit dem gesamten Innenleben des Leibes verknüpft. Die
Hormone der Bauchspeicheldrüse und der ihr eingelagerten Langerhans'-
schen Inseln z. B. regeln den Zuckergehalt des Blutes, von dem die
Muskeln leben, die Nebennieren geben ihr Adrenalin ins Blut, das als
„Botenstoff" Herz und Arterien, Atmung und Nervenleben, Leber und
Bauchspeicheldrüse zur Unterstützung des Bewegungsgeschehens anregt.

Auch diejenigen innersekretorischen Drüsen, die unmittelbar gar nicht am Zustandekommen der Bewegung beteiligt sind, üben mittelbaren Einfluß. Eine übereifrige Schilddrüse, die viel Jod absondert, macht unruhige, heftige, rasche, hastige Bewegungen; eine karge, die zu wenig Jod liefert, läßt die Bewegung wie den ganzen Menschen stumpf und träge werden. Sogar die Keimdrüsen üben Einfluß: bei der monatlichen Blutung der Frau ist der Muskeltonus erhöht.

Nimmt man den bestimmenden Einfluß hinzu, den der Zustand des Nervensystems, seine Frische oder Müdigkeit, seine Ruhe oder Erregbarkeit, der Tonus, den es den Muskeln liefert, auf die Bewegungsweise ausübt, so beginnt einem bewußt zu werden, wie sehr die Bewegung unabtrennbarer Bestandteil eines Lebensganzen ist. Nichts im Organismus, was nicht aufs Ganze des Lebensgeschehens und damit auch auf das motorische Verhalten Einfluß übte. *Das Instrument der Bewegung ist der ganze Leib.*

2. Innenbewegung und Außenbewegung

Wirkung von außen nach innen

In jedem Lehrbuch der Körperkunde kann man lesen, daß Bewegung anregend auf die inneren Lebensvorgänge wirkt, daß sie den Atem vertieft, den Blutumlauf beschleunigt, den ganzen Organismus fördert. Sieht man sich aber mit offenen Augen Bewegung an, kommen einem Bedenken: rote Köpfe, geblähte Halsadern, starre blasse Gesichter, pfeifender Atem, hochgezogene Schultern beim Einatmen, schlaff zusammensinkender Brustkorb beim Ausatmen, eingezogene Körpermitte, — all das macht wahrlich nicht den Eindruck erhöhten Lebens. Als unbefangener Beobachter sagt man sich: hier wird durch Bewegung das innere Leben nicht angeregt, sondern gestört und verwirrt. Man fragt sich: sieht so die günstige Wirkung der Bewegung aus? Und es kommen einem ketzerische Gedanken zu unserem Betrieb der Leibesübungen. Daß es so nicht sein *muß*, zeigen Kulturfilme von Eingeborenen. Da findet man wirklich, was die Physiologiebücher versprechen: tiefe, ruhige Atmung, frische strahlende Gesichter, erhöhtes Leben.

Nun kann ja nicht geleugnet werden, daß auch bei uns Atmung und Kreislauf durch Bewegung quantitativ und meßbar verstärkt werden. Aber offensichtlich wird hier Quantität auf Kosten der Qualität erzielt, während bei Eingeborenen *Quantität und Qualität im Gleichgewicht* sind und die lebendige Form nie durch den vervielfachten Inhalt zerstört wird. Selbst nach uns unvorstellbaren Höchstleistungen bleibt die Form vollkommen (s. Bild 14 und Bild 15 rechts: Indianer nach stundenlangem Dauerschnellauf).

Der Leidtragende bei diesen Quantitätsleistungen ist u.a. das Nervensystem. Jede solche Leistung ist begleitet von nervlicher Unruhe. Das, was körperliche Arbeit so wohltätig für den Zivilisierten macht,– daß sie die Nerven beruhigt, während sie den Körper ausarbeitet,– fehlt bei Leibesübungen dieser Art. Kaum je findet man es bei sportlichen, gymnastischen, turnerischen, tänzerischen Übungen, eher schon bei zweckloser Fortbewegung wie Wandern, Schwimmen, Skilaufen; aber selbst daraus wird es durch Überhandnehmen des sportlichen Trainings mehr und mehr verdrängt.

Leibesübungen sind heute oft geradezu Nervenaufpeitschung. Für den, der Blick dafür hat, haben sie einen erschreckenden Ausdruck des Gezappels, des Flackerns, der Zerstreutheit. Ihr Ausdruck zeigt das Gegenteil von Selbstbeherrschung, nämlich ein Selbst, das durch verhältnismäßig kleine Anstrengungen aus dem Gleichgewicht gerät.

Nun ist da ja zweifellos Überwindung von Widerständen, Beherrschung des Körpers, – besser des „Bewegungsapparats". Aber was hier den Körper meistert, ist der Ichwille, nicht das Selbst; das ist wie verschüttet, der Mensch wie ohne Mittelpunkt. Nervenunruhe und Zerstreutheit sind die unvermeidlichen Begleiterscheinungen von Kreislauf- und Atemverwirrung. Es gibt keine Sammlung bei gestörtem Kreislauf, -- das weiß jeder geistig Arbeitende, der seinen Atem kennt, und jeder Körperbildner, der mit wachen Sinnen sich um Sammlung müht.

Kennzeichen gestörter Innenbewegung

Unter Innenbewegung verstehen wir die Gesamtheit der innerleiblichen Lebensvorgänge, die mit der Bewegung zusammenhängen und auf sie wirken, insbesondere Atmung und Säfteströmung als die beiden Organtätigkeiten, die der Bewegung am nächsten verwandt sind; darüber hinaus aber auch die Lebenstätigkeit der Gewebe, ihre Durchblutung, ihre Entschlackung, ihren Gaswechsel usw.

Ob die innere Lebenstätigkeit der Gewebe in Ordnung ist, spürt die tastende Hand. Sie muß freilich geübt sein. Anheftungen der Haut, die ihre Verschieblichkeit mindern, Verhärtungen innerhalb der Muskulatur, jede Unebenheit, Härte, Schlaffheit im Gewebe bedeutet Störung. In der Reflexzonenmassage (Bindegewebsmassage) ist eine Therapie ausgebildet worden, die mit der Behandlung solcher Störungen tiefgehende Wirkungen sogar auf innere Organe hervorbringt.

Gestörte Innenbewegung erkennt man an einer Fülle gröberer und feinerer Merkmale. Für die Atmung sind die gröbsten Japsen, pfeifende, ziehende, prustende, keuchende Geräusche bei Anstrengung, offener Mund, verlängerte Ein- und verkürzte Ausatmung, bei der Einatmung sich vertiefende Schlüsselbeingruben, Heben und Senken der Schultern, starkes Aufblähen des Brustkorbs, schlaffes Zusammensinken bei der Ausatmung. Auch die Haltung läßt auf den Atemablauf schließen. Bei vorgeschobenem Unterkörper ist die vordere Zwerchfellatmung, bei hohler Lende Flanken- und hintere Zwerchfellatmung gestört usw. (Siehe unter „Atmung")

Kennzeichen gestörter Blutströmung sind geblähter Hals, rotes oder blasses Gesicht, Spannungsgefühl im Kopf, starrer Blick, leblose Hautfarbe an Gesicht und Körper.

Feinere Kennzeichen des Gesichtsausdrucks und des Bewegungsablaufs kommen hinzu. Ein angestrengtes, starres oder verspanntes Gesicht bei der Leistung, ein schlaffes nach der Leistung, unruhiger Blick, Härte und Schlaffheit der Muskeln, Hemmungen und Unstetigkeiten im Bewegungsablauf sind sichere Merkmale gestörter Innenbewegung.

Wer das an sich selbst erfahren hat, sieht es der Bewegung an, ob sie die innerleibliche Lebenstätigkeit stört oder fördert. Der ganze Ablauf, der Rhythmus, die Art der Innervation ist eine andere, wenn die äußere Bewegung mit der inneren verbunden ist, als wenn sie nur vom Ich diktiert wird. Das wird später noch deutlicher werden.

Kennzeichen innerleiblichen Lebens bei körperlicher Bewegung sind tiefer, geräuschloser Atem, lange Ausatmung, volle ruhige Brust, gelöst hängender Schultergürtel auch bei Anstrengung, zart belebte Gesichts- und Hautfarbe, gelöstes, unverzerrtes Gesicht in der Bewegung und nach der Leistung, weiche Muskelspannung, müheloser, eher spielender Ausdruck der Bewegung.

Wann weckt Bewegung inneres Leben?

Bewegung wirkt also *nicht von selber* fördernd auf die inneren Lebensvorgänge; sie kann fördern, aber sie kann auch stören. Ob sie das eine oder das andere tut, hängt wesentlich vom Wie der Bewegung ab, vom leiblichen Ablauf wie von der seelischen Einstellung. *Sammlung und Ruhe wecken Leben, Hast und Zerstreuung stören es.*

Natürliche Bewegungsanlässe sind der Innenbewegung günstiger als künstliche. Bewegung mit Dingen wird leichter lebendig als Freiübung, Marsch im Gelände wird beschwingter als im Turnsaal. Wirkliche Arbeit findet leichter die Verbindung nach innen als Fantasiebewegung (Widerstandsbewegung gegen einen vorgestellten Widerstand), Tanzen ist lebensvoller als tänzerische Gymnastik.

Bewegung im körpereigenen Rhythmus weckt innerleiblichen Widerhall, arhythmische dämpft die innere Schwingung ab. Dahin gehören vor allem das viel zu rasche Tempo und die taktmäßige Zweiteiligkeit von Bewegungen, die ihrer Natur nach dreiteiligen Rhythmus verlangen, wie z.B. schwingende Bewegungen.

Gleichförmige Bewegung wirkt abstumpfend. Bewegung, die über längere Dauer hin lebendig bleiben soll, muß *in Zeitmaß, Größe, Rhythmus, Innenform wechseln.* Menschen mit unverdorbenem Empfinden tun das von selbst. Sie wechseln bei der Arbeit die Stellung, die Geschwindigkeit, den Ablauf, das Wie der Bewegung. Beim Unterrichten muß das *bewuß* geschehen. Wer für Gehen, Schreiten, Springen, Laufen usw. feste Tempi und Formen ansetzt, kann gewiß sein, daß die Bewegung auf die Dauer leblos wird. Nur organischer Wechsel, Wechsel vom leiblichen Lebensrhythmus und nicht vom Kopf her, erhält die Bewegung auf die Dauer lebendig.

Allzu stark rationalisierte Arbeitsbedingungen stumpfen das innere Leben ab. Wer bei der Arbeit genötigt ist, immerfort zu sitzen, mag noch so bequem sitzen: was er an quantitativem Energieverbrauch spart, geht an Lebendigkeit verloren. Damit aber wird die Freude an der Arbeit zerstört und Widerwillen hervorgerufen, der die Qualität der Arbeit vermindert. Zu den Bedingungen einer guten Rationalisierung gehört es, daß der Arbeitsplatz Stellungswechsel, Bewegung, Neuherangehen erlaubt.

Wirkung von innen nach außen

Wie die Bewegung, je nach ihrer Art, fördernd oder hemmend auf das leibliche Innenleben, so wirkt dieses umgekehrt auch auf die Bewegung und bestimmt ihren stetigen oder gebrochenen Verlauf, ihre Spannkraft oder Schlaffheit, ihre Ganzheit oder Zerrissenheit; es läßt sie klar oder verworren, gesammelt oder zerfahren, frei oder gehemmt erscheinen.

Und nicht zuletzt wirkt der innere Lebenszustand entscheidend auf den Kraftverbrauch; in gutem, frischem und gelöstem Zustand, bei reinem Blut und freiem Atem geht die Arbeit spielend von der Hand; ist man übermüdet, verstimmt, benommen, krank, so strengt man sich übermäßig an und bringt doch nichts rechtes zustande.

Die physiologischen Zusammenhänge: Von der Innenbewegung hängen zunächst Zustand und Funktionstüchtigkeit der *Bewegungsorgane* ab. Ein gut durchströmtes und durchatmetes *Gelenk,* – mit Durchatmung ist hier die innere Atmung, d. h. die Versorgung des Gewebes mit sauerstoffreichem Blut und seine Befreiung von Kohlensäure gemeint – ist beweglicher als ein stagnierendes. Schlecht durchblutete Gelenke sind steif oder schlaff. Bei der Behandlung kranker Gelenke mit Kapselschrumpfung oder knorpeliger Versteifung kann man es ohne weiteres erfahren, wie eine gute Massage, die die Durchblutung bessert, den Bewegungsumfang des Gelenks augenblicklich vergrößert. (Was natürlich nicht sagen will, daß man mit Massage allein versteifte Gelenke heilen könnte!)   Ebenso kann man bei Kindern mit überbeweglichen Gelenken (Schlottergelenken) beobachten, wie nach atem- und kreislaufanregender Bewegung oder Behandlung das Geschlotter in den Gelenken nachläßt.

Noch augenfälliger als bei den Gelenken ist die Abhängigkeit von der Innenbewegung bei den *Muskeln.* Schlecht durchblutete Muskeln sind schlaff und welk wie vertrocknende Pflanzen oder hart und gestaut; mit Stoffwechselschlacken belastete sind druckempfindlich und oft mit größeren oder kleineren Verhärtungen durchsetzt, die sich unter der Massage auflösen.

Gute Massage füllt schlaffe Muskeln mit Flüssigkeit, so daß sie prall werden, und löst harte, – ein Beweis dafür, daß die durch Massage angeregte Blutströmung unmittelbaren Einfluß auf den Muskelzustand übt. Daraus darf man allerdings nicht schließen, daß durch Massage allein die absolute Kraft, die Hubfähigkeit eines Muskels dauernd gesteigert werden könnte. Jedes Organ verbessert ja seine Leistung nur durch Gebrauch seiner eigentümlichen Fähigkeiten (spezifische Funktion): Gelenke, die beweglicher werden sollen, müssen bewegt werden, Muskeln, die kräftiger werden sollen, müssen arbeiten.

Dagegen wird die *Arbeitsbereitschaft* jedes Organs von der Innenbewegung entscheidend beeinflußt. Eine durchwärmte und durch angenehme Geschmacksreize angeregte Magenschleimhaut verdaut Dinge, die eine durch Müdigkeit oder Ärger blutleere verweigert, ein gut durchbluteter, warmer und geschmeidiger Muskel arbeitet nicht nur leichter, er ermüdet auch weniger als ein kalter und steifer.

Gute Muskelmassage bessert bekanntlich die sportliche Leistung und setzt die Ermüdbarkeit herab. Muskelrisse beim Sport entstehen am häufigsten in den frühen Morgenstunden und bei Kälte. Gut vorbereitete Muskeln reißen kaum je. Ein warmes Handbad macht die Finger feinfühlig und läßt Feinarbeit wie Klavierspiel, Massieren usw. besser gelingen; man findet und „lernt" in diesem Zustand Dinge, die man sonst nie herausgefunden hätte. Ein Muskel, der während der Arbeit fortwährend von sauerstoffreichem Blut durchströmt und von Kohlensäure befreit wird, bekommt keinen Muskelkater. Ungewohnte und anstrengende Bewegungen, die bei unvorbereiteten Muskeln heftigen Muskelschmerz erzeugen würden, bleiben ohne schmerzhafte Nachwirkung, wenn die Muskeln vorher durch Atmung und Massage arbeitsbereit geworden sind.

Denn *auch die Atmung* — und das ist wichtig, weil wenig bekannt — übt unmittelbaren *Einfluß auf den Zustand der Muskeln*. Ein Rheumatiker, der morgens mit steifen und schmerzenden Gliedern aufwacht, kann sich allein durch intensives Atmen, z. B. durch Summen oder Singen langgehaltener Töne im ruhigen Liegen, in einen gelösten und beweglichen Zustand bringen. Tritt man verhockt und steif ans offene Fenster und läßt die frostkalte Luft in die Lungen dringen, so lösen sich mit tiefen Atemzügen die Glieder, und aus der Abneigung gegen jedes körperliche Tun wird Bewegungslust. Auch die erfrischende Wirkung koffeinhaltiger Getränke, saftiger Früchte usw. beruht z. T. auf ihrer atemanregenden Wirkung; Leute, die einen starren, unbeweglichen Atem haben, empfinden sie weniger stark als atembewegliche.

Die starke Einwirkung der Atmung auf die Bewegungsorgane erklärt sich z. T. aus ihrer zentralen Kreislaufwirkung, z. T. aus ihrem Einfluß auf die Beschaffenheit des Blutes. Sie befreit das Blut von giftiger Kohlensäure und lädt es mit belebendem Sauerstoff, und sie saugt zugleich das verbrauchte Blut von den Geweben ab und schafft dadurch Raum für den Zufluß erfrischten Blutes. Daneben spielt bestimmt auch die belebende Wirkung der Atmung auf das Nervensystem eine Rolle. Die bessere Tonusregelung, die Lösung verspannter und die leichtere Ansprechbarkeit schlaffer Muskeln bei guter Atmung spricht eine deutliche Sprache.

Diese zentralen Wirkungen der Atmung auf die Bewegungsorgane sind den örtlichen der Massage in mancher Hinsicht überlegen; sie beleben nämlich den Gesamtorganismus, statt nur ein einzelnes Organ, eine mehr oder minder oberflächliche Muskelgruppe anzuregen; und vom belebten Ganzen her gehen dann wieder Anregungen auf die einzelnen Organe und Muskelgruppen aus, — deutlich sich auswirkend in einer Besserung des gesamten Bewegungsablaufs, wie sie durch bloße Massage nicht erreicht wird.

Bedeutsam ist diese Erkenntnis für die *Krankenbehandlung.* Die Allgemeinwirkung der Massage wird vervielfacht, ihre örtliche Wirkung wesentlich erhöht, wenn sie durch Anpassung der Massagegriffe an den Atemrhythmus und durch aktive Atembeteiligung des Kranken (etwa durch Ausatmen mit Lauten oder Tönen) *mit den zentralen Wirkungen vertiefter Atmung verbunden* wird. Hier müssen neben den quantitativen noch qualitative Einflüsse wirksam sein. Eine im Kontakt mit der Atmung ausgeübte Massage vertieft den Atem nicht nur, sondern sie ändert ihn; sie bringt, wenn sie an kranke Stellen herangeht, Atemwirkungen hervor, wie sie beim Gesunden spontan nicht vorkommen, und es hat den Anschein, daß „Atemreaktionen' dieser Art in manchen Fällen Selbstheilungsvorgänge anregen.

Innenbewegung und Bewegungsablauf

Wie der Zustand und die Arbeitsbereitschaft der Bewegungs- *Organe,* so wird auch die Qualität der Bewegung selbst, der Bewegungs- *Ablauf* aufs stärkste vom inneren Lebensgeschehen beeinflußt. *Die Qualität der äußeren Bewegung ist abhängig von der der inneren.* Es gibt keine gute Außenbewegung bei schlechter Innenbewegung.

Und diese Wirkung geht weit hinaus über gut und schlecht, „richtig" und „falsch". Der *Ausdrucksgehalt* der Bewegung hängt von der Innenbewegung ab. *Wie das Instrument gestimmt ist, so klingt es.* Wer diese Zusammenhänge zu beachten gelernt hat, trifft auf sie, wo er hinblickt, und es erscheint ihm schwer begreiflich, wie es möglich ist, sich mit Bewegung zu beschäftigen, ohne daß sie in den Mittelpunkt rücken. Hier wollen wir uns zunächst an den *leiblichen* Ablauf der Bewegung und seine Bedingtheit durch innere Lebensvorgänge halten. Wir gehen dabei von beobachtbaren und nachprüfbaren Tatsachen aus.

Ein Mensch, der ausgesprochen schlecht geht, steifbeinig oder schlacksig, technisch grob falsch und ohne jedes Körpergefühl, — der überdies ungeschult ist und keine Ahnung hat, wie er richtig gehen sollte, — ein solcher Mensch findet nach einer guten Bein- und

Fußmassage von selbst einen besseren Bewegungsablauf. Vielmehr Fuß und Bein finden ihn; denn dies Finden geht nicht über das Bewußtsein, sondern ausschließlich über den Körper: wird nur *ein* Bein massiert, so geht oft das eine richtig, die Sohle spürt den Boden, der Fuß rollt ab, das Knie streckt sich vor dem Übertragen des Gewichts, die Wadenmuskulatur löst und spannt sich im rechten Augenblick, während das andere Bein in seiner alten „Unwissenheit" verharrt, − ein sonderbarer und höchst belehrender Anblick.

Offenbar ist hier mit Hilfe der Innenbewegung (Massage bedeutet Befreiung der Blutströmung) etwas wach geworden, was wir mit Nietzsche die Vernunft des Leibes nennen können: ein den Muskeln und Gelenken ursprünglich innewohnender Bewegungssinn, der den rechten Bewegungsablauf kennt, ohne daß sich das menschliche Bewußtsein darum zu bemühen brauchte.

Das Gegenbeispiel liefert der Versuch, einen ebenso schlecht gehenden Menschen durch Anruf und Belehrung, durch „Fehlerkorrektur", ohne Beeinflussung der Innenbewegung, zu richtigem Gehen zu bringen. Das Ergebnis ist, verglichen mit dem vorigen Versuch, kläglich. Im besten Fall bekommt man einen technisch glatt ablaufenden Turner- oder Tänzerschritt, im schlechteren ein Gestümper, nie aber eine Bewegung, die unmittelbar überzeugt, von der der Betrachter sagt: so muß sie sein, und anders könnte sie nicht sein.

Läßt man Kinder über einen Schwebebaum gehen − am besten über einen richtigen Baumstamm mit frei schwebendem, schwingendem Ende −, so bekommt man im allgemeinen ein unerfreuliches Gezappel zu sehen. Mahnt man zur Ruhe, so werden die unnötigen Gliederbewegungen wohl weniger, aber an ihre Stelle treten Verspannungen an Rumpf und Gliedern, zusammengebissene Zähne, eingeklemmte Lippen und andere Kennzeichen gehemmten Lebens.

Bringt man nun die Kinder in einen guten Atemzustand, − mit welchen Mitteln das möglich ist, kann erst später erörtert werden, − und läßt man sie danach von neuem über den Schwebebaum gehen, so bietet sich ein völlig anderes Bild. Ruhe und Gelöstheit sind an die Stelle von Gewackel und Verspannung getreten; und wenn auch die Bewegung noch keineswegs vollkommen geworden ist − wie sollte man das auch erwarten? −−, so ist die Veränderung doch von einer Art, wie sie durch kein Verbessern am äußeren Bewegungsablauf erreicht werden kann.

Drei Merkmale sind kennzeichnend für die Wirkung der Innenbewegung auf den Bewegungsablauf: *die Mühelosigkeit der Bewegung, ihr rhythmischer Verlauf und ihr naturhafter Ausdruck.* Mit naturhaft meinen wir hier das Einfache, Unbemühte, Selbstverständliche, Geschlossene des Bewegungsausdrucks, — etwas, das keine besonderen Merkmale aufweist und deshalb schwerer zu entdecken ist als jener Ausdruck, der bestimmte Inhalte oder Gefühle verkörpert. Die Bewegung wirkt weder lässig noch behrrscht, weder angestrengt noch betont leicht, -- sie ist einfach da, sie geschieht.

Um solchen Ausdruck „sehen" zu können, muß man etwas von ihm erfahren haben, am eigenen Leibe wie an anderen Menschen. Denn ohne eigene leibliche Erfahrung kann man sich in diese Seite fremden Bewegungslebens nicht hineinfühlen, und umgekehrt wird man ohne das Bild, das die Bewegung des Anderen bietet, sich nicht bewußt werden, daß da überhaupt etwas wie elementarer Ausdruck ist.

In dem Maße, wie es gelingt, inneres Organleben zu wecken und in die Bewegung hineinströmen zu lassen, fallen Verspannungen und Bewegungsstörungen weg, die Arbeit geht leichter von der Hand, sie fließt von einer Phase in die andere hinüber, und die Bewegung sieht ungelernt, einfach, spielend aus. Was bei mechanischem Training erst im Laufe vieler Jahre erreicht wird, -- daß die Technik wenigstens dem äußeren Anschein nach wirkt wie Natur --, das stellt sich hier unmittelbar ein. *Auf keiner Stufe des Lernens wirkt die Bewegung gebrochen, zerstückelt, auf jeder -- bei allen Mängeln — geschlossen und als natürliche Äußerung des sich bewegenden Menschen.*

Diese Wirkungen der Innenbewegung auf den Bewegungsablauf beruhen zunächst auf der Funktionsbereitschaft von Muskeln und Gelenken. Bei guter Durchatmung und Durchblutung gibt es keine Widerstände, keine Reibungen in den Gelenken; der Muskelmotor springt leicht an, der Eigenbewegungssinn der Muskel ist wach, sie „wissen" ohne viel Zureden, was sie zu tun haben.

Ein zweiter Faktor ist die belebende und beruhigende Wirkung der Innenbewegung auf das Nervensystem. Die leitende „Zentrale" der Bewegung liegt im Gehirn. Kopfmark und Kleinhirn als Regler des Gleichgewichts und das Großhirn als Schaltstelle für Willensbewegungen arbeiten umso feiner und genauer, je besser sie durchblutet und durchatmet sind.

Sonderwirkungen der Atembewegung kommen hinzu. Die Form des Brustkorbs, die Haltung, die Spannung, mit der der Rumpf ineinandergefügt ist, der Halt, den er den Gliedern gewährt, das alles ist vom

Ablauf der Atmung abhängig (siehe das Kapitel „Atemspannung"). Die Atmung ist ein entscheidender Faktor für die Mechanik der Bewegung und dadurch ein nicht zu unterschätzender Mitbestimmer des Bewegungsablaufs.

Noch tiefgreifender sind die seelischen Wirkungen einer freien Atmung: erhöhtes Lebensgefühl, Gelöstheit, Bewegungslust, vitale Spannkraft geben der Bewegung naturhafte Antriebe, entlasten Willen und Aufmerksamkeit und machen sie zu einem lebensvollen Naturvorgang.

Wechselwirkungen und Fehlerkreisläufe

Innen- und Außenbewegung wirken wechselseitig aufeinander. Gestörte Innenbewegung macht die Außenbewegung unstetig, hastig oder träge, hart oder schlaff, unrhythmisch, gehemmt oder überbetont, ausdrucksschwach oder verzerrt im Ausdruck.

Bewegung, die aus dem naturgewollten Rhythmus herausgeraten ist, sei es durch überschwere Arbeit, dauerndes Stillsitzen, schlechte Luft, falsche Ernährung, oder durch Unruhe, innere Unsicherheit, Angst, Hast, Lustlosigkeit, Widerwillen, Ärger, Ehrgeiz, Geltungsbedürfnis, Eitelkeit usw., stört das leibliche Innenleben, macht den Kreislauf unharmonisch, den Atem flach und matt oder abgehackt und heftig.

Gestörte Innenbewegung verzerrt die Außenbewegung, die verzerrte Außenbewegung wirkt hemmend auf die Innenbewegung zurück, und die gehemmte Innenbewegung macht die Außenbewegung noch unsicherer und unrhythmischer. Ein *Fehlerkreislauf* ist entstanden.

So erklärt es sich, wenn etwa ein bis dahin gesundes und schönes Kind (bei Kindern sind solche Wirkungen deutlicher zu beobachten) nach schwerer, wenn auch ganz kurzer Krankheit völlig gestört, ja wie verstört in seinem Bewegungsleben sein kann: die Genesung im tieferen Sinne ist noch nicht geschehen, das leibliche Innenleben hat noch nicht zur Harmonie zurückgefunden, obwohl die Symptome der Krankheit verschwunden sind; und in wenigen Tagen hat sich ein Fehlerkreislauf eingelaufen, eine Wechselwirkung zum Schlimmen hat eingesetzt, die zu einer unbegreiflich erscheinenden inneren und äußeren Harmoniestörung geführt hat.

Auch die Verschlimmerungsneigung der sogenannten statischen Difformitäten (Formstörungen durch falsche Schwerkraftwirkungen), besonders der Haltungsfehler und der Wirbelsäulenverkrümmungen, erklärt sich durch Fehlerkreisläufe zwischen Innen- und Außenbewegung und nicht etwa, wie es oft angesehen wird, nur zwischen Schwerkraft und Formverzerrung. Darauf wird im Kapitel Haltung näher eingegangen.

Umgekehrt kann Veränderung zum Guten auch einen *Förderkreislauf* in Gang setzen: wird die verschüttete Innenbewegung freigelegt, so löst sich etwas an der Außenbewegung, die gelöstere äußere Bewegung läßt nun wiederum der inneren freieren Spielraum, und diese wirkt wieder günstig auf die äußere zurück. So kann bei jenem nach der Krankheit bewegungsgestörten Kinde Luftveränderung oder tägliche gute Hautbehandlung (Sonne, Luft, Wasser) oder einige wenige Atembehandlungen die Harmonie wiederherstellen.

Bei all diesen Kreisläufen sind aber Innen- und Außenbewegung keine gleichstarken Spieler. Die Innenbewegung hat die Schlüsselstellung. Ihr Versagen oder Wohlverhalten entscheidet über Fehler- oder Förderkreislauf. Gelingt es, durch Außenbewegung die Innenbewegung stark und wirksam anzuregen, so kann durch Außenbewegung das Ganze des leiblichen Lebens in günstigem Sinne beeinflußt werden. Die belebende Wirkung echten, zwecklosen Wanderns beruht darauf. Aber durch zweckbestimmte körperliche Übungen, durch Turnen, Gymnastik und Sport geschieht das nur selten. Der „Instinkt", der solche Übungen von selbst und unbewußt richtig machen läßt, ist uns verloren gegangen. Wir finden keine Schätze mehr aus Versehen; wir müssen sie mühsam ausgraben.

Bleibt die innere Bewegung verstockt, so kann keine noch so feinsinnige Arbeit an der äußeren eine Entwicklung in Gang setzen; sie bleibt eine Technik. Und wird sie dauernd geübt, so wird sie sogar entwicklungshemmend wirken. Denn das Leben kennt keinen Stillstand, wer nicht vorwärts kommt, geht zurück.

Jede technische Ausbildung hat so lange Erfolge, wie die noch bewegliche Innenbewegung eine Wandlung der äußeren Bewegung von innen her möglich macht. Bei jeder kommt früher oder später der „tote Punkt", das ist der Punkt, an dem die Innenbewegung nichts mehr hergibt. Dann tritt Stillstand und schließlich Rückgang ein. Alle Bemühungen, die nicht an die Innenbewegung herankommen, sind dann vergebens. Manchmal ist eine Änderung der Methode nützlich, dann nämlich, wenn der Lernende, ohne es zu wissen, damit zugleich eine neue Einstellung zum innerleiblichen Leben findet. Wirklich helfen, daß die stockende Entwicklung wieder in Gang kommt, kann nur ein Weg, auf dem die festgefahrene Innenbewegung freigemacht und die äußere Leistung an sie angeschlossen wird.

Es ist also falsch, nur an der äußeren Bewegung zu arbeiten. Denn dadurch wird die innere festgelegt. Es ist aber auch falsch, nur an der inneren Bewegung zu arbeiten, in der Erwartung, daß das Äußere sich von innen her von selbst ändert, denn der einmal in seiner Bewegung gestörte Mensch findet nicht von selbst den Weg von innen nach außen. Notwendig ist es, *an der äußeren Bewegung in Fühlung mit der inneren und an der inneren im Hinblick auf die äußere* zu arbeiten.

Damit werden Entwicklungskreisläufe in Gang gesetzt, denn jedes Lösen der inneren Bewegung wirkt irgendwo, wenn auch unmerklich, auf die äußere, wenn die äußere Bewegung ihrem Einfluß geöffnet wird; und jedes Lösen und Reinigen der äußeren Bewegung gibt der inneren neue Antriebe, wenn diese dazu erzogen wird, lebendig auf die äußere zu reagieren.

Kräftehaushalt und Innenbewegung

Die volle physiologische Bedeutung des Innenbewegungsproblems (von der psychologischen und pädagogischen ganz zu schweigen) kommt nicht zur Geltung, wenn die Betrachtung sich auf Bewegungsorgane und Bewegungsablauf beschränkt. Für den Kräftehaushalt als Ganzes, – sofern er von Ruhe und Tätigkeit, das heißt von der Bewegung bestimmt wird, – gibt die Innenbewegung den Ausschlag. Bewegung baut auf, das heißt sie mehrt Kraft und Leben, soweit durch sie die Innenbewegung belebt, gesteigert, vertieft wird; sie baut ab genau von dem Punkt an, wo die Innenbewegung ihr die Gefolgschaft verweigert.

Wer nach körperlichen Anstrengungen, nach schwerer Arbeit, nach sportlichen Leistungen freier atmet, tiefer schläft, erfrischt aufwacht, wächst an ihnen; wer beklommen wird, schlecht schläft und keine Eßlust hat, geht zurück, – zunächst leiblich, auf die Dauer aber auch seelisch.

Wer durchatmet, durchblutet, belebt und gut müde aus einer Gymnastikstunde kommt, hat Kräfte gewonnen; wer erregt, zerstreut, „erledigt" ist, hat Kräfte zugesetzt.

Was aufbaut, ist eben nicht die Bewegung an sich, sondern die durch sie angeregte *Tätigkeit der inneren Organe;* und man tut sehr übel daran, sich auf das zu verlassen, was angeblich nachkommt, statt auf das, was man während und nach der Bewegung mit Augen (allerdings mit geschulten!) sehen oder am eigenen Leibe empfinden kann. Wem nach einer Speise regelmäßig übel wird, dem bekommt sie nicht; wer nach Übung regelmäßig in schlechtem Zustand ist, dem schadet sie.

Ungezählte schaden sich so durch sportliches Training; sie arbeiten mit Eifer und Selbstüberwindung an der Minderung ihrer vitalen Substanz, indem sie die Leistung ihrer Muskeln mehren. Sie haben Kräfte, aber nicht, weil sie vom Überschuß, sondern weil sie vom Kapital brauchen. Der frühe Leistungsknick bei Sportlern – oft zehn und mehr Jahre vor der natürlichen Lebenshöhe – spricht eine deutliche Sprache.

Nicht der Sport trägt die Schuld, sondern die Art, wie er betrieben wird. Aber Ehrgeiz und Geltungsdrang sind nicht die einzigen lebenswidrigen Kräfte dabei. Schlimmer ist eine völlig intellektuelle und zweckgebundene Art der Technik. So etwas können sich allenfalls vital heile Menschen leisten, wie die ostasiatischen Kulturvölker, die den abendländischen Einflüssen eine Jahrtausende alte Atemkultur entgegenzusetzen haben; den instinktgeschwächten Menschen unseres Kulturkreises ist es verderblich.

Nicht anders aber ist es mit anderen Formen der Leibeserziehung. *An sich* gesund, nützlich und lebenfördernd ist nur eine einzige Art der „Übung", das ist maßvolle und geruhige körperliche Arbeit unter natürlichen Bedingungen. Jede andere Art steht unter dem Entweder-Oder; sie weckt und fördert Leben, oder sie hemmt, verstört und mindert es. Ob sie das eine oder andere tut, zeigt außer der meist undurchsichtigen Endbilanz allein das vitale Verhalten während und nach der Bewegung. Wer es nicht beachtet und sich auf Theorien und allgemeine Verhaltensmaßregeln verläßt, lädt sich eine Verantwortung auf, die er nicht tragen kann.

3. Erlebte Innenbewegung

Der Lebensstrom

Innenbewegung ist für uns zunächst ein Begriff, keine sinnlich-reale Tatsache, so wenig wie unsere Bauchspeicheldrüse oder unser Kleinhirn für uns sinnlich-reale Tatsachen sind. Das gesunde Kind, der vital heile Erwachsene lebt in Fühlung mit seiner Innenbewegung, ohne sich dessen je bewußt zu werden, und genau so unbewußt lebt in den meisten Fällen der vital Gestörte mit seiner Innenbewegung in Hader.

Was Innenbewegung ist, muß *erfahren, nicht nur gewußt* werden, und zwar am eigenen Leibe. Dazu gehört eine bestimmte Einstellung. Man muß sich empfänglich, nicht zugreifend verhalten, man muß von der Selbstbeobachtung weg und zum Horchen kommen.

Selbstbeobachtung verändert die Innenbewegung. Wer seinen eigenen Atem beobachtet, bekommt nie seinen wirklichen Atem zu sehen, so wenig wie der, der ein Kind examiniert, das wirkliche Kind zu sehen bekommt. Um seinen wirklichen Atem kennen zu lernen, darf man sich nicht auf den Atem, nicht auf sich selbst konzentrieren, sondern muß den Sinn nach außen, auf eine objektive Lebensquelle richten. Man muß sich dem Winde, der Sonne, dem Boden, dem Bienengesumme, einem Duft, einem Anblick öffnen, ihn in sich einlassen, ihn nichts wollend erspüren und in sich wirken lassen und nur ganz nebenbei auffangen, was dabei in einem vorgeht.

Wenn man sich etwa behaglich und leise wälzend in den Wiesenboden schmiegt und nachher lauschend still liegt, wenn man gesammelt und spürend den Wechsel von Wind und Sonne über die Haut fluten läßt, wenn man sich in das Rauschen des Regens nach einem heißen Sommertag versenkt, dann spürt man, wie eine Lebenswelle durch einen hinströmt, wie der Atem tiefer, das Blut ruhiger oder wärmer oder pulsender fließt, wie sich alles innen weitet, öffnet, dehnt.

Wer sich solchem Geschehenlassen öfter in voller Ruhe überläßt, der wird allmählich inne, daß da eine Welt ist, von der er nichts wußte, ein Stück Natur, das *in ihm statt außer ihm* wirkt, vielgestaltig, flutend, farbig, wechselvoll, stürmisch bewegt und wieder zart in sich schwingend, auf keine Formel zu bringen und doch streng gesetzmäßig. Er erkennt, daß dies Wechselvolle, Ungreifbare immer in ihm wirkt und nicht bloß, wenn er darauf lauscht, daß es ihn frisch oder müde, stumpf oder empfänglich, schlaff oder gespannt machen kann, daß es seine Stimmung beeinflußt, in seine Schlaf- und Wachträume hineinwirkt, gleichsam selbständig in ihm wirkt und handelt.

Der Mensch glaubt, er sei sein bewußtes Ich. In Wirklichkeit aber ist das bewußte Ich nur ein Ausschnitt seines Wesens. Nie wirkt es allein, immer wird seine Melodie begleitet von dunklen Unterstimmen in ihm, und je mehr er auf diese Stimmen lauschen lernt, umso deutlicher wird ihm, daß sie eine nie verstummende Begleitung zu seinem subjektiven Denken, Fühlen und Wollen spielen, die seinem Ichleben die Klangbedeutung gibt.

Diesen inneren Lebensstrom als elementare Tatsache zu erleben, ist das erste; das zweite ist, ihn planmäßig kennen zu lernen. Da ist zunächst eine Fülle von Erfahrungen, die man schon hat, ohne sich ihrer bewußt zu sein. Jeder kennt das befreite Aufatmen beim Niederprasseln des Gewitterregens nach drückender Schwüle oder beim Hinaustreten in frostkalte Winterluft, das erlösende Lachen, wenn eine beängstigende Spannung sich löst; jeder hat schon erfahren, daß das Herz vor Freude anders schlägt als vor Angst, daß das Blut im Frühling anders strömt als im Herbst, daß die Lebenswelle am frühen Morgen anders fließt als im Abklingen des Abends; dann das erhöhte Lebensgefühl nach dem Bade oder die Luftmüdigkeit nach langem, ruhigem Wandern, jener Zustand, in dem jede Zelle des Körpers aufgeschlossen erscheint, in dem alles prickelt und strömt. Das ist Innenbewegung.

Innenbewegungs-Experiment

Durch bewußtes Experimentieren kann der Erfahrungsbereich erweitert werden. Dazu muß man die Innenbewegung aus ihrem Gleichmaß bringen. Man muß *Reize ausüben,* die die Innenbewegung zum Reagieren bringen.

Solche Reize können mannigfacher Art sein. Sie können von innen her, durch eigenes Tun, durch Bewegung, Ton, Laut, sie können von außen durch Sinneseindrücke, durch Berührung, Wärme, Kälte, Duft, Schall, Licht gegeben werden. Die Wirkung ist individuell sehr verschieden; was den einen bewegt, kann den andern unberührt lassen. Man muß Einfälle haben und immer neu versuchen. Immer gilt es, sich zu öffnen, geschehen zu lassen, zu horchen.

Jeder *Berührungsreiz* wirkt auf Atem und Kreislauf. Eintauchen in kaltes Wasser bewirkt je nach Stärke des Reizes Stockung oder fühlbare Vertiefung des Atems. Ein feines, fast unmerkliches Streichen der Haut ruft ein tiefes, seufzerähnliches Aufatmen hervor. Auflockerndes, rhythmisches Klopfen bringt feine Vibration und ein prickelndes Gefühl belebten Blutumlaufs, als ob es drinnen kochte. Berührung bestimmter Punkte am Fuß läßt den Atem nicht nur größer, sondern merklich tiefer werden, es atmet an Stellen, die sonst unbeweglich bleiben: eine merkwürdige Fernwirkung, wie man sie bei der Innenbewegung häufig trifft. Besser als durch Reiben (mechanische Reibungswärme) erwärmen sich kalte Füße durch Schlagen, das organisch auf die Gefäße wirkt, besser als durch schnelles Gehen durch weiches Sichhineintasten in die Unebenheiten des Bodens, das, als Sinnesreiz aufgenommen, unmittelbare Impulse an die Gefäße gibt.

Ein zweiter Erfahrungsbereich ist das *Ausklingenlassen von Bewegungen.* Während der Bewegung merkt der Unerfahrene nicht viel vom Innen, *nach* der Bewegung kann er erspüren, was die Bewegung an innerem Leben geweckt hat. Es ist wie das Ausklingenlassen einer angestrichenen Saite, eines angeschlagenen Gongs: es lebt innen weiter in prickelnder Blutbewegung, in schwingenden Atemwellen. Es ist, als ob die Bewegung erst nun recht anhöbe.

Kleine Bewegung ist zu solchen Versuchen günstiger als große, die leicht die Innenbewegung verschockt, – so wie ja allgemein schwache und mittlere Reize bessere Reaktionen ergeben als starke. Kein Vergleich zwischen dem inneren Wirrwarr nach heftigem Springen und dem durchdringenden Lebensgefühl, wie es oft nach winzigen Bewegungen strömt.

Auch während der Bewegung kann der Strom weiter fließen: Ausklingen *in,* statt erst nach der Bewegung. Aber das ist schon schwieriger; es fordert Empfänglichsein im Tun.

Allmählich lernt man es, auch größere Bewegungen so ablaufen zu lassen, daß der innere Strom im äußeren Tun weiter fließt und das äußere Tun das innere Leben vertieft; zuletzt kann man sich fortlaufend frei bewegen und mit seiner Aufmerksamkeit ganz auf das äußere Tun gerichtet sein, ohne die Fühlung mit dem inneren Lebensstrom zu verlieren.

Eine besondere Rolle spielen beim Innenbewegungs-Experiment die vitalen *Instinktbewegungen,* das Sichdehnen, -schmiegen, -wälzen. Sie lösen Reflexe aus wie Gähnen, Stöhnen, Lachen, Schreien und wecken mit ihnen primitive Empfindungen, die den Menschen daran erinnern, daß er kein frei schwebendes Bewußtseinswesen, sondern in einem Leibe zu Hause ist, und daß er Grund hat, die Verbindung mit der untersten Stufe seines Wesens sich zu erhalten, wenn er sich auf den höheren wohl fühlen und innerlich lebendig bleiben will.

Ein Tun, das beinahe Jeden – mit Ausnahme freilich des gesangtechnisch Geschulten -- in innere Bewegung bringt, ist *tönendes Ausatmen.* Nichts läßt sich mit dem vibrierenden Leben nach einem langen, schwingenden Ton vergleichen. Man hat den Eindruck, daß Singen leiblich in tiefere Schichten dringt als anderes Tun. Es wird auch das Seelische im Menschen anders berührt. Vielleicht aber mag es auch umgekehrt sein, daß nämlich das Leibliche tiefer aufgerührt wird, weil zum Ton Seelisches unmittelbareren Zugang hat als zur Bewegung.

Eine Fundgrube für das Experimentieren mit der Innenbewegung ist das Spiel mit dem *gefährdeten Gleichgewicht*. Bewegung auf schwankender Unterlage, auf einem beweglichen Baumstamm, einer Rolle, einem einbeinigen Hocker, einem gleitenden (vom Partner gezogenen) Stück Teppichläufer, einem liegenden Stab, einem am Boden gespannten Seil, Balancieren mit Stäben, Bällen, Reifen, das alles vermag inneres Leben hervorzulocken. Man muß es allerdings richtig anfangen. Wenn die Aufgabe zu schwierig gestellt wird, verspannt man sich und wird starr; aus belebendem Spiel wird eine Nervenstrapaze. Bescheidet man sich aber in dem anfänglich kleinen Bereich, in dem man ruhig und gelöst bleiben und sich spielend wieder auffangen kann, versucht man also ohne Ehrgeiz und ohne vorgefaßtes Ziel, so erlebt man ein erstaunliches inneres Wachwerden.

Nicht Sicherheit muß dabei das Ziel sein, sondern gerade Unsicherheit. Wer nicht fallen, wer seinen Ball oder Stab nicht verlieren will, wird starr; wer gelöst bleibt und es aufs Fallen ankommen läßt, wer seinen Ichwillen ausschaltet, erlebt Erstaunliches. Er erfährt, daß es in ihm zu atmen, ihn aufzufüllen beginnt in der Richtung der Gefahr, daß die Gefäße sich einstellen, um das balancierende Glied, die berührende Hautfläche warm und feinfühlig zu machen. Er wird mit Staunen inne, daß sein Ich viel weniger zu tun braucht, als es gewohnt ist, daß in ihm ein Es wirkt, eine „Vernunft des Leibes", die ihm ein gut Teil der Mühe abnimmt, und die es weit besser macht, als er es machen könnte.

Das Sicherwerden, auf das unser erfolgssüchtiges Ich so gerne ausgeht, kommt dabei ganz ungewollt und nebenbei heraus; es kommt leicht zu früh und macht den Versuch wertlos; denn die Gefahr ist es, die in diesem Spiel immer neues Leben weckt.

Eigentümliche Wirkungen auf das innere Leben übt der *Wechsel zwischen unten und oben*, das Sichbücken und -aufrichten in allen Formen. Es nötigt nämlich den Kreislauf zur Umstellung. Tun die Blutgefäße ihre Pflicht nicht, so gibt es Druck, Spannung, einen roten Kopf.

Trainieren hilft freilich für unsere Aufgabe nichts. Zwar lernen dann die Gefäße des Kopfes, sich beim Bücken, Rollen, Kugeln eng zu stellen, so daß die Spannung aufhört. Aber von der lebensteigernden Wirkung dieser Umstellung kommt nichts durch. Man kann dann so und soviele Purzelbäume machen, ohne daß sich innen etwas regt: man rollt wie das Rad einer Maschine, und man steht hernach, als ob nichts geschehen wäre.

Handstände und Purzelbäume bei Kindern sind voller Humor; sie sind es, weil sie soviel Leben wecken, daß es als Übermut heraus will; wer damit die Kunststücke von Turnern oder Artisten vergleicht, dem kommt eine Ahnung, was Leben ist.

Wechsel zwischen oben und unten weckt Leben in dem Maße, wie er als Wechsel *erlebt* wird. Die *Sinnesempfindung* spielt hier, wie überall in der Bewegung, eine wesentliche Rolle. Sobald man den Übergang von hoch zu tief intensiv mitfühlt, läßt die Kreislaufstörung nach – augenblicklich und nicht erst nach langem Training –, und es stellt sich ein belebtes Gefühl ein wie beim Eintauchen in warmes Wasser. Bewegung, die so unter intensiver Beteiligung der Sinnesempfindung geübt wird, überflutet den Leib mit warmen Blutwellen, – in erstaunlicher Weise sichtbar im Farbenspiel des Gesichts und seinem gelösten Ausdruck.

Experimentieren ist eine Kunst. Es gibt dafür kein Schema. Um lebendig zu reagieren, braucht man feine und wechselnde Reize. Wer immer dasselbe tut, stumpft ab, wer willkürlich wechselt, dringt nicht tiefer. Man muß allmählich ein Empfinden dafür bekommen, wie lange ein Versuch lebendig bleibt und Neues bringt, und abbrechen, wenn er zu erstarren beginnt. Man muß immer neue Fragen stellen und sich nicht in die Antwort mischen. Man muß es lernen, nichts zu machen, nichts zu wollen und doch zu lenken, geschehen zu lassen und doch wach und in einem tieferen Sinne aktiv zu sein.

Hier ist überall vom *Selbstversuch* mit der Innenbewegung die Rede. Er wendet sich an das Erleben, nicht an die Beobachtung. Zur Beobachtung und damit zum Erwerb eines zuverlässigen, objektiven Wissens ist er ungeeignet. Zum Selbstexperiment muß deshalb als notwendige Ergänzung das *Fremdexperiment,* die nüchterne Beobachtung der Innenbewegung am andern, ihres Reagierens auf Einflüsse aller Art hinzukommen. Nur wenn beide Wege nebeneinander begangen werden, kann ein rundes und volles Bild von der Lebenstatsache Innenbewegung entstehen.

Objektiver Kräftestrom

Im Selbstversuch wird ein allgemeines Bild vom Wesen der Innenbewegung gewonnen. Man erkennt, daß man es mit einem *objektiven Kräftezustrom* zu tun hat, mit Vorgängen, die das menschliche Ich weder machen noch ungestraft unterdrücken kann. Es ist nicht möglich, bei drückender Schwüle willensmäßig frei zu atmen, die Spannung im Kopf bei ungewohnten Bewegungsformen zu unterdrücken, das aufgeregte Herz nach dem Laufen ruhig zu stellen. Wir können willkürlich atmen, aber wir dürfen uns nicht einbilden, was wir da tun, wäre dasselbe, was die Natur in uns bewirkt, wenn sie unseren Atem tief und weit und frei werden läßt. Wir können die lästigen Spannungen im Kopf bei Überschlägen abüben, aber wir üben damit zugleich das innere Leben, die leibliche Lust, den vitalen Humor ab, der zu diesen Bewegungen gehört. Man muß nur einmal arabische oder ostasiatische Springer und ihren übersprudelnden Humor mit dem starren Lächeln amerikanischer Artisten bei Bodenübungen vergleichen, um zu wissen, was da gespielt wird.

Die innern Lebensvorgänge lassen sich locken, überreden, lenken, aber sie lassen sich nicht zwingen. Sie gehen nur mit dem, der seinen Schritt ihnen anpaßt. Der vital heile Mensch tut das absichtslos und unbewußt; wir müssen es uns bewußt zurückholen.

Dies innere Es ist unberechenbar. Wir können inneres Leben wecken, aber wir haben nicht in der Hand, was daraus wird. Es kommt vor, daß zunächst statt erhöhten Lebensgefühls Schwindel, statt neuer Kraft Schwäche — und das bei kräftigen Menschen — sich einstellt. Die Innenbewegung ist wie ein unbekanntes Meer. Man kann am Lande bleiben; aber hat man sich hinausgewagt, so dauert es eine Zeit, bis man in dem neuen Element sicher zu steuern versteht.

Die Innenbewegung ist beweglich, flutend, nie dieselbe und dadurch beinahe unbegrenzt anpassungsfähig. Die Natur wirkt im Menschen immer anders, — anders am Morgen als am Abend, im Sommer als im Winter, bei der Arbeit als in der Ruhe, im Schmerz als in der Freude. Sie gibt für schwere Arbeit Spannung und Lust, für feine Zartheit und Feingefühl, im Sommer leichte, weite Schwingung, im Winter verhaltene, stille Lebendigkeit. Sie gibt, was der Mensch braucht, wenn er auf sie horcht und sich ihr einordnet.

„Vernunft des Leibes"

Die Innenbewegung ist die Trägerin der bewahrenden „Instinkte". (Das Wort steht hier in Anführungszeichen, weil es Instinkte im eigentlichen Sinne bei Menschen nicht gibt). Wenn sich bei Abkühlung die Gefäße eng stellen, die Hautmuskeln zusammenziehen, wird die Kälte empfunden und das Ich zu Gegenmaßnahmen getrieben. Bleibt der Innenbewegungsreflex aus, so spürt man nichts und erkältet sich.

Wer auf den feinen Duft einer Frucht mit tiefem Aufatmen antwortet, wen die äußere Bewegung des Kauens durchblutet und in innere Bewegung bringt, der braucht keine starken Geschmacksreize, um Freude am Essen zu haben, ihm schmeckt das Einfachste. Wer innen starr bleibt, braucht starke und immer wechselnde Reize.

Wer morgens mit tiefem, freiem Atem, mit Singelust und Helligkeit aufwacht, oder wer durch behagliches Sichdehnen und Gähnen diesen Zustand herbeizuführen versteht, braucht sich nicht zur Arbeit zu zwingen, es drängt in ihm nach Tätigkeit, und er spürt im Tun nicht bloß die leere Befriedigung des Fertigwerdens, sondern etwas von der Lust des Schaffens. Wer benommen, gestaut, von Stoffwechselgiften belastet erwacht, weiß nichts mit sich anzufangen. Er möchte am liebsten liegen bleiben zu einer Zeit, wo er von Natur zur Tätigkeit bereit sein sollte, und wird hellwach und tatenlustig in der Abenddämmerung, in der ein unverstörter Sinn ihn zu Ruhe und Abklingen auffordern würde.

Und so für alle anderen „Instinkte": das Empfinden für Maß und Art der Arbeit und der Erholung, für Körperpflege, Abhärtung usw. hängt eng mit der Innenbewegung zusammen. Wer mit ihr in Fühlung lebt, macht Pausen zur rechten Zeit, nämlich wenn der Leistungshöhepunkt überschritten ist, und nicht erst, wenn es nicht mehr geht, und er versinkt dann nicht im Nichtstun, sondern spürt den rechten Augenblick zum Wiederbeginn heraus. Er wird sich auch im Beruf, wenn die Arbeit nicht unterbrochen werden darf, durch Wechsel in Haltung, Arbeitsrhythmus, Bewegungsweise die Erholung zu schaffen wissen, die notwendig ist, um abends nicht ausgepumpt, sondern gut müde zu sein. Statt Aufputschung und Zerstreuung wird er am Abend je nach seiner Tätigkeit körperliches Ausarbeiten oder geistige Vertiefung, in jedem Fall aber Sammlung suchen, und die Vergnügungen werden in seinem Leben Ausnahme und nicht Regel sein.

Wenn man seine Atmung und seinen Kreislauf kennt, macht man nicht Kaltwasserprozeduren, wenn man Wärme braucht, steigt nicht ins heiße Wasser, statt sich kalt abzuwaschen, legt sich nicht in die Sonne, bis der Kopf benommen ist, fürchtet sich nicht vor Zugwind, solange man warm und belebt ist, geht im Winter nicht mit Pelzmantel und hauchdünnen Strümpfen und steht im Sommer nicht mit nackten Sohlen stundenlang auf Steinfußboden. Man braucht nicht Tabletten zu schlucken, wenn man Kopfschmerzen hat oder nicht schlafen kann, denn man hat bessere Mittel, den Kopf frei, das Gehirn ruhig zu bekommen, und die sagt einem das Lebensgefühl, nicht die Bücher.

Wer weiß, was Atem und leibliches Leben ist, wird im Geschlechtlichen vor Überreizung und Verirrung besser geschützt sein, weil er nicht das abgetrennte Lustgefühl eines einzelnen Organs, sondern zugleich Lebenserhöhung des ganzen Menschen sucht. Allgemein gibt die Innenbewegung, wenn der Mensch auf sie horcht und ihr gehorcht, ihm ein Gefühl für das einfach Gesunde, eine Art *biologischen Gewissens,* das im Lebensgefühl verwurzelt ist und durch keine noch so guten Lebensregeln ersetzt werden kann.

Innenbewegung und Lebensgefühl

Wer sich dem innerleiblichen Strömen öffnet, der spürt, wie es in ihm abklingt, wie etwas zur Ruhe kommt und etwas anderes wach wird. Der Nerventrubel hört auf, und Leben wird wach. Was Leben ist, meint man nun erst zu wissen. Man wähnte zu leben, wenn man „lebhaft" war; aber nun kommt man allmählich dahinter, wieviel Unechtes, wieviel Nervenerregung, wieviel Starrheit und Schwäche in dieser scheinbaren Lebendigkeit und wieviel Sichverpuffen in ihren Äußerungen liegt.

Die Innenbewegung ist die eigentliche Lebensquelle im Menschen. Strömende Innenbewegung bedeutet erhöhtes Lebensgefühl, stockende vermindertes. Wo der Mensch sich tot, starr, bewegungslos fühlt, ist das innerleibliche Leben gestört, − was auch immer die Ursache sei, − wenn er spürt, daß er lebt, lebt in ihm nie nur Seelisches, immer auch Leibliches.

So wird die Innenbewegung auch Trägerin seelischen Erlebens. Erleben heißt, im inneren Leben bewegt, verändert werden. Bewegt sind wir nur, wenn in uns Bewegung ist; und es gibt keine seelische Bewegung ohne leibliche. Der größte Eindruck bleibt unwirksam, wenn ihm kein inneres Leben antwortet, das kleinste Ding kann zur Quelle starken Erlebens werden, wenn es innen etwas ins Strömen bringt.

Erleben ist Abwandlung des allgemeinen Lebensgefühls. Wo kein Lebensgefühl, da kein Erleben. Wie viele Gedanken und Gefühle, mit denen wir uns um Landschaft, Kunst, Menschen bemühen, sind nur Ersatz für das ganz Elementare, das uns fehlt: im inneren Leben geöffnet und beweglich zu sein.

Mit dem Bewußtsein allein kann man nicht erleben: Unter allem Bewußten schwingt Unbewußtes mit. Und jedes Gefühl hat einen falschen Klang, wenn ihm die leiblich-seelische Unterschwingung nicht entspricht. Diese Unterschwingung stimmt unser Instrument. Bald gibt sie tiefe Ruhe, bald drängende Tatenlust, bald Sammlung nach innen, bald Wachheit nach außen; bald stimmt sie zu schauender Versenkung, bald zu hellwacher Denkarbeit. Was mit ihr zusammenklingt, stimmt; was sie überschreit, ist nicht im Tiefsten echt, nicht Äußerung des ganzen Menschen.

Auch psychische *Inhalte* werden von der Innenbewegung beeinflußt, so wie sie ihrerseits wieder auf die Innenbewegung einwirken. Vom leiblichen Innen her belebt, neigen wir zu bejahenden Gefühlen und positiven Gedanken; innerlich lahm und leer, werden wir leicht mutlos und inaktiv und ziehen uns in uns selbst zurück.

Gar manche Angstgefühle — nicht nur des Asthmatikers — sind mit unzulänglicher Atmung verbunden: Angst kommt von Enge. Schlecht durchblutete, unsichere Beine lassen schwerlich Gefühle von Sicherheit und Selbständigkeit zu. Unregelmäßiges, schnappendes Atmen macht unruhig und reizbar, wie man bei starken Erkältungen an sich selbst beobachten kann. Wer sich nicht wohl in seiner Haut fühlt, neigt zu Aggressionen; die Beispiele ließen sich beliebig vermehren.

Auch die eigene Bewegung wird verschieden erlebt je nachdem, ob die vitale Unterstimme mitklingt. Sie, die Unterstimme, bringt das vitale, leibliche Erleben, das *Innewerden der Bewegung anstelle des bloßen Wahrnehmens* mit dem Muskelgefühl. Wo die Bewegung aus innerer Schwingung kommt, da spürt der Mensch nicht bloß den äußeren Vorgang — auch die Muskulatur gehört zum Außen —, da fühlt er *sich selbst* als bewegtes Lebewesen und sein Tun als getragen von einem Strom; er ist im Gleichgewicht zwischen Empfänglichkeit und Tun.

Einklang zwischen innen und außen

Wenn in solcher Weise die innere leibliche Strömung das Wesentliche an der Bewegung ist, das, was ihr Gehalt und Lebensfülle gibt, so muß das *Bewegungsbild*, das Bild richtiger Bewegung, davon bestimmt sein. Wir müssen *den Begriff der Bewegung neu denken*, ihn mit dem erfüllen und durchdringen, was wir als das Wesen der Innenbewegung erkannt haben.

Wir gewinnen dann ein neues Bewegungsbild, einen neuen Maßstab richtiger und falscher Bewegung. Weder die Gesetze der Mechanik noch irrationale Allgemeinwerte allein wie Rhythmus, Fluß, Stetigkeit bilden den Maßstab. *Das Wertmaß für die äußere Bewegung ist ihre Beziehung zur inneren.* Richtig ist eine Bewegung in dem Maße, wie sie von innerleiblichem Leben durchpulst wird. Falsch ist jede Bewegung, die das innere Leben hemmt oder verwirrt, mag sie im übrigen noch so exakt

und gekonnt, noch so ausdrucks- und temperamentvoll, noch so fließend und scheinbar rhythmisch sein.

Was aber heißt Einklang der äußeren Bewegung mit der inneren?
Keinesweg können wir uns mit einem allgemeinen und verschwomme-
nen Bilde von Naturhaftigkeit und Lebensfülle begnügen. Das ginge
allenfalls, wenn in uns selbst, die wir am Problem der menschlichen
Bewegung arbeiten wollen, Natur und inneres Leben noch ungebrochen,
wenn unser Empfinden für das Belebte noch unverfälscht wäre. Das ist
es aber nicht. Jeder von uns ist in Gefahr, Leben mit Temperament, mit
Lebhaftigkeit und Behendigkeit zu verwechseln. Wir brauchen deutliche
Vorstellungen, bestimmte Maßstäbe. Je anschaulicher uns das Bewegungsbild in seinen einzelnen Zügen ist, umso fruchtbarer wird es auf
unser praktisches Tun einwirken können

Jede äußere Bewegung soll in Verbindung mit der inneren, das heißt
mit Atmung und Blutströmung ablaufen, – was heißt das? Es bedeutet
nicht etwa, jede Bewegung solle mit einer Atemübung, also etwa mit
tiefer Einatmung oder – moderner – mit einem Ausblasen der Luft
verbunden werden. Statt die Bewegung zu beleben, würde das umgekehrt zum Starrwerden der Atmung führen.

Die Verbindung von Atmung und Bewegung, von Kreislauf und Bewegung ist auf kein Schema zu bringen. Umso notwendiger ist es, sie
konkret zu verstehen. Zunächst einmal bedeutet sie das Nichtunter-
drücken des leiblichen Innenlebens durch die Bewegung, also nicht den
Atem anhalten, aber ihn auch nicht willensmäßig einziehen und aus-
stoßen, sondern ihn unbehindert fließen lassen. Und ebenso: sich nicht
hartmachen, nicht durch überflüssige Anstrengung den Blutstrom behindern. „Japsen" nach kurzem Lauf, roter Kopf oder blasses, starres Gesicht bei anstrengender Arbeit sind Kennzeichen solchen Störens.

Daraufhin betrachte man Schulkinder, Sportler, Berufstätige, Intellektuelle! Kaum ein Kind in unseren Schulklassen, kaum ein Student,
ein Sportler geht an eine Aufgabe, ohne die Gesichts- und Halsmuskeln
anzuspannen, die Zähne zusammenzupressen, den Atem anzuhalten
oder geräuschvoll zu „ziehen". Es scheint, für uns ist Arbeit gleichbedeutend mit vitaler Störung.

Kein Gehirn, kein Organismus kann aber sein bestes leisten, wenn der
Zustrom gedrosselt ist. Lebendige, gesunde, menschliche Leistung gedeiht nur auf dem Boden unbehindert ablaufender Vitalfunktionen.

Oder positiv ausgedrückt: Atmung und Blutströmung *geschehen lassen*, wie sie geschehen wollen. Praktisch ist das nicht ganz dasselbe wie
nicht unterdrücken. Denn indem ich etwa versuche, den Atem nicht

mehr anzuhalten, bemerke ich, daß er darum noch nicht frei zu strömen braucht. Nur die gröbsten Unterdrückungsmaßnahmen lassen sich willentlich abstellen. *Geschehenlassen fordert eine veränderte Einstellung:* Empfänglichkeit statt übersteigerter Aktivität. Weniger wollen, mehr horchen, dann erst unterbleiben unbewußt angewöhnte, „automatisierte" Willenseingriffe.

Das zweite: sich von der Bewegung beleben lassen, ihre anregenden Wirkungen aufnehmen. Der Innenstrom kann nicht nur in und trotz der Bewegung weiterfließen, er kann auch durch die Bewegung anders und stärker werden. Das Umgekehrte geschieht in vielen Fällen: je schwerer die Aufgabe, umso kleiner und hastiger wird der Atem, umso enger die Körpermitte, umso verspannter die Muskeln von Gesicht, Hals und Kehlkopf.

Keineswegs also ist das Ideal, daß im raschen Lauf der Atem weitergehe, als ob nichts geschähe. Sondern tiefer, freier, schwingender, länger sollte er werden, und das nicht auf Kommando und nach Zählen, sondern spontan. Und ebenso wenig ist zu wünschen, daß wir statt der krampfhaft verzerrten Gesichter unserer Sportler willentlich beherrschte, unbewegte zu sehen bekämen. Sondern statt Mühsal und Überanstrengung möchten wir Lust und Mut, belebt spielende Hautfarbe und strahlende Augen sehen, wie wir sie bei ungestörten Kindern und bei Unzivilisierten mit innerlicher Freude erleben, – merkwürdigerweise meist, ohne uns zu fragen, warum das denn bei uns so anders ist.

Und das dritte: aus dem, was da an erhöhtem Leben von der Bewegung ausgelöst wird, neue Antriebe und Einfälle holen, die äußere Bewegung von der inneren abwandeln und steigern lassen. Also nicht a) sich richtig bewegen und b) dabei auch richtig atmen – oder allenfalls in umgekehrter Folge –, sondern Bewegung und Atem, Bewegung und Blutströmung *einander wechselseitig anregen und befruchten lassen.* Richtig im Sinne organischer Innenverbindung ist demgemäß eine Bewegung so weit, wie das innerleibliche Leben ihr zustimmt, wie es *von ihr belebt und gesteigert wird und anregend auf sie zurückwirkt.* Falsch ist sie in dem Augenblick, wo sie die Innenbewegung stört oder ohne Beziehung neben ihr herläuft.

Das bedeutet: sich mit dem leiblichen Innenleben *ins Einvernehmen setzen*, statt willens- oder triebbesessen darüber hinwegzugehen. Wollen, aber nicht rücksichtslos, sondern in Kontakt mit dem leiblichen Es.

Nicht bedeutet es, einseitig nach innen gewandt leben und sich von der Innenbewegung die Grenzen seines Tuns setzen lassen. Beide, Außen- und Innenwelt, sind Realitäten und haben Anspruch auf unser Mitleben.

Nichts ist anpassungsfähiger als die Innenbewegung, wenn der Mensch Kontakt mit ihr sucht, nichts starrer und eigensinniger, wenn er sie behandelt wie ein schlechter Reiter, der sein Pferd störrisch macht. Sie reicht zu jeder erwartbaren Leistung und zu mancher unerwarteten, wenn der Mensch sie mitbestimmen läßt, und sie kann bei der alltäglichsten versagen, wenn er rücksichtslos über sie hinweggeht.

Solange der Mensch sich so bewegen muß, wie sein inneres Leben es verlangt, ist er noch abhängig; erst wenn sein inneres Leben wie ein feinfühliges Reitpferd spürt und tut, was der Reiter verlangt, ist volle Übereinstimmung zwischen Innen und Außen da.

Die Kunst ist, immer die Innenbewegung zu haben, die man braucht, um sich unbekümmert nach Wunsch und Willen bewegen zu können, — der Natur zu gehorchen, ohne von ihr abhängig zu werden, oder positiv ausgedrückt: sie lenken zu lernen, ohne sie zu unterdrücken.

Der „Naturmensch" braucht nur den Antrieb zum Springen zu empfinden, dann hat er alles, was dazu gehört, sowohl die Technik wie die Innenbewegung, und zwar unbewußt. Wer sich in Übereinstimmung mit der Innenbewegung zu bewegen gelernt hat, dem geht es genau so: die Vorstellung eines Tuns genügt, um die Innenbewegung bereit zu machen, sie auf die beabsichtigte Bewegung einzustellen. Er erreicht auf dem Wege über das Bewußtsein, was der Primitive unbewußt hat. Das Bewußtsein dringt an die Oberfläche wie in die Tiefe der Bewegung, durchdringt sie, begreift sie. Das Endergebnis aber ist ein Zustand, in dem die Ganzheit der Bewegung, ihr mechanischer Verlauf wie ihre organische Belebtheit und die damit verbundene seelische Beteiligung, wieder von selbst da ist, ein *Zustand neuer Unbefangenheit,* der Naivität und Wissen vereinigt.

Man fühlt sich an das Wort erinnert, mit dem Kleist seine Abhandlung über das Marionettentheater schließt: „Mithin müßten wir also zum zweiten Male vom Baume der Erkenntnis essen, um in den Stand der Unschuld zurückzufallen".

4. Durchströmte Bewegung

Wie sieht äußere Bewegung in Verbindung mit der inneren aus? Um Bewegung beurteilen zu können, muß man das wissen, aber man kann es sich nicht im Kopfe ausdenken. Man muß es von der lebendigen Wirklichkeit ablesen.

Der Weg dazu ist das Bewegungsexperiment. Wir haben es bereits mehrfach verwandt: zum Erfahren der Innenbewegung, zum Erkennen ihrer Wirkungen auf die äußere, und wir werden es immer wieder brauchen. Denn in der Natur läßt sich aus der bloßen Spekulation nichts holen. Man muß die Erkenntnis aus der Erfahrung ableiten und mit der Theorie nachbilden, nicht umgekehrt sie aus dem Kopfe erfinden und ihr die Tatsachen anpassen wollen.

Hier tritt neben dem Selbstversuch auch der Fremdversuch in sein Recht, und zwar der mit bewegungsungeschulten Anfängern: denn je weniger ein Mensch sich seiner Bewegung bewußt und je weniger er auf eine bestimmte Bewegungsweise eingeübt ist, umso unbefangener steht er den Bedingungen des Experiments gegenüber, und umso williger überläßt er sich dem Wirken unwillkürlicher Kräfte.

Gleichgewichtsversuche

Der *Gleichgewichtsversuch* steht hier wieder an erster Stelle. Man kann zunächst ohne Vorbereitung die verschiedensten Bewegungen auf beweglicher Unterlage versuchen und das Bild der Bewegung betrachten. Nun versucht man — mit Mitteln, auf die unter „Atmung" eingegangen werden soll — den Atem anzuregen und in Ordnung, d. h. in seinen natürlichen Rhythmus zu bringen; oder aber man benutzt das Gleichgewichtsspiel selbst als Wecker der Innenbewegung, indem man sich seinen belebenden Einflüssen überläßt, wie es bei den Versuchen im Abschnitt „erlebte Innenbewegung" geschildert wurde.

Allmählich wird sich unter diesen Einflüssen das Bild der Bewegung verändern, im ganzen wie im einzelnen. es heben sich Züge des naturgewollten Bewegungsbildes heraus, allgemeine und besondere. Die Bewegung wird gelöst und gestrafft zugleich; nämlich die Festhalte-Verspannungen schwinden, Rumpf und Glieder lösen sich; aber zugleich strecken sie sich, der Mensch wird größer.

Die Bewegung wird sehr zart und weich, feinfühlig, tastend, belebt. Die Haltung ändert sich, die Massen schieben sich anders übereinander, das Becken anders über die Füße, der Brustkorb anders über das Becken. Das Gehen wird anders. Was ein Schritt, was freies Vorschwingen der Oberschenkel ist, wie das durch den Rumpf läuft, wie es den Aufbau zart verschiebt, wie sich das Standbein auf die Bewegung des Spielbeins einstellt, wie ein Fuß zum Boden streben kann, ihn tasten, das Gewicht des Körpers empfangen, sich nach hinten abstemmen, abrollen und sich vom Gewicht frei machen, das meint man nun zum ersten Mal zu erfahren.

Oder ein Tanzschritt: man kannte ihn immer, aber so belebt, so empfunden hat man ihn nie gesehen; nun meint man erst zu wissen, was ein Polkaschritt ist, was es heißt, „das Tanzbein schwingen".

Bewegungs-Vorbereitung

Eine zweite Form des Versuchs ist die Vorbereitung einer bestimmten Bewegungsform mit passenden, d. h. der Eigentümlichkeit *dieser bestimmten Bewegung gemäßen Innenbewegungs-Anstößen.* Nehmen wir uns etwa kleine federnde Sprünge auf beiden Füßen vor und betrachten sie zunächst ohne Innenbewegungsvorbereitung. Was sofort auffällt, ist, daß die Bewegung nicht durchs Ganze durchläuft, sondern von den Füßen und Beinen allein auszugehen scheint, – was man bei kleinen Kindern niemals sieht. Außerdem hat sie fast immer den Ausdruck der Bemühung, manchmal aber auch, besonders bei leichten und zart gewachsenen Menschen, den einer leeren, gewichtlosen und gehaltlosen Leichtigkeit.

Versucht man nun durch Platzlaute (p, t, k, z, usw.), durch kleine Schreie oder gesungene Staccatotöne das Zwerchfell in Tätigkeit zu bringen, so daß seine Fasern sich ringsum und nicht nur vorn zusammenziehen – zu kontrollieren am Zucken der seitlichen und hinteren Bauchmuskeln –, das heißt, läßt man das Zwerchfell das tun, was es beim Springen tun muß, so wird danach das Springen einen veränderten Ausdruck haben: den Ausdruck des Impulses, der Lust, – einer Lust, die nicht nur in Muskeln und Nerven sitzt, sondern in Leib und Seele, nicht nur in den Beinen und im Kopf, sondern im ganzen Menschen. Es wirkt mühelos, weil von Leib und Seele her notwendig, aber dennoch nicht unirdisch leicht, sondern bodenverbunden. Man vergißt nicht die Erdenschwere, man spürt immer noch den Kampf mit der Schwerkraft, und das gibt der Bewegung Gehalt; sie wirkt erfüllt statt glatt und leer.

Eine andere Form des Bewegungsexperiments ist das „Tun was man will". Meist ergibt sich ein wenig erfreuliches Bild. Jeder kramt aus seinen Erinnerungen irgendwelche Turnübungen und Kunststückchen hervor oder probiert Tanzschritte und gymnastische Übungen. Die Einfälle kommen aus dem Kopfe und wirken gewollt, unharmonisch und unvital, kaum ein wirklicher Impuls kommt zum Vorschein.

Etwas erträglicher wird das Bild schon, wenn man die Weisung gibt, nichts zu wollen, nur zu tun, was kommt. Das Unnatürliche und Aufgeputschte wenigstens hört dann auf. Aber an seine Stelle tritt nun Mattheit, Impulslosigkeit, Mangel an Einfällen. Es kommt heraus, was wirklich da ist, und das ist oft sehr wenig.

Nach eingehendem Aufwecken der Innenbewegung ändert sich das Bild. Es kommen Einfälle vom Lebensganzen her statt nur vom Kopf. Alles sieht anders aus, belebt, natürlich, vom ganzen Menschen getragen. Es sind Impulse da, und die machen, daß ganz kleine, anspruchslose Einfälle, ein kräftiges Gehen, ein paar Hüpfer durch den Raum, ein Federn, ein Armschwingen, ein Handklappen, ein Sprung in die Hocke natürlich und erfreulich wirken.

Nicht so sehr einzelne Züge des Bewegungsbildes sind aus diesem Versuch zu gewinnen als vielmehr eine Kenntnis vom *Ursprung der Bewegung als Ganzem,* von der Art, wie die Bewegung aus dem Menschen und aus dem Leibe herauskommen muß. Man erkennt, daß Bewegung nur „richtig" wird, wenn sie unmittelbar und unbefangen aus dem Lebensganzen fließt, – was nicht hindert, daß sie vom Bewußtsein mitgetragen wird, das beim Menschen ja mit zum Lebensganzen gehört.

Man erkennt ferner, daß richtige Bewegung *etwas Elementares und sehr Einfaches ist,* – etwas erschreckend Einfaches, möchte man beinahe sagen; denn es zeigt einem wie unter Blitzlicht, wie weit man von der Natur abgewichen ist, wie sehr man sich an Menschenwerk und Machwerk gewöhnt hat, und wie vieles man in seinem Urteil, seinem Geschmack, seiner Wertung abbauen muß, um wieder geöffnet für das Einfache und Notwendige zu werden. Geradezu schmerzlich kann man in solchen Augenblicken empfinden, wie vieles Liebgewordene preisgegeben werden muß, wenn man bei der Wahrheit bleiben will.

Kreislauf-Umstellung

Was Gehen ist, davon erfährt man etwas, wenn man mit dem *Einfluß der Blutströmung auf die Bewegung* experimentiert. Die ganze körperseelische Hilflosigkeit des heutigen Abendländers kommt einem zum Bewußtsein, wenn man Menschen im geschlossenen Raum zwecklos gehen sieht. Alle Bewegungshemmungen, alle Verspannungen, Unsicherheiten und Formfehler scheinen sich in dieser anspruchslosen Bewegung zusammenzufinden. Mit willensmäßigem Üben kann man gewiß manches davon abexerzieren und eine festgelegte angebliche Bestform erarbeiten. Aber die hat niemals den Ausdruck des Unmittelbaren und elementar Notwendigen, wie ihn naturhaftes Gehen hat.

Viel Verbogenes und Verdrehtes löst und richtet sich dagegen von selbst, wenn das Gehen immer wieder durch kreislaufumstellende Bewegungen unterbrochen wird. Dazu gehören vor allem Bewegungen in verschiedenen „Höhenlagen", also häufiger Wechsel zwischen Liegen, Sitzen, Hocken und Stehen, ferner rasches und wirbelndes Drehen, Überschläge, Rollen usw. Nach jedem derartigen Versuch, wenn er in Verbindung mit dem leiblichen Innen geschieht, sieht das Gehen ein wenig natürlicher, ein wenig menschlicher, ein wenig belebter und weniger gemacht aus. Manches Verkehrte verschwindet ganz, manches läßt sich unter der Einwirkung des inneren Lebens mühelos zurechtdrücken.

Was einem dabei aufgeht ist nicht so sehr die Technik des Gehens als vielmehr seine Organik. Man erfährt, was *erdverbundene, ruhende Sicherheit,* und was *Schwung, Leben, Aktivität, Wille* im Gehen ist, — ein Wille, der den Leib und seine Schwingungen nicht unterdrückt, sondern aus dem Leibe selbst hervorstrahlt.

Über die *Technik* des Gehens dagegen wird man belehrt, wenn man durch eine sorgfältige Massage der Beine und Füße die Blutströmung in den Bewegungswerkzeugen selbst in Ordnung bringt. Wie schon früher angedeutet, findet nämlich das Bein unter dem Einfluß einer guten Durchblutung seine Technik von selbst, kraft eines dem Leib einwohnenden Bewegungssinnes. Man bekommt dann zu seinem Erstaunen ein technisch einwandfreies Heben und Senken, Vorschwingen, Aufsetzen, Abrollen zu sehen, und man kann der Natur in Vollkommenheit ablernen, was einem sonst ein menschlicher Lehrer mehr oder weniger unvollkommen übermitteln müßte.

Haltung aus dem Lebensganzen

Sehr lehrreich sind *Versuche mit der Haltung.* Sie geben ein Bild vom Wesentlichen der aufrechten Haltung, das für die notwendige Kleinarbeit am Aufbau leitend sein kann. Eine Haltung, die durch willkürliches Zurechtrücken gewonnen wird, hat immer etwas Gezwungenes. Sie ist dem Menschen nicht natürlich zu eigen; sie geht ihm deshalb in der Bewegung leicht wieder verloren, und sucht er sie zu bewahren, so wird der Bewegungsfluß gestört.

Verblüffend ist es zu sehen, wie etwa nach Ausatmen mit Strecken oder mit langem Ton oder auf atemanregende Massagegriffe der Körper sich selbst zurechtdrückt, der Rumpf sich von innen her aufrichtet, die Brust sich strafft, die Schultern zurückgleiten. Es erscheint ein völlig anderes *Bild* der Haltung. Sie sieht nicht aus wie etwas Gelerntes, sondern wie Natur, unbemüht, von innen herauswachsend: eine Haltung, die aus dem Menschen herauskommt, statt daß sie in ihn hineinexerziert wird, und die deshalb auch in die Bewegung hineingenommen werden kann, ohne sie zu hemmen.

Kommt gar noch Hilfe durch organisches Zurechtrücken von außen, das heißt durch Zurechtrücken in Verbindung mit Atmung und Massagegriffen hinzu, so erscheint oft ein völlig veränderter Mensch; die Haltung stellt sich dar als *Rückfinden zur eigenen Gestalt,* als Lebendigwerden und Zusichfinden des ganzen Menschen.

Bewegung im Atemrhythmus

Was *Ausdruck, Form, Rhythmus* in der menschlichen Bewegung sind, auch darüber können Versuche mit der Innenbewegung belehren. Läßt man Ungeübte eine einfache gymnastische Übung versuchen, so wird die Bewegung meist holperig, unstetig, mit unnötigen Muskelspannungen belastet, ungegliedert, formlos. Erst nach längerem Üben glättet sie sich ab. Bringt man nun aber mit geeigneten Mitteln den Atem in Bewegung, so daß er frei und rhythmisch strömt (siehe Kapitel „Atmung"), und paßt man dann die Bewegung in Zeitmaß und Ablauf dem Atem an, so daß die Atmung führt und die Bewegung sich ihr einschmiegt, statt sie zu behindern, – was übrigens eine Kunst für sich ist –, so erfährt man etwas sehr Merkwürdiges: Man sieht nämlich, wie ohne alles Zureden und Verbessern von außen Muskeln sich lösen, Unstetigkeit verschwindet, wie der natürlich nächste Bewegungsweg gefunden wird, wie die einzelnen Phasen der Bewegung zueinander in ein harmonisches Verhältnis treten, kurz, wie in wenigen Minuten die Bewegung selbsttätig zu ihrem Rhythmus und der ihr zugehörigen Form findet. Technische Einzelheiten mögen noch zu bemängeln sein, aber das Ganze stimmt, und dem Menschen ist das vorher künstlich Erscheinende natürlich geworden, weil er von innen her Beziehung zur Bewegung gefunden hat.

Das Bewegungsbild

Solche Versuche, – falls sie gelingen, und das tun sie nicht immer, – ergeben ein Bild davon, wie der Leib aus seinen Eigenkräften eine Bewegung „will". Es bildet sich der naturhafte Bewegungsrhythmus, der vom angeübten wesensverschieden ist, auch wenn der ihm in allen feststellbaren Merkmalen getreulich abgeguckt wurde. (Siehe unter „Das Rhythmische in der Bewegung"). Die Bewegung bekommt Ausdruck, ohne daß der Mensch Gefühle produziert und „ausdrückt"; sie bekommt *den* Ausdruck, den unverdorbene Bewegung überall in der Natur hat, und den man weder weglassen noch hinzutun kann, weil er mit der Bewegung eins ist wie der Ausdruck eines Bildes mit dem Bild.

Bruchstücke solcher Erfahrungen bieten sich jedesmal an, wenn man aus einen Zustande erhöhter leiblicher Lebendigkeit heraus eine Bewegung neu zu finden versucht unter Ausschaltung alles Gelernten, Gewollten und Gewohnten, geduldig, horchend und wartend. Aus ungezählten Erfahrungen dieser Art wächst in dem Experimentierenden ein Bild vital durchpulster Bewegung.

Anfangs ist dieses Bild unsicher; man täuscht sich, man fällt auf Anzeichen trügender Scheinlebendigkeit herein. Allmählich wird man sicherer. Das Bild wird unverkennbar. An vielen kleinen, aber sprechenden Merkmalen unterscheidet man echtes leibliches Leben von der üblichen „Lebhaftigkeit", der Scheinlebendigkeit erregter Nerven. Man lernt, die äußere Bewegung als ein Fenster anzusehen, durch das die innere herausblickt, und wiederum die innere in ihrer Abhängigkeit von der äußeren zu erkennen. Alles, was außen vorgeht, wird zum Ausdruck und Abbild des dahinter wirkenden Inneren.

Immer bleibt es ein *Bild*, das durch Begriffe nicht ersetzt werden kann. Es muß geschaut sein, bevor es beschrieben wird, und es muß am eigenen Leibe erfahren werden, bevor es geschaut werden kann.

Bild durchströmter Bewegung

Bewegung, die aus innerem Leben fließt, wirkt *geschlossen, einfach, selbstverständlich.* Wer gewohnt ist, ästhetische Ansprüche zu stellen, mag finden, sie sehe nach nichts aus. Das ist vielleicht die größte Schwierigkeit für den, der hier umlernen will. Es ist, als fehlten dieser Bewegung alle Merkmale; sie ist so bescheiden, so unaufdringlich, daß man nichts an ihr zu sehen, nichts von ihr zu sagen weiß. Und damit muß man sich zunächst abfinden.

Sieht man sie freilich unmittelbar neben gelernten Künsten, gymnastischen oder tänzerischen, so kann es einem wie Schuppen von den Augen fallen: so muß es sein, dies allein ist gewachsen, alles andere gemacht. Und man wundert sich, wie man so blind sein konnte.

Durchströmte Bewegung ist *außen ruhend, innen belebt, außen weich, innen spannkräftig.* Der Rumpf ist straff und voll, die Glieder gelöst, — statt daß der Rumpf zu Schlaffheit oder starrer Enge, die Glieder zu Härte und Verspannung neigen.

Lehrreich ist der alte Film „Elefantenboy" (Bild 10): Daß man so klettern kann, ohne Muskelwülste an Armen und Beinen, ja ohne sichtbare Muskelspannung, mit der ganzen Weichheit der Glieder, wie man sie bei uns nur bei ganz kleinen Kindern kennt, würde man nicht glauben, wenn man es nicht sähe. Ist man aber erst aufmerksam geworden, so entdeckt man dasselbe weiche, fast spielerisch wirkende Zugreifen und Festhalten auch bei schwerer Arbeit bei Eingeborenenvölkern und ebenso bei den Kulturvölkern Ostasiens. Und hat man Glück, so trifft man auch in unserem Bereich auf Handwerker oderr Eisläufer oder Artisten, die es ebenso können.

Die Weichheit der Spannung macht, daß die Bewegung *zart und feinfühlig* bleibt auch in der Anstrengung; man wundert sich zu sehen, wie Balimädchen (auch bei arbeitenden Russinnen· sah man gelegentlich ähnliches) eine schwere Last ergreifen mit der gleichen Feinfühligkeit, mit der sie eine Frucht oder eine Blume nehmen. Wiederum wirkt die Bewegung *in der Zartheit nie weichlich,* die feinfühlende Hand, der tastende Fuß kommen aus einem Mittelkörper, der wie eine gespannte Feder ist.

Organische Bewegung ist *bodenverbunden,* gelöst auch beim Strecken und *straff* auch in Bodennähe. Schwere Bewegung ist nicht dumpf und leichte nicht schwebend. Beide, hohe und tiefe Bewegung sind lebendige Auseinandersetzung, Spiel mit der Schwerkraft.

Solche Bewegungen sind *geschlossen, der Rumpf zusammengehalten,* nie gereckt oder gar auseinandergezerrt. Es sieht aus, als gehe die Bewegung, auch wo sie groß ist, nie bis zur Grenze der Beweglichkeit, weil sie niemals den Ausdruck müsamer Überstreckung hat, weil sie an der Beweglichkeitsgrenze ebenso weich läuft wie in der Mittellage. Wo sie aber klein ist, da ist sie um nichts weniger entschieden und kraftvoll.

Sie geht immer den nächsten Weg. Sie macht keine Umwege, holt nicht höher aus, greift nicht weiter um sich als nötig, sie ist so groß oder so klein, so verhalten oder so ausladend, wie es der äußere Bewegungszweck oder der innere Lebenszustand erfordern. Sie ist also *sparsam,* aber dabei keineswegs vorsichtig und zurückhaltend, sondern *aktiv, entschieden, zielstrebig.*

Bewegung, die aus der innerleiblichen Quelle fließt, hat den Ausdruck naturhafter Unmittelbarkeit. Sie scheint geraden Wegs aus dem Lebensganzen zu kommen, ohne Umschaltung über den Kopf. Sie ist Ausdruck vitaler Bewegungslust, auch wo sie Zwecken dient; so spricht aus ihr ein Wille, der unbemüht, ja lustvoll wirkt, weil er im ganzen Leibe sitzt; es gibt da nicht den Kampf zwischen Körper und Willen, der unsere Bewegungen so oft entstellt.

Lebensvolle Bewegung ist *mehr intensiv als extensiv.* Sie macht keinen Lärm, sie spricht nur zu dem, der zu horchen versteht. Die kleinste Bewegung, die Ruhe sogar spricht, und oft eindringlicher als große Bewegung. Sie ist unbemüht, gelassen, ruhend, aber nie flüchtig, unbeteiligt, „blasiert". Immer ist der Mensch ganz in der Bewegung anwesend, lebendig beteiligt, immer aktiv, mit Leib und Seele dabei. Die mitschwingenden Blutwallungen, die zart belebte Farbe des Gesichts, der lebendig antwortende Atem sprechen unmittelbar von der seelischen Beteiligung und geben der Bewegung etwas Hingebendes, beinahe Frommes, wie man es manchmal bei versunken spielenden Kindern sieht.

In der Ruhe ist solche Bewegung erfüllt, sprechend, „beseelt", in der Erregung bleibt sie in sich geschlossen, mit dem Innenleben verbunden und aus der Tiefe sprechend. Sehr unähnlich dem oft exzentrischen Bewegungsausdruck unserer Künstler, behält sie immer einen *Rest von Verhaltenheit,* von Innenschwingung; sie kann stark und leidenschaftlich sein, aber sie wirft sich nicht heraus.

Dieses Gesamtbild wird ergänzt durch eine Fülle *beobacht- und nachprüfbarer Kennzeichen.* Wer die Bewegung von innen her zu beurteilen unternimmt, muß diese Merkmale kennen. Er darf sich nicht auf das Gesamtbild allein verlassen, sonst verfällt er der Sinnestäuschung. Denn nicht nur, daß es Anempfinder und Einfühler gibt, die den äußeren Ablauf naturhafter Bewegung täuschend nachahmen, ohne ihr inneres Kräftespiel zu erfahren; es ist überhaupt nicht so einfach mit der naturgemäßen Bewegung, wie es nach der Darstellung in großen Zügen erscheinen mag. Der Weg von der erstarrten, aus Mangel an Leben verzerrten Bewegung zur belebten ist selten ein geradliniger. Es ist nicht so, daß unter dem Zauberstab der Innenbewegung die verzerrte Bewegung einfach verschwindet und die richtige hervorwächst. Das erwachte Leben an einer Stelle verträgt sich nicht ohne weiteres mit dem erstarrten an anderen. Als Ausgleich gegen Verzerrungen, die der innen leblose Körper von äußeren Kräften (Schwerkraft, Fliehkraft, Trägheit) erleidet, bilden sich oft ergänzende Verzerrungen, die mit ihnen notwendig zusammenhängen. Diese aber verschwinden nicht ohne weiteres, wenn jene sich lösen; sie können unter Umständen hartnäckiger sein als jene.

Wer hier helfen will, muß einen *Blick für „Fernwirkungen"* haben, er muß die mechanischen und organischen Zusammenhänge und Wechselwirkungen zwischen weit auseinanderliegenden Erscheinungen erkennen und beurteilen können. Zahlreiche Kennzeichen der Haltung, der Atmung, der Körperoberfläche: Hautfarbe, Muskelrelief, Art der Muskelspannung, Atemgeräusch, Einzelheiten des Bewegungsablaufs, die Art, wie die Glieder sich aus dem Rumpf herausschieben, wie sie sich ballen und strecken, die Art, wie ein Mensch sich vor und nach Bewegung verhält, — besonders nach lebhafter Bewegung! — all das gibt Auskunft über den Verlauf der Innenbewegung und hilft, das aus dem Gesamtbild der Bewegung geschöpfte Urteil nachzuprüfen. Es genügt nicht, solche Merkmale theoretisch zu kennen. Jahrelange Erfahrung ist notwendig, um sie im gegebenen Fall erkennen und richtig deuten zu können.

Noch etwas muß hinzu kommen: ein geübtes *Einfühlungsvermögen.* Denn so unentbehrlich die Beobachtung von Einzelheiten, und so übel man dran ist, wenn man nur intuitiv urteilt und seine Eindrücke nicht an bestimmten Merkmalen nachprüfen kann, — diese Merkmale selbst sind nicht ausreichend, weil sie nicht eindeutig sind. Ähnlich wie in der Handschriftkunde aus lauter richtig beobachteten Einzelmerkmalen ein falsches Gesamtbild, in der Medizin aus richtig beobachteten Symptomen ein falsches Krankheitsbild gelesen werden kann, so auch in der Körperbildung aus lauter richtig beobachteten Einzelheiten ein falsches Zusatands- und Bewegungsbild.

Es läßt sich eben nicht alles Objektive eindeutig in Begriffe fassen. Große Gebiete objektiven Lebens, Kunst, Religion, Erziehung, sind mit keiner Regel völlig zu erfassen. Wie es unmöglich ist, in einem Musikwerk, einem Bauwerk die Notwendigkeit eines Teiles im Zusammenhang mit dem Ganzen einem Menschen begreiflich zu machen, in dem das grundlegende Empfindungsvermögen für musikalische oder architektonische Vorgänge ungeweckt ist, so unmöglich ist es, die Bedeutung eines Einzelmerkmals im Ganzen der Bewegung richtig aufzufassen, wenn man nicht aus eigenem Erleben weiß, wie solche Symptome zustande kommen.

Nur wer sich in das innerleibliche Leben der ägyptischen Königsstatuen hineinfühlen kann, weiß vom Sein her, warum sie so „steif" dasitzen, -- daß nämlich gerade diese äußere Bewegungslosigkeit die Bedingung ihres unheimlich starken inneren Lebens ist. Mit bloßer Betrachtung von außen, mit dem Aufweisbaren und Greifbaren ist dem Wesentlichen hier nicht beizukommen.

Nur wer sich in das innerleibliche Leben eines sich bewegenden Menschen einfühlt, es miterlebt, kann mit einiger Sicherheit beurteilen, wie ein außen sichtbares Symptom der Bewegungsstörung zustande kommt. Man kann eben der Lebensvorgänge nur inne, nicht gewahr werden.

Ob zum Beispiel das blasse Gesicht eines Menschen Erschöpfung, Schwäche, Müdigkeit bedeutet, oder ob es die Folge eines verkehrten Muskelspiels in Hals und Nacken ist, das kann bei einigermaßen normaler Kopfhaltung kaum von außen entschieden werden. Es entscheidet sich aber gleich, wenn man sich mit Hilfe feinerer, oft nicht als solche zum Bewußtsein kommender Kennzeichen in die Art, wie er den Kopf trägt, heineintastet, wenn man sich an seine Stelle setzt, wenn man er wird. Anfangs mit wirklicher Bewegung geübt, wird dieses Sich-an-die-Stelle-setzen bald so sicher, daß es auch in der Phantasie gelingt. Man tut, was der andere tut, aber nicht mit äußerlicher Nachahmung, sondern mit innerem Mitspüren seiner Bewegung, und man spürt seine Verspannung oder Schlaffheit, das Unverbundensein seines Kopfes mit dem Gesamtleben des Leibes, die falschen Muskelzüge an Gesicht und Hals, kurz, man spürt und weiß, was in seinem Leibe geschieht, wie und soweit man es bei sich selber spüren und wissen würde.

Solches Urteilen kann irren; auch das Urteilen über den Befund einer Lunge oder die Gestalt eines Kunstwerkes kann ja irren. Aber es ist unentbehrlich. Und so viele Fehlgriffe wie das verstandsmäßige Schließen aus Symptomen, bei dem die möglichen Trugschlüsse zahllos sind, bringt es wahrscheinlich nicht hervor.

Hier gibt es nur einen Weg zur Sicherheit des Urteils, das ist das unermüdliche Arbeiten von *beiden* Seiten. Jedes Beobachtungsurteil muß durch Einfühlung überprüft und jedes Einfühlungsergebnis durch Beobachten und Vergleichen gesichert werden.

5. Das Individuelle in der Bewegung

Was ist individuell?

Individualität heißt dem Wortsinn nach Unteilbarkeit, Ganzheit. In jedem Blatt eines Baumes, in jedem Stückchen seiner Rinde oder Wurzel, in jeder kleinen Bewegung, jedem Schrei oder Laut eines Tieres verkörpert sich das Ganze des lebendigen Organismus in seiner Eigenart so deutlich, daß wir ein Wesen an seiner kleinsten Äußerung erkennen können.

Alles Individuelle ist kennzeichnend. An der wesensgeprägten Eigenart von Bewegung, Handschrift, Mimik, Stimme erkennt man einen Menschen, ein Lebewesen und unterscheidet es von einem andern. Aber nicht alles Kennzeichnende ist individuell. Gerade die hervorstechenden Kennzeichen sind beim Menschen oft nicht Wesensäußerungen, sondern Störungen. Sie sind zwar sprechend, charakteristisch, unterscheidend, aber sie gehören ihrem Träger nicht notwendig an, sie sprechen nichts wesentliches aus.

Stöckeriger oder schlurfender Gang, schlaffe und nicht recht zugreifende Handbewegungen, scharfe oder matte Stimme und vieles andere, wodurch bestimmte Menschen sich dem Gedächtnis einprägen, sind durchaus charakteristisch, sie sind aber Störungen. Als solche drücken sie nicht aus, wie dieser Mensch innen lebt, sondern wie und wo sein inneres Leben stockt oder seine Fähigkeit, es zu äußern, versagt. Die Äußerung ist dann nicht Wesensausdruck, sondern Verzerrung.

Es gibt eben zweierlei Ausdruck, einen, der von Kräften geprägt ist, und einen, der aus einer Verbindung von Kräften und Schwächen erwächst, — ein Ausdruck, der einen stärker unterscheidet als sonst Lebewesen einer Art voneinander unterschieden sind, der aber nicht befriedigt, weil er nicht von innen kommt und nicht das Wesen spiegelt.

Die leibliche Individualität eines Lebewesens entspringt wesentlich aus der Art seines inneren Lebens, aus seiner Drüsentätigkeit, aus der Raschheit oder Trägheit seines Stoffwechsels, der Art seiner Blutwallungen, seiner Atemreaktionen, kurz aus dem, was wir hier Innenbewegung nennen. Von der Innenbewegung strömt sie in die Äußerungen, in Bewegung, Handschrift, Sprechweise hinein.

Äußere Merkmale wie die Längen- und Breitenverhältnisse des Knochenbaus, die größere oder geringere Beweglichkeit der Gelenke, die Entwicklung der Muskeln spielen mit, aber sind nicht wesentlich. Zwei in den Bewegungswerkzeugen sehr ähnlich veranlagte Menschen können völlig verschieden im Ausdruck ihrer Bewegung sein.

Alles Individuelle ist objektiv. Es ist nicht vom menschlichen Ich hervorgebracht, sei es vom Willen, sei es von der Phantasie, von subjektiven Gefühlen usw., es ist von der Natur gegeben. Individuell wird die Bewegung, wenn sie sich objektiven Naturvorgängen einordnet, – objektiv, obwohl im Subjekt wirkend, weil das Subjekt sie nicht macht, sondern als gegeben vorfindet. Objektiv ist die Tätigkeit der Organe, die Bauanlage des Körpers, die Verteilung und Anlage der Muskeln, objektiv sind die mechanischen Naturgesetze, nach denen die äußere Bewegung abläuft.

Bewegung, die sich ohne Eigenwillen diesen objektiven Gegebenheiten einordnet, wie man es bei kleinen Kindern und bei Tieren sieht, wirkt wesensecht, individuell, naturhaft, ausdrucksstark. Bewegungen, die eigenwillig aus diesem Naturzusammenhang heraustreten, sind weder wesensecht noch ursprünglich. Sie individuell oder gar originell zu nennen, ist ein zeitübliches Mißverstehen, in dem sich Ahnungslosigkeit für Seinswerte ausspricht. Allenfalls mag man sie als „eigene Note" bezeichnen; so bringt man wenigstens zum Ausdruck, daß es eine Note ist, die das Subjekt seinen Äußerungen *gibt,* aber nicht ein Wesenszug, den es in sich trägt.

Alle Menschen haben im Prinzip gleichgebaute und nach denselben Gesetzen wirkende Gelenke, Muskeln, Blutgefäße, Drüsen, Atemorgane usw. Ihre Körper sind alle nach *einem* Bauplan gebildet, ihre Bewegungen verlaufen nach den gleichen Gesetzen. Sie sind deshalb im groben und greifbaren ihres Ausdrucks gleich. Eine Haltung, eine Form des Gehens, die für den einen falsch ist, kann nicht für den anderen richtig sein. Eine Haltung ist – im groben gesehen – entweder richtig oder falsch. Allenfalls kann eine falsche Haltung für einen Menschen relativ richtig sein, weil sie mit anderen Mängeln, zum Beispiel falscher Atmung, Organstörungen oder Mißbildungen übereinstimmt.

Der gleiche Bauplan ist aber bei verschiedenen Individuen verschieden ausgeführt. Knochen und Muskeln haben verschiedene Proportionen, verschiedene Kraft und Festigkeit; Blutgefäße, Drüsen, Atemorgane arbeiten trotz grundsätzlicher Übereinstimmung in Bau und Wirkungsweise nicht bei zwei Menschen völlig gleich. Atemform, – Geschwindigkeit, – Rhythmus zum Beispiel sind voneinander gewiß ebenso verschieden wie die Gesichter der Menschen. Deshalb können auch die äußeren Bewegungen, wenn sie mit der inneren Lebenstätigkeit und den Bauverhältnissen übereinstimmen, nicht bei zwei Menschen gleich verlaufen. Die individuellen Unterschiede in der Ausführung des Bauplans bewirken individuelle Unterschiede im Bewegungsablauf: individuelle Bewegungen sind bei verschiedenen Menschen einander *ähnlich, doch nicht gleich.*

Doch die Unterschiede sind so gering, daß sie im mechanisch-Körperlichen kaum zu greifen sind und mehr im Ausdruck der Bewegung, in ihrer Stimmung, ihrem Klang zutagetreten. Daher kommt es, daß Menschen ohne Sinn für Nuancen oft individuell echte Bewegungen zu gleichartig, zu unpersönlich finden, während ihnen durch subjektive Willkür verfälschte Bewegungen „persönlich" erscheinen und gefallen.

Grobe, greifbare Unterschiede in den Bewegungen verschiedener Menschen lassen fast immer auf Bewegungsstörungen, Verspannungen, Schlaffheiten, Rhythmusstörungen schließen. Die angeblich individuelle Arbeitsweise mancher Tanzschulen erweist sich bei näherem Zusehen als ein bloßer Kult „individueller" Bewegungsfehler.

Die „persönliche Note" steht im schroffen Gegensatz zur individuellen Eigenart. Sie ist eine Zutat des Subjekts. Mit echter Persönlichkeit hat sie so wenig zu tun wie mit Individualität. Echte Persönlichkeit ist eine Frucht menschlichen Reifens. Sie ist gewachsen, nicht gemacht, objektiv bestimmt, notwendig. Subjektiv, ja willkürlich ist nur die Möchtegern-Persönlichkeit.

Pflege der „eigenen Note" führt deshalb nicht zur Entfaltung der Individualität, sondern zu ihrer Verschüttung, in der Bewegungsbildung wie auf jedem anderen Gebiet. Sie macht die Not zur Tugend, die Bewegungsstörung oder bestenfalls die Eingeschränktheit der Bewegungsphantasie auf bestimmte „Spezialitäten" zur produktiven Leistung.

Entfaltung der Individualität ist nur möglich durch Einordnung in objektive Gegebenheiten, durch Erleben des Eingebettetseins, des Getragenwerdens. Individualität wächst ungesucht und umso reiner, je weniger der Blick darauf gelenkt wird. Nichts stört sie so wie der Wille zum Besonderssein, nichts fördert sie so wie die Einordnung in Allgemeines.

Ob „individuelle" Arbeitsweise oder Gruppenunterricht, ist eine methodische Frage und in diesem Zusammenhang belanglos. Im Einzel- wie im Gruppenunterricht kann blöder Persönlichkeitskult getrieben, in beiden können naturhafte Kräfte geweckt und individuelle Äußerungen entfaltet werden.

Entfaltung des Individuellen

Wie kann man durch Bewegungsbildung an der individuellen Entfaltung arbeiten? Die Frage ist sehr praktisch. Man steht vor der krassen Verschiedenheit der Körperformen und der oft abstoßenden Typengleichheit der Bewegung zuerst hilflos und verwirrt. Man fragt sich: sind so die Menschen wirklich? Bilden diese Verschiedenheiten, die gewiß charakteristisch sind, aber oft auch ebenso abstoßend wie charakteristisch, ihre Individualität, ihr wahres Sein? Soll diese Schablone der Bewegung wirklich das Naturhaft-Objektive, allen Gemeinsame sein? Das eine gefällt einem so wenig wie das andere. Man ahnt, daß der wirkliche Mensch darunter verschüttet ist. Aber wie ihn hervorlocken?

Man kann es sich einfach machen; durch immer wiederholtes Üben bestimmter Bewegungsabläufe kann man allmählich die abstoßenden Verschiedenheiten zum Verschwinden bringen und an die Stelle der häßlichen Alltagsschablone mit ihren harten, abgehackten heftigen Bewegungen eine neue, schönere mit weichen, fließenden, „rhythmischen", setzen.

Aber was ist damit erreicht? Woraus verschwinden die krassen Unterschiede? Etwa aus dem Menschen und seiner Alltagsbewegung? O nein, nur aus der Gymnastikstunde. Und wo wird die Bewegung weich, fließend, rhythmisch? Wieder in der Stunde statt im Alltag. Nicht einmal die Außenschicht wird durchgreifend und bleibend verändert, geschweige das Innen.

Wer sich mit dieser Oberflächentherapie nicht begnügen und wirklich etwas ändern will, der wird leicht zwischen zwei Extremen hin- und hergezogen, die beide nicht das Wesen der Sache treffen: entweder er sieht die Menschen mit allen ihren offensichtlich verkehrten, naturwidrigen Eigenheiten als eine Art wandelnder Fehlersammlung an, oder er betrachtet umgekehrt diese charakeristischen Eigenheiten als das Individuelle, das zu entwickeln ist.

Im einen Fall bemüht man sich um ein Abüben von Fehlern, das nie befriedigend gelingt, weil das Falsche nur zu entwurzeln ist durch Hervorrufen des Richtigen; im andern Falle wird einem der Maßstab vollends entgleiten, und man wird wahllos Wesenseigenes und Wesensfremdes pflegen, wie man es gerade vorfinder. Das eine ist negativ, das andere sucht das Positive, Wertvolle an der falschen Stelle.

Die Individualität kann man überhaupt erst zu sehen bekommen, wenn es gelingt, das Innere wach zu machen und das Äußere mit ihm zu verbinden. Dann fällt das Angeklebte ab. Man sieht, was alles *nicht* zu einem Menschen gehört. Man sieht ihn *einfach, unkonventionell, natürlich*, von allen geliehenen Stützen befreit, auf sich gestellt.

Zuerst wird man mit dem, was da herauskommt, wenig anzufangen wissen. Von dem, was man positive Individualität nennen kann, vom Sein des Menschen, von seiner wahren Eigenart bekommt man kaum etwas zu sehen, höchstens zu ahnen. Man fühlt sich mehr verwirrt als geklärt.

Zu sehen bekommt man die Individualität, wenn ein Mensch in dieser von seinem Ich gelösten Verfassung mit der Bewegung zu spielen, zu tanzen, zu improvisieren beginnt, aber horchend, ohne Machen. Dann tritt etwas von seinem Wesen in die Erscheinung, sein *Bild* leuchtet auf. Da wird dann manchmal das Überraschende sichtbar, daß dieses Bild in deutlichem Gegensatz zu dem Charakteristischen steht, das er mitgebracht hatte. Einen Menschen, der im Alltag laut und barsch ist, sieht man da zart und verhalten, einen sonst gehemmten schwungvoll, einen beschwerten und mißmutigen leicht und heiter, einen zaghaften mit einer Energie und Sicherheit, die man ihm nicht zugetraut hätte.

So etwas geschieht freilich nicht alle Tage. Aber wenn man einen Menschen einmal so gesehen hat, dann weiß man mehr von ihm, als man in Jahren durch Beobachten und Zergliedern erfahren könnte; man weiß, worauf es mit ihm hinaus will, und man hat ein Leitbild empfangen, an dem sich die Bemühung um ihn ausrichten kann.

6. Bewegungsrhythmus und Ausdrucksgehalt

Bewegungsrhythmus

Die neuzeitliche Körperbildung, gestützt auf die Klages'sche Lebensforschung, sieht als Wesen der organischen Bewegung ihren rhythmischen Ablauf an. Alle Bewegung im Reiche des Lebendigen ist nach ihr stetige, bruchlos und kurvig verlaufende Gesamtbewegung. Sie beruht auf dem Prinzip der Entspannung, geht von der Körpermitte aus und fließt von ihr wellenförmig zu den Gliedern durch. Ihr Rhythmus ist gekennzeichnet durch fließenden Ablauf und durch Ähnlichkeit, nicht Gleichheit der periodisch wiederkehrenden Bewegungsphasen. Sie hat individuelles Gepräge (s. Rudolf Bode, Ausdrucksgymnastik).

Abgeleitet werden diese Kennzeichen von jenen großen Urformen der Bewegung, wie sie die Natur durchfluten, von der Wellenbewegung des Meeres, des rauschenden Waldes, der winddurchwogten Grashalde.
Und wirklich lebt ja etwas von der Urform der Welle in tierischer wie menschlicher Bewegung. Diese Verwandtschaft ist aber unbestimmt und läßt mannigfache Deutungen und Fehldeutungen zu.

Wollen wir ein Bewegungsbild erhalten, das eindeutig und bestimmt genug ist, um als Wertmesser menschlicher Bewegung praktisch brauchbar zu sein, so müssen wir das Urbild der Welle in Verbindung sehen mit den Tatsachen des organischen Leibeslebens, wie es sich uns in den hochentwickelten Lebewesen darstellt. Wir müssen also die allgemeinen Merkmale organischer Bewegung aus ihrem *organischen* Ursprung, das heißt aus der Funktionsweise des sie hervorbringenden Organismus ableiten. Das soll im folgenden versucht werden.

Der physiologische Ursprung des Bewegungsrhythmus mag im Stoffwechsel der Muskeln zu suchen sein. Der Muskel ist ein Energiespeicher (Akkumulator). Die Energie, die er bei der Arbeit ausgibt, entnimmt er seiner eigenen Substanz: er verbraucht für den Quellvorgang, durch den sich die Muskelfaser verkürzt, zelleigene Stoffe. Nach der Arbeit müssen die verbrauchten Stoffe ersetzt, der Akkumulator muß wieder aufgeladen werden. Die Muskelzelle nimmt Nahrung auf, sie regeneriert.

Die Tätigkeit des Muskels geht in drei Phasen vor sich: Verkürzung durch Quellung, Lösung durch Abgabe der Quellflüssigkeit, Erholung durch Nahrungsaufnahme. Auf diesen dreiteiligen Arbeitsrhythmus ist der Muskel eingestellt und angewiesen. Fehlen ihm Lösung und Pause, so kann er sich nicht vollständig wiederherstellen; er treibt Raubbau.

Herz und Zwerchfell, die ununterbrochen tätig sein müssen, arbeiten deutlich sichtbar im dreiteiligen Rhythmus, das Herz mit Systole, Diastole, Pause, das Zwerchfell mit Senkung, Hebung, Atempause. Das Herz, vom menschlichen Willen nicht zu beeinflussen, behält diesen Rhythmus bei, solange es schlägt; das Zwerchfell, Willenseingriffen ausgesetzt, verliert ihn leicht. Die Folge ist Störung in den verschiedensten Lebensvorgängen, verminderte Leistung, Verwirrung im Bewegungsablauf und Ausdruckshemmung auf allen Gebieten.

Diesem dreiteiligen Rhythmus unterliegt die gesamte, der äußeren Bewegung dienende Muskulatur. Nur ist er hier schwerer wahrzunehmen, weil immer viele Muskelgruppen zusammenwirken, von denen die einen arbeiten, während gleichzeitig andre sich lösen. Auch ist er hier noch störbarer. Jede Anstrengung, die über die Kräfte geht, jede schwierige neue Bewegung, die in Unruhe, mit krampfhafter Willensanspannung, mit Ungeduld und Erfolgssucht, statt spielend und experimentierend erlernt wird, birgt diese Gefahr. Daß kleine Kinder neue Bewegungen wie Schwimmen, Skilaufen, Reiten soviel leichter und schöner erlernen als größere, liegt wesentlich an ihrer gelösteren, zwecklosen und spielenden Einstellung, die sie den Bewegungsrhythmus leichter finden läßt.

Lösung und Pause geschehen also unmerklich, während die Bewegung weiterläuft. Man sieht sie nicht; aber im ruhenden, hastlosen Ausdruck der Bewegung — auch der raschen — werden sie erfahrbar.

Nur die Beuger pflegen zu „verkrampfen", nicht die Strecker. Schwerarbeiter stehen mit angezogenen Schultern und gebeugten Armen und Fingern. Es scheint in der Natur des Menschen zu liegen — und gewiß nicht nur in seiner physischen —, daß sein Übereifer sich meist auf die heranholende, „nehmende", kaum je auf die von ihm weggerichtete, „gebende" Bewegung richtet. Der Muntere wird als kleines, stämmiges Kerlchen, der Träge als langer Schlacks vorgestellt.

Der Mensch der Zivilisation bringt sich hetzend in einen krampfähnlichen Zustand, der durch Häufung der Bewegungsimpulse und Vernachlässigung des Streckens entsteht. *Betont er in der Bewegung die Streckphase, so löst er sich:* er, der Mensch, nicht nur seine Muskeln.

Wem diese Zusammenhänge nicht einleuchten, der versuche einmal, während einer fortlaufenden Arbeit, etwa beim Teigrühren, beim Hobeln oder beim Drehen einer Kurbel, das Beugen, also das Heranholen der Hand an den Körper zu betonen, und er wird spüren, daß er auf dem besten Wege ist, sich einen „Beschäftigungskrampf" zu holen. Nur wer *von sich weg statt zu sich hin* arbeitet, bleibt auch bei .aschem Tempo gelassen.

Wie der Muskel auf den Rhythmus von Spannen, Lösen und Pause angewiesen ist, so verläuft das Bewegungsgeschehen als Ganzes *im rhythmischen Wechsel von Beugen, Strecken und Ausklingenlassen.*

Anders ausgedrückt: ein voll zu Ende geführtes Strecken geht von selber und ohne Zutun in die Pause über, wodurch *das Beugen zum Anschwung oder Auftakt, das Strecken zum betonten und langen Taktteil* wird. Die Bewegung gewinnt dadurch etwas Ruhend-Gelöstes, das auf den Menschen zurückwirkt und ihn eine Anstrengung kaum empfinden läßt (Entdeckung der Atemschule Rothenburg).

Hier wird deutlich: Bewegung ist nicht Stellungswechsel. „Turnerische Halten ' wie etwa das Feststellen im „Arme beugt", in der Kniebeuge, im Zehenstand usw. machen die „Ecken" zum wesentlichen der Bewegung und das, was dazwischen liegt, zum bloßen Übergang von einer Stellung in die andre. Aber gerade das, was „dazwischen liegt", ist wesentlich, denn darin verkörpert sich der Fluß der Bewegung, ihr Rhythmus. Die Umkehrstellen sind bei echter Bewegung *nicht Ecken, sondern Wendepunkte.* Die Bewegung fließt innerleiblich stetig weiter, selbst wenn sie scharfkantig umkehrt.

Vom Haltenturnen wird dies Fließen zerstört. Statt daß die Ecken in den Fluß einbezogen, wird umgekehrt die Bewegung zum bloßen Transport von einem Haltepunkt zum andern gemacht: Haltenturnen ist Scheinbewegung.

Unechtes im Rhythmus tänzerischer Bewegung – wie oft ist er nur Scheinrhythmus! – beruht auf ähnlichen Vorgängen. Scheinbar ist alles Bewegung, oft heftige und überstürzte, in Wirklichkeit aber ist alles an den Eckpunkten orientiert, auf sie ausgerichtet. Das tänzerische Federn etwa ist rascher Wechsel zwischen Zehenstand, Sohlenstand und kleiner Kniebeuge, die tänzerischen Schwünge sind Verbindungen zweier vorausbestimmter Raumpunkte durch eine kurvige Bewegung. Nicht immer geht nämlich der Stellungswechsel geradlinige Wege: komplizierte Umwege machen den Vorgang undurchsichtig. Wird beim Ballett die Pose auf dem kürzesten Wege eingenommen, wodurch das Ballett dem Halten-Turnen verwandt erscheint, so wird sie beim Ausdruckstanz mit den seltsamsten und oft willkürlichsten Windungen und Schnörkeln umrankt und unter ihnen verborgen; aber Pose bleibt sie darum doch.

Nach einer Grundforderung der neuzeitlichen Körperbildung soll alle Bewegung von der Körpermitte ausgehen und von ihr zu den Gliedern fließen. Was heißt das konkret und praktisch? Wo hat die menschliche Bewegung ihren *leiblichen Ursprung?* Woher holt sie ihren Antrieb?

Die Frage ist fruchtbar. Sie zeugt von einer lebendigen Auffassung; denn sie sieht die Bewegung nicht als Leistung eines vom Willen geschalteten Hebelwerks, sondern als einheitliche Äußerung des Organismus an. Danach kann die menschliche Bewegung auf kein Schema festgelegt werden.

Das geschieht aber dennoch wieder, wenn man irgendeinen Ort im Körper als den Ausgangspunkt eines jeden Bewegungsablaufes angibt, sei das nun (nach Bode) der Hauptschwerpunkt des aufrechtstehenden Körpers, der bekanntlich im Becken nahe vor dem Kreuzbein liegt, sei es (nach Mensendieck) das Kreuzbein selbst mit den unteren Rückenstreckern, sei es (nach Duncan) das Ende des Brustbeins, oder mögen (nach Laban) gleich zwei Bewegungszentren angegeben werden, der Schwerpunkt als Ausgang schwerer und tiefer und der „Leichtepunkt" (Brustbein) als Ursprung leichter und hoher Bewegung.

Es stimmt nicht, daß es irgendeinen Punkt im Körper gäbe, der bei jeder Bewegung mitbewegt werden, oder gar mit dessen Verschiebung jede beginnen müßte. Es widerspricht den Tatsachen, die zeigen, daß bei bewegungs-ungestörten Menschen und Völkern kleinere Bewegungen recht häufig bei den Gliedern beginnen und den Rumpf nicht mit verschieben.

Der „Motor" der Bewegung sitzt nicht außen, in irgendeinem Teil des Bewegungsorganismus, er sitzt *innen im leiblichen Organleben.* Alle echte und belebte Bewegung bekommt ihren Antrieb von der Innenbewegung, auch wenn sie „Willensbewegung" ist. Denn der in seinem Bewegungsleben ungestörte Mensch bringt Willensbewegung nicht mit krampfhafter Anstrengung hervor, sondern mit *unbemühter Absicht.* Er schaltet so, daß der Leib die beabsichtigte Bewegung mitfühlt wie ein Pferd die Absicht des Reiters, und daß sich der innere Motor einschaltet und gleichsam *von selber losgeht* wie ein Pferd, wenn sein Reiter „vorwärts" denkt.

Die Innenbewegung gibt der Bewegung ihre Antriebe; sie ist gleichsam der Motor der Bewegung, denn sie weckt die vitale Bewegungslust; und was aus der kommt, ist leiblich echt, im Unterschied von den bloßen Bewegungswünschen, die allzu oft aus einem vom leiblichen Sein losgerissenen Gefühls- und Willensleben kommen und in krassem Gegensatz zum „Willen" des Leibes stehen können.

Die Innenbewegung ist aber auch leiblich die *unmittelbare Energiequelle der Bewegung*, wie Schlaf und Nahrung die mittelbaren sind. Was der Organismus im Augenblick einzusetzen hat an Energie, nämlich an überschüssiger und nicht aus den Reserven herausgepumpter, das hängt davon ab, wie im Augenblick der Bewegung sein Atem läuft, sein Blut strömt.

Die Innenbewegung bestimmt den Rhythmus der Bewegung, ihre Stetigkeit oder Gebrochenheit, ihre Straffheit und Gelöstheit, ihr Steigen und Sinken. Indem sie die Bewegung zum Ausdruck der inneren Lebensform des Individuums macht, verleiht sie ihr den *individuellen Ausdruck*. Sie hilft die Naturform einer Bewegung finden und ihre Kunstformen beleben. Sie stimmt das leiblich-seelische Instrument und beherrscht dadurch den *Stimmungsgehalt der Bewegung*.

Bewegung aus dem Lebensganzen

Jede Bewegung ist Gesamtbewegung. Das bedeutet: jede Bewegung ist begleitet und getragen von einer den ganzen Körper durchflutenden Welle innerer Lebensvorgänge (s. unter „Bereitschaftsreflex") und von jener feinen Bereitschaftsspannung der ganzen Muskulatur, die von einer lebendigen Innenbewegung ermöglicht wird, und die ihrerseits jene kleine, äußerlich kaum sichtbare Ausgleichsarbeit aller Muskeln möglich macht, wie sie selbst die Teilbewegung eines Gliedes fordert.

Also *innere Gesamtbewegung, nicht äußere.* Als *Lebens-Einheit* muß der ganze Körper in Schwingung kommen, nicht aber als Bewegungssystem. Ohne diese innere Ganzheit fehlt der äußeren das Maß. Das Sichhineinlegen in die Kurve beim Gehen und Laufen, das Mitbewegen des Unterkörpers beim Armschwingen, der Arme bei Beinbewegungen, alles wird dann vergröbert, übersteigert, festgelegt. Was von Natur aus feines, im Augenblick gefundenes Reagieren auf die Wirkungen der Schwere, der Trägheit oder der Fliehkraft, das wird hier zum Formschema, zur Technik. Es fehlen die feinen Abstufungen, die aus dem unwillkürlichen Reagieren, aus dem feinen und immer neuen Wechselspiel zwischen Innen- und Außenbewegung entspringen. Es gibt in dieser Art der Gesamtbewegung nicht jenes zarte „vitale Improvisieren", das die Lebensquelle alles Tanzens ist; und das macht, daß geschulte Menschen oft so wenig Leben im Tanz ausstrahlen. Gar nicht zu reden von dem

Herumschleudern aller Körperteile, das oft bei tänzerischen Übungen als Gesamtbewegung ausgegeben wird, – gehäufte Teilbewegung, die die Bewegungsganzheit sicherer zerstört als selbst die mechanischen Teilbewegungen bei turnerischen Freiübungen alten Stils.

Stetigkeit oder Rundlinigkeit?

Alle natürliche Bewegung ist stetig. Das bedeutet aber nicht, sie könnte in der äußeren Bewegungslinie keinen Bruch oder Knick haben. Offenbar können auch annähernd geradlinige, scharfe, knappe, gebrochene Bewegungen stärkste natürliche Überzeugungskraft haben. Könnte man sich etwa die ägyptischen Könige, deren Statuen so eindringlich zu uns sprechen, mit runden, ausladenden, weichen und schwunghaften Bewegungen vorstellen? Die Stetigkeit, die wir so stark empfinden, – sogar in den sichtlich ruckhaften Bewegungen eines Tieres, wenn wir Fühlung mit ihm haben, – muß also woanders liegen als in der äußeren Bewegungslinie. Sie liegt im Bewegungsfluß.

So wenig die Stetigkeit einer Musik durch Pausen beeinträchtigt wird, – weil nämlich Pausen nicht Aussetzen, sondern unhörbares Weiterklingen der Musik sind –, so wenig die Stetigkeit der Bewegung durch geradlinige Strenge der peripheren Bewegungslinie.

Und umgekehrt verbürgt eine runde, bruchlose Bewegungslinie keineswegs wirkliche Stetigkeit. Armkreise etwa, die doch gewiß keinen äußeren Bewegungsknick aufweisen, können ganz maschinenhaft sein, – und von ähnlicher innerer Beschaffenheit wie diese sind of tänzerische Schwünge; sie verbergen den leibfremden Ursprung der Bewegung unter kurviger, weicher und schwunghafter Außenform.

Welle zwischen Innen und Außen

Und die Welle, die mit Recht als wesentlicher Bestandteil naturhafter Bewegung empfunden wird? Sie fließt nicht vom Schwere- oder Leichtepunkt zu den Gliedern – das kann sie nebenbei auch einmal tun! – sondern sie fließt von den inneren Organen zu den äußeren Muskeln und in den Bewegungsablauf hinein, ihn belebend und gleichsam leiblich beseelend; und sie fließt von den Muskeln zu den inneren Organen zurück, sie zu stärkerer Lebenstätigkeit anregend, und geht dann als neue, stärkere Lebenswelle wiederum in die Bewegung hinein, sie steigernd, umlenkend, abwandelnd, und so fort in stetem Wechselspiel zwischen Innen und Außen.

Dieses Wechselspiel ist es, das der Bewegung das Flutende, immer Weiterströmende gibt. Das winzigste Spiel eines Gliedes, des Fußes, der Finger, ja selbst „Halten", eine Standwaage, eine Armhaltung, sogar bloßes Stehen oder Sitzen, wirken als Bewegung und strömen jenes Fluidum aus, das die Bewegung musikalisch und wie Tanz wirken läßt, wenn sie dieses innere Weiterfluten in äußerer Ruhe haben. Daß unsere Tänzer immer in Bewegung sein müssen, daß die Ruhe im Tanz kaum einen Platz hat, und daß man, wenn sie ja einmal gewagt wird, so peinlich leicht die Verbindung verliert, hängt mit dem Mangel dieses inneren Fließens zusammen: nachdem das Ballett die Stellung leiblich und seelisch entleert hat, traut man es sich nicht mehr zu, sie wieder zu beseelen.

Spannung und Lösung

Hierher gehören auch die Fragen der Spannung und Lösung, der Verkrampfung und Erschlaffung. Sogenannte Verkrampfungen der Muskeln — zutreffender nennt man sie Verspannungen — stören den Fluß der Bewegung durch ein Zuviel, Schlaffheiten durch ein Zuwenig.

Verspannung und Schlaffheit sind *Symptome tieferer Störung*. Die Muskelspannung, vom Zentralnervensystem gelenkt, ist weithin abhängig vom Gesamtzustand des Nervensystems. Dieser wiederum hängt von der Durchatmung des Blutes und der Durchblutung von Gehirn und Rückenmark ab: Langes Stillsitzen in schlechter Luft macht kribbelig, verspannt und schlaff; „Sich-Auslüften" bei natürlicher Bewegung bringt zugleich mit Atmung und Kreislauf den Muskeltonus in Ordnung; Ruhe, Gelöstheit und vitale Spannkraft kehren zurück.

Neben diesen zentralen spielen die örtlichen Durchblutungsverhältnisse eine Rolle: wo infolge von beengender Kleidung, Verbänden, Muskelhärten, Verletzungen usw. die Durchblutung behindert ist, setzen sogleich Verspannungen und Erschlaffungen ein, und der Bewegungsfluß leidet.

Sowohl die peripheren wie die zentralen Ursachen von Verspannung und Schlaffheit liegen also in der Innenbewegung. Deshalb ist es eine Illusion, durch willkürliches Spannen der Muskeln der Schlaffheit, durch Fallenlassen der Glieder oder des Rumpfes der Verspannung ursächlich entgegenzuwirken. Spannungsübungen wie Entspannungsübungen in diesem Sinne sind Symptombehandlung; sie heilen den Fehler nicht, sondern sie überdecken ihn nur. Bewegung, auf solche Weise vorbereitet, wird in der Spannung grob, in der Zartheit weichlich; sie ist feinerer Abstufungen nicht fähig.

Spannungs- und Entspannungsübungen dieser Art sind auch alles andere als unbedenklich. Das Fallenlassen oder gar Umherschleudern des Rumpfes bringt Atem und Kreislauf in Verwirrung, löst alle Innenspannung auf und bringt den Menschen in einen Zustand seelischer Erschlaffung, in dem er sich wie „ausgelaufen" empfindet. Wer einmal an Kindern die Wirkung solcher (nicht einmal übertriebener) Übungen auf das seelische Verhalten beobachtet hat, wird sich vor ihnen hüten.

Gelöstheit und Spannkraft sind nicht Muskelfähigkeiten, sie sind bis in die Muskeln ausstrahlende Zustände des ganzen Leibes, ja des Menschen; denn Seelisches ist immer beteiligt, wo der Leib in der Tiefe erfaßt ist. Erübte Spannungs- und Entspannungsfähigkeit dagegen sind Fertigkeiten der Muskulatur, die einen äußerlich fließenden, in der Zone der Muskeln wellenförmigen Bewegungsablauf möglich machen. Sie sind Vorbedingungen des Scheinrhythmus und Hindernisse des echten.

Entspannenkönnen ist noch nicht Entspanntsein, Spannenkönnen ist nicht spannkräftig sein. Viele, die in der Gymnastikstunde ihre Spannungs- und Entspannungsübungen gut machen, sind im Alltag, ja sogar in der gymnastischen oder tänzerischen Bewegung sowohl schlaff wie verspannt. Ihr unharmonischer Tonus-Zustand wird durch scheinrhythmischen Ablauf der Bewegung nur überdeckt.

Entspannungsübungen, die wirklich Entspannung herbeiführen, sind immer Innenbewegungsübungen, das heißt Tätigkeiten des ganzen Organismus und nicht bloß der Muskeln. Solche Entspannungsübungen sind das *Ausklingen*, das gelöste Ruhen *nach* und später auch *in* ‚der Bewegung, die vitalen Instinktbewegungen wie Sichdehnen und „-ahlen", Gähnen, Schreien, Singen usw. Besser noch, weil zugleich Spannung schaffend, sind Sinnesübungen wie Abtasten von Dingen, Bewegung in Anpassung an den Partner usw., die zur Empfänglichkeit im Tun nötigen, oder geführte Bewegungen mit Helfer, bei denen die Bewegung gleichsam an der Grenze zwischen Aktivität und Passivität verläuft. Denn Verspannung ist falsche Aktivität; dagegen hilft wirksam nicht Aufheben aller Aktivität, sondern Schaffen richtiger. *Wo richtige Aktivität einsetzt, schwindet die falsche von selbst.*

Gleichform und Ähnlichkeit

Ein wesentliches Kennzeichen alles Rhythmischen ist die *Wiederkehr in ähnlicher Gestalt*. Einander entsprechende Bewegungsphasen oder Formelemente sind einander ähnlich, aber niemals gleich. Der Parademarsch und jeder gleichmäßig ausgeführte Marsch- oder Tanzschritt, Schwung, Sprung oder was immer, sind Gebilde des Taktes, nicht des Rhytmhmus (Klages).

Auch diese Eigenschaft rhythmischer Bewegung ist ein Werk objektiver Lebensvorgänge. Wiederkehrende Bewegungsphasen können von Natur aus niemals einander gleich sein, weil die Bewegung, auch wo nicht die Anpassung an äußere Bedingungen den Wechsel bedingt, den Einflüssen eines immer wechselnden Innenlebens ausgesetzt ist. Und nur, wenn die feinen und wenig augenfälligen Unterschiede im scheinbar Gleichen von daher kommen, strahlen sie echtes Leben aus.

Was an Wechsel nicht aus dieser Tiefe kommt, was nur von Fantasie, Lust und Laune in die Bewegung hineingegossen wird, ist letzten Endes willkürlich und wirkt, so reizvoll es anfangs sein mag, auf die Dauer öde und gleichförmig. Nur das Hinausfluten des innerleiblichen Wellenspiels in den Strom der äußeren Bewegung bleibt, wie die Wellen des Meeres, immer gleich und immer neu.

Bewegung, der der belebende Anreiz der freien Luft, des wechselnden Geländes oder des stofflichen Widerstandes fehlt, wie ihn körperliche Arbeit bietet, neigt dazu, in der Wiederholung innen lahm zu werden; nichts ermüdet so wie langer Marsch auf gut geglätteter Straße, wie einförmige Kleinarbeit im geschlossenen Raum. Die Fähigkeit des *inneren Wechsels bei äußerer Gleichform* ist das Geheimnis des Lebendigbleibens in gleichförmiger Tätigkeit.

Diese Fähigkeit ist aber auch die unerschöpfliche und unentbehrliche *Quelle guten Tanzens,* Wer mit einem einzigen Tanzschritt einen ganzen Walzer, ja ein Menuett samt dem ganz anders gearteten Trio zu tanzen und dennoch jeden Wechsel der Musik wiederzuspiegeln vermag, tanzt lebendig; und das ist die unerläßliche Vorbedingung auch des künstlerischen Tanzens. Wer immer neue Bewegungsmotive braucht, um nicht eintönig zu werden, mag Fantasie, Formsinn, Kompositionstalent haben; die elementare Tanzfähigkeit fehlt ihm dennoch, oder sie ist durch eine lebenswidrige Ausbildung verschüttet worden.

Die Vielfalt der Außenformen, die beim modernen Tanz an die Stelle der inneren Wandlungsfähigkeit der Bewegung tritt, wirkt gespenstisch, weil ihr das innere Leben fehlt, das die eine aus der andern mit Notwendigkeit hervorgehen läßt. Statt immer Neues zu erfinden, sollte man darauf sinnen, das Alte immer neu werden zu lassen, es mit immer neuem Innengehalt zu erfüllen. Eine Körperbildung, der das gelingt, wird zur Vorschule lebendigen Tanzens und jeder Art künstlerischer Lebensäußerung werden, selbst wenn sie niemals einen Tanzschritt lehrt.

Wir sehen also: die Welle ist freilich das Urbild rhythmischer Bewegung. Aber sie fließt nicht vom Rumpfe zu den Gliedern, sondern von den inneren Organen über das Gefäßsystem zu den Muskeln und von diesen wieder zurück zu den Organen. Auf diesem Wege empfangen die Muskeln Spannkraft und Gelöstheit, aber auch Feingefühl und Sicherheit. Die ungesuchte Richtigkeit ihres Zusammenspiels ist das Ergebnis ihrer Verbindung nach innen. Auf diesem Wege übertragen sich aber auch die Einwirkungen des Innen auf das Außen. Das innere Fluten macht, daß die Bewegung *spricht,* daß sie beseelt wirkt: denn das innere Organleben ist die eigentliche Empfangsstation, der feine, empfindliche Seismograph des Seelenlebens. Die äußere Bewegung nimmt auf, was ihr von innen her zuströmt. Erröten, Erbleichen, Stocken des Herzschlags, Rasen des Pulses, das sind nur die gröbsten Ausschläge des Instruments. Unendlich feine und vielfältige ereignen sich den ganzen Tag, wenn das Instrument in Ordnung ist. Ihr Abbild ist die belebte Bewegung. *Der Bewegungsrhythmus ist das Abbild des inneren Lebensrhythmus.*

Dynamik des inneren Lebensrhythmus

Im Bewegungsrhythmus wird der innere Lebensrhythmus nach außen projiziert. Er ist es, der der Bewegung ihren Gehalt und damit ihren Ausdruck verleiht. Welches aber ist der innere Lebensrhythmus? Mit all den genannten Merkmalen ist ja das Rhythmische an der Bewegung nur gleichsam von außen beschrieben. Um es von innen zu erfassen, muß man von der *Dynamik* ausgehen und nicht von Zeit und Raum. Denn Rhythmus der Bewegung wie der Linie, der Farben wie der Raumformen in Natur und Kunst, ist seinem Ursprung nach kein zeitliches oder räumliches Maßverhältnis, sondern ein *Kräftespiel.* In dem beobachtbaren Ergebnis freilich ist Rhythmus ein Verhältnis von zeitlichen Abläufen oder räumlichen Gebilden. Aber hinter dem Sichtbaren und Hörbaren des Rhythmus, das sich in Zeit und Raum äußert, wirkt eine Dynamik, ein Kräftespiel im Innern des sich rhythmisch äußernden Wesens.

Aufnehmen, Ausgeben, Stillsein — Kraftsammeln, Kraft-wirkenlassen, Abklingen, — Verhaltensein, Strömenlassen, zur Ruhe kommen, — das ist der Rhythmus des inneren Lebens, aus dem alle zeitlichen und räumlichen Rhythmen in Musik, Sprache, Tanz, Spiel, Arbeit wie in Handwerk und bildender Kunst entspringen. Es sammelt sich Kraft, Leben, Impuls; außen geschieht noch nichts, oder es geschieht Unscheinbares, Vorbereitendes, mehr nach innen als nach außen Wirkendes. Die gesammelte Kraft strömt in breitem Flusse, in weit ausladender oder kraftvoll zielstrebiger Bewegung nach außen, — die innere Spannung entlädt sich. Der Organismus kehrt zur Ruhelage zurück, die Spannung löst sich, es entsteht die „schöpferische Pause", die unmerklich in neues Kraftsammeln, in neues innengespanntes und außenruhiges Verhaltensein übergeht.

Hier erst sind wir beim *Ursprung* der aus dem Menschen wirkenden rhythmischen Abläufe, und hier erst erreichen wir auch die Stelle, wo Leibliches und Seelisches als Einheit erlebt werden.

Verhaltensein ist ein leiblicher Zustand; kleiner, innerlicher Atem, geringe, sparsamste und zugleich von innerem Leben überquellende Bewegung kennzeichnen ihn. Aber ebenso gewiß ist Verhaltensein ein *Seelenzustand*. Müßig zu fragen, was zuerst ist und das andere „hervorbringt". Beides ist mit- und durcheinander. Verhaltene Bewegung, wenn sie echt, das heißt auf objektiv Leibliches gegründet ist, schafft verhaltene Stimmung; verhaltene Stimmung, wenn sie im Seelischen und nicht nur in der Vorstellung wurzelt, läßt Atem und Bewegung verhalten werden.

Diese *Dynamik des inneren Lebensrythmus ist das Wesentliche und Bestimmende des Bewegungsrhythmus*. Im Verhälntis zu ihr sind alle äußeren Merkmale seiner Erscheinung von untergeordneter Bedeutung. Sie muß man kennen, das heißt praktisch an Leib und Seele erfahren haben, wenn man am Bewegungsrhythmus im Sinne menschlicher Lebensganzheit arbeiten will.

Ausdruck

Wie wirkt sich der innere Lebensrhythmus im Bewegungsbild aus? Er verleiht der Bewegung den Ausdruck des in sich Ruhenden, Besonnenen; er bleibt noch in der lebhaften, ja eiligen Bewegung verhalten. Wo Unruhe, Hast, Erregung aus der Bewegung sprechen, ist kein Rhythmus.

Leiblich beruht dieser Ausdruck auf dem guten Wechsel von Spannung und Lösung, auf der gelösten Spannung, möchte man noch lieber sagen, auf der Weichheit und Mühelosigkeit der Muskelspannung, auf der „Pause", dem Rückschwingen, dem Zurruhekommen in der Bewegung und nicht zuletzt darauf, daß Rumpf und Glieder nicht ihre Ballung erhöhen, sondern in jeder neuen Phase der Bewegung wieder zur Streckung gelangen.

In der Schnelligkeit drückt die Bewegung Lust und Spannkraft aus; sie hat da etwas von naturhaftem Tanzen, etwas von Spiel, Übermut, Schnellkraft, Temperament. Bei schwerer Arbeit hat sie den Ausdruck des Bedächtigen und Gesammelten, fast der Hingabe, und zugleich wieder den der überlegenen spielenden Kraft.

Rhythmische Bewegung setzt nicht mit einem Male als Vollständiges ein; *sie spielt sich ein, kommt in Fahrt,* entfaltet sich allmählich zum Höhepunkt ihrer Kraft und Geschwindigkeit. Das hängt mit dem Zusammenspiel von Aktivität und Rezeptivität, Horchen und Tun, Leben und Bewegung zusammen. Das Tun wird vom Aufnehmen, das Aufnehmen vom Tun angetrieben, bis die Bewegung läuft. Für den sich Bewegenden hat das etwas wie die Bewegung auf einer Schaukel: man setzt sie durch seine eigene Bewegung in Betrieb, man schwingt sich auf ihr, und doch fühlt man sich geschwungen werden. So fühlt man sich in rhythmischer Bewegung getragen von einem Bewegungsstrom: *nicht ich bewege mich, es bewegt mich.*

An norddeutschen Bauern, die ihre Volkstänze noch tanzen (nicht an volkstanzenden Städtern) kann man etwas davon sehen. Schwer und träge, fast wie widerwillig setzen sie ein; dann, von der eigenen Bewegung angefeuert, kommen sie allmählich in Schwung, das Blut kommt in Wallung, die Beine „bekommen Lust." Die Schweren werden leicht, ohne die erdverbundene Schwere zu verlieren, die Trägen flink, ohne sich auszugeben oder zu ereifern.

Bei den leichtblütigeren Südländern geht das rascher als bei den zäheren Nordländern, aber der Vorgang ist derselbe. *Rhythmische Bewegung wächst im Wechselspiel von innen und außen, Horchen und Tun allmählich zu ihrem Höhepunkt an und sinkt mit dem Abklingen der sie tragenden leiblich-seelischen Bewegtheit allmählich ab.* Forsches Loslegen auf voller Tourenzahl ist ein sicheres Kennzeichen vom Überwiegen der Willensimpulse über die vitalen. Der Kontakt zwischen Innenrhythmus und Außenbewegung ist mit dem ersten Schritt schon abgeschnitten; was folgt, ist Willensäußerung oder Erregungstaaumel, oft beides gemischt, – nicht Rhythmus.

Wandelbarkeit.

Wandelbarkeit des Ausdrucks ist eine wesentliche Eigenschaft rhythmischer Bewegung. Einfaches, alltägliches Gehen zum Beispiel, wenn sein Rhytmus aus der inneren Quelle fließt, ist an keinem Tage, zu keiner Stunde gleich im Ausdruck. Mit Ausdruck ist hier Lebens- und nicht Gefühlsausdruck gemeint. Reichtum an jenen Abschattungen, die man in der Bewegung Ausdruck zu nennen pflegt, zeigt eine bewegliche Phantasie; aber er kann mit ganz festgelegtem leibseelischem Innenleben verbunden sein. Entscheidend ist die *Fülle innerhalb des Allereinfachsten.*

Wie einer einfach geht, auf der Straße oder auf einem Feldweg, bald beschwingt, bald mehr ruhend und verhalten, kraftvoll ausgreifend, dann wieder zart und klein, eben lustig und leicht, jetzt zäh und beinahe träge, und das alles aus innerem Antrieb, aus unmittelbarer Verbindung mit dem Bewegenden in sich, das zeigt, ob sein Rhythmus aus der rechten Quelle fließt.

Aber nicht bloß den Ablauf der einzelnen Bewegung, auch die Gestalt der größeren Bögen, die Art, wie eine Bewegung in eine andere übergeht, wie Gehen in Laufen, Stampfen in Hüpfen, Springen in Gehen überleitet, wie die Bewegung anhebt, steigt, fällt, neu wird, macht den Innenrhythmus wandlungsfähig und wechselvoll. Echter Rhythmus ist unschematisch, auf musikalische Takte so wenig festzulegen wie auf bestimmte körpereigene Formen des Rubato. Er ist vielfältig, bald klein-, bald großbogig, bald in allmählicher Steigerung und sanftem Abklang, bald in plötzlichem und doch von innen her gelenktem Wechsel sich äußernd. Er ist großzügig und immer anders, aber nie willkürlich, immer notwendig: die Natur kann unendlich mehr, als wir mit einem vom lebendigen Geschehen abgezogenen Rhythmusbegriff uns träumen lassen.

Wo die Bewegungsnuancen immer die gleichen sind, sei es in der täglichen Arbeit, beim Tanzen, im Sport oder in der Bewegungsbildung, da kann man gewiß sein, daß es an Rhythmus fehlt. Wo die Bewegung launenhaft, kapriziös, immer prickelnd und überraschend, da ist erst recht kein Rhythmus. Das Objektiv-Vitale in uns ist nicht immer spendebereit, nicht immer vivato, es ist auch träge, karg und zähflüssig. Es ist nicht immer gleich, aber es ist noch viel weniger spielerisch und willkürlich. *Es ist immer gesetzmäßig in seinem Wechsel* . . .

Nirgend vielleicht ist die Gesetzmäßigkeit im Wechsel so offenkundig wie in der ausübenden Kunst. Man mag ein Musikstück noch so gut gespielt, einen Tanz noch so geschlossen getanzt haben, – will man es das nächste Mal wieder so machen, so mißlingt es. Im besten Falle wird es eine brave Leistung; aber Begeisterung, Schwung, Inspiration sind nicht zu wiederholen. Der innere Befehl ist an jedem Tage neu, und nur in dem Maße, wie man auf ihn horchen und ihm gehorchen lernt, kann man echten Gelingens gewisser werden.

Sich getragen fühlen

Ein zuverlässiger Prüfstein für den Rhythmus der Bewegung ist das eigene Lebensgefühl des Sichbewegenden. Rhythmische Bewegung erfüllt, belebt und sammelt. Wenn man sich anstrengen muß, wenn die Muskeln hart werden, wenn man Teile des Körpers spürt statt die Bewegung als Ganzes, wenn beim Tanzen leere Stellen kommen, wenn einem nichts einfällt, auch nichts Einfaches, wenn es stockt und man willensmäßig weitermachen muß, wenn man sich nachher ausgepumpt, leer, erschöpft oder erregt, unbefriedigt, zerstreut fühlt, kann man gewiß sein, daß es mit dem Rhythmus der Bewegung nicht gestimmt hat.

Rhythmische Bewegung ist gleichsam getragene Bewegung. Man „macht" sie nicht im eigentlichen Sinne, sondern man wird von ihr getragen wie der Segler vom Strom. Nicht er macht die Bewegung, Wind und Wasser bewegen ihn. Er sitzt am Steuer und lenkt.

Was Wind und Wasser für den Schiffer, das ist der innere Lebensrhytmhus für den bewegten Menschen. Der Rhythmus trägt ihn, bewegt ihn, schwingt ihn; er braucht nur zu steuern. Aber er muß so steuern, wie Wind und Wasser es erlauben; er muß seine Bewegung so lenken, daß der innere Rhythmus weiter wirken kann, sonst wird er aus dem Strom der Bewegung herausgeschleudert.

Von Natur hat jeder ein Empfinden dafür, ob er schwimmt oder „strampelt". Es kann aber leicht verschüttet werden. Wer z. B. einige Monate täglich tänzerische Gymnastik übt, kann zu seiner Bestürzung innewerden, daß er die innere Lenkung nichtmehr vernimmt, daß er nicht mehr tanzen kann; und es kann Jahre dauern, bis er im schlichtesten Sinne wieder zu sich findet.

Machen und sich führen lassen schließen einander aus. Darum ersticken so viele Begabungen in der Luft der Schulen. Würde das notwendige Können von der Lebensmitte statt von der „Technik", vom Kunstwerk statt vom Lehrplan und der Übung her erarbeitet, so, wie es die
Autodidakten von jeher tun, man brauchte nicht zu drillen, es gäbe
weniger Tragödien, und es ginge noch dazu rascher.

III. Bewegungslenkung

Zur Innervation der Bewegung

1. Willkürliches und Unwillkürliches in der Bewegung

Ein Problem der Zivilisation

Mit den Fragen um die nervliche Steuerung des Bewegungsgeschehens gelangen wir mitten hinein in die Problematik der zivilsatorischen Störungen. Für unsere Zwecke können wir nämlich die Störung des menschlichen Gleichgewichts unter dem Einfluß der technischen Zivilisation auf die Formel bringen: Überentwicklung von außengerichteter Aktivität, Verstand, willensmäßiger Konzentration und Verkümmern von Empfänglichkeit, Sammlungsvermögen, echter Erlebnisfähigkeit.

Es handelt sich hier um das *Verhältnis von Rezeptivität und Aktivität in der Bewegung und damit in allen menschlichen Äußerungen;* denn alle kommen durch Bewegung zustande. Die Frage ist, wie eigentlich unserer Bewegungen zustande kommen. Uns erscheint es beinahe selbstverständlich, daß der Mensch seine Bewegungen „mache". Aber tut er das wirklich? Wie weit hat er eigentlich Macht über seine Bewegungen? Was an ihnen tut er selber, und was an ihnen geschieht ohne sein Zutun?

Was an der Bewegung soll man wollen, was an ihr soll man unwillkürlichen Einflüssen überlassen? Soll man die Muskeln willentlich spannen? Soll das Bewußtsein darüber entscheiden, welche Muskeln zu einer Bewegung benutzt werden? Welche Rolle sollen unwillkürliche Kräfte beim Ablauf der Bewegung spielen? Was bedeutet die rezeptive Seite des Bewußtseinslebens, die sinnliche Empfänglichkeit für die Bewegung? Wie soll der Wille eingeschaltet werden? Wo muß er angreifen?

Das alles sind lebenswichtige Fragen der Leibeserziehung. Die Antwort kann nicht aus einem einzigen Gesichtspunkt, von einem einzelnen Tatsachenkomplex aus gegeben werden. Man muß das Bewegungsgeschehen in der Fülle seiner Wechselwirkungen mit andern leiblichen Funktionen und darüber hinaus in seiner unlösbaren Verwobenheit mit Seelischem betrachten, um sie zu finden.

Die Frage nach dem Verhältnis willkürlicher und unwillkürlicher Kräfte in der Bewegung berührt sich eng mit Grundproblemen des modernen Lebens. Der wachsende Einfluß der Technik in den letzten hundert Jahren hat in der Erziehung nicht bloß zu einer Überbetonung der rationalen Stoffgebiete vor den irrationalen, der Wissenschaften vor den Künsten und Handwerken geführt, er hat auch innerhalb der Künste und Handwerke ihnen wesensfremde Methoden hervorgebracht. In der Leibeserziehung äußerte sich das in einer Überbewertung der quantitativen Leistung gegenüber der Qualität der Bewegung, des Was gegenüber dem Wie, die ihr z.T. geradezu leibfeindliche Züge verlieh und sie oftmals zu einer Art Willensbildung am Gegenstand des Leibes machte.

Die Reaktionsbewegung der Jahrhundertwende suchte das Gegengewicht im Natürlichen, Rhythmischen, Ausdrucksvollen, Künstlerischen. Begeistert von den neuen rundlinigen, natürlich-schönen *Formen* der neuen „rhythmischen Gymnastik", nahm man es für erwiesen, daß die lebendigere Form von selber den Anschluß an die inneren Lebensquellen finden werde. Aber das tut sie nicht. Man kann Ausdrucksbewegungen jeder Art ebensowohl willensmäßig einüben, ja drillen, wie Zeichnen oder Klavierspielen. Der Zugang zu den Quellen wird damit nur tiefer verschüttet.

Unwillkürliches im animalen Bereich

Wie steht es mit den Bewegungen des täglichen Lebens? Man nennt sie Willensbewegungen; wie weit sind sie es? Die Mehrzahl unserer Bewegungen verläuft unwillkürlich. Unwillkürlich sind zunächst all die mannigfachen Reflexbewegungen, mit denen wir uns Tag und Nacht gegen schädigende Einwirkungen von außen schützen und den Bedingungen der Umwelt anpassen: der Lidreflex, mit dem sich das Auge automatisch gegen Fremdkörper und überstarke Lichtreize abschließt, der Pupillenreflex, mit dem es durch Vergrößern und Verkleinern des „Fensters" die Menge des einfallenden Lichtes regelt, der Stellreflex der Wadenmuskulatur, mit dem bei Berührung des Bodens das Fußgelenk gestreckt wird, das Herumwälzen im Schlaf, wenn ein Nerv oder Gefäß gedrückt wird (sogenannte Lagereflexe), das Husten und Niesen, mit dem der Atemorganismus Fremdkörper ausstößt, das Stöhnen und

Schreien, mit dem ein Schock, eine Störung der Lebenstätigkeit durch Schmerz, Schreck usw. überwunden wird, die zahllosen Gleichgewichtsreflexe des Rumpfes und der Glieder beim Sitzen, Klettern, Stehen, Heben, Gehen auf unebenem Gelände und bei allen Kunstbewegungen, das „geschickte" Fallen, wenn das Gleichgewicht zerstört ist, die fortwährend spielenden Gleichgewichtsreflexe des Auges, die verhindern, daß bei jeder Kopfbewegung das Sehbild mitschwankt, die Bewegungen des Kehlkopfes beim Sprechen und Singen, das Mienenspiel bei Gemütserregungen, die Schreck-, Angst-, Lustbewegungen der Glieder, die reflektorische Veränderung der Bewegung bei rhythmischer Musik, die „Mitbewegungen" aller Art, — zweckmäßige wie etwa das Einstemmen der Beine in den Boden beim Heben und Schieben, und zweckwidrige wie das Zusammenbeißen der Zähne bei Anstrengungen; sogar Affekthandlungen, geschlechtliche Bewegungen, Triebhandlungen aller Art gehören hierher, da sie zwar mit dem Willen unterdrückt werden können, aber nicht von ihm hervorgebracht werden.

Der Reflex-Aufbau der Bewegung

Die sogenannten Willensbewegungen machen also nur einen *Teil* der äußeren Bewegung aus. Aber auch dieser Teil verläuft keineswegs durchaus willkürlich. Vielmehr wird jede Willensbewegung getragen von einer Fülle unwillkürlicher Reflexe, Berührungs-, Greif-, Gleichgewichtsreflexe, Mitbewegungen usw. Ja, die Reflexe sind ganz eigentlich die Urformen und Bausteine aller Bewegung. Versagen sie (bei Erkrankungen des Rückenmarks z. B.), so bricht die Bewegung zusammen – trotz ungestörter Willenstätigkeit mit Hilfe des Großhirns.

Willensbewegungen entstehen durch Hemmung störender Reflexe und durch Verbindung und Lenkung der Reflexe. Ein gutes Beispiel bildet das Zeichnenlernen: das „malende" Kleinkind bringt keine Linien aufs Papier, sondern es gibt unwillkürlichen Greif-, Halte- und Berührungsreflexen nach, es „strampelt" auf dem Papier. Allmählich lernt es, Reflexe, die die gewünschte Linie stören, auszuschalten: *die Herrschaft über die Bewegung wird nicht durch Tun gewonnen, sondern durch Unterlassen.*

Bezeichnend ist, daß in der Großhirnrinde, dem Organ des Bewußtseins und der Willenstätigkeit, nicht die Reflexzentren liegen, sondern die Zentren für die *Hemmung* der Reflexe. In der Trunkenheit, wo diese Zentren teilweise gelähmt, die Willenseinflüsse verringert sind, wird die

Bewegung nicht etwa gemindert, sondern ausfahrend, hemmungslos, unbeherrscht. Teilweise Ausschaltung der Willens- und Bewußtseinssphäre hat also nicht Aussetzen der Bewegung, sondern Aussetzen der Bewegungs*hemmungen* zur Folge, – ein sprechendes Zeugnis dafür, daß die Hirnrinde nicht bewegendes, sonder *Bewegung zügelndes Zentrum, der Wille nicht Erzeuger, sondern Lenker der Bewegung ist.*

Was der Wille zur Bewegung beiträgt, ist also *mehr ein Lassen als ein Tun*. Nicht der Überaktive, Betriebsame, ständig Ratternde ist der Willensstarke, sondern der Gelassene, Ruhige, der kein Aufhebens macht. Sich beherrschen können, heißt, Reflexe hemmen können. Richtige Selbstbeherrschung ist Ausschaltung von Reflexen durch Hemmfasern, also Unterlassen unwillkürlicher Bewegungen: *„Gelassenheit"*. Falsche Selbstbeherrschung ist Gegeneinanderwüten entgegengesetzter Reflexe: Verbissenheit als Sich-selber-beißen. Bei falscher Selbstbeherrschung läuft der Motor weiter, und die Bremse wird angezogen; bei richtiger wird er abgestellt. Man läßt den Reflex gar nicht erst entstehen, man unterläßt und braucht ihn deshalb nicht zu unterdrücken. Der Erzieher soll nicht mit Wut reagieren, sondern mit Hilfsbereitschaft; er soll also nicht erst einen Wutreflex entstehen lassen und ihn dann unterdrücken, sondern gelassen bleiben und affektlos reagieren.

Unwillkürliches in der Willensbewegung

Wie groß der Anteil unwillkürlicher Einflüsse an der Willensbewegung ist, zeigt schon die Verschiedenheit ihres Ablaufs bei verschiedenen Individuen. Alle Kinder einer Schulklasse lernen nach dem gleichen Schriftbild, nach der gleichen Methode, unter annähernd gleichen äußeren Bedingungen schreiben, jedes bemüht sich um das gleiche Ergebnis. Dennoch entwickelt auf die Dauer jedes Kind eine eigene, von andern deutlich unterschiedene Handschrift, und die unwillkürlichen Einflüsse, die diese Unterschiede hervorbringen, sind offenbar so stark, daß es selbst bei größter Bemühung nicht möglich ist, sie auszuschalten.

Ebenso prägt sich in Bewegung, Gang, Haltung, Mienenspiel Stimmklang, Händedruck eines Menschen unwillkürlich sein Wesen aus, trotz aller Bemühung des Herdentieres im Menschen, sich genau so zu verhalten wie alle andern. Nur durch jahrelangen Drill, etwa beim Militär oder Ballett, oder durch stärkste innere Antriebe, zu verschweigen oder zu scheinen, gelingt es wenigstens teilweise, das Unwillkürliche soweit auszuschalten, daß die Bewegungen bei oberflächlicher Betrachtung einigermaßen gleich erscheinen.

Wie und wo äußern sich die unwillkürlichen Einflüsse in der Bewegung? Was an den sogenannten Willensbewegungen ist dem Willen zugänglich, was an ihnen ist seinem Einfluß entzogen? Am stärksten dem Willen zugänglich ist wohl die *räumliche Richtung* der Bewegung. Jeder gesunde Erwachsene kann mühelos, soweit es die anatomischen Verhältnisse seines Körpers zulassen, mit Arm oder Bein in eine beliebige Richtung greifen. Kleine unwillkürliche Abweichungen gibt es freilich schon da. Die gleiche Richtungsbewegung ist beim einen mehr weich und rundlich, beim anderen scharf gradlinig. Selbst der gleiche Mensch wechselt je nach der Stimmung in seiner Bewegungsweise. Heute gerät ihm jede Bewegung mehr schwunghaft, morgen mehr knapp und scharf.

Auch die *Geschwindigkeit der Bewegungen* kann willensmäßig geregelt werden; aber hier sind die Grenzen schon enger gezogen. Wer z. B. rasch laufen will, aber es nur *will* und nicht versteht, mit Phantasie und Bewegungssinn zu helfen, hemmt sich selbst und wirkt grotesk, wie man es oft auf der Straße sieht.

Über die mittleren Geschwindigkeiten ist der Wille einigermaßen Herr, bei ganz großen und ganz geringen versagt er. Sehr langsame Bewegung wird gehemmt und wackelig, wenn sie nicht aus innerer Ruhe und veränderter Atem- und Blutströmung kommt, und jeder Klavierspieler weiß, daß ihm, wenn er „in Stimmung", d. h. im Zustand gehobener unwillkürlicher Lebenstätigkeit ist, Geschwindigkeiten spielend gelingen, die er im Alltag nicht bewältigt.

Erregung, „Nervosität", Müdigkeit, körperliche und seelische Verstimmung, kurz jede Störung der unwillkürlichen Lebenstätigkeit verengt die Grenzen nach oben und unten, jede Steigerung erweitert sie.

Durchaus unwillkürlich geschieht die *Auswahl der Muskeln,* die bei einer Bewegung mitwirken, und die Art ihres Zusammenspiels, die *Koordination.* Daß wir diese Vorgänge in gewissem Grade willentlich beeinflussen können, darf uns daran nicht irre machen. Kein Kind und kein Erwachsener überlegt sich, welche Muskeln er verwenden will, um den Arm zu heben, und welche Antagonisten er braucht, um die Bewegung zu zügeln. Die bloße Bewegungsabsicht genügt, um das unwillkürliche Muskelspiel in Gang zu setzen.

Jedes bewußte Dirigieren der Muskeltätigkeit ist ein Kunstvorgang. Mag man solche Eingriffe in das Bewegungsleben ganz verwerfen, mag man sie in Ausnahmefällen gelten lassen (auch hier wird alles auf das *Wie* ankommen), – man muß sich jedenfalls bewußt bleiben, daß das natürliche Bewegungsleben anders läuft.

Ähnlich ist es mit dem *Spannungsgrad* der Muskulatur. Kein Zweifel: man kann den Bizeps willensmäßig verkürzen und hart machen, und man kann dasselbe Manöver mit den verschiedensten Muskeln machen lernen; aber für den Bewegungsablauf sind solche Künste wertlos.

Wer einen für schwer gehaltenen Koffer aufhebt und ihn unerwartet in die Höhe fliegen fühlt, weil er leer ist, bemerkt mit Staunen, daß sich der Spannungsgrad seiner Muskeln auf das vermutete Gewicht eingestellt hatte. Nicht etwa an die Muskeln hatte er gedacht, sondern nur an die Last und das Heben, – aber unwillkürlich hatten unter dem Einfluß der bloßen Vorstellung seine Muskeln die Spannung angenommen, die sie brauchten.

Auch der richtige Spannungsgrad der Muskulatur und das richtige Spannungsverhältnis zwischen den bewegenden Muskeln und ihren Antagonisten stellt sich also unwillkürlich ein. Zwar gibt es willkürliche Muskelspannung; nicht bloß in der Turnstunde, auch im Alltag begegnet sie uns; aber sie ist nicht die naturgemäße, und sie ist der unwillkürlichen Spannung weit unterlegen. Sie ist organisch falsch, unphysiologisch.

Unwillkürlich ist endlich der *Rhythmus der Bewegung,* das Verhältnis von Ballen und Strecken der Glieder, von Spannen und Wiederlösen der Muskeln, von Verhalten und Ausströmen, von Empfänglichkeit und Aktivität.

All dies ist verschieden bei verschiedenen Menschen, und zwar kennzeichnend verschieden. Es ist aber auch verschieden beim selben Menschen – je nach seiner leiblichen und seelischen Verfassung. Vom Willen her läßt es sich wenig beeinflussen. Man kann mit Willenseingriffen den Bewegungsrhythmus wohl stören, aber ihn kaum im positiven Sinne ändern. Wo es den Anschein hat, da sind es in Wirklichkeit meist Vorstellungen der Phantasie, nicht aber direkte Willensbefehle, die der Bewegung einen neuen Innenklang geben.

Nach all dem erscheint es als Überhebung, von willkürlichen Bewegungen zu sprechen. Denn das Primäre, Erzeugende, Bewegende an der Bewegung ist nicht der Wille, sondern es sind unwillkürlich wirkende nervliche Reaktionen.

Wenn der Mann am Steuer den Motor laufen läßt, dann mag es für den Unwissenden so aussehen, als ob er den Wagen laufen machte; in Wirklichkeit setzt er nur die Verbrennungsenergie, nicht seine eigene, in Wirkung. Er kann den Motor an- oder abstellen, aber er kann ihn nicht drehen. So kann auch der Mensch die Bewegung einschalten oder abstellen, er kann sie ablaufen lassen oder stören, aber er kann sie nicht erzeugen.

Das ist keine bloß theoretische Feststellung, *es ist erfahrbar.* Wer z. B. ein Instrument spielt, weiß, daß es ein Hinsehen und Aufpassen auf die Bewegung gibt, das stört, und ein Absehen von der Bewegung und Sichhinwenden zum musikalischen Geschehen, das hilft: ein Lauf, der beim Üben Schwierigkeiten macht, kann im Ablauf des musikalischen Ganzen mühelos gelingen. Warum? Weil Hingabe an den Gegenstand die nervlichen Reaktionen reibungsloser ablaufen läßt als willentliches Einwirken auf die Bewegung.

Durch Willensanspannung kann man die Bewegungsenergie verpuffen lassen, „das Letzte herausholen". Man verhält sich dann wie ein Reiter, der sein Pferd zuschanden reitet. Daher das zu frühe Versagen vieler Sportler und die schlaffe Alltagshaltung, die verbrauchte Stimme mancher Gymnastiker. Aufbauend wirkt Bewegung nur, wenn richtig geschaltet, wenn ihr Ablauf *den unwillkürlichen Schaltungen des Nervensystems überlassen* wird.

Willkürliche und unwillkürliche Muskelspannung

Die Unwillkürlichkeit der Muskelspannung gehört zu jenen „selbstverständlichen" Tatsachen, die jeder aus der Erfahrung kennt, aber selten einer sich voll bewußt macht, und deren praktische Bedeutung verkannt wird. Es lohnt sich deshalb, näher darauf einzugehen.

Unwillkürliche Muskelspannung ist eines der sprechendsten Kennzeichen naturhafter Bewegung und ungetrübter leiblicher und seelischer Gesundheit. Körperbildner und Erzieher sollten deshalb ihre Kennzeichen und die Zeichen ihres Verfalls kennen. Denn längst bevor sich leibliche und seelische Störungen an greifbaren Symptomen ablesen lassen, äußern sie sich oftmals im teilweisen Verlust der unwillkürlichen Muskelspannung und in ihrem Ersatz durch automatisierte Willensakte.

Willkürliche Muskelspannungen sieht man beim Leistungssport, bei Arbeitern, die ihrer Arbeit nicht voll gewachsen sind, bei ungeübten, ungeschickten, ungeduldigen, nervösen Menschen. Man erkennt sie am knolligen oder strangigen Hervortreten der Muskeln, an Rhythmusstörung oder Härte im Bewegungsablauf, an falschen Mitbewegungen wie Verspannung der Halsmuskulatur, Verzerrung des Gesichts, Einziehen oder Vorstülpen des Bauches, Hochziehen der Schultern, an Störungen von Atmung und Blutbewegung, „Ziehen", „Pressen", rotem oder blassem Gesicht und vielen anderen Zeichen.

Sie alle werden geradezu gezüchtet, wenn — wie es immer noch vorkommt — ein Lehrer seine Schüler auffordert, sich tüchtig anzustrengen, oder gar, schon beim Stehen alle Muskeln des Körpers anzuspannen. Sogenannte „antagonistische" Muskelarbeit, d. h. Hartmachen der bewegenden Muskeln durch willkürliches Anspannen ihrer Antagonisten, das dann wieder zu noch stärkerem Anspannen der Beweger zwingt, das ist einer der schwersten Fehlgriffe, die ein Leibeserzieher begehen kann.

Das Wort „willkürliche Muskelspannung" ist übrigens nur bedingt richtig: solche falschen Spannungen *waren* einmal willkürlich, als die Bewegung erlernt wurde. Damals wurde — aus seelischen wie körperlichen Gründen — die natürliche, unwillkürliche Spannung nicht gefunden. Die Bewegung wurde mit willentlicher Spannung eingeübt. Inzwischen ist sie zum „erworbenen Reflex", zur „zweiten Natur" geworden. Aber diese zweite Natur stimmt mit der ursprünglichen nicht überein. Automatisierte, d. h. zur Gewohnheit und damit unwillkürlich gewordene Willensspannung ist so wenig unwillkürliche Spannung im ursprünglichen Sinne, wie automatisiertes Aufblähen des Brustkorbes organisch-unwillkürliches Atmen ist. Sie ist zwar *subjektiv natürlich, aber objektiv naturwidrig*. Um genau zu sein, müßte man sagen „automatisierte Willensspannung". „Willkürliche Spannung" ist ein ungenauer, aber bezeichnender Fachausdruck.

Willkürliche Spannung ist eine Verfallserscheinung; bei ungestörten Menschen sieht man sie nie. Alle Primitiven arbeiten mit einer Weichheit der Muskulatur, die man für unmöglich halten würde, wenn man sie nicht mit Augen sähe. Heben, Stemmen, Werfen, Springen, Feinarbeit beim Handwerk wie beim Musizieren, — all das geschieht mit gelassenem, von innen her bewegtem Gesicht, mit stetiger, durchfließender Bewegung, mit einem Minimum an Kraftaufwand und mit unwahrscheinlich weichem und harmonischem Muskelspiel.

Ebenso ist es bei kleinen Kindern, solange sie in ihrem Gleichgewicht sind. Da ist jede Bewegung weich, jede zusammengehalten und verbunden, — man möchte nicht glauben, daß es möglich ist, mit so weichen Armen das Körpergewicht hochzustemmen, mit so weichen Beinen eine hohe Stufe zu ersteigen, und man ist geneigt, es auf die andersartigen anatomischen und physiologischen Verhältnisse des kindlichen Körpers zu schieben, – bis man Gelegenheit hat, an Erwachsenen das Gleiche zu beobachten.

Alle großen Könner arbeiten mit unwillkürlicher Muskelspannung. Daß jedes Handwerk, jede Schwerarbeit, jedes schwierige Kunststück, jede technische Bravourleistung bei ihnen trotz höchster Bewußtheit mühelos wie ein Spiel und absichtslos wie Natur wirkt, hängt mit dieser Unwillkürlichkeit im Gebrauch der Mittel wohl ebenso eng zusammen wie mit der gelassen-zielsicheren Haltung zum Erfolg. Beide, seelisches Verhalten und leibliches Wohlfunktionieren, bedingen einander.

2. Vegetative Einflüsse in der Bewegung

Worauf beruht das Unwillkürliche in der Bewegung? Man packt es nicht, wenn man nur den Reflex-Aufbau der Bewegung betrachtet. Man muß die Bewegung als Ganzes eingebettet sehen in das organische Lebensgeschehen.

In der Sprache der Nervenphysiologie bedeutet das: man muß die animalen Vorgänge in ihrer vielfältigen Abhängigkeit von den vegetativen Funktionen betrachten, man muß sich über die *vegetative Funktionssteuerung des animalen Systems* klar werden. Es sind sehr verborgene und noch wenig beachtete Vorgänge, um die es sich da handelt. Wichtige Aufschlüsse brachte eine Arbeit von Brücke über „Fortschritte in der Erkenntnis des vegetativen Nervensystems" in der Zeitschrift „Die Naturwissenschaften" 1928. Heft 45-47.

Vegetatives Nervensystem (im Unterschied vom animalen) nennt man den Teil des Nervensystems, der die „vegetativen" Lebensvorgänge, die Funktionen der inneren Organe, der Blutgefäße, der Haut, der Drüsen usw, also im Groben die Tätigkeit der glatten, „unwillkürlichen" Muskulatur verwaltet.

Die Organe des vegetativen Systems liegen zum größten Teil außerhalb des Wirbelkanals. Es sind: die Eigen-Nervensysteme der Organe (autonome Systeme), durch welche die Organe fähig sind, ein Eigenleben unabhängig vom Körper zu führen (ein Herz, in physiologische Salzlösung gelegt, schlägt weiter, ein Darm verdaut),

die großen „sympathischen" Geflechte der Rumpfhöhle mit ihren Ganglien, Hals-, Brust-, Bauch- und Beckengeflecht, die die einzelnen Organe mit allen Teilen des Nervensystems und miteinander verbinden

und sie so aus selbständigen „Tieren" (Darm als „Regenwurm") zu Gliedern eines Organismus machen,
die beiden großen „parasympathischen" Nerven, Vagus und Beckennerv, der Grenzstrang" des Sympathicus, eine Schnur von Ganglinienknoten rechts und links vor der Wirbelsäule, die mit ihren Nervenfasern Blutgefäße, Schweißdrüsen und Hautmuskeln versorgen und die Verbindung der Organe zum Rückenmark herstellen,
die vegetativen Zellen im Rückenmark, die die Verbindung der Organe zum Gehirn vermitteln, und endlich die regulierenden Zentren im verlängerten Mark und im Zwischenhirn, die die zentrale Schaltstelle des vegetativen Lebensgeschehens bilden und zwischen animalen und vegetativem, bewußtem und unbewußtem Leben vermitteln. Sie sind es, die durch erregende und hemmende Einflüsse die Tätigkeit der Organe in Übereinstimmung miteinander und mit den Bedürfnissen des Ganzen regeln und sie auf die Ansprüche der Außen- und Innenwelt einstellen.

Das Gamma-Nervensystem

Zwischen vegetativem und animalem Nervensystem fand die neuere Forschung noch ein drittes Nervensystem eingeschaltet, Gammasystem genannt, das auf die Muskeltätigkeit — und damit auf die Bewegung — einen wesentlichen Einfluß übt. Seine Nervenzellen liegen in den Muskelspindeln und schicken ihre Fasern zum Hirnstamm.

Vom Hirnstamm aus bestimmt das Gammasystem den Grundtonus wie den Reflextonus der Muskulatur, insbesondre auch der Zwerchfell- und Bauchmuskeln, und wirkt dadurch in harmonisierendem Sinne auf den Ablauf von Atmung und Bewegung. Mit dem animalen Nervensystem, das Sinneseindrücke und Bewußtseinsvorgänge vermittelt, steht es ebenso in Verbindung wie mit dem vegetativen Geschehen. Es bildet gleichsam eine Brücke zwischen beiden und *vermittelt zwischen bewußtem und unbewußtem, zwischen animalem und vegetativem Sein, Außen- und Innenbewegung.*

Wichtig ist, daß (nach Dr. Glaser-Freudenstadt) nur durch dehnende Bewegung mit der Vorstellung des „über sich Hinausdehnens", die eine Überspannung der Strecker verhindert (Obtentus-Aktion), — also nicht durch Muskelkontraktion — das Gammanervensystem in Tätigkeit gesetzt wird. Es bestätigt, was unter „Innenbewegung" (S. 104) über die Bedeutung weichen Streckens für den rhythmischen Verlauf aller Bewegungen gesagt wurde.

Die Bedeutung des vegetativen Systems für die animalen Leistungen wird meist weit unterschätzt. In Lehrbüchern der Körperkunde findet man es manchmal so stiefmütterlich behandelt, daß bei dem unkundigen Leser der Eindruck entstehen kann, als wäre das vegetative System so eine Art nebensächlichen Hilfsorgans für das animale und nicht vielmehr das eigentliche Lebenszentrum,von dessen Tätigkeit letztlich alles animale Geschehen abhängt.

Diese Vernachlässigung ist gewiß kein Zufall. Im Zeitalter der imponierenden Großhirnleistung, der Naturwissenschaft, der Technik, der Maschine, der Statistik, der Berechnung aller Lebensdinge liegt es nahe, die animalen Leistungen, mit denen der Mensch – *scheinbar!* – sich zum Herrn der Natur gemacht hat, zu überschätzen und ihre vegetativen Quellen zu übersehen.

In der Praxis der Leibeserziehung ist es nicht anders. Die Bedeutung der vegetativen Vorgänge, – also dessen, was wir in der Praxis Innenbewegung nennen – , für Bewegungsablauf und und Qualität der Leistung wird meist verkannt, oder sie wird mit allgemeinen, für die Praxis unfruchtbaren Beteuerungen abgetan.

Turnen und Sport zeigen es offen, daß ihr Bewegungsbild ganz in der animalen Sphäre verhaftet ist. In Tanz und „rhythmischer“ Gymnastik ist es verhüllt durch den, im Gegensatz zu Sport und Turnen, mehr gefühlsbetonten Bewegungsausdruck. Aber Gefühle gehören genau so der animalen Sphäre an wie Willensäußerungen und können genau so lebensfern, so abgeschnitten und „mechanisiert“ sein wie diese. Beide sind physiologisch Leistungen der Großhirnrinde, psychologisch polare Gegenkräfte *innerhalb* des Bewußtseins-Lebens. An beide ist gleicherweise die Frage gestellt, ob sie in Fühlung mit dem organischen Lebensgeschehen oder in abgeschnittener Fremdheit neben ihm wirken wollen.

Das aber ist für den heutigen Menschen eine Lebensfrage. Denn „*mit* dem leiblichen Es oder gegen es?* “ das bedeutet heute: vorwärts zu neuer Naturverbundenheit im technischen Zeitalter, oder unaufhaltsam abwärts auf der Bahn der Naturentfremdung, der leiblichen und seelischen Erstarrung, die beim Roboter-Menschen endet.

Vegetative Einflüsse über die Innenbewegung

Mittelbar übt das vegetative System einen dauernden und nicht ausschaltbaren Einfluß auf alle äußeren Bewegungen auf dem Wege über die Tätigkeit der inneren Organe. Es bestimmt, wie unter „Innenbewegung" ausführlich dargelegt durch den Blutkreislauf über die Durchblutung der Gelenke und Muskeln, durch die Atmung über Sauerstoff- und Kohlensäuregehalt des Blutes, durch die Tätigkeit der Ausscheidungsorgane über seine Reinheit, durch die innersekretorischen Drüsen über seinen Gehalt an erregenden oder dämpfenden Hormonen. Dadurch aber übt es entscheidenden Einfluß auf Beweglichkeit und Elastizität der Gelenke, auf Spannkraft und Nachgiebigkeit der Muskeln, auf die Innenspannung des Rumpfes, auf vitale Bewegungslust oder Bewegungsträgheit und damit auf Ablauf und Ausdruck aller Bewegungen.

Anteil des vegetativen Systems an den Instinktbewegungen

Aber auch unmittelbar, auf dem Nervenwege, übt das vegetative System die stärksten Wirkungen auf das animale Geschehen aus, ja es ist sein unablösbarer Bestandteil. Von vegetativen Vorgängen mitbestimmt und von vegetativen Antrieben weithin abhängig sind zunächst alle Instinktbewegungen und -handlungen: kauen, schlucken, atmen, niesen, husten, gähnen, lachen, schluchzen, stöhnen, schreien, geschlechtliche Bewegungen usw. Sie alle meint der Mensch zu tun, in Wirklichkeit aber tut er dabei nur *mit*. Ohne die Antriebe, die ihm die vegetativen Zentren geben, wäre er dazu weder willens noch fähig.

Wir können atmen, weil es unserem Blut an Sauerstoff fehlt, oder weil es zuviel Kohlensäure enthält, die das vegetative Atemzentrum reizt. Je geringer der Lufthunger, umso unvollständiger wird, trotz Willensanstrengung, die Atmung. Bei Sauerstoffüberladung hört sie ganz auf.

Wir können kauen, weil der Geschmack der Speisen die vegetativ innervierten Munddrüsen zum Absondern reizt. Nehmen wir statt schmackhafter Speisen eine geruch- und geschmacklose Masse in den Mund oder versagen aus andern Gründen die Drüsen den Dienst (Seekrankheit!), so wird das Kauen mit jeder Sekunde schwerer und schließlich unmöglich.

Wir können schlafen, weil das vegetative System am Abend mit der Ausschüttung der Arbeitshormone nachläßt und statt dessen Ruhehormone abgibt, weil Atmung und Blutkreislauf ihre Tätigkeit einschränken, weil dem Großhirn und den Muskeln die Blutzufuhr zugunsten der Erholungsorgane beschränkt wird. Versagt in Erregungszuständen oder durch andere, z. B. klimatische Einflüsse diese Umstellung des vegetativen Systems, so liegen wir trotz Müdigkeit wach.

Vegetative Einflüsse auf die animalen Funktionen

Vegetativ beeinflußt sind aber auch die ausgesprochenen Willensbewegungen, ja weit darüber hinaus alle animalen Lebensäußerungen, von den primitiven Sinnesempfindungen bis zu den sublimsten Seelenregungen, vom Tasten, Riechen, Schmecken über die elementare Erlebnisfähigkeit bis zum Fühlen, Wollen, Denken, dem Ablauf der Phantasievorstellungen usw.

Nach überlangem Schlaf oder in verfaulenzten Urlaubstagen, wenn die Arbeitsfunktionen des vegetativen Systems nicht in Anspruch genommen werden und „einschlafen", ist man stumpf, erlebnismatt, träge. Alles Bemühen um geistige Wachheit bleibt dann oft vergeblich. Aber ein kräftiger Marsch oder auch nur ein heftiger Gemütseindruck, eine Aufregung kann genügen, um die Arbeitsfunktionen des vegetativen Systems, die Ausschüttung von Adrenalin, die Blutversorgung von Skelettmuskeln und Großhirn usw. wieder in Gang zu bringen und mit einem Schlage die Bewußtseinssphäre wieder munter zu machen.

Die Großhirnrinde, das Organ aller Bewußtseins- und Willensvorgänge, also das eigentliche Organ des spezifisch menschlichen Lebens, ist eben keineswegs so unabhängig und selbstherrlich, wie man es sich gerne einreden möchte, wenn man vom Gehirn als der „Regierung des Körperstaates" spricht und dabei unvermerkt Gehirn mit Großhirn gleichsetzt. Sie unterliegt vielmehr mannigfachen vegetativen Einflüssen. Durch seine Hilfshormone Adrenalin und Cholin, die beiden entgegengesetzt wirkenden Hormone der Nebenniere, kann das vegetative System das animale erregen oder beruhigen. Je nach dem überwiegen des sympathischen Arbeits- oder des parasympathischen Erholungshormons werden dann die Äußerungen rasch und entschieden oder träge und schläfrig werden. Auch daß manche Menschen schwer aufwachen können und andere frühmorgens schon „aufgedreht", „animiert", d. h. animal übererregt erwachen, daß die einen besser morgens, die andern abends geistig arbeiten können, mag mit Eigenheiten des vegetativen Systems zusammenhängen.

Überdies aber hat das vegetative System noch seine „Zellen" innerhalb der animalen Nervenzentren selbst liegen. Im Rückenmark wie in der Großhirnrinde finden sich vegetative Ganglien, die dem vegetativen System einen direkten Einfluß auf das animale sichern.

Diese Tatsachen allein würden schon ausreichen, um das Wechselnde in der Bewegungsweise des Einzelnen wie die individuellen Unterschiede im Bewegungsablauf verschiedener Menschen zwar nicht zu erklären, aber sie auf tieferliegende, dem Willen entzogene Eigentümlichkeiten des inneren Lebensgefüges zurückzuführen.

Vegetative Steuerung des Muskeltonus

Straffheit und Arbeitsfähigkeit der Muskeln hängen bekanntlich von ihrem *Tonus*, ihrer Arbeitsbereitschaft im Ruhezustand ab, einer geringen *Bereitschaftsspannung aller Muskeln* die während des Lebens erhalten bleibt.

Der Tonus unterliegt gewissen Schwankungen, er ist z. B. morgens im allgemeinen höher als abends, beim gesunden Menschen höher als beim „abgespannten", erschöpften, bei Erregung höher als in Ruhe. Das läßt schon darauf schließen, daß genau wie bei der Tätigkeit der Muskeln, so auch bei ihrer Ruhespannung, dem Tonus, außer örtlichen Reizen übergeordnete Zentralorgane mitwirken, die ihn steigern oder herabsetzen können.

Das tonussteigernde oder erregende Zentrum liegt im Kopfmark, gehört also dem *vegetativen* System an; das tonushemmende oder beruhigende liegt in der Großhirnrinde, also einem *animalen* Organ. Der Wechsel der Tonushöhe beruht auf dem Zusammenspiel beider Zentren unter den verschiedensten leiblichen und seelischen Einflüssen.

Der Tonus kann sowohl örtlich wie zentral beeinflußt werden, örtlich durch die verschiedensten Reize wie Massage, passive und aktive Bewegung, elektrischen Strom usw., zentral durch Verbesserung von Atmung und Blutzirkulation, die auf dem Wege über das besser durchblutete Zentralorgan auf verspannte Muskeln lösend und auf schlaffe tonussteigernd wirkt. Darauf dürfte zum großen Teil die den Tonus regelnde und die Körperform verbessernde, harmonisierende Wirkung einer guten Atmung beruhen.

Die örtliche Beeinflußbarkeit des Muskeltonus ist allgemein bekannt und wird von der Heilkunde planmäßig ausgewertet. Dagegen wird die Möglichkeit, auf dem Wege über das Zentralorgan auf den Spannungsgrad der Muskulatur *im ganzen* einzuwirken, nur sehr allmählich in das allgemeine Bewußtsein eingelassen. Hier liegt für die Praxis noch ein weiter, unerschlossener Bereich.

Durch die Fähigkeit der Tonussteuerung übt das vegetative System einen entscheidnen Einfluß auf die Bewegung aus. Je nachdem, ob uns das Kopfmark (das „verlängerte Mark") einen hohen oder einen geringen Tonus zubilligt, sind unsere Bewegungen spannkräftig und mühelos oder so lahm und schwer, daß wir uns verspannen müssen, um Arbeit zu leisten.

Charakteristisch für die Aufgabe des Bewußtseins bei der Bewegung ist es, daß das Bewußtseinszentrum, das Großhirn, *nicht erregenden, sondern beruhigenden Einfluß* hat. Wiederum deutet das darauf hin, daß die Aufgabe des Bewußtseins bei der Bewegung nicht krampfhafte Aktivität, sondern umgekehrt die Einschränkung unnötiger, kraftvergeudender Manöver ist. Die Bewegungsaktivität gibt uns die Natur; was wir hinzuzutun haben, ist *Besonnenheit und Gelassenheit.* Leider tun wir oft das Gegenteil.

Vegetative Einflüsse auf Zusammenspiel und Gleichgewichtsregelung.

Koordination und Gleichgewicht werden vom (vegetativen) Kopfmark und vom (animalen) Kleinhirn geregelt. Bei ihrem Versagen bricht die Bewegung zusammen, sie wird aus einem geordneten Geschehen zum Wirrwarr. Der „Deiters'sche Kern" und die „Olive", die beide dem Kopfmark angehören, sind entscheidend wichtig für den geordneten Ablauf der äußeren Bewegung, wahrscheinlich wichtiger als das Kleinhirn: während *einseitige* Kleinhirnschädigung schwere Bewegungsstörungen verursacht, bleibt bei der Zerstörung *beider* Kleinhirnhälften die Bewegung verhältnismäßig geordnet. Auch hier sehen wir also die unwillkürlich wirkenden Einflüsse des vegetativen Systems wesentlich mitbeteiligt an den animalen Bewegungen.

Der psycho-physiologische Reflex

Den für unseren Fragenkreis wohl bedeutsamsten Einfluß auf den Ablauf der Bewegung übt der *vegetative Bereitschafts-Reflex,* wissenschaftlich psycho-physiologischer Reflex genannt.

Alle animalen Funktionen sind ja auf vegetative Hilfe angewiesen. Die arbeitenden Muskeln brauchen Blut, um in den Ruhepausen, die ihnen der Bewegungsablauf läßt, neue Nahrung aufzunehmen. Sie brauchen Sauerstoff, um die Nahrung zu verbrennen. Die Nieren müssen arbeiten, um die Verbrennungsschlacken aus dem Blut herauszufiltern. Kreislauf, Blutdruck, Atmung, Drüsentätigkeit müssen rasch und genau auf die Bedürfnisse der äußeren Tätigkeit eingestellt werden. Das Mittel dazu ist der Bereitschaftsreflex des vegetativen Systems.

Der sensible Reiz, der eine animale Bewegung auslöst, z. B. ein Licht-reiz, ein Geräusch, eine Berührung der Haut, wird nicht bloß an die animalen Zentren, sondern *zugleich auch an die vegetativen Zentren* im verlängerten Mark und im Zwischenhirn weitergeleitet. Ebenso ge-schieht es mit Vorgängen im Bewußtseinsleben – umso mehr, je mehr die Fantasie und damit die Vorstellung sinnlicher Reize beteiligt ist. Die vegetativen Zentren antworten mit einem Alarm im gesamten vegetati-ven System.

Dieser Reflex durchläuft drei Phasen: auf ein kurzes „sympathi-sches" Ansprechen aller Arbeitsorgane folgt eine etwas längere Erregung des parasympathischen Erholungssystems, auf diese eine Dauer-Erre-gung des sympathischen Systems, die alle Arbeitsorgane in Arbeitsbe-reitschaft setzt: das Herz klopft schneller, um das Blut rascher durch die Adern zu treiben, die Blutgefäße in der Muskulatur werden weit gestellt, um den arbeitenden Muskeln viel Nahrung und Sauerstoff zuzu-führen, die Pupille erweitert sich, um viel Licht aufzunehmen, die Atmung wird tiefer und belebter, um die roten Blutzellen mit Sauer-stoff aufzuladen, die Leber gibt Zucker ab, die Milz besonders hämoglo-binreiches Blut u. s. f.

Die Dreiteiligkeit dieses Alarms erkennt man als zweckmäßig, wenn man sich vergegenwärtigt, daß zur höchsten Arbeitsbereitschaft auch eine Tätigkeit der Erholungsorgane gehören kann. Tiere entleeren z. B. bei großem Schreck Darm und Blase und machen sich dadurch beweg-licher.

Durch den Bereitschaftsreflex wird *die innere Organtätigkeit auf die Bedürfnisse der äußeren Muskelarbeit eingestellt.* Die fast unheimliche Bereitschaft, die ständige Bewegungswachheit, die wir an manchen Tie-ren bewundern, die Oekonomie ihrer Bewegungen, ihre Sicherheit und Feinheit beruhen auf der Ungestörtheit dieses Reflexes.

Für den Menschen wird durch den Bereitschaftsreflex das vegetative System zum unentbehrlichen Helfer alles Tuns. Ohne seine Hilfe wäre unser Leben wie ein rasch verpuffendes Feuerwerk. Daß wir die Kräfte des Leibes im Dienste unserer Absichten verwenden können und täglich neue Kräfte haben, ist der Anpassung aller Lebensvorgänge durch den Bereitschaftsreflex zu danken.

Der für unsere Betrachtung wesentlichste Bestandteil dieses lebens-wichtigen Reflexes ist der *Atemreflex*, aus dem einfachen Grunde, weil von allen inneren Organfunktionen allein die Atmung Willens-Einflüssen -- und damit auch störenden Eingriffen – unmittelbar zugänglich ist.

Wir können weder unser klopfendes Herz abstellen noch das Rot- oder Blaßwerden unterdrücken, aber den Atem können wir hemmen, beschleunigen, in Form, Geschwindigkeit, Größe, Rhythmus verändern, und es gibt kaum einen unter uns, der von dieser Möglichkeit nicht unbewußt Gebrauch im negativen Sinne machte, kaum einen, der seine Atemreflexe noch ungestört geschehen ließe.

Von der Atmung aus aber greift Verwirrung auf verwandte Vorgänge über — sichtbar auf den Kreislauf; wie weit auch auf andere Bestandteile des Reflexes, bliebe zu ergründen. Daß die Wirkungen weit gehen, zeigt das veränderte Verhalten der vegetativen Funktionen bei Menschen, die lernen, den Atemreflex geschehen zu lassen: belebte Gesichtsfarbe, veränderte Farbe der Hände, der Beine usw., aber auch Verkleinerung der aufgerissenen Lidspalte, Beruhigung des Herzschlages, Besserung der Verdauung, Verschwinden mannigfacher Beschwerden, Hebung des Allgemeinbefindens.

In der Erforschung des Bereitschaftsreflexes, seiner Abweichungen und Veränderungen, der Wirkungen gestörter Atemreflexe auf andere Teile des psychophysischen Reflexes, der Wirkungsbreite solcher Reflexstörungen im Organ- wie im Muskelbereich läge eine lohnende Aufgabe für die Wissenschaft. Sowohl Physiologie wie Psychologie könnten von hier aus wichtige Impulse empfangen. Es könnte — was zur Lösung drängender Gegenwartsfragen unerläßlich erscheint — entschiedener der Blick von den Kranken fort und auf die sogenannten Gesunden gelenkt werden. Diese — wir sagen wohl besser, die Nichtkranken — wären in ihrem Verhalten zu den vegetativen Reflexen miteinander zu vergleichen. Es würde sich ergeben, daß hier große Unterschiede nicht nur in den objektiven Gegebenheiten wie Konstitution, Anlage, Individualität, sondern auch *im Grade des Normalverhaltens* vorliegen. Alle Grade der Reflex-Unterdrückung und -Entstellung wären zu beobachten, als solche und in ihren Zusammenhängen mit Verspannungen und Schlaffheiten, mit nervlichen und seelischen Störungen.

Es würde sich dann zeigen, wie verkehrt es ist, das Verhalten des durchschnittlich Gesunden ohne weiteres als das normale anzusehen. Wir würden Aussicht haben, zu einem *deutlichen und differenzierten Bilde der Norm* zu gelangen. Unter den sogenannten Gesunden würden wir die wirklich Gesunden von den noch nicht Kranken scheiden können, und wir hätten eine feste Basis, von der aus nach Heilungswegen für die Krankheitskandidaten gesucht werden könnte. Wenn vorbeugen leichter ist als heilen, so muß es in einer Zeit wachsender allgemeiner Krankheitsbereitschaft eine dankbare Aufgabe sein, nach Wegen zu suchen, auf denen die zahllosen Krankheitskandidaten zu ihrer (immer individuellen) Norm zurückgeführt werden können.

Bereitschaftsreflex als Vermittler der Bewegungseinheit

Der Bereitschaftsreflex schlägt die Brücke zwischen Innen und Außen. Durch ihn lebt das animale System in all seinen Funktionen in stetiger Wechselwirkung mit dem vegetativen, die Muskeltätigkeit mit der Organtätigkeit, die Außenbewegung mit der Innenbewegung.

Jede animale Regung, sei es ein Sinneseindruck oder ein innerer Vorgang, ein Lust- oder Unlustgefühl, eine Fantasievorstellung, ein Wunsch, ein Einfall, ein Bewegungsimpuls sendet durch den Bereitschaftsreflex eine Erregungswelle durch das ganze vegetativ innervierte Organsystem. Und rückwirkend weckt eine solche „sympathische" Welle wiederum animale Impulse, Lust- oder Unlustgefühl, Fantasievorstellungen, Bewegungsimpulse.

In ihrer ganzen Ursprünglichkeit sind diese Wechselbeziehungen beim Säugling und beim Kleinkind wirksam. Animale Impulse, Bewegungen, seelische Regungen werden in der ersten Lebenszeit ganz von inneren Organvorgängen bestimmt. Das Kind lacht, wenn es satt ist, es äußert Unlust, wenn der Magen leer wird, es strampelt nach dem Baden, wenn das Blut leichter strömt.

Und umgekehrt weckt jeder Sinneseindruck, jede Seelenregung Organreflexe. Das Kind atmet klein und voll Spannung, wenn es sich mit gefährdetem Gleichgewicht nach dem Spielzeug bückt, und es seufzt tief auf, wenn es glücklich damit oben ist.

Auch der Erwachsene, soweit er lebendig geblieben ist, atmet auf, wenn ihn ein Windzug streift, wenn eine lang erhoffte Nachricht eintrifft; er errötet vor Freude, sein Herz klopft bei dem Gedanken an eine schöne Reise usw. Und die gesteigerte leibliche Lebenstätigkeit etwa im Frühling weckt in ihm ein erhöhtes Lebensgefühl, das sich in seelischer Beschwingtheit, sinnlichem Aufgeschlossensein, Wanderlust, Plänen usw. äußert.

Für die Bewegung heißt das: *das vegetative System vertritt die Innenbewegung, das animale die Außenbewegung.* Verbindung der äußeren Bewegung mit der inneren heißt, nervlich gesehen, Wechselbeziehung zwischen animalem und vegetativen Geschehen. Zu jeder Bewegung schickt das vegetative System eine innere, organische Lebenswelle, die sie trägt, und jede „sympathische" Lebenswelle erweckt wiederum animale Impulse.

Die Bewegung ist wie ein Schiff, das auf dem vegetativen Lebensstrom fährt, von seinen Wellen rhythmisch gehoben und gesenkt. Was als ursprünglicher Rhythmus der Bewegung erlebt wird, ist ganz eigentlich das Auf- und Abfluten dieser inneren Lebenswelle.

Die *Einheit* der Bewegung, die *Gesamtbewegung* beruht auf der vom Bereitschaftsreflex vermittelten Wechselwirkung zwischen vegetativem und animalem Geschehen. Bewegung durchströmt den ganzen Leib, wenn animales und vegetatives System gut zusammenwirken. Jede Störung des Kontaktes bewirkt Dissonanz zwischen Innen- und Außenbewegung und damit Störungen im Bewegungsablauf.

Durch den Bereitschaftsreflex wird die Innenbewegung auf die Ansprüche der Außenbewegung eingestellt. Je besser er funktioniert, um so unmittelbarer kann die Bewegung einsetzen, um so leichter, müheloser, zweckmäßiger wird sie verlaufen. Was wir den organischen Ablauf der Bewegung nennen, ihre natürliche Schönheit, ihr Fließendes und Belebtes, das ist im wesentlichen durch die Ungestörtheit des Bereitschaftsreflexes bedingt.

Rhythmusstörung als vegetative Reflexstörung

Beim Bereitschaftsreflex setzen denn auch die heute allgemein verbreiteten Bewegungsstörungen ein. Sie beginnen mit Hemmungen dieses Grundreflexes; die Rhythmusstörung der Bewegung folgt daraus, sie ist *Symptom, nicht Ursache.*

Wo der Bereitschaftsreflex gestört ist, und das heißt praktisch, wo sein anfälligster Teil, der Atemreflex gestört ist, da verliert auch der von der Atmung mit angetriebene Kreislauf an Feinheit und Genauigkeit. Die arbeitenden Muskeln werden schlechter ernährt und entschlackt, die Bewegung wird stockend, hart oder schlaff; sie wirkt unrhythmisch, unbeseelt.

Im Sport äußern sich solche Reflexstörungen in harter Muskelspannung, oft auch im verzerrten Gesicht, in Tanz und Gymnastik in Übertreibungen des Bewegungsumfanges wie des Ausdrucks, in Forschheit oder „Grazie", durch die innere Unlebendigkeit überdeckt wird.

Freilegung der psycho-physiologischen Reflexe und dadurch Rückverbindung der animalen Bewußtseinsvorgänge mit den vegetativen Lebensvorgängen ist deshalb eine wesentliche Aufgabe der Leibeserziehung in unserer Zeit. Es nützt uns dabei nichts, sogenannte organische Gesamtbewegungen zu üben, solange das Kriterium für das Organische im äußeren Ablauf statt im vegetativen Antrieb gesucht wird. Wir bekommen damit eine Scheinorganik, ein Scheinbild organischer Bewegung, das manche äußeren Eigenheiten des Ablaufs mit ihr gemein haben, z. B. gebunden und fließend, an- und abschwellend, rundlinig sein kann, dem aber ihr Wesentliches fehlt. Der Erfahrene erkennt das an den verschiedensten gröberen bis allerfeinsten Kennzeichen der Hautfarbe, des Atemlaufs, der Muskelspannung usw. Dem unvoreingenommenen Laien wird ein Licht aufgehen, wenn er die Alltagsbewegungen eines so Geschulten mit denen eines kleinen Kindes, eines Tieres vergleicht. Er wird nämlich in ihnen vergeblich suchen, was überall in der Natur das sprechende Zeichen organverbundenen Lebens ist: den überquellenden *Ausdruck* noch der kleinsten und zufälligsten Alltagsbewegung. Er wird auf seelische Leere stoßen überall, wo der gymnastische, tänzerische, sportliche, kurz der „fachliche" Ausdruck wegfällt.

Richtige Bewegung kann man eben nicht *machen*. Wer das nicht einsieht, weil er Bewegungen zu machen gelernt hat, der ist im Irrtum über das, was er gelernt hat: es ist nicht leibgemäße Bewegung, sondern bestenfalls eine äußere Nachahmung ihres sichtbaren Ablaufs. Es verhält sich zur richtigen, das heißt organverbundenen Bewegung wie eine gute Landkarte zur Landschaft. Man kann wohl vieles daraus ablesen, was in der organischen Bewegung steckt, aber sie selber hat man nicht.

Was organverbundene Bewegung ist, davon macht jeder Mensch Erfahrungen, wäre es auch nur in der frühen Jugend oder Kindheit. Er erlebt es in Augenblicken inniger Verbundenheit mit der Natur, am frühen Morgen, wenn die Jugendfrische des erwachenden Lebens ihm durch alle Glieder dringt, beim sinkenden Abend, wenn die ernste Stille ihn zum Schweigen bringt, wenn sein Ich vor dem großen Es der Natur verstummt und er sich eingehüllt und getragen von übermenschlichen Kräften fühlt.

Was in solchen Augenblicken an Bewegung als kraftvoller Wanderschritt, als zartes, lauschendes Tasten, als ruhendes, getragenes Schreiten aus ihm strömt, anders als in der Ichverhaftung des Alltags, das mag er vergleichen mit dem, was er als „richtige" Bewegung zu machen gelernt hat, und er wird wissen, wie es um diese richtige Bewegung steht.

3. Die Natur im Menschen

Rebellion der vegetativen Zone

Über die engeren Fragen des Bewegungsablaufs hinaus führt die Erscheinung der vegetativen Reflexe in allgemeinere Lebensfragen hinein, – Fragen, die heute wohl zum ersten Mal in ihrem vollen Umfang im menschlichen Bewußtsein erscheinen, weil die neue Lage des Menschen im technischen Zeitalter sie drängender macht, als sie je zuvor waren.

Zwischenhirn und Großhirn, Hirntiefe und Hirnrinde als oberste Zentralorgane des vegetativen und des animalen Nervensystems bilden gleichsam die beiden Gegenpole des menschlichen Lebens, den Pol des unbewußten, unwillkürlichen, Tag und Nacht im verborgenen strömenden Lebens, der dem Menschen mit allen Geschöpfen gemeinsam ist, und den Pol des wachen, mehr oder minder bewußten, denkenden, fühlenden, handelnden Menschen-Seins.

Beide wirken wechselweise aufeinander ein. Jede vegetative Veränderung, verstärkte Sauerstoffzufuhr, andere Durchblutung des Gehirns, Klimawechsel mit seinen organischen Folgen, Stockung oder Steigerung der Drüsentätigkeit wirkt auf das Wie der animalen Vorgänge; es beeinflußt Stimmung, Arbeitslust und -kraft, Fantasie und Denken. Feinarbeiter, Künstler, Denker wissen davon zu sagen, wie schon kleine Unstimmigkeiten im inneren Organgeschehen, sogenannte Indispositionen, die Leistung beeinträchtigen und das Beste und Feinste unmöglich machen können; und wenn wir es im Alltag oft nicht bemerken, so zum Teil, weil da nur gröbere Leistungen verlangt werden, zum größeren Teil wohl, weil wir einseitig nach außen gerichtet und in unserem Empfinden für Inneres stumpf sind.

Und umgekehrt wirkt jedes animale Geschehen, Arbeit, Spiel, Fantasiebilder, Gedanken, Wünsche, Gefühle, Impulse auf das vegetative Organleben zurück. Gedanken, Gefühle, Sinneseindrücke machen erröten oder erblassen, lassen das Herz stocken oder schneller schlagen, Drüsensystem und Verdauung kräftiger oder träger arbeiten. Leiblich-Unbewußtes wirkt aufs Bewußte, Bewußtes aufs Unbewußte. Auf dieser Wechselwirkung beruht alles gesunde Leben.

Heute erleben wir etwas wie eine Rebellion der vegetativen Zone gegen die animale, des Unbewußten gegen das Bewußte. Die völlige Änderung der Lebensbedingungen im Jahrhundert der Technik stellt an unser Anpassungsvermögen nie dagewesene Ansprüche. Die vegetativen

Funktionen haben noch nicht Zeit gefunden, sich anzupassen. So leben wir vorläufig über die vegetativen Reflexe hinweg.

Aber wir leben schlecht. Die Spaltung in einen naturhaften und einen intellektuellen Wesensteil bekommt weder dem Leibe noch der Seele. Leiblich wehren sich Nervensystem und Organe durch wachsende Krankheitsbereitschaft, durch neue Krankheiten, vegetative Neurosen, durch nervliche Gereiztheit, durch Mißgefühle aller Art. Wer kennt noch einen wirklich gesunden erwachsenen Menschen, einen, der frei von Beschwerden ist und sich rundum wohl in seiner Haut fühlt? Und seelisch werden wir ärmer an Lebensgefühl und Lebensfreude, ärmer an Erlebnisfähigkeit, leerer, schattenhafter, unproduktiver.

Kein Zweifel, wir haben der Natur Güter entrissen, die noch kein früheres Zeitalter besaß; aber sie zu beherrschen, davon sind wir weit entfernt. Denn sie dient uns nicht, sie empört sich gegen uns. Sie verschließt uns die *inneren* Kraftquellen im Augenblick, wo wir uns die *äußeren* eröffnet haben. Was wir an Lebensdauer gewonnen, geht uns an Lebensfülle verloren.

Leiblich gesehen: beim modernen Menschen sind die vegetativen Reflexe in Verwirrung geraten. Die Störung besteht in Stumpfheit oder Überregbarkeit, oft in beidem. Auf feinere Reize erfolgt kaum eine Reaktion mehr, auf gröbere eine übertriebene.

Ein Windhauch läßt den animal sensiblen, aber vegetativ stumpfen Großstädter nicht mehr aufatmen, er fühlt die Kühle des Herbstabends nicht, selbst wenn er — das ist nicht selten — schon blaue Lippen hat; seine Hautgefäße weiten sich nicht, wenn ein rascher Sonnenstrahl sie trifft; er japst, statt tief und voll zu atmen, wenn er in mäßig kaltes Wasser kommt; er gähnt nicht beim Erwachen.

Umgekehrt weiten sich bei harmloser Begrüßung Pupille und Lidspalte wie in großer Erregung, ein unangenehmes Geräusch macht ihm eine Gänsehaut oder läßt gar die Adern an seinen Schläfen anschwellen, eine unerwünschte Nachricht macht sein Herz stocken und dann rasen. Die „Stimme der Natur", die sich in den vegetativen Reflexen äußert, klingt in ihm nur noch undeutlich und oft entstellt.

Die Folge: seine Lebensführung gerät in Verwirrung. Er entbehrt den ordnenden Einfluß der elementaren Lebensgefühle, es fehlt ihm das intuitive, von keiner Belehrung oder Verstandeserwägung vermittelte Wissen vom Heilsamen und Schädlichen, die Abwehr gegen das Unzuträgliche und die Neigung zum Heilsamen, die man mit einem wenig glücklichen Ausdruck Instinkt zu nennen pflegt.

Er ist überanstrengt und spürt keine Müdigkeit, er ißt, was ihm nicht zuträglich ist, und fühlt sich nicht unbehaglich; er trinkt bei steilem Anstieg und fühlt sich nicht beschwert, er badet viel zu heiß und merkt nicht, daß ihm eng und beklommen wird, er läuft mit beengter Beinbewegung, mit flacher Haltung und Gewichtsverteilung und spürt nicht, daß er sich selber hemmt; er macht in Betriebsamkeit bis zum späten Abend und wundert sich, daß er schlecht schläft.

Er spürt in Arbeit, Vergnügen, Sport nicht den Punkt, wo er aufhören und ruhen sollte, er kann stundenlang weiter auf einer Stelle hocken, ohne zu merken, daß sein inneres Leben erlahmt, und daß er Bewegung braucht; vor allem: er hat *verlernt, in der Bewegung zu ruhen und im Ruhen bewegt zu bleiben.*

Und spürt er ja einmal, was in ihm vorgeht, so hat er oft ein geradezu widernatürliches Bedürfnis, sich lebenswidrig zu verhalten, vergleichbar einem Kranken, der ja auch manchmal eigensinnig gerade nach dem verlangt, was ihm schadet. Er weigert sich zu ruhen, wenn er der Ruhe am meisten bedarf, er füllt seinen Urlaub mit Zerstreuungen, die seine überreizten Nerven weiter anspannen, er will sich lieber mit einem mechanischen Körpertraining erschöpfen, als zu wandern, zu singen oder sich durch organisches Verhalten in Atmung und Bewegung mit der Natur in seinem Leibe in Verbindung zu setzen.

Selbst wo er naturgemäß zu leben wünscht, ist ihm das Rezept von außen lieber als der Kompaß von innen. Die unnatürlichsten Manöver, vom willkürlichen Atemtraining bis zu den mehrmals täglichen Darmspülungen, finden begeisterte Anhänger und werden gleichsam zum Kult erhoben, während Anleitung zu unmittelbarem Verkehr mit der Natur manchmal auf Mißtrauen trifft und eine Mauer von gefühlsmäßiger Abwehr zu druchbrechen hat.

Wiederherstellung der vegetativen Reflexe

Hier liegt eine entscheidend wichtige Aufgabe der Körperbildung in unserer Zeit, – *die* Aufgabe, könnte man mit einigem Recht sagen. Denn *wie soll eine Anpassungskrise solchen Ausmaßes überwunden werden, wenn die Leibeserziehung an ihr vorbeigeht?*

Turnen, Sport, Gymnastik lösen sie heute noch nicht. Ja sie helfen oft unbewußt, die Kluft zu erweitern, die Spaltung des Menschen in eine energisch ausbeutende Bewußtseinssphäre und eine immer heftiger revoltierende Vitalsphäre zu vertiefen.

Notwendig ist es, die vegetative Sphäre *unmittelbar* anzusprechen. Mittelbar geschieht es durch Leben im Freien. Wind, Wasser, Sonne, Schatten, Boden, Himmel, Wolken, Grün üben Reize aus und setzen Lebenskräfte in Bewegung. Aber leider geht die Wirkung dieser Reize immer nur so weit, wie der Mensch die vegetativen Reflexe mit denen die Vitalsphäre sie beantwortet, durchläßt. Und es ist eine Tatsache, daß die Kinder das von Jahr zu Jahr mehr verlernen. Das kleine Kind atmet noch auf, wenn seine Haut von Berührungsreizen, sein Auge von Lichteindrücken getroffen wird. Aber schon vor dem Schuleintritt sehen wir seine Reaktionsbreite verengt, und in dem Maße, wie es unter dem Stillsitzzwang der Schule, oft auch schon des Kindergartens, lebt, wird es an Verspannung der Muskeln, an Schärfe der Gesichtszüge und der Stimme den Erwachsenen ähnlich. Dazu kommt – beim Lernen wie bei Spiel und Leibesübung – die Anstachelung des Ehrgeizes, die Überbetonung des Ichhaften, die das unbewußte Gefühl des Geborgenseins in der Gemeinschaft bedroht und die Willensantriebe übersteigert.

Nicht darauf also kommt es an, sich einfach im Freien zu tummeln, und ebenso wenig hilft es, wenn man turnerische und gymnastische Übungen aus dem geschlossenen Raum auf den Sportplatz oder die Wiese verlegt. Auch die natürlichen Hindernisse an Stelle der künstlichen tun es nicht, – so sehr man sie begrüßen muß. Neue Aufgaben müssen gestellt werden.

Daß es nicht dasselbe ist, ob die Aufgabe künstlich oder natürlich ist, daß ein unregelmäßig gestalteter Baumstamm andere Aufgaben stellt als ein kreisrunder Schwebebalken, wechselnder Naturboden andere als Hallenboden oder Aschenbahn, daß ein steiler Waldweg anregender ist als die schräge Langbank, wird unmittelbar empfunden. Weniger deutlich schon ist, daß hier nicht nur von der äußeren Anpassungsfähigkeit, der Geschicklichkeit, sondern zugleich von der inneren, der vegetativen Reaktionsbereitschaft etwas gefordert wird. Man nimmt stillschweigend an, die Anregungen werden schon ihre Wirkung tun.

Aber das tun sie nur bedingt. Wohl wird im Augenblick etwas im Menschen aufgelockert, und er empfindet das auch. Aber es verweht wieder, – ähnlich wie ja auch bei so vielen Menschen die günstige Wirkung eines Klimawechsels, die Ferienerholung innerhalb weniger Tage oder Wochen wieder verschwunden ist: ein Zeichen, daß keine neuen Fähigkeiten entfaltet, sondern nur die alten angerufen und in Wirkung gesetzt worden sind.

Die Aufgabe muß anders gestellt werden. Die Reize, die die Natur bietet, müssen bewußt einbezogen, die vegetative Reaktionsfähigkeit angsprochen und eingesetzt werden. Ein Beispiel: Durch eine dicke Schicht dürren Laubes oder über unebenen Waldboden zu stapfen oder zu laufen, ist zwar ein Vergnügen und regt an; aber man kann ziemlich gewiß sein, daß dabei die Muskeln der Beine und die mit ihnen engverbundenen inneren Becken- und Bauchmuskeln verspannt und dadurch Zirkulation und Zwerchfellbewegung behindert werden. Das aber bedeutet Unterdrückung der vegetativen Reflexe. Ganz anders, wenn man sich Zeit nimmt, mit den Füßen die Unebenheiten des Geländes auszutasten, ihnen nachzugeben, die immer andere Schief- oder Schrägstellung der Füße zu spüren und gleichsam auszukosten, die Beine weich und hoch aus dem Laub herauszuziehen und tastend an anderer Stelle wieder gleichsam in den Boden einzusenken. Nun nämlich reagieren auf die wechselnden Berührungsreize nicht nur im letzten Augenblick und hastig die Muskeln, sondern es reagiert der ganze Leib, innen wie außen. Jede neue Überraschung wird mit einem vegetativen Reflex beantwortet, und das Ergebnis ist ein Gefühl der Verbundenheit mit dem Boden und der tiefen Ruhe, das dann auch bei anschließenden anderen Aufgaben, bei rascher werdender Bewegung usw. erhalten bleibt. — Dies nur als Andeutung; näheres unter „Atemreflexe" im Abschnitt „Atmung".

Man könnte einwenden, hier werde ein Vorgang ins Bewußtsein gehoben, der von Natur unbewußt verlaufe. Aber das stimmt nicht: von dem Reflex braucht dabei gar nicht gesprochen zu werden. Es genügt, die Art der Bewegung bewußt zu machen: das Aufnehmen der Umweltreize, das Horchen, Tasten, Spüren, Schauen, das Zeitlassen und Abwartenkönnen, das *Nachgeben und Sichanvertrauen* statt des Sichfesthaltens, das *Geschehenlassen statt des Machens.* Und auch darin spielt das Bewußtsein nur eine einleitende Rolle. Gelingt es, die Rezeptivität mit der Aktivität ins Gleichgewicht zu setzen, so fließt der vitale Strom von selber, und es stellt sich ein Zustand vitaler Unbefangenheit ein, den die meisten von uns nur in früher Kindheit kannten.

Es handelt sich hier eben um allereinfachste, um wahrhaft elementare Vorgänge. Dem Unvoreingenommenen erscheinen sie selbstverständlich, weil sie ihm unmittelbar ins Lebensgefühl eingehen. Befremdlich sind sie nur dem, der sich bestimmte Begriffe von körperlichen Übungen gemacht hat und deshalb unpassende Maßstäbe anlegt. Erkennt er, daß hier völlig andere Ziele erstrebt werden, die andere Mittel fordern, so wird er bald überzeugt sein, vorausgesetzt, daß er guten Willens ist, sich neuen Erfahrungen zu öffnen.

Biologisches Gewissen

Gelingt es, die vegetativen Reflexe anzusprechen, so bekommt die Bewegung eine andere Klangfarbe, einen elementaren und naturhaften Ausdruck, wie ihn kein noch so wohlbedachtes Üben hervorzaubern kann. Aber die Wirkung geht noch tiefer; sie umfaßt den ganzen Menschen und erstreckt sich offen oder verborgen auf alle Lebensgebiete. Der Mensch hat eine Beziehung zur Natur in seinem Leibe gewonnen und damit eine innere Sicherheit, ein unmittelbares Wissen, wie es nur die Berührung mit den Lebensquellen gibt. Aus diesem Wissen wächst allmählich ein *neues Verhältnis zum Leibe,* zu seinen Bedürfnissen und zu seiner Pflege. Man beginnt einzusehen, daß es mit der Befolgung von Gesundheitsregeln nicht getan ist, daß man nur seinen eigenen, nicht *den* Körper gesund erhalten kann, und daß dazu über alle guten Grundsätze hinaus ein innerer Maßstab, ein unmittelbares Empfinden für Heilsames und Unzuträgliches gehört. Man wird aufhören, hygienische Vorschriften auf seinen Körper anzuwenden wie die Betriebsanleitung einer Maschine; denn man wird zu spüren beginnen und es allmählich immer deutlicher erkennen, daß der Leib ein empfindliches Instrument ist, das man *nicht nur pflegen, sondern stimmen* muß. Immer besser wird man lernen, von innen her mit seinem Leibe Kontakt zu finden, seine Sprache zu verstehen und mit ihm als einem Weggenossen, einem Organ seines Selbst zu leben, statt ihn wie eine Maschine auszunutzen und zu Zwecken pfleglich zu behandeln.

Auf alle Gebiete der Lebensführung, die Diätetik im weitesten Sinne, auf Ernährung, Tageslauf, Arbeit, Erholung, Vergnügen wird diese neue Einstellung wirken. An die Stelle eines zweckhaften Tuns, das wohl in begrenztem Umfange nützen, aber nicht regenerieren kann, tritt ein unmittelbarer Verkehr mit dem Leibe, der allmählich das „biologische Gewissen", das ursprüngliche Empfinden für Schädliches und Heilsames wieder ausbildet, den Menschen von mechanisch befolgten Rezepten unabhängig macht und dadurch erst ihn instandsetzt, Grundsätze der Gesundheitslehre *selbsttätig, individuell und unbetont* in sein Leben einzubauen.

Elementare Beziehung zur Natur

Es sind die vegetativen Reflexe, die recht eigentlich das Band zwischen Mensch und Natur knüpfen. Durch sie findet die Natur im Menschen Fühlung mit der außer ihm. Man erlebt noch nicht Natur, wenn man eine Landschaft „genießt". Hier wie auf andern Gebieten wird die unterste Stufe, die unmittelbare Verbindung mit den Elementen übersprungen. Wir spalten uns, indem wir einseitig mit den Augen aufnehmen. Die Natur spricht aber zum ganzen Menschen, zu allen Sinnes- und Seelenkräften. Antwortet er nur mit *einem* Sinn statt mit allen, so erlebt er nicht sie, sondern gleichsam ein Landschaftsbild. Intellektuelle Erwägungen müssen dann die unmittelbare Verbundenheit, komplizierte Gefühle das Einfache ersetzen, das überall das Wesentliche ist.

Man fühlt das wohl, man merkt, daß einem etwas fehlt; man erwartet große Erlebnisse, aber es bleibt leer in einem. Vergeblich sucht man die Leere mit angelesenen Vorstellungen zu füllen; man quält sich etwas an und redet sich schließlich Erfüllung ein, wo keine ist.

Echtes Naturerleben ist ein umfassender Vorgang; alle Leibes- und Seelenkräfte sind daran beteiligt. Erleben heißt, Eindrücke mit dem Leben, mit den inneren Lebenskräften aufnehmen und verarbeiten, mit allen Organen statt nur mit Gefühl und Verstand, mit dem ganzen Leibe statt nur mit dem Auge. Erde, Luft, Wärme, Kälte, Düfte, Geräusche, Farben, Morgen, Abend und alle unwägbaren Einflüsse wirken dabei zusammen. Wer so erlebt, hört auf, alles vom Ich aus zu werten. Regen als schlechtes Wetter, eintönige Landschaft als langweilig anzusehen. Zu ihm spricht jedes Wetter, jede Landschaft.

Ohne diese elementare Naturnähe hat verfeinertes Naturerleben etwas Wurzelloses, haben Gefühle einen leisen Unterton des Unechten. Die innerleibliche Beziehung zur Natur ist der Keim jeder echten seelisch-geistigen.

Aus dieser elementaren Naturverbundenheit, und aus ihr allein, wächst auch das Mitleben mit den großen rhythmischen Abläufen der Natur, von denen der moderne Mensch sich so weit entfernt hat: das Empfinden des sinkenden Abends und des steigenden Morgens, das uns hindert, beim ersten Dämmern Licht einzuschalten, und uns ermutigt, den Schlaf zu verkürzen, um den Tagesbeginn zu erleben, die Fähigkeit, im ersten Tauen des Schnees schon den Frühling zu spüren, Flut und Ebbe als Einheit, gleichsam als großes Ein- und Ausatmen zu erleben usw.

Uns, die wir die Rhythmen der Natur nur noch durch die Glasscheiben unserer Fenster erleben, ist das unsäglich schwer gemacht. Aber niemand bleibt seelisch heil, der diese Verbindung dauernd entbehrt. Den sinkenden Tag ausklingen lassen, bedeutet lebensvoll-tiefen, ruhigen Schlaf, den großen Anstieg des Morgens mit Leib und Seele miterleben, gibt Spannkraft für den ganzen Tag. Bloße Gefühle sind hier nichts, das Sicheinfügen alles.

„Intellektualismus"

Durch sein Reagieren auf alle seelischen Regungen (Erröten, Erblassen, Aufatmen, Seufzen, Herzklopfen usw. als Reflexe der Hirntiefe auf Erregungen der Großhirnrinde) macht das vegetative System den ganzen Leib zum feinfühligen Instrument der Seele. Ohne dieses Reagieren, nur auf die animalen Reflexe angewiesen, wären wir starr, unlebendig, seelen- und ausdruckslos. Wir handelten und bewegten uns wie Maschinen.

Solche menschlichen „Maschinen" gibt es. Der Mensch, der seine Äußerungen zu gut kontrollieren gelernt hat (falsche Selbstbeherrschung) und der Mensch, der seine vitalen Regungen ächtet und sich vor seinen Gefühlen versteckt (Verdrängung), sie beide verlieren mehr und mehr den Zustrom aus der Lebensquelle. Sie werden zu Marionetten in der Bewegung, zu Klischeemenschen in der Seele.

Ihre Lebensäußerungen sind ohne tieferen Erlebensgehalt, mögen sie noch so prickelnd, temperamentvoll, „lebendig" erscheinen. Sie „schreien", aber sie „sprechen" nicht. Sie brodeln vor Erregung, aber leben nicht in der Tiefe. Sie sind abgeschnitten von der produktiven Tiefenschicht, sie haben keine Verbindung zu der allgemeinen Lebensquelle: unverbundenes Denken, Wollen, Fühlen, unverbundenes Schweifen der Fantasie.

Man nennt diese Zeitkrankheit heute gern Intellektualismus. Aber der Name führt irre, denn er macht eine Überentwicklung des Verstandes für die allgemeine Krankheit verantwortlich, er deutet also auf ein Mißverhältnis zwischen Verstand und Gefühl, einen Mißklang innerhalb der animalen Sphäre hin.

In Wirklichkeit sitzt die Störung im Gefühl nicht minder als im Verstand; sie trifft die animale Sphäre als ganze. Was man Intellektualismus, Verkopfung, Mechanisierung, Entseelung oder wie immer nennt, ist ein Komplex von Störungen im psychischen Verhalten, die aus *mangelndem Kontakt mit den vegetativen Funktionen* entspringen. Also nicht eine Überentwicklung des Verstandes macht das Wesen des sogenannten Intellektualismus aus, — ja, *Mangel an gesundem Menschenverstand* ist geradezu eins seiner Symptome, — sondern eine ungenaue und unselbständige Art zu denken, ein Drumherumdenken, eine Neigung zum Schematischen, oft auch zum Verkünstelten. Und häufig genug verbindet sich das mit einem ichhaften, ungesund übersteigerten Gefühlsleben.

Gewiß hängen diese Störungen ursächlich zusammen mit der übereilten technischen Entwicklung der letzten hundert Jahre und somit auch mit der einseitigen Ausbildung bestimmter mechanisch-zweckhafter Verstandesfunktionen ohne Entfaltung des fragenden und forschenden wissenschaftlichen Denkvermögens, aus dem die moderne Technik erwachsen ist. Aber die *Wirkungen* der Einseitigkeit sitzen im *ganzen* Menschen, im Gefühl wie im Verstand, im Temperament wie in der Fantasie, im Sein wie im Wollen. Das Fühlen ist ebenso losgerissen von der menschlichen Mitte, ebenso unsicher, verführbar, übersteigert oder abgestumpft wie das Denken eingleisig und stur oder zufällig und richtungslos.

Darum ist es unmöglich, die Fehlentwicklung zu überwinden durch Wendung von *einer* animalen Funktion zur andern, vom Verstand zum Gefühl. Denn das Gefühl ist nicht minder von ihr betroffen als der Verstand, und der Verstand bedarf nicht minder der Reinigung und Erneuerung als das Gefühl. Beide, Verstand und Gefühl, bedürfen in gleicher Weise der *Rückverbindung mit den objektiven, allgemeinen Lebensquellen.*

4. Bewegung als Improvisation

Gelernte oder schaffende Bewegung?

Wie entsteht, vom Nervensystem her gesehen, die Form einer Bewegung? Worin besteht Bewegungskönnen?

Ist Bewegung gelernt, wie eine mathematische Formel auswendig gelernt und aus dem Gedächtnis hervorgeholt werden kann? Oder ist das Bewegungsgeschehen etwas Selbsttätiges, ähnlich etwa dem Denkvorgang, durch den man eine mathematische Formel *ableitet,* sie also denkend neu findet?

Verbreitet ist die Vorstellung, die Bewegungsform sei ein fertiger Besitz: die Koordination, d. h. das „Wissen", welche Muskeln und wie sie zu einer Bewegung zusammenwirken, werde an einer bestimmten Stelle des Zentralorgans aufbewahrt, und auf einen Reiz von außen oder einen Befehl von der Großhirnrinde her werde das passende Klischee hervorgeholt und abgedruckt. Eng verbunden mit der plausiblen, aber von der neueren Forschung entwurzelten Lokalisationstheorie, führt sie zu verhängsvollen praktischen Fehlwirkungen. Eine Bewegung lernen heißt da: Der Lehrer weiß, wie's „gemacht" wird; er sagt und zeigt es dem Schüler, und der probiert es nachzumachen, erst ungeschickt, allmählich besser, bis ers „kann". Der Erfolg entspricht der Bemühung: Der Schüler lernt genau so viel, wie seine „Begabung" zuläßt, der Begabte viel, der Unbegabte wenig, der Bewegungs-Gestörte so gut wie nichts.

Das muß stutzig machen. Bewegung kann doch im Wesentlichen nicht Begabungssache sein.Sie ist von der Natur in den Menschen hineingelegt wie in jedes Tier. Kein Tier ist bewegungs-unbegabt, kein kleines Kind, kein Primitiver. Etwas kann nicht stimmen, wenn wir Zivilisierten so viele Bewegungsunbegabte unter uns haben. Es deutet auf einen grundsätzlichen Irrtum in der Art des Lehrens. Ihr liegt *eine falsche Auffassung der Bewegung* zugrunde.

Bewegung in jedem Augenblick neu gefunden

Irrig ist die Vorstellung, die Bewegungsform entstehe auf Grund fertiger Bewegungsbilder, die im Zentralorgan lagern und von innen nach außen wirken. Denn sie widerspricht den Tatsachen.

Wer Augen dafür hat, braucht nur die Bewegungen eines unverdorbenen Kindes zu betrachten, um zu wissen, daß da jeder Schritt, jeder Griff, jede Gebärde im Augenblick gefunden, nicht von einem Klischee abgedruckt wird. Aber auch experimentell ist nachgewiesen, daß die naturgegebene Bewegung sich unmöglich auf festgelegte Koordinationen gründen kann.

Grundlegendes Material für die Erkenntnis vom Wesen der Bewegung gibt A. Bethe in seiner Abhandlung über die Anpassungsfähigkeit des Nervensystems im Märzheft 1933 der Zeitschrift „Die Naturwissenschaften". Aus der Fülle der Belege zwei besonders drastische: Achtbeinige Spinnen und Krebse laufen, wenn sie eines oder mehrere ihrer Beine verlieren, augenblicklich und ohne Störung auf den verbleibenden Beinen davon, — mögen es nun zwei oder sieben sein. 254 Bein-Kombinationen sind so möglich, und jede von ihnen funktioniert, ohne je gelernt zu sein, im Augenblick, wo sie gebraucht wird. Unmöglich, daß alle diese 254 Gangformen als fertige Klischees in dem primitiven Nervensystem dieser Tiere vorgebildet liegen.

Und ähnliches zeigt die Bewegung eines Tausendfußes. Die Wellenbewegung, die aus dem Nacheinander der „tausend" Füße entsteht, hat auf glattem Boden eine ganz bestimmte Wellenlänge. Setzt man nun das Tier auf eine Laufbahn, die Lücken enthält, so entsteht nicht etwa Verwirrung, wie bei einem Klavierspieler, wenn Tasten fehlen, sondern die Bewegung stellt sich augenblicklich durch veränderte Wellenlänge auf die veränderte Unterlage ein, gleichgültig wie groß und in welchen Abständen die Lücken sind. Hier noch anzunehmen, daß sämtliche möglichen Wellenlängen und Fuß-Kombinationen (denn jede Lücke in der Unterlage bedeutet ja den Ausfall einer entsprechenden Anzahl Füße) als fertige Bewegungsklischees vorhanden wären, erscheint widersinnig. Der Tausendfüßler macht nicht gekonnte Bewegungen, er reagiert auf die Reize der Unterlage, er improvisiert.

Bewegung ist Reaktion auf Reize. Die Physiologie weiß das, aber noch wertet die Leibeserziehung es nicht aus. Konsequente Anwendung auf die praktischen Probleme der menschlichen Bewegung und der Bewegungsbildung habe ich bisher nur bei Heinrich Jacoby und Elsa Gindler gefunden.

Es gibt kein fertiges Bewegungsschema, das von innen heraus wirkt. Die Bewegungsform ist nichts Fertiges, sondern etwas im Augenblick neu Gebildetes. *Sie entsteht spontan* in der Auseinandersetzung mit den jeweiligen Bedingungen der Außen- und Innenwelt.

Auch die scheinbar festen Koordinationen der täglichen Bewegungen widersprechen dem nicht. Sie sind nichts Festes, sie scheinen es nur. Sie sind nur ähnliche Ergebnisse ähnlicher Bedingungen. Die kleinste Änderung der Um- oder Inweltbedingungen — eine Unebenheit im Boden, eine Müdigkeit, ein Gegenwind, ein schmerzhafter Druck am Fuß — ändert sie augenblicklich.

Wenn das aber in der ganzen animalen Natur gilt, — und erst recht in der pflanzlichen, so weit sie Eigenbewegungen kennt, — dann kann es für den Menschen nicht anders sein; denn sein Nervensystem stimmt in den Grundfunktionen mit dem der Tiere überein.

Auch die menschliche Bewegung ist ihrem Wesen nach Reaktion auf Reize. Ihre Gestalt wird nicht von einem Klischee abgedruckt, sondern *in Anpassung an die Um- und Innenweltbedingungen des Augenblicks spontan gefunden.*

Daß der Mensch seine Bewegungen erst *lernen* muß, widerspricht dieser Einsicht nicht. Auch Tiere müssen ja manches lernen, z. B. das Fliegen. Und ebenso lernt der primitive Mensch die Verrichtungen der Zivilisation. Sie sehen aber bei ihm ganz anders aus als beim Zivilisierten. Sie verlieren nämlich nichts von ihrer Labilität, ihrer ursprünglichen

Anpassungsfähigkeit und Wandelbarkeit, und sie wirken deshalb ebenso unmittelbar wie die eines kleinen Kindes. „Klischee" sind die gelernten Bewegungen nur bei den Zivilisierten unserer Tage, und das ist „Mechanisierung", nicht Natur.

Naturhafte Bewegung kennt kein Klischee, sie wandelt sich in immerwährender Anpassung. Sie ist anders bei Regen als bei Sonne, bei leerem Magen als bei vollem, am Morgen als am Abend, bei „heißem" Blut als bei trägem, auf der Wiese als auf der Landstraße. Wo Bewegung lebendig ist, da ist sie so abwandlungsfähig wie die Atmung. Der Mensch steht an jedem Morgen als ein neuer, neu suchend und findend, schaffend vor seinen Aufgaben.

Bestätigung aus der Nervenphysiologie:

Schaltknopf-Auffassung

Bewegung als ursprüngliches Geschehen, Bewegungsform als im Augenblick Entstehendes und fortwährend sich Wandelndes anzusehen, das kann für den natürlich wie für den künstlerisch empfindenden Menschen nichts Überraschendes haben. Es steckt ihm gleichsam im Blute, wenn auch meist unbewußt.

Wenn aber die Menschen anfangen zu theoretisieren, dann ist dieses Wissen plötzlich versunken, dann erscheint da eine völlig andere, primitiv-mechanische Auffassung, die sogenannte Schaltknopf-Theorie, nach der die Bewegungen des lebendigen Organismus ungefähr so verlaufen wie die einer einfachen Maschine: Im Gehirn wird ein Schaltknopf gedrückt, und die Bewegung läuft ab wie ein aufgezogenes Uhrwerk.

Dieses Zerrbild ist nicht leicht zu entwurzeln, es sitzt zu fest in den Köpfen und in der Praxis. Es wird überdies gestützt von einem falschen Bilde des gesamten nervlichen Geschehens, einem Bilde, das von der neueren Forschung zwar gründlich widerlegt ist, aber in der Theorie der Leibeserziehung noch ziemlich unerschüttert weiterlebt. Es genügt deshalb nicht, der Schaltknopf-Theorie eine lebendigere Auffassung der Bewegung entgegenzustellen. Die zugrundeliegende Theorie vom nervlichen Geschehen selbst muß entwurzelt werden, damit der Schaltknopfauffassung der Boden entzogen werde.

Wieder können wir uns auf die genannte Arbeit von Bethe stützen, die ein ausgezeichnetes Bild gibt. Lokalisations-Theorie nennt man die verbreitete Vorstellung, das Zentral-Nervensystem bestehe aus anatomisch festgelegten, funktionsspezifischen, d. h. für bestimmte Aufgaben bestimmten und nur zu diesen Aufgaben fähigen Zentren, wie Atemzentrum, Kühlzentrum, Sprachzentrum, Sehzentrum, Wortbildzentrum, Zentrum für die Bewegung bestimmter Glieder usw. Gestützt wird diese Theorie durch die unbestreitbare Tatsache, daß bei der Zerstörung jedes „Zentrums" eine bestimmte periphere Funktion unmöglich wird. Ja, aus dieser Tatsache und zu ihrer Erklärung ist die Hypothese funktionsspezifischer Zentren überhaupt erst entstanden: Seh-Zentrum *nennt man* diejenige Stelle im Gehirn, deren Zerstörung das Sehen unmöglich macht usw.

Stimmt diese Hypothese mit den Tatsachen überein? Sie tut es nicht. Schon die Tatsache, daß nach der Heilung eines durchschnittenen Nervs im allgemeinen keine erheblichen Funktionsstörungen eintreten, muß stutzig machen. Denn daß bei den tausenden von Nervenfasern, die in einem Nervenkabel beieinanderliegen, jede Faser wieder an der früheren Stelle anheilt, ist ausgeschlossen. Zweifellos werden da die meisten Faserenden an zentrale Faserstümpfe gelangen, zu denen sie nicht gehören. Das Faserende, das sich in einem bestimmten Muskelgebiet verzweigt, wird z. B. an den zentralen Stumpf eines anderen Muskelgebiets oder eines Hautnervs anwachsen und infolgedessen mit einer anderen Stelle des Zentralorgans verbunden sein als zuvor. Nach der Lokalisationstheorie müßte daraus größte Verwirrung entstehen. Sie entsteht aber nicht, sondern nach einer gewissen (beim Nerv ziemlich langen) Regenerationszeit verlaufen Bewegung und Empfindung fast immer ungestört. Es sind also zweifellos die *Innervationsbezirke* der verschiedenen Nerven in gewissem Umfang miteinander *vertauschbar*.

Diese „Vertauschbarkeit der Innervationsbezirke" geht aber viel weiter, als man vermuten sollte: Verheilt der zentrale Stumpf eines Rückenmarknervs (also z. B. des Armnervs) mit dem peripheren Stumpf des nervus vagus, der u. a. den Herzschlag regelt, so gewinnt dieser (für den Arm bestimmte) Rückenmarksnerv genau den Einfluß auf das Herz, den früher das Kopfmark mit Hilfe des nervus vagus übte usw.

Aus solchen Tatsachen ergibt sich zwingend, daß es *keine funktionsspezifischen*, nur zu einer bestimmten Bewegungsaufgabe bestimmten und fähigen *Zentren* gibt. Denn Zentren, die so weitgehend füreinander eintreten können, sind eben keine funktionsspezifischen Zentren.

Der Ausfall bestimmter peripherer Funktionen bei Zerstörung bestimmter Teile des Zentralorgans ist also durch die Lokalisationstheorie falsch erklärt. Er muß und kann anders erklärt werden: Fällt bei Zerstörung eines bestimmten Gehirnteils eine bestimmte Organfunktion aus, so ist anzunehmen, daß die zerstörte Stelle die einzige Verbindung des betreffenden Organs mit dem Zentralnervensystem als Ganzem, des Sinnesorgans mit dem Großhirn als Ganzem usw. bildet. Daß diese Stelle ein „funktions-spezifisches Zentrum", also eine Art Regierung darstelle, folgt aus den Tatsachen nicht. Es erweist sich als Fehlschluß.

Damit ist aber die hypothetische Zweiteilung des Nervensystems in eine nur passive, weiterreichende Leitung und aktive, Befehle erteilende Zentren aufgehoben. Das gesamte Nervensystem, Zentrum und Peripherie erscheint als *funktionelle Einheit*. Was wir bisher als Zentrum ansahen, stellt sich nun dar als der zentrale Teil eines den ganzen Körper durchziehenden Leitungssystems. An der Peripherie liegen die Leitungen (Nervenfasern) getrennt, im zentralen Teil liegen sie dicht beieinander und haben Gelegenheit zum Austausch.

Gibt es Teilreflexe?

Weitere Aufschlüsse in der Richtung der funktionellen Einheit von Peripherie und Zentralorgan gibt die Beobachtung des reflektorischen Geschehens. Der üblichen Vorstellung nach besteht eine animale Bewegung aus einer begrenzten Anzahl von „Reflexbögen", durch die die arbeitenden Muskeln in Tätigkeit gesetzt werden. Bewegung ist also ein Teilgeschehen, das von bestimmten Organen, den Muskeln, hervorgebracht und von bestimmten Teilen des animalen Nervensystems, den Bewegungszentren, mit Hilfe der sensiblen und motorischen Leitungsbahnen gelenkt wird.

Wohl weiß man, daß „außerdem" während und nach einer solchen Bewegung allerlei anderes im Körper vorgeht, z. B. Kapillaren sich weitstellen, Herzschlag und Atmung sich ändern. Aber die in unserem Zusammenhang wesentlichen Konsequenzen werden noch nicht gezogen.

Will man ein zutreffenderes Bild vom Wesen der Bewegung und des sie lenkenden nervlichen Geschehens haben, so muß man sich klar machen, *daß es isolierte Reflexe nicht gibt. Jeder überhaupt wirksame Reiz breitet sich,* wie wir bei der Besprechung des Bereitschafts-Reflexes sahen, *über das ganze Zentralnervensystem aus und wirkt von da bis in alle Teile der Peripherie.* Jeder animale Reflex ist dadurch begleitet von einer Erregungswelle des gesamten vegetativen Systems und von einer Lebenswelle sämtlicher Organfunktionen, die z.T. unmittelbar über die Nervenbahnen, z.T. mittelbar durch die mit der Erregung verbundenen Hormonausschüttungen, „Änderungen des inneren Milieus", angeregt wird.

Selbst der scheinbar isolierte Reflex, die Muskelzuckung, ist daher kein Teilgeschehen, sondern lediglich ein hervorstechender Teil eines umfassenden, den ganzen Leib durchflutenden Reaktionsablaufs. Die zweckmäßige Bewegung eines Gliedes wird begleitet von einer Veränderung des gesamten Lebensgeschehens. Ja, *sie wird von ihr getragen.* Denn diese Gesamtreaktion erst macht es möglich, daß die Teilreaktion, der animale Reflex, die günstigsten Arbeitsbedingungen vorfindet, wie rasche Durchblutung, gute Sauerstoffzufuhr usw.

Mehr noch: selbst in der animalen Sphäre gibt es keine isolierten Reflexe. Nicht nur, daß, wie früher ausgeführt, schon aus Gleichgewichtsgründen die einfache Gliedmaßenbewegung ein reflektorisches Mitwirken der Gesamtmuskulatur verlangt, – selbst bei „isolierten" Reflexen, die solches Zusammenspiel nicht nötig haben, hat man Aktionsströme, also animale Nervenreaktionen, zentral bis zum Großhirn und peripher bis zur gegenüberliegenden Seite nachgewiesen.

Mit Recht darf man also behaupten: *Jeder überhaupt wirksame Reiz wirkt auf den ganzen Organismus und setzt den ganzen Organismus in Bewegung.* Der sogenannte Reflexbogen „Empfangsorgan – Zentralorgan – Erfolgsorgan" ist nicht die Bewegung, sondern er ist lediglich derjenige Teil des Bewegungsgeschehens, der der äußeren Wirkung nach am sichtbarsten hervortritt.

Oder: Bewegung ist nicht eine räumliche Veränderung in der Stellung der Glieder zueinander, hervorgebracht durch die Zugkräfte der Muskeln, kommandiert von Rückenmark und Großhirn und gefolgt von gewissen Umstellungen der Blutzirkulation, sondern sie ist ein einheitlicher Lebensvorgang, ein den ganzen Organismus durchflutendes Lebensgeschehen, das die Muskeln in Tätigkeit setzt und die Knochen in ihrer Lage zueinander verschiebt.

Das Nervensystem als „Fluidum"

So einleuchtend diese Auffassung der Bewegung, so schwierig ist es, sich auf Grund der Tatsachen eine zulängliche Vorstellung von der Wirkungsweise des Nervensystems im ganzen zu machen.

Der Vergleich mit der menschlichen Technik versagt hier. Ein verbreitetes Leitungssystem, durch das Nachrichten an eine zentrale Verwaltung geleitet und von ihr Befehle an die Erfolgsorgane gegeben werden, vermögen wir uns leicht vorzustellen, weil wir dergleichen selber machen können. Aber ein Telegraphensystem, in dem alles Leitung, nichts Zentrale ist, davor versagt unser Verständnis.

Bildhaft können wir uns (nach Bethe) das nervliche Geschehen vorstellen wie die Bewegung in einer Flüssigkeit: jeder „Reizstoß" erzeugt eine Wellenbewegung, die sich über das Ganze fortpflanzt und, von den Rändern zurückgeworfen, wieder zum Ausgangspunkt zurückflutet. Aber man muß sich bewußt halten, daß das nur ein Bild, keine Erklärung ist. Immerhin hat ein solches Bild vor dem gebräuchlichen des Telegrafen- oder Telefonnetzes den Vorzug, den Tatsachen nicht zu widersprechen; und es ist geeignet, falsche Vorstellungen aufzulösen, der Schaltknopfauffassung der Bewegung den theoretischen Boden wegzuziehen und einer organischen Auffassung Raum zu schaffen.

5. Das Problem der Bewegungserziehung

Bewegungen lernen oder sich bewegen lernen?

Aus den hier geschilderten physiologischen Erkenntnissen erwachsen der Leibeserziehung ganz neuartige Aufgaben. Ist nämlich das nervliche Zentralorgan kein Verwaltungsbüro, das bestimmte, mehr oder minder festgelegte Bewegungsreaktionen anordnet, sondern eine zentrale Austauschstelle, wo alle Nachrichten von außen und innen zusammenkommen, und wo auf Grund dieser Nachrichten die in diesem Augenblick geeignete Koordination gefunden und innerviert wird, so gibt es *keine ein für allemal richtige Bewegungsform;* die Form der Bewegung entsteht spontan in der Auseinandersetzung mit den immer wechselnden Bedingungen der Außenwelt und des innerleiblichen „Milieus". Sie ist nichts Festgelegtes, sondern etwas *stets neu Entstehendes.*

Nicht *Bewegungen* zu lernen, kann deshalb das Ziel der Bewegungsbildung sein, sondern *sich bewegen zu lernen*. Nicht neue gute Bewegungsgewohnheiten gilt es an Stelle alter schlechter zu setzen, sondern umgekehrt die Bewegung aus ihren Gewohnheitsgeleisen herauszuholen und sie im Augenblick neu zu finden, sie *improvisieren zu lernen*.

Gewiß, es ist in gewissen, nicht sehr weiten Grenzen möglich, – wiewohl nicht ganz so leicht wie der Laie annimmt –, Bewegungsfehler abzugewöhnen und „richtige" Abläufe einzuüben. Aber wenn das gelingt, was ist damit erreicht? An die Stelle einer falschen Bewegungsschablone ist eine im gröbsten richtigere gesetzt worden. Das bedeutet aber, es ist gar nicht richtige Bewegung gelernt worden, sondern nur der *Schein*, das äußere Abbild der richtigen Bewegung. Denn das wesentliche an der Bewegung ist eben nicht ihr so oder so gearteter äußerer Ablauf, sondern ihre *Einstimmung* auf die so oder so gearteten, immerfort *wechselnden Um- und Inweltreize*.

Sich bewegen können, heißt vollkommen improvisieren können. Wer in diesem elementaren Sinne zu improvisieren versteht, kann auch die jeweils nötigen Bewegungen oder wird sie spielend lernen; wer es nicht kann, kann sich zwar das Schema einer Bewegung anüben, wird sich aber den Zugang zu ihrem Eigentlichen damit nur noch mehr versperren.

Ursprünglichkeit der Bewegung

Wie sieht improvisierte Bewegung in diesem Sinne aus? Wird der Bewegungsablauf in jedem Augenblick als spontane Antwort auf innere und äußere Bedingungen neu gefunden, so wird die gleiche Bewegung anders verlaufen je nach den im Augenblick der Bewegung wirkenden Inwelt- und Umweltbedingungen. Rauheit oder Glätte, Ebenheit oder Unebenheit, Härte, Weichheit oder Elastizität des Bodens, steigendes oder abfallendes Gelände, weite Bahn oder geschlossener Raum, freie oder belastete Arme, knapp anliegende oder lose Kleidung, jedes wird der „gleichen" Bewegung eine andere Gestalt geben, anders im räumlichen und zeitlichen Ablauf, im Zusammenspiel der Muskeln, im Grad von Spannung und Gegenspannung, wie im „Klang", im seelischen Gehalt.

Ein bewegungsursprünglicher Mensch wird anders gehen auf glatter Landstraße als auf nachgiebigem Moosboden, anders bei auch nur geringer Steigung als auf ebener Bahn, anders in Wanderkluft als im Straßenkleid, anders barfuß als in Schuhen.

Jede Gebärde wird anders sein im Spiel mit einem Ball aus rauhem, „anhänglichem" Gummi als mit einem glatten lackierten, mit einer kalten Metall- als mit einer warmen Holzkugel, – ähnlich im gröbsten der Raumform, aber anders gestimmt.

Nimmt man hinzu die unter „Innenbewegung" dargestellte Abhängigkeit der Bewegung von Atemtiefe und -rhythmus, Blutbewegung, Herzschlag, Drüsentätigkeit usw., sowie von zentralnervösen, insbesondere vegetativen Einflüssen, die alle wiederum von objektiven Umweltbedingungen, sinnlichen Eindrücken und seelischen Vorgängen aufs mannigfaltigste verändert werden, so wird deutlich: wie ein feines Instrument verschieden klingt, je nachdem es gestimmt ist, wer es spielt und unter welchen Umständen es gespielt wird, so „klingt" lebendige Bewegung verschieden je nach den Bedingungen, unter denen sie verläuft, und nach der Stimmung des körperseelischen Instruments.

Dieser objektiv bedingte Wechsel in Ablauf und Stimmungsgehalt ist es, der der Bewegung den Reiz des Lebendigen gibt, jenen ewig gleichen und doch nie ermüdenden Ausdruck, den wir als das Ursprünglich-Naturhafte empfinden.

Bedeutung der sensiblen Vorgänge

Was wir als das Ursprüngliche in der menschlichen Bewegung bezeichneten, hat, nervlich gesehen, seine Wurzel in der *Wachheit des Menschen für die sensiblen Reize*, auf die er mit seiner Bewegung reagiert.

Bewegung wird ja innerviert über den „Reflexbogen" Reiz – Sinnesorgan – sensible Faser – Zentralorgan – motorische Faser – Erfolgsorgan. Der Effekt, die äußere Bewegung, hängt von der Feinheit und Genauigkeit der sensiblen Nachrichten ab. Für die Koordination der Bewegungen sind nämlich, wie schon Mach entdeckte, die sensiblen Meldungen von der Peripherie zum Zentrum ebenso unentbehrlich wie die motorische Leitung vom Zentrum zur Peripherie. Es handelt sich dabei um zwei Arten von sensiblen Meldungen: um die Meldung der Außenweltreize, die von den Sinnesorgangen des Kopfes, Auge, Ohr, Nase, Zunge und von denen der Haut, Tast-, Druck-, Schmerz-, Wärme-, Kältekörperchen, aufgenommen werden, und um die Meldungen von den Sinnesorganen der Muskeln und des sie umgebenden Bindegewebes, die die Nachrichten vom Grade der Muskelspannung und von der Stellung der Glieder aufnehmen und durch sensible Nervenfasern zum zentralen Austauschorgan weiterleiten.

Jeder Nervenarzt weiß, daß Störungen im sensiblen Geschehen unmittelbar zu Bewegungsstörungen führen. Ein Bein, dessen Tastorgane die Berührung des Bodens nicht melden, kann sich auf den Berührungsreiz hin nicht strecken und darum den Körper nicht tragen. Ein Arm, dessen Sinnesorgane den Grad seiner Beugung nicht melden, führt trotz unversehrter Muskelnerven die Gabel neben den Mund statt hinein.

Was sich so im Krankheitsfalle kraß und unverkennbar als Versagen des motorischen Geschehens infolge sensibler Störung äußert, kann man beim Gesunden in feineren Formen ständig beobachten. Die Bewegung wird umso feiner, belebter, sprechender, je belebter die sinnliche Beziehung zur Außenwelt ist. Wer feine Arbeiten machen will, muß fein fühlen, – ein Gemeinplatz.

Wir aber spüren viel zu wenig von den Reizen der Außen- wie der Innenwelt. Allenfalls die „höheren" Sinne, Gesicht und Gehör sind lebendig und vermitteln Eindrücke; Haut- und Muskelsinne sind mehr oder minder unbeteiligt – im Unterschied von Eingeborenen, die trotz bloßer Füße kaum je von Schlangen gebissen werden, weil sie nicht auf sie treten.

Unsere sensiblen Organe sind gesund, aber wir verstehen sie nicht zu gebrauchen. Weil wir den Boden, seinen Widerstand, seine Gestalt, seine Unebenheit nicht erleben, darum können wir nicht gehen. In der Auseinandersetzung mit den Reizen der Umwelt geht der moderne Mensch genau so weit, wie es der Bewegungszeck verlangt, aber nicht weiter. Bei steilem Bergabgehen etwa legt er zwar sein Gewicht zurück, denn sonst würde er ja fallen. Aber er fühlt sich nicht mit dem ganzen Leibe in die durch die Schräge des Bodens veränderte Gleichgewichtslage hinein, er erlebt das gefährdete Gleichgewicht nicht als Anreiz zu verändertem Verhalten, sondern er versucht, möglichst so weiterzugehen wie auf ebenem Boden; er ändert Haltung und Bewegung so wenig wie möglich. Das Ergebnis: er macht es sich bequem und schiebt statt des Unterkörpers den Oberkörper zurück, so daß es von der Seite aussieht, als wolle der nach hinten abfallen. Die Folgen: eingezogener Bauch, gestörter Kreislauf in Beinen und Beckenorganen, gestörtes Bewegungsgefühl, kein Sichhineintasten in die Unebenheiten des Bodens, kein Sichauseinandersetzen, kein Erleben der Bewegung. Man *fällt* mehr bergab, als daß man hinab*steigt*. Es fühlt sich ungefähr an, wie wenn man auf einem schlecht federnden Wagen bergab führe. Kein Wunder, wenn nach solchem Abstieg Beine und Unterleibsorgane schmerzen.

Und ähnlich wie mit den Hautsinnen, die uns von Boden, Wind, Sonne, Nässe berichten, machen wir es mit den inneren Sinnen, den Sinnesorganen der Muskeln. Wir haben kein Empfinden für den Spannungsgrad unserer Muskeln, für das feine, an- und absteigende Spiel der Spannungen. Kaum daß wir recht wissen, in welche Raumrichtung wir die Glieder strecken. Man sehe nur einmal Menschen mit verbundenen Augen gehen! Die effektorischen Funktionen können eben nur dann befriedigend ablaufen, wenn die rezeptorischen voll beteiligt sind.

Aktivität und Rezeptivität

Insbesondere ist die *unwillkürliche Muskelspannung* ein Ergebnis sensibler Aufgeschlossenheit. Sobald das motorische System versucht, sich vom sensiblen unabhängig zu machen, oder, psychologisch ausgedrückt, sobald das Gleichgewicht zwischen Aktivität und Empfänglichkeit zu Gunsten der Aktivität gestört ist, treten jene harten, unschönen, den Fluß der Bewegung hemmenden und ihren Ausdruck beeinträchtigenden Spannungen ein, die wir je nach unserem Wermaßstab als Willensspannungen oder als Verkrampfungen ansehen. Nur aus wacher Empfänglichkeit fließt lebensvolle Aktivität.

Rhythmisch fließende und naturhaft belebte Bewegung ist nur möglich, wenn der Mensch im *Gleichgewicht zwischen Rezeptivität und Aktivität, Empfänglichkeit und Willensspannung* ist. Jede einseitige Willensspannung bei herabgesetzter Empfänglichkeit äußert sich in Störungen des Bewegungsablaufs, in Unstetigkeiten, Ungenauigkeiten, in Rhythmusstörungen, sowie in Schlaffheiten und Verspannungen, die einander bedingen und verstärken.

Feinfühligkeit ist also eine Voraussetzung vollkommener Bewegung; ohne Ausbildung der sensiblen Fähigkeiten kann man nicht zu richtiger Bewegung erziehen.

Es genügt deshalb nicht die Anpassung nach innen, deren Bedeutung unter „Innenbewegung" dargelegt wurde. Die Bewegungsform kann nicht allein aus dem innerleiblichen Lebensgeschehen heraus entstehen, sondern sie muß in spontaner *Anpassung an die Umweltbedingungen* gesucht und gefunden werden. Der Mensch muß sich wach und selbsttätig mit den sinnlichen Gegebenheiten der Umwelt, mit Boden, Luft, Raum, Dingen auseinandersetzen, er muß mit ihnen *Fühlung nehmen*, seinen inneren Lebenszustand mit ihnen in Einklang bringen und sich von ihnen den Bewegungsablauf zeigen lassen.

Anpassung nach innen und Anpassung nach außen stehen in enger Beziehung; sie gehen nicht nebeneinander, sondern ineinander. Sinnliche Empfänglichkeit weckt inneres Leben, und innerleibliches Leben macht die Sinne wach. Die Innenbewegung empfängt ihr Leben von den Reizen der Außenwelt, und sie antwortet auf diese Reize in dem Maße, wie der Mensch sich ihnen öffnet. *Belebte Innenbewegung ist eine fortwährend auf das sensible Geschehen antwortende Innenbewegung.*

Jede Ausbildung der sensiblen Fähigkeiten wirkt daher belebend auf die Innenbewegung, wie umgekehrt auch das Wachwerden der Innenbewegung die sinnliche Aufgeschlossenheit fördert. Wer den Menschen und sein Bewegungsleben seinen Anlagen gemäß bilden will, muß deshalb beide Wege gehen. Geht er nur den einen, so kann er zwar die Bewegung vervollkommnen, aber den Menschen wird er damit nicht ganz erfassen. Denn der Mensch braucht beides, um ganz lebendig zu sein: *Fühlung mit sich und Fühlung mit der Welt, Insichruhen und Beidersachesein,* und beides nicht abwechselnd, sondern in einem.

6. Wege der Bewegungsbildung

Horchen und gehorchen

Wenn die Qualität der Bewegung vom Aufnehmen und Verarbeiten sensibler Reize abhängt, so ergeben sich daraus weitgehende Folgerungen für die Methodik der Bewegungsbildung. Es wird nämlich dann notwendig, die *Auseinandersetzung mit sensiblen Reizen* in die Bewegungserziehung aufzunehmen, die Aktivität in der Empfänglichkeit, das Tun im Horchen zu verwurzeln.

Methoden, die mit Hilfe der Selbstwahrnehmung (Propriozeption) dem leiblich-seelisch gefährdeten Menschen unserer Zeit Zugang zum innerleiblichen Geschehen zu schaffen versuchen, wie etwa Gerda Alexanders „Eutonie", gewinnen heute an Bedeutung und Anerkennung. Wiedergewinnung der vielfach verkümmerten Rezeptivität, der unmittelbaren Beziehung zum eigenen Innenleben, kann für Kranke ein Weg zu heilender Arbeit an sich selbst, zu neuem Vertrauen, zu Lebensgefühl und innerer Sicherheit sein. Besonders in Heilpädagogik und

Krankengymnastik werden solche Methoden sich als wertvoll erweisen können. In unserem Zusammenhang aber geht es nicht um die Rezeptivität als solche, sondern um ihre Bedeutung innerhalb des Bewegungsgeschehens.

Sich bewegen können, heißt, reagieren können. Bewegung, im Kontakt mit der Schwere eines Gegenstandes, der Arme, der Beine, des Leibes als ganzem, im Spiel mit der eigenen Zug- oder Hubkraft erarbeitet, verläuft anders als nur von Absicht und Vorstellung gelenkte. Sie gewinnt eine Feinheit und Genauigkeit der Muskeloordination, eine Sicherheit in Richtung und Ablauf, wie keine noch so raffinierte Belehrung sie erreichen kann. Feinfühliges Sichdehnen (Gindler „Säuglings-Erwachen"), Tasten von Stoffen und Dingen löst Atemreaktionen aus, wie „gezieltes Üben" sie kaum herbeiführt.

Sich selbst und die Umwelt spüren, während man handelt, „horchen und gehorchen" (Jacoby), läßt die Bewegung zur ganzheitlichen Tätigkeit des Organismus und darüber hinaus zur *Äußerung des ganzen Menschen* werden.

Unterricht allein — und wäre er der beste — reicht dazu nicht aus. Die kleinen Aufgaben des täglichen Tuns — *gerade die kleinen!* — müssen einbezogen werden. Denn die Verbindung von Unterricht und Leben entsteht nicht von selber. Nur wenn man bewußt an sich arbeitet, experimentierend, sich auseinandersetzend mit sich und der Umwelt, gelingt es, das eigene Verhalten zu ändern, im Leben und nicht nur in der „Schule". Echte Wandlung ist sehr viel mehr als Lernen. Sie will selbsttätig erarbeitet werden.

Von hier aus ergibt sich die Möglichkeit, aber auch die Notwendigkeit, den *Alltag in die Bewegungsbildung einzubeziehen.* Denn positive Erfahrungen im Bewegungsunterricht genügen nicht, das alltägliche Verhalten zu ändern. Immer wieder wird man in die durch Gewöhnung eingespurte Verhaltensweise zurückfallen, solange man nicht an den konkreten Bewegungsaufgaben des Tages — ganz besonders an den immer vernachlässigten kleinen und „unwichtigen" — das Sich-Erfahren übt und das Reagierenkönnen erprobt.

Hier hört es mit dem Lehren und Lernen auf. Verändertes Verhalten im Alltag kann nur selbsttätig erarbeitet werden. Der Lehrer kann Aufgaben stellen, sich von Schwierigkeiten berichten lassen, Hinweise zu ihrer Überwindung geben. Ob die Aufgabe bejaht und mit vollem Einsatz angegriffen wird, ist in die Hand des Schülers gelegt, der damit zu seinem eigenen Lehrer wird.

Diese Einsicht und ihre Konsequenzen sind es, die Jacobys und Gindlers Arbeit von allen verwandt erscheinenden Arbeitsweisen unterscheiden: es geht um das *gesamtmenschliche Verhalten auf allen Lebensgebieten,* und damit um eine Selbsterziehung, in der das Problem der Bewegung nur *ein* Gebiet unter anderen bildet.

Lernen vom Gerät

Geräte werden im allgemeinen entweder benutzt, um künstliche Übungen daran zu machen, Umschwünge am Reck, Kehren, Flanken usw. am Barren, oder − die neuzeitliche Form − um sie als Hindernisse zu überklettern, zu überspringen, zu überwinden.

Jedes ist in seiner Art und an seinem Ort berechtigt. Man kann Geräte aber auch benutzen, um sich bewegen zu lernen. Das Gerät wird dann nicht als Gegenstand zum Erlernen turnerischer Übungen betrachtet, auch nicht als Hindernis, das man hinter oder unter sich bringt, sondern als Gegenstand, mit dem man *Fühlung sucht.*

Wenn man etwa eine Leiter ersteigt mit dem Willen, rasch oben zu sein, so werden die Bewegungen flüchtig und hart. Man benutzt seine Geschicklichkeit, sei sie größer oder kleiner, um einen äußeren Zweck zu erreichen; man übt die Geschwindigkeit der Bewegung, aber für den Ablauf der Bewegung selbst lernt man nichts; im Gegenteil, hier ist man in Gefahr, zu verlernen. Durchweg machen wir die Erfahrung, daß Kinder in dem Maße, wie sie ehrgeizig und gewandt werden, in die Gefahr geraten, an ursprünglicher Bewegungsganzheit, Fluß und Ausdruckskraft zu verlieren.

Um vom Gerät zu lernen, wie man sich bewegen soll, muß man jeden äußeren Zweck beiseitelassen. Man muß sich liebevoll mit dem Gerät beschäftigen, seine Gestalt ertasten, sich seiner Eigenart einfügen. Wenn man sich zum Beispiel mit dem ganzen Leibe auf die Leiter legt, sie mit Armen oder Beinen umgreift, sich zwischen den Sprossen durchschmiegt, nahe angeschmiegt heraufkriecht usw., alles in Muße versuchend, spielend, ohne voreiligen Leistungswillen, und wenn man dann nach einer Weile wieder versucht, freihändig heraufzusteigen, so wird man finden, daß die Bewegung nicht nur sicherer, sondern auch anders geworden ist. Die Füße tasten jetzt feiner, sie greifen gleichsam die Sprossen, statt sie nur unter sich zu treten. Die Beinmuskeln sind gelöster, der Schritt fein angepaßt, um nichts zu groß oder zu klein. Die Haltung hat sich auf die Bewegung eingestellt, der Rumpf sitzt anders auf den Beinen, der Oberkörper anders über dem Unterkörper. Jeder Schritt, jedes Sichhochstemmen läuft durchs Ganze durch, und selbst die Arme haben Kontakt mit dem Gerät bekommen und nehmen an der Bewegung teil.

Es ist, wie wenn Fäden zwischen Mensch und Gerät hin- und hergingen, unsichtbar, aber deutlich fühlbar, sogar für den Zuschauenden, falls er durch Erfahrungen am eigenen Leibe Blick dafür gewonnen hat.

Geschickter ist die Bewegung nebenbei auch geworden, und man kann sie nun beschleunigen, ohne daß sie hastig oder unsicher wird. Wichtiger aber ist: man hat dabei *mehr gelernt als nur leitersteigen.* Im Bewegungssinn ist etwas aufgewacht, das sich nun auch an anderen Aufgaben bewährt. Auch auf ebenem Boden zum Beispiel wird man nun anders gehen als zuvor, vorausgesetzt, daß man wach bleibt und nicht ins Gewohnte zurückfällt. Es ist also kein bloßes Erlernen eines Könnens, was dabei herauskommt, es ist ein *Aufwachen von Bewegungsfähigkeiten allgemeiner Art,* ein Bekanntwerden mit Bewegungselementen, mit denen man nun an andersartige Bewegungsaufgaben neu und lebendiger herangeht.

All das geht freilich nicht „von selbst". Es fordert geduldige Kleinarbeit. Die leibliche Selbsttätigkeit ist bei uns tief verschüttet, sie stellt sich nicht von selber ein, wenn der Mensch vor geeignete Aufgaben gestellt wird. Immer neue Bewegungsaufgaben, immer neues Anregen der sensiblen Vorgänge, immer neues *Suchen und Versuchen* ist notwendig. Ein Unterrichtsschema taugt dazu nicht; wer hier fruchtbar arbeiten will, braucht etwas von der Haltung des Forschers.

Lernen vom Ding

Wie vom Gerät, auf und an dem man sich bewegt, so kann man auch von einem Ding, das man in die Hand nimmt, einem sogenannten Handgerät, sich bewegen lernen. Es ist aber schwerer, weil Dinge sich leichter mißbrauchen lassen. Von einem schwankenden Schwebebaum fällt man herunter, wenn man allzu grob gegen das Gleichgewicht verstößt, mit Ball oder Kugel kann man die willkürlichsten ästhetischen Spielereien machen. Deshalb braucht man noch mehr Bescheidenheit, Zurückhaltung, Bereitschaft, um von ihnen zu lernen.

Wer sich mit offenen Sinnen, vorurteilslos, nüchtern und gesammelt mit einem Ding beschäftigt, seine Oberfläche abtastet, sein Material, sein Gewicht zu spüren sucht, während er es bewegt, es mit dem ganzen Leibe mitzufühlen versucht und dabei lauscht, was das Ding „will", der findet, daß verschiedene Dinge verschiedene Bewegungen verlangen, verschieden nicht bloß in der äußeren Form, sondern im inneren Ablauf, im Spannungsgrad, im Rhythmus, in der Art, wie die Bewegung ansetzt, steigt, sinkt, endet.

Daß ein Stab mehr geradlinige, eine Kugel oder ein Reifen runde Bewegungen verlange, das ist nicht gemeint. Man kann das zu wissen meinen und kann es machen, ohne daß etwas von den bewegungformenden Wirkungen des Gegenstandes zu spüren ist.

Die bewegungformende Wirkung des Stabes, der Kugel erweist sich gerade dann, wenn man nicht „weiß", was sie verlangen, oder wenn man dies Wissen bewußt beiseite läßt, unbefangen versucht, mit dem Ding spielt, wie ein sehr kleines Kind spielt, und so den Weg, den Ablauf, den Rhythmus, die Dynamik der Bewegung sich vom Ding zeigen läßt.

Man findet dann, daß etwa drei verschiedene Bälle drei verschiedene Arten zu fangen und zu werfen verlangen, daß die Anpassung an verschiedene Werkstoffe, Gewichte, Größen andere als nur quantitative Unterschiede in der Bewegung hervorruft. Ein schwerer Vollball verlangt nicht nur mehr Spannung als ein leichter Handball, er verlangt auch eine andere *Art* der Spannung. Eine Holzkugel verlangt einen anderen Schwungrhythmus und andere innerkörperliche Spannungsverhältnisse als ein Gummiball.

Dann kann es nicht vorkommen, daß man sich in ein Bewegungsschema hineinübt, wenn auch ein anderes für jeden Gegenstand. Es wird nicht geschehen, daß man ungefähr die gleiche Schwungform für Holzkugel, Eisenkugel, Ball findet oder die gleiche Führung für Sandsack und Ziegelstein. Man lernt mit dem leichten Ball genau so zart umzugehen, wie er es braucht, und dem schweren die ganze innere Spannung und die den ganzen Leib durchlaufende Stemm- und Stoßkraft entgegenzusetzen, die er verlangt.

Aber wesentlicher noch ist etwas anderes: es kann dann nicht vorkommen, daß man mit dem Ding in der Hand im gleichen Haltungs- und Bewegungsschema, in den gleichen Haltungs- und Bewegungsfehlern verharrt, die einem ohne das Ding geläufig sind; sondern indem man sich der Schwere, der stofflichen Eigentümlichkeit, dem „Eigenwillen" des Gegenstandes überläßt, spürt man, wie *die gewohnheitsmäßige Haltung aufgelöst, die eingefahrenen Bewegungsgeleise verlassen werden.* Falsche Spannungen lösen sich, die Muskeln finden neue Möglichkeiten des Zusammenspiels, neue „Koordinationen", der Mensch neue unkonventionelle Wege der Bewegung.

Besondere Bedeutung hat die Bewegung mit Dingen *für den Tanz.* Sie ist einer der wenigen sicheren methodischen Wege zu freiem Tanzen. Hier vergißt nämlich der Mensch über dem Spiel mit dem Ding, daß er zugleich mit seiner Bewegung spielt. Seine Bewegung wird frei, phantasievoll, vielfältig, ohne willkürlich zu werden. Bewegungen kommen ungesucht, die ihm ohne Ding fremd und unnatürlich wären. Vom spielenden Gleiten des Fußes auf Rolle, Kugel oder Ball etwa findet er von selbst zum freien Spiel des Spielbeins beim Tanz, vom Tragen und Bewegen eines Sandsackes auf dem Fußrücken zu großen Beinführungen, vom Entlanggleiten der Hände am Stab zu richtungsbewußten Armbewegungen, vom Schwingen der Kugel zu freien Schwungbewegungen der Arme. Kaum eine Möglichkeit tänzerischen Ausdrucks, die nicht, vom Ding her erarbeitet, unmittelbaren Anschluß an die Innenbewegung und die Bewegungsphantasie des einfachsten Menschen fände. Bewegung mit Dingen ist eine *Fundgrube für Bewegungsbildung und tänzerische Erziehung.*

Lernen vom Boden

Nicht nur in der Auseinandersetzung mit Dingen oder Geräten, auch ohne äußere Hilfsmittel kann die Bewegung selbsttätig erarbeitet, durch eigene Erfahrung „experimentell" gefunden werden. Gelingt es zum Beispiel, etwa durch Massage oder durch Tastversuche, Beine, Füße, Rücken so feinfühlig zu machen, daß sie jeden Berührungsreiz des Bodens leiten, oder hat man ein Gelände und Umweltbedingungen, die von sich aus das sensible Geschehen anregen und die Sinne öffnen, zum Beispiel sonnenwarmen Sand im Wechsel mit einer feuchten Wiese, teils eben, teils steigend und fallend, und setzt man sich gesammelt, versuchend und tastend mit diesem Gelände auseinander, so verschwindet allmählich alles Gewohnheitsmäßige, alles Starre und Festgelegte aus dem Gehen, es beginnt etwas von dem, was das Ziel aller Bewegungsbildung sein sollte: jeder Schritt wird in Anpassung an die Eigenheiten des Bodens neu gefunden, jeder Berührungsreiz gibt neue Bewegungsimpulse. Es entsteht eine Fülle verschiedenartiger Gehformen; und bei einem Gang, der an solches gesammeltes Üben anschließt, wird man finden, daß man eine neue, erdverbundenere, kraft- und schwungvollere Art des Gehens gefunden hat.

Bewegungssinn in jedem Glied

Es gibt also einen Bewegungssinn, der nicht nur im Zentralorgan, im „Kopf" sitzt, sondern im ganzen Körper, in jedem Glied. Um ihn zu wecken, braucht man nur das sensible Geschehen wieder in seine natürlichen Rechte einzusetzen, dann findet das Glied seine „Technik", das heißt den richtigen Ablauf seiner Bewegungen von selbst. Die Tatsache wurde schon früher erwähnt; hier wird der Vorgang von einer anderen Seite betrachtet. Füße, die erst stockend gehen, die sich ausgesprochen dumm anstellen, „wissen" plötzlich, wie sie auftreten, wie abrollen und zurückstemmen müssen, wenn sie — etwa durch Gleiten auf Ball oder Kugel — feinfühlig geworden sind. Eine falschgetragene Wirbelsäule findet ihre natürliche Streckung, wenn sie durch Liegen auf einem Stab (Elsa Gindler) oder durch Tragen eines Sandsackes im Kriechen wach und fühlend geworden ist.

Das Wissen, wie er sich aufbauen und wie er sich bewegen muß, schlummert also im Organismus und erwacht, wenn die sensiblen Meldungen in ihrer Feinheit und Vollkommenheit wiederhergestellt werden.

Geführte Bewegung

Unter geführter Bewegung verstehen wir hier Bewegungen, bei denen ein Glied oder dann auch der ganze Leib der Führung eines Partners folgt. Man könnte sich an die sogenannten passiven Bewegungen der Krankengymnastik erinnert fühlen, aber sie haben andere Aufgaben und wenden sich an andere Funktionen. „Passive Bewegungen" sollen versteifte Gelenke wieder beweglich machen oder durch Ruhigstellung oder Lähmung geschädigte Glieder besser durchbluten, und sie verlangen vom Kranken nichts weiter, als daß er das Glied mit seiner ganzen Schwere dem Helfer überlasse. Geführte Bewegungen dagegen wollen zum feinfühligen Spüren und Nachgeben erziehen und damit *sensibles und motorisches Geschehen, Rezeptivität und Aktivität ins Gleichgewicht bringen.* Mit Hilfe geführter Bewegung soll man erfahren, wie man sich in selbsttätiger Bewegung der Natur unserer nervlichen Funktionen gemäß zu verhalten hat.

Dazu genügt es nicht, sich den Händen des Partners passiv zu überlassen, wie es in der Krankengymnastik gefordert wird. Man muß wach und mitfühlend auf das eingestellt sein, was mit einem geschieht, auf das Tun des Partners lauschen, aber nicht mit der Aufmerksamkeit des Kopfes, sondern mit den Sinnesorganen des bewegten Gliedes. Das „passiv" bewegte Bein muß spüren, was die Hand des Partners von ihm will, es muß mitfühlen und aus dem Mitfühlen mitgehen; es darf keinen Widerstand leisten, wenn sich die Bewegung ändert, es darf aber auch nicht willkürlich seinen Weg wählen.

Der Führende muß spüren können, was vorgeht. Ist das geführte Glied zu leicht, so ist der Geführte zu aktiv, er macht die Bewegung selber, und er wird dann bei unerwarteten Richtungs- oder Geschwindigkeitsänderungen nicht folgen können; ist es bleischwer, so ist er innerlich nicht beteiligt, er geht nicht mit, er hat gleichsam das Glied vom übrigen Körper abgeschaltet, er reagiert nicht; die Bewegung weckt nichts im Körper, sie fließt nicht durch. Größte sinnliche Aufgeschlossenheit muß sich mit geringster Aktivität verbinden; dann wird er spüren, wie die Bewegung eines Gliedes mit Lebenswellen den ganzen Leib durchflutet.

Vom Führenden fordert das die gleiche sinnliche Aufgeschlossenheit wie vom Geführten. Denn die Bewegung darf — und darum ist es die beste Vorschule auch für Krankengymnasten — nicht festgelegt sein, etwa auf Kreisen, Beugen und Strecken, Abspreizen und Anlegen, Ein- und Ausrollen, sondern sie muß *in Größe, Richtung, Ablauf, Geschwindigkeit wechseln, und das nicht nach erprobten Grundsätzen, sondern in fortwährender Anpassung an das, was im Geführten vorgeht.* Führen und Geführtwerden sind in gleicher Weise Übungen der sensiblen Fähigkeiten.

Vom Wechsel zwischen Führen und Geführtwerden gelangt man dann zu *gemeinsamer Bewegung,* bei der bald der Eine, bald der Andere führt, bis sich schließlich ein Zusammen, ein gemeinsames Schreiten und Schwingen, ja Laufen und Hüpfen ergibt, ein Improvisieren zu zweit, bei dem sich Führen und Folgen nicht mehr scheiden lassen: Jeder „führt", und jeder spürt feinfühlig den Willen des anderen mit und gibt ihm nach.

Massage

Menschen, die gut massieren, sind selten. Unter hilfsbereiten Laien findet man sie fast eher als unter beruflich Ausgebildeten. Die meisten sind auf ein System eingelernter Griffe festgelegt, die sie nur obenhin den subjektiven Bedürfnissen des Behandelten anzupassen verstehen, nicht aber den objektiven Bedürfnissen seines Organismus. Sie üben eine Technik aus.

Massage ist aber keine Technik, sie ist ein *Mittel, durch Berührungs- reize den Organismus in seinen inneren Funktionen zum Reagieren zu bringen,* und das ist mit gelernten Griffen nicht getan. Blinde massieren gut, nicht weil sie eine bessere Technik hätten als Sehende, sondern weil sie auf Tasten und Lauschen angewiesen und eingestellt sind. Das wesentliche einer guten Massage ist das *Sichhineintasten in Struktur und Reaktionsweise des Organismus* und das Hervorlocken günstiger Reaktionen.

Dazu gehört eine gute *Reaktionsfähigkeit des Behandelnden selbst.* Er muß Kontakt mit den sensiblen Meldungen haben, die ihm sein Nervensystem von den berührten Körperstellen zuträgt, und Kontakt mit der Atmung und der gesamten Verhaltensweise des Behandelten. Dann reagieren seine Hände von selbst richtig; sie greifen so, wie es dieser Mensch in diesem Augenblick braucht. Und darin wesentlich be- steht gute, individuelle Massage im Unterschied von schlechter, routi- nierter.

Ein durchdachtes System erlernbarer Griffe ist darum nicht über- flüssig; es erweitert die Möglichkeiten und beugt Selbsttäuschung und Dilettantismus vor. Aber seine Aufgabe erfüllt es nur, wenn es die un- mittelbar reagierende Behandlungsweise ergänzt, nicht wenn es an ihre Stelle tritt. Gerade bei kranken Menschen bringt eine feinfühlige, un- gelernte Massage nicht selten bessere Erfolge als eine gut gelernte, aber mechanisch „verabfolgte".

Keineswegs ist gutes Massieren in solchem Maße Begabungssache, wie meist angenommen wird. Feingefühl und Reaktionsfähigkeit lassen sich erarbeiten. Warme Handbäder, Herumkneten in Ton, Tastversuche mit geschlossenen Augen machen die Hände feinfühlig. Überhaupt sollte alles Massieren schweigend und mit geschlossenen Augen geschehen; denn Herumgucken und Schwatzen heben die Horchfähigkeit und Reaktionsbereitschaft auf.

Wie der Behandelte reagiert, läßt sich nicht erst nachträglich aus seinem Bericht entnehmen. An seiner belebten Atmung, am Sichlösen verspannter Muskeln, am Nachgeben harter wie am Straffwerden schlaf- fer Gewebe, am besseren Reagieren auf eine „passive" Bewegung wie an mancherlei weniger greifbaren, aber gleich realen Anzeichen kann es unmittelbar wahrgenommen werden.

Ein guter Weg, sich mit der Reaktionsweise eines Menschen in Verbindung zu setzen und die eigene Reagierfähigkeit zu prüfen, ist die *Atemmassage.* Darunter verstehen wir nicht die Behandlung des Brustkorbes zur Herstellung voller Rippenbeweglichkeit, wie sie bei Asthma und Lungenblähung nützlich sein kann, sondern eine zielstrebige *Anregung der unwillkürlichen Atemreaktionen* zur Wiederherstellung der naturgewollten Vollatmung in Rhythmus, Form und Größe.

Solche Massage greift nicht etwa nur am Brustkorb an, denn die Atmung reagiert auf Berührungsreize an den verschiedensten Körpergegenden, besonders an solchen, die gegen Reize noch nicht abgestumpft sind: an den Füßen, am Kopf, am Nacken usw. Indem man diese Möglichkeiten auswertet, kann man nicht nur auf die Atmung, sondern über die Atmung auf das gesamte innere Lebensgeschehen einwirken.

Durch Massage allein wird freilich bei vielen Menschen die Atmung nicht in Ordnung zu bringen sein. Aber sie kann den Patienten, der oft dazu neigt, stumpf und passiv oder nur genießerisch eine Behandlung über sich ergehen zu lassen, zum Geschehenlassen der Atemreflexe und damit zum Reagieren erziehen.

Ein Mensch, der reagieren gelernt hat, erlebt von einer guten Massage ganz andere Wirkungen als ein stumpfer. Und der Behandler, indem er versucht, seinen Patienten zum Reagieren zu bringen, wird genötigt, sich in seine Verhaltens- und Reaktionsweise einzufühlen und mit seinen Handgriffen auf sie zu reagieren. So wird jener Kontakt zwischen Behandler und Behandeltem geschaffen, aus dem die erstaunlichen Erfolge guter Massage erwachsen.

7. Bewegungsbildung in Sport und Tanz

Geschicklichkeit

Aus unbewußtem Reagieren auf äußere Verhältnisse erwächst das, was man Geschicklichkeit nennt, das instinktive Finden des für eine Leistung geeigneten Bewegungsablaufs. Geschickt ist ein Mensch, der ohne viel Überlegung und Übung seine Haltung der veränderten Unterstützungsfläche beim Balancieren, seinen Gang dem Gelände beim Klettern, seine Armbewegungen dem Wurfgerät, seine Beinbewegungen dem Sprungziel anpaßt usw.

Geschickte Bewegung ist mehr oder minder zweckmäßig im Hinblick auf die gestellte Aufgabe; naturgemäß braucht sie darum nicht zu sein. Man trifft geschickte Menschen, bei denen sich die Bewegung anpaßt, aber nicht durchfließt. Sie stellen z. B. ihren Aufbau auf die Gleichgewichtsaufgaben bei kleiner Unterstützungsfläche ein, es rückt sich da und dort etwas zurecht, aber stückweise und hart, so daß die Bewegung wohl dem Zweck genügt, aber leer wirkt.

Reagieren auf äußere und Reagieren auf innere Reize sind also keineswegs immer verbunden; ja gelegentlich scheinen sie einander zu widerstreben. Menschen mit schönen, naturhaften Alltagsbewegungen sieht man manchmal sich verzerren, wenn Ansprüche an ihre Geschicklichkeit gestellt werden, und ausgesprochen geschickte können vor einfachen Aufgaben freier Bewegung versagen.

Finden wir bei den noch naturhaften Völkern und auch bei unverdorbenen kleinen Kindern Geschicklichkeit und naturhafte Bewegungsechtheit innig miteinander verbunden, — und Kunstwerke der verschiedensten Zeiten lassen uns annehmen, daß es auch in hohen Kulturen so war, — so scheint es eine Begleiterscheinung unserer Zivilisation, daß dieser natürliche Zusammenhang zerrissen und die *Geschicklichkeit auf Kosten der Bewegungsganzheit ausgebildet,* das heißt, der Körper zu etwas wie einer gut funktionierenden Maschine gemacht wird.

Die Geschickten scheinen dabei zunächst nichts zu entbehren. Sie spüren den Bruch nicht, weil sie leisten können, was verlangt wird. Umso unglücklicher sind die Ungeschickten daran. Es erweist sich nämlich, daß ohne Verbindung mit den sensiblen Meldungen aus der vegetativen Zone zwar eine schon vorhandene Geschicklichkeit zu sportlichen, handwerklichen oder künstlerischen Leistungen ausgewertet, eine unzulängliche aber nicht wesentlich gebessert werden kann. Nach anfänglichen Fortschritten kommt man früher oder später an den „toten Punkt", und keine methodischen Künste helfen ihn überwinden, wenn es nicht gelingt — bewußt oder unbewußt —, Anschluß an die Quellen zu finden.

Erstaunliche Erfolge erlebt man dagegen, wenn man die Quellen erschließt, aus denen, unbewußt meist, die mitgebrachte Gewandtheit der Geschickten geschöpft wurde. Gelingt es nämlich, wache und gelöste Reaktionsbereitschaft zu wecken, so erfährt man, daß sich solche Reaktionsbereitschaft nach innen wie nach außen in gleicher Weise auswirkt. Es entsteht der unmittelbare Kontakt mit der Umwelt, der nötig ist, um Bewegungsaufgaben „geschickt", d. h. auf zweckmäßige Weise zu lösen.

Es erweist sich dann, daß die Grenzen der Anlage wesentlich weitergesteckt sind, als es den Anschein hatte. Schwierigkeiten, die von außen her kaum durch ein eisernes Training zu meistern sind, werden von innen her durch Finden des rechten Zugangs überwunden. Man lernt nicht eigentlich hinzu, man entdeckt neu. Es ist *eine andere Art, die Schwierigkeiten zu nehmen,* sie gleichsam aufzulösen, anstatt, wie das für die „Ungeschickten" charakteristisch ist, mit unfruchtbarer Anstrengung gegen sie anzukämpfen.

Es geht dann mehr vor als nur ein Lernen und Vorwärtskommen, es ist ein *Wachsen von innen her.* Neue Kräfte werden erschlossen, neue Fähigkeiten werden wach, die nicht nur auf dem einen Gebiet, an dem man arbeitet, vorwärtshelfen, sondern für viele andere fruchtbar werden. Es wächst *der Mensch* und nicht nur sein Können: *eine Entwicklung kommt in Gang.*

Sportliche Ausbildung

Aus solchen Erfahrungen ergeben sich wichtige Hinweise für die Methodik sportlicher Schulung. Man braucht nicht erst die Statistiken über den frühen Leistungsabfall bei Sportlern zu lesen; man sieht es den Trainierenden unmittelbar an, daß die Kosten ihrer mühsam erarbeiteten Erfolge von der Substanz bestritten werden. Es wird „das letzte herausgeholt", Raubbau betrieben, statt aufgebaut, und Raubbau nicht nur an körperlichen Kräften. Solche Methoden arbeiten dem Zwiespalt zwischen äußerer Beherrschung und innerer Lebendigkeit nicht entgegen. Sie gehen in einseitiger Folgerichtigkeit auf dem Wege der äußeren Beherrschung weiter und verschlimmern den inneren Riß, statt ihn zu heilen. Anstatt nämlich die sensiblen Fähigkeiten auszubilden und die äußere Leistung in Verbindung mit dem Inneren zu erarbeiten, wird eine äußere Bewegungstechnik einexerziert, der man den anspruchsvollen Namen eines Stils gibt, und dadurch die vitale Unmittelbarkeit ausgetrieben statt geweckt.

Nur scheinbar gibt der Erfolg diesem Exerzitium recht: die „Begabten", d. h. die von vornherein Geschickten, kommen dabei vorwärts, weil sie ihre Anlagen auszunutzen lernen; die Ungeschickten erleiden Quälerei und Verzerrung, ohne etwas anderes zu gewinnen als den Wahn, sich zu „ertüchtigen".

Verwischt werden solche Mißerfolge durch die ausgearbeiteten Methoden der Zeiteinteilung und der Kraftökonomie, die das quantitative Ergebnis von außen her bessern, ohne daß das *qualitative Verhalten des Menschen zur Aufgabe* sich geändert hätte. Zweifellos bringen diese Methoden Erfolge. Über Primitive, die daraufloslaufen, tragen Zivilisierte gelegentlich Siege davon, – aber auf welche Kosten!

Man betrachte das unrhythmische, dissonante Bewegungsbild! Überall in der Natur ist Harmonie und mit ihr eine bestimmte Art von Schönheit das Kennzeichen des Gesunden, Lebenskräftigen, Unverdorbenen. Die Bewegung kann herb, schwerfällig, unelegant, ja im ästhetischen Sinne häßlich sein; dennoch hat sie etwas von Schönheit: von schwerer, herber und harter Schönheit. In jeden Falle ist sie zusammenhängend, aus einem Guß, ungewollt, ursprünglich, sprechend. Dagegen scheint die Bewegung der sportlich Geschulten, besonders wenn man die guten, nicht die durch günstige körperliche Bauanlagen täuschenden besten Sportler betrachtet, gleichsam aus Teilen zusammensetzt, präzise funktionierend, aber ohne die Überzeugungskraft, die innere Notwendigkeit, den kraftvollen Ausdruck der Natur.

Noch deutlicher spricht das Bewegungsbild beim Training. Für den noch nicht Abgestumpften ist es schwer erträglich, die zerbrochenen Körper, die zu Fratzen verzerrten, manchmal teufel- oder totenähnlich wirkenden Gesichter solcher bewegungsgestörten Leistungsmaschinen zu sehen. Eine wirkliche Maschine ist eine Wohltat dagegen. Unmöglich kann diese barbarische Quälerei – Quälerei, selbst wenn sie von den abgestumpften Sinnen der Übenden nicht so empfunden wird, – zu naturgerechter Leistung führen.

Auch der enorme Energieverbrauch spricht gegen diese Art der Ausbildung. Wer die Erschlaffung nach solchem Training beobachtet, oder wer die Zusammenbrüche nach einem Marathonlauf ansieht, der fragt sich bestürzt, was da mit Menschen getan wird. Man vergleiche das Bild des Olympiakämpfers Zabala (Argentinien) kurz nach seinem Siege im Marathonlauf mit dem des Tarahumara-Indianers Aurelio nach dem gleichen Siege (Bild 15): der eine mit verzerrtem Gesicht in den Armen zweier Begleiter hängend, der andere in leiblicher und seelischer Ruhe aufrecht stehend, beschaulich auf seinen Stab gestützt wie ein Hirt, der unbegrenzt Zeit hat. Dann weiß man ohne Kommentar, daß da Entscheidendes verkehrt sein muß.

Es gibt also offenbar zwei Möglichkeiten, zu Erfolgen zu gelangen: man kann die gegebenen Energien auf rationale Weise ausnutzen, wie man ein Bergwerk ausbeutet, bis es leer ist, oder man kann aus den Quellen schöpfen, aus denen diese Energien geflossen sind, und die – in bestimmten Grenzen – immer wieder neue Energien hergeben.

Zeiteinteilung, Kraftökonomie und Schulung des äußeren Bewegungsablaufs nutzen das Gegebene aus, ohne seine Quellen zum Strömen zu bringen; nur indem man die sportliche Ausbildung auf organische Umwelt- und Inweltanpassung aufbaut, also durch Ausbildung der sensiblen Fähigkeiten, kann man zugleich hereinschaffen, indem man herausholt. Dafür einen systematischen Schulungsweg zu schaffen, wäre eine dringliche und lohnende Aufgabe. In Verbindung mit rationalen Methoden der Kraftökonomie und der Zeiteinteilung würde man damit ohne Raubbau und leichter zu mindestens den gleichen Leistungen gelangen, wahrscheinlich aber zu höheren.

Von den Sportgrößen kann man für diesen *Schulungsweg, der zugleich ein Bildungsweg ist,* ebensoviel lernen wie für die bisherige, rational-mechanische Ausbildung. Man muß nur mit anderen Augen sehen lernen. Man muß ihnen nämlich *den inneren Zusammenhang ihrer Bewegung ablauschen,* statt nur ihren äußeren Ablauf. Den Sehenden mutet es grotesk an, wenn man mit allen Tricks der Filmtechnik versucht, einem Naturphänomen wie Nurmi das Geheimnis seiner Beinstellung und seiner Gewichtsverlagerung abzugucken, ohne auch nur den inneren Ablauf seiner Bewegung, seine Bewegungsweise, geschweige denn seine seelische Haltung zur Leistung zu beachten, die so erstaunlich aus seinen frühen Bildern spricht. Das ist, wie wenn man von Goethe lernen wollte, indem man ihm seinen Satzbau abguckt.

Gewiß, auch von Nurmis Beinstellung läßt sich lernen, wenn man sie aus der Ganzheit seiner Bewegungsweise versteht. Aber man verzichtet auf das Beste, wenn man nur von seiner Technik lernt, wo jeder Unbefangene sehen kann, daß dieser Mann aus einem anderen Bewegungsantrieb läuft, daß er aus anderen Quellen schöpft als seine Nachahmer.

Dem durchschnittlich Veranlagten wird eine solche, die Äußerung an das Innere anschließende sportliche Schulung das bringen, was der heutigen fehlt: *daß die leibliche Äußerung Verbindung mit dem Seelischen findet;* und damit wird das aufhören, was am heutigen Sport das eigentlich Schlimme ist, schlimmer als aller körperliche Schaden: daß er keine innere Befriedigung geben kann und deshalb von der äußeren Wirkung, von der Geltung bei andern, von zahlenmäßig aufweisbaren Erfolgen leben muß: daß er den Menschen aus sich herauszerrt.

Es wird wieder das geben, daß Laufen, Schwimmen, Springen, Werfen um seiner selbst willen Freude macht, und daß der Wettkampf, das Sichmessen mit dem andern, als Würze hinzukommt, als Äußerung des Übermutes, der aus überströmenden Kräften fließt, statt alle anderen Seelenregungen zu fressen.

Dem, der es schwer hat, wird ein Weg geöffnet, auf dem er von innen her wächst und mit den körperlichen Störungen zugleich seelische überwindet. Der „Begabte" aber kommt an die Quellen seiner Anlagen heran. Er entwickelt sich von innen her, statt nur von außen seine Glieder zu trainieren.

Die Auspumpung, *der sinnlose Verschleiß hört damit auf.* Und mehr noch: auch beim „Begabten" beginnt Wachstum. Sein Weg ist nicht mehr ein allmähliches Absinken, sondern eine Steigerung der leistungschaffenden Kräfte von innen her. Es wird der Augenblick kommen, wo er die naturhafte Lebensfülle des Eingeborenen mit der intellektuellen Körperbeherrschung des Zivilisierten verbinden kann. Er wird nicht nur die meßbare Leistung steigern, sondern zugleich und verbunden mit ihr die Ergiebigkeit der Quelle, aus der sie geschöpft wird. Am Ende seiner Leistung wird er nicht als ein abgeschundenes, ausgepumptes Körperbündel dastehen, sondern als ein Mensch im Vollgenuß von Lebensströmen und Freudequellen, die auch bei absinkenden äußeren Leistungen nicht versagen werden.

Um aber einen solchen Umbau der sportlichen Schulung durchführen zu können, müßten wir *unseren Begriff der Leistung ändern.* Denn die Geduld zu einer so intensiven Arbeit wird nicht aufgebracht werden, solange man nur auf den meßbaren Erfolg starrt, obwohl auch der dabei gewinnen würde. Man muß schon einen Blick für die unwägbaren Werte der Lebensganzheit in der Bewegung haben, um so an ihr arbeiten zu können; man muß innegeworden sein, daß diese Werte das eigentlich Wirkliche an der Bewegung darstellen, neben dem die gemessenen Zentimeter und Sekunden wie bloßer Augenschein, wie ein Gaukelspiel des Verstandes erscheinen.

Leistung, die nur nach der Quantität bewertet wird, ist keine *menschliche* Leistung oder kann doch keine bleiben; denn es wird in ihr zum Maßstab gemacht, worin jedes Reh, jede Wildkatze, jeder Stier den Menschen übertrifft. So aber wird im heutigen Sport gewertet, trotz aller gegenteiligen Reden. Noch ist keiner von der Weltmeisterschaft ausgeschlossen worden, weil die Qualität seiner Leistung mit der Quantität nicht Schritt hielt. Erst wenn *die Qualität der Leistung über ihre Wertung mitbestimmt,* dürfen wir hoffen, zu einer Erneuerung des Sports im Sinne des Menschen zu gelangen.

Tänzerische Gymnastik

Wer den Aufschwung des Tanzes zwischen den Kriegen begeistert und hoffend miterlebt hat, kann sich über den Niedergang, dem wir heute beiwohnen, nicht täuschen. Es hat bedeutende Tänzer gegeben, aber sie haben keine echte Tradition schaffen und darum den Verfall nach kurzem Aufblühen und *vor* der vollen Entfaltung nicht verhindern können.

An diesem Verfall trägt die Art der tänzerischen Ausbildung erhebliche Mitschuld. Vom Einbruch der wesensfremden Technik des „Klassischen Ballets" in den Ausdruckstanz soll hier gar nicht gesprochen werden. Das Unheil beginnt schon früher, es liegt in der tänzerischen Gymnastik selbst.

Was lernen denn die jungen Menschen, die tanzfroh und willig in eine Tanzschule kommen? Tanzen in allerletzter Linie, – einmal abgesehen davon, wie weit man das überhaupt lernen kann. Statt dessen werden sie überschüttet mit Unmengen von gymnastischen Übungen, die nicht etwa aus dem Wesen und dem Stil des neuen Tanzes herausgewachsen, sondern beinahe kritiklos aus den verschiedensten Gymnastikschulen zusammengelesen sind. Man macht schlechthin alles, was man „machen" kann, und dieses Alles wird gedrillt wie auf dem Exerzierplatz, nur mit etwas liebenswürdigeren Gesten. Da wird „gelockert" und „entspannt", was sich nur lockern, gedehnt, was immer sich dehnen läßt; Glieder und Rumpf müssen umherschlackern wie nasse Lappen. Da wird „gespannt", was sich nur spannen kann, je härter desto besser; da werden Rumpf und Glieder in jede Raumrichtung gereckt, geschwungen, geschoben gestoßen, erst ohne, dann, auf Kommando (!) mit „Ausdruck". Was mag da wohl ausgedrückt werden?

Daneben wird allerhand Turnerisches und Akrobatisches exerziert und mit Hilfe der dem modernen Tanz stilfremden Ballettechnik Beine und Füße bis zur Charlie-Chaplin-Groteske auswärts gedreht, Armen und Händen konventionelle Gesten angedrillt, und endlich dann mit Hilfe solchen gelernten Allerleis getanzt.

Das Ergebnis: aus unbefangenen jungen Menschen, die vorher aus innerem Impuls tanzten, mit allen Unarten, aber auch allen Vorzügen des Dilettantismus, ohne Technik, mit rührend geringen Mitteln, ohne Form und Zucht, aber mit Leben und Hingabe, werden aufgedrehte kleine Nichtse, die alles machen können, aber leer sind wie ausgelaufene Flaschen. Nun hätten sie die Mittel, alles auszudrücken; aber das, was einmal nach Ausdruck verlangte, ist in den Mitteln erstickt. Eine junge

Frau, die vier Wochen in einer der besten Ausbildungsstätten trainiert hatte, mochte jahrelang danach nicht mehr tanzen, weil sie ihr Ursprüngliches verschüttet und ihre Phantasie mit Fremdstoff überladen fühlte. Ein junges Mädchen, das ein Jahr lang mit Leidenschaft gutem tänzerischem Laienunterricht gefolgt war, zeigte sich für ernsthafte Bewegungsbildung verdorben, weil es alles Verlangte machen, aber nichts mehr füllen konnte.

Ein tiefes Erschrecken durchzuckt einen, wenn man tanzfrohe junge Menschen, an denen man seine Freude hatte, nach einjähriger tänzerischer Schulung wiedersieht. An Technik haben sie mancherlei gelernt, und das, was man im allgemeinen Selbstbewußtsein nennt, aber besser Ichbewußtsein nennen würde, hat einen ordentlichen Schuß getan, aber von dem, was man im eigentlichen Sinne tänzerisches Selbstbewußtsein nennen könnte, dem dunklen Gefühl einer inneren Kraft, die nach außen zu wirken verlangt, einem Gefühl, das in Leib und Seele, nicht im Kopf wurzelt und von einem Es, nicht vom Ich ausgeht, davon ist wenig übriggeblieben. Das naturhafte Fluidum, mit dem wenigstens einige von ihnen gekommen waren, ist versandet; die Gabe, durch Bewegung zu sprechen, einem Irrationalen Ausdruck zu geben, von der man hoffte, daß sie sich entfalten sollte, ist verkümmert.

Zwar im Gymnastiksaal und auf der Tanzbühne haben sie nun viele „Ausdrucks"-Möglichkeiten. Aber welch fragwürdiger Ausdruck das ist, zeigt sich im Alltag; da ist ihre Bewegung, ihr Sprechen, ihr Wesen um nichts lebendiger als zuvor, – höchstens noch vom Dünkel des Fachkönnens entstellt. Wenn es aber so ist, dann können auch die vielen Ausdrucksmöglichkeiten im Übungssaal nicht echt sein; und sie sind es in der Tat nicht. Sie sind lauter verschiedene Bewegungs-„Formen" – Formen gehört hier in Gänsefüßchen, weil echte Form etwas ganz anderes ist, – nicht aber Ausdruck eines nach Sprache drängenden Inneren.

Man verlange nur einmal von Tänzern oder Gymnastikern die Abwandlung einer Bewegung, des Gehens oder Laufens, eines Schwunges, einer Sprungform. Bestenfalls bekommt man, und dies ist schon selten, eine Vielzahl von Schritt- oder Laufarten, Schwung- oder Sprungformen in geschickter Zusammenstellung vorgeführt. Aber jenes Fluidum, das irrationale, nicht festlegbare Hinübergleiten von einer Bewegungsweise in die andere, von straffem Gehen in schwingendes, von vorstürmendem Laufen in ruhend spielendes, von heiter in sich ruhendem Schwingen in leidenschaftlich treibenden Schwung, jenes bewegte und schöpferische

Spielen mit der Form, das die Bewegung erst zur Sprache macht, davon ist nichts entfaltet worden; die Keime dazu sind erstickt.

Man hat etwas gelernt und ist nun darauf festgelegt. Das alte Klischee hat man abgelegt, — bestenfalls, denn oft hat man es nur ein bißchen verstecken gelernt. Aber dafür hat man ein neues erworben. Was macht es aus, daß man nicht *ein* Klischee an die Stelle des alten gesetzt hat, sondern gleich ein paar Dutzend? Was bedeutet es selbst, wenn man mit diesen paar Dutzend so geschickt zu jonglieren versteht, daß es beinahe wie Leben aussieht? Das Fluidum des Lebendigen strömt doch nicht daraus.

Wenige Begnadete haben dies Fluidum als ein Geschenk der Natur in sich bewahren können; das sind jene Tänzer, Schauspieler, Redner, die am bewegendsten sprechen, wenn sie beinahe gar nichts sagen. Aber als Lehrer vermögen die meisten eben von diesem Besten nichts weiterzugeben, weil sie sich des Geschenks wohl dunkel bewußt sind, aber sein Wesen nicht erkennen und deshalb den Zugang zur Quelle nicht weisen können.

Soll der Tanz Kunst sein, so muß er vom naturhaften Fluidum der Bewegung getragen sein. Runde, schwunghafte, „rhythmische", ausdrucks- und temperamentvolle Bewegungen verbürgen das nicht; sie können genau so festgelegt sein wie turnerisch straffe. Wo sie klassenweise im Massenbetrieb geübt werden, entsteht Schablone, die unerfreulicher ist als die turnerische. Nur eine Bildung, die zu den sensiblen Ursprüngen der Bewegung vordringt und aus ihnen den Tanzimpuls schöpft, kann die schöpferischen Kräfte so ins Fließen bringen, daß aus ihnen etwas entspringen kann, was Tanzkunst genannt werden darf. Ob aus solchem schaffenden Tanzen dann ein Stil wachsen wird, hängt von Lebensvorgängen allgemeiner Art ab, über die kein Tänzer und keine Tanzschule verfügt.

Technik im Tanz

Technische Schulung braucht jeder ausübende Künstler. Aber sie ist kein harmloses Unterfangen. Jede Technik neigt, sich selbständig zu machen, sich aus dem dienenden Zusammenhang mit dem Kunstwerk loszureißen, die Mittel zum Zweck zu machen und dadurch den lebendigen Zugang zur Kunst zu verengen. Auf allen Gebieten der darstellenden Kunst sehen wir gute Anlagen unter der Technik gleichsam ersticken: die „Schule" drängt sich auf, und der Ausdruck verschwindet entweder, oder er wirkt dazugetan, aufgetragen oder angeklebt.

Große Künstler zeichnen sich dadurch aus, daß man die Technik bei ihnen nicht als Technik bemerkt; sie ist vollkommen eingeschmolzen: ihr Singen, Sprechen, Tanzen wirkt wie Natur, und man vermag es kaum zu glauben, wenn man erfährt, wieviel saure Arbeit in dem steckt, was nun herauskommt wie Vogelsingen.

Wie muß eine Technik erworben werden, damit sie in solcher Weise innerlich gemeistert wird? *Sie muß unter der Führung der Kunst erarbeitet werden.* Der geniale Mensch, in dem das künstlerische Drängen unablässig wirksam ist, lebt nämlich aus eigenem Antrieb in fortwährender Auseinandersetzung zwischen Mitteln und Zweck, Technik und Kunst. Wo dieses geistige Drängen weniger wach ist, muß sorgsam darüber gewacht werden, daß die Mittel auf jeder Entwicklungsstufe dem Zweck unter- und eingeordnet bleiben. Die Technik muß nicht nur für die *Zwecke* der Kunst, sie muß *in unmittelbarem Zusammenhang mit ihr* erworben werden; die Impulse für die Arbeit an der Technik müssen aus dem Kunstwerk selbst kommen.

Nur im Zusammenhang mit dem Tanz hat eine tänzerische Technik Lebensrecht; aus diesem Zusammenhang herausgerissen, ist sie eine überflüssige und gefährliche, weil zu ichhaften Spielereien verleitende Kunstfertigkeit. Gar den Bewegungssinn des Laien mit sogenannter tänzerischer Gymnastik ausbilden, das ist dasselbe, wie wenn man seine Musikalität mit Tonleitern und Fingerübungen entfalten wollte. Bildenden Wert hat es keinen; umgekehrt, es verbildet, denn es macht die Mittel zum Selbstzweck; es stellt als wesentlich hin, was untergeordnet und dienend ist, und verwirrt damit das Ranggefühl.

So viel wie möglich soll deshalb die Technik im Zusammenhang mit dem Kunstwerk erarbeitet werden. Ein Lauf, der in seiner lebendigen Bedeutung innerhalb eines Musikstückes erlebt worden ist, wird anders geübt als einer, der aus der Klavierschule gelernt wird; eine Kniebeuge, die als Ausdrucksmittel in einer zu Boden sinkenden Gruppe in Phantasie und Körpergefühl eingeht, hat bessere Chancen, lebendig zu bleiben, als eine, die als gymnastische Übung gelernt wird.

Das ist mehr als ein methodischer Hinweis; es kennzeichnet das Wesen der Sache. Die Kniebeuge als Ausdrucksmittel im künstlerischen Tanz ist wesensverschieden von der als gymnastischer Übung, auch wo der äußere Ablauf der gleiche ist; die gymnastische Übung ist bestenfalls mit körperseelischem Leben gefüllt, das Ausdrucksmittel aber, wenn es echt ist, mit einer höheren, menschlicheren Art des Erlebens. Wer die

Kniebeuge in der sinkenden Gruppe zuerst erlebt, dem füllt sie sich ganz mit dem, was die sinkende Gruppe ausdrückt, und dieses Bild belebt und vertieft; es räumt körperliche Widerstände fort und bildet zugleich am Menschen, während es an seiner Bewegung arbeitet.

Wird eine technische Aufgabe so im Zusammenhang des Kunstwerks zuerst erlebt, so muß sie doch hernach in handwerklicher Kleinarbeit durchackert werden. Entscheidend ist, ob es gelingt, sie dabei in der Stimmungslage und im Erlebnisbereich des Künstlerischen zu halten.

Technik muß wohl ernst, aber sie darf *niemals schwer genommen werden.* Alles Trainieren muß leichtes und heiteres Spiel mit der Bewegung sein. Eine Technik, die im Unteroffiziersgeist einexerziert wurde, ist im innersten Wesen kunstwidrig („amusisch"), auch wenn Musik dazu gemacht wird, und wirkt im Tanz als Ausdruckshemmnis. *Das Techniküben selbst muß etwas wie Tanzen sein.* Es muß einen fortlaufenden Rhythmus, einen lebendigen Wechsel in Zeitmaß, Größe, Raumrichtung, Schwingungsweise haben. Nicht Tonleitern und Läufe, sondern die gute musikalische Etüde muß ihr Vorbild sein; dann erst wird der Tanz vollen Gewinn von der Technik haben.

IV. Atmung

Unter den innerleiblichen Organfunktionen ist die Atmung die einzige, die unmittelbar von äußeren Bewegungsvorgängen in Gang gesetzt wird. Im Unterschied von fast allen anderen Organsystemen wird sie nicht von glatten, unwillkürlichen Organmuskeln, sondern von gewöhnlichen quergestreiften „Skelettmuskeln" bedient, ist daher mehr oder minder dem Willen zugänglich. Manche von ihnen, z. B. die Bauchmuskeln, haben zudem noch mannigfache andre Bewegungsaufgaben zu erfüllen.

Dadurch ist die Atmung *störbar wie keine andere Organtätigkeit.* Man braucht sich nur vorzustellen, wir könnten unser übermüdetes Herz willkürlich zur Arbeit zwingen oder das erregt klopfende abstellen, um zu verstehen, in welchem Maße gerade die Atmung zum Einbruchstor zivilisatorischer Störungen werden kann.

Von unwillkürlich und unbewußt wirkenden vegetativen Zentren gesteuert, aber zugleich dem Willen zugänglich, bildet die Atmung gleichsam die *Brücke zwischen außen und innen,* Ich und Es, Mensch und Leib. Durch sein Atmen kann der Mensch seinen ganzen Organismus in Verwirrung bringen oder ihn ordnen und harmonisieren.

Mehr noch, die Atmung kann ein Mittel werden, Leibliches zum Ausdruck, zur Verkörperung von Seelischem und Geistigem werden zu lassen. Das hat man früher gewußt, die Einfügung von Atemlehren in Kulte und Philosophien des Ostens, ja auch der alten Griechen beweist es.

Mit der menschlichen Bewegung ist die Atmung durch mannigfache Wechselbeziehungen verbunden. Durch ihre innige Beziehung zu Kreislauf und Gasstoffwechsel übt sie wesentlichen Einfluß auf Zustand und Funktionsbereitschaft der Bewegungsorgane und damit auf die Qualität der Bewegung ebenso wie auf die quantitative Leistung aus.

Als Mittler seelischer Regungen entscheidet die freie oder beklommene, die gelassene oder erregte, naturhafte oder gewollte Atmung über den Ausdruck der Bewegung. Von ihr hängt das Menschliche oder Unmenschliche im Bewegungsausdruck ab. Von ihr aus kann durch Bewegung Seelisches im Menschen erreicht und berührt werden.

Als allgemeine Behauptung hat das wenig Bedeutung, ja es wird leicht zum Vorwand für mystischen Mißbrauch. Soll es fruchtbar werden, so muß man sich ein deutliches und lebendiges Bild des Atemvorgangs, seiner inneren Lenkung und seines Zusammenhangs mit Organtätigkeit, Körperform, Haltung und Bewegung erarbeiten. Bei der verbreiteten Unklarheit auf diesem Gebiet, den grob mechanischen Vorstellungen auf der einen, den mystischen auf der andern Seite wird es nötig sein, hier etwas weiter auszuholen.

1. Atemvorgang

Innere Atmung

Unter den Lebensvorgängen, die unmittelbar vom Verhalten des Menschen abhängen, ist die Atmung der wichtigste. Ohne Nahrung kann ein Mensch wochenlang leben, ohne Schlaf wenigstens einige Tage, ohne zu atmen, nur Minuten. Die Atmung führt der Lebensflamme die Luft zu; versagt sie, so muß die Flamme erlöschen.

Die Lebensflamme brennt in der Zelle. Die Zelle atmet: sie nimmt Sauerstoff aus dem Blut auf und gibt Kohlensäure ab. Den Sauerstoff braucht sie für ihren eignen, höchst komplizierten Stoffwechsel; unter anderm braucht sie ihn, um die hochorganisierten Nahrungsstoffe, von denen sie lebt, in ihre Bestandteile zu zerlegen. Sie „verbrennt" die Nahrung und erzeugt dadurch Lebensenergie und Körperwärme. Die Kohlensäure ist das giftige Endprodukt ihres Stoffwechsels, der „Rauch" des Zellöfchens. Ihre Entfernung durch den Blutstrom ist ebenso wichtig wie die Herbeischaffung des Sauerstoffs: ein Ofen kann im Rauch ersticken, wie er durch Mangel an Luft ausgehen kann.

Die Zellatmung, die die Lebensflamme unterhält, ist der eigentliche Atemvorgang, die Lungenatmung nur eine·Hilfseinrichtung, um diesen Lebensvorgang allen Zellen möglich zu machen. An der Lungenatmung wiederum ist der Gasaustausch zwischen Luft und Blut durch die Wände der Lungenbläschen (Alveolen) hindurch das wesentliche und die „Luftpumpe" der Atembewegung nur das Hilfswerk.

Da von dem ganzen Atemvorgang nur die äußere Bewegung des Pumpwerks zum Bewußtsein kommt, neigt der Mensch dazu, sie für das eigentliche zu halten. „Atmen ist gesund", damit meint man, je mehr

Luft man mit Hilfe der Atemmuskeln in den Brustkorb hineinpumpt, umso besser werde der Körper mit Sauerstoff versorgt.

Das ist nicht so. Das Zelleben hängt mindestens ebensosehr von der *Art* der Atmung, der *Qualität der Atembewegung* ab wie von ihrer Quantität, der meßbaren Pumpleistung. Das grobe Pumpwerk der äußeren Atembewegung geht ja unmittelbar in das feine und empfindliche Getriebe des inneren Lebens über. Alles, was mit dem einen geschieht, wirkt auf das andere.

Was helfen Luftmassen in den großen Luftgefäßen, wenn, wie beim Asthmatiker, die feinsten Bronchienästchen sich engstellen und die Luft nicht zu den Lungen lassen, wenn eine rasche und heftige Ausatmung keine Zeit zu vollständigem Gasaustausch zwischen Lunge und Blut läßt, oder wenn die Blutströmung in den feinsten Haargefäßen der Lunge stagniert, so daß der Gasaustausch zwischen Blut- und Luftgefäßen stockt?

Sinn der Atembewegung ist der Gaswechsel, nicht das Vollpumpen des Brustkorbs. Nur wenn man das Ganze wie alle Einzelheiten der Atmung von diesem Sinn her betrachtet, bleibt man vor Mißgriffen in der Praxis der Atempflege bewahrt.

Luftströmung

Gelingt ein tiefer, befreiender Atemzug, so fühlt es sich an, als ob die einströmende Luft die Brust weitet, aber so ist es nicht. Nicht die Luft strömt ein und weitet die Brust, — was sollte sie wohl zum Einströmen veranlassen? —, sondern der Brustraum weitet sich und saugt Luft ein. Die Bewegung ist also die Ursache der Luftströmung, nicht umgekehrt.

Wenn der Brustkorb sich weitet, vergrößert sich sein Rauminhalt. Die Innenluft verbreitet sich auf größerem Raum, sie wird dünner, innen herrscht Unterdruck im Verhältnis zu außen. Die Außenluft, wie jedes Gas bestrebt, sich auszubreiten, strömt durch Nase, Rachen, Kehlkopf, Luftröhre und Bronchien in die Lungenbläschen, bis der Druckunterschied ausgeglichen ist. Die Einströmung beruht also auf der *Saugwirkung der verdünnten Luft* im Innern des geweiteten Brustkorbs.

Durch den Unterdruck im Brustraum wird nun nicht nur die Luft, sondern auch das Blut angesogen. Aus den Venen des Unterkörpers wie des Hals- und Kopfgebiets, die ja unter dem größeren Druck der Außenluft stehen, strömt es beschleunigt dem Herzen zu. So wird die Atmung zu einer wichtigen *Hilfskraft für den Kreislauf,* deren Minderung an

Kreislaufschwächen mitschuldig sein, und deren Hebung zur Besserung des Kreislaufs erheblich beitragen kann.

In den Lungenbläschen findet der eigentliche Atemvorgang, der *Gasaustausch* statt. Durch ihre durchlässige Membran geht der Sauerstoff der eingeatmeten Luft (nicht der ganze, sondern nur etwa der vierte Teil, das heißt ein Sechzehntel der eingedrungenen Luftmenge) in die die Lungenbläschen umspinnenden feinsten Blutgefäße über, die dafür die von den Geweben ausgeschiedene Kohlensäure in die Lungenbläschen abgeben.

Die Ausatmung wird eingeleitet durch die Aktivität der Lunge. Durch die einströmende Luft gedehnt, ziehen die in die Lunge eingewebten elastischen Fasern sich kraft ihrer Elastizität zusammen und schieben dadurch sanft, durch einen nur minimalen Überdruck, die Luft aus den feinsten Luftgefäßen (Bronchiolen) in die gröberen und von da nach außen. Die Wände des Brustkorbs geben dem Zuge nach.

Bei der Einatmung ist also die bewegende Muskulatur aktiv, und die Lunge wird passiv gedehnt, bei der Ausatmung zieht sich die Lunge zusammen, und die bewegenden Muskeln geben nach.

Durch die elastische Zusammenziehung der Lunge wird das nun erfrischte, sauerstoffbeladene Blut in der Richtung zum Herzen vorwärtsgeschoben. So wird die Ausatmung zur Hilfskraft für den Lungenkreislauf.

Keineswegs wird beim Ausatmen die Luft mit Überdruck aus der Lunge heraus*gepreßt*. Beweis dafür ist der Unterdruck zwischen Lungenfell und Rippenfell, den bei der Atembewegung aneinander vorbeigleitenden Häuten, der auch bei der Ausatmung bestehen bleibt. Wird beim Ausatmen gepreßt, sei es durch Muskeltätigkeit, sei es durch schlaffes Zusammensinken des Brustkorbs, so entsteht ein Überdruck, der sich schädlich auf den Kreislauf auswirkt.*

Bewegungen

Die Atembewegungen sind verwickelter und schwerer vorzustellen als die äußeren Bewegungen des Körpers. Denn hier werden nicht nur Knochen von Muskeln bewegt, es werden auch Weichteile verschoben, und zwar solche, die im Innern des Körpers liegen. Nur zum Teil ist der Vorgang unmittelbar von außen zu sehen, zum Teil verläuft er im

---

* siehe Parow, Funktionelle Atemtherapie

Innern des Rumpfes und kann nur mittelbar an seinen Wirkungen auf die Körperoberfläche nachgeprüft werden.

Die Weitung des Brustraums geschieht durch Bewegungen des Rippenkorbes und des den Brustraum nach unten abschließenden Zwerchfells. Wände und Decke des Brustkorbs, von Rippenringen, Wirbelsäule und Brustbein gebildet, werden beim Einatmen nach allen Seiten auseinandergeschoben, am stärksten in seitlicher Richtung. Der Boden des Brustraums, das kuppelförmig nach oben gewölbte Zwerchfell, das zugleich die Decke der Bauchhöhle bildet, schiebt sich gegen die Bauchorgane zu nach unten. Beim Ausatmen rücken Wände und Decke des Brustkorbs wieder zusammen, und das Zwerchfell steigt in seine vorige Lage zurück.

Dabei drehen sich die Rippen um ihre Gelenkachse (die Verbindungslinie der beiden Gelenke, die eine Rippe mit dem zugehörigen Wirbel verbinden). Durch die Drehung werden die Rippen gehoben und der Brustkorb nach den Seiten, nach vorn, nach oben und auch etwas nach hinten erweitert. Im oberen Teil des Brustkorbs geschieht die Weitung ausgiebiger nach vorn, im unteren mehr nach den Seiten. Das hängt mit der verschiedenen Richtung der Ansatzachsen im oberen und unteren Teil des Brustkorbs zusammen.**

Da die Rippen durch dehnbare Knorpelspangen beweglich am Brustbein befestigt sind, braucht das Brustbein bei ruhigem Atmen nicht mitbewegt zu werden. Ebenso bleibt bei normaler Atmung der Schultergürtel ruhig, da er nur lose durch ein einziges Gelenk, das Schlüsselbein-Brustbeingelenk, am Brustkorb befestigt ist und den oberen Rippen Platz zu ausgiebiger Bewegung läßt.

Durch die Senkung des Zwerchfells werden sämtliche Brustorgane, Lungen, Bronchien, Herz und Gefäße nach unten gezogen und gedehnt. Mit der Luftröhre steigt deutlich sichtbar auch der Kehlkopf abwärts, falls er nicht durch Verspannung der Halsmuskeln festgestellt wird.

Gleichzeitig mit der Senkung des Zwerchfells, und ihr durch Nervenverbindung zugeordnet, verläuft eine Bewegung im Innern des Kehlkopfes: in dem Maße, wie das Zwerchfell nach unten rückt, öffnet sich die Stimmritze, und zwar umso weiter, je tiefer das Zwerchfell sich senkt. Mit dem Hochsteigen des Zwerchfells rücken die Stimmbänder allmählich wieder zusammen. Bei Zwerchfellähmung bleibt die Stimm-

---

** siehe Hofbauer, Atempathologie und -therapie

ritze geschlossen, und es tritt der Tod durch Ersticken ein, – einer der vielen Beweise für die lebenswichtige Bedeutung der Zwerchfellatmung.

Für die Druckverhältnisse im Bauchraum ist die Zwerchfellbewegung ebenfalls entscheidend wichtig. Die unter dem Zwerchfell gelegenen Bauchorgane nämlich werden beim Senken des Zwerchfells zusammengepreßt und weichen ein wenig nach außen; beim Steigen des Zwerchfells kehren sie in ihre alte Lage zurück. Diese Bewegung durchläuft bei genügender Zwerchfelltätigkeit den ganzen Bauchraum bis hinab ins kleine Becken und setzt sämtliche Organe einer sanften rhythmischen

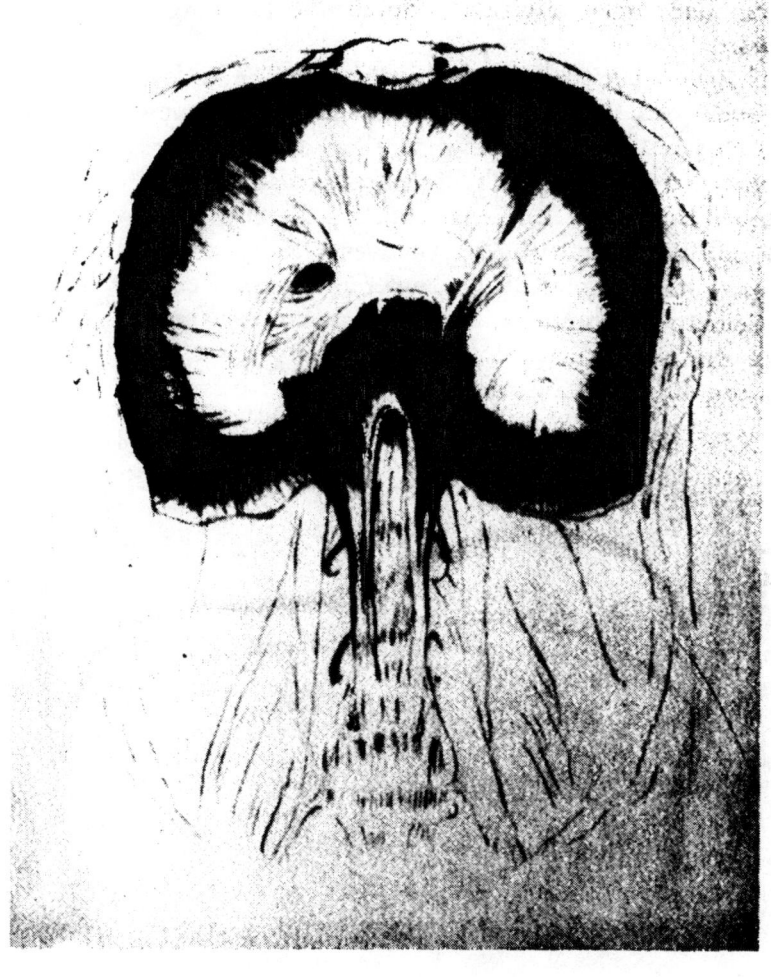

Zwerchfell, von vorn und unten gesehen

Massage aus, die für den Blutumlauf in Verdauungs-, Ausscheidungs-
und Geschlechtsorganen von großer Bedeutung ist.

Einatemmuskeln

Jede Rippe ist mit den beiden nächsthöheren Wirbeln durch zwei schräg
aufwärts und mittwärts laufende Muskeln, die *Rippenheber*, verbunden,
deren Verkürzung die Rippe zugleich hebt und ein wenig auswärts
dreht. Durch die Hebung der Rippen wird der Rippenkorb nach vorn,
seitlich und oben erweitert, durch die Drehung außerdem nach
rückwärts.

Das *Zwerchfell* ist eine halbkugelig gewölbte kräftige Membran, die
den Boden des Brustraums und zugleich die Decke der Bauchhöhle
bildet. Den mittleren, hochliegenden Teil, das Dach der Kuppel (etwa in
der Höhe der 4.–5. Rippe) bildet eine kleeblattförmige Platte aus kreuz
und quer laufendem Sehnengewebe, das die Öffnungen für die Speise-
röhre und die großen Gefäße, Hohlvene, Hauptschlagader und Milch-
brustgang, fest umschließt. Die äußeren unteren Teile der Kuppel und
ihre Seitenwände bestehen aus kräftigen Muskelfasern, die alle vom
Rande der Sehnenplatte entspringen und parallel der Brustwand abwärts zum Brustkorbrand laufen.

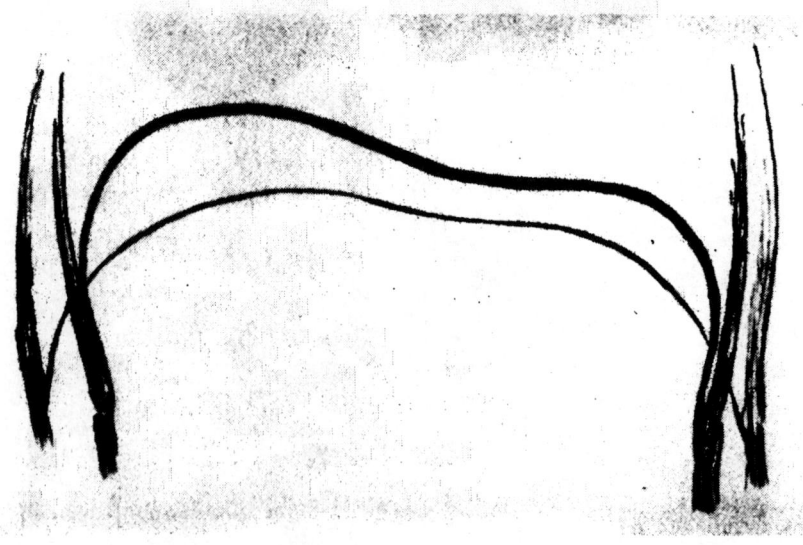

Zwerchfell von vorn

Wenn sich die Zwerchfellmuskeln zusammenziehen und dadurch verkürzen, wird die Sehnenplatte gegen den Rippenrand hin um einige Zentimeter herabgezogen: der Brustraum wird nach unten vergrößert, die Organe der Bauchhöhle von oben her zusammengedrückt.

Die Wirkung der Zwerchfellmuskeln ist sehr verschieden groß je nach ihrer verschiedenen Länge. Am kürzesten sind die vorderen, die an Brustbein und Rippenbögen ansetzen, am längsten die seitlichen, entsprechend den seitlich tief herabsteigenden Rändern des Rippenkorbes. Beinahe so lang sind die hinteren, die vor der Wirbelsäule abwärts ziehen und mit langen Sehnenschenkeln an sämtlichen Lendenwirbeln angewachsen sind. Demgemäß ist die Wirkung der seitlichen und hinteren Zwerchfellfasern am größten, die der vorderen am geringsten: wer nur mit den vorderen Zwerchfellpartien atmet (Bauchatmung), atmet unvollständig.

Die *Rippenhalter* liegen seitlich in der Tiefe des Halses und laufen von den Querfortsätzen der 5 unteren Halswirbel zu den beiden obersten Rippen, die sie durch ihre Verkürzung heben können. Sie tun das deutlich spürbar beim Gähnen, wohl auch bei besonderen Ansprüchen an die Atemleistung. Bei ruhigem Atmen wirken sie, wie ihr Name sagt, als Rippen*halter*, nicht -heber. Das heißt, sie bilden eine Aufhängevorrichtung für den Brustkorb: sie verhindern, daß er vorn zu tief hängt.

Durch die Rippenhalter wird die Stellung der oberen Rippen abhängig von der Kopfhaltung. Bei übermäßiger Höhlung (Lordose) der Halswirbelsäule (Schwanenhals) sowohl wie bei ihrer Vorneigung (Hängekopf) stehen die Ansätze der Rippenhalter zu tief, und die oberen Rippen hängen. Nur bei aufrechter Kopfhaltung ist daher vollständige Lungenspitzenatmung möglich.

Die *oberen hinteren Sägemuskeln* laufen von den letzten Hals- und den oberen Brustwirbeln schräg abwärts und ziemlich weit seitwärts zur zweiten bis fünften Rippe, wo sie mit ihren kennzeichnenden Zacken die „Säge" bilden. Durch ihre Verkürzung heben sie die Rippen.
Über die Zwischenrippenmuskeln später.

Ausatemmuskeln

Unter den Ausatemmuskeln sind die wichtigsten die *Bauchmuskeln.* Als ein dichtes Gitterwerk aus quer, längs und schräg verlaufenden Muskelsträngen, Bauchdecke genannt, umspannen sie wie ein Schlauch rings die Weichteile des Rumpfes von der Wirbelsäule an über die Seiten bis vorn.

Ihr Verständnis als Atemmuskeln wird dadurch erschwert, daß sie außer ihrer Bedeutung als Atemmuskeln, als Schutzdecke und Druckregler der Bauchorgane und als Helfer für die verschiedensten Organfunktionen (Darmentleerung, Erbrechen, Gebärakt), – welche Aufgaben sich alle recht gut miteinander vertragen –, noch eine Fülle andersartiger Aufgaben bei der Bewegung des Rumpfes und der Beine zu erfüllen haben.

Darin liegt aber auch eine praktische Schwierigkeit für die Ausbildung der Bauchmuskeln. Meist werden sie nämlich in der Leibeserziehung nur als Bewegungsmuskeln angesprochen. Wenn die Atmung in Ordnung ist, kann das ohne Gefahr geschehen, aber bei uns Zivilisierten ist die Atemfunktion gestört (nach J.L.Schmitt bei mehr als achtzig Prozent unserer Schulkinder!), und die Bauchmuskeln haben kein „Bewußtsein" ihrer Aufgabe beim Atmen. Trainiert man in diesem Zustande die Bauchmuskeln durch Bewegung, so werden die Atemfehler durch Verstärkung der falschen Muskeltätigkeit festgeübt und beinahe unausrottbar eingeprägt. Zudem verlieren die Bauchmuskeln dann noch den Rest ihrer Nachgiebigkeit. Es entstehen Verspannungen, durch die die Druckverhältnisse im Bauch verändert, die Blutströmung gestört, die Verdauungs- und Geschlechtsorgane in ihrer Funktion behindert und wichtige Lebensvorgänge, besonders das Gebären, erschwert werden.

Solches willensmäßige Training ist völlig überflüssig. Durch Atemerziehung, besonders durch Singen, kann man die Bauchmuskeln so ausbilden, daß sie die üblichen „Bauchmuskelübungen" ohne Atem- und Zirkulationsstörung bewältigen und, was wichtiger ist, allen Bewegungsansprüchen des Alltags mühelos gewachsen sind.

Um die Tätigkeit der Bauchmuskeln bei der Atmung zu verstehen, ist es notwendig, sich ein deutliches Bild ihrer Lage zu machen.

Die *geraden Bauchmuskeln (recti),* die vorn den Mittelteil der Bauchdecke bilden, sind einem breiten, sehnigen Futteral (Rectus-Scheide) eingelagert, das von Brustbein und Rippenbögen zum Schoßbein herabläuft. Sie laufen senkrecht abwärts, oben sehr breit, nach unten schmäler werdend, durch die sehnige Mittellinie (weiße Linie) längsund durch drei feste Sehnenplatten in vier Schichten quergeteilt. Unten werden sie überdeckt und verstärkt von den kleinen, ebenfalls längslaufenden Pyramidenmuskeln, die in einer besonderen Sehnentasche liegen und im Unterschied von den geraden Bauchmuskeln breit am Schoßbein ansetzen und sich nach oben verschmälern.

Als Bewegungsmuskeln bringen die geraden Bauchmuskeln durch ihre Verkürzung den vorderen Rippenrand und das Schoßbein einander näher, wirken also als Vorbeuger des Rumpfes, zum Beispiel beim Aufrichten aus der Rückbeuge im Stehen (und beim Rückbeugen als Antagonisten), beim Rumpf- oder Beinheben aus der Rückenlage usw. Einseitig verkürzt, helfen sie beim Seitbeugen des Rumpfes.

Den geraden Bauchmuskeln entsprechen die *vierseitigen Lendenmuskeln,* die die hintere Bauchwand bilden. Sie laufen vom Darmbeinkamm aufwärts zur untersten Rippe. Als Beweger der Wirbelsäule beugen sie den Rumpf nach hinten.

Zwischen Rektusscheide und Rückenstreckerscheide ist das *Gitterwerk der seitlichen Bauchdecke* ausgespannt. Als innerste Schicht laufen die queren Bauchmuskeln wie ein horizontal umgewickeltes Tuch beiderseits von der Rückenstreckerscheide zur Rektusscheide nach vorn. Bei ihrer Verkürzung verengen sie die Bauchhöhle und drücken den Bauchinhalt zusammen. Sie sind reine Atemmuskeln.

Über die queren lagern sich die inneren schrägen Bauchmuskeln, ungefähr in derselben Schrägrichtung verlaufend wie die vorderen Rippenbögen, also vorn von Brustbein, Rippenrändern und Rektusscheide schräg auswärts-abwärts zum Beckenrand, – und über diese, sie überkreuzend, die Schicht der äußeren schrägen Bauchmuskeln vom Brustkorbrand schräg einwärts-abwärts zum Beckenrand.

Als Bewegungsmuskeln beugen und drehen die schrägen Bauchmuskeln den Rumpf, wobei die einseitig gebrauchten geraden mitwirken, als Atemmuskeln haben sie, genau wie die queren, die Aufgabe, zusammenwirkend die Bauchhöhle beim Einatmen zusammenzuhalten und sie beim Ausatmen durch elastische Zusammenziehung zu verengen. Insbesondere senken die äußeren schrägen Bauchmuskeln beim Ausatmen die Rippen, und die inneren ziehen den beim Einatmen vorgewölbten Unterleib ein.

Während also als Rumpfbeweger die Bauchmuskeln einzeln und zum Teil antagonistisch gegeneinander arbeiten, *wirkt bei der Ausatmung das Gitterwerk der Bauchdecke als Ganzes.* Indem sich alle Bauchmuskeln gleichzeitig verkürzen, verengen sie den Bauch ringsum und nötigen so die Bauchorgane, die unten an den Beckenknochen festen Widerstand finden, nach oben auszuweichen und das bei der Einatmung herabgestiegene Zwerchfell wieder gegen die Lungen hinaufzuschieben.

Dabei ist es wichtig, daß die Bauchorgane nicht nach unten, in den weichen Beckenboden, ausweichen. Hier tritt die Beckenbodenmuskulatur, das „Beckenzwerchfell", in Funktion, das den unteren Beckenausgang verschließt, zwischen sich After, Harnröhre und Scheide als Ausgänge der Verdauungs-, Harn- und Geburtswege durchlassend. Die Muskeln des Beckenbodens geben, wie die Bauchdecken, beim Einatmen dem Druck der Bauchorgane ein wenig nach und helfen beim Ausatmen durch elastische Zusammenziehung den Bauchmuskeln, die Bauchorgane gegen das Zwerchfell hinaufzuschieben.

Ein schlaffes Beckenzwerchfell begünstigt Senkungen der Unterleibsorgane, ein verspanntes Stauungen in ihnen. Für den Geburtsvorgang ist seine Nachgiebigkeit, im Wochenbett seine elastische Straffheit wichtig.

Außer den Bauchmuskeln wirken bei der Ausatmung die *hinteren unteren Sägemuskeln* mit, die von der Rückenstreckerscheide in Höhe der untersten Brust- und obersten Lendenwirbel schräg seitwärts-aufwärts zu den vier untersten Rippen laufen, wo sie mit den charakteristischen Sägezacken ansetzen. Bei ihrer Verkürzung ziehen sie diese Rippen herab.

Weniger bekannt, aber viel wichtiger für die Ausatmung sind eine Reihe von Muskeln, die an der Innenwand des Brustkorbs verlaufen, und die wir als *innere Rippensenker* bezeichnen. Die hinteren inneren Rippensenker laufen von den Rippen schräg abwärts zur Wirbelsäule, also in entgegengesetzter Richtung wie die Rippenheber und sie wirken demgemäß entgegengesetzt. Die vorderen Rippensenker laufen von den Rippen schräg abwärts zum Brustbein und ziehen die Rippen gegen dieses herab.

Die *Zwischenrippenmuskeln* bilden gleichsam eine Fortsetzung des schützenden Bauchmuskelschlauchs nach oben. In ihrer Anordnung entsprechen sie genau den schrägen Bauchmuskeln. Wie diese die Bauchhöhle, so umspannen die Zwischenrippenmuskeln als elastisches Gitterwerk von Rippe zu Rippe den Brustraum. Ihre *innere Schicht* läuft, wie die inneren schrägen Bauchmuskeln, von jeder Rippe schräg abwärtsrückwärts zur nächsttieferen. Die äußere Schicht läuft quer zu ihnen von jeder Rippe schräg abwärts-vorwärts zur nächsttieferen.

Da von zwei durch Muskeln verbundenen Knochen immer der beweglichere dem (relativ) unbeweglicheren (fixierten) genähert wird, und da der der Wirbelsäule nähere Ansatzpunkt einer Rippe im Verhältnis zum entfernteren der Nachbarrippe der weniger bewegliche ist, müssen die inneren Zwischenrippenmuskeln die jeweils nächsthöhere Rippe herab-, die äußeren die nächsttiefere heraufziehen. Die *äußeren Zwischenrippenmuskeln* sind also *Rippenheber* und daher Einatmungs-, die *inneren Rippensenker* also Ausatmungsmuskeln.

Außer dieser Bewegungs-Funktion haben die Zwischenrippenmuskeln noch eine wichtige andre Aufgabe, wie ihr Funktionstüchtigbleiben nach dem Entstehen eines „Rippenfensters", einer knöchernen Verbindung zwischen zwei Rippen (etwa nach einer Rippenfellentzündung) beweist; denn ungebrauchte Muskeln verkümmern.

Die Zwischenrippenmuskeln schützen nämlich die Lungen vor Formveränderung durch den ungleichen Luftdruck zwischen innen und außen, die die Atemwirkung vermindern würde. Indem sie bei der wechselnden Entfernung und Annäherung der Rippen bei Ein- und Ausatmung sich stets so weit verkürzen, daß sie eine *elastisch-feste, gegen Luftdruck widerstandsfähige Wand* zwischen den Rippen bilden, verhindern sie, daß beim Einatmen durch den Überdruck der Außenluft Haut und Lungen zwischen die Rippen nach innen gesaugt und dadurch die Erweiterung des Brustraums teilweise aufgehoben wird; und ebenso verhindern sie, daß beim Ausatmen durch Überdruck in den Luftgängen die Lunge in die Rippenzwischenräume hinein nach auswärts gedrückt und dadurch die Ausströmung erschwert wird. (Hofbauer)

Rolle der Haltung

Bedeutenden Einfluß auf Lage und Tätigkeit der Atemmuskeln und auf den Verlauf der Atembewegung übt die Form der Wirbelsäule. Sie bildet nämlich das in sich bewegliche, aber relativ feste Gerüst, an dem der Brustkorb aufgehängt und mit dem er durch wichtige Atemmuskeln verbunden ist. Von ihrer Gestalt werden deshalb die Atembewegungen weitgehend mitbestimmt. Jede Verstärkung ihrer normalen Krümmungen und erst recht jede Umkehrung in die Gegenrichtung behindert die Atembewegungen und beeinträchtigt ihre Wirkung.

Übermäßige Höhlung (Lordose) der Halswirbelsäule läßt mit den Rippenhaltern den an ihr befestigten Brustkorb zu tief hängen, ebenso ein gestreckter, aber vorgeneigter Hals (Hängekopf).

Ein haltungsbedingter Flachrücken (oft bei vorgeschobenem Unterkörper) flacht den Brustkorb ab, ebenso ein schlaffer Rundrücken (Brustkyphose).

Bei starrem Rundrücken ist der Brustkorb oft tief (von vorn nach hinten gemessen), aber zu schmal.

Bei hohler Lende (Lendenlordose) sinken die untersten Rippen ein, der Brustkorb ist unten hinten zu schmal, Flanken- und Lendenatmung sind gering.

Nur eine aufrechte, „gerade", aber nicht starre, sondern bewegliche Wirbelsäule bietet der Atmung günstige Bedingungen. *Sinnvolle Atempflege ist deshalb nur im Zusammenhang mit Arbeit an der Haltung möglich.*

Da, wie im Kapitel Haltung näher beschrieben wird, auch von der Atembewegung rückwirkend Einflüsse auf die Haltung ausgehen, kann von einer engen *Wechselwirkung zwischen Atmung und Haltung* gesprochen werden.

Kräftespiel

Die Atembewegung ist ein *antagonistischer Vorgang,* das heißt, sie entsteht, genau wie die äußere Bewegung, durch fein abgestimmtes Zusammenarbeiten von Kräften und Gegenkräften. Das ist wichtig; hat man nur die bewegenden Kräfte, nicht ihre Gegenspieler im Sinne, so führt das zu Mißgriffen in der Praxis der Atempflege.

Die wirkenden Hauptkräfte sind die Muskelkräfte der Atemmuskeln und die Elastizität der Gewebe; außerdem ist die Schwerkraft beteiligt.

Hauptkräfte der Einatmung sind: die Muskelkraft der Rippenheber, der Zwischenrippenmuskeln, der hinteren oberen Sägemuskeln und des Zwerchfells, – ihre Gegenspieler für die Muskeln des Brustkorbs: die Elastizität der Rippenknorpel, der Rippensenker und sämtlicher Brustorgane, die bei der Einatmung gedehnt werden und dieser Dehnung Widerstand entgegensetzen –, man betrachte auf Röntgenbildern die großen Formveränderungen des vom Zwerchfell in die Länge gezogenen Herzens während der Einatmung! – außerdem die Schwere der Rippen; für das Zwerchfell die Elastizität der Brustorgane und der Ruhetonus der gesamten Bauchmuskulatur, welche den vom absteigenden Zwerchfell herabgedrückten und gegen sie andrängenden Bauchorganen Widerstand leistet.

Für die Ausatmung kehrt sich das Verhältnis um: die Gegenspieler der Einatmung sind die bewegenden Kräfte der Ausatmung, und die Bewirker der Einatmung sind deren Gegenspieler. Die Rückkehr des

Zwerchfells wird also – je nach den Ansprüchen, die an die Atmung gestellt werden – durch die Elastizität der Brustorgane und der Bauchdecke oder durch deren (bei kräftigem Singen oder Schreien zum Beispiel deutlich spürbare) aktive Zusammenziehung bewirkt: die Bauchmuskeln drücken die Bauchorgane zusammen, und diese drängen das Zwerchfell aufwärts. Den Brustkorb zieht die Elastizität der bei der Einatmung gedehnten Brustorgane und Rippenknorpel zusammen; die Schwerkraft wirkt mit.

Gegen die Tätigkeit der Bauchmuskeln wehrt sich dabei das Zwerchfell durch zarte antagonistische Gegenspannung, gegen die zusammenziehenden Kräfte des Brustkorbs die Einatemmuskeln.

Es ist also *die gesamte Atemmuskulatur* sowohl bei der Ausatmung wie bei der Einatmung beteiligt, im einen Falle bewegend, im anderen gegenhaltend; nur in der Pause nach der Ausatmung tritt völlige Lösung ein. Diese Pause ist deshalb besonders wichtig. Wird sie übergangen, so entsteht Verspannung beim Ein- und Schlaffheit beim Ausatmen.

Theoretisch sind diese Zusammenhänge viel zu wenig bekannt; praktisch werden sie vielfach mißachtet. Man läßt als Zwerchfellatmung die sogenannte Bauchatmung gelten, bei der der Bauch schlaff herunterfällt, statt weich gegenzuhalten, und stört damit Druckverhältnisse und Blutströmung in den Bauchorganen; und man pflegt eine Ausatmung, bei der der Brustkorb passiv ineinandersackt oder wohl gar durch sogenanntes Entspannen, das heißt schlaffes Fallenlassen des Oberkörpers stoßartig zusammengepreßt wird, – während jeder Blick auf Leute, die mit der Atmung arbeiten müssen, Sänger zum Beispiel, zeigt, daß gute Ausatemleistungen nur mit gehaltenem Brustkorb vollbracht werden.

Schlüsselstellung des Zwerchfells

Über die Bedeutung des Zwerchfells werden die törichtsten Behauptungen in Umlauf gesetzt und geglaubt. Ein um die Jahrhundertwende bekannter Gymnastiker und Erfinder eines eigenen Systems gibt das Zwerchfell für eine rein passive Zwischenwand zwischen Brust- und Bauchhöhle aus, und er „beweist" diese Behauptung durch ein Experiment mit einem – Zollstab. Die Frage, wozu das Zwerchfell wohl seine reiche und kräftige Muskulatur haben mag, wenn nicht zur Tätigkeit, scheint ihm gar nicht zu kommen.

Gelegentlich wird auch behauptet, die Muskulatur des Zwerchfells sei nicht zum Atmen, sondern nur zum Druckausgleich zwischen Brust-

und Bauchhöhle bestimmt. Für diese Aufgabe scheint sie aber wenig geeignet, sonst würden nicht so leicht Atemstörung und Herzbeschwerden bei Überdruck in der Bauchhöhle (überfüllter Magen, Blähungen) entstehen. Wer je nach anstrengender Bewegung (zum Beispiel nach einem kräftigen Ritt) einen Zwerchfellmuskelkater bekam, den braucht man nicht darüber zu belehren, wozu das Zwerchfell da ist.

Die Mitwirkung des Zwerchfells beim Atmen ist lebensnotwendig, schon wegen seiner Kuppelung mit dem Sichöffnen der Stimmritze. Atmung ohne Zwerchfell gibt es nicht. Die Tätigkeit des Zwerchfells ist aber auch entscheidend für den Ablauf des gesamten Atemvorgangs; das ist eine Erfahrungstatsache. Sobald es bei verkehrt atmenden Menschen gelingt, die Zwerchfelltätigkeit zu bessern, sehen wir den gesamten Atemvorgang sich ändern, Hemmungen und Verspannungen sich lösen, vorher stilliegende Teile des Atemorganismus in Bewegung kommen, das Gesamtbild harmonischer, den Gesichtsausdruck gelöster werden.

Je besser, das heißt je umfassender das Zwerchfell mit allen seinen Muskelfasern tätig ist, also *mit den seitlichen und hinteren ebenso wie mit den vorderen,* umso vollständiger und harmonischer arbeiten alle Atemmuskeln zusammen. In dem Maße, wie das Zwerchfell versagt, tritt im ganzen Atemvorgang Verwirrung und Mißklang ein. Das Zwerchfell ist gleichsam der *Dirigent des Atemorchesters.* In dem fein abgestimmten Zusammenspiel aller Atemmuskeln gibt es den Einsatz.

Damit soll nicht behauptet werden, wenn das Zwerchfell in Tätigkeit kommt, wäre alles andere von selbst da. Ist die Harmonie einmal gestört, so kann es schwer sein, sie wiederherzustellen. Wir sprechen hier von dem ursprünglichen Naturvorgang der Atmung, nicht von den Wegen, eine schon gestörte Einheit wiederzufinden.

Diese „Schlüsselstellung" des Zwerchfells hängt mit der Unwillkürlichkeit des natürlichen Atemvorganges zusammen. Das Zwerchfell ist nämlich ein unwillkürlicher Muskel, während die Beweger der Rippen sowohl willkürlich wie unwillkürlich gebraucht werden können. Jedermann kann, in gewissen Grenzen, auf Befehl seinen Brustkorb heben oder seitlich spreizen, keineswegs aber im gleichen Sinne das Zwerchfell senken. Was nicht hindert, daß auf Umwegen, z. B. mit Hilfe der Phantasie, unter ernsthafter Arbeit auch die Zwerchfelltätigkeit unter Kontrolle gebracht werden könnte. Die *unwillkürliche* Tätigkeit der Brustkorbbeweger setzt aber nur ein, wenn das Zwerchfell den Einsatz gibt. Fehlt dieser Einsatz. das heißt, beginnen andere Muskeln und schleppt das Zwerchfell nach, oder ist sein Einsatz zu unbestimmt, so arbeiten die übrigen Atemmuskeln mehr oder minder ohne Kontakt miteinander. Wenn Parow* behauptet, „daß die Muskeln dieses Apparats einschließlich des Zwerchfells willkürlich bewegt werden können", so gründet er doch erfreulicherweise seine Praxis nicht auf diese Behauptung, denn er lehnt ausdrücklich „jedes absichtlich tiefe Ein- und Ausatmen" als „sinnlos und anstrengend, unter Umständen schädlich" ab. Und als die „einzige brauchbare Übung für das Zwerchfell" betrachtet er die Einschaltung eines Atemwiderstandes durch Engstellen der vorderen Nase, wie es beim Schnüffeln geschieht, — womit zweifelsfrei eine *unwillkürliche* Mehrleistung des Zwerchfells bewirkt wird.

Daß es Parow praktisch viel mehr um Zulassen als um Machen zu tun ist, zeigen auch Bemerkungen wie: „Erzwingt man durch bestimmte Stellungen eine richtige Form, so stellen sich die richtigen Atembewegungen . . . von selber ein", oder: „die richtigen aktiven Brustkorbbewegungen ergeben sich" (bei richtiger Haltung des Rückgrats) „zwangsläufig". Was ihn nicht hindert, in seiner „Atemfibel" Vorschriften für die „korrekte Atmung" zu geben, als wäre zwischen dem bekannten willensmäßigen Training der äußeren Muskulatur und der differenzierten Feinarbeit am Unwillkürlichen keinerlei grundsätzlicher oder auch nur methodischer Unterschied. Daß hier eine andere *menschliche* Haltung gefordert ist, kommt nirgend zum Ausdruck.

Es ist erstaunlich, wie hier von einem Manne, der im übrigen alles von Einüben und Training erwartet, aus Erfahrung und gesundem Wirklichkeitssinn heraus ein in der Bewegungstherapie ganz neues Prinzip, das *Geschehenlassen anstelle des Machens*, (Jacoby) praktisch angewandt, aber überhaupt nicht als solches erkannt wird. Ein Zeichen, wie wenig eines der Grundprobleme des heutigen Menschen noch ins allgemeine Bewußtsein eingegangen ist.

Gesamtatmung

In der unverdorbenen Natur gibt es nur Gesamtatmung, keine Teilatmung. Teilatmung (Brustatmung, Flankenatmung, Bauchatmung) ist entweder eine natürlich entstandene Atemstörung oder ein Kunstprodukt falscher Atemschulung. Wohl kann innerhalb der natürlichen Gesamtatmung bald die eine, bald die andere Bewegungsrichtung stär-

---

* Parow, Funktionelle Atempathologie und -therapie

ker betont sein. Bei schwerer körperlicher Arbeit wird zum Beispiel mehr mit dem Zwerchfell, bei Feinarbeit mehr mit den Lungenspitzen geatmet. Aber immer sind dabei *sämtliche Atemmuskeln tätig, nur in verschiedenem Grade.* Niemals fehlt ein Teil der Atembewegung, und niemals drängt sich ein Teil auf Kosten der übrigen hervor. In den verschiedensten Abwandlungen bleibt das Gesamtbild harmonisch.

Nun setzt sich die Gesamtatmung als Prinzip mehr und mehr durch, aber leider oft nur in der Theorie: man sagt Gesamtatmung und glaubt sie zu erreichen, indem man Bauch-, Flanken- und Brustatmung getrennt einübt, – wobei es dann geschehen kann, daß bei der Brustatmung eine umgekehrte Zwerchfellatmung einsetzt (Einsinken des Bauches beim Ein- und Wölben beim Ausatmen), oder daß beim Üben der Bauchatmung (die nebenbei keine Zwerchfellatmung ist!) der Brustkorb beim Einatmen einsinkt.

Bauchatmung, Flankenatmung, Brustatmung getrennt zu üben und daraus eine Vollatmung zusammensetzen zu wollen, ist sinnlos. Die Vollatmung, die dabei herauskommt, gleicht der naturgemäßen, wie der naturhaft fließenden Bewegung eine kunstvolle technische Übung gleicht, von der man jedes Bruchstück einzeln eingeübt hat. Sie ist jämmerliches Stückwerk.

Umgekehrt muß man vom organischen Ganzen des Atemvorgangs ausgehen, wie sehr dies Ganze auch immer durch körperliche oder seelische, durch natürliche oder künstliche Einflüsse verbogen und verstört sein möge, und innerhalb dieses Ganzen das geschwächte Einzelne zu kräftigen suchen. Dann wird das Einzelne Zustrom aus dem Ganzen empfangen und das Ganze sich unter dem Einfluß des gebesserten Einzelnen kräftigen. Statt neue Gewohnheiten zu erwerben, wird der Mensch eine *Entwicklung* erfahren.

Geschlechtstypen der Atmung?

Immer noch hört man gelegentlich das Märchen von den verschiedenen Atemtypen der Geschlechter. Die Frau soll mehr mit der Brust, der Mann mehr mit dem Bauche atmen. Begründet wird das mit den veränderten Druckverhältnissen bei der Schwangerschaft, die die Zwerchfellatmung unmöglich machen sollen.

Atemorgane und Atemmuskeln sind bei beiden Geschlechtern in allem Wesentlichen gleich organisiert. Es ist kein Grund, anzunehmen, daß gleiche Organe verschiedene Funktionen haben sollten. Tatsächlich ist auch bei körperlich und seelisch unverdorbenen Völkern, z. B. bei Indianern und Negern (J. L. Schmidt), kein Unterschied zwischen den Atemvorgängen bei Männern und Frauen. Soweit bei uns die Frauen zur Hochatmung neigen, sind Rockbund und falsche, nervenerschöpfende Lebens- und Arbeitsweise (Hausfrauen!) schuld. Wie sollte auch wohl die Bauchdecke, die der großen Erweiterung des Bauchraumes durch die Frucht und ihre Hüllen mühelos nachgibt, der verhältnismäßig geringen und dazu gewohnten Erweiterung durch das absteigende Zwerchfell unüberwindlichen Widerstand entgegensetzen?

Vielfache Erfahrung zeigt, daß es Frauen, deren Zwerchfell richtig zu arbeiten gewohnt ist, nicht schwer fällt, sich auch während der Schwangerschaft eine umfassende Tiefatmung zu erhalten, und solche Frauen empfinden die Fähigkeit zu beherrschendem Spiel mit der Bauchmuskulatur, die damit erworben wird, als größte Hilfe bei der Geburt und im Wochenbett.

Müßte es übrigens nicht auffallen, daß der hier konstruierte „Geschlechtsunterschied" im genauen Gegensatz zu dem üblichen Schema der Geschlechtseigenschaften steht? Nach dem müßte eigentlich der Mann, als Träger der Intelligenz und des Willens, Brustatmung, die Frau, als Hüterin des Naturhaften, Flanken- und Bauchatmung haben. Aber solche kleinen Widersprüche sind belanglos für den, dem die Brille des Vorurteils ins Fleisch gewachsen ist.

Die Unterschiede zwischen den Geschlechtern sind so grob nicht, wie man meint. In ein so plumpes Schema, wie es der Gegensatz „Brustatmung − Bauchatmung", − der Gegensatz, nebenbei bemerkt, zwischen zwei Atem*fehlern* −, ist, läßt er sich gewiß nicht einfangen. Ob es einer vorurteilsfreieren Zeit als der unseren gelingen wird, ein objektives Wissen von dem zu erlangen, was beim Menschen als männlich und weiblich anzusehen ist, bleibt abzuwarten. Gewiß aber ist, daß sie es *im Wie und nicht im Was,* in den Variationen der Lebensmelodie und nicht in ihrem Grundthema finden wird.

Atemform

Bei organischer Gesamtatmung nehmen alle Teile des Rumpfes außer Becken und Schultergürtel an der Atembewegung teil. Die Bewegung ist daher nicht groß, aber allseitig. Im Ganzen ist sie mehr nach den Seiten als nach vorn gerichtet. Starke Bauch- und Rippenbewegung nach vorn deutet auf Fehlen der Flanken- und seitlichen Zwerchfellatmung hin.

Als äußerlich sichtbares und tastbares Kennzeichen umfassender Zwerchfellatmung wölbt sich der Mittelkörper (die Gürtellinie) überall nach außen; seitlich und hinten (Lenden) ebenso wie vorn. Fehlt die Bewegung im Rücken oder an den Seiten, so arbeiten die hinteren oder seitlichen Zwerchfellmuskeln nicht mit.

Die Bauchmuskeln geben dem Druck der vom Zwerchfell herabgedrängten Bauchorgane nach, aber sie halten zugleich gegen. Der Bauch fällt daher nicht heraus, sondern wölbt sich nur sachte vor. Beim Ausatmen geht er zurück, aber nicht durch krampfhaftes Anspannen der Bauchmuskeln, sondern sanft und unwillkürlich. Es entstehen dabei keine Falten; eine Bauchfalte ober-, seltener unterhalb des Nabels läßt auf dauernde Verspannung der geraden Bauchmuskeln, meist im Zusammenhang mit Fehlhaltung, schließen.

Auch der Unterleib ist bei der Rückbewegung des Bauches beteiligt, und zwar in Harmonie mit dem Oberleib. Wechsel zwischen oben und unten in der Rückbewegung zeigt, daß die Bauchmuskeln ihr natürliches Zusammenspiel verloren haben.

Fehlt die Rückbewegung des Unterleibes, so versagen die inneren schrägen Bauchmuskeln und der unterste Teil der geraden bzw. der Pyramidenmuskeln; stehen die Rippenbögen hoch, statt sich bei der Ausatmung zu senken, so verweigern die äußeren schrägen Bauchmuskeln den Dienst. Steht die Magengrube heraus, statt bei der Ausatmung zurückzugehen, so ist der oberste Teil der geraden Bauchmuskeln untätig. Fehlt — wie oft bei Schwangeren — die Einziehung der Gürtellinie ringsum, so versagen die queren Bauchmuskeln.

Die unteren Rippen bewegen sich klein und zart, aber deutlich sichtbar nach den Seiten (Flankenatmung); sie dürfen weder starr herausstehen noch eingesunken sein. Enge Mitte mit Vertiefungen seitlich und hinten zwischen Becken und Brustkorb, ebenso kurze Mitte, d. h. zu geringer Abstand zwischen Rippenkorb und Beckenrand, sind Kennzeichen mangelnder Flankenatmung.

Die vorderen Rippenbögen sind in kleiner Bewegung, das Brustbein bewegt sich wenig oder gar nicht, es bildet mehr die feste Ansatzstelle, um die sich die Rippen bewegen. Es ist aber beweglich und gibt dem Druck der Hand leicht nach. Mittlere und obere Rippen bewegen sich gleichmäßig und in Harmonie mit den unteren. Eingesunkene mittlere Rippen (Eindellungen in Höhe etwa der Brustwarzen) deuten auf überstandene Rachitis.

Schlüsselbeine und Schulterblätter sollen sich beim Atmen nicht mitbewegen. Starke Bewegung des Schultergürtels, bei der die Schlüsselbeingruben mit der Einatmung vertieft werden, ist ein unzulänglicher Versuch, ungenügende Zwerchfelltätigkeit durch Hochatmung zu ersetzen.

In den seitlichen unteren Halspartien, in welche die Lungenspitzen durch die obere Brustkorböffnung hineinragen, ist die Atmung als zarte Vibratioen zu spüren. In den obersten Rippen ist die Bewegung klein, aber deutlich sichtbar.

Vom Rücken her bietet die Atmung das Bild überall schwingender, aber nicht großer Bewegung, Flanken und Lenden füllen und leeren sich rhythmisch.

Als Ganzes ist die Atembewegung zart, belebt und schwingend. Bei leichtem Auflegen der Fingerspitzen kann man spüren, wie die große Welle eines Atemzuges sich in kleinere Teilwellen gliedert. Festes Anlegen der Hände hemmt diese zarten Schwingungen.

Der Form nach ist die Atembewegung mannigfaltigen Veränderungen unterworfen, ohne daß die Grundform aufgelöst würde. Alle Formänderungen sind Variationen, Abwandlungen der einen Grundform.

Atemrhythmus

Die naturgemäße Atembewegung ist weich, stetig wellig, ohne scharfe Umkehrpunkte zwischen Ein- und Ausatmung. Ihre pneumographische Kurve zeigt in der Ruhe Rundungen, keine Zacken. Sie verläuft im dreiteiligen Rhythmus von Einatmung, Ausatmung und Pause. Die Pause ist kein einfaches Aussetzen der Atembewegung; ähnlich wie die Pause in der Musik ist sie ein inneres Ausklingen. Es ist ein großer Unterschied zwischen der Pause, die man zwischen zwei willkürlichen Atemzügen einlegt, und der belebten schwingenden, die sich bei naturhafter Atmung von selbst einstellt. Sie wird als der verhaltene, innerliche Teil des Atemvorgangs erlebt, in dem sich der Neubeginn vorbereitet.

Durch die Pause bekommt die Atmung auftaktiges Gepräge; die Einatmung wird als Auftakt, die Ausatmung als schwerer Taktteil empfunden.

Dieser *dreilige Rhythmus* ist es, der der Atmung das naturhaft Schwingende, dem Menschen den Ausdruck des Insichruhens gibt. Zweiteilige Atmung, der die Pause fehlt, macht unruhig und zerstreut, dreiteilige beruhigt. Schlafende atmen immer dreiteilig, es sei denn, die falsche Atmung wäre ihnen schon zur zweiten Natur geworden. Oft genügt ruhiges langes Ausatmen mit Ausklingenlassen der Pause, um Unruhe zu überwinden und in Schlaf zu kommen. In jedem Falle schläft man mit ruhend ausklingendem Atem tiefer und erquickender als mit hastigem.

Auch die Arbeit wird bei zweiteiliger Atmung hastig und anstrengend. Bei langer Ausatmung ist man in Atem, bei umgekehrtem Atemrhythmus mit kurzer Aus- und langer Einatmung außer Atem. Asthmatiker atmen oft so, und manche Gesunde atmen und bewegen sich, als ob sie Asthmatiker wären.

Bei naturhaftem Atemrhythmus bleibt man innerlich ruhig auch bei Anstrengung oder scharfer Konzentration. Die Leistung klingt mit dem inneren Leben zusammen und fühlt sich gut an. Bei umgekehrtem Atemrhythmus gibt es fortwährend Mißtöne zwischen Leistung und Organismus; es entstehen Gegengefühle, die, – auch wenn sie unbewußt bleiben –, dauernd Kräfte zu ihrer Überwindung fordern.

Der Atemrhythmus ist in höchstem Maße *wandlungsfähig*. Ohne daß der dreiteilige Rhythmus durchbrochen wird, schwankt das zeitliche Verhältnis der Einatmung zur Ausatmung zwischen ungefährer Gleichheit und größten Unterschieden, wie beim Sänger, der im Bruchteil einer Sekunde ein- und während einer Viertel- oder halben Minute und länger ausatmet.

Auch in rascher Bewegung braucht keineswegs die Ausatmung verkürzt und die Einatmung verlängert zu werden; damit wird die Atemnot gesteigert, nicht überwunden. Bei laufenden Tieren, Hunden und Pferden, hört man oft nichts als Ausatemgeräusche. Die Einatmung wird nur als Unterbrechung der Ausatmung wahrgenommen. Je länger die Ausatmung, umso stärker wird der Einatmungsimpuls, und umso mehr Luft strömt ein.

Der Atemrhythmus unterliegt *fortwährendem Wechsel*. Kein Atemzug ist dem vorhergehenden völlig gleich. Auch bei gleichmäßiger Beschäftigung ändert sich der Atem in Größe, Form, Dauer, Tiefe, Erregungsgrad, Strömungsweise. Nur ein vital gestörter, in seiner Atmung festgelegter Mensch atmet während längerer Zeit gleichmäßig fort. Sogar bei Schlafenden, obwohl da ein großer Teil der verändernden Einflüsse fortfällt, besonders bei schlafenden Kindern, kann man beobachten, wie von Zeit zu Zeit mit einem Aufatmen der Atemrhythmus sich ändert. *Zwei aufeinander folgende Atemzüge sind einander ähnlich, aber nicht gleich; darin stimmt die Atmung mit allen anderen rhythmischen Abläufen überein.* Eingeübt-gleichförmige Atmung ist so wenig in Ordnung wie hilflos-unregelmäßige.

Der Atemrhyrhmus hat *individuelles Gepräge.* Unter Hunderten von Menschen findet man nicht zwei mit gleicher Atemweise. Nun gehen freilich die groben, ins Auge fallenden Unterschiede meist auf Atemfehler zurück. Der eine zieht bei jedem Atemzug die Schultern hoch, der andere bewegt sie auswärts; dieser läßt den Bauch nach vorn fallen, jener zieht ihn ein. Auf die wesentlichen Unterschiede kommt man erst, wenn die Atemfehler nachlassen.

Es verschwinden dann die Gegensätze, aber was sich ergibt, ist nicht Gleichheit. Genau wie zwei Atemzüge *eines* Lebewesens, so sind auch die Atemweisen zweier Menschen einander ähnlich, aber nicht gleich; sie unterscheiden sich auf eine sprechende Weise. Es ist gewiß kein Zufall, wenn ein Mensch auch bei wiedererlangter Gesamtatmung stets die Flankenbewegung, ein anderer die des Zwerchfells oder der Lungenspitzen betont, so wenig es ein Zufall ist, wenn der eine stimmlich bei Mozart, der andere bei Schubert frei wird. Und vielleicht noch stärker als in der Form prägt sich der Lebenszustand und das leibliche und seelische Wesen eines Menschen im *Rhythmus* seiner Atmung aus, in der Art, wie es bei ihm strömt, wie es zu Ende geht und neu beginnt, wie er aufatmet und den Atemrhythmus ändert, wie sein Atem auf innere und äußere Eindrücke antwortet.

Nur soll man sich hüten, solche Wesenseigentümlichkeiten psychologisch deuten zu wollen. Denn so gewiß sie sprechen, so fraglich ist es, ob sich das, was sie sagen, in begrifflicher Sprache ausdrücken läßt, ohne vergröbert, mißdeutet, verfälscht zu werden.

Das Atemhalten

Die Pause nach der Einatmung, das sogenannte Atemhalten, liegt nicht im natürlichen Atemrhythmus. Es ist ein Kunstvorgang. Instinktiv benutzen wir ihn beim Lauschen, bei kurzer starker Anspannung der Aufmerksamkeit, bei sehr feinen und genauen Leistungen der Hände usw. Man kann beobachten, daß bei diesem lauschenden Anhalten eine große innere Ruhe eintritt. Es ist, als ob ein leiser Ton im Kopf oder in den Ohren plötzlich aufhörte. Möglicherweise liegt das daran, daß bei angehaltenem Atem und unbeweglich weit bleibendem Brustkorb der Blutzustrom zum Gehirn beruhigt wird.

Auch bei schweren körperlichen Anstrengungen wird oft der Atem angehalten. Instinktiv versucht man so, durch Feststellen des geweiteten Brustkorbs und des ganzen Rumpfes eine feste Verbindung zwischen Armen und Beinen bzw. Boden zu schaffen. Meist geschieht dieses Feststellen des Brustkorbes aber auf schädliche Weise, nämlich nicht durch Spannen der Einatmungsmuskeln, sondern durch krampfhaftes Verschließen der Stimmritze, durch *Pressen*. Die Adern an Hals und Stirn treten dann dick heraus, der Kopf wird rot, oft scheinen die Augen hervorzuquellen. Dieses Pressen bewirkt eine starke Störung der Blutzirkulation und kann auf die Dauer Kehlkopf und Herz schädigen. Das frühe Versagen des Herzens bei Lastträgern wird darauf zurückgeführt. Richtiges Atemhalten bei kurzer schwerer Anstrengung kann dagegen eine Hilfe sein.

Eine große Rolle spielt das Atemhalten in den Atemlehren des Ostens. Viele Atemübungen des Yogha bestehen in willensmäßiger Regelung des Atemrhythmus, oft nach Zählen und mit immer längerem Atemhalten nach der Einatmung. Solches Atemhalten gilt als Mittel geistiger Konzentration und körperlicher Kräftigung.

Völker, deren unwillkürliche Gesamtatmung noch ungebrochen ist, können solche kunstmäßige Regelung des Atems üben und Kräfte daraus schöpfen. Man sieht das zum Beispiel an Abbildungen japanischer Sportler, deren harmonische, unverzerrte Körperform von ihrer ungestörten Atmung spricht, und die ihre besten Leistungen im Augenblick des Atemhaltens bei gefülltem Brustkorb vollbringen. Bei uns, wo kaum ein Mensch mehr richtig atmet, führen solche Übungen meist zu weiterer Verstörung des Atemvorgangs und oft zu körperlicher Überanstrengung und nervlicher Überreizung.

2. Nervliche Steuerung

Naturatmung

Die Atmung steht auf der Grenze zwischen unwillkürlicher und willentlicher Bewegung. Sie ist unwillkürlich wirkenden Kräften anvertraut, aber dem Willen zugänglich. Es atmet in uns, ob wir daran denken oder nicht; aber auch *wir* können atmen, und wir können damit das in uns wirkende Es, die Vernunft des Leibes, unterstützen, oder wir können ihm böse ins Handwerk pfuschen.

Das ist die eigentliche Bedeutung der Atmung im menschlichen Bewegungs- und Lebensgeschehen: sie hat die *Schlüsselstellung* inne, die Stellung, von der aus der Mensch die Natur in sich entfalten oder sie unterdrücken und verstören kann.

Obwohl die Atemmuskeln zu den quergestreiften Skelettmuskeln gehören, deren Tätigkeit in gewissem Maße dem Willen unterliegt, – in den unter „Bewegungslenkung" dargestellten Grenzen –, ist die Atmung als Ganzes ein unwillkürlicher Naturvorgang. Das Zwerchfell als Dirigent des Atemorchesters ist zunächst ein rein unwillkürlicher Muskel, dessen willkürliche Beherrschung nur auf indirektem Wege gelingt. Die Rippenheber können willentlich innerviert werden, aber es entsteht dabei eine verzerrte Atemform. Dasselbe gilt von den Bauchmuskeln. Und von den übrigen Atemmuskeln hat der Mensch zunächst so wenig Bewußtsein wie von der Tätigkeit des Zwerchfells, und er gewinnt es, wenn überhaupt, nur auf dem Wege über die unwillkürliche Atmung.

Atemzentrum

Nervlich wird die Atembewegung in Gang gesetzt durch das vegetative *Atemzentrum* im Kopfmark, der Verlängerung des Rückenmarks in die Schädelhöhle. Sauerstoffmangel und Kohlensäure-Überschuß im Blut reizen es zur Abgabe von Einatmungs-Impulsen. Unterstützt wird es durch reizempfindliche Zellgruppen in der Brustschlagader (Aorta) und an der Teilungsstelle der Halsschlagader (Carotis), die ebenfalls auf chemische Reize aus dem Blut reagieren und sie auf nervlichem Wege ans Atemzentrum weitermelden.

Den Anlaß zur Ausatmung geben nicht chemische, sondern mechanische Reize: der Lungenast des „schweifenden" Nervs (nervus vagus) – so genannt, weil er seine Äste zu den verschiedensten Organsystemen sendet – meldet dem Atemzentrum den Dehnungsgrad des elastischen Lungengewebes und bewirkt dadurch die Umschaltung von der Ein- zur Ausatmung (Schaltreflex).

Nach der Ausatmung gibt das Atemzentrum nicht gleich einen neuen Einatem-Impuls; erst wenn von der Zusammensetzung des Blutes her ein neuer Reiz auf das Atemzentrum geübt wird, beginnt die neue Einatmung. Nach übermäßigem Einatmen kann der Impuls lange ausbleiben. Fehlt die Pause und folgt unter normalen Umständen die Einatmung unmittelbar auf die Ausatmung, so wird „willkürlich" geatmet; die Innervation geht dann nicht vom Atemzentrum, sondern vom Großhirn bzw. Rückenmark aus.

Periphere Einflüsse

Mannigfache Meldungen unterrichten das Atemzentrum von Haltungs- und Bewegungslage des Brustkorbs und von den Druckverhältnissen im Oberbauch. Aber auch von anderen Organen und Organsystemen, sowie von der Haut (Atemreflexe auf kaltes Wasser, auf bürsten usw.!), von Gelenken und Muskeln der äußeren Bewegung empfängt das Atemzentrum laufend Nachrichten. Nichts im Körper, das nicht auf die Atmung einwirken könnte, sei es auf chemischem oder auf nervlichem Wege! Eine viel zu wenig beachtete Tatsache, die für die Atembehandlung wichtige Folgen hat.

Auch die Schleimhäute der oberen Luftwege, besonders die der Nase, enthalten reizempfindliche Zellen und vermitteln durch ihre Nachrichten über Temperatur und Zusammensetzung der Luft Atemreflexe wie Niesen und Husten beim Eindringen von Fremkörpern, Weit- und Engstellen der Luftgefäße je nach Temperatur und Feuchtigkeit usw.

Die Nase ihrerseits steht wieder mit anderen Organsystemen in reflektorischer Verbindung, so mit der Hypophyse, die vermutlich ihrerseits wieder auf die Funktionen der Nebennierenrinde Einfluß übt. Die Ausschaltung dieser Verbindung bei Mundatmung — neben dem mangelhaften Blutrückstrom aus der vorderen Schädelhöhe — wird (nach J. L. Schmitt) für das geistige Zurückbleiben mundatmender Kinder mit verantwortlich gemacht.

Tonussteuerung

Vom Atemzentrum gesteuert wird auch die Ruhespannung der Atemmuskeln, ihr Tonus. Diese vegetative Tonussteuerung der Atemmuskeln ist deshalb von großer Bedeutung, weil von ihr (nach J. L. Schmitt) nicht nur die mengenmäßige Leistung, das Wieviel, sondern auch das Wie, die *Form* der Atmung mitbestimmt wird. Bei zu geringem Tonus gibt es zu wenig Brustatmung, und das Zwerchfell muß die Arbeit allein tun, bei zu großem wird durch Überaktivität des Brustkorbs das Zwerchfell behindert.

Weitere atmungswichtige Zentren hat die neuere Forschung oberhalb des Kopfmarks im Zwischenhirn aufgefunden. Sie stimmen die Atmung auf die wechselnden Bedürfnisse des Lebensganzen ab, sorgen also für ein harmonisches Zusammenspiel der Atmung mit dem übrigen Lebensgeschehen.

Andererseits stehen diese Zentren auch mit der Großhirnrinde, dem Instrument unseres bewußten Lebens, in Verbindung und vermitteln Einflüsse sowohl von Körperlichen aufs Seelische wie vom Seelischen aufs Körperliche. Von der Großhirnrinde können tonushemmende, also entspannende Wirkungen auf die Atemmuskeln ausgehen: ruhig werden bedeutet Lösung, Beruhigung, Harmonisierung der Atmung; seelisches Schlaffwerden, Niedergeschlagensein andererseits läßt auch die Atmung erschlaffen.

Gelingt es, im Asthma-Anfall die Erstickungsangst abklingen zu lassen, so läßt die Verkrampfung der Luftwege nach, der Atem wird freier, und das wieder beruhigt seelisch. Anstelle des unheilvollen Kreislaufs zwischen Angst und Krampf, bei dem die Angst den Krampf und der Krampf wiederum die Angst verstärkt, tritt ein heilsamer Kreislauf zwischen Vertrauen und Lösung.

Eine andre für das Leben des heutigen Menschen besonders wichtige Beziehung besteht zwischen Atemzentren und Wachzustand der Großhirnrinde. Nach Schmitt üben nämlich die Atemzentren eine ausgesprochene *Weckwirkung* auf das Großhirn und gewinnen damit eine entscheidende Bedeutung für die Aufrechterhaltung des Bewußtseins. „Die bewußte Wahrnehmung, das wache Bewußtsein . . . ist nicht möglich ohne anregende Impulse aus dem genannten Gebiet." Störungen in diesem Gebiet „haben eine bis zur Unerweckbarkeit durch stärkste Reize führende Dämpfung des Wachzustandes . . . zur Folge". *Belebung der Atmung führt Belebung des Bewußtseins herbei.*

Solche Tatsachen werfen ein Licht auf Jahrtausende alte östliche Atemlehren, nach denen bewußtes Atmen den Menschen geistig erwecken und zu höherer Erkenntnis fähig machen kann. Einfachste Erfahrungen mit der Weckwirkung der Atmung machen wir ja alle, wenn wir uns durch ein paar Atemzüge im Freien oder durch herzhaftes Gähnen aus morgendlichem Halbschlummer, aus stumpfer Langeweile oder aus abendlicher Müdigkeit herausatmen.

Atmen, wenn es gelingt, die unwillkürlichen Zentren zu beleben, macht geistig wie leiblich wach und lebendig, ähnlich wie Kaffee, Tee,

Cola usw., deren Weckwirkung ja auch zum guten Teil über die Anregung vegetativer Zentren des Zwischenhirns zu vertiefter und belebter Atmung geht.

All diese Zusammenhänge sind erst in neuerer Zeit entdeckt worden. Sicherlich werden wir in Zukunft noch manches Neue auf diesem Gebiet erfahren. Wie sehr die gesunde Kraft unseres geistigen Lebens vom Kontakt mit leiblichen Grundfunktionen und von der Einordnung unseres menschlichen Wollens in die Gesetze der lebendigen Natur abhängt, beginnt uns erst heute mit dem Zerreißen des Fortschrittwahns, der etwas wie menschlicher Allmachtswahn war, wieder deutlich zu werden.

Naturatmung und Willensatmung

Die etwas eingehendere, wenn auch entfernt nicht erschöpfende Darstellung dessen, was man bis heute von der Steuerung der Atmung weiß, war notwendig, um einleuchtend zu machen, wie wenig solche komplizierten Vorgänge durch eine eingeübte Willensatmung zu ersetzen sind.

Was verstehen wir unter Willensatmung? Wir können willkürlich die Rippen spreizen und den Brustkorb erweitern, so daß Luft einströmt. Das ist allerdings nur innerhalb bestimmter Grenzen möglich. Je länger wir, etwa auf Anordnung des Arztes bei einer Untersuchung der Lunge, willkürlich geatmet haben, umso weniger gelingt es. Es kommt ein Punkt der Sauerstoffsättigung, bei dem der Atem stillsteht und wir mit aller Anstrengung nicht eher wieder einatmen können, als bis sich wieder Lufthunger einstellt, — ähnlich wie wir nicht beliebig oft leer schlucken können. Und so wenig wir unbegrenzt willentlich atmen können, so wenig können wir das Atmen beliebig lange unterlassen.

Die willentliche Atmung wird, wie alle Willensbewegungen, von Großhirn und Rückenmark innerviert, freilich nicht ohne Beteiligung vegetativer Funktionen. Ursprünglich entsteht sie wohl als Nothandlung bei übermäßigen Anstrengungen, auf die das Atemzentrum oder die Atemmuskeln nicht eingestellt sind, in der Erregung, bei hastiger, unrhythmischer Arbeit und ganz besonders bei Anstrengungen aus ichhaften Motiven, zum Beispiel beim Raschlaufen aus Ehrgeiz; es ist erschütternd zu erleben, welche Verheerungen die Ichmotive, mit denen in der Schule die Kinder zur Leistung angetrieben werden, in der Innenbewegung bis dahin naturhaft geschlossener Kinder anrichten können. Bald aber wird die Störung zur Gewohnheit, zum *erworbenen Reflex,* den das Rückenmark ohne Beteiligung des Großhirns innerviert. Die ihrem Ursprung nach willkürliche Bewegung ist nun unwillkürlich geworden; aber diese *erworbene Unwillkürlichkeit ist nicht die ursprüngliche;* der Rückenmarkreflex ist kein Kopfmarkreflex, sondern ein automatisierter Großhirnbefehl. Die willkürliche Atmung ist zur zweiten Natur geworden, aber die zweite Natur ist nicht die erste; sie ist von ihr wesensverschieden.

Wenn wir diese zweite Natur *willkürliche Atmung* nennen, so ist das ein unpräziser, aber bezeichnender Fachausdruck. Eine rein willkürliche Atmung gibt es so wenig wie eine rein willkürliche Bewegung. Immer ist bei der Atmung auch die unwillkürliche vegetative Innervation in irgendeinem Grade beteiligt. Aber während bei der unwillkürlichen Atmung, der primären Natur, das Atemzentrum die Führung hat und Willentliches nur soweit beteiligt ist, wie es sich in den Gesamtvorgang ohne Störung der unwillkürlichen Abläufe einfügen läßt, reißt bei der sekundären Natur der Wille die Zügel an sich und überrennt das unwillkürliche Geschehen.

Im Bewegungsablauf wie im Erleben sind beide Vorgänge grundverschieden. Der eine ist strömend, lebensvoll, harmonisch und immer wechselnd im Ablauf, der andere unvollständig, unstetig, ungeordnet und festgelegt. Der eine sendet Lebenswellen durch den ganzen Leib und wird als belebende und vital beseelende Kraft erlebt, der andere ist ein Bewegungsakt wie jeder andere, der meist nur empfunden wird, wenn die Luft knapp wird, wenn er versagt. Mit dem einen *lebt* der Mensch, mit dem anderen kann er nur existieren.

Die Unwillkürlichkeit der Atmung ist lebenswichtig; ohne sie würden wir im bewußtlosen Zustande, ja schon im Schlaf ersticken, wie das bei wiederbelebten Ertrinkenden vorkommt, deren Atemzentrum noch nicht ganz erwacht ist, und die beim Einschlafen das Atmen „vergessen".

Andererseits ist es notwendig, daß die Atmung in gewissem Grade dem Willen zugänglich ist; denn der Atemstrom wird zum Sprechen und Singen gebraucht. Wäre die Atmung im selben Maße vom Willen unabhängig wie Herzschlag und Verdauungsbewegungen, so wäre die menschlichste aller Äußerungen unmöglich; der Mensch ohne Sprache wäre kein Mensch.

Die eigentliche Frage des Menschen ist vom Atem her gesehen: wie ist es möglich, den Atem zu lenken, ohne ihn aus seiner Einbettung in das innerleibliche Organgeschehen herauszureißen? Wie kann man Stimme und Bewegung als Äußerungen innerleiblichen Lebens erziehen, statt mit ihnen die innere Lebendigkeit zu unterdrücken? Hier ergeben sich methodische Fragen, auf die später eingegangen wird.

Willensatmung als zentraler Störungsherd

Die natürliche Atembewegung, obwohl vielfältig wandelbar in Ablauf und Gestalt, ist immer *harmonisch*. Alle Atemmuskeln wirken wohl abgestimmt zusammen, und die Bewegung fließt, hier größer, dort kleiner, durch den ganzen Rumpf. Bei willentlicher Innervation der Atembewegung ist diese *Bewegungseinheit zerrissen*. Das Zwerchfell versagt seinen Dienst als Dirigent des Atemorchesters, das Orchester zerfällt in einzelne Spieler. Der organische Zusammenhang der Bewegung, ihre harmonische Abstimmung, ihre feine Koordination wird zerstört.

Bei der unzulänglichen Tätigkeit des Zwerchfells werden die unteren, also die größten Teile der Lunge nicht genügend durchlüftet; andere Teile müssen umso heftiger beansprucht werden. Muskeln, die ursprünglich ganz andere Aufgaben haben (Außenbewegungs- und Sprechmuskeln), die darum auch wohl als Hilfs-, besser Notatemmuskeln bezeichnet werden, müssen unter Umkehrung ihrer natürlichen Verrichtungen zur Hilfe herangezogen werden; andere, ganz fern liegende Muskeln müssen einspringen, um durch Feststellen beweglicher Teile diesen die Funktion als Atemhelfer möglich zu machen. Dadurch leidet die Stimme, und Körperform und Bewegung werden in mannigfacher Weise entstellt.

Bei der engen Wechselbeziehung zwischen Atem und Blutbewegung gerät auch der Blutumlauf in Verwirrung. Kreislaufstörungen der verschiedensten Art, krankhafte und noch „normale", d. h. symptomlose (schlechte Durchblutung einzelner Organe oder größerer Zonen) können entstehen, und diese wiederum beeinträchtigen die Lebenstätigkeit der inneren Organe und des Nervensystems.

So wird die willentliche Atmung zu einem *zentralen Störungsherd*. Sie erscheint als gemeinsame Quelle der mannigfachsten Atemstörungen. Alle Formfehler der Einatmung, soweit sie nicht aus organischen Veränderungen wie Narben, Verwachsungen, Rückgratverbiegungen usw. hervorgehen, sind zugleich Innervationsfehler; und die Formfehler der Ausatmung stehen wiederum in Wechselwirkung mit solchen der Einatmung.

Darüber hinaus verbreitet die Willensatmung ihre störenden Wirkungen, zum Teil auf dem Wege über den Säfteumlauf, durch den ganzen Organismus. Die unübersehbar mannigfachen Erscheinungen, die der Arzt als funktionelle Störungen, der Laie als „nervös" bezeichnet, sind in vielen Fällen unmittelbare Folgen funktionell gestörter Atmung. Und selbst wo die unmittelbare Ursache mit Recht im Seelischen gesucht wird, bei den sogenannten psychogenen Störungen, ist die verstörte Atmung oft ein wesentlicher zentraler *Mittler*, durch welchen sich der seelische Vorgang dem Körper einprägt.

Mehr noch: nicht selten wird das verminderte Lebensgefühl, das aus der Willensatmung kommt, eine Mitursache dafür sein, daß Ansprüche, die das Leben stellt, mit Flucht in die Krankheit, also negativ, ängstlich statt mutig, beantwortet werden. Denn je stärker das Lebensgefühl, umso größer ist die Lust zu leisten.

Abwehr-, Erholungs- und Ausdrucksreflexe der Atmung

Wer bei einem schlafenden Kinde sitzt, bekommt von Zeit zu Zeit ein Aufseufzen zu hören, eine tiefe, gegen den Schluß hin etwas vibrierende Einatmung, die nach dem „Anschlag" am Widerstand der gedehnten Lungenfasern Bruchteile einer Sekunde in der Einatmungsstellung verweilt, um dann mit langer, tiefer Ausatmung zum normalen Rhythmus zurückzukehren.

Auch beim Erwachsenen sind solche *periodischen Tiefatmungen* in den Ruhe- und Arbeitsrhythmus der Atmung eingeschaltet. Aber bei vielen Menschen ist der Reflex verkümmert. Es bleibt bei hilflosen Ansätzen, weil mannigfache atemstörende Verspannungen die tiefe Vollatmung hemmen. Gelingt es, „durchzukommen", den Seufzer „durchzulassen", so tritt — besonders bei Kranken — ein Gefühl der Erleichterung und Befreiung ein, das neuen Mut geben kann.

Wenn Nase, Kehlkopf oder Luftröhre durch Eigenschleim oder durch einen Fremdkörper gereizt werden, schleudert der Atemorganismus ihn durch die Ausatemstöße des *Niesens oder Hustens* heraus. Wenn wir müde sind oder lange gesessen und schlechte Luft eingeatmet haben, schöpfen wir durch die Riesen-Einatmung des *Gähnens* neue Luft. Durch Dehnen von Rumpf und Gliedern entleeren wir die Venen von dem kohlensäurehaltigen Blut und pumpen das durch Gähnen erneuerte durch den Körper. Durch *Naturlaute* zwischen Schreien und Stöhnen, die mit dem Gähnen verbunden sind, verlängern wir dabei die Ausatmung und zwingen das Zwerchfell zu antagonistischer Spannung.

Durch kraftvolle Gegenspannung des Zwerchfells beim *Schreien oder Stöhnen*, durch stoßweises wechselndes Spannen und Lösen beim *Lachen und Schluchzen* entladen sich Leib und Seele von starken Eindrücken und stellen das gestörte Gleichgewicht wieder her. Freilich kann auch solches „Abreagieren", ichhaft übersteigert, zum Schaden werden; nicht umsonst spricht man von „sich totlachen" und „sich in Tränen auflösen".

Alle diese Reflexe sind mehr als bloß zweckmäßige Mechanismen zur Selbstregelung des Lebensgeschehens. Sie sind *ursprüngliche Lebensäußerungen* und zugleich Lebensanregungen. Für den Menschen unserer Zeit können sie eine Art Brücke zum Naturhaften bilden, eine noch verhältnismäßig unzerstörte Quelle vitaler Impulse.

Niesen ist nicht bloß Herauswerfen von Staub oder Schleim aus der Nase, es ist zugleich Lösen falscher Spannungen. Es befreit von Starre und macht locker und aktiv. Husten ist mehr als ein Reinigungsreflex, es ist auch eine „Ausdrucksbewegung". „Ich huste dir was", das ist besser als ich fresse den Ärger in mich und schmolle tagelang. Der Abwehrreflex wird zur Gebärde.

Schreien ist mehr als Wiederherstellung des körperlichen Gleichgewichts nach einem Schock oder seine Erhaltung bei schweren Störungen (Schmerz), es ist zugleich so etwas wie Verknüpfung des Menschen mit dem Tierhaften in sich, Erschließung von Kraftquellen, die im Dunkeln fließen, und die wir umso nötiger brauchen, je mehr wir lernen, in der Helle des menschlichen Bewußtseins zu leben.

Menschen, die noch schreien, stöhnen, aus vollem Herzen lachen, mit ganzer Kraft schluchzen können, haben Kraftquellen, die den allzu Wohlerzogenen verschlossen sind. Freilich können die meisten diese Kraftquellen für das tägliche Leben nicht nutzbar machen. Sie leben abgeschnitten von der Natur in sich und schöpfen nur noch aus ihr, wenn sie sich ausgegeben haben, ja kaum mehr das. Andere wieder treiben eine Art Kult mit diesen Lebensäußerungen. Sie übersteigern gleichsam die Reflexe; aber das ist dann kein Naturvorgang, sondern ein Kunstprodukt. Die scheinbar naturhafte Äußerung wird mißbraucht, um sich selbst und andern Theater vorzuspielen. Das ist nicht Kraftschöpfen, sondern Sichauspumpen.

Hemmungslos sein ist kein Weg zur Natur. Naturburschen können und wollen wir nicht werden. Sondern darauf kommt es an, die Hemmungen, die zu einem sozial verantwortlichen und zu einem geformten Leben notwendig sind, einbauen zu lernen, ohne „gehemmt" zu werden. Könnten wir in unseren täglichen Lebensäußerungen, in unserem Sprechen, Bewegen, Arbeiten *in gebändigter Form etwas von dem Ungebändigten mitklingen lassen,* das in uns ist, es würde vielleicht weniger zerstörend in unser Phantasieleben, unsere Träume und oft auch in unser Handeln einwirken. Gelänge es, beherrscht zu sein durch *Lenkung* der Trieb-Energie, statt durch Unterdrückung ihrer Äußerungen, unsere Lebensäußerungen wären kraftvoller, und sie kosteten uns weniger Kraft.

Beweglichkeit der Atmung

Die natürliche Ateminnervation ist anpassungsfähig. Das Atemzentrum „weiß" augenblicklich, wieviel Sauerstoff für eine körperliche oder geistige Leistung gebraucht wird. Es weiß auch, — wunderbar und unerklärlich, — welche Gestalt, welcher Rhythmus der Atembewegung gerade für diese Leistung geeignet ist. Der natürlich Atmende hat deshalb bei normalen Leistungen immer soviel Luft, wie er braucht; er gerät bei der Bewegung in Atem. Er braucht weder keuchend nach Luft zu schnappen, noch belastet er sich durch überflüssiges Pumpen: Atmung und Bewegung sind im Einklang.

Großhirn und Rückenmark haben dieses Wissen vom objektiven Atembedürfnis nicht. Sie sind ja nur für die animalen, nicht für die vegetativen Bedürfnisse verantwortlich. Während es bei natürlicher Ateminnervation gar nicht zu Sauerstoffmangel kommt, weil die Atmung schon vertieft wird, wenn die Leistung begonnen, ja, wenn sie auch nur lebhaft vorgestellt, „eingebildet" wird, reagieren Großhirn und Rückenmark erst, wenn es am notwendigen Sauerstoff für die augenblickliche Leistung fehlt.

Dann wird mit ziehendem Geräusch durch die zu eng gestellten Gänge von Nase und Stimmritze Luft eingepumpt. Atmung und Kreislauf geraten in Aufruhr. Der willkürlich Atmende gerät schon bei verhältnismäßig kleiner Leistung in Herz-, Atem- und Nervenunruhe.

Die Anpassungsfähigkeit der Atmung geht also weit hinaus über die quantitative Abstimmung auf das Sauerstoffbedürfnis. Sie ist im höchsten Grade *qualitativ*. Die natürliche Atmung begleitet in feinster

Anschmiegung, wie der Klavierspieler den Sänger, mit immer neuen Formen, Rhythmen, Abwandlungen jeden körperlichen Lebensvorgang, jede äußere Bewegung, jedes Tun, jeden sinnlichen Eindruck, jede seelische Regung, jedes Gefühl , jeden Gedankenblitz.

Wir atmen auf, wenn uns ein Wind streift, wenn die Sonne durchbricht, wenn in die Stille unserer Arbeit ferner Gesang hereintönt, wenn wir aus sonnenhellen Feldern in das dunkle Grün des Waldes eintreten, wenn wir das feine Beben in einem eingeschalteten elektrischen Gerät empfinden.

Der Atem wird tiefer und länger, wenn wir an körperliche Arbeit gehen, ruhiger, wenn die Dämmerung herabsinkt, wenn wir die Hände in den Schoß legen, kurz und bebend, wenn wir erregt oder gespannt sind, schwer und seufzend, wenn wir einen heftigen körperlichen Schmerz erleben, ihn mitspüren, statt ihn zu „verbeißen".

Jede Berührung, das Streifen der Haut an einem Zweig, ein Druck, Stoß oder Schlag, jeder Sinnesreiz, ein Sirenenton, ein Knacken in den Ästen, der Duft einer Blume, der Geschmack einer Frucht, der Anblick einer satten Farbe, aber auch jede Gemütsbewegung, Freude und Trauer, Angst, Schreck, Lust, Ärger, Eifersucht, Sorge läßt den Atem anders gehen, enger oder weiter, tiefer oder höher, länger oder kürzer, stiller oder bewegter, großzügig oder in kleinen Wellen schwingend.

Und ebenso wie die Leistung, der Sinnesreiz, die Gemütsbewegung selbst wirkt ihr Phantasiebild. Die Vorstellung einer Arbeit, die lebhafte Erinnerung an einen Duft, einen Geschmack, ein freudiges oder schmerzliches Erleben, eine aufsteigende Frage, ein aufblitzender Gedanke, eine Erkenntnis, ein Entschluß, all das bewegt den Atem, wie der Wind die Gräser bewegt.

Wir können im Dunkeln am Elternhaus vorbeigehen, in Erinnerung versinkend, und plötzlich wird uns bewußt: so innerlich, so unberührt wie jetzt hast du als Kind geatmet, als du noch kein hastiges Reagieren, kein Besessensein von der Außenwelt kanntest.

Anpassungsreflexe

Diese feinfühlige qualitative Anpassungsfähigkeit der Atmung äußert sich in einer Fülle von Reflexen. Wer praktisch mit der Atmung experimentiert, statt sie „schulen" zu wollen, dem drängen sie sich geradezu auf. Berührungsreize am Rumpf (feinfühlige Massage) bewirken örtliche

Verstärkung der Einatmung, wenn sie während der Einatmungsphase ausgeübt werden. Leichtes Schütteln oder zartes Klopfen der Rippen oder des eingezogenen Bauches während der Einatmung zum Beispiel lockt bei den nächsten Atemzügen die behandelte Stelle hervor; der gleiche Griff bei der Ausatmung bewirkt bei den folgenden Atemzügen Betonung der Ausatmung an der behandelten Stelle.

Starke Allgemein-Anregung der Atmung bewirken Massagegriffe an entfernten Orten, besonders solche an berührungsungewohnten Stellen wie Füße, Knie, Hals, Nacken, Kopf. Besonders die teilweise unterdrückte Zwerchfellatmung kann dadurch mächtig angeregt werden.

Geführte, sogenannte passive Bewegungen, wenn sie dem Atemrhythmus fein angepaßt werden, beeinflussen den Atem allgemein und örtlich. Allgemein wird eine starke Lösung atemhemmender Verspannungen am Rumpf schon durch kleine passive Bewegungen des Kopfes oder der Glieder (Bewegung in Hand-, Fuß-, Zehen-, Fingergelenken) bewirkt. Örtlich wirken Bewegungen im Oberarmgelenk und im oberen Teil der Wirbelsäule mehr auf die Lungenspitzen, im Hüftgelenk und in der Lendenwirbelsäule mehr auf das Zwerchfell.

Voraussetzung des Gelingens ist in allen Fällen feines Sicheinfühlen in den Atemrhythmus des Behandelten und ruhiges gesammeltes Verhalten beider Partner.

Eigentümliche Reaktionen ergeben Veränderungen in der Gleichgewichtslage des Körpers. Gut zu beobachten sind sie beim Verlagern des Gewichts über der Unterstützungsfläche bei unverändertem Aufbau, so daß äußere Bewegung nur in den Fußgelenken stattfindet, – vorausgesetzt, daß man sich aufgeschlossen und reagierbereit verhält. (Das sogenannte Schwingen der Atemschule Schlaffhorst-Andersen). Es beginnt dann die Zwerchfelltätigkeit, sich in der Richtung des gefährdeten Gleichgewichts zu verstärken, – beim Rückverlagern nach hinten, beim seitlichen nach der Seite und so fort. Man gewinnt den Eindruck, der Körper suche sich durch eine Art Luftkissen in seiner Mitte gegen die Gefahr des Fallens zu straffen. Diese Reaktionen scheinen auf Zusammenarbeit des Atemzentrums mit dem Gleichgewichtszentrum hinzuweisen. Es lohnte sich, sie zu untersuchen.

Auf aktive Bewegungen reagiert die Atmung keineswegs nur nachträglich nach dem Maße des verbrauchten Sauerstoffs, sondern schon *während* der Bewegung und in qualitativer Anpassung an die Bewegungsweise. Kleinste Bewegungen der Finger, der Zehen, des Kopfes, der Zunge bringen oft stärkste Reaktionen, während die Fähigkeit, auf größere Bewegungen wie Gehen, Laufen oder Springen augenblicklich zu reagieren, oft verkümmert und nicht immer leicht wieder aufzuwecken ist.

Laute, Töne, Schreie, als Leistungen des Atems selbst, sind hervorragende Anreger der Atmung. „Lufthunger durch verlängerte Ausatmung", wie die übliche Formel lautet, spielt dabei mit, ist aber wieder nur die quantitative Seite. Ein kurzer, scharfer Schrei, ein zarter, nur eben angehauchter Sington kann ebenso starke, ja stärkere und mannigfaltigere Wirkungen hervorbringen als eine maximal verlängerte Ausatmung. Überschüssige Kohlensäure und Mangel an Sauerstoff sind nicht die einzigen Reize, die auf den Atem wirken. *Alles empfundene Leibliche, alles lebendige Seelische* spielt auf dem Instrument der Atmung.

Die Reagierbereitschaft ist individuell verschieden. Auf gesungene Töne und auf „geführte" (sog. passive) Bewegungen (s. unter Bewegungslenkung) reagieren fast alle Menschen. Ebenso ist es mit halbaktiven Bewegungen im Spiel mit dem Gleichgewicht. Schwieriger gestaltet sich oft das Reagieren auf aktive Bewegung. Den Atemwirkungen der Massage sind Kranke meist zugänglicher als Gesunde.

Individuell verschieden ist auch die bestwirkende Reizdosis. Im allgemeinen wirken schwache Reize am intensivsten, stärkere werden oft negativ, mit Verspannung der Rumpfmuskulatur und Hemmung der Atmung, beantwortet, und gewohnte Alltagsreize anfänglich überhaupt nicht. Es kommen aber auch paradoxe Reaktionen vor: plötzliches Bleichwerden nach schwächsten Reizen und gutes Reagieren auf stärkere. Im Durchschnitt sind Kranke sensibler und reaktionsbereiter als Gesunde, und unter den Gesunden sind es nicht immer die robusten, sondern oft die schon durch Not feinfühlig gewordenen, die am ehesten verstehen lernen, daß der Leib ein Instrument und nicht nur ein Werkzeug ist.

Der Willensmensch

Die Atemreaktionen sind leicht zu unterdrücken. Bei dem einseitig vom Willen und von seinen subjektiven Gefühlen her lebenden Menschen der Zivilisation werden sie systematisch unterdrückt. Er hastet über die Pausen hinweg, er läßt sich nicht Zeit, die Spannung zu lösen, aufzuatmen und nachzuatmen.

Wer die Atemreaktionen unterdrückt, reagiert unlebendig und daher im tieferen Sinne auch unzweckmäßig. Er hat seine vitalen Kräfte nicht zur Verfügung Was fehlt sucht er durch verstärkte Anstrengung auszugleichen So wird das willensmäßige Tun immer weiter von den unwillkürlichen Einflüssen des innerleiblichen Lebens, das animale Leben vom vegetativen losgerissen. Schließlich gewöhnt sich das vegetative System das Mitschwingen mit den mannigfachen Vorgängen des täglichen Lebens überhaupt ab. Das leise Aufwallen des Atems, die feine Blutwelle, die bei jedem Eindruck bei jedem Impuls über den Leib und über das Gesicht läuft, die zarten Bereitschaftsspannungen der Muskeln verschwinden. Es erscheint das Bild des starren, in seinem seelisch-sinnlichen Leben verarmten „Willensmenschen".

Im Alltag scheint er mit seinem lebenswidrigen Verhalten ganz gut durchzukommen. In Augenblicken der Not und Gefahr aber, wenn es „ums Leben" geht und alle Kräfte gebraucht werden, reißt das vegetative System seine verlorene Machtvollkommenheit wieder an sich. Plötzlich ist der Reflex wieder da, das Herz stürmt, das Blut rast. Das aber sind zugleich Augenblicke, in denen es auf „kühlen Kopf", auf rasches und genaues Denken, auf schlagfertiges Handeln ankommt. Wie aber soll das Großhirn als Werkzeug des Denkens und Handelns Höchstleistungen hergeben, wenn es von ungewohnten Blutwallungen durchströmt und mit Sauerstoffmengen überschwemmt wird? Der Mensch, der den Kontakt mit dem innerleiblichen Helfer verloren hat, steht da, rot oder blaß und völlig verwirrt. Er erlebt den vegetativen Alarm nicht als Hilfe, sondern als Störung. Statt erhöhter Geistesgegenwart bewirkt der Reflex bei ihm Ratlosigkeit. Der Verstand verliert die Fassung vor der Revolution unwillkürlicher Lebenskräfte. Was wunder, wenn man dann, wie ich einmal las, zu der absurden Vorstellung gelangt, das Vegetativum wäre eigentlich für den Zivilisierten eher hinderlich, und man dürfte es unbesorgt wegoperieren.

Nur wer im täglichen Leben den Kontakt zwischen animalen und vegetativen Funktionen lebendig hält, wer mit und aus der Beweglichkeit seiner Atmung lebt, kann im Augenblick körperlicher oder geistiger Schwierigkeiten und Gefahren die vegetativen Vorgänge als Triebkräfte vor den Wagen des Willens und des Intellekts spannen.

Der trainierte Atem

Willensmäßiges Atemtraining bei körperlicher Leistung, das heißt willkürliche Verlangsamung und Vertiefung der Atemzüge, etwa durch Regelung des Atems nach Dauer und Tiefe, mit Zählen, wie es oft gemacht wird, hilft nur scheinbar. Es unterdrückt die Unruhe und täuscht dadurch über die innere Gleichgewichtsstörung hinweg. Aber es beseitigt nicht die Ursache. Es bringt den Kräftehaushalt in Ordnung, wie Borgen den Geldhaushalt in Ordnung bringt. Man „kommt aus", aber man zehrt vom Kapital.

Denn wo Großhirn und Rückenmark dem Atemzentrum ins Handwerk pfuschen, da ist der Zusammenhang der animalen Funktionen mit den vegetativen, der Außenbewegung mit der Innenbewegung gestört. Die Außenbewegung setzt sich durch, ohne zu fragen, wie weit die verbrauchten Energien nun wirklich ersetzt werden. Der Krieg nach außen wird geführt auf Kosten der Lebenshaltung der Staatsbürger, der Gewebe; mögen sie sehen, wie sie sich erhalten, wenn nur das zur Bewegung nötige Material herbeigeschafft werden kann.

Einen trainierten Atem haben, heißt dann, den Körper gewöhnt haben, sich auspumpen zu lassen, ohne zu revoltieren, die Reserven erschöpfen können, ohne in merkliche Not zu geraten. Wer die verzerrten Gesichter bei sportlichen Höchstleistungen, die trotz „harmonischer", will sagen vielseitiger, Durchbildung unbelebten und am Rumpf zerklüfteten Körper vieler westlichen Sportler mit den schönen ebenmäßigen Formen atempflegender Völker, z. B. Japaner oder Balinesen, vergleicht, mag das ahnen.

Die nervöse Hast bei sportlichen Spielen und Übungen, oft schon bei kleinen Jungen anstelle frischer Tatlust zu spüren, ist dem Sehenden ein sicheres Zeichen, daß hier nicht Leben gesteigert, sondern Leben ausgepumpt, nicht Kraft gesammelt, sondern Kraft abgebaut wird. Durch eine verkehrte mechanische *Art* der Leistung wird die natürliche *Quelle* der Leistung immer tiefer verschüttet und der lebendige Organismus, selbst wo er an Stoff und meßbarer Muskelkraft gewinnt, unmerklich ausgebeutet und in seinen Reserven verarmt. *Der Mensch verliert, was die Leistung gewinnt.*

Bei vielen wird das als körperlicher Zusammenbruch oder plötzliches Abfallen der Leistung offenbar. Andere halten durch, aber auf Kosten ihrer leiblichen und seelischen Lebendigkeit. Auch das spricht oft aus dem Gesichtsausdruck von Sportlern.

Letzten Endes aber geht dieser Abbauvorgang auch auf Kosten der Ausbeuter selbst, der animalen Funktionen, denn ohne die Unterstützung des vegetativen Systems, ohne die ständigen und wirksamen Hilfen belebter und anpassungsfähiger Atmung und eines augenblicklich umstellungsbereiten Kreislaufs wird — wenn nicht im Sport, so doch im

Alltag – die Bewegung selbst mühsam und unökonomisch, unstet und grob. Der Koordination mangeln Feinheit und instinktive Sicherheit.

Die meßbare Leistung wird erzwungen, aber sie ist leer an seelischem Gehalt, an Schönheit, Freudigkeit, echtem Willensimpuls, innerer und äußerer Gestalt. Der Mensch verzerrt sich in der Leistung; aus dem schöpferischen Träger und Gestalter seiner Bewegung wird er zum bloßen Mittel seines Zweckes, zum Sklaven des Götzen „Ertüchtigung". *Was an Quantität gewonnen wird, geht an Qualität verloren.*

Atembeweglichkeit und Kräftehaushalt

Die Beweglichkeit der Atmung ist von entscheidender Bedeutung für das Gleichgewicht zwischen Ausgaben und Einnahmen. Auf ihr beruht die Fähigkeit zur ökonomischen Verwendung der Kräfte. Was bei den Bewegungsreaktionen auf unerwartete Reize an Energie verbraucht wird, braucht bei anpassungsfähiger Atmung nicht erst nachträglich ersetzt zu werden. Es wird schon im Augenblick des Bewegungsimpulses und gleichsam durch ihn, unter seiner Mitwirkung, bereitgestellt.

Auch bei dauernder Arbeit hilft eine anpassungsfähige Atmung, die notwendigen Ersatzstoffe für den Stoffwechsel der Muskeln herbeizuschaffen. In den kurzen Augenblicken der Lösung, die bei organisch richtiger Bewegung für jeden Muskel im Arbeitsrhythmus enthalten sind, kann der Muskel dann einen großen Teil der verbrauchten Energie ersetzen. So ermüdet er wenig, ja das allgemeine Gefühl lebendiger Spannkraft kann sogar durch die Arbeit wachsen. Die Arbeit macht Lust und gibt Kraft.

Überwindung seelischer Erschütterungen

Seelische Erschütterungen werden rascher überwunden, wenn man es versteht, den Schock abklingen zu lassen. Menschen, die „sich Luft machen", die „abreagieren", schluchzen, weinen, singen können, sind gut dran. Durch richtiges Reagieren mit Atem und Stimme kommt das stockende leibliche Leben wieder in Fluß.

Auch die seelische Spannkraft leidet unter der Starre. Wer nicht reagiert, bleibt verstimmt und schlägt sich, oft unbewußt, mit belanglosen Dingen lange herum. Er wird leicht mutlos. Wer falsch reagiert, steigert sich in seine ichhaften Gefühle hinein und verstärkt die störenden Wirkungen. Ohne es zu wissen, schlägt er auf sich selber los statt auf den Angreifer. Je richtiger, nämlich kurz und kräftig, ein Mensch reagieren kann, umso leichter wird er mit unerfreulichen Eindrücken fertig. Er ist rasch wieder heiter und in Tätigkeit.

Falsche Selbstbeherrschung ist Selbst-Unterdrückung. Wie viele Schmerzen würden rascher abklingen, wenn die Menschen es nicht für unter ihrer Würde hielten, sich auszuweinen. Wie viele Gesichter wären nicht von kleinem Ärger zerfressen, wenn man es verstände, den Stören-fried mit Humor zu nehmen, — nicht, ihn auszulachen! — oder ihm ohne Empfindlichkeit freundlich Bescheid zu sagen.

Wie vielen bliebe es erspart, von einem Seelenarzt zum anderen zu laufen, wenn sie sich nicht erst durch falsche Selbstbeherrschung krank und dann durch ichhaftes Klagen und Mitleid mit sich selber noch kränker gemacht hätten.

Homers Helden schrieen, wenn sie verwundet wurden, und sie waren deshalb nicht weniger tapfer als unsere „Helden" mit den zusammenge-bissenen Zähnen und den zum Zerreißen gespannten Nerven. Es jammert einen, wenn man in einer Entbindungsanstalt das hilflose Wimmern und Klagen der Frauen hört, die sich gewöhnt haben, alles herunterzuschlucken, und die nicht mehr schreien, aber auch nicht mehr mit gesunden Kräften der Natur zu Hilfe kommen können.

Selbstbeherrschung ist eine schöne Sache, wenn man es fertig bringt, daß einem ein schmerzliches Ereignis nichts anhaben kann, d. h. wenn man fein und innerlich, für die andern unhörbar und unsichtbar reagie-ren, wenn man Haltung bewahren und dennoch innerlich bewegt sein kann. Aber sie zerstört Leib und Seele, wenn sie nur Maske, nur Korsett nach außen ist, wenn sie innere Haltung vortäuscht. Die Maske wächst dann dem Menschen ins Fleisch.

Atmung und seelische Lebendigkeit

Die Atemreflexe sind Bestandteile des psychophysischen Bereitschafts-reflexes. Psychophysisch, das sagt, daß Seelisches beteiligt ist. Die Er-fahrung zeigt, daß Atemraktionen auf körperliche Einflüsse umso feiner und lebhafter sind, je intensiver die Sinneseindrücke empfunden wer-den. Wer den Duft einer Blume genießt, dem Gesang der Vögel lauscht, reagiert stärker, als wer in seine Innenwelt versunken ist. Wer stumpf-sinnig durch die Gegend rennt, reagiert überhaupt nicht.

Massage wirkt ungleich stärker auf Atmung und Blutströmung, wenn der Patient sie bewußt spürt, als wenn er schwatzt oder liest. Ja, wer Erfahrung davon hat, wie tief Massage wirken kann, der ist versucht zu sagen, sie wirkt überhaupt nur dann.

Wir dürfen daher annehmen, daß die Atemreflexe auf körperliche Einwirkungen eng mit dem *Erleben* dieser Einflüsse, mit der seelischen Beteiligung verbunden sind. Nicht der körperliche Vorgang als solcher, das Erleiden von Berührungen, von Licht- oder Schallsendungen bewegt den Atem, sondern das Spüren, das Erleben, das lebendige Horchen und Schauen. Der Eindruck wird dem Atemorganismus gleichsam eingebildet. *Seelische Teilnahme an einer Tätigkeit, an einem Eindruck macht leiblich anpassungsfähig, Stumpfheit macht starr.*

Aber auch das Umgekehrte gilt: bewegliche, leiblich anpassungsfähige leben entweder gar nicht (Stumpfheit) oder nervös erregt (reizbare Schwäche statt Erlebniskraft). Denn wirkt die Sinnesempfindung anregend auf den Atem, so weckt umgekehrt auch der belebte Atem die Empfänglichkeit für sinnliche Reize, für Eindrücke aller Art.

Wir sitzen schreibend im Freien. Ein Windstoß, ein Regentropfen läßt uns aufatmen. Plötzlich öffnen sich unsere Ohren, wir hören die Vögel, wir riechen einen Duft, oder wir spüren, daß wir „schon lange frieren". Ein Sinneseindruck hat das vegetative Nervensystem erregt, dies seinerseits sensibilisierte das Großhirn.

„Sehen Sie doch die Wolken! Die habe ich vorher gar nicht gesehen". Solche und ähnliche Äußerungen bekommt man immer wieder zu hören, wenn die Atemreflexe wach werden. Gesicht, Gehör, Geruch, Gefühl gehen einem auf. Man sieht die Zweige sich bewegen, man hört die Bäume rauschen, man spürt den Wind, den Boden, die bewegten Grashalme. Man lebt, und man spürt es wie ein tiefes Erwachen.

Eine schöne Bestätigung für die Zusammenhänge zwischen Atembeweglichkeit und seelischer Erlebnisfähigkeit gibt G. A. Roemer, Stuttgart, in der Zeitschrift „Psychologie und Medizin", Heft 1 1925. An Atemkurven, die vor, während und nach dem Anhören eines Musikstückes pneumographisch aufgenommen wurden, wird sichtbar, wie seelisches Erleben sich in vertiefter und rhythmisch gestalteter Atmung ausdrückt: Menschen, deren Atemkurve während des Hörens keine Änderung zeigte, erklärten, die Musik habe sie gleichgültig gelassen, während Hörer mit stark veränderter Kurve von erschütternder Musik und tiefem Eindruck sprachen.

Bei ausgesprochen musikalischen Menschen paßte sich die Atemkurve der Phrasierung der Musik an, manchmal bis zur Abbildung rhythmischer Einzelheiten, ein schönes Zeugnis dafür, daß die Atmung Instrument seelischen Erlebens ist. Wenn klassische Musik mehr auf den Atem, Militärmusik mit ihrer stereotypen Taktung mehr auf die gleichzeitig gemessenen Spannungen der äußeren Muskulatur wirkte, so bestätigt das die hier vertretenen Auffassungen: was seelisch als äußerlich und innerlich erlebt wird, verkörpert sich leiblich als Außenbewegung und Innenschwingung.

Vom „erlösenden, befreienden, belebenden, erhebenden" Eindruck der gehörten Musik sprachen ausnahmslos Menschen, bei denen eine sehr unregelmäßige Atmung sich unter dem Einfluß der Musik vertieft und geregelt hatte, ein Zeugnis für die psychotherapeutischen Möglichkeiten der Atmung und – der Musik.

In der seelischen Erstarrung liegt das tiefste Übel der unbeweglich gewordenen Atmung. Zugleich mit der Ansprechbarkeit des leiblichen Instruments, der Innenbewegung, geht auch die Lebendigkeit seines Spielers verloren. Langsam, aber unaufhaltsam stumpft mit dem innerleiblichen Instrument das seelische Leben selber ab.

Was wir heute Mechanisierung, Abstumpfung, Ausdrucksschwäche nennen und – oft mit Recht – auf seine seelischen Ursachen prüfen, das ist, leiblich betrachtet, Erstarrung der inneren Lebensbewegungen, Verlust der feinen leiblichen Schwingungs- und Mitschwingungsfähigkeit. Seelisches Leben ist vom sinnlichen untrennbar, und sinnliches wurzelt im Leibe.

An der körperlichen Leistungsfähigkeit werden die Folgen festgelegter Atmung erst spät sichtbar; in der seelischen Veränderung wie im Bewegungsausdruck, als leiblicher Erscheinung des Seelenlebens, äußert sie sich unmittelbar. Der Organismus hat viele Hilfsquellen, er kann sich auch mit verkehrter Atmung und gestörter Innenbewegung zur Not noch lange durchhelfen; aber die seelische Lebendigkeit verkümmert.

Atmung und Psychotherapie

In der „Medizinischen Klinik" 1951 fand ich in einem Aufsatz von Dr. med. Clauser „Atemtyp und Neurosen" Hinweise auf einen Zusammenhang zwischen Atmung und seelischer Gesundheit. Die dort dargestellten Atemkurven zeigen eine Verminderung der Zwerchfelltätigkeit bei seelisch Kranken im Vergleich zu Gesunden so durchgehend, daß sie als

Mittel der Differentialdiagnose, der Unterscheidung seelisch bedingter Erkrankungen von organischen verwandt werden: bei organischen Krankheiten fand man die Atmung jeweils in der Gegend des *kranken Organs* vermindert, bei psychisch bedingten dagegen regelmäßig im Bereich des *Zwerchfells*. Eigene Erfahrungen weisen in ähnliche Richtung.

Die Bedeutung solcher Feststellungen geht aber weit über den Bereich der Krankheitserkennung hinaus. Die oben genannten Atemkurven Gesunder sind keineswegs normale. Auch in ihnen war die Zwerchfelltätigkeit im Verhältnis zur Norm mehr oder minder eingeengt. Seelisch völlig gesunde Menschen sind heute seltene Ausnahmen. Fast jeder Erwachsene, fast jedes Kind ist „nervös". In der nervlichen Erregbarkeit und den mit ihr verbundenen Muskelverspannungen sprechen sich Störungen des seelischen Gleichgewichts aus. Daher die Entspannungsbehandlung, z. B. das autogene Training nach Schulz, als Heilmittel bei seelischen Erkrankungen. Solche seelischen Gleichgewichtsstörungen, Schüchternheit, Minderwertigkeitsgefühle, Verschlossenheit, Trotz, Eigensinn, Geltungsdrang, Redseligkeit usw. sind noch keine Neurosen, aber sie sind Einengungen des Lebensbereiches, Zwischenstufen zwischen voller Gesundheit und Krankheit.

Die Erfahrung zeigt nun: je nervöser, je eingeengter ein Mensch, umso geringer ist im Verhältnis zur mittleren und oberen Atmung die Zwerchfelltätigkeit. Sehr natürlich: seelische Störungen drücken sich anerkanntermaßen in Verspannungen aus, und unter ihnen ist die der Bauchmuskeln mit ihren tiefgreifenden Wirkungen auf die Zwerchfelltätigkeit eine der bedenklichsten.

Betrachte man doch Wartende an einer Haltestelle, wie sie dastehen, einer wie der andere mit leicht gebeugten Knien, mit vorgeschobenem Unterkörper und eingezogenem Bauch, — sei es, daß nur die Gegend zwischen Magen und Nabel eingezogen ist, was schon eine erhebliche Hemmung des Zwerchfells bedeutet, sei es, daß der ganze Bauch eine harte Platte bildet. „Alle" Menschen sind heute nervös und seelisch belastet, „alle" Menschen haben verminderte Zwerchfellatmung. Nimmt man hinzu, daß seelisch Kranke oft noch viel schlechter atmen, so liegt die Frage sehr nahe, ob nicht *durch Befreiung der Atmung Einfluß auf den Nervenzustand wie auf das seelische Gleichgewicht zu erlangen wäre.*

Sie kann bejaht werden. Tiefe Ruhe überkommt einen Menschen, wenn das Unwillkürliche in ihm zu wirken beginnt. Ohne sich dessen bewußt zu werden, spürt er, daß er es nicht nötig hat, sich gleichsam an sich selber festzuhalten, daß er getragen wird. Und gelingt es ihm, die befreite Atmung in seinen Alltag hinüberzunehmen, – was nicht von selbst geht, sondern einen Umbau des gesamten Verhaltens nötig macht, – so ist er seinem seelischen Gleichgewicht um einen Schritt näher gekommen.

3. Atemstörungen

Unter dem Titel „Atemfehlformen in Schulklassen" berichtet Helga Deinert in der Zeitschrift „Atem und Mensch" von Atembeobachtungen in sechs verschiedenen Oldenburger Grundschulklassen, bei denen die Kinder (1.–4. Schuljahr) nicht wußten, daß es um ihre Atmung ging. Die Ergebnisse, – illustriert von guten Fotos, – sind erschreckend: von 100 Kindern waren durchschnittlich 13 heiser, sämtliche 100 atmeten durch den Mund, davon nur 14 geräuschlos, 86 „mit schleifendem Rachengeräusch". Beim Rechnen schnappten 79 von 100 Kindern bei Empfang der Aufgabe heftig nach Luft und hielten bis zu ihrer Lösung den Atem an, – einige mit offenem Munde, andere „mit dem verkrampften Unterkiefer malmend".

Beim Schreiben hielten 70 von hundert Kindern nach dem Einatmen die Luft an. Fast alle sanken mit dem Kopf tief nach vorn, atmeten flach ein und nur unmerklich aus oder pusteten wie beim Schwimmen die Luft heraus und zogen sie ohne Pause hörbar durch den Mund ein.

Ähnliche Beobachtungen mehren sich von Jahr zu Jahr. Ludwig Schmitt bringt in seiner „Atemheilkunst" viele Fotos schwer atem- und haltungsgestörter Kinder und Erwachsener. Fehlatmung wird immer allgemeiner, normale Atmung wird zur seltenen Ausnahme.

Störungsquellen

Liegen auch die letzten Ursachen in der allzu raschen Wandlung unserer Welt, mit der wir weder seelisch noch leiblich Schritt halten können, so gibt es doch eine Menge vorletzter Ursachen, die wir durch unvernünftiges Verhalten selber herbeiführen.

Beinahe unwiderstehlich sind die in der frühen Kindheit wirksamen Störungskräfte. Die Atemgewohnheiten der Mutter, die sich u. a. durch ihr Sprechen übertragen, können die Atmung ihres Kindes schädigen; ja schon vor der Geburt wirkt die Atmung der Mutter auf die zukünftige Atmung des Kindes ein: Atmet die Mutter zu wenig, gelingt es ihr nicht, mit wachsender Zwerchfellspannung gegen den Widerstand der wachsenden Frucht für sich und den lufthungrigen Stoffwechsel des werdenden Wesens Sauerstoff einzusaugen, so gewöhnt sich der kindliche Leib an geringe Sauerstoffzufuhr und wird schon mit schwächlichen Atemimpulsen geboren.

Ähnlich wirkt beim Säugling das Unterdrücken des naturgewollten Schreiens durch Lutscher und ständiges Umhertragen. Das Kind wird verhindert, sich durch die Anstrengung des Schreiens und Strampelns den notwendigen Sauerstoff zu holen; es gewöhnt sich an eingeschränkten Stoffwechsel.

Eine weitere Störungsquelle ist das wüste Geschrei der Spielkameraden. Aus Lust oder Schmerz zu schreien, gehört zur Natur des Kindes, und es soll ihm nicht verwehrt werden. Aber meist geht es darum, die anderen zu überschreien, um sich Gehör zu verschaffen. Beides klingt verschieden, und es kommt auch aus verschiedenen Bereichen des Seelenlebens, das eine aus der Natur des Kindes, das andere aus seinem geltungsbedürftigen Ich.

In der Schule wird dann durch den zu frühen und zu plötzlichen Stillsitzzwang und durch die barbarische Forderung, laut zu sprechen, — was in einer Schulklasse völlig überflüssig ist —, statt deutlich, ruhig und bestimmt, weiter geschädigt, was noch in Ordnung war.

Offenbar glaubt man, die Sprache lehren zu können, ohne sprechen zu lehren. Wollte man einen kleinen Teil der Mühe, die man der Sprache, dem Schreiben und Lesen widmet, auf besonnenes Sprechen verwenden, so würde ein gut Teil aller Schwierigkeiten fortfallen, und man könnte mit dem Lehrstoff in viel kürzerer Zeit fertig werden.

Das sind nicht Behauptungen, es sind Erfahrungen. Leitet man Kinder an, den Mund vor und nach dem Sprechen geschlossen zu halten und ruhig abzuwarten, wie „der Wind durch die Nase geht", lehrt man sie besonnen und mit weiterfließendem Atem zu sprechen, so hat man einige Tage oder Wochen Mühe, erreicht aber damit eine innere Ruhe, in der Rechnen und Lesen spielend erarbeitet werden. Der Organismus ist eben dann im Zustand der Bereitschaft, des Aufgeschlossenseins statt der Abwehr oder einer interessierten Überaktivität, die das Lauschen nach innen vergißt und heraussprudelt, was dem kleinen Gehirn gerade einfällt.

Ungestörter Atem und schwingendes, leibverbundenes Sprechen schaffen ein Gleichgewicht zwischen Horchen und Wollen, Rezeptivität und Aktivität, in dem das Lernen ohne vermeidbare Reibungen vor sich geht und das Gelernte zum wesenseigenen Bestandteil des Menschen verarbeitet wird.

Und genau das gleiche gilt vom Schreiben. Duldet man es, daß die Kinder mit angehaltenem Atem und verspannten Muskeln – die krampfhaft gebogenen Finger sind hier nur die auffälligsten Erscheinungen einer Gesamtverkrampfung von Bauch-, Schultergürtel- und Sprechmuskeln – die Formen der Buchstaben nachmalen, so wird das Schreiben eine mühselige Quälerei, geleitet von dem negativen Bemühen, ein Abweichen von der Vorschrift zu verhindern: Kritzeln ist Hemmung. Erreicht man dagegen, daß die Kinder, – etwa an großen, die Wände des Schulzimmers bedeckenden Tafeln –, schwingend, bewegt und atmend schreiben, ohne sich allzuviel um den einzelnen Strich zu kümmern, so wird es sehr bald von selbst richtig gehen und dazu mühelos und mit Lust.

Von den inneren, seelischen Störungsquellen der Atmung soll hier nicht ausführlicher gesprochen werden. Sie sind in der Natur des Menschen begründet, dem mit dem Ichbewußtsein die Aufgabe gegeben ist, sich mit dem Es der Natur in sich auseinanderzusetzen. Mit dem Erwachen des kindlichen Ich ist die Möglichkeit der Atemstörung von innen gegeben; die Eigensinnsstimme des Kindes macht sie hörbar. Wie weit die Störung sich verfestigt, hängt wesentlich vom Verhalten der Umwelt ab. Bleibt sie überlegen und menschlich, so wird das Kind in seiner Lebensganzheit nur zeitweise verwirrt werden; entbrennt aber ein Macht- oder Geltungskampf zwischen Umwelt und Kind, so entsteht seelische Verzerrung bei beiden Teilen, die sich in leiblicher Verzerrung spiegelt.

Ähnlich wirken Macht- und Geltungskämpfe der Kinder untereinander; das Geschrei ist meist ihr Anzeichen, – nur daß hier alles verschieblicher ist, sich nicht so leicht verhärtet wie zwischen Kindern und Großen.

All das muß durchgelebt und durchgekämpft werden. Atempflege kann es nicht verhindern, aber sie kann es mildern; sie kann dem Kinde und dem Erwachsenen helfen, wieder in die Lebensganzheit zurückzuschwingen, sich zurechtzufinden.

Notatmung

Sind die unwillkürlichen Atemimpulse zu schwach, die Zwerchfelltätigkeit und die von ihr gelenkte Zusammenarbeit der Atemmuskeln zu gering, um das Sauerstoff- und das Entgiftungsbedürfnis des Blutes zu befriedigen, so greift der Wille ein; er setzt die ihm zugänglichen Atemmuskeln, in der Hauptsache die Beweger der Rippen, in vermehrte Tätigkeit. Die Harmonie zwischen den Spielern des Atemorchesters wird gestört; anstelle der natürlichen Vollatmung treten einseitige Atemformen wie Flankenatmung, Brustatmung usw.

Damit allein aber ist der Bedarf nicht zu decken, – in der Ruhe selten, bei Anstrengungen nie. Andre, nicht zum natürlichen Muskelinstrument der Atmung gehörige Muskeln werden zu Hilfe genommen. Man nennt sie Hilfsatemmuskeln; wir bezeichnen sie lieber als *Notatemmuskeln,* um schon durch den Namen anzudeuten, daß ihre Tätigkeit als Atemhelfer nicht in der Norm liegt.

Zwei Merkmale also sind allen Atemfehlern gemeinsam, erstens Einseitigkeit, verstörte Gesamtatmung, *Teilatmung* in irgendeiner Form, und zweitens, als Folge davon, der *Mißbrauch nicht zum Atmen bestimmter Muskeln* zu Atemzwecken.

Das Verhältnis zwischen beiden Vorgängen ist individuell verschieden je nach Konstitution, Temperament, Lebensgeschichte: der eine begnügt sich mit dem Wenigen an Sauerstoff, das eine dissonante Einatmung ihm liefern kann, und findet sich mit der Kohlensäurebelastung infolge mangelnder Ausatmung ab, der andere zieht hörbar ein, schnappt nach Luft, um das Fehlende hereinzuholen, und macht gewaltsame Anstrengungen, um den Überschuß loszuwerden.

Alle *Notatemmuskeln* setzen am Brustkorb an; sonst könnten sie ja beim Atmen nicht helfen. Sie haben an ihm ihren festen Halt und laufen von ihm zu anderen Knochen, die zu bewegen ihre eigentliche Aufgabe ist. Um nun den Brustkorb bewegen zu können, müssen diese Muskeln ihre Funktion umkehren, und damit sie das können, müssen die beweglichen Knochen, zu denen sie laufen, etwa das Zungenbein oder die Arme, zu festen Ansatzpunkten gemacht, fixiert werden. Um aber diese sehr beweglichen Teile so festzustellen, daß sie den Muskeln als feste Ansätze dienen, zu denen sie den Brustkorb heranziehen können, muß nun ein ganzes System anderer Muskeln in Tätigkeit gesetzt werden, die so von ihrer natürlichen Aufgabe als Bewegungsmuskeln abgezogen und als Haltemuskeln mißbraucht werden. Mit andern Worten: damit Skelettbeweger als Atemhelfer wirksam werden können, müssen umfassende Verspannungen stattfinden, die, je nach dem betroffenen Körperteil, mehr oder minder Schaden stiften, immer aber die Beweglichkeit mindern und den Bewegungsablauf stören.

Zwei Gruppen von Notatemmuskeln gibt es: *Sprechmuskeln* und *Bewegungsmuskeln.* Nicht immer werden beide benutzt. Im allgemeinen werden die Sprechmuskeln mehr gewohnheitsmäßig gebraucht, die Bewegungsmuskeln mehr bei besonderen Anstrengungen zu Hilfe geholt. Der Mißbrauch der Sprechmuskeln ist weitaus übler als der der Bewegungsmuskeln, weil er äußerst zarte Organe überanstrengt und tief ins Lebensgeschehen eingreift.

Die hier in Betracht kommenden *Sprechmuskeln* sind Beweger von Kehlkopf und Zunge. Sie laufen einerseits von Kehlkopf und Zungenbein abwärts zum Brustbein, zu den Knorpeln der oberen Rippen, zum Schlüsselbein, zum Rabenschnabelfortsatz des Schulterblatts, und andererseits von Kehlkopf und Zungenbein aufwärts zum Unterkiefer. Ihre natürliche Aufgabe ist es, beim Sprechen Kehlkopf und Zungenbein zwischen Brustkorb und Unterkiefer am Halse auf und ab zu bewegen.

Um bei der Atmung helfen zu können, müssen diese Muskeln entgegen ihrer Bestimmung Brustkorb, Rippen, Schlüsselbein, Schulterblatt bewegen. Dafür haben sie weder ausreichende Kräfte noch den nötigen festen Ansatzpunkt außerhalb des Brustkorbs. Um ihn zu schaffen, müssen Kehlkopf und Zungenbein in naturwidriger Weise festgestellt werden: der Kehlkopf muß ans Zungenbein, das Zungenbein an den Unterkiefer festgeklammert, dieser wieder mit Hilfe der Kaumuskeln an den Kopf gepreßt und endlich der ganze Kopf starr fixiert werden, wozu so ziemlich die ganze Halsmuskulatur angespannt werden muß.

Alle natürlichen Verhältnisse werden also umgekehrt: die von Natur zu großer Beweglichkeit bestimmten, zarten Teile werden starr festgestellt und die schwere Last des Brustkrobs an sie angehängt. Gewonnen wird so gut wie nichts, denn die Aufwärtsbewegung des Brustkorbs ist nur gering, dafür aber wird ein böser Verspannungszustand hervorgebracht, der tiefgreifende Folgen hat; also geringster Erfolg bei größter Anstrengung.

Die angespannten Halshautmuskeln, die hervortreten wie die Speichen eines Regenschirms, die hart angespannten Kopfwender, die Furchen zu beiden Seiten des Kehlkopfs erscheinen lassen, die tieferen Halsmuskeln mit ihren Dauerspannungen drücken auf Kehlkopf, Schilddrüse und Halsschlagadern und stören die Blutzirkulation im Kopf.

Beim einen erscheinen Gesicht und Hals blaß und dürr, bei andern sind die Halsadern geschwollen, und der Hals sieht wie gebläht aus. In jedem Fall wird die Sprache verunstaltet und das Stimmorgan geschädigt.

Außenbewegungsmuskeln, die beim Versagen der natürlichen Atmung als Helfer einspringen können, sind für die Einatmung die Schulterblattheber, die Kopfwender und zwei Arm- bzw. Schulterblattbeweger, die großen und kleinen Brustmuskeln; für die Ausatmung die breiten Rückenmuskeln, die zum Bewegen der Arme, und die geraden Bauchmuskeln, die zum Beugen der Wirbelsäule bestimmt sind.

Damit die Kopfwender als Atemhelfer wirken können, muß der Kopf durch ähnliche Verspannungen fixiert werden wie beim Mißbrauch der Sprechmuskeln. Die Brustmuskeln bewegen die Rippen, wenn man die Arme durch Anklammern an Sitz oder Seitenlehne des Stuhles feststellt, wie man es manchmal in der Straßenbahn bei Leuten sieht, die gerannt sind. Die Schulterblattheber endlich können das Heben des Brustkorbs erleichtern, indem sie ihn (ohne Umkehrung ihrer natürlichen Funktion) vom Gewicht der Arme und des Schultergürtels entlasten.

Die Ausatmung kann von den breiten Rückenmuskeln unterstützt werden, indem sie bei festgeklammerten Armen den Brustkorb zusammendrücken. Die geraden Bauchmuskeln können die Wirbelsäule nach vorn beugen und dadurch den Bauch stark zusammenpressen. Beides sieht man oft bei Asthma und Emphysem, auch wohl bei hartnäckigem Bellhusten.

All das sind kraftraubende Manöver, die wenig helfen, und beim Gesunden Anzeichen vitaler Hilflosigkeit. Viel besser als das Anklammern der Arme und das Hochziehen von Schultern und Brustbein hilft in der Atemnot nach raschem Lauf straffes Sichaufrichten und fortwährendes kurzes Ausatmen (soweit langes nicht möglich ist); dadurch werden nämlich dem Zwerchfell Einatmungsimpulse gegeben, statt daß man seine Tätigkeit durch unzulängliche Hilfsaktionen für die Brustatmung zu ersetzen sucht.

Stellt man alle Muskeln zusammen, die bei diesen Notmaßnahmen helfen müssen, um Kopf, Schulterblätter, Arme festzustellen, so ergibt sich, daß ein sehr großer Teil der äußeren Rumpfmuskulatur beteiligt ist. Wer nur ausnahmsweise rennt, wenn er es eilig hat, für den mag das unwichtig sein. Für Kinder, die durch Laufen ihre inneren Organe entwickeln müssen, für Leichtathleten, Schwimmer und andere Sportler, die durch körperliche Leistung größere Ansprüche an ihre Atmung stellen, ist es aber von großer Bedeutung. Die unharmonisch verspannte Rumpfmuskulatur vieler Sportler stammt keineswegs nur von falschen Bewegungen; sie ist die Folge dauernd falschen Atmens. Aufschlußreich sind hier die meist ebenmäßigen Formen der Schwimmer: Schwimmen stellt so hohe Forderungen an den Atem, daß sie mit Notatmungsmaßnahmen nicht erfüllt werden können; wer schwimmt, *muß* richtig atmen, wenn er etwas leisten will, und kann darum nicht verspannen.

Fehlatmung

Willensatmung – Teilatmung – Notatmung –, das ist allen Atemstörungen gemeinsam: Willensatmung, weil sie eben aus Schwäche der unwillkürlichen Impulse oder aus ihrer Hemmung durch falsche Haltung und Bewegung entspringen; Teilatmung, weil auf diese unwillkürlichen Impulse das Zwerchfell besonders angewiesen ist und bei ihrem Fehlen mehr oder minder versagt; Notatmung, weil die Tätigkeit anderer Atemmuskeln nicht ausreicht, den Mangel auszugleichen.

Im einzelnen können diese Störungen, je nach den auslösenden Ursachen und nach Körperlichkeit und Temperament, sehr verschiedene Formen annehmen. So eindeutig und ausgeprägt, wie sie im folgenden geschildert werden, sind sie in Wirklichkeit selten zu finden; die Natur bildet ja nicht Typen, sondern Individuen. Der Brauchwert der dargestellten Typen liegt darin, daß sie den Blick auf bestimmte Vorgänge richten, daß sie *Merkpunkte für die Beobachtung* bezeichnen und damit die immer zwischen den Extremen sich bewegende Wirklichkeit deutlich und erkennbar machen.

Der böseste von allen *Fehlern der Einatmung* ist wohl die *Mundatmung*. Sie wird oft auf sogenannte Polypen in der Nase zurückgeführt. Die Erklärung stimmt nicht immer. In vielen Fällen sind es nicht Wucherungen, die den Durchgang sperren, sondern einfach geschwollene Nasenvenen. Oft genügen wenige Minuten vernünftigen Atmens, den Weg freizumachen.

Es entsteht ein Fehlerkreislauf zwischen Atmung und Blutströmung: Der bequeme und kurze Weg durch die weite Mundöffnung – im Gegensatz zu den engen, gewundenen Nasengängen – macht das Atmen zu leicht. Dem Zwerchfell fehlt der natürliche Widerstand; es erschlafft, wie jeder zu wenig tätige Muskel. Dadurch aber wird die Saugkraft des erweiterten Brustraums erheblich vermindert und die wichtigste Hilfskraft für den Rückstrom des Venenblutes ausgeschaltet. Beim einen macht sich das an den Beinvenen in Krampfadern, beim andern an den Darmvenen in Hämorrhoiden, beim dritten an den Venen der Nasenschleimhaut in verstopfter Nase bemerkbar, ja nach dem Ort des geringsten Widerstandes. Die Folgen sind offener Mund, Unmöglichkeit der Nasenatmung und weitere Erschwerung des Venenkreislaufs. Ein junges Mädchen, fünfmal wegen Wucherungen der Nasenschleimhaut operiert, konnte trotzdem nicht durch die Nase atmen. Wenige Wochen sinnvoller Atempflege genügten, die Nase frei zu bekommen und die Mundatmung überflüssig zu machen.

Mundatmung kann also *sowohl Ursache wie Folge* einer verstopften Nase sein; beide stehen in Wechselwirkung. Das vermittelnde Glied ist die verminderte Zwerchfellatmung.

Da der Mund weder Borstenhaare zum Abfangen des Staubes noch Erwärmungs- und Befeuchtungsanlagen für die Atemluft hat, wird beim Mundatmen die Lunge dauernd abgekühlt, ausgetrocknet und verunreinigt. Wer durch Schnupfen genötigt ist, eine Nacht lang gegen seine Gewohnheit durch den Mund zu atmen, bekommt zu spüren, wie schlecht das den Schleimhäuten der oberen Atemwege tut, und kann sich vorstellen, was es für die zarten Luftwege der Lunge bedeutet.

Hinzu kommt bei Mundatmung die ungeordnete Luftströmung. Die Nase ist nämlich (nach J. L. Schmitt) mittels eingebauter Hindernisse (Nasenmuscheln) zu einem „Stromlinienkörper" gestaltet, in dem mehrere verschiedene Luftströme gleichlaufend nebeneinander herfließen und sich auch an den Umbiegstellen des gewundenen Atemwegs und an den Verzweigungen der Luftkanäle nicht vermischen, so daß unterwegs keine Wirbel entstehen und jedes Luftkanälchen seine eigene „Zuteilung" erhält, – ein wahres „Wunder der Technik".

Dagegen bildet der Mund einen weiten Tunnel, durch den die Luft ungeformt einströmt, wodurch im Kanalsystem der Lunge Unordnung und hindernde Widerstände entstehen, – ein weiteres Zeugnis für die Wichtigkeit der Nasenatmung und einer gesunden, weder durch Schleimhautveränderungen noch durch vermeidliche Operationen entstellten Nase.

Dennoch ist das nicht die schlimmste Folge; die Lunge hält in vielen Fällen die Mißhandlung aus, ohne zu erkranken. Schlimmer ist der allgemeine Verfall des Atemvorganges, der mit der *Erschlaffung des Zwerchfells* zusammengeht. Kinder, die durch den Mund atmen, sind meist vital matt, erregbar, verstimmbar, wenig konzentrationsfähig und lernen deshalb schwerer. Daß dafür neben dem erschwerten Rückstrom des Blutes aus dem Kopfgebiet auch ein reflektorischer Zusammenhang zwischen Nase und Hypophyse verantwortlich gemacht wird, wurde schon gesagt.

Von *Bauchatmung* im Unterschied von der Zwerchfellatmung sprechen wir, wenn überwiegend die vorderen Zwerchfellmuskeln arbeiten, so daß die Bauchwand sich vorn vorwölbt, seitlich und hinten aber mehr oder weniger unbewegt bleibt oder sich gar bei der Einatmung einzieht. Mittlere und obere Rippen atmen wenig mit, die Flanken manchmal mehr. Die Bauchmuskulatur ist meist schlaff und setzt dem Zwerchfell wenig Widerstand entgegen.

Bauchatmung macht den Eindruck des Primitiven, fast möchte man sagen, des Säuglinghaften. Man findet sie oft bei wenig aktiven, etwas bequemen Menschen.

Bei *Brustatmung* überwiegt die Bewegung der mittleren Rippen. Die Bewegung verläuft unharmonisch von hinten nach vorn. Der seitliche Ausschlag der Rippen und die Tätigkeit der seitlichen und hinteren Zwerchfellfasern sind unzulänglich.

Ursache ist häufig eine hohle Lende (Lendenlordose), bei der die untersten, losen Rippen nach innen gezerrt werden und „Flankengruben" rechts und links in Gürtelhöhe entstehen.

Mit den unteren Rippen werden die Ansätze der seitlichen Zwerchfellfasern nach dem Körperinnern verschoben und geraten unter ungünstige Arbeitsbedingungen. Die hinteren Zwerchfellfasern, mit ihren langen Sehnen vor der Lendenwirbelsäule längs laufend, sind genötigt, der Biegung zu folgen, und geraten durch diesen „Umweg" nur mit einem geringen Teil ihrer Muskelkraft zur Wirkung.

Durch die Behinderung der Zwerchfellatmung muß der Brustkorb ein gut Teil der Atemarbeit allein leisten. Er wird zu tief im Verhältnis zu seiner Breite, sein Querschnitt, – der bei Vollatmung von Seite zu Seite ein mäßiges Oval bildet, – wird mehr oder minder rundlich, dem „Faßthorax" sich nähernd, wie er oft bei Asthma und Emphysem (Lungenblähung) vorkommt. Bei Neigung zu Katarrhen oder nach Lungenentzündungen kann die verminderte Atmung infolge Überbelastung zu asthmatischen Beschwerden führen.

Angeblich sind es die „Willensmenschen", die besonders zu starrer Brustatmung neigen, weil sie durch eigenwilliges Eingreifen in den

Atemvorgang, dem die mittleren Rippen am leichtesten ausgesetzt sind, die unwillkürlichen Regungen unterdrücken.

Bei *Flankenatmung* überwiegt die Bewegung der unteren Rippen. Liegen bei Brustatmung die untersten, die losen Rippen oft so tief innen im Körper, daß sie schwer zu tasten sind, so ist bei überwiegender Flankenatmung der untere Brustkorb voll entfaltet, breit und bis zur letzten Rippe tastbar. Auch die seitlichen Zwerchfellfasern arbeiten dann oft gut mit (breite Mitte, flacher Bauch), und der zu flache Brustkorb bildet im Querschnitt ein längliches Oval.

Auch die Flankenatmung hängt mit der Haltung zusammen. Man findet sie oft, – aber keineswegs immer! – bei schlaffer Haltung mit gebeugten Knien, vorgeschobenem Unterkörper, zurückgelegtem Oberkörper und Flachrücken.

Bewegtheit des Gemüts drückt sich gern in wogender Flankenatmung aus. Von Menschen, bei denen Gemüt und Fantasie Verstand und Willen überwiegen, wird behauptet, daß sie zu Flankenatmung neigen.

Umgekehrte Zwerchfellatmung verbindet sich oft mit Brustatmung. Beim Heben des *ganzen* Brustkorbs, statt mehr seitlichen Rippenausschlags, wird mit den untersten Rippen das an ihnen befestigte Zwerchfell mit gehoben und damit die Wirkung seiner senkenden Zusammenziehung aufgehoben (pseudoparadoxe Zwerchfellatmung; Hofbauer). Schlimmer noch: in dem Bemühen, den Brustkorb aufs äußerste zu spannen, wird beim Einatmen der Bauch eingezogen und das Zwerchfell entgegen seiner natürlichen Funktion nach oben gegen den Brustkorb gedrängt (paradoxe Zwerchfellatmung). Dadurch entsteht ein enormes Spannungsgefühl, das Luftfüllung vortäuscht, während in Wirklichkeit der untere, also größte Teil der Lunge zusammengepreßt wird, – eine Kreislauf, Nerven und Bauchorgane gleicherweise schädigende Verzerrung.

Eine ihrer wirksamsten Ursachen liegt, wie J. L. Schmitt ärztlich bestätigt, in den festen, schlimmer noch den durch Gummieinlagen elastisch zusammenziehenden Hosen-, Rock- und Unterwäsche-Bünden, die vor 20–40 Jahren wenigstens nur erwachsene Frauen und Mädchen, heute aber auch die Männer und schon die Kinder von klein an tragen, und in dem damit verbundenen „Ideal" der dünnen Taille. 177 Meterkilogramm nutzloser Arbeit werden nach Schmitt bei ruhigem Atmen an jeden Tage im vergeblichen Anatmen gegen Bünde und Gürtel vertan.

Das ist die Energie, die man braucht, um 3 1/2 mal einen mehr als 50 Pfund schweren Sack 2 m hoch auf den Boden zu schleppen!!

Hochatmung ist eine Notmaßnahme bei zu geringer Einatmung, also eine Folge anderer Atemfehler: wenn ein Mensch mehr Luft braucht, als ihm seine Teilatmung liefern kann, ruft er die Notatemmuskeln zu Hilfe.

Bei der Hochatmung arbeiten Sprechmuskeln, Kopfwender und Schulterblattheber als Notatemmuskeln mit. Schulterblätter und Schlüsselbeine mitsamt den Armen werden beim Einatmen hochgezogen, so daß über und unter den Schlüsselbeinen tiefe Gruben sichtbar werden. Die Halsmuskeln treten strähnig hervor, der Kehlkopf wird festgestellt, so daß er sich beim Einatmen nicht senken kann. Der Hals erscheint dünn und strähnig oder aber gebläht. Der Kopf wird festgestellt, wodurch das Gesicht etwas Lebloses bekommt. Oft hört man beim Einatmen ein ziehendes Geräusch, mit dem die Luft durch die zu enge Stimmritze pfeift, — ein Zeichen, daß das Zwerchfell ungenügend arbeitet und die Stimmritze sich nicht weit genug öffnet.

Hochatmung ist kein bloß körperliches Versagen; sie ist, wenn man es so ausdrücken darf, immer auch ein Temperamentsfehler. Der Mensch wartet nicht, bis ihm die Luft einströmt, er will sie aktiv heranholen. Hastige Menschen neigen mehr zur Hochatmung als ruhige; in der Aufregung „zieht" mancher, der sonst ruhig atmet.

Eine besonders üble Form der Hochatmung ergibt sich, wenn man beim Singen und Sprechen hastig und unwillkürlich die Luft durch den Mund einzieht. Solches Einatmen verdirbt Laut und Ton. Meist sind es die Schnell- und Vielsprecher, die beim Sprechen ziehen, statt zu warten, bis Luft einströmt. Manches Überflüssige würde nicht gesagt werden, wenn man es sich nicht durchgehen ließe, zu ziehen, um es möglichst rasch herauszusprudeln.

Schwieriger ist es, beim Singen ruhig zu atmen; denn da hat man nicht darüber zu bestimmen, wann man mit der neuen Phrase einsetzen will; die Zeit für die Einatmung liegt fest und ist oft kurz. Leichter wird das Einatmen durch die Nase, wenn man bei offenem Mund nur den hinteren Teil der Zunge abschließend gegen den Gaumen legt. Doch bildet das rasche Einatmen beim Singen für Atemschwache eine schwer überwindliche Klippe.

Schlaffe Ausatmung ist oft Folge einer Fehlhaltung: bei schlaffem Rundrücken und Schwanenhals (Halslordose) findet der Brustkorb an der Wirbelsäule nicht den Halt, auf den er angewiesen ist. Er hängt in Ruhe zu tief, wird bei der Einatmung hochgezogen und sinkt bei der Ausatmung wieder herab und zusammen. Kennzeichnend ist die starke Mitbewegung des Brustbeins. Auch die Bauchmuskeln sind schlaff und arbeiten dem Zwerchfell nicht genügend entgegen, so daß der Bauch beim Ausatmen nur wenig einsinkt.

Es wird also einerseits in den unteren Teilen der Lunge zu wenig, andererseits in den oberen zu rasch und ruckhaft ausgeatmet, mit dem Ergebnis, daß beide ungenügend entleert werden, der Brustkorb noch dazu unter Gaswechsel und Kreislauf störendem Überdruck.

Irgendwo, in Hals oder Nase, erzeugt dieser Überdruck oft Geräusche, die Luft „pfeift" durch Engpässe, es fehlt die Koordination zwischen Größe des Drucks und Weite des Atemrohrs. Oft genügt die einfache Absicht, geräuschlos zu atmen, um das haltlose Zusammenklappen zu verhindern und etwas Stetigkeit in die Ausatmung zu bringen. Helfend ist es auch, vor dem Ausatmen für den Bruchteil einer Sekunde die Luft anzuhalten, um sie dann wie durch ein feines Ventil ausströmen zu lassen (Yoga-Praxis).

Vorgewölbter Bauch und flache Brust kennzeichnen die Rumpfform; auf die Dauer können Birntorax und Hängebauch entstehen und damit eine völlige Desorganisation der Atembewegung mit bösen Folgen für Kreislauf und Bauchorgane.

Das Gegenstück der schlaffen Ausatmung bildet die *Stauatmung*. Hier werden die Rippen stark gehoben und zu wenig gesenkt; es strömt zu wenig Luft aus. Oft arbeiten auch die Bauchmuskeln zu wenig, und der Mittelkörper bleibt weit, das Zwerchfell wird nicht genügend nach oben gedrängt und gedehnt.

Die Luft staut sich im Brustkorb, und es können krampfartige Spannungszustände entstehen; die feinsten Luftgefäße stellen sich eng. Da die Kohlensäure nicht genügend entleert wird, kann zu wenig Sauerstoff einströmen; es entsteht ein Gefühl von Atemnot, das durch krampfhafte Einatmungsbewegungen nur noch verschlimmert wird: der typische Vorgang beim Bronchialasthma, das vielfach mit Stauatmung verbunden ist und dann durch zartes, nicht pressendes Ausatmen günstig beeinflußt werden kann.

Preßatmung entsteht nach Parow durch rasches und gewaltsames Ausatmen. Gegen den dadurch bewirkten schädlichen Überdruck im Lungeninnern versucht sich der Organismus durch Engstellen der Luftgefäßchen, gegen das zu rasche Entweichen der Atemluft durch Abwehr-Verengung der Stimmritze zu schützen. Um die zu enge Stimmritze zu sprengen, muß wieder der Ausatemdruck verstärkt werden, und der bewirkt verstärkte Kehl-Enge.

So werden die Atemmuskeln zu unnatürlicher und kraftvergeudender Mehrarbeit gezwungen, die bei großer Anstrengung nur geringe Durchlüftung bringt. Denn je mehr Energie auf die Überwindung der Widerstände verwandt wird, umso weniger bleibt für die eigentliche Atemleistung. Ein Fehlerkreislauf entsteht: Je größer die Anstrengung, umso geringer die Leistung, und je geringer der Erfolg, umso mehr Anstrengung wird wiederum eingesetzt. Reicht die Atemleistung nicht mehr, den Sauerstoffbedarf zu decken, was besonders leicht bei Belastung durch Katarrhe, Lungenentzündung usw. vorkommt, so treten Atemnot und Erstickungsangst ein: der erste *Asthma-Anfall.* Die Angst wiederum verstärkt die Engstellung der Bronchien: der durch kein Medikament dauernd zu durchbrechende Unheilkreislauf des Asthmas.

Auf die Dauer gibt die Form des Brustkorbs dem ständig wirkenden Druck nach. Der geblähte, nach hinten oder vorn unnatürlich erweiterte Brustkorb zieht die Lunge in seine Fehlform mit hinein. Sie wird auseinandergezerrt und immer unfähiger, sich elastisch zusammenzuziehen (Lungenerweiterung, Emphysem).

Chronische Entzündungszustände der überreizten Bronchien kommen hinzu und wirken durch Schleimabsonderung weiter verengend; sie können auch die Frühursache der gewaltsamen Atmung sein. Falsches, pressendes Husten und Räuspern, bei dem die geschlossene Stimmritze gewaltsam aufgesprengt wird, erhöht nicht nur den Reizzustand („das viele Husten kommt vom Husten"), sondern wirkt energisch an der Auftreibung des Brustkorbs mit.

Überempfindlichkeit (Allergie) gegen bestimmte Stoffe wie auch seelische Vorgänge sind als Asthma-Ursachen bekannt. Nach Parow ist aber entscheidend immer die Fehlform der Atmung. Gelingt es, sie durch selbstgeleistete Arbeit des Kranken zu bessern, so lösen sich die verspannten Muskeln und Gefäße, die Reizbarkeit vermindert sich, und die Erfahrung, daß man auch im Anfall nicht ausgeliefert ist, sondern lernen kann, sich zu helfen, gibt Vertrauen und mindert die Angst. Das wieder wirkt weiter lösend auf die verengten Gefäße.

So kann nach Parow auch schweres Asthma geheilt oder doch bis zum Erträglichen gemildert werden. Auch im Anfall ist unmittelbare

Selbsthilfe durch Unterlassen des Pressens und durch Nachgeben statt Feststellen möglich.

Auch die Art des Ausatmens scheint mit dem seelischen Verhalten zusammenzuhängen. Verschlossene Menschen, die sich schwer öffnen, neigen eher zum Stauen, mitteilungsbedürftige, die zuviel herauslassen und zu wenig in sich verarbeiten, zu schlaffem Ausatmen. Doch kann man hier, wie überall im Leib-Seele-Geschehen, kein Schema aufstellen. Es ist oft so, aber es kann auch anders sein. Seelisches ist meist zu verwickelt, der miteinander und aufeinander wirkenden Kräfte sind zu viele, als daß man es auf eine Formel bringen könnte, und im Körperlichen ist es nicht viel anders; deshalb sind Schlüsse von Leiblichem auf Seelisches immer mißlich.

Fehlatmung und Körperform

In den von der Erbanlage gesetzten Grenzen ist die Körperform viel veränderlicher, als meist angenommen wird. Die wichtigsten Einflüsse üben wohl Ernährung und Bewegung. Daß falsche Ernährung im Kindesalter zu rachitischer Knochenerweichung und schweren Verbildungen des Knochengerüstes führen kann, weiß heute jeder. Wie stark dagegen die Bewegungsweise auf die Gestalt des Leibes einwirkt, ist weniger bekannt.

Die Wirkung der Bewegung auf die Körperform wird von den Gesetzen der funktionellen Anpassung bestimmt, von denen unter „Außenbewegung" die Rede war. Die Muskulatur jedes Menschen, und damit sein Hautrelief, ist u. a. ein Abbild seiner Bewegungsweise.

Aber die Wirkung geht tiefer. Von den Muskeln greift sie auf das Knochengerüst über. Denn das Knochengerüst ist ja kein starrer Körper, sondern ein höchst bewegliches System. Viel stärker als die Form der einzelnen Knochen wirkt auf die Gesamtform des Leibes die *Stellung der Knochen zueinander*. Die aber wird von Zug und Gegenzug der Muskeln, vom Kräfteverhältnis zwischen Synergisten und Antagonisten bestimmt. Arme, deren Beuger im Verhältnis zu den Streckern überentwickelt sind, hängen nicht gerade herab, sondern in Beugestellung (Topfhenkelarme); Schulterblätter, die mit den Rippen durch verkürzte Brustmuskeln verbunden sind, werden nach vorn gezerrt. Dadurch wieder wird die Lungenspitzenatmung beengt, und die Folge ist eine Veränderung der Brustkorbform. Diese kann auf die Tätigkeit der Bauchmuskeln weiterwirken, von der die Durchblutung und damit die

Form der Beine mitbestimmt wird, und so setzt sich die Wirkung einer einzelnen Unstimmigkeit oft über den ganzen Körper fort.

Im Gewebe dieser mannigfaltigen Wirkungen und Wechselwirkungen kommt der Atembewegung eine besondere Bedeutung zu. Sie in erster Linie wirkt nämlich auf die Form des Brustkorbs und des Bauches ein, weit stärker als äußere Muskelarbeit; und damit bestimmt sie mittelbar auch über die Bewegungen der Glieder und deren Form. Alle äußere Bewegung wirkt auf die Körperform nur von außen, die Atmung dagegen von innen heraus. Die äußere Bewegung vermag die Körperform aufs stärkste zu verändern; ob sie sie aber verbessert, hängt von der Mitwirkung der inneren Bewegung ab.

Auf die *Form des Brustkorbs* wirkt die Atmung wesentlich über die Rippenheber. Sie verkürzen sich im Maße ihres Gebrauchs. Die Folge ist, daß viel gehobene Rippen verhältnismäßig hoch stehen, während wenig gebrauchte herabhängen. Bei *Flankenatmern* verkürzen sich die Heber der losen und der untersten festen Rippen, die die Seiten umspannen, aber nicht bis nach vorn reichen, und deren Beweglichkeit sich infolgedessen hauptsächlich nach den Seiten auswirkt. Dadurch wird der Brustkorb unten voll und breit, bleibt aber flach, weil die mittleren, mehr nach vorn beweglichen Rippen tief hängen. Der Querschnitt des Brustkorbs bildet ein ziemlich *flaches Oval*.

Bei *Brustatmern* stehen umgekehrt die mittleren, mehr nach vorn beweglichen Rippen hoch, während die seitlichen verhältnismäßig tief hängen. Ihr Brustkorb ist deshalb eher tief und schmal, die Flanken sind eingesunken (Flankengruben seitlich der Wirbelsäule), die Mitte eng, die Rippenbögen stehen vorn heraus. Der Querschnitt des Brustkorbs ist *rundlicher als normal*.

Fehlt es an der *Lungenspitzenatmung,* so bilden sich entstellende Gruben unter und über dem Schlüsselbein, der Brustkorb ist oben schmal, und die Schulterblätter fallen vor.

Von der antagonistischen Zusammenarbeit zwischen Zwerchfell und Bauchdecken wird die *Gestalt des unteren Rumpfes* bestimmt. Bei Bauchatmung wölbt sich der Bauch übermäßig vor, während der Mittelkörper sich seitlich und hinten einzieht. Bei übermäßiger Zwerchfelltätigkeit ist der Mittelkörper ringsum gebläht (dicke Taille), wie man es manchmal bei Sängern findet.

Fehlt die antagonistische Tätigkeit der Bauchmuskeln, so hängt der Bauch schlaff vor; ist sie ungleichmäßig, so ist der Bauch an einigen

Stellen vorgewölbt, an anderen eingezogen. Oft sieht man z. B. deutlich von außen, wie die oberen Abschnitte der geraden Bauchmuskeln die „Magengrube" vortreten lassen, während die unteren den Unterleib unter Druck halten, oder umgekehrt.

Im ganzen neigen einseitige Bauchatmer mehr zu hängendem, einseitige Brustatmer zu eingezogenem Bauch.

Eine gute Bauchform, die Freude am nackten Körper aufkommen läßt auch bei dem, der nicht auf die durch krampfhaftes Einziehen des Bauches vorgetäuschte schlanke Linie hereinfällt, gibt es nur bei vollständiger Zwerchfell- und Bauchmuskeltätigkeit.

Auch auf die *Form der Wirbelsäule* wirkt die Atmung ein, und zwar auf dem Wege über die funktionelle Anpassung der Rippenheber (s. Hofbauer, Atem- Pathologie und- Therapie). Jeder Muskel zieht nämlich gleichzeitig an seinen *beiden* Ansatzstellen, hier also an der Rippe sowohl wie an dem Wirbel, an dem er entspringt. Und diese geringen, aber dauernden Zugwirkungen bleiben nicht ohne Einfluß auf die Gestalt der ja ebenfalls beweglichen Wirbelsäule.

Die Rippen-Wirbelsäulen-Gelenke sind nämlich so konstruiert, daß die Rippenheber, indem sie die Rippen hochziehen und drehen, zugleich *im Sinne der Krümmung* an der Wirbelsäule ziehen. Starke Brustatmer bekommen daher eine gewölbte, Flachatmer eine flache Wirbelsäule. Streckübungen für einen runden Rücken nützen deshalb wenig, wenn die Ursache in einseitiger Brustatmung liegt; und umgekehrt gelingt es kaum ohne Vertiefung der Atmung, eine gehöhlte Brustwirbelsäule (Brustlordose) zur Streckung zu bringen.

Einseitiger Zug der Rippenheber (etwa bei einseitiger Atembehinderung durch Narbenbildung nach einer Rippenfellentzündung) wirkt seitbeugend auf die Wirbelsäule. So entstehen oft seitliche Rückgratverbiegungen als Folge von Rippenfellnarben.

Für die Behandlung von Haltungsfehlern und Wirbelsäulenverkrümmungen sind diese Zusammenhänge lebenswichtig. Näheres darüber unter „Haltung".

Die *Lage der Schulterblätter* hängt in erster Linie von der Form des Brustkorbs ab, dem sie anliegen. An einem abnorm schmalen, asthenischen Brustkorb rutschen die Schulterblätter gleichsam seitlich ab (abfallende Schultern). Es entsteht die kennzeichnende lange Nackenlinie. Die Arme hängen tief und sehen aus, als ob sie zu lang wären.

Fehlt es an Lungenspitzenatmung, so fallen die Schulterblätter vor und stehen hinten mit den inneren unteren Winkeln flügelartig heraus. Es entstehen tiefe Ober- und Unterschlüsselbeingruben. Die Schlüsselbeine entwickeln sich nicht zu ihrer normalen Länge. Um zu verhindern, daß die Arme *vor* der Brust statt seitlich hängen, werden die Oberarme schräg rückwärts und die Unterarme ausgleichend schräg vorwärts genommen, so daß die Ellenbogen zu weit hinten stehen, – eine Armform, die kennzeichnend für stark abstehende Schulterblätter ist.

Bei übermäßig tiefem Brustkorb und entsprechend stark gewölbter Brustwirbelsäule schieben sich die Schulterblätter seitlich auseinander und nach vor; es entsteht der sogenannte breite Rundrücken.

Bei Hochatmung werden durch den Mißbrauch als Notatemmuskeln die Schulterblattheber und die Nackenteile der Kapuzenmuskeln verkürzt und dadurch die Schulterblätter dauernd hochgezogen (hohe Schultern). Besonders entstellend wirken hohe und zugleich abstehende Schulterblätter; der Hals erscheint dann eingeengt und unverbunden mit dem Körper, und die Arme sitzen wie festgeschraubt in den Gelenken.

Jeder Atemfehler entstellt also die Körperform, indem er Teile des Rumpfes vortreibt und andere einsinken läßt. Jeder Atemfehler erwächst aber aus Teilatmung, und jede Teilatmung ist, wie wir sahen, außerdem mit Notatmung verbunden und führt dadurch zur Verspannung so gut wie sämtlicher *äußeren Rumpfmuskeln*. Besonders entstellend werden sie an Hals und Nacken sichtbar. Die verkürzten Brust- und Nackenmuskeln, die die Schulterblätter nach vorn und oben verschieben, die breiten Rückenmuskeln, die die Körpermitte einengen, die langen Bauchmuskeln, die bei Verspannung ihrer unteren Abschnitte Rippenbögen und Magengrube, bei Verspannung der oberen den Unterleib herausdrängen, wirken verzerrend auf die Rumpfform. Die Arme hängen an den verschobenen Schulterblättern wie falsch eingerenkt und verlieren an Beweglichkeit, und auf die Beine greifen die Verspannungen des Bauches über.

Ohne viel zu übertreiben, kann man behaupten, daß die *unharmonischen Körperformen* der modernen Menschen *Folgen und Ausdruck gestörter Atmung* sind. Aufschlußreich ist hier besonders das Bild des körperlich geschulten Menschen. Hier geschieht für die Körperform von außen, was immer geschehen kann, und oft mit Erfolg. Dennoch ist man nicht befriedigt, – auch da nicht, wo sich keine groben Formverzerrungen finden. Es fehlt an Harmonie. Man braucht diese Körper nur mit denen guter Schwimmer zu vergleichen, um zu wissen, daß etwas nicht stimmt. Schwimmerkörper sind immer „zusammen", immer einheitlich belebt und wirken deshalb harmonisch, obgleich sie der ästhetischen Konvention, die bei uns ja auf lang und schmal festgelegt ist, nicht zu entsprechen pflegen.

Es ist gleichsam nur eine quantitative Harmonie, eine Harmonie der Muskelmassen, Längen, Dicken, die wir bei harmonisch durchgebildeten Sportlern bewundern, – und wie selten ist selbst diese. Es fehlt das „belebende Band", das alle Teile durchströmende und zur Einheit verbindende innere Leben; die Form ist ohne Seele.

Die lebensvolle Harmonie der Körperformen, wie sie etwa aus frühgriechischen Plastiken zu uns spricht, kann von außen nicht angeübt werden; sie wird *von innen heraus gebildet*. Erst wenn alle Bewegung von den belebenden Kräften des Atems durchpulst wird, können wir hoffen, wohlgeformte, lebensvolle Körper zu bilden.

Sind wir aber dahin einmal gelangt, so werden auch unsre Sportler- und Athletenstatuen anders aussehen. Die heutigen wirken auf den Sehenden oft wie Symbole eines falschen, innerlich entleerten, materialistischen Form-Ideals.

4. Atemspannung und Bewegung

Atemspannung

Über die Wechselwirkung zwischen Atmung und Bewegung im allgemeinen ist unter Innenbewegung berichtet worden. Hier soll von den Beziehungen von Haltung und Bewegung zu einem bestimmten Sonderphänomen der Atmung die Rede sein, das bei seiner großen Bedeutung für äußere Bewegungs- wie innere Lebensvorgänge viel zu wenig beachtet wird.

Manche Menschen wirken schlaff, andere straff, straff nicht im Sinne willensmäßigen Angespanntseins, sondern vitaler Spannkraft. Sie sind wach und munter, aber nicht „aufgedreht". Sie leisten etwas, ohne sich sehr anzustrengen, und sind auch nach der Leistung nicht „abgespannt", sondern eher gut müde. Morgens erwachen sie ausgeruht und bereit, und von übermäßigen Leistungen erholen sie sich rasch. Ihre Haltung ist frei und aufrecht, ihre Bewegungen sind unaufdringlich und genau. Solche lebensvolle Spannkraft entspringt aus Atemspannung.

Gewiß ist die Atemspannung nur einer unter vielen Faktoren, von denen die vitale Spannkraft abhängt. Aber sie ist einer der ganz wenigen, auf die wir unmittelbaren Einfluß haben; darum ist es wichtig, von ihr zu wissen.

Da es sich hier um Bewegungsprobleme handelt, soll die Atemspannung zunächst von den Gesichtspunkten der Haltung und der Bewegung betrachtet werden. Die aufrechte Haltung, als Vorbedingung aller Bewegung, ist von zwei Faktoren abhängig, von Muskelzügen, die außen am Skelett ansetzen, und vom Spannungszustand der Weichteile des Rumpfes. Je praller diese gefüllt, je in sich fester die Organmasse des zwischen Brustkorb und Beckenring gefügten weichen Mittelkörpers, umso weniger Muskeltätigkeit ist nötig, um den Rumpf aufrecht zu halten. Ein prall gefüllter Sack steht, ein halbleerer sinkt zusammen.

Die Spannung des Mittelkörpers nun hängt ab

1. von der Blutfüllung der Verdauungsorgane: eine saftige Pflanze hat Spannung in sich und steht ohne Muskeltätigkeit aufrecht, eine durstige sinkt zusammen,

2. von der Luftfüllung des Brustkorbs, die den nach oben drängenden Bauchorganen Widerstand entgegensetzt,

und beide sind bedingt von dem antagonistischen Widerspiel zwischen Zwerchfell und Bauchmuskeln, das, wie im vorigen gezeigt, auf den Durchblutungszustand der Bauchorgane einwirkt.

Durch das antagonistische Zusammenspiel der Atemkräfte wird in den Weichteilen des Rumpfes ein *Zustand beweglicher Spannung* hervorgebracht. Der Mittelkörper ist straff, ohne von verspannten Bauchmuskeln eingeengt zu sein. Er ist beweglich, aber nicht schlaff.

Wenn man mit Daumen- und Fingerspitzen seitlich in die Bauchmuskulatur zwischen Brustkorb- und Beckenwand hineingreift, kann sie sich schlaff, „wabbelig", oder hart und eingezogen anfühlen. Im ersten Falle setzen die Bauchmuskeln dem absteigenden Zwerchfell zu wenig, im zweiten zu viel Widerstand entgegen; in beiden arbeiten die seitlichen Zwerchfellfasern nur wenig. Fühlt sich dagegen die Bauchmuskulatur an wie ein gefüllter Schlauch, fest, ohne hart zu sein, und gibt sie den Bewegungen des Rumpfes elastisch nach, so ist das antagonistische Zusammenspiel zwischen Zwerchfell und Bauchmuskeln in Ordnung. Diesen *Zustand elastischer Straffheit durch Weitsein in der Mitte* nennen wir Atemspannung.

Die Atemspannung ist *anpassungsfähig*. Grad und Art der Spannung verändern sich in Anpassung an Größe und Art der Leistung. Die Spannung wächst mit wachsender Leistung. Mit den in Gürtelhöhe um den Mittelkörper gelegten Händen kann man spüren, wie beim Heben und Stemmen mit den Armen der Mittelkörper beim Vorschieben einer Last fester, beim Heranziehen wieder weicher wird.

Die Atemspannung ist verschieblich zwischen oben und unten. Sie liegt mehr oben bei Armbewegungen, mehr unten bei Beinbewegungen, mehr unten bei hohen Tönen, mehr oben bei tiefen. Die sogenannte Kopfstimme — die übrigens nicht als fraglos richtig anerkannt wird — widerspricht dem nur scheinbar. Zwar hat sie ihre Resonanz im Kopf, aber sie bedarf starker Spannung im Mittelkörper, wenn es im Hals nicht quetschen soll, während tiefe Töne vor allem auf die Festigkeit des Brustkorbs angewiesen sind.

Auch in seitlicher Richtung ist die Atemspannung verschieblich. Mittelkörper und Brustkorb füllen sich bei guter Anpassungsfähigkeit nach der Seite auf, nach der das Gewicht verlagert wird, und sind an dieser fester als an der andern.

Auch Seelisches wirkt auf die Atemspannung: man folgt „gespannt" einer Sendung, ist „auf Draht", wenn man etwas vorhat, — ein falscher, aber dasselbe meinender Vergleich —, „lahm", wenn man nur halb bei der Sache ist. Interesse, Lust an einer Sache gibt Spannung; Langeweile, Unlust, Enttäuschung machen schlaff. Unsere Schulkinder würden weniger müde, und munter statt schlaff oder „überdreht", aus der Schule kommen, wenn es den Lehrern besser gelänge, ihr Interesse zu wecken, — und die Lehrer hätten es dann auch leichter.

Atemspannung und Haltung

Was die Atemspannung für die Haltung bedeutet, zeigt die Erfahrung. Mit Staunen sieht man, wie schlaffe, ineinanderhängende Menschen sich unbewußt und unwillkürlich von selber aufrichten, wenn es sich in ihnen aufrichtet, etwa wenn sie durch Singen, Spielen, Atmen im Freien oder auch durch belebende seelische Eindrücke Spannung bekommen. Ist der Mittelkörper straff, so ist das Aufrechtsitzen ein Kinderspiel; erschlafft er, so wird es zur mühsamen Quälerei.

Solche Erfahrungen zeigen, daß die Atemspannung für die Haltung zum mindesten eine wichtige Hilfskraft ist. Sie ist aber mehr als das, sie ist die *entscheidende Aufbaukraft*. Nicht die trainierten Rückenstrecker geben den Ausschlag; das zeigt dieoft elend schlechte Alltagshaltung von Turnern, Sportlern, Tänzern. Auf die lebensvolle Atemspannung kommt es an. Jedes ungestörte Kleinkind sitzt mühelos und unwillkürlich aufrecht, weil es atmet (Bild 4); kaum ein Erwachsener kann das mit äußerster Willensanspannung, weil kaum einer die Haltung vom Atem her stützen kann.

Jeder Eskimo, jeder Südsee-Insulaner bewegt, bückt, streckt sich und trägt schwere Lasten in tadelloser Haltung, weil die Atmung gleichsam ein *gefülltes Luftkissen zwischen Brustkorb und Becken* einschiebt; ein Westeuropäer macht beim Bücken seinen Rücken zum Flitzebogen, wird vom Gewicht seines Koffers schief gezogen, schiebt den Unterkörper vor, wenn er ein Kind aufhebt, weil das „Luftkissen" zwischen Brustkorb und Becken fehlt, so daß die Rückenstreckermuskeln alles allein tun müssen. Das können sie eben nicht.

Man ist gewohnt, Haltungsfehler auf schlechte Gewohnheiten wie Krummsitzen, lässiges Stehen usw. zu schieben. Aber warum sitzen wir krumm, warum stehen und gehen wir schlaff? Gewiß nicht allein aus Mangel an Selbstzucht. Sonst würde nicht der eine unbewußt gerade sein und der andre trotz aller Ermahnungen und Vorsätze immer wieder zusammensinken, der eine rundherum voll und fest, der andere spindeldünn und schlaff in der Mitte sein.

Haltung ist in erster Linie Sache der Spannkraft, erst in zweiter Sache des Willens. Nur wenn die Muskeln Tonus haben, kann man billigerweise eine straffe Haltung fordern. Sonst ist sie eine Quälerei und mißlingt trotz aller Mühe.

Ebenso ist ein fester Mittelkörper Sache der Spannkraft. Verkehrte Kleidung kann einen kräftigen Körper allmählich verderben, genau wie lässige Haltung spannkräftige Muskeln allmählich erschlaffen macht; aber richtige Kleidung kann nicht hindern, daß Frauen und Männer eine enge Mitte und eingesunkene Flanken bekommen.

Schlechte Einflüsse aller Art in Elternhaus und Schule, ichhafte Erziehungsmethoden, beängstigende und belastende Eindrücke, dazu schlechtes Vorbild in Sprechen und Bewegung stören das innere Leben des Kindes, seelisch und leiblich. Die innere Lebensbewegung wird gedämpft und verwirrt; darum verfallen Haltung und Bewegung, und nun freilich wirkt die schlechte Haltung, die verkehrte Bewegung ihrerseits wieder störend auf die inneren Lebensvorgänge zurück. Krummsitzen und schlaffes Stehen mit vorgedrängtem Bauch und zurückgeschobenem Oberkörper hemmen Zwerchfell, Flanken und obere Rippen (Lungenspitzen) in der Atembewegung. Zwischen Außenform und Innenbewegung entsteht eine verhängsnisvolle Wechselwirkung, ein Störungs-kreislauf, ein „circulus vitiosus".

Von den beiden zusammenwirkenden Kräften der Haltung ist die Atemspannung die Hauptkraft, die Spannkraft der Rückenstrecker-muskeln die Hilfskraft. Diese Erkenntnis, von der Erfahrung tausend-fach bestätigt, drängt zu umwälzenden Folgerungen für die Methodik der Haltungserziehung. Nicht bloß die Organik der Haltung hat sich mit der Atmung als belebender Kraft für die Haltung auseinanderzusetzen; auch die *Mechanik der Haltung ist auf die Atmung als wichtige Kraft-quelle angewiesen.*

Und mehr noch: auch für die Gestalt des Rumpfes, für das mechani-sche Wie des Aufbaues ist die Atemspannung mitbestimmend. Fehlende Atemspannung an einer Stelle hat zur unmittelbaren Folge Einsinken des Rumpfes an dieser Stelle. Kaum läßt infolge der Stillstellung des Armes etwa nach einer Verletzung die Atemspannung an der kranken Seite nach, so stellt sich auch schon Schiefhaltung ein, die bei Kindern unter ungünstigen Bedingungen zu Rückgratverbiegung führen kann.

Die Haltung wird von der Atmung getragen; versagt die Atmung, so versagt die Haltung. Willkürliches Spannen der Rückenstrecker ist für die Atemspannung ein ebenso schlechter Ersatz wie willkürliches Luft-pumpen für unwillkürliche Tiefatmung. Bestenfalls hilft es, solange man daran denkt; hat man andres im Kopf, so versagt es. Die methodische Folgerung lautet: *an der Haltung stets in Verbindung mit der Atem-spannung arbeiten!* Das heißt zwar nicht, daß Atemübungen gemacht werden müßten. Es gibt auch indirekte Wege zur Atemspannung, Wege von außen nach innen, und sie sind nicht die schlechtesten. Aber es bedeutet, daß der Zustand der Atemspannung stets als Ziel vorschwe-ben sollte, wenn an der Haltung gearbeitet wird.

Schwerarbeit

Für *körperliche Schwerarbeit* ist die Atemspannung nicht minder wich-tig als für die Haltung. Mit einem wackeligenn Spaten kann man nicht graben; einen Wagen kann man an einer schlecht befestigten Deichsel nicht rückwärts schieben. Der elastisch gefüllte Mittelkörper macht den Rumpf zu einer festen Säule und zur stabilen Verbindung zwischen den arbeitenden Armen und den sich in den Boden stemmenden Beinen.

Ein Mensch mit schlaffem Rumpf arbeitet so unökonomisch wie ein Mensch auf unsicherem Boden und so unpräzise wie ein Photoapparat auf wackeligem Stativ. Er braucht einen großen Teil seiner Kräfte für Ausgleichsbewegungen. Bei wackeliger Verbindung zwischen Ober- und Unterkörper fehlt den Armen der Halt; fortwährend muß durch überflüssige Muskelaktionen die Verbindung zwischen oben und unten neu hergestellt werden. Hat der Mittelkörper dagegen Halt, so haben die Arme einen festen Stützpunkt, von dem aus sie den Widerstand angreifen können.

Auch die *Arbeitsverteilung* ist besser, wenn Ober- und Unterkörper fest miteinander verbunden sind. Es kann dann nämlich ein großer Teil der Arbeit auf die kräftige Muskulatur der Beine übertragen und die zartere Armmuskulatur entlastet werden. Die Arme haben mehr die Formspannung zu wahren und damit die feste Verbindung zwischen Gegenstand und Körper herzustellen, als Kraft zu entfalten. Die eigentliche Schwerarbeit machen die „stämmigen" Beine durch Sicheinstemmen in den Boden; und die Arme können feinfühliger schaffen, da sie sich weniger zu plagen brauchen.

Wo Menschen sich bei schwerer Arbeit übermäßig anstrengen, sei es bewußt oder unbemerkt, wo die Armmuskeln hart, der Schultergürtel verzerrt, der Hals verspannt, das Gesicht verbissen ist, kann man mit Sicherheit annehmen, daß es an Atemspannung fehlt. Die wackelige Verbindung zwischen Ober- und Unterkörper führt notwendig zu Verspannungen der äußeren Rumpfmuskulatur, zu schlechter Arbeitsteilung zwischen Ober- und Unterkörper, Armen und Beinen, zu Kraftvergeudung, zu Überlastung der Armmuskeln, zu Verzerrungen von Körper- und Bewegungsform.

Durch die Verspannung der äußeren Rumpfmuskeln aber werden Atmung und Blutströmung behindert und dadurch wiederum die feinfühlige Verbindung der Arme mit dem Rumpf beeinträchtigt. Organische und mechanische Folgen mangelnder Atemspannung treten in einen Fehlerkreislauf miteinander.

Schwerste Arbeit ist ohne Atemspannung nicht möglich. Wo die richtige nicht gefunden wird, setzt deshalb instinktiv die *falsche Atemspannung* ein. Lastträger sieht man häufig bei großen Anstrengungen durch gewaltsames Anhalten des Atems den Rumpf feststellen. Statt bei Ein- wie Ausatmung durch Gegenspannung von Zwerchfell und Bauchmuskeln den Mittelkörper weit und gespannt zu halten, verschließen sie nach der Einatmung das Kehlventil. Statt durch Gegenhalten mit den Atemmuskeln wird so der Brustkorb durch Zusperren von oben prall gehalten. Die Luft drängt von unten gegen das verschlossene Ventil

(Pressen), der Atemstrom wird schroff unterbrochen, die Stimmbänder durch Druck geschädigt, der Kopf unter übermäßigen Blutdruck gesetzt (geschwollene Adern, rotes Gesicht, Druckgefühl in Nase und Nebenhöhlen), – ein Zustand, wie man ihn etwa bei übermäßig langem Tauchen erlebt. Die Herzstörungen, an denen Lastträger oft früh sterben, sind Folgen nicht der Anstrengung als solcher, sondern der täglichen Mißhandlung der Kreislauforgane durch diese lebenswidrige Art des Atemhaltens.

Auch das „Sichverheben" mit seinen schädigenden Wirkungen auf innere Organe – Verlagerungen bei Frauen, Leistenbrüche bei Männern – ist eine Folge falschen Spannungschaffens. Bei guter Atemspannung stehen Ober- und Unterkörper richtig aufeinander, und es kommt nicht zu den heftig pressenden Verspannungen der Unterleibsmuskeln, die die Gebärmutter aus ihrer Lage und die Därme gewaltsam gegen die Bauchwand drängen. Wer richtig atmet, verhebt sich nicht.

Bei richtiger Atemspannung bleibt das Kehlventil offen, die Spannung sitzt unten, nicht oben, das Zwerchfell steht nicht, sondern es hält sich in kleinen Ab- und Aufschwingungen unten (richtiges Atemhalten), oder es steigt gleichsam schwer und gegen Widerstand nach oben und läßt erst nach, wenn die Last abgesetzt ist.

Leichte Bewegung

Für *Feinarbeit und leichte Bewegungen* ist die Atemspannung nicht minder wichtig als für schwere. Ohne Spannung kann man nicht leise sein; das zeigen die verspannten Muskeln und die verbissenen Gesichter bei Leuten, die sich bemühen, leise aufzutreten. Lautsein ist meist nicht Kraftüberschuß, sondern Mangel an innerer Spannung, durch die man die Äußerung beherrschen könnte.

Je zarter die Äußerung, umso notwendiger die Spannung aus der Körpermitte. Viel eher kann man in schlaffem Zustande kräftig oder scheinkräftig aufs Klavier loshämmern als ein hauchzartes piano hervorbringen. Gelöste Beine, die im Tanz schnellsten Wirbel ohne Verspannung, mit lebensvollem Ausdruck, hergeben, hat man nur bei feinfühliger Mittelkörperspannung.

Überhaupt ist der lebensvolle Ausdruck in den Gliedern abhängig von der inneren Spannung, die den Zusammenhang der Glieder mit dem Ganzen aufrechthält und ihnen die Impulse gleichsam von der Körpermitte her zuschickt. Wer sich allein durch Zehengang leichtmacht, steht unsicher oder muß sich durch Muskeltraining, das heißt durch Routine sicher machen; wer Atemspannung hat, kommt wie von selbst auf die Zehen, sobald er sich leicht und hoch denkt. *Je fester von innen, umso weicher von außen;* je fester – ohne Starrheit – der Rumpf, umso leichter, beweglicher, feinfühliger die Glieder.

Für tiefe und schwere Bewegung gilt das übrigens nicht minder als für hohe und leichte. Nur bei festem Mittelkörper bleiben die Beine auch unter der Belastung der gebeugten Knie weich, ausdrucksvoll und sprechend. Fehlt es an Atemspannung, so werden die Gliedermuskeln verspannt, die Bewegungen ungenau, mühsam und belastet oder unnatürlich leicht, weil ohne Verbindung mit der Körpermitte, die Stimme tonlos oder schreiend. Der Äußerung fehlt der Ausdruck des von innen Gelenkten. Die Atemspannung schafft gleichsam den inneren Mittelpunkt, von dem aus die Äußerung, wie an unsichtbaren Fäden gelenkt, zart und mühelos, belebt und ausdrucksvoll dahinfließt.

Wenn es irgend Sinn hat, in der Leibeserziehung von einem *Bewegungszentrum* zu sprechen, so ist es der durch Atemspannung weit und straff, in beweglicher Festigkeit erhaltene Mittelkörper, aus dem die Bewegung zart und wellig, fein und doch bestimmt nach außen fließt.

In den Atemübungen des Ostens wird die Atemspannung durch einengende oder dehnende Stellungen gleichsam erzwungen. Darin liegt eines ihrer Geheimnisse; die meisten sind uns noch unbekannt.

Ein Beispiel: Windet man etwa die Arme vor der Brust umeinander, verschränkt dann die Finger beider Hände und schiebt nun Arme und Hände nach oben, so wird der Brustkorb vorn eingeengt. Man sollte erwarten, daß dadurch die Atmung gehemmt würde. Merkwürdigerweise tritt das Gegenteil ein: der bedrängte Atem wehrt sich gleichsam gegen die äußere Gewalt und beginnt mächtig zu arbeiten. Die einengende Stellung wirkt hier offenbar als Reiz, als Widerstand, der die Lebenskräfte zum Kampf hervorruft und durch Kampf stärkt.

Solche Erfahrungen geben zu denken. Sie weisen darauf hin, daß die empfänglichen Kräfte, um die es bei aller Erziehung der Innenbewegung geht, bei einseitiger Pflege der Empfänglichkeit keineswegs immer am besten aufgehoben sind. Die Natur im Menschen kann sich nicht unter der Glasglocke entwickeln; sie braucht Widerstand und Auseinandersetzung.

Aber alles kommt auf das *Wie* der Auseinandersetzung an. Kämpfen nur die Ichkräfte, die sich in den „willkürlichen" Außenbewegungsmuskeln verkörpern, so werden auch nur die Ichkräfte ausgebildet und die Eskräfte der Natur mehr und mehr verschüttet. Nur wenn es gelingt, die Bedingungen so einzurichten, daß die willkürliche äußere Muskulatur mehr dienend oder vermittelnd beteiligt und die unwillkürliche innere zur Leistung genötigt wird, wenn die Natur im Menschen kämpft und nicht sein Ich, wird der Kampf Leben wecken und innere Spannung bringen.

Das kann vielleicht erklären, warum ein Kampf, in dem der Mensch mit elementaren Lebenskräften beteiligt ist, etwa der Kampf um das nackte Leben, um die Erhaltung der Familie, um das Leben eines kranken Freundes, für eine große Sache, Kräfte gibt und Leben weckt, während die Kämpfe der Eifersucht, des beruflichen Geltungsdranges, des sportlichen Ehrgeizes, der Nebenbuhlerschaft in allen Lebensbereichen Leben verzehren und Kräfte zerrütten.

Es tritt das Es der Natur im Menschen offenbar ins Bündnis mit dem Es des Geistes. Ein Mensch, der der „inneren Stimme" folgt, wächst und reift nicht nur seelisch, er findet auch leiblich immer wieder den Ausgleich zwischen Ausgabe und Einnahme; er lebt und kämpft sich durch, obgleich er sich scheinbar verzehrt; ein Mensch, der seinem eigenen Kopf, seinen Trieben, Wünschen und Ansprüchen nachlebt, verliert sein Gleichgewicht, auch wenn er viel für seine Gesundheit tut. Wer die Natur in sich dauernd zu widergeistigen Zwecken mißbraucht, dem versagt sie sich.

5. Wege und Irrwege der Atemerziehung

Atemübungen

Auf Schulhöfen und Sportplätzen, in Kuranstalten und orthopädischen Turnstunden werden Atemübungen exerziert, wie man Turnübungen macht. Da heißt es: Arme hoch, ganzen Körper strecken und dabei tief einatmen, Rumpf beugen, alles locker lassen und vollständig ausatmen. Daß die angebliche Tiefatmung in Wirklichkeit eine Hochatmung mit gedehnten Bauchmuskeln und Zwerchfellhochstand ist und die „vollständige" Ausatmung allenfalls die Luftgefäße auspreßt, aber die Lunge unter schädlichen Druck setzt und die Entleerung der zarten Lungenbläschen erschwert, nimmt anscheinend keiner zur Kenntnis. Auch das Ergebnis, — nervöse Unruhe und sichtliche Unordnung im Atemablauf, — scheint niemanden stutzig zu machen. Man „macht" das eben, — in sturem Glauben, daß es gesund sei.

Alles Gewollte und Gemachte beim Atmen ist nicht nur nutzlos, es *ist schädlich.* Viel Luft holen und viel Luft loswerden wollen führt nicht zum Ziel. Willkürliches Heben des Brustkorbes geht auf Kosten der Zwerchfelltätigkeit und damit der Atmung gerade in den unteren, größten Teilen der Lunge, ja es verführt zur umgekehrten (paradoxen) Zwerchfellatmung, bei der das Zwerchfell gegen die Lungen heraufgedrängt wird, statt sich zu senken. Wohl entsteht in der Brust ein starkes Druckgefühl, als wäre sie voller Luft, — aber für den Gaswechsel kommt dabei wenig heraus. Denn der Druck auf die feinsten Luft- und Blutgefäße bewirkt, daß sie sich engstellen, und vermindert dadurch die Berührungsfläche für den Gasaustausch: kleinster Effekt bei größter Anstrengung.

Und ebenso wird bei raschem, heftigem Ausatmen die Lunge unter übermäßigen Druck gesetzt, wobei sich zwar die Luftgefäße entleeren, aber der Gaswechsel zwischen Blut und Lunge behindert wird. Außerdem: je schneller die Luft entweicht, umso weniger Zeit bleibt für den Gaswechsel. Das schlaffe Zusammensinken des Rumpfes mit Ausblasen der Luft, wie es nicht nur in Tanzschulen oft gelehrt wird, läßt *Zwerchfell und Bauchmuskeln erschlaffen.* Von antagonistischem Zusammenspiel zwischen Ein- und Ausatemmuskeln kann gar keine Rede mehr sein.

Nach Parow gehen Luftwechsel und Gaswechsel keineswegs parallel. Man kann die Bronchien füllen und wieder auspressen und den Gaswechsel damit noch verschlechtern. Vollpumpen und Leeratmen sichert so wenig eine geregelte Sauerstoffversorgung wie Vollschlingen des Magens im Wechsel mit Darmspülungen eine geregelte Ernährung.

Durch den Überdruck im Brustraum wird überdies die *Zirkulation beeinträchtigt.* Denn dieser Überdruck wirkt als Gegenkraft gegen den Rückstrom des Blutes von den Geweben zum Herzen, der während der Ausatmung ohnehin schon schwächer ist als während der Einatmung; — die Saugkraft des Brustraumes während der Einatmung ist ja eine unentbehrliche Hilfskraft für den Rückstrom des Blutes. Nur bei ruhigem, stetigem Atmen ist die Zirkulation im Gleichgewicht.

Besonders wichtig ist das für das Gehirn. Oft fühlt man erst, wenn der Atem ruhig und der Kopf frei wird, wie benommen man vorher war. Die unruhige Blutströmung im Kopf wirkt, ähnlich wie dauernder Lärm, beunruhigend und zerstreuend, auch wenn sie gar nicht zum Bewußtsein kommt. Die Sammlung und Klarheit, die aus beruhigtem Atem entsteht, läßt begreifen, daß östliche Völker der Atmung eine so entscheidende Bedeutung für das geistige Leben zuerkennen.

Atemübungen sind alles andere als harmlos. Kann schon ein ungeeignetes Bewegungstraining Körper und Nerven erschöpfen, so erst recht der Eingriff ins unwillkürlich-vegetative Lebensgeschehen, den solche Übungen darstellen.

Mit Einschränkung gilt das auch von der „rhythmischen Atmung" des Yoga und andern überlieferten Atemlehren. Im religiösen Bereich, dem sie zugehören, und geübt von Menschen, die noch naturhaft heil sind, werden sie ihren Sinn erfüllen. So aber, wie sie bei uns oft „gemacht" werden, mit heftigem Lufteinziehen, mit Stimmritzenverschluß beim Atemhalten und pressendem Ausatmen, daß der Hals sich bläht, sind sie, wie es ein Arzt seinem auf die Atemübungen stolzen Patienten sagte, „das beste Mittel, sich bald den zweiten Herzinfarkt zu holen."

Fragwürdig ist ganz allgemein der scheinbar so wohl begründete Grundsatz, bei gymnastischen Übungen mit rumpfstreckenden Bewegungen ein- und mit beugenden auszuatmen. Denn er zwingt die Atmung in ein willkürlich festgelegtes Bewegungstempo hinein und zerstört mit der unwillkürlichen Innnervation der Atmung ihren Rhythmus ebenso wie ihre Koordination.

Und die so einleuchtende physiologische Begründung? bei näherem Zusehen erweist sie sich als ein Musterbeispiel oberflächlicher Scheinwissenschaftlichkeit. Es scheint so selbstverständlich: strecken des Rumpfes weitet den Brustkorb und füllt ihn mit Luft, beugen verengt ihn und preßt ihn aus. Aber wodurch geschieht das? Nicht durch Tätigkeit der Atemmuskeln, auf deren Kräftigung es doch abgesehen ist, sondern durch Änderung der Rumpfform, die von äußeren Bewegungsmuskeln bewirkt werden. Es strömt also zwar im Augenblick des Übens mehr Luft in den Brustkorb, — ob es auch zu entsprechendem Gasaustausch kommt, bleibt zweifelhaft, — aber dieses Mehr wird nicht durch Mehrarbeit der Atemmuskeln, insbesondere nicht des Zwerchfells, erreicht, sondern auf rein mechanischem Wege. Also Muskelkräftigung durch passive Bewegung, — eine physiologische Unmöglichkeit.

Letzlich ist es aber ein sehr grundsätzlicher Irrtum, der dem einfachen Trugschluß zugrunde liegt, nämlich die *falsche Blickrichtung auf die Übung statt auf das Verhalten im Alltag.* Das bißchen mehr Luft in den paar Minuten des Übens ist belanglos im Verhältnis zu dem, was in den 24 Stunden des übrigen Tages geschieht oder unterbleibt. *Wert für die Atmung wie für den Menschen hat nur, was sein Verhalten im Alltag ändert.*

Durchaus nicht so absurd, wie es scheinen könnte, ist das genaue Gegenteil solcher Manöver, nämlich *die Atemmuskeln gegen Widerstand arbeiten zu lassen*, es ihnen also schwer statt leicht zu machen, – bekanntlich das einzige Mittel, schwache Muskeln zu kräftigen. So gehen manche überlieferten Atemübungen aus dem Osten darauf hinaus, durch rumpfeinengende Stellungen, durch Zuhalten eines Nasenlochs, ja durch Umwickeln des Rumpfes mit engen Binden den Atemmuskeln Widerstand entgegenzusetzen und sie an der Überwindung dieses Widerstandes erstarken zu lassen. Und wo sie mit Rumpfbeugen und -strecken arbeiten, wird vor dem Beugen eingeatmet und beim Beugen drucklos der Atem gehalten, so daß das Zwerchfell in Spannung bleibt. Und das erscheint in der Tat als der einzige Weg, das Erschlaffen des Zwerchfells zu vermeiden, falls man schon, – etwa um eine verkümmerte oder stillgelegte Brustkorbhälfte wieder in Bewegung zu bringen, – mechanischer Hilfen wie seitliches Rumpfbeugen oder Hochrecken eines Armes nicht entraten kann.

Eine sinnvolle Aufgabe im Hinblick auf das Alltagsverhalten stellen sich Ärzte und Krankengymnasten, wenn sie Atemfehler verbessern und falsche Atemgewohnheiten durch richtige ersetzen wollen. Es fragt sich in jedem Falle, wie weit die Lösung stimmt.

Da gibt es Anweisungen, wie man die Brust-, Flanken- und Bauchatmung (die dann fälschlich als Zwerchfellatmung bezeichnet wird) erlernen kann, um dann zuletzt alle drei zur „harmonischen Vollatmung" zu verbinden.

Auch hier liegt eine grundsätzlich irrige Vorstellung vom Wesen der Atmung und des Lebendigen überhaupt zugrunde. Einen technischen Arbeitsvorgang kann man in Teile zerlegen und aus Teilen zusammensetzen; mit einem Lebensvorgang kann man das so wenig machen wie mit dem Organismus, der ihn vermittelt. Mag einer alle Teile des Atmungsganzen technisch beherrschen, – wie aber soll er wissen, in welchem Maße er jedem von ihnen bei der jeweils geforderten Leistung zu betätigen hat? Das weiß kein Mensch, das weiß nur das „Vegetativum".

Ähnlich wie mit dem stückweisen Erlernen einer „richtigen Atemtechnik" steht es mit der Korrektur von Atemstörungen. Man kann sie nicht abüben, denn das Wesen, der Kern jeder Atemstörung ist der teilweise Verlust der naturgemäßen, unwillkürlichen Steuerung; der äußerlich sichtbare Formfehler ist nur Symptom. Mit seinem Verschwinden ist die Innervationsstörung nicht behoben, höchstens im groben unsichtbar gemacht. Übt man das Falsche ab, das Fehlende ein, so wird eine fragwürdige Verbesserung der Form mit Störung des Atemrhythmus, Festlegung des Atemvorgangs und Verminderung seiner Anpassungsfähigkeit erkauft. Als Lebensvorgang und als Instrument des Seelischen wird die Atmung um so viel stumpfer, wie sie — bestenfalls — als Luftpumpe an Leistungsfähigkeit gewinnt.

Ein unwillkürlicher Vorgang wird eben durch willentliches Eingreifen in seinen Ablauf so wenig wiederhergestellt, wie ein Dirigent durch eine Taktiermaschine ersetzt werden kann. Ist das Zwerchfell der Dirigent des Atemorchesters, so hat man diesen Dirigenten in Tätigkeit zu setzen und alle anderen Spieler anzuhalten, seinem Taktstock zu folgen. Will man stattdessen jedem Spieler einzeln klar machen, wie er seinen Part zu spielen hat, so wird man nie ein einheitliches Zusammenspiel hören, sondern immer nur ein gleichzeitiges Musizieren verschiedener Leute, die *ihre* Auffassung zur Geltung bringen. Musik kommt dabei nicht heraus.

Ungelöst bleibt das Problem auch, wenn man sich nur mit der Ausatmung beschäftigt und die Einatmung sich selbst überläßt. Zwar wird dann ein zusätzliches Stören der Einatmung vermieden, und das ist schon viel. Aber Ausatemübungen der üblichen Art, etwa lang angehaltenes Summen, geschweige denn das ebenso beliebte wie mißliche Ausblasen durch krampfhaft gespitzte Lippen, werden kaum je ausreichen, einen schon verstörten Innervationsvorgang — kenntlich an dissonanter Form und gestörtem Rhythmus — wiederherzustellen.

Begrenzte therapeutische Zwecke wie Senkung des Blutdrucks durch Entlastung von Kohlensäure sind selbst mit so primitiven Mitteln gelegentlich zu erreichen.*) Auch eine allgemeine Vertiefung und Belebung der Einatmung mag sich bei einigermaßen vital heilen Menschen ergeben. Den eingespurten Störungen aber, mit denen wir es heute meist zu tun haben, kommt man so nicht bei, und die leiblich wie seelisch lösenden Möglichkeiten einer befreiten Naturatmung bleiben unausgewertet.

Man sieht, wie wenig es möglich ist, die Aufgabe mit einem bequemen Rezept zu erledigen. Es gibt viele Wege. Manche scheinen einander zuwiderzulaufen und treffen sich dennoch hernach, andere erscheinen dem Oberflächenblick als „ganz dasselbe" und sind wesensverschie-

---

* siehe Tirala, Heilatmung bei Blutdruck-, Herz- und Kreislaufkrankheiten

den, – so etwa das „rhythmische Atmen" des Yoga und die üblichen Atemübungen nach Zählen. Manches scheint physiologisch bestens begründet und erweist sich als abwegig, anderes erscheint dem physiologischen Urteil zunächst als absurd und offenbart bei praktischem Erproben und tieferem Durchdenken doch seine physiologische Berechtigung. Es gibt hier, wie in allem Lebendigen, kein Schema; nur ehrliche Bemühung und hingebende Arbeit mit viel Lernwillen, Selbstkritik und immer neuem Überprüfen des eigenen Urteils führt zu Ergebnissen, die standhalten.

Atembehandlung als Reiztherapie

Grundaufgabe der Atemerziehung ist *die Wiederherstellung des vegetativ gesteuerten, natürlichen Atemvorgangs.* Alle quantitativen und formalen Ansprüche müssen sich diesem qualitativen ein- und unterordnen.

Willkürliches Lufteinziehen und -ausblasen zur Vermehrung des Gaswechsels ist verwerflich; denn es ersetzt die natürliche Ordnung durch eine vom Menschen hervorgebrachte Unordnung. Ebenso unzulässig ist die „Korrektur" fehlerhafter Atemgewohnheiten durch Einüben eines formal richtigeren Bewegungsablaufs beim Atmen; denn dadurch wird an die Stelle des naturhaft Richtigen sein formales Abbild gesetzt, gleichsam eine *Atrappe der Naturatmung,* ein unzulängliches Kunstprodukt.

Unzulässig ist insbesondere das künstliche Verlangsamen einer hastigen Atmung durch Einschieben einer leeren Pause; denn die natürliche Atempause ist kein Anhalten, sondern ein lebensvolles Kampfspiel zwischen Aus- und Einatmungskräften. Ihre Dauer wird vegetativ bestimmt. Auch steht die Atemdauer in einem bestimmten Verhältnis zur Zahl der Herzschläge, das variabel und von inneren Faktoren abhängig ist und nicht willkürlich verändert werden soll.

Noch mißlicher ist, das sei wiederholt, das getrennte Einüben von Bauch-, Brust- und Flankenatmung im Wahne, aus diesen Teilen das Ganze einer anpassungsfähigen Vollatmung zusammenfügen zu können. Die aus getrennt erlernten Teilatmungen zusammengefügte Vollatmung gleicht der natürlichen wie ein aus Scherben zusammengekittetes Glas einem heilen: mag man die Bruchstelle auch nicht sehen, – es klingt nicht mehr.

Korrektur der Atemform wie Vermehrung des Gaswechsels sind mit natürlichen Mitteln einfacher und zuverlässiger zu erreichen als mit künstlichem Eingreifen; sowie überhaupt im Lebendigen die Wege der Natur eher zum Ziele führen als die unseres für solche Aufgaben noch wenig gerüsteten Verstandes.

Der natürliche Weg der Atemerziehung ergibt sich aus der *Ansprechbarkeit der vegetativen Atemsteuerung durch äußere Reize.* Indem wir solche Reize ausüben, sie wach erleben und die Reaktion auf sie geschehen lassen, können wir allmählich den Automatismus der immer unvollkommenen Gewohnheitsatmung auflösen und die vegetative Steuerung wieder in ihr Recht einsetzen.

Das Arbeiten mit solchen Reizen ist ein echtes Experimentieren, ein Befragen der Natur und Horchen auf ihre Antwort. Mit einem „System" ist hier nichts auszurichten. Was heute der Natur mächtigen Antrieb gibt, kann morgen versagen, was den einen in Bewegung bringt, läßt den anderen unbewegt. Mehr als auf jedem anderen Gebiet liegt hier das Heil im Immerneufinden. *Alles Tun muß hier horchendes Tun sein.* Wer nicht horchen, sich in das leibliche Sein des andern hineinfühlen kann, wird wenig schaffen. Dennoch auf ein Ziel gerichtet zu sein, nach einem Plan vorzugehen, den Plan aber elastisch zu halten; sich jedem Ereignis des Augenblicks anpassen zu können, — und der Atem ist voller Überraschungen —, und doch in die erstrebte Richtung zurückzufinden, das ist eine Kunst, die der Behandelnde braucht.

Atemmassage

Atemmassage unterscheidet sich von anderen Formen der Massage nicht nur durch die angewandten Griffe, sondern durch ihre Zielsetzung: Atemmassage ist eine Massage, die mit der speziellen Absicht ausgeübt wird, durch Reiz und Reaktion die natürliche Ateminnervation wiederherzustellen und die Atmung in Rhythmus, Ablauf und Form der naturgegebenen Ordnung einzufügen.

Bekannt sind die *örtlichen* Wirkungen der Massage auf Kreislauf und Lebenstätigkeit von Haut, Bindegewebe, Muskeln usw. Auch ihr Einfluß auf die Organfunktionen auf reflektorischem Wege wird mehr und mehr beachtet (Reflexzonen-Massage). Daß durch solche örtlich angewandten Reize auch Bereitschaftsreflexe und damit Kreislauf- und Atemreaktionen über den ganzen Organismus hin ausgelöst werden, wird noch wenig beachtet, jedenfalls nicht praktisch ausgewertet. Es würde sonst beim Massieren anders vorgegangen werden.

Die Reaktionen verlaufen nämlich nur befriedigend, wenn der Behandelte sie ungehindert geschehen läßt und der Behandelnde sich in ihren Ablauf einfühlt und seine Griffe auf sie einstellt, was von beiden – im Gegensatz zu dem üblichen Schwatzen – ein horchendes und gesammeltes Verhalten verlangt.

Es zeigt sich dann, daß *Berührungsreize an entfernten Körperstellen*, zum Beispiel an Füßen oder Zehen oder am Kopf, oft stärkere und vollständigere Atemreaktionen auslösen als solche am Brustkorb, und daß *kleinste* Reize – besonders an berührungsungewohnten Stellen – größte Wirkungen haben können. Die Atmung beginnt sich zu ändern, sie wird aus ihrer Gewohnheitsform herausgelenkt. Schon das ist ein Gewinn.

Oft kommen zunächst Atemzüge, die keineswegs der physiologischen Bestform gleichen. Bauchatmer etwa seufzen auf mit einer „falschen" Hochatmung, oder es wechseln lange mit kurzen, heftige mit ruhigen Atemzügen, Flanken- mit Brustatmung. Läßt man nach jedem Reiz ausgiebig Zeit zum Reagieren, bis wieder ein relativer Ruhezustand erreicht ist, so kämpft sich die Atmung allmählich durch. Sie wird tief, ruhig, langwellig, schwingend und rhythmisch.

Wer solche Wandlung einmal miterlebt hat, wird nicht mehr in Gefahr sein, die belebte Ruhe der Naturatmung mit der leeren Regelmäßigkeit eingeübter Tiefatmung zu verwechseln. Unverkennbar wird das nämlich nicht vom Menschen *gemacht,* sondern *es geht in ihm vor.* Man meint mit Augen zu sehen, wie Ströme ihn durchfließen, über die er nicht gebietet, denen er sich nur verschließen oder öffnen kann.

Gelingt es so, den Atemstrom ins Fließen zu bringen, so werden oft hindernde Verhaltensweisen von selber aufgegeben, oder es genügt ein örtlich helfender Griff, ein Hinweis, etwa in der Körpermitte Raum für die Luft zu lassen, die Rippenbögen beim Ausatmen mitgehen zu lassen usw., um verspannte Muskeln zum Nachgeben zu bringen.

So gelingt die Normalisierung der Atemform umso einfacher, je stärker und lebensvoller die Strömung ist. Fehler zu korrigieren, wird hier – wie allerwärts – überflüssig in dem Maße, wie Richtiges sich einfindet, das ja stets ein Positives ist, nie ein bloßes Abwesendsein von Falschem.

Als besonders atemlösend erweisen sich übrigens oft auch therapeutisch wirksame Griffe wie etwa seitliches Drücken gegen die Dorn- und, wo sie erreichbar sind, die Querfortsätze der Wirbel; als Reflexzonenbehandlung üben solche Griffe, in Verbindung mit den Atemreaktionen angewandt, überdies tiefgreifende Wirkungen auf innere Organe, ähnlich der bekannten Dicke'schen Bindegewebsmassage.

Überhaupt würden sich die Wirkungen der Massage, wo sie zu Heilzwecken angewandt wird, erhöhen, ja manchmal vervielfachen, wenn sie *in bewußtem Kontakt mit der Atmung des Patienten, in Anpassung an seinen Atemrhythmus und mit Rücksicht auf seine Atemreaktionen* ausgeführt würde.

Im Rahmen solcher lösenden Allgemeinbehandlung wird dann auch ein Arbeiten an der *Form* der Atmung durch örtliche Hilfen an Rumpf und Hals sinnvoll. Wo die Einatmung nicht durchfließt, können durch zarte, *auflockernde Griffe beim Einatmen*, wie leises Streichen, Zupfen, Vibrieren, feines elastisches Klopfen, vibrierendes Abziehen der Haut usw. hemmende Verspannungen am Bauch gelöst, stilliegende Rippen zum Mitbewegen verlockt werden. Verspannungen am Hals (Hochatmer) reagieren auf queres Streichen von vorn nach hinten, auf zartes Vibrieren des Kehlkopfs usf.

Bei allem Arbeiten an der Atemform hat das Zwerchfell die Schlüsselstellung inne. Es hilft deshalb wenig, am Brustkorb zu basteln, solange das Zwerchfell nicht „durchkommt". Durch Widerstand, etwa durch beengende Stellungen, kann es aus seiner Trägheit aufgescheucht werden. Selbst bei den hartnäckigsten Nichtreagierern, den routinierten Brustatmern, beginnt das Zwerchfell kraftvoll und ringsum zu arbeiten, wenn zum Beispiel im Fersensitz bei liegendem Oberkörper ein kräftiger Druck auf den oberen Rücken geübt wird. Und ebenso im Seitliegen mit vorgebeugtem Kopf und angewinkelten Beinen und Armen („Embryo-Lage").

Der Ausatmung kann man durch kräftigeres Streichen und Greifen am Brustkorb, durch Klopfen, wenn nötig auch durch sanften oder energischeren, auch federnden Druck auf störrische Rippen während des Ausatmens nachhelfen. Die Bauchmuskeln kommen durch festes Fassen der untätigen Partien zum „Bewußtsein" ihrer Aufgabe.

Lage oder Haltung des Behandelten können die Wirkung der Atemmassage stören oder unterstützen. Bei gehöhlter Lende zum Beispiel wird man weder Flanken- noch vollständige Zwerchfellatmung erreichen, bei rundem Rücken keine Lungenspitzenatmung. Oft geben die verspannten Bauchmuskeln im Seitliegen leichter nach als im Rückenliegen. Durch Unterlegen eines Polsters unter das Becken im Bauchliegen wird die Lendenhöhlung ausgeglichen. Im Seitliegen kann die Flankenatmung durch Einschieben einer gefalteten Decke unter die Rippen der

Liegeseite, das heißt durch Widerstand an der aufliegenden Seite und Dehnen der entgegengesetzten, erleichtert werden usw.

Was im Liegen reagiert, tut es nicht ohne weiteres in aufrechter Haltung. Atembehandlung im Sitzen und Stehen muß deshalb einbezogen werden. Haltungsfehler machen dabei oft große Schwierigkeiten. Es zeigt sich, daß *Atembehandlung und Haltungserziehung untrennbar zusammenhängen:* nur in Stellungen, in denen eine einigermaßen normale Haltung zu erreichen ist, gelingt es, die Atmung an brachliegenden Stellen in Bewegung zu bringen, und umgekehrt läßt sich die Haltung im physiologisch positiven Sinne, das heißt ohne störende Verspannungen, nur bessern, wenn sie durch freiere und belebtere Atmung unterstützt wird.

Hinzukommen kann ein planmäßiges Durcharbeiten der gesamten Rumpfmuskulatur im Hinblick auf ihre unmittelbare, atembewegenden und ihre mittelbaren, haltungbedingenden Funktionen beim Atmen, wie sie J. L. Schmitt in dem genannten Werk beschreibt. Unerläßlich wird das vor allem bei Kranken, oft auch bei älteren Menschen sein.

Vom Behandelnden verlangt die Atemmassage mehr als eine gelernte Technik. Er muß nicht nur sehen, er muß unmittelbar *spüren,* wo es fehlt; er muß sich horchend verhalten, das Reagieren des Behandelten im eigenen Leibe mitfühlen und seinerseits unmittelbar darauf reagieren, sich den im Augenblick richtigen Griff einfallen lassen und sich mit ihm nach Zeitmaß, Kraft und Bewegungsweise in den Atemrhythmus des Behandelten gleichsam hineinschmiegen. Dann nur vermag er „gezielt" zu arbeiten und die beabsichtigte Wirkung zu üben, leblose Stellen zum Mittun zu locken, vordrängende zu dämpfen, das Einzelne in den Lebenszusammenhang des Ganzen einzuordnen.

Das Gelingen wird immer zum guten Teil von der Verfassung des Behandelnden abhängen. Ist er zerstreut oder abwesend und gelingt es ihm nicht, den Behandelten zu aufgeschlossenem Verhalten zu bringen, so wird wenig erreicht werden. Atemmassage ist Kunst und Handwerk in einem.

Atembehandlung durch geführte Bewegung

Die gleichen menschlich-sachlichen Voraussetzungen wie für die Atemmassage gelten für eine Atembehandlung durch geführte (sogenannte passive) Bewegung. Vor der Atemmassage hat sie den Vorzug, daß der

Mensch an ihr stärker mit Empfindung und Bewußtsein beteiligt ist. Er muß mittun und erlebt dabei nicht bloß die veränderte Atmung, sondern zugleich den *Zusammenhang zwischen Atmung und Bewegung.* Indem sie auf Ablauf und Form des Atems wirkt, lehrt sie gleichzeitig seine Anpassung an die Bewegung.

Als Reiz angewandt, kann jede geführte Bewegung Atemreaktionen auslösen. Ob sie es tut, hängt vom Wie ab. Mit dem Schema „Beugen und Strecken, Abspreizen und Anziehen, Einrollen und Ausrollen, Kreisen" ist wenig anzufangen; es bringt keine brauchbaren Reaktionen. Weder die gewohnten, noch die schematisierten, sondern gerade die *ungewohnten und deshalb unerwarteten Bewegungen* sind es, die den Behandelten zum Mitspüren und dadurch zum Reagieren bringen.

Kleine Bewegungen wie Herausziehen, Rütteln, Hineindrücken eines Gliedes oder kleinste Verlagerungen wie leichtes Anheben einer Hand, eines Schulterblatts, einer Brustkorb- oder Beckenstelle beim Liegenden wirken auf die Einatmung, wenn sie beim Einatmen, auf die Ausatmung, wenn sie während des Ausatmens geschehen.

Größere Bewegungen sollten nie rein passiv verlaufen, sondern vom Behandelten intensiv mitgespürt werden (siehe „geführte Bewegung" im Abschnitt Bewegungslenkung). Anfänglich werden sie ganz seinem Atemrhythmus eingefügt; die Bewegung beginnt mit seiner Einatmung, kehrt um, wenn die Ausatmung anfängt und ruht während der Atempause; so kann das Reagieren des Atems auf die Bewegung und damit der vitale Zusammenhang zwischen beiden ungestört erlebt werden.

Ist das Empfinden dafür wacher geworden, so gelingt es allmählich, die Atmung mit vergrößerter, verlängerter, verkürzter oder in der Richtung geänderter Bewegung gleichsam mitzunehmen. *Die Atmung beginnt, sich auf die Bewegung einzustellen,* und damit werden die Voraussetzungen für eine befriedigende Anpassung der Atmung auch an aktive Bewegungen geschaffen.

Auch auf die *Form* der Atmung kann mit geführter Bewegung eingewirkt werden. Es wirken nämlich aus anatomischen Gründen im allgemeinen die Bewegungen der Beine mehr auf das Zwerchfell und damit zugleich auf Durchblutung und Funktion der Bauchorgane, die der Arme mehr auf die Bewegung des Brustkorbs. Beides ergibt Möglichkeiten zu gezieltem Arbeiten an der Atemform. Die Grenzen sind freilich fließend; zuletzt wirkt jeder an einer Stelle geübte Reiz auf das Ganze und damit auf jedes Einzelne weiter.

Atemerziehung durch geführte Bewegung ist ferner das von der Atemschule Schlaffhorst-Andersen erarbeitete „Schwingen", das Gewichtverlagern im Stehen gegen die stützende Hand eines Helfers. Haltung und Atmung werden damit gleichzeitig und in inniger Wechselwirkung beeinflußt. Näheres im Teil „Haltung" unter „Arbeit am Aufbau".

*Laut und Ton**

Laut und Ton sind, vom Atem her gesehen, gestaltete Ausatmung. Von Gestalt und Dauer der Ausatmung hängen Verlauf und Größe der ihr folgenden unwillkürlichen Einatmung ab; Laut und Ton sind daher geeignete Mittel, den Atemvorgang qualitativ wie quantitativ zu beeinflussen, ohne in unzulässiger Weise in das natürliche Geschehen einzugreifen.

Da sind zunächst die *Naturlaute* wie Seufzen, Stöhnen, Schreien, — naturgegebene Reaktionen auf Mattigkeit, Schmerz, Schreck, Kummer usw. Wir allzu Erzogenen haben diese Reaktionen so gründlich unterdrücken gelernt, daß wir sie nicht mehr zur Verfügung haben, wenn wir sie brauchen.

Seufzen, Stöhnen, Schreien sind Hilfsmittel, um durch sinnvolles „Abreagieren" gestörtes Gleichgewicht wiederherzustellen. Alle drei verlangen und bewirken erhöhte Zwerchfellspannung. Sie benutzen, heißt also nicht, sich gehen lassen, es heißt vielmehr, durch eine kraftvolle Lebensäußerung die Schlaffheit überwinden und sich zu neuer Spannkraft helfen.

Das Wie läßt sich schwerlich beschreiben, eher schon das Ergebnis. Wenn Ohnmacht Nichtkönnen ist und Schlaffheit wie ein geringerer Grad von Ohnmacht, so gibt echtes, den ganzen Rumpf durchdröhnendes Stöhnen ein Gefühl, im Leibe anwesend zu sein, ihn als Instrument wieder zur Verfügung zu haben, *wieder zu können*. Nicht selten gelingt es bei krankheitsbedingten ängstlichen Depressionszuständen, durch kraftvolles Stöhnen — es braucht darum nicht sehr laut zu sein — das Gefühl vitalen Vertrauens wiederherzustellen und damit die Gesundungschancen merklich zu bessern.

---

*Das hier Mitgeteilte gründet sich auf Erfahrungen der Atemschule Schaffhorst-Andersen.

Singen ist aus vitalem Überfluß tönend gewordenes Atmen, – eine elementare Lebensäußerung des Menschen; nicht ist es die Kunstfertigkeit eines Spezialorgans, der die Lunge als Blasebalg dient. Niemand brauchte beim Singenlernen stimmkrank zu werden statt immer gesunder, wenn Singen als Naturvorgang gelehrt würde, statt daß auf meist künstliche Weise eine Technik der Mundbewegung einexerziert und die Atmung, die gerade beim Singen das Instrument des Menschen und das Medium lebendigen Ausdrucks ist, zum bloßen Motor degradiert wird. Nicht „schön" soll der Ton sein, sondern menschlich. Der ganze Mensch soll darin sich äußern, mit „Leib und Seele". Ästhetische Zielsetzungen sind abwegig, vom Gesichtspunkt des Kunstgesanges ebenso wie der Atemerziehung. Ein echter Künstler will nicht etwas „Schönes", er will *etwas Notwendiges und Wahrhaftiges* bringen. Schönheit ergibt sich dabei von selbst, weil wir so organisiert sind, daß wir das Notwendige, das der Ordnung der Dinge Entsprechende als schön empfinden. Jede andere Schönheit ist Kitsch.

Der Ton wird *vom Hören her* gefunden, nicht etwa von stimmtechnischen Rezepten. Er wird nicht „hervorgebracht", gar „ausgestoßen", sondern er „strömt". Je intensiver das Horchen, umso voller klingt er.

Vom ganzen Leibe soll der Ton getragen sein: alle Atemmuskeln arbeiten, zarter oder kraftvoller, in antagonistischem Zusammenspiel, der ganze Rumpf als Schallkörper ist von den Tonschwingungen durchbebt und die gesamte Bewegungsmuskulatur auf das Tragen und Halten des klingenden Instruments eingestellt.

Solches Singen kann den Atemvorgang um- und umbilden, vorausgesetzt, daß man der Atmung Zeit zum Reagieren läßt; und ohne das gelingt es auch gar nicht. Denn Ton und Atmung, Atmung und Ton beeinflussen sich gegenseitig: je freier der Atem, umso voller der Ton, und je horchender und ungewollter die Tonbildung, umso gelöster fließt der Atem.

Alles wird unwillkürlicher, lebensvoller, naturhafter. Die Gleichform verschwindet; bald kommt ein tiefes Aufseufzen, bald zarte, innen schwingende Wellen, bald langes, ruhevolles Atmen. Statt des hastigen Luftschnappens nach lang ausgehaltenem Ton stellt sich allmählich ein ruhiges Ausklingenlassen ein: die Atempause wird wiedergefunden und mit ihr der natürliche Rhythmus der Atmung.

Und mit der Atmung ändert sich sichtlich der Mensch. Hast und Unruhe schwinden, das Richtigmachenwollen hört auf. Er läßt geschehen, statt zu machen, und gewinnt den Ausdruck des Insichruhens.

Trotz des Horchens – ja gerade wegen seiner! – von dem, was man Musikalität nennt, hängt das nicht ab. Umgekehrt kann es angeblich unmusikalischen Menschen zur Lust am Tönen helfen, ein elementares Musikinteresse wecken, und die Hemmungen lösen, die meist die Ursache angeblichen Nichtsingenkönnens sind.

Auch an der *Form* der Atmung kann mit Singen gearbeitet werden. Gutes Singen verlangt und gibt Atemspannung, denn ein Schallkörper, der während des Klingens schlaff zusammensinkt, verdirbt den Ton. Daher die breiten Mittelkörper der Sänger.

Dünkle, „tiefe" Töne sprechen mehr den Brustkorb, helle, „hohe" mehr Zwerchfell und Bauchmuskeln an. Nicht sehr glücklich ist es deshalb, bei den hellen von Kopftönen zu sprechen; denn das erweckt die falsche Vorstellung, als ob die Arbeit im Kopfgebiet geleistet würde. Da geschieht aber nur die Resonanz. Die Arbeit tun die Bauchmuskeln, die gegen den größeren Widerstand der verschmälerten Stimmritze das Zwerchfell nach oben schieben. Was die Sänger Zwerchfellstütze nennen, ist eben diese antagonistische Zusammenarbeit von Zwerchfell und Bauchdecken, ohne die Singen erschöpfend wirkt und dem Stimmorgan schadet.

Wie eng beim Singen Seelisches und Leibliches zusammenhängen, zeigt der höchst differenzierte Einfluß des Singens auf Atemrhythmus und Lebensgefühl. Lange, frei ausklingende Töne etwa bringen den Atem zu ruhigem, kraftvollem Strömen und den Menschen zum Gefühl ruhender Kraft. Helltönendes, langes Schreien mit aktiver Beteiligung der gesamten Bauchmuskulatur bringt das Zwerchfell zu mächtiger Spannung, läßt den Atem tief und frei nach unten durchgehen und macht Lust zu körperlicher Kraftentfaltung. Zartes, innen schwingendes Summen läßt den Atem klein und den Menschen lebendig-still werden, Kleine Staccato-Schreie lassen das Zwerchfell in raschem Wechsel ab- und aufsteigen, gleichsam hüpfen wie beim Lachen, und wecken ein Gefühl innerlicher, verhaltener Kraftfülle und Entschiedenheit.

Von den *Lauten* dienen die stimmlosen mehr der Atemspannung, die stimmhaften mehr der Vertiefung und Formung der Atmung.

Sehr beliebt ist das Ausblasen der Atemluft auf f oder ß durch die beinahe geschlossenen und meist mehr oder minder verspannten Lippen bzw. den Spalt zwischen Zunge und Zähnen. Meist verfehlt es seinen Zweck. Der ist doch, dem Zwerchfell durch Widerstand zu verstärkter Spannung zu helfen; aber das Zwerchfell reagiert auf so grobe Zumutungen nur grob oder gar nicht. Anders, wenn man durch die verengte

Mundpforte die Luft mit stimmlosen, gedehnten Mitlauten wie ph, sch, ß, ch, oder mit geflüsterten Vokalen wie hu, hie usw. weich und doch kraftvoll herausläßt. Dann gibt es echte Atemreaktionen.

Aber alle Gleichform wirkt abstumpfend. Nur häufiger Wechsel der Lautfolgen hält lebendig. Abwandlungen in der Intensität der Mit- wie der Selbstlaute, An- und Abschwellen der Lautstärke kommen hinzu, alles nicht erdacht, sondern mit Körpergefühl und Sprachsinn empfunden. So nur können „Ausatemübungen" die Atemfähigkeit entfalten helfen.

Bekannt ist, daß die sogenannten Explosivlaute wie f, ß, p, t, k, x mit Zuckungen des Zwerchfells verbunden sind. Man spürt sie in der Magengegend. Dabei arbeiten aber nur die vorderen Zwerchfellfasern. Man kann erreichen, daß die Zuckung ringsum bis hinten in der Nähe der Wirbelsäule zu spüren ist. Dabei kann der lautbildende Widerstand im Mund ganz *zart* gegeben werden, so daß es mehr nach innen als nach außen zu „explodieren" scheint.

Die gleiche Beziehung zwischen Zwerchfell und Mundbewegung besteht, in feinerer Weise, für alle stimmlosen Laute. Sie alle können, entsprechend zart artikuliert, sich als lauter kleine, feine, Spannung gebende Reize auswirken.

Sprechen mit kräftiger Zwerchfellspannung und zarten Mundbewegungen baut auf, herausplatzendes Sprechen erschöpft. Deutlich wird das beim Flüstern: ohne Atemspannung ermüdet es, obwohl - oder vielleicht gerade weil? - es durch Ausschaltung der Stimmbänder die Arbeit verringert. Von zart-kräftiger Zwerchfelltätigkeit gelenkt, ist es belebendes Spiel.

Die übliche Anweisung, vorn zu sprechen, hat eine gewisse Berechtigung, sofern die lautbildenden Mundbewegungen nicht allzu weit nach hinten verlegt werden sollten. Aber meist wirkt sie sich schädlich aus, indem sie zu dem so beliebten scharf pointierten Sprechen führt, bei dem der Mund verspannt wird und das Zwerchfell schlaff bleibt. Solches Sprechen ist ohne Schwingung. Es wirkt intellektuell und gekünstelt. Die Technik, statt unmerklich hinter dem Inhalt zu verschwinden, drängt sich vor und läßt es zu keinem unmittelbaren Kontakt kommen. Kinder erröten, wenn sie - etwa von einer Märchenerzählerin - zum ersten Mal so angesprochen werden. Sie fühlen die Unwahrhaftigkeit in der verkünstelten Darbietung eines Gehaltes, der ohne Machen von Mensch zu Mensch sprechen sollte, und schämen sich gleichsam für den Sprecher.

Für die Vokale, denen in ihrer Wirkung auf den Atemvorgang die stimmhaften Konsonanten wie m, w, s usw. nahe stehen, sind quantitativ erhebliche und qualitativ fein differenzierte Wirkungen auf Größe und Gestalt der Atmung durch den ärztlichen Gewährsmann von Leeser-Lasario experimentell nachgewiesen.* Danach steigt schon unter der bloßen Vorstellung eines Vokals bei müheloser Atmung die Menge der ausgeatmeten Luft auf das Vier- bis Neunfache der Ruheatmung (von 250 auf 1000, ja 1800 cbcm, von 200 bis auf 1700). und die Ausatmungsbreite, der Unterschied zwischen dem Brustumfang nach der Ein- und dem nach der Ausatmung, kann von 1/2 cm in Ruheatmung auf 6, 9, ja 10 1/2 cm bei müheloser Vokalatmung, also bis auf das Einundzwanzigfache der Ruheatmung steigen. Und dies, ohne daß ein Laut gesprochen oder auch nur geflüstert würde, allein als Wirkung eines Fantasiebildes! Ein eindrucksvoller Beweis für die enge Verbundenheit von Atmung und Sprache und eine vernichtende Widerlegung der Blasebalg-Auffassung.

Diese Wirkungen sind laut-spezifisch; verschiedene Vokale ergeben verschiedene Atemmengen. Bei den angeführten Messungen ergab O die größte, E die kleinste Atemmenge.

Auch der Form nach sind die Atemreaktionen auf verschiedene Vokale verschieden. Nach einmütiger Auffassung der sonst so streitlustigen Schulen und Methoden schwingt das U mehr im Leib, O und A in der Brust, E im Hals, I im Kopf. U und I verlangen wesentlich stärkere Atemspannung als A usw.

Der Versuch liegt nahe, mit Hilfe der „Vokalatmung" Heilwirkungen auf kranke Organe zu üben. Es ist unternommen worden, und es wird von Erfolgen berichtet.

Ob Naturlaute, Singen oder Sprechen, immer wird das Ergebnis der Atembehandlung vom Einsatz abhängen. Entscheidend ist die menschlich-musikalische Qualität des Tones, die menschlich-sprachliche Qualität des Lautes. Nur wenn in der stimmlichen Äußerung der ganze Mensch beteiligt ist, wird sie — über eine augenblickliche mengenmäßige Vermehrung des Luftwechsels hinaus — ordnend auf Innervation und Form des Atemvorgangs wirken.

---

* siehe Leeser-Lasarious, „Vokaltypenlehre" mit ihren röntgen-ärztlich geprüften Angaben

Aktive Bewegung

Instinktbewegungen wie *Sichdehnen und -räkeln* üben starke und mannigfache Reizwirkungen auf die Atmung. Mit Absicht wird hier das Wort „recken" vermieden. Denn gemeint ist nicht das gewaltsame Sichrecken und -strecken, wie man es bei müden Menschen manchmal sieht; gemeint ist ein zartes, feinfühliges Dehnen von Haut und Muskeln, als ob man spinnwebfeine Fasern langziehen wollte, und ein wohliges Verändern der Lage, wie man es bei erwachenden Kindern zu sehen bekommt. Ein Gähndrang wird ausgelöst, der ein träge gewordenes Zwerchfell zu kräftiger Aktion anspornt. Doch ist das Gähnen nur eine unter zahllosen Möglichkeiten. Je differenzierter die Bewegung, umso vielfältiger antwortet die Atmung.

Von dem Reichtum an Instinktbewegungen, den die Natur jedem Kinde mitgibt, ist freilich dem Zivilisationsmenschen nur noch das übliche, routinemäßige Hochrecken der Arme und Durchdrücken des Kreuzes übriggeblieben. Das unmittelbare Empfinden für das in der Situation des Augenblicks Notwendige ist verkümmert. Es wieder aufzubauen, fordert intensive Arbeit. Gelingt sie, so werden differenzierte Atemreaktionen ausgelöst, und eine gezielte Atembehandlung wird möglich.

Auch heilgymnastische Chancen ungewöhnlicher Art werden dann sichtbar, die den Instinktbewegungen vor andern innewohnen. Während nämlich die bekannten krankengymnastischen Übungen direkt nur auf Muskeln und Gelenke, auf innere Organe dagegen höchstens indirekt wirken, können mit Hilfe solcher, dem Empfinden für den Innenzustand (Selbstwahrnehmung, Propriozeption) entspringender Bewegungen im Wechselgeschehen von Bewegung und Atmung die Organe unmittelbar angesprochen und echte qualitative Wirkungen auf ihre Zirkulation und Funktion geübt werden.

Zu den Instinktbewegungen gehören auch die nächtlichen *Lageänderungen*. Viele Menschen schlafen in einer einzigen, fast die ganze Nacht durch beibehaltenen Lieblingsstellung. Unsere viel zu weichen, oft noch dazu gefederten Matratzen lassen ja auch in der ungünstigsten, verkrümmtesten und verspanntesten Lage keinen Druck mehr empfinden und geben so keinen Anlaß zur Auslösung der Lagereflexe, durch die ein Schlafender normalerweise viele Male in der Nacht seine Lage ändert und sichs auf neue Weise bequem macht.

Indem man lernt, zu spüren, wie man liegt, und dem natürlichen Bedürfnis nach einer gelösten Ruhelage auf vielfältige Weise nachzugeben, bietet man der Atmung Reize, die sie mit erholenden Reaktionen, mit tiefem, lösendem Durchatmen beantwortet. So wird das verarmte nächtliche Bewegungsleben wieder zu seiner normalen Vielfalt gebracht und zugleich die Schlafatmung vertieft und belebt.

Voraussetzung ist die Schaffung günstiger äußerer Bedingungen in Gestalt fester, ungefederter Matratzen.

Das Sichumgewöhnen gelingt meist schneller als erwartet.

In Krankenhäusern sind heilsame Wirkungen des Hartschlafens auf neuralgische, rheumatische und Wirbelsäulen-Erkrankungen beobachtet worden. Ja, sogar Infektionskrankheiten sollen rascher überwunden werden, wenn durch die wiedereinsetzenden nächtlichen Lageänderungen die Zirkulation begünstigt und jeder Dauerdruck auf die aus der Wirbelsäule austretenden Nervenstränge vermieden wird.

Bewegung am Boden. Viele heute lebende Menschen haben, als Folge übertriebener Bakterienfurcht ihrer Erzieher, als Kinder das Kriechstadium überspringen müssen und tragen die Folgen davon lebenslänglich mit sich herum, oft als gröbere oder geringere Haltungsfehler, — wobei die geringeren, in Gestalt organwidrigen „Sichgeradehaltens", oft die hartnäckigeren sind —, und so gut wie immer als Mangel an Beziehung zum Boden. Sie können weder recht stehen noch recht sitzen, und selbst ihr Liegen ist oft starr oder schlaff und ohne das Behagen echten Ruhens. Es ist schön, zu sehen, wie ein erwachsener Mensch das Ruhen wiederentdeckt, oft mit dem Gefühl: das erlebe ich zum ersten Mal.

Wenn man einem gesunden Kriechling seine Bewegungen ablauscht — aber man darf nicht etwa „Übungen" daraus machen! — wenn man sich darein vertieft, wie er, am Boden sitzend oder hockend, sein Spielzeug heranholt, sich danach dehnt, es herumschiebt, es wegschleudert, wie er fortwährend seine Stellung wechselt, in jeder straff ist und in jeder ruht, — dann hat man eine bessere Atemgymnastik, als erdachte Systeme sie geben können, und dazu eine Ausbildung der Wirbelsäule, der Rumpfmuskeln, der Beine und Arme, wie man sie nur wünschen kann. (s. Bild 2, spielendes Kind).

Es paßt sich nämlich die Atmung den Bewegungen in Bodennähe viel leichter an als denen in aufrechter Haltung, einmal, weil sie da durch Haltungsfehler weniger beeinträchtigt wird, vor allem aber, weil in der den Erwachsenen ganz ungewohnten Bewegung am Boden die festgefahrenen Atemgewohnheiten unbrauchbar werden und eine neue, mehr unmittelbare Art des Reagierens einsetzt.

Nun hat ja das orthopädische Turnen in Form der bekannten *Klapp-schen Kriechübungen* das Kriechen für die Ausbildung von Wirbelsäule und Rumpfmuskulatur auszuwerten gesucht, und mit Erfolg. Es ist aber dabei, wie bei vielen Gymnastiksystemen, gerade das geschehen, was man nicht machen sollte: ein fließendes und immer sich wandelndes Bewegungsgeschehen ist zu einer festgelegten – übrigens gut durchdachten und begründeten – Übungssammlung entleibt worden. Überdies hat man der Übungssammlung noch Anweisungen für das Atmen beigegeben und dadurch gerade das ausgeschaltet, was den Wert solch kindlichen Sichtummelns am Boden ausmacht, nämlich die Unmittelbarkeit des Reagierens.

Soll das Kriechen und die Fülle verwandter Bewegungen helfen, die natürliche Ateminnervation wiederzufinden, so darf die Atmung nicht festgelegt werden; sie muß freibleiben. Nötig aber ist, in den vielerlei Ruhestellungen, die sich ergeben, dem Sitzen, Liegen, Hocken, Knien usw., *Zeit zu lassen*, so daß die Atemreaktionen sich in Ruhe auswirken, daß der Atem sich zu seiner jeweils der Bewegung entsprechenden Naturform durcharbeiten kann.

Unmittelbar erwachsen daraus neue Möglichkeiten für die Befreiung des Atems auch in der *aufrechten Haltung*. Durch das Vorschieben des Unter- und Rückschieben des Oberkörpers nämlich, die Modehaltung unserer Zeit, wie durch das Höhlen der Lende als Folge unvollständigen Sichaufrichtens in der Kindheit, wird das Zwerchfell im Herabsteigen behindert. Damit geht das Empfinden für den *Zusammenhang zwischen Ober- und Unterkörper* in der Bewegung verloren, wie jeder sehen kann, wenn er Gelegenheit hat, Eingeborene und Zivilisierte im Gehen oder Laufen zu vergleichen.

In der Bewegung am Boden werden Verspannungen gelöst, es wird erlebt, wie sich frei nach unten durchschwingendes Atmen anfühlt. Im häufigen *Wechsel zwischen Oben und Unten* wird dieses freie Atmen mehr und mehr auch in die aufrechte Haltung übernommen, und staunend sieht man, wie unter dem Einfluß veränderter Atmung die Haltung organischer, die Bewegung gelöster und einheitlicher wird.

Auch *orthopädischen Zwecken* ist mit solch lebensvoller Bodengymnastik aufs Beste gedient, denn sie fördert die Durchblutung, wie kein Übungsschema und erst recht kein Atem„system" das tut, und weckt damit die vitalen Kräfte, deren Kümmerlichkeit wohl die Hauptursache der Haltungsschwäche ist. Man muß die Erfolge solchen Vorgehens im Schul-Sonderturnen mit Fuß- und Haltungsschwächlingen erfahren haben, um zu wissen, welche Möglichkeiten des Belebens und Heilens sich ein bloßes Übungsturnen entgehen läßt.

Auch *Gleichgewichtsspiel* kann Atemerziehung sein, (siehe „Erlebte Innenbewegung"). Das Wesentliche dabei ist das Unsicherbleiben, nicht etwa das Sicherwerden: man bringt sich in die Gefahr, zu fallen, und läßt es darauf ankommen. Dabei erfährt man: will ich mich halten, so verspannen sich die Muskeln, mir wird eng, der Atem stockt. Vertraue ich mich an, so werde ich gelöst und weit, es beginnt in mir anders zu atmen. Ich habe die Wahl, mir mit den äußeren Muskeln zu helfen, mich gleichsam festzuklammern an etwas, das gar nicht da ist, oder mir vom Atem helfen zu lassen.

Und ich erfahre, daß er das wirklich kann. Ich werde aufgefüllt an der Seite, nach der ich zu fallen drohe, der Rumpf wird weit statt eng, die Atmung strömt belebt und immer wechselnd, und helfende Gliederbewegungen, sparsam und weich, stellen sich von selber ein. Statt Schocks und Gehampel beginnt innenruhiges, feinfühliges Spielen mit kleinen, zarten, dem Bedürfnis fein angepaßten Ausgleichsbewegungen.

Sicher wird man dabei rascher als beim Festhalten, oft zu rasch, so daß man nach immer neuen kleinen, die Atembeweglichkeit nicht überfordernden Aufgaben suchen muß.

Statt die Fall-Angst zu „überwinden", womit mäßige Leistungen auf Kosten von Atmung und Nervenruhe erzwungen werden, löst man sie auf und gelangt nebenbei und ohne Leistungsabsicht zu sauberer und menschlicher Leistung. Man erfährt am eigenen Leibe: *unterdrückte Angst gibt Schein-Sicherheit, Vertrauen gibt echte.* Was nicht nur für die Bewegung gilt.

Eigenartige Möglichkeiten der Atempflege bieten die indischen *Yogaübungen,* die heute in die Leibeserziehung eindringen, ja zur Mode zu werden beginnen. Durch ungewohnte Stellungen engen sie den Körper an gewissen Stellen ein, machen dadurch die gewohnte Atembewegung unmöglich und nötigen den Organismus, seine Atemmöglichkeiten an andern, sonst wenig mitbewegten Stellen voll auszunutzen.

So wird etwa bei eingeengter Vorderseite des Rumpfes die gedehnte Rückseite mächtig durchatmet. Bei seitlichem Druck gegen die Rippen wird die Flanken- und seitliche Zwerchfellatmung angeregt, von einer Zwangsstellung des Schultergürtels die Brustatmung verstärkt usw. Darüber hinaus werden Wirkungen auf innere Organe geübt, die hier unerörtert bleiben.

In jedem Falle handelt es sich bei diesen Yogaübungen um Vertiefung und Erweiterung der *Naturatmung,* denn in den Atemablauf wird nicht willkürlich eingegriffen; was geschieht, tut der Organismus aus eigenem Impuls. Die tiefgehenden Atemwirkungen finden aber nur statt, wenn man in den seltsamen und oft unbequemen bis schmerzhaften Stellungen ruhend verharrt und der Atmung Zeit läßt, sich auf die Lageänderung einzustellen. Und ebenso braucht es nach der Rückkehr in eine gewohntere Lage Zeit und Ruhe, um die Atemreaktion bis zum Rückfinden zur — nunmehr nach irgendeiner Richtung erweiterten — Norm ungestört ablaufen zu lassen.

Ruhe bedeutet hier mehr als Bewegungslosigkeit. Sie bedeutet *empfängliches Verhalten,* Warten und Horchen auf die Antwort, die der Organismus auf die ungewohnte Beanspruchung zu geben hat. Macht man stattdessen aus den Yogastellungen Turnübungen, deren Wesentliches ist, daß man sie „herausbekommt", so betrügt man sich um ihre besten Wirkungen.

Weniger bekannt sind die Atemübungen, die von Dr. Volkmar Glaser in die Atempflege eingeführt worden sind.* Durch Dehnen bestimmter Linien der Körper-Oberfläche, der sogenannten Meridiane, „Kai Ra Ku's" (auf deren Reizung durch eingestochene Nadeln die chinesische Akupunktur-Heilweise beruht) wird die Atmung mächtig angeregt und je nach der Art der „atemzwingenden Stellung" ohne Willenseingriff in ihrer Form beeinflußt.

Atemspannung erwächst aus der Überwindung von Widerständen. Beim Sichdehnen und bei Lageänderungen bietet sie der Boden, in aufrechter Haltung Arbeitsbewegungen wie Schieben, Ziehen, Heben, Tragen, Fangen und Werfen eines Gewichts usw. Aber nicht jede solche Bewegung führt zur Atemspannung, so wenig wie jedes Laufen zur Vertiefung und Erweiterung der Atmung führt. Vom Wie hängt es ab. Ausführliches darüber unter „Arbeitsbewegungen" im letzten Teil.

Atemanpassung in der Bewegung

Es wird behauptet, bei richtiger Bewegung verlaufe die Atmung von selber richtig, so daß man nicht nötig habe, sich um sie zu kümmern. Der Satz ist unanfechtbar. Nur nötigt er zu der peinlichen Folgerung,

---

* Siehe Dr. med. Volkmar Glaser, „Sinnvolles Atmen".

daß dann bei gar manchen Turn- und Gymnastik-Methoden die Bewegung nicht richtig sein kann: wie sollte man sich sonst das Japsen und Schnaufen schon bei mäßiger Bewegungsleistung erklären? Tatsächlich hat man am Verhalten der Atmung ein sehr brauchbares Kriterium für die Qualität der Bewegung: nur wer belebt, gelöst und mühelos atmet, bewegt sich richtig.

Die Beziehung zwischen Atmung und Bewegung ist irrational. Eine eindeutige Zuordnung zwischen beiden gibt es nicht. So wenig wie man allgemein festlegen kann, wie die „richtige" zweite Stimme zu einer Melodie klingen muß — denn es gibt viele Möglichkeiten —, so wenig kann man festlegen, welche Atemform zu einer bestimmten Bewegung gehört. Zum Gehen etwa sind die allerverschiedensten Atembegleitungen möglich; in jedem Gelände, bei jedem Wetter, in jeder Stimmung kann die Atmung anders fließen. Und dennoch ist da nichts willkürlich, — ein Verhältnis, von dem wir uns schwer eine Vorstellung machen könnten, wenn uns nicht die Musik solche irrationale Notwendigkeit der Zuordnung sinnlich erleben ließe.

Bewegung und Atmung einander zuzuordnen, das kann deshalb auch nicht im eigentlichen Sinne erlernt werden. Man kann nur mit immer neuen Mitteln die Voraussetzungen dafür schaffen, daß etwas von ihrem Zusammenhang erlebt werden kann.

Will man aber schon methodisch am Zusammenspiel von Atmung und Bewegung arbeiten, — ein sehr wohl entbehrliches Mittel der Atemerziehung, — *so hat sich die Bewegung nach der Atmung zu richten* und nicht umgekehrt. Denn die Atmung muß ihrer vegetativen Steuerung überlassen bleiben, sie wird durch jeden Willenseingriff geschädigt, während die Bewegung dem animalen System angehört und der bewußten Lenkung und Einordnung von Natur aus offensteht.

Da die Naturatmung in Tempo, Form und Rhythmus individuell verschieden ist, bedeutet das: sollen Bewegung und Atmung einander bewußt zugeordnet werden, so *darf das Bewegungstempo nicht festgelegt werden*, es muß so lange frei, das heißt dem Atemtempo des Individuums überlassen bleiben, bis die Atmung anpassungsfähig genug geworden ist, auch bei festgelegtem Bewegungstempo mitzuschwingen.

Schmiegt sich nämlich die Bewegung eine Weile in den Atemrhythmus hinein, so gewinnt man ein Empfinden dafür, wie die Bewegung verlaufen muß, damit der Atem in ihr fortströmen kann. In dem Maße, wie nun die Bewegung atemgemäß wird, *stellt sich die Atmung von selber so auf sie ein,* daß sie sich nun zwanglos auch Abwandlungen der Bewegung anpaßt.

Das setzt allerdings voraus, daß solche Variationen der Bewegung nicht „gemacht" nicht ausgedacht, oder willkürlich er-funden, sondern ge-funden, vom ganzen Lebensgefühl getragen sind. Konstruierten Bewegungsabläufen paßt sich die Atmung nicht an. Aber wer eine reagierfähige Atmung hat, wird auch nicht so leicht in Versuchung kommen, mit der Bewegung willkürlich umzugehen. Er hat einen Anzeiger für das in der Bewegung organisch Richtige, der zuverlässiger funktioniert als alle gelernte „Rhythmik".

Das Zusammenspiel von Atmung und Bewegung ist wie das zweier Melodien in polyphoner Musik: jede ist bereit, zu begleiten wie zu führen, jede regt die andere an und wird von ihr angeregt. Es darf deshalb eine willentliche Zuordnung von Atmung und Bewegung nie dauernd gefordert werden; sie kann immer nur einleitend den Organismus auf die Möglichkeit des zweistimmigen Zusammenspiels hinweisen, muß dann aber den unwillkürlichen, improvisierenden Zusammenwirken von Bewegungs- und Atemorganen überlassen bleiben.

Unter einer Bedingung ist auch das Umgekehrte, die Einfügung der Atmung in das von physikalischen und anatomischen Faktoren bestimmte natürliche Zeitmaß einer Bewegung zulässig, nämlich wenn das willentliche Eingreifen in den Atemvorgang sich *auf die Ausatmung* und nur auf sie richtet.

Das klassische Beispiel ist der *Schrei* beim Akzent, beim Sprung, beim Hochwerfen des Beines, wie wir ihn in Volkstänzen finden. Begleiten wir etwa beim Federn jeden zweiten Sprung, — was etwa dem natürlichen Atemtempo entspricht, — mit einem Staccato-Ton oder einem gerufenen Schrei, einem Hei, Ho, He usw., so wird das beliebte Anhalten des Atems unmöglich, und die Atmung stellt sich auf die Bewegung ein. Ebenso kann dem Fangen, Werfen, Stoßen ein Schrei, dem Schwingen, Fortschieben, Heranziehen eines Gegenstandes ein langer Ton zugeordnet werden usw.

Hierher gehört auch das zarte *Summen oder Singen zur eignen Bewegung,* das Sichselberbegleiten beim Tanzen usw. Die Atmung fließt weiter und wird unwillkürlich dem Rhythmus der Bewegung angepaßt. Der Mensch wird ruhig und kommt von dem einseitigen Nach-außen-Gerichtetsein fort und etwas mehr zu sich. In einer Gruppe von Menschen, die sich so zur eigenen Bewegung begleiten, klingt es ein wenig wie in einem Insektenchor, ohne Harmonien im Sinne unserer Musik und dennoch harmonisch.

Zum Schluß noch einmal: „bei richtiger Bewegung ist die Atmung von selber richtig". Wie also sieht diese im Hinblick auf die Atmung richtige Bewegung aus? Vor allem: *nervlich ruhig*. Denn wie unruhiges Atmen den Menschen und seine Bewegung verstört, so unruhige Bewegung den Atem.

Wie in unserm Alltag, so ist auch in den Leibesübungen das Bewegungstempo meist viel zu rasch und deshalb die Atmung in Form und Rhythmus gestört. Gehetzter Mensch und verwirrte Atmung, das gehört zusammen.

Wenn man beim Laufen — auch bei schnellem — innerlich ruhig ist, es leicht und gelassen nimmt, sich ein Spiel daraus macht, obwohl der Bus nicht wartet, so wird der Atem wohl tiefer und weiter, aber er bleibt in Ruhe. Muß man japsen oder nach der Bewegung nach Luft schnappen, so hat die Bewegung keinen wirklichen Rhythmus.

Soll der Atem mitklingen, so muß der Mensch *innerlich still, ungehetzt, auf sein Tun gesammelt* sein. Das ist bei jedem Bewegungstempo möglich, nur leider nicht für den heutigen Menschen, wie er nun einmal ist. Er muß sich erst wieder erarbeiten, was dem gesunden Primitiven selbstverständlich ist.

Für jede Bewegungsart gibt es eine natürliche, ihr gemäße mittlere Geschwindigkeit, in der Atmung und Bewegung sich störungslos miteinander einspielen. Sie ist langsamer als das uns zur zweiten Natur gewordene Eiltempo, und es ist schon etwas erreicht, wenn Menschen lernen, sich in ihr wohl und behaglich zu fühlen. Dann erst wird es möglich, zu beschleunigen und zu verlangsamen, ohne daß Dissonanzen in Form und Rhythmus der Atmung ausgelöst werden.

Vielleicht noch wesentlicher als das Tempo sind *Einsatz und Abschluß der Bewegung*. Was in Unruhe begonnen wird, findet nachträglich kaum mehr zur Ruhe. Und was nicht in Ruhe ausklingen kann, schafft Unruhe für den Neubeginn.

Es ist mit der Bewegung wie mit der Musik: die Stille, die vorausgeht und die folgt, „klingt mit". Nur in dieser Stille stellt sich die Atmung auf die Musik wie auf die Bewegung ein.

Der enge Zusammenhang mit Seelischem wird hier wieder einmal sichtbar: Sammlung, innerlich dabeisein bei dem, was man tut, ordnet Atmung und Kreislauf und gibt — auf dem Wege über diese seelennächsten leiblichen Funktionen — der Bewegung Rhythmus und Form.

Sammlung läßt den Atem ruhig fließen, ruhige Atmung gibt der Bewegung Rhythmus, Rhythmus gibt dem Menschen Insichruhen und

Empfinden seelischen Gleichgewichts. Jedes ist Ursache und Folge zugleich; alle bilden ein Ganzes.

Atembehandlung als Entspannungstherapie

Verstehen wir unter Entspannung im engsten Sinne des Wortes zunächst das Lösen hinderlicher Muskelspannungen, so leuchtet ein, daß Naturatmung solches Lösen verlangt und fördert. Denn damit der Atemstrom durchfließen kann, muß die Rumpfmuskulatur ihre Verspannungen aufgeben, — die Bauchdecken, damit das Zwerchfell herabsteigen und die Rippen sich heben, die Brustmuskulatur, damit sie sich wieder senken können.

Das Lösen der Rumpfmuskulatur ist aber nur der Auftakt zu einem Geschehen, das auf dem Wege über den Kreislauf den ganzen Organismus ergreift. Das rhythmische Weit- und Engwerden des Rumpfes, wodurch sich die Lunge füllt und wieder leert, gibt nämlich der Blutströmung im Bauch einen mächtigen Auftrieb. Es ändert sie qualitativ wie quantitativ. Die besser durchbluteten Organe geben ein Gefühl lebensvollen Behagens, die wechselnd geweitete und wieder zusammengedrückte Hohlvene übt einen Sog auf die Beinvenen aus, die besser durchbluteten Beine fühlen sich wohler, lösen ihre Verspannungen und geben dadurch wiederum die Gefäße von behinderndem Druck frei. Und gleiche Wirkungen werden auf Arme, Hals und Kopf geübt, deutlich sichtbar vor allem am gelösten und beruhigten Ausdruck des Gesichts. Es setzt also hier eine Wechselwirkung zwischen Durchblutung und Entspannung ein, wie wir sie ja auch beim Luftbad und nach warmen Bädern erleben.

Das solche *kreislaufverbundene Entspannung* einer gymnastisch erübten überlegen ist, darf man von vornherein annehmen, denn überall ist das organisch Bedingte dem nur Gewollten überlegen. Die Erfahrung bestätigt es: durch willentliches Loslassen oder „Ausschütteln" kann man wohl für den Augenblick das schmerzhafte Unbehagen verspannter Muskeln zum Verschwinden bringen; aber echte Entspannung als ein Zustand des ganzen Organismus und damit auch des Menschen entsteht daraus nicht.

Mit einer gelungenen Atembehandlung dagegen kommt das Ganze, Muskeln sowohl wie innere Organe, in einen veränderten, belebten Zustand. Und ein weiterer Vorzug: da das unwillkürlich, auf dem Wege über den Kreislauf geschieht, darf man gewiß sein, daß nur gelöst wird, was zuvor verspannt war, und daß *nicht etwa mit den störenden Spannungen auch fördernde und notwendige abgebaut werden,* daß also keine Erschlaffung eintritt, was beim üblichen „Lockern" kaum zu vermeiden ist.

Noch frappanter macht sich der Unterschied *im Seelischen* geltend. Während Lockern, Ausschütteln, Hängen- und Pendelnlassen –besonders des Rumpfes! – unruhig und „leer" macht, gibt Naturatmung ein Gefühl tiefen, lebensvollen Ruhens, des Gelöstseins, der Entlastung und Befreiung.

Dies Gefühl des Gelöstseins ist wohl zu unterscheiden vom Zustand der Schlaffheit, der oft mit Entspannung verwechselt wird. Schlaffheit kennen wir als Wirkung feuchter Hitze an schwülen Tagen. Auch sie gibt eine Art Ruhe, aber eine „tote". Man fühlt sich „erschossen", „erschlagen", „am Ende", „erledigt", „fertig", – ein unproduktiver Zustand, aus dem man sich nur schwer zu irgendeinem Tun raffen kann.

Im Gegensatz dazu ist echtes Gelöstsein ein *lebensvolles Ruhen;* man fühlt sich nicht „am Ende", eher „am Anfang", produktiv, bereit zu allem, – wie nach tiefem Schlaf. Nur dieser Zustand verdient den Namen Entspannung.

Es wurde schon erwähnt, daß Neurosen oft mit verspannter Bauchmuskulatur und beklemmtem Zwerchfell einhergehen. Entsprechend wirkt, wie immer wiederholte Erfahrung zeigt, Lösen verspannter Bauchmuskeln und Aktivieren des Zwerchfells *seelisch entlastend und normalisierend.* Frei atmend fühlt sich der Mensch durchströmt und getragen. Er kann etwas von seiner Ichbefangenheit abbauen, weil er etwas von einem schützenden und bergenden Es erlebt. Geborgensein bei Menschen kann man niemand geben, Geborgensein bei der Natur im eigenen Leibe kann sich jeder erarbeiten.

Nun läßt sich gesunde, lebensvolle Entspannung auch auf andern Wegen erreichen, etwa durch autogenes Training nach Schulz, das freilich eine Art Selbsthypnose ist und in die Hand des Arztes gehört. Fraglich ist nur, wie weit so erarbeitete Entspannung in den Alltag hineinwirkt. Denn der Sinn des Lösens ist ja nicht allein Erholung von übermäßigem oder lebenswidrigem Tun, sondern *gelösteres Verhalten im Tun selber.*

Und da zeigt sich: es bleibt zwar von jeder gut entspannenden Behandlung oder Übung etwas „hängen", es geht für eine Weile leichter, reibungsloser, freier. Aber das geschieht „von selber", ähnlich wie nach einem entspannenden Bade. Ein Kriterium richtigen Tuns und ein Weg zu besserem Verhalten, den man bewußt gehen kann, ist dabei nicht gefunden worden.

Bei der Atembehandlung ist das anders. Sie wirkt in den Alltag hinein, nicht nur, indem sie Entspannungsreste zurückläßt, sondern indem sie Hilfen gibt, das alltägliche Tun und Sein *im Sinne gelösten Verhaltens zu ändern.*

Wer nämlich erlebt und immer wieder erlebt hat, wie sich freies Atmen anfühlt, der beginnt zu spüren, wenn er sich durch falsche Spannungen dabei stört. Er bemerkt, wie er bei seinen täglichen Verrichtungen, bei der Körperpflege, beim Aufknüpfen eines Knotens, beim Schreiben, Nähen, ja widersinnigerweise beim Schlucken seinen Bauch einzieht, wie er die Schultern hoch oder nach vorn zieht, wenn ihm kalt wird, sich im Mittelkörper eng macht, wenn er müde ist und noch arbeiten muß, – alles Verspannungen, durch die er sich das Leben schwer macht. Und indem er sie spürt, – die Verspannungen selbst an ihrer bestimmten Stelle und nicht nur einen allgemein „verkrampften Zustand" –, hat er die Möglichkeit, sie allmählich abzubauen. Er kann versuchen, sie zu unterlassen.

Als einfach darf man sich das nicht vorstellen. Anfangs wird es vielleicht nur für Augenblicke gelingen, nicht weil es so schwierig wäre, sondern weil wir nicht gewohnt sind, von unserm Verhalten Kenntnis zu nehmen. Wenn er aber spürt, wieviel besser sich's weit und gelöst lebt als eng und hart, wird das Interesse an diesen vernachlässigten „Nebensachen" erwachen, von denen so viel·abhängt. Das freie Fließen oder beengte Sichdurchklemmen des Atems wird ihm mehr und mehr ein *Prüfstein seines gelösten oder verspannten Zustandes* und damit ein Hilfsmittel zum selbsttätigen Lösen behindernder Spannungen im täglichen Tun werden.

Beginnt man aber erst, an seinem Verhalten im Sinne ungestörten Atemkönnens zu arbeiten, so treten bald auch Tatsachen ins Blickfeld, die ebensosehr dem psychischen wie dem leiblichen Bereich angehören. Man bemerkt: man kann nicht frei atmen, wenn man hetzt, wenn man zerstreut ist, wenn man zwischen mehreren Aufgaben hin- und herpendelt, wenn man nur halb bei der Sache ist. Man zieht die Bauchmuskeln zusammen und macht die Mitte eng, wenn man sich ärgert, sich unnütz aufregt, sich einen Mitmenschen „auf die Nerven fallen" läßt, wenn man nicht will, was man muß. So wird das bessere oder schlechtere Funktionieren der Atmung zum *Prüfstein auch der·menschlichen Verfassung,* und damit wird der Kontakt mit dem leiblichen Lebenszustand zur Hilfe, leichter, besser menschlicher zu leben.

V. Haltung

1. Grundfragen der Haltungserziehung

Ein Problem des ganzen Menschen

Bei den Völkern der technischen Zivilisation ist die Haltung in beunruhigendem Verfall begriffen. Menschen mit natürlich straffer, sicherer Haltung trifft man bei uns nur noch als Ausnahmen. Man kann erschrecken, wenn man den gewohnten Anblick mit Bildern mancher fremder Kulturvölker vergleicht. In europäischer Kleidung, wenn das romantische Beiwerk der Trachten wegfällt, tritt der Unterschied rein zutage. Wie anders sieht da ein aufrechtstehender, ein gehender, ein sitzender Mensch aus, — anders nicht bloß in der äußeren Form, im Übereinander der Körpermassen, sondern in der Art der Spannung, im Verhältnis von Haltung und Bewegung, in dem, was die Haltung ausdrückt. Daß es hier nicht etwa im Unterschiede der Volksart geht, lehrt jeder Blick auf Werke großer Kunst, die den Menschen darstellen. Auch in ihnen *spricht* die Haltung.

Es ist nichts Harmloses, wenn ein Lebewesen seine Form verliert; es zeigt an, daß in der Tiefe der Lebensvorgänge etwas gestört ist. Haltung ist ein Bestandteil der Form und ein wesentlicher Faktor bei ihrer Bewahrung. Haltungsverfall ist deshalb ein Warnzeichen. Er weist auf tiefwirkende Störungen im leiblichen wie im seelisch-geistigen Gefüge hin.

Die Haltungsfrage ist ein *Kernproblem jeder Leibeserziehung,* sei sie auf sportliche Leistung, auf den Bewegungsablauf oder auf tänzerischen Ausdruck gerichtet. Wie die Frage gelöst wird, das ist ein Prüfstein alles bildenden Tuns an Leib und Bewegung. Gelingt es, Menschen zu aufrechter, straffer und zugleich gelöster Haltung zu erziehen, so kann mit Recht von Leibes-*Erziehung* gesprochen werden, denn hier wird am *Menschen* gebildet; im andern Fall werden nur seine Fertigkeiten vermehrt.

Seine Haltung zu ändern, ist keine leichte Aufgabe. Man unterschätzt ihre Schwierigkeiten wie ihre Bedeutung, wenn man von guten und schlechten Haltungs-*Gewohnheiten* spricht, als ob die Haltung eines Menschen etwas zufällig Angewöhntes und beliebig Umgewöhnbares wäre.

Jedes Menschen Haltung ist ein *Ergebnis seiner Lebensgeschichte* und eng verbunden mit seiner ganzen Art zu leben, seelisch wie leiblich. In ihr verkörpert sich die Er- oder Entmutigung, die ihm in der Kindheit zuteil wurde, das Nachgeben oder der Trotz, mit dem er widrige Anforderungen beantwortete, die Freude oder Unlust, mit der er lebte, die Bedrückung, unter der er litt, die Freiheit, der er sich erfreute, die Kraft oder Schwäche, die er empfand, die Aktivität oder das Zurückweichen, das seine Auseinandersetzung mit der Lebenswirklichkeit kennzeichnete. Sie ist gleichsam ein Lebensgehäuse, das er sich gebaut hat und in dem er heimisch geworden ist.

Normalerweise fühlt ein Mensch sich in aufrechter Haltung sicher, in schlaffer unsicher, weil nicht reagierbereit. Bei eingespurter Fehlhaltung ist es oft umgekehrt. In seiner schlaffen, reagierunfähigen Haltung fühlt er sich geborgen wie ein Kind, das den Kopf unter die Decke steckt; in straffer empfindet er unbewußt, daß er da „für sich einsteht", er fühlt sich sichtbar so, wie er ist, er kommt sich entblößt vor; er empfindet es auch wohl als „frech", sich so aufrecht hinzustellen.

Körperlich ist die Fehlhaltung eines Menschen verbunden mit der ganzen Art, wie bei ihm die *inneren Lebensvorgänge* fließen, mit der Blutbewegung, die, an bestimmten Stellen stockend, es den Muskeln unmöglich macht, an diesen Stellen richtig zu arbeiten, und dadurch andre Muskeln zu ausgleichender Übertätigkeit nötigt, mit gestörter Atmung, die Teile des Brustkorbes unbewegt läßt und andre übermäßig bläht, die Bauchorgane unter falsche Druckverhältnisse setzt und dadurch die Lebenstätigkeit in ihnen stört. Durch die Atmung wirkt sie auf die *Sprechorgane,* denen es an der natürlichen Resonanz im Rumpfraum fehlt, und die deshalb mit mehr Anspannung gebraucht werden müssen, als sonst nötig und natürlich wäre. Durch die Sprechorgane wiederum verbindet sie sich mit dem Denken und Fühlen, die mit dem Sprechen eng verbunden sind.

Eine besondere Schwierigkeit erwächst aus der *Koppelung zwischen Haltung und Blickrichtung.* Fast jede Änderung der Haltung ändert zugleich die Kopfstellung und damit den Winkel, den das Gesicht mit der Senkrechten bildet. Der Blick ist aber auf die alte Haltung eingestellt. In ihr blicken die Augen zwanglos geradeaus; ändert sie sich, so muß sowohl die Lidöffnung wie die Stellung des Augapfels verändert werden, d. h. die gesamte Augenmuskulatur muß umlernen; und das bedeutet, der Mensch muß seine Sehgewohnheiten, seine Art, sich mit der Welt schauend auseinanderzusetzen, ändern, wenn er zu einer andern Haltung finden will.

Wer sich falsch hält, muß also *sein Verhältnis zur Umwelt ändern.* Dazu kommt, daß Haltungsfehler immer seelische Veränderungen im Gefolge haben. Wer, etwa infolge von Schmerzen, seinen Hals unbeweglich halten muß, fühlt sich in ganz anderer Weise behindert, als wer eine Hand oder ein Bein nicht gebrauchen kann. Er hat das Gefühl, nicht ganz er selbst zu sein. Wer mit starrer Kopfhaltung lebt, weil das „seine" Haltung ist, ist ebenso wenig ganz er selbst, nur daß er es nicht bemerkt.

Kurz: *wer seine Haltung ändern will, muß sich ändern.* Dazu ist nicht jeder bereit. Mancher stellt sich eine Änderung seiner Körperform so ähnlich vor wie die eines Kleides, – etwas, das ich mit meinem Körper mache, und das *mich,* mein Sein, mein inneres Leben nichts angeht. Kommt er an den Punkt, wo zum ersten Mal etwas *in* ihm mit angerührt wird, – was er deutlich spürt, auch wenn er gar nicht sagen könnte, was vorgeht –, so regt sich ein Widerstand, gegen den selbst die Eitelkeit, sonst eine der kräftigsten Triebfedern, machtlos ist. Eher will er die kompliziertesten Kunststücke lernen, das anstrengendste Training über sich ergehen lassen, als sich wandeln.

All das braucht nicht bewußt zu sein, aber es wirkt. Wer unbewußt entschlossen ist, zu bleiben wie er ist, wird allenfalls eine gewisse äußere Haltungsdisziplin erwerben, aber keine von innen belebte, vom freien Strömen der Lebenskräfte getragene Haltung. Lieber sitzt er mit eingezogener Lende „gerade", bis ihm alle Muskeln wehtun, als daß er die falsche Spannung aufgäbe, mit der sein Selbstbewußtsein eng verknüpft ist, und sich in eine Lage begäbe, in der er zunächst sich unsicher fühlt und nach einer neuen Art der Sicherheit suchen muß.

Hier scheiden sich die Geister. Viele wollen lediglich etwas *lernen,* und zwar so billig wie möglich; mit viel Schweiß, wenn es sein muß, aber ohne *sich* einzusetzen. Es soll vom Gelernten möglichst viel nach außen zu sehen, möglichst wenig nach innen zu spüren sein.

Andere aber suchen gerade das Umgekehrte: sie spüren, daß sie festgefahren sind, und möchten loskommen, neu anfangen; nicht zum Alten Neues häufen, sondern im Altbekannten neu werden, wie ein Kind immerfort neu wird und darum die altbekannte Umwelt nach einer Reise, ja schon nach einem Spaziergang als neu erleben kann. Sie wollen nicht raffen, sondern wachwerden und sind mit Freuden bereit, neu zu suchen, zu experimentieren, auch wenn sie dabei das Alte aufgeben müssen, bevor sie das Neue „haben". Sie finden es nicht zu viel verlangt, wenn sie durch Zeiten der Unsicherheit hindurchmüssen, ja sie erleben gerade die Unsicherheit, das Suchenmüssen als Wert. Auch sie empfinden Widerstand, aber sie überwinden ihn; sie wissen aus einer Art geistigen Instinkts, daß Sympathie und Antipathie nichts über den Wert einer Sache ausmachen. Es freut sie, wenn sie etwas von sich aufgeben können, denn sie spüren, daß sie nur so sich entfalten können.

Haltung als Gleichgewichtsaufgabe

Haltung ist nicht Halte, sie ist Bewegung, *Spiel mit dem Gleichgewicht.* Im Vergleich zu den vierbeinigen Tieren lebt nämlich der Mensch in einem sehr viel labileren Gleichgewicht. Mit seinem hoch über die Unterstützungsfläche erhobenen Schwerpunkt im Inneren des Beckens ist ein Stehender immer in Gefahr, nach vorn oder hinten über die kleine Unterstützungsfläche seiner zwei Füße hinauszufallen. Jede Gliederbewegung verschiebt die Lage des Schwerpunkts und nötigt zu ausgleichender Verschiebung des ganzen Systems. So kommt es, daß Zeitlupenaufnahmen eines ruhig stehenden Menschen die Körpersäule nicht stillstehend, sondern in dauernder schwankender Bewegung über der Unterstützungsfläche zeigen: der Mensch *hat* sein Gleichgewicht nicht, *er muß es immer neu finden.*

Das dürfte wohl die wichtigste Eigentümlichkeit der menschlichen Haltung sein. Sie ist von symbolischer Bedeutung für das Wesen des Menschen, der „labil" ist, nicht festgelegt in seinem Verhalten, nicht „von seinen Organen tyrannisiert", wie es Goethe den Tieren zuspricht.

Man übertreibt deshalb nicht sehr, wenn man behauptet, daß eine Haltungserziehung soviel wert ist, wie sie sich dieser Eigentümlichkeit bewußt ist und sich in Stoff und Methodik auf sie einstellt. Wird Haltung in immer neuem Suchen nach dem Gleichgewicht, in feinfühligem Kontakt mit dem tragenden Boden gefunden, so ist sie belebt und echt. Wird sie dagegen als „Halte" geübt, so gehen ihr nicht nur Labilität und Bewegungsbereitschaft verloren, es fehlt ihr das Wesentliche, der Ausdruck des Menschlichen. Sie erstarrt zur leeren Form.

Mit Grund spricht deshalb die neue Gymnastik gern von *Aufbau* statt von Haltung. Sie will damit sagen, daß der Mensch seine Form nicht durch Festhalten bewahren, sondern sie durch feinfühliges Aufeinanderbauen immer neu finden soll.

Innewohnender Haltungs-Sinn

Aufrechte Haltung ist ein *Wesensbestandteil des menschlichen Leibes,* auch desjenigen, dem sie verloren gegangen ist. Jedes einzelne Glied des Bewegungsorganismus hat ein ihm innewohnendes, wenn auch oft verschüttetes „Wissen" von seiner Leistung beim Aufbau des Körpers. Ist es in Vergessenheit geraten, so muß es *wiedererinnert,* nicht aber durch ein von außen übermitteltes Kopfwissen ersetzt werden. Ins Bewußtsein aufgenommen, zum Kopfwissen gemacht soll *das Wissen des Leibes* werden, nicht das eines besserwissenden Lehrers.

Daß ein Mensch, der sich schlecht hält, sich nach Anleitung von unten bis oben „richtig" hinstelle und nun in dieser neuen Stellung Bewegungen mache — man nennt das „statische Gymnastik" —, das ist eine so unnatürliche, von keinen vitalen Impulsen bejahte Forderung, es ist überdies eine so unsinnige Häufung von Schwierigkeiten, daß sie nur mit äußerster Willenskonzentration zu bewältigen ist. Sie ähnelt den Übungssätzen der alten Sprachlehrbücher, die nach Möglichkeit die grammatische Regel samt allen ihren Ausnahmen in einen Satz häuften und dadurch jedes lebendige Sprachgefühl abtöteten, um nicht sowohl sprechen zu lehren als — Regeln anwenden. Einer auf solche Weise eingeübten „korrekten" Haltung fehlt das wesentliche: *die Labilität und damit die Bewegungsbereitschaft.*

Soll die Haltung Bestandteil des Wesens werden, so muß sie getragen werden von Vertrauen zu den im Leibe wirkenden Kräften, die, genau wie sie ihn im Mutterleibe geschaffen haben, so auch jetzt dauernd die Tendenz zum Richtigen in Gestalt und Funktion in sich tragen.

Gelingt das, so verliert die Haltungserziehung alles Mechanische und Zwanghafte, sie wird ein lebendiges Experimentieren, ein Spielen mit Schwerkraft und Gleichgewicht. Die Bewegungsorgane, belebt und auf ihre Halteaufgabe, — die in Wirklichkeit eine Bewegungsaufgabe ist —, vorbereitet, sind aus eigenem Antrieb bereit, anders zu funktionieren und bedürfen keines Zwanges, nur leisen Anstoßes, um die Massen anders und besser aufeinanderzubauen. Der Mensch lernt, auf die „Vernunft des Leibes" zu lauschen und ihr zu folgen. Er hat es nicht nötig, seine Muskeln zu zwingen, sie funktionieren von selber.

Aufbau in der Bewegung

Daß Haltung Bewegung ist, gilt auch und ganz besonders für den Aufbau in der Bewegung. Er ist nicht ein Festhalten des Körpers gegen

Bewegungseinflüsse, sondern stetiges feines *Reagieren auf sie*. Jede Bewegung, auch die kleinste, bringt ja Gewichtsverschiebungen und verlangt Ausgleich. Wer festgeklammert steht, kann dem ausweichen; wer beweglich steht und sitzt, spürt auch kleine Änderungen und gleicht sie so aus, daß das Feinbewegliche, Schwingende des Aufbaus erhalten bleibt. Aufbau in der Bewegung heißt, die Körperform in der Bewegung *nicht durch Festhalten*, sondern durch kleine, von außen meist unmerkliche *Ausgleichsbewegungen* bewahren.

Deshalb ist Aufbau in der Bewegung nie durch sogenannte statische Übungen zu erreichen; sie werden praktisch immer zu Bewegungshemmungen. Eine Gymnastik, die vom statischen Bild der Haltung ausgeht, kommt niemals zu wirklicher Bewegung, das heißt zu solcher, die aus Bewegungsimpulsen entspringt. Wohl aber kann umgekehrt das Stehen auf eine praktisch fruchtbare Weise als *Sonder- oder Grenzfall der Bewegung* angesehen und erarbeitet werden.

Sehr selten ist diese Vereinigung von sicherem Aufbau und fein beweglichem Reagieren zu finden. Entweder wird die Haltung in der Bewegung preisgegeben, der Körper löst sich in der Bewegung gleichsam auf – typisch bei den tänzerischen Schwüngen –, oder der Aufbau bleibt erhalten, aber auf Kosten der Bewegung und ihres inneren Fließens.

Ja sogar das unwahrscheinliche Manöver wird fertiggebracht, durch große und scheinbar frei fließende Bewegungen mittels äußerer Muskelspannung den Rumpf so zu trainieren, daß er jede äußere Bewegung durchläßt und sich jeder inneren verschließt, – eine sonderbare und schwer durchschaubare Art von temperamentvoller Verspannung, die mit allen Anzeichen der Scheinlebendigkeit besticht.

Aufbau und Innenbewegung

Bei javanischen Tänzern, bei Chinesen, Japanern, Balinesen kann uns Stehen, Sitzen, Hocken, kleinste Bewegung ansprechen, eindringlicher oft als bei uns das lebhafteste Wirbeln. Warum? Weil sie in ihrem Aufbau *ruhen*, weil sie mit dem innerleiblichen Leben verbunden sind. Bei uns sind ruhiges Stehen und Sitzen meist ausdrucksleer, weil es an dieser Verbindung fehlt. Und aus demselben Grunde strengen sie uns so an.

Körperform und Haltung werden weitgehend von Kreislauf und Atmung bestimmt. Das gilt für „schlechte" Haltung wie für gute, für normale wie für abweichende Form. Versucht man ohne Rücksicht auf diesen Zusammenhang die Haltung zurechtzurücken, die Form zu bessern, wie man ein Drahtgestell zurechtbiegt, so entstehen Muskelverspannungen, die sich subjektiv unangenehm anfühlen, und die objektiv Atmung und Kreislauf stören. Daher die Unwirksamkeit des „halt dich gerade" bei einigermaßen vitalen Kindern und die unerfreuliche Starrheit der braven, die gehorchen.

Kleine Kinder haben beides noch, ungestörte Atmung und vitalen Formsinn. Sie atmen anders als wir, nämlich nicht gewohnheitsmäßig festgelegt, sondern in enger Wechselbeziehung mit allen leiblichen und seelischen Regungen, und schlechte Haltung ist bei ihnen nur Nachgeben an augenblickliche Müdigkeit, – recht oft auch Ausdruck von Unlust, Sichgehenlassen usw. –, nicht aber Ergebnis fehlenden Formsinns: beim gesunden Kleinkind ist das unbewußte Formgefühl noch ungebrochen wie der Bewegungssinn. Aus diesem Formgefühl gestaltet es jede Bewegung so, wie die naturgegebene Form des Menschenleibes es verlangt, – deshalb wirken seine Bewegungen so viel menschlicher als die der Erwachsenen –, wie es umgekehrt durch seinen ungebrochenen Bewegungssinn vor erschlaffendem Sichverhocken bewahrt wird.

Falsche Haltung und Atmung sind sichere Kennzeichen falscher Bewegung. Mißt man mit diesem Maßstab, so mag sich manches als fragwürdig erweisen, was unter Berufung auf angeblich richtige Bewegung eine Haltungserziehung als überflüssig erklärt. Gewiß ist jedenfalls, daß da, wo eine anscheinend gute Haltung nur in der Bewegung angenommen, aber in der Ruhe nicht bewahrt wird, eine Scheinhaltung angezüchtet wurde. Menschen, die nicht so stehen, sitzen, hocken können, daß sie *straff und gelöst, ruhend und belebt zugleich* wirken, daß ihr Ruhen in gleicher Weise wie ihre Bewegung *spricht,* haben keine Haltung im Sinne des Naturhaft-Lebendigen, und höchstwahrscheinlich ist auch ihre Bewegung ein Scheingebilde.

Lebendig-aufrechte Haltung kann nur in Verbindung mit Atmung und Kreislauf erarbeitet werden. Was ohne diese Verbindung geschieht, wirkt sich *gegen* sie aus. Willkürliches „Korrigieren" des Aufbaus wirkt lebenshemmend. Besonders bei vital zarten Menschen, und das sind Haltungsgestörte recht oft, ist eine willkürlich verbesserte Haltung nicht selten falscher als die unwillkürlich gefundene falsche, denn sie schafft neue Störungen, ohne die alten aufzulösen.

Das gilt ganz besonders für orthopädische Arbeit an eingewurzelten Haltungsfehlern. Richtige Diagnose und Klarheit über die Art ihres Entstehens wie über ihre Aus- und „Fern"-wirkungen sind unerläßlich; aber das deutliche Bild ihrer Mechanik darf nicht zu der Einbildung verführen, man könne auf bloß mechanischem Wege irgend Nützliches zu ihrer Überwindung tun. Nur klare *Erkenntnis ihrer Organik* führt zu guten Ergebnissen.

Überhaupt führt „Fehlerbekämpfung" allein nicht zum Guten. Auch in einer rein heilgymnastischen Zweckarbeit, ja gerade in ihr, muß das Bild des *Menschen* in seiner Haltung lebendig mitwirken, und die Mittel freudiger (aber nicht „aufgedrehter"!) Bewegung, ebenso wie horchende Feinarbeit, sind hier umso unentbehrlicher, je gestörter ein Mensch in Lebensgefühl und Körperform ist. Der orthopädische Schüler mit der notdürftig zurechtgebogenen Haltung, der zerbrochenen Bewegungseinheit, der automatisierten Atmung und dem verstörten Lebensgefühl ist ein Jammerbild von einem Menschen.

Positiv: an Haltungsfehlern, auch an den schweren, – ja gerade an ihnen – kann förderlich nur *im Zusammenhang mit Atmung und Kreislauf* gearbeitet werden, gleichgültig, ob die immer mit ihnen verbundene Atemstörung Ursache oder Folgeerscheinung ist. Denn auch wenn sie Folge der Fehlhaltung ist, wie etwa nach einseitiger Verletzung eines Gliedes, wirkt die Fehlatmung verschlimmernd auf die Haltung zurück, und zwar umso mehr, je größer die Abweichung von der Norm (Fehlerkreisläufe).

So sind z.B. bei hohler Lende immer die losen Rippen eingezogen und die hintere Zwerchfellatmung gehemmt. Wird diese Atemstörung nicht mitbehandelt, so bekommt der Mensch kein Gefühl für das Schöne, Kraftvolle, Belebende einer aufrechten Haltung und nimmt sie nur gezwungen ein; sie geht ihm nicht in Fleisch und Blut über.

In Fleisch und Blut, das ist hier wörtlich zu nehmen. Veränderte Atmung verändert Blut und Gewebe. Aber auch im übertragenen Sinne geht in Fleisch und Blut, d. h. in ein naturhaft waches Lebensgefühl nur das über, was sich *mit dem Wohlgefühl erhöhten Lebens* verbindet.

Nur wenn an aufrechter Haltung in engster Verbindung mit der Innenbewegung gebaut wird, wird sie organisch, naturhaft, zum Bedürfnis. Ohne das gibt es wohl Erfolge, aber sie sind nicht wurzelecht. Haltung ohne Atemspannung und innerleibliches Leben wirkt nie unbemüht, sie hat immer etwas künstliches, etwas abgeschnittenes, etwas wie Blumen auf Draht.

2. Das Bild aufrechter Haltung

Das Problem der Haltung ist von verschiedenen gymnastischen Arbeitsweisen ernsthaft in Angriff genommen worden, aber es ist noch nicht gelöst. Das gilt sowohl vom Bild der Haltung, der Erkenntnis des organisch Richtigen, wie von der Art, wie es zu eigen werden kann.

Es scheint, daß auf den bis jetzt begangenen Wegen im Augenblick kein Fortkommen mehr ist. Anatomie und Physiologie haben ihr Wort gesprochen und sind gehört worden. Aber sie haben — so wie die Forschung heute steht — auf diesen Gebieten weniger zu geben als etwa auf dem des Bewegungsablaufs, der Innervation der Bewegung, wo sie den Geöffneten zu völlig neuen Einsichten führen können.

Die praktische Erfahrung von Bewegungserziehern, denen das Bild der menschlichen Gestalt und der organische Ablauf der Bewegung maßgebend ist, hat grob falsche Leitbilder, wie das der „strammen" Hohlkreuzhaltung, erkannt und ausgelöscht. Feinere Fragen, wie etwa die nach der Stellung des Beckens im Zusammenhang mit Beinen und Oberkörper oder die nach den tragenden Kräften des Aufbaus und nach der Art der Muskelspannung sind noch nicht allgemeingültig gelöst; manche sind, soweit man sieht, bisher nicht einmal grundsätzlich gestellt worden.

Sie können auch mit den genannten Mitteln allein nicht geklärt werden. Uns ist der Sinn für organische Form verloren gegangen. Wir sehen die Form von der äußeren Linie, nicht von den inneren Organzusammenhängen her; sonst wäre es nicht möglich, daß organisch unrichtige Haltungsformen unbestritten geübt werden, — wie etwa der leicht vorgeschobene Unterkörper, der in der Außenlinie gut aufrecht wirkt, aber durch Dehnung und Verspannung der Bauchmuskeln die Zwerchfellatmung und die Blutströmung in den Beinen behindert und belebte, freie Beinbewegung unmöglich macht.

Auch mit *Gründen* läßt sich hier schwer etwas ausmachen. In diesen Gebieten sind die Tatsachen so vielfältig und die Wirkungen so verwickelt, daß jeder sich leicht unwillkürlich diejenigen Tatsachen und Zusammenhänge heraussucht, die für sein subjektives Bild sprechen, und diejenigen übersieht, die es widerlegen könnten. So läßt sich für den vorgeschobenen Unterkörper anführen, daß dabei eine übermäßige Beckenneigung sich oft — nicht immer! — von selbst ausgleicht, das Hüftgelenk also gestreckt wird, daß die Schwerpunkte von Brustkorb und Becken (über deren Lage man übrigens meist nichts näheres erfährt) angeblich senkrecht übereinander fallen, daß in dieser Haltung die Mitbewegung des Hauptschwerpunktes besser möglich sei usw., – Gründe, deren jeder einen Irrtum oder Trugschluß enthält.

In der Körperbildung kann man so wenig wie in der Naturwissenschaft das Richtige aus dem Kopf erdenken; Spekulation ist hier eine große Gefahr, und es läßt sich ja nicht nur mit freien Fantasien spekulieren, sondern auch mit Ergebnissen der Wissenschaft. Erst muß die Erfahrung sprechen, dann erst findet der Verstand den fruchtbaren Boden, auf dem seine Erwägungen fördernd werden können.

Haltungs-Experiment

Ein objektives, unmittelbar einleuchtendes und zwingendes Kriterium aufrechter Haltung liefert das *Experiment*. Experimentieren heißt, die Natur befragen. Entscheidend ist, ob es gelingt, die Frage so zu stellen, daß man eine wesentliche, das heißt das Wesen der Sache beleuchtende Antwort bekommt.

Experimentieren heißt nicht Herumprobieren; der „praktische" Weg führt genau so zu Fehlergebnissen wie der theoretische, denn auf ihm ist den subjektiven Einfällen, dem persönlichen Geschmack, der Willkür ein weites Feld gegeben. Dem einen imponiert die Wissenschaft, dem andern die angebliche Erfahrung; beide führen zu wenig, wenn sie sich nicht auf die unbeeinflußte Auskunft objektiver Vorgänge gründen.

Die Frage nach dem richtigen Aufbau kann man der Natur stellen, indem man eine Leistung fordert, die besonders feinen Aufbau, besonders große Beweglichkeit und Bereitschaft verlangt. Eine solche Leistung wäre z. B. die Erhaltung des gefährdeten Gleichgewichts.

Man kann das aber sehr verschieden anfangen, nämlich so, daß die *Natur* die Antwort geben muß, aber auch so, daß dem Menschen und seiner subjektiven Willkür weiter Spielraum gelassen wird. Die Gefahr, durch willkürliches Verhalten die Antwort zu fälschen, ist ja hier viel größer als etwa in der Physik.

Dem menschlichen Ich vertraut man sich an, wenn man sich etwa auf ein Bein stellt und durch Bewegungen mit dem andern das Gleichgewicht gefährdet. Da kann man so viel subjektive Hampelei machen, die Willkür ist so schwer auszuschalten, daß man mit ziemlicher Sicherheit zu Fehlergebnissen kommen muß. Würde man denn ein vierbeiniges Tier auf zwei Beine stellen, um zu studieren, wie es sein Gleichgewicht erhält? Nein, man würde es mit allen seinen vier Beinen auf eine schwankende Unterlage stellen und dann sein Verhalten beobachten.

Bei einem Tier empfindet man schon, daß unnatürliche Leistungen, Ergebnisse einer Dressur, kein Bild von seinem Wesen geben. Beim Menschen glaubt man immer noch, mit dressurähnlichen Leistungen das wahre Bild hervorlocken zu können.

Auf natürliche und fruchtbare Weise stellt man die Frage, wenn man einen Menschen auf eine bewegliche Unterlage stellt, so daß sein Gleichgewicht gefährdet wird, ohne daß er am Gebrauch seiner natürlichen Hilfsmittel gehindert wird, – und zwar unter Bedingungen, die keine schwierig zu erlernenden Kunstfertigkeiten erfordern, wie etwa das Seiltanzen oder Schlittschuhlaufen, die ihn aber auch nicht nötigen, sich aus Angst vor dem Fallen zu verspannen.

Solche Situationen sind z. B. das Stehen, Gehen, Bücken, Sichbewegen auf einem gleitenden, vom Partner gezogenen Teppichläufer, auf einer mäßig glatten, wenig hin- und herrollenden Rolle (dicker Baumstamm, ein dünner verlangt schon Kunstfertigkeit im Balancieren), auf dem Becken eines kriechenden Menschen („Pferd"), auf dem frei schwankenden Ende eines liegenden Baumstammes usw.

Es sollte möglichst ein Mensch ohne gelernte Kunstfertigkeiten sein, mit dem man solche Versuche unternimmt, ohne ein besonderes sportliches Training, ohne Ehrgeiz, etwas zu können, einer, der naiv ist und keine Ahnung hat, worauf es ankommt. Auch muß er es richtig anfangen: er muß sich den Schwankungen der Unterlage überlassen ohne Angst, ohne krampfhaftes Sichfestklammern, ohne die Wahnvorstellung, nicht fallen zu dürfen.

Man soll beim Balancieren ruhend und frei stehen auf die Gefahr hin, ruhig einmal zu fallen, und sich lieber leicht stützen, als sich hart zu machen. Man soll gleichsam mit allen Organen die Bewegungen der Unterlage aufnehmen, weich bleiben, sie durch den ganzen Leib durchlaufen lassen. Man muß versuchen, alle starren Stellen, die sich der Bewegung widersetzen, zu lösen, sie von der Bewegung durchschwingen zu lassen. Kurz, man muß versuchen, *sich* mit seiner Starrheit und Aktivität, seiner Angst und seinem Mut auszuschalten und geschehen zu lassen, was geschehen will. Jeder kann solche Versuche machen; sie verlangen aber ein gutes Maß an Selbstverleugnung, an Empfänglichkeit und Geduld.

Man könnte meinen, das Ergebnis wäre ein passives Verhalten; in Wirklichkeit ergibt sich eine *kraftvolle Aktivität*, aber freilich von ganz anderer Art als die gewohnte. Es wird etwas aktiv, was nicht der Mensch, sondern ein „Es" in ihm ist. Er bemerkt mit Staunen, daß etwas in ihm wirksam ist, das „weiß", wie er sich halten und sich bewegen muß, und das darüber besser Bescheid weiß als er selber. Sich diesem Etwas anvertrauen zu lernen, mit immer neuen Bewegungsversuchen bescheiden immer neue Fragen zu stellen und so zu lernen, wie er es anfangen muß, das ist der eigentliche Sinn solcher Versuche.

Es geschieht dann von selbst, was man willensmäßig mit aller Mühe oft nicht erreichen kann: man gibt seine Gewohnheitshaltung auf und versucht, die neue Aufgabe mit neuen Mitteln zu lösen. Und dabei rückt man sich zurecht, ohne es zu wollen, ja oft ohne es zu bemerken. Unwillkürlich, mit der Vernunft des Leibes und nicht mit der des Kopfes, findet man den richtigen Aufbau, nämlich den, bei dem man *am sichersten steht und zugleich am feinfühligsten für jede Schwankung ist,* am leichtesten bereit zu reagieren.

Am auffälligsten für den Beobachter ist dabei das Zurückweichen des vorgeschobenen Unterkörpers und das *Entstehen einer leicht vorgeneigten schrägen Gesamtlinie* von den Fußgelenken bis zum Kopfe (physiologische Begründung siehe unter „Mechanik der Haltung"). Unsere Augen sind an den vorgeschobenen Unterkörper und die dadurch gebrochen Aufbaulinie so gewöhnt, daß sie uns nicht mehr als gebrochen erscheint. Das falsch Ineinandergefügte ist als das Normale in unser Lebensgefühl und unseren Schönheitsbegriff übergegangen. Daß so etwas möglich ist, zeigt ja der Geschmack unserer Großeltern, denen die weibliche Korsettfigur mit eingezogener Lende und betont herausgedrückter Brust nichts Anstößiges war. Mit allen Gründen und Überredungskünsten stößt man bei solchen Fragen des Zeitgeschmacks auf eisernen Widerstand. Gleichsam a priori sitzt es in den Menschen: was alle schön finden, kann nicht häßlich, was mir natürlich, kann nicht naturwidrig sein. Dieser Anblick aber überzeugt unmittelbar, – und zwar nicht, weil der Zweifler sich aus Einsicht fügt, sondern weil es ihm wie Schuppen von den Augen fällt, weil er mit seinen Augen sieht, wie das vorher für schön Gehaltene neben dem Schöneren verblaßt und zum weniger Schönen, ja zum Häßlichen wird; weil er vielleicht zum ersten Male spürt, was im Menschenleibe *naturgemäße Form* ist im Unterschiede von der subjektiven „ästhetischen Linie". (S. 304, Tafel I, 1 u. 2)

Überzeugtsein heißt hier freilich noch nicht, mit dem Neuen leben können. Das Richtige fühlt sich zunächst so ungewohnt, so „falsch" an, daß man meint, damit im eigenen Leibe nicht mehr zu Hause zu sein, so daß man, auf den festen Erdboden zurückgelangt, meist nichts Eiligeres zu tun hat, als in die behagliche Gewohnheitshaltung zurückzuschlüpfen; typisch bei rollschuhlaufenden Kindern, die auf Rollschuhen meist richtig und im Alltag fast immer falsch stehen. Nur wer schwierige Gleichgewichtsleistungen von Kind an lernt und als Beruf ausübt, pflegt sich heute den objektiv natürlichen Aufbau zu erhalten und in den Alltag mitzunehmen. Wer mit verkehrter Haltung groß geworden ist, braucht selbsttätiges Arbeiten, um die „zweite Natur" auszutreiben und die erste wieder in ihr Recht zu setzen.

Ein Zweites, das man bemerkt, ist ein *Sichstrecken* des Körpers, *ein Wachsen ohne Hochrecken.* Nicht nur das räumliche Übereinander der Massen, auch das Wie ihres Zusammenhangs ändert sich. Man steht ruhend, man hält sich nicht hoch und erscheint trotzdem höher. Unter der Nötigung, an jeder Stelle feinbeweglich und reaktionsbereit zu sein, lösen sich falsche Spannungen, die den Körper zusammenzogen, z. B. in Oberschenkeln, Rücken, Lende, Brust, Nacken, zwischen den Schulterblättern, und richtige treten an ihre Stelle. Rücken, Leib und Brust werden frei, der Schultergürtel ändert seine Lage; die Arme lösen sich und hängen vielleicht zum ersten Mal gestreckt herab. Das Stehen wird ruhend und zugleich aufrecht, gelöst und straff, beweglicher als sonst und zugleich sicherer. Alles ist nicht nur anders übereinander gelagert, es ist auch *besser ineinandergefügt.* Jeder Teil wächst aus dem andern hervor wie der Stamm aus der Wurzel. Man muß einmal betrachten, wie etwa bei einer ägyptischen Statue der Hals aus dem Körper wächst, oder auch bei einer griechischen, die mit ihrer mehr realistischen Behandlung vielleicht noch mehr überzeugen mag, und damit Menschen seiner Umgebung, auch körperlich gewandte, vergleichen, dann weiß man, was gemeint ist.

Natürlich sind solche Ergebnisse nicht einfach da, wenn man sich bloß auf eine bewegliche Unterlage stellt. So billig ist Erkenntnis nicht zu haben. Es erfordert geduldiges Versuchen, sie herauszuarbeiten. Aber darin geht es ja auch dem Physiker nicht anders; oft braucht er Jahre, bis es ihm gelingt, die Frage so zu stellen, daß er eine Antwort erhält. Wer so etwas nebenher und ohne innere Beteiligung ausprobieren will, wird zu keinen Einsichten kommen, noch viel weniger als in der Physik; denn hier ist ja der Mensch selbst der Gegenstand des Versuches, und der ist nicht unbeirrbar wie ein Ding; er muß erst wieder lernen, sich der Natur und ihrem Wirken zur Verfügung zu stellen.

Überraschend ist auch die *Änderung im Ausdruck.* Wir haben uns ja entwöhnt, die leibliche Gestalt des Menschen als Ausdruck zu sehen.

Allenfalls sehen wir Haltung und Bewegung als Äußerung seiner augenblicklichen Stimmung oder Verfassung; wir schließen aus ihnen auf seelische Vorgänge im psychologischen Sinne. Als Ausdruck des Menschen als solchen empfinden wir sie nicht. Die menschliche Gestalt *spricht* nicht mehr zu uns.

Sie spricht auch wirklich nicht, wenn sie ihrer natürlichen Spannung beraubt, in ihrer Form verzerrt ist. Wenn sich aber die Form selbsttätig von innen heraus wiederherstellt, — nicht wenn sie von außen zurechtgebogen wird — erwacht die unmittelbare Ausdruckskraft. Das Gesicht belebt sich von innen her. Der unruhig zerflatternde Ausdruck verschwindet, es erscheinen Ruhe, Sammlung, Beisichsein und zugleich Empfänglichkeit für die Umwelt. Der Ausdruck sturer Betriebsamkeit, der heute so viele Gesichter zeichnet, weicht dem des Aufgeschlossenseins und des besonnenen Wollens. Sicher und frei blickt der Mensch. So also sieht er wirklich aus, denkt man unwillkürlich. War das Frühere Maske? War es vielleicht eher ein inneres Abwesendsein, das die Züge undurchlebt erscheinen ließ und es nötig machte, daß sie Erregung spiegelten, um nicht leer zu erscheinen?

Jetzt sieht man: wenn ein Mensch mit Leib und Seele *da* ist, braucht er nicht mit Wichtigem oder Erregendem beschäftigt zu sein, um Leben auszuströmen. Leben ist nicht Erregung; vielmehr ist *Erregung oft Lebensersatz.*

Und wie das Gesicht, so wirkt auch der aus eigenen Innenkräften aufgerichtete Körper: nicht schlaff wie bei Menschen, die sich hängen lassen, nicht stramm oder forsch wie bei solchen, die sich willkürlich gerade halten, sondern zugleich weich und straff, sicher, bewußt. Die Festigkeit hat nichts Starres, die Beweglichkeit nichts Weichliches. Alles ist ineinandergeschlossen, Einheit, aber zugleich gelöst und nachgiebig, gleichsam griff- und sprungbereit.

Stehen als Bewegung

Durch die kleinen und größeren Erschütterungen von unten her wird bei unserm Experiment die Atmung belebt, denn in der gelösten Muskulatur kann die Atembewegung durchfließen. Es atmet an Stellen, die sonst starr widerstanden. Daß Atem und Bewegung zusammengehören, daß sie stetig aufeinander wirken und einander anregen, spürt man hier wie nirgend sonst.

Damit aber wird das Körpergefühl des Stehenden aus einem Haltegefühl zu einem Bewegungsgefühl. Er erfährt, *daß Stehen Bewegung sein kann,* intensiver manchmal als große äußere Bewegung, bei der ja so oft der Eindruck des Ortswechsels den des Bewegtseins übertönt. *Stehen ist nicht Halte, sondern Bewegung,* feines Schwanken um eine Gleichgewichtslage, Spiel mit dem Gleichgewicht, das man *nicht hat, sondern immer neu findet:* ein Sonderfall der Bewegung, nämlich außen kleine, wenig sichtbare, dafür aber innen um so lebensvollere Bewegung.

Wo Haltung in diesem Sinne Bewegung ist, *strengt sie nicht an.* Es ist verblüffend, wie wenig die Menschen, auch die kräftigen, heute zu stehen vermögen. Sie müssen es ja oft stundenlang. Aber das ist kaum ein Stehen, es ist viel eher ein Ausweichen vor dem Stehen, ein Hängen auf den Beinen, ein nervöses Zappeln oder krampfhaftes Sichfestklammern. Sicher und ruhend steht kaum einer, weil kaum einer labil steht. Daher können sie eher stundenlang ein anstrengendes Bewegungstraining durchhalten als auch nur zehn Minuten straff und sicher auf beiden Beinen stehen. Das allein beweist ja hinlänglich, daß solche Haltung ein Unding ist etwas, dem keine Kräfte zufließen, etwas von außen Angequältes, mühsam übergezogen wie ein unbequemes Kleid, das man abwirft, sobald es eben geht. Es wirkt halb lächerlich, halb traurig, wenn man sieht, wie etwa Tanzschüler bei einer Vorführung zu jeder Übung sich straff aufrichten und mit erhobenem Kopf und lebhaft blickenden Augen dastehen, um, sobald sie beiseitetreten, schlaff zusammenzusinken.

Echte Haltung sitzt *dem Menschen in Leib und Seele, in Fleisch und Blut,* ein Stück seines Wesens. Eine Haltung, die nur auf eigenen oder fremden Zuruf eingenommen und beim Nachlassen der Aufmerksamkeit wieder abgelegt wird, ist ein Scheingebilde.

Bestätigung aus Sport und Artistik

Bestätigt wird unser Bild der Haltung von jeder körperlichen Tätigkeit, die feinfühliges Spiel mit dem Gleichgewicht fordert, am offensichtlichsten und verblüffendsten vielleicht vom Schlittschuhlaufen. Da geht ein Kind, die Schlittschuhe am Arm, in der üblichen lässigen Haltung mit vorgeschobenem Unterkörper, ,,Bauch voran", zur Eisbahn, es schnallt die Schlittschuhe an, versucht zu stehen, wackelt einen Augenblick bedenklich zwischen vorn und hinten, dann schiebt sich der Unterkörper zurück, die Schräge stellt sich her, das Kind steht fest und sicher da. Natürlich, — denn mit vorgeschobenen Unterkörper unterbricht man die ,,Bewegungsleitung", wenn man es so nennen darf; der Oberkörper spürt nicht, was im Unterkörper vorgeht, und kann nicht darauf reagieren; bei der kleinsten Abweichung fällt man auf den Rücken, – nicht weil das Körpergewicht zu weit hinten wäre, denn das läßt sich ausgleichen, sondern weil der Oberkörper die Bewegung des Unterkörpers nicht mitspürt und darum nicht auf sie reagieren kann, weil die innerleibliche Spannungslinie gebrochen ist (S 304, Tafel I, 1 u. 2)

Das Schlittschuhlaufen gibt überdies ein vollendetes Bild des *Aufbaus in der Bewegung*. Nicht zufällig ist es eine der wenigen Sportarten, in denen der Stiel kaum wechselt: hier drängt die Natur gebieterisch *ihren* Stil dem Menschen auf und bestraft jedes eigenwillige Gehampel, jede Künstelei mit Mißlingen. Nirgend bekommt man beim Gehen auf ebenem Boden, nirgend beim Tanzen eine *so klare Straffheit* der Haltung, nirgend auch so *reine, zugleich straffe und gelöste Bewegungen* zu sehen. Gute, das heißt nicht affektierte Schlittschuhtänzer sind, was die Bewegungstechnik angeht, die besten Tänzer.

Das gleiche Bild bieten gute Kunstreiter, Jongleure, Seiltänzer usw. Wenn man es versteht, von der Sonderleistung abzusehen und sich auf das Allgemeingültige ihrer Bewegung zu richten, kann man viel von ihnen lernen. Man wird damit zugleich einen neuen, menschlicheren Zugang zu ihren Leistungen finden. Man wird sie weniger wie Taschenspielerkünste und mehr als ein beseeltes menschliches Tun ansehen. Zwischen ihnen und den „starken Männern", abgerichteten Tieren, Schlangenmenschen, Girls und Ballettstars tut sich dann eine Kluft auf. Die einen bieten einen Zeitvertreib, die anderen sprechen zum Menschen und können unter Umständen ähnliches in ihm anrühren wie ein Kunstwerk.

Viel lernen könnte man endlich von Primitiven und von naturhaft unversehrten Kulturvölkern. Leider ist es schwer, sie zu „sehen". Alles erscheint so selbstverständlich, so frei von hervorstechenden Einzelheiten, daß man, ergriffen vom Gesamteindruck, sich gar nicht fragt, *was* denn eigentlich hier so anders ist. Hinzu kommt, daß solche Menschen so stark als *schön* wirken, daß man nur noch aufnehmen, nicht beobachten mag. Darüber bleibt es meist unbemerkt, daß es sich hier um eine Schönheit von völlig anderer und ungleich wertvollerer Art handelt, als was man gemeinhin so nennt. Gewiß, solche Menschen haben schöne Körper; aber die kommen auch bei uns vor. Was da zu uns spricht, ist ja gar nicht die schöne Form. Es ist vielmehr ein Sichbewegen aus innerer Notwendigkeit, ein Einssein von Leib und Seele, wie wir es kaum mehr zu sehen bekommen; eine Ausdruckskraft, die in der alltäglichen Bewegung ebenso überzeugend wirkt wie in Tanz oder Kult. Das braucht nicht einmal „schön" zu sein, ja gelegentlichist es, an unseren Schönheitsidealen gemessen, geradezu häßlich, aber wenn wir noch ein Organ für das Wesentliche haben, wenn wir nicht ganz von Äußerlichkeiten besessen sind, kommt es uns als häßlich gar nicht zum Bewußtsein, eben weil es *mehr* als schön ist.

3. Zur Mechanik der Haltung*

Die *Organik* der Haltung, ihr Zusammenhang mit der Innenbewegung, braucht hier nicht behandelt zu werden. Sie ist in den Kapiteln „Atem und Körperform' und „Atemspannung" gegeben. Beide sind zum Verständnis des folgenden notwendig.

Gesamtlinie

Bei natürlich aufrechtem Stehen bildet der Körper eine in sich gerade, aber vorgeneigte, leicht schräge Linie. Das ist in den Bauverhältnissen des Fußes begründet. Wäre das Bein in der Fußmitte, ungefähr auf der Höhe des Fußgewölbes angewachsen, so könnte der Körper senkrecht über dem Fußgewölbe stehen und zwischen hinterer und vorderer Schräge frei beweglich schwanken. Das bedeutet, er wäre nach vorn und hinten gleich bewegungsbereit. Da die Beine näher dem hinteren Ende des Fußes angewachsen sind, der Schwerpunkt aber über dem Fußgewölbe, also *vor* der Ansatzstelle des Beines lagern muß, ergibt sich eine *leicht vorgeneigte Schräge*. Die Senkrechte (Hinterkopfprofil über der Ferse) ist nur möglich durch Gewichtsverlagerung auf die Ferse oder durch ausgleichendes Vorschieben des Unterkörpers.

Im natürlichen Gleichgewicht, bei dem der Schwerpunkt über der Fußmitte lagert, bildet also der Körper eine leicht vorgeneigte Schräge und schwankt beweglich zwischen stärkerer Schräge nach vorn und senkrechter Linie nach hinten. Das ergibt vorwiegende Bewegungsbereitschaft nach vorn, entspricht also der natürlichen Richtung der Bewegung.

Das alte Turnen übertrieb die Vorwärtsschräge und nötigte dadurch zu dauernder Vorlagerung des Gewichts auf die Zehenballen. Da ein solches

---

*Gaulhofer-Streicher, „Österreichisches Volksschulturnen" bringt Grundfragen der Haltung in klarer Darstellung.

Stehen übermäßig anstrengend für die Wadenmuskeln ist, war die natürliche Folge der Versuch, durch Rückschieben des Unterkörpers den Schwerpunkt wieder über die Fußmitte zu bringen. Es entstand der militärisch-turnerische Typ mit rückgeschobenem Unterkörper und stark gehöhlter Lendenwirbelsäule. (Siehe unter Fehlhaltung S 304, Tafel I, 5.)

Die neue Gymnastik fordert im Gegensatz dazu die Senkrechte. Da sie bei normalem Aufbau nur durch Verlagerung auf die Ferse möglich ist, dadurch aber der Fuß ungünstig belastet und die Bewegungsbereitschaft nach vorn gemindert wird, entsteht die Neigung, den Schwerpunkt, das heißt praktisch den Unterkörper, aus der gestreckten Linie heraus vorzuschieben, wobei die Lendenwirbelsäule ihre natürliche Form verliert und atemstörende Verspannungen in der Bauchmuskulatur und meist auch im Rücken, in der Gegend der unteren Schulterblattwinkel, eintreten. (S 304, Tafel I, 2)

Nur in der leicht schrägen Linie ist eine freie und aufrechte, mühelos gestreckte Haltung ohne Verzerrung und Atemstörung an irgendeiner Stelle möglich. Man sieht, ob schräg oder senkrecht, ist nicht so belanglos, wie es bei einer so kleinen Abweichung scheinen könnte. Erhebliche Beeinträchtigung innerer Lebensvorgänge entsteht sehr oft durch *kleine* Abweichungen in Haltung und Bewegung.

Größere Abweichungen wie hohle Lende, Hängebauch, vorfallende Schultern, Rundrücken können unter ungünstigen Umständen Organkrankheiten verursachen oder begünstigen. An den kleinen, unscheinbaren Leiden aber, Unfrische, Unlust, Trägheit, den sogenannten nervösen Störungen dieser und jener Organe, an der verminderten Lebensfrische sind in den meisten Fällen die *kleinen* Abweichungen schuld, und die sind oft viel schwerer auszugleichen, viel eingespurter und mit dem gesamtmenschlichen Verhalten verzahnter als die großen. Erst wenn man sich darüber klar ist, wird die Krankengymnastik Wege finden, den Tausenden von „Zivilisationskranken", von körperlich und seelisch Geschwächten zu Spannkraft und Lebensfrische zu helfen.

Gelenk- und Muskelfunktionen

Der Fuß ruht beim Stehen im wesentlichen auf Ferse und Großzehenballen. Der dritte Stützpunkt, der Kleinzehenballen, dient, seinem zarten Bau entsprechend, mehr der Bewahrung des Gleichgewichts bei Seitschwankungen als dem Tragen der Körperlast.

Das Gewicht ruht also über der *Innenkante* des Fußes, die den kräftigsten Teil des Fußgewölbes bildet. Es ist deshalb sinnlos, bei Erschlaffung des Fußgewölbes (Senk- und Plattfuß) das Gewicht auf die Außenkante zu legen. Durch solches Ausweichen wird zum Längsgewölbe auch noch das Quergewölbe herabgedrückt; es entsteht ein Spreizfuß. Bei Fußschwäche muß die normale, dem Bau des Fußgewölbes gemäße Belastung gefunden und die Spannkraft des Fußes wiederhergestellt werden, so daß die Belastung wieder vertragen wird.

Ebenso erscheint es als wenig sinnvoll, beim Gehen das Gewicht über die Außenkante des Fußes zu übertragen, um das Fußgewölbe zu schonen. Das Längsgewölbe ist zum Tragen bestimmt und hat die Kraft dazu. Versagt sie, so kann sie wiedergewonnen werden. Die viel schwächere *Außenkante ist zum Balancieren, nicht zum Tragen da.*

Natürlicher Gebrauch der Füße wie Barfußgehen in wechselndem Gelände und kleine „Handgriffe" mit den Füßen erhalten das Fußgewölbe spannkräftig und den Fuß gesund. Armlose schreiben, malen, stricken, pflegen ihren Säugling mit den Füßen! In spitzen und in hochhackigen Schuhen muß jeder Fuß krank werden.

Das Fußgelenk hat beim Stehen eine Zwischenstellung zwischen Beugung und Streckung. Die bewegliche Haltung im Fußgelenk ist für Beweglichkeit und Bewegungsbereitschaft im Stehen entscheidend. Hochhackige Schuhe machen sie unmöglich. Die meisten Menschen „stehen wie sie stehen' ; sie sind auf eine bestimmte Einstellung des Fußgelenks mehr oder minder festgelegt. Das feine Schwanken über der Unterstützungsfläche zwischen vorn und hinten ist eine ihnen unbekannte Bewegung. Dadurch wird das Stehen zur „Halte", denn auf der Labilität in den Fußgelenken beruht die Labilität des Stehens überhaupt.

Die Muskeln, die für Einstellung und Beweglichkeit im Fußgelenk verantwortlich sind, liegen am Unterschenkel. Die vorderen Schienbeinmuskeln ziehen die Unterschenkel nach vorn und verhindern das Rückwärtsfallen, die hintere Wadenmuskulatur zieht sie nach hinten und verhindert das Fallen nach vorn. Daher empfindet man Muskelschmerz vorn bei übermäßigem Rücklegen, hinten bei starkem Vorlegen des Gewichts.

Die Kniegelenke sind bei normalem Stehen mühelos gestreckt. Beim turnerischen Typ werden sie vielfach überstreckt; das rechtfertigt nicht, sie in der Gymnastik leicht gebeugt zu halten. Es ist töricht, die Zentnerlast von einer geknickten statt von einer geraden Säule tragen zu lassen. Freilich haben die gebeugten Knie den Scheinvorzug, daß der

Unterkörper etwas nach vorn gebracht, der Oberkörper ein wenig nach hinten geschoben und dadurch der Schein eines senkrechten Aufbaus erweckt wird. Die Haltung bekommt aber dann etwas Weichliches, das nun wieder Verspannung am Rumpf notwendig macht, um nicht schlaff zu wirken. Der straffe, entschlossene und bereite Ausdruck geht verloren.

Die Muskulatur für das Strecken des Kniegelenks liegt an der Vorderseite des Oberschenkels (Quadrizeps Femoris). Oft ist diese Muskelgruppe, die das Kniegelenk streckt und es am Zusammenknicken hindert, hart und wulstig, als ob sie Schwerarbeit zu leisten hätte. Die Ursache liegt im Stehen und Gehen mit gebeugten Knien, oft auch im Vorschieben des Unterkörpers, das die Knie zum Einknicken verlockt. In beiden Fällen werden durch das notwendige antagonistische Gegenhalten die Strecker überlastet. – An der Rückseite ist zum Strecken des Kniegelenks keine Muskeltätigkeit notwendig, weil sein Bau ein Beugen nach vorn unmöglich macht.

Vom Streckungsgrad des *Hüftgelenks* hängt die aufrechte Stellung des Beckens und von dieser die Gestalt der Wirbelsäule ab. Je gebeugter das Hüftgelenk, je geneigter das Becken, umso hohler die Lende und umso runder oft (nicht immer) der obere Rücken.

Die Behauptung, das Hüftgelenk könne im Stehen nicht ganz gestreckt werden, weil sonst der Schwerpunkt des Körpers, der im Innern des Beckens liegt, hinter die Unterstützungsfläche fiele, beruht auf einem theoretischen Trugschluß. Denn unzählige Menschen, nämlich die Mehrzahl all derer, die der Mode gemäß oder aus Schlaffheit ihren Unterkörper vorschieben und ihren Oberkörper zurücklegen, stehen und gehen mit gestrecktem Hüftgelenk, ohne auf den Rücken zu fallen.

Unter *Beckenneigung* versteht die Wissenschaft den Winkel, den die Ebene des Beckeneingangs, das heißt die Verbindungsebene zwischen Promontorium und oberem Schoßbeinrand mit der Waagerechten bildet. Da das Promontorium, die vordere Wölbung des untersten Lendenwirbels, weder zu sehen noch zu tasten ist, ist dieser Begriff der Beckenneigung für die Bewegungsbildung praktisch wenig zweckmäßig. Für die Praxis bezeichnen wir als Beckenneigung den (entsprechend großen) *Winkel, den das leicht tastbare Kreuzbein mit der Senkrechten bildet.* (S 304, Tafel I, 3)

Je gebeugter das Hüftgelenk, umso schräger steht das Kreuzbein, umso tiefer kommt die Schoßbeinfuge zu liegen, umso größer ist die Beckenneigung. Das Becken ist gleichsam gekippt, das Gewicht der

Bauchorgane lastet auf den Bauchmuskeln statt auf den Beckenknochen.

Um die Schrägstellung des Kreuzbeins auszugleichen, muß dann die Lendenwirbelsäule sich höhlen: je schräger das Kreuzbein, umso tiefer die Lendenhöhlung.

Aber auch bei völliger Streckung des Hüftgelenks steht das Kreuzbein oft nicht völlig senkrecht, sondern ein wenig nach vorn geneigt. Dadurch wird die Lendenwirbelsäule genötigt, sich ausgleichend ein wenig nach hinten aufzubiegen; es entsteht eine leichte Lendenhöhlung. Fraglich ist, wie weit die Lendenhöhlung tatsächlich notwendig ist. Die Verbindung zwischen Kreuzbein und Hüftbein ist nicht ganz starr. Aus der Praxis wie beim Anschauen mancher Primitiven gewinnt man den Eindruck, daß das Kreuzbein nicht so schräg zu stehen braucht, wie es oft tut und daß die *Lendenhöhlung* normalerweise *nur angedeutet, nicht ausgeprägt* ist.

Der *Streckung des Hüftgelenks* und damit der *Aufrichtung des Beckens* beim Stehen dienen die hinteren Oberschenkelmuskeln, die sogenannten *Beckenhalter,* die vom Becken abwärts über das Kniegelenk zum Unterschenkel laufen und zwischen ihren Sehnen die Kniekehle einschließen (m biceps femoris an der Außen- und mm semimembranosus und semitendinosus an der Innenseite). Sie sind zugleich Kniebeuger.

Der andere Hüftstrecker, der große Gesäßmuskel (glutäus maximus) arbeitet nur, wenn das Hüftgelenk aus stärkerer Beugung gestreckt wird, z. B. beim Treppensteigen, Kniebeugen, Hockspringen usw. Bei gering gebeugtem Hüftgelenk springt er nicht an. In dieser Stellung haben die lang am Oberschenkel herablaufenden Beckenhalter bessere Hebelwirkung als der kurze Gesäßmuskel. Sie hindern durch ihre Verkürzung den Beckenring, nach vorn herunter zu kippen. Sind sie schlaff, so ist das Hüftgelenk gebeugt, das Becken zu stark geneigt und in den meisten Fällen die Lendenwirbelsäule ausgleichend gehöhlt.

Die Bauchmuskulatur hat auf die Haltung des Beckens keinen Einfluß, sie kann das Becken nur bei festgestelltem Brustkorb, z. B. im Rückenliegen oder im Hang oder Stütz am Gerät, bewegen. Im Stehen kann sie nicht die kleinste Beckenbewegung hervorbringen. Der Irrtum entstand vermutlich aus der Beobachtung, daß die meisten Menschen ihr Becken nicht aufrichten können, ohne zugleich die Bauchmuskeln zu verspannen, so ähnlich, wie viele bei schwierigen Bewegungen die Lippen zusammenpressen.

Das Anspannen der Bauchmuskeln beim Aufrichten des Beckens ist also eine *Verspannung,* und zwar eine äußerst schädliche, da sie eine ausgiebige Zwerchfellsenkung beim Einatmen unmöglich macht. Für das Strecken des Hüftgelenks und das Aufrichten des Beckens sind *allein die Beckenhalter* verantwortlich. Sie sind aber, wo sie funktionsungeübt sind, für das Muskelgefühl schwer zu „finden". Das mag daher rühren, daß das gebeugte Hüftgelenk aus sehr früher Kindheit stammt. Andere Haltungsfehler entstehen dadurch, daß eine schon erworbene richtige Haltung wieder verloren geht; die dabei versagenden Muskeln haben also früher schon einmal richtig gearbeitet. Das gebeugte Hüftgelenk dagegen ist ein Rest aus der Kriechstellung; das Kind ist beim Erstaufrichten gar nicht bis zum Strecken des Hüftgelenks gelangt, die Beckenhalter haben also noch nie richtig gearbeitet.

Kräftig und ohne ablenkende Mitbewegung müssen die Beckenhalter arbeiten beim Beckenheben aus dem Rückenliegen mit gestreckten Beinen und etwas hochgelegten Füßen (etwa auf einer Fußbank). Dabei zeigt sich zugleich die erstaunliche Wirkung ihrer Tätigkeit auf die Beckenstellung und die Form der Wirbelsäule. Es ergibt sich eine *Streckung der ganzen Wirbelsäule,* die genau der aufrechten Haltung beim Stehen entspricht.

Da die Beckenhalter zugleich Beuger des Kniegelenks sind, versteht man, daß bei stark geneigtem Becken die Knie so oft überstreckt werden: wenn die Beckenhalter, die das geneigte Becken aufrichten sollten, schlaff bleiben, so finden die vorderen Kniestrecker keinen Widerstand an ihren natürlichen Antagonisten, eben den beckenhaltenden Kniebeugern, und das bei Kindern oft sehr lockere Kniegelenk gibt dem übermäßigen Streckerzuge nach. (S 304, Tafel I, 5)

Ebenso beruht die Neigung zu gebeugten Knien beim Stehen mit vorgeschobenem Unterkörper und stark aufrechtem Becken nicht ausschließlich auf Gleichgewichtskräften. Die Dauerspannung der Beckenhalter zieht im Sinne der Beugung an den Kniegelenken und macht so den Streckern ihre Arbeit auch in der Bewegung unnötig schwer. (S 305, Tafel II, 11)

Nach der heute üblichen Auffassung bildet die *Wirbelsäule* mit zwei Höhlungen in Lende und Hals und einer Wölbung im Brustteil eine S-Feder. Diese Auffassung ist fraglich. Zumindest ist der Grad der Krümmung normalerweise äußerst gering. Stärkere Krümmungen, auch wenn sie in harmonischem Verhältnis zueinander stehen sollten, verändern die normale Lage und Form innerer Organe (Lunge, Verdauungs-

und Geschlechtsorgane) und beeinträchtigen ihre Funktion. Die Bedeutung der Krümmungen für das Federn beim Laufen und Springen wird überschätzt im Verhältnis zur Federkraft der knorpeligen Zwischenwirbelscheiben (Bandscheiben). Leute mit gut gestreckter Wirbelsäule springen meist besser als solche mit starken Krümmungen.

Eingesunkene oder herausstehende Wirbel üben oft im Verhältnis zur Kleinheit der Abweichungen durch ihre Verbindung mit Atemstörungen und falscher Muskeltätigkeit erstaunlichen Einfluß auf Haltung und Lebenszustand. Sie bedürfen besonderer Behandlung.

Aufrecht gehalten wird die Wirbelsäule durch den Zug der *Rückenstreckermuskeln,* die als Wülste rechts und links der Wirbelsäule sichtbar; sind. Sie hindern den Brustkorb am Vorwärtsfallen und ziehen ihn aus dem Vor- und Seitbeugen hoch; aus dem Rückbeugen wird die Wirbelsäule durch die geraden und schrägen Bauchmuskeln aufgerichtet. Da bei natürlicher Haltung (leichte Schräge nach vorn) die Schwerkraft die Wirbelsäule nach vorn zieht, ist vorn keine Muskeltätigkeit notwendig. Es arbeiten nur die Rückenstrecker als Haltemuskeln. Die Bauchmuskeln sind *Bewegungs- und Atemmuskeln, nicht Haltemuskeln.*

Die *Haltemuskulatur des Halses* ist komplizierter. Je nach der Stellung des Kopfes, der ja im Stehen weit beweglicher ist als Becken und Brustkorb, arbeiten außer den Nackenstreckern, der Fortsetzung der Rückenstrecker, noch andere Muskeln mit, die vorn und seitlich am Halse verlaufen.

Es ist nur *wenig Muskelarbeit* notwendig, um den Körper aufrecht zu halten. Daß diese Arbeit zum größten Teil unwillkürlich geschieht, erkennt man daran, daß Menschen in gutem aufrechten Sitzen, ja unter Umständen sogar im Stehen schlafen können. *Jedes Spannungsgefühl beim Aufbau ist deshalb ein Fehlsignal.*

Insbesondere ist beim Stehen die Muskelspannung in den Beinen ausgeglichen zwischen vorn und hinten. Bei richtigem Stehen ist keine Spannung in den Beinen zu spüren, kein belastetes Gefühl im Kreuz, im Leib, zwischen den Schulterblättern. Nirgendwo ist das Lebensgefühl gemindert. Die Atmung, die bei jeder Fehlhaltung gestört ist, strömt frei nach allen Richtungen, so daß alle Weichteile des Rumpfes an der Atembewegung teilnehmen.

4. Fehlhaltung

Ursachen

Haltungsfehler entstehen meist in der Kindheit, oft schon in der frühen, besonders wenn das Kind zum Sitzen und Stehen verlockt wird, bevor es sich noch aus eigener Initiative aufzurichten beginnt. Ungeduldige und ehrgeizige Mütter richten da schwerden Schaden an.

Besonders gefährdet ist die Haltung in den Zeiten starken Längenwachstums. Als spezielle Ursachen kommen Rachitis, schwächende Krankheiten, der Stillsitzzwang der Schule, auch einseitiges Tragen (Schulmappe statt Tornister) in Frage.

Seelische Belastungen spielen mit, ja sie mögen in vielen Fällen den Ausschlag geben: ein Kind sitzt straff aufrecht, solange es mit Interesse bei der Sache ist, und es sinkt zusammen, wenn es sich zu langweilen beginnt. Wir Großen tun das ja auch!

Hohe Schultern, vorgeschobener Unterkörper, hängender Kopf sind oft unmittelbarer Ausdruck von Unsicherheit, Schüchternheit, Befangenheit. Geltungsbedürfnis kann sich in übertrieben straffer, forscher Haltung mit hoher Lende und herausgepreßter Brust äußern.

Körperliche wie seelische Ursachen — sofern man sie überhaupt trennen kann — *greifen bei der Innenbewegung an*, wirken also auf die Körperform erst mittelbar über die Innenbewegung. Bei körperlicher Schwäche, bei überlangem Stillsitzen erschlaffen zunächst Atmung und Kreislauf. Dadurch erlahmt die Spannkraft, und die Folge ist der Rundrücken, der schlaff vorgeschobene Unterkörper usw.

Auch wenn ein Kind aus eindeutig seelischen Ursachen in eine Fehlhaltung gerät, verkörpert sich die seelische Störung zunächst in gestörter Innenbewegung. Es *gibt keine Fehlhaltung ohne Veränderung von Atmung und Kreislauf*. Sie müssen deshalb in jedem Falle *als Mitursachen angesehen und in die Behandlung einbezogen* werden.

Zur Mechanik der Haltungsfehler

Man kann den Körper mit einer Säule aus verschieden geformten, beweglich aufeinandergesetzten Bausteinen vergleichen. Wird in einer solchen Säule ein Stein verschoben, so muß, damit sie nicht das Übergewicht bekommt, ein anderer in entgegengesetzter Richtung verschoben werden. Eine Verschiebung nach hinten muß durch eine nach vorn ausgeglichen werden, eine nach vorn durch eine nach hinten, eine seitliche durch eine zur anderen Seite. Wird ein Baustein schief aufgesetzt, daß heißt vorn oder hinten zu hoch, so erleidet die ganze Säule eine Verbiegung nach hinten oder nach vorn und muß, um nicht zu kippen, durch eine Gegenbiegung an anderer Stelle wieder in die Senkrechte gebracht werden.

Hauptbausteine sind Becken, Brustkorb und Kopf. Die Beine bilden die in sich beweglichen Tragpfeiler des Beckens. Das Ganze ist äußerst beweglich aufeinandergebaut. Von der Funktion der Fußmuskeln, die die Fußstellung bedingt, hängt die Stellung der Beine ab. Die Beine mit drei Gelenken (Fuß-, Knie- und Hüftgelenk) lassen die verschiedensten Beckenstellungen zu. Zwischen Becken und Kopf sitzt die Wirbelsäule mit 24 unten derberen, nach oben zarter werdenden, gelenkig verbundenen Wirbelknochen, deren zwölf mittlere je ein Rippenpaar und damit den Brustkorb tragen.

25 Gelenke also geben dem Rumpf seine Beweglichkeit und ermöglichen zugleich den Verfall der Haltung. Ungezählte Haltungen und Fehlhaltungen sind möglich. Alle „Typen", in die man sie einzuordnen sucht, geben nur charakteristische Grenzfälle. Sie sind nützlich als Hilfen zum Erkennen und Beurteilen von Abweichungen; rein kommen sie kaum vor.

Man tut gut, den Aufbau von unten nach oben zu betrachten, denn wenn auch im Leibe alle Teile miteinander in Wechselwirkung stehen, so sind doch, mechanisch gesehen, zunächst die von der Schwerkraft bedingten Wirkungen von unten nach oben wichtig. Man darf daher praktisch jeden Haltungsfehler, soweit er nicht durch örtliche Krankheit bedingt ist, als Folge einer Verschiebung von Bein- und Beckenstellung betrachten*.

Wird mit Hilfe der Beine der Unterkörper vorgeschoben, so weicht der Oberkörper nach hinten aus. Schiebt man den Unterkörper zurück, kommt der Oberkörper nach vorn. Weicht der Unterkörper nach einer Seite aus, so schiebt sich der Oberkörper ausgleichend zur anderen. Es genügt nicht, sich das als Folge mechanischer Gesetze klarzumachen. Man muß es durch Versuche am eigenen Leibe erfahren. Dann spürt man einiges von den weitreichenden Wirkungen auf Muskeln und Organe, vom Zerren hier, vom Verspannen dort, von der örtlich und allge-

---

*Siehe Gaulhofer-Streicher: Österreichisches Volksschulturnen

mein veränderten, beengten Atmung, vom Druck auf Magen oder Unterleib u. s. f. Durch solches Selbst = Erspüren erst wird man fähig, sich in die Fehlhaltung Anderer „einzufühlen", und aus dem Sicheinfühlen entspringen individuelle Hilfen, die durch kein noch so „gezieltes" Übungsschema ersetzt werden können.

Vorschieben des Unterkörpers verbindet sich meist (nicht immer) mit Streckung im Hüftgelenk, verringerter Beckenneigung. Rückschieben des Unterkörpers bewirkt starke Beugung des Hüftgelenks und übermäßige Beckenneigung (schräg nach vorn stehendes Kreuzbein).

Von der Beckenstellung hängt die Form der Wirbelsäule ab. Bei sehr aufrecht stehendem Becken wird die Lende flach, unter Umständen sogar gewölbt. Bei zu stark geneigtem Becken kommt der Ansatz der Wirbelsäule am Becken zu weit nach vorn. Wird das nicht durch Rückschieben des Unterkörpers ausgeglichen, so muß irgendwo eine ausgleichende Rückbiegung der Wirbelsäule stattfinden, meist in der Lendengegend (hohle Lende, unzutreffend Hohlkreuz genannt).

Die Stellung des Brustkorbs ist weitgehend von der des Unterkörpers und von der Neigung des Beckens bestimmt und beeinflußt ihrerseits wieder die Kopfhaltung. Steht bei rückgeschobenem Unterkörper der Brustkorb schräg nach vorn abwärts, so muß der Kopf ausgleichend zurückgelegt werden: die Halswirbelsäule höhlt sich (sogenannter Schwanenhals). Steht bei vorgeschobenem Unterkörper der Brustkorb schräg nach hinten, so muß der Kopf nach vorn geneigt werden, die Halswirbelsäule beugt sich in ihrem letzten Gelenk nach vorn (Hängekopf).

Auf die Kopfhaltung muß sich die Blickrichtung einstellen. Daraus erwächst eine der Hauptschwierigkeiten der Haltungserziehung. Beim Ausgleich der Kopfhaltung blickt nämlich ein „Hängekopf" gewohnheitsmäßig in den Himmel, ein „Schwanenhals" auf den Boden. Er muß also mit der veränderten Kopfhaltung zugleich seine Blickrichtung ändern. Manche Veränderungen der Halswirbelsäule (Schiefhals) sind, auch wenn alle mechanischen Hindernisse beseitigt sind, kaum in Ordnung bringen, solange nicht bewußt die Blickrichtung einbezogen wird.

Grundformen der Fehlhaltung

Nach der Art der Entstehung kann man vier Grundformen der Fehlhaltung unterscheiden:

1. Haltungsfehler aus der frühen Kindheit. Sie entstehen durch unvollständiges Aufrichten, sind daher als Übergangsformen zwischen Kriechstellung und aufrechter Haltung zu verstehen.

Ein Kind, das sich zum ersten Mal aufrichtet, steht ein wenig auf den Zehen, mit gebeugten Knien und Hüften; der Unterkörper ist weit hinten, der Oberkörper vorgeneigt. Werden dann beim weiteren Aufrichten nur die Knie, nicht die Hüftgelenke hinreichend gestreckt, so bleibt eine Zwischenstellung zwischen dieser kindlichen und der eigentlichen aufrechten Haltung bestehen. Die Knie neigen zum Überstrecken, der Unterkörper bleibt zurückgeschoben, das Becken geneigt, der Oberkörper wird ausweichend nach vorn gebracht, meist auf die Dauer auch nach oben gebogen, so daß die Lende sich höhlt.

Kennzeichnend sind rückgeschobener Unterkörper, geneigtes Becken, „Säbelbeine ‘, nach hinten herausgeschobenes Gesäß, vorgewölbter Bauch, dazu meist eine stark gehöhlte Lende. (S. 304, Tafel I, 5)

2. Später erworbene Haltungsfehler. Sie entstehen aus der schon erreichten aufrechten Haltung durch nachträgliches Erschlaffen, meist in Zeiten starken Längenwachstums. Das ermüdete Kind gibt in den Knien nach, schiebt mit gebeugten Knien den Unterkörper vor und legt den Oberkörper ausgleichend zurück. („Rührt Euch"-Haltung). Die Beckenhalter an der Rückseite der Oberschenkel brauchen nicht mehr zu arbeiten, weil das Hüftgelenk auf statischem Wege so weit gestreckt wird, daß das vordere Hüftgelenkband (Bertini'sches Band) angespannt wird. Die Rückenstrecker haben keine Arbeit, weil der Oberkörper durch die Wirkung der Schwerkraft nach hinten hängt.

Die Wirkung auf die Form der Wirbelsäule ist erheblich. Anstelle der Vorwärts- entsteht eine Rückwärts-Schräge. Zwischen Kreuzbein und Lendenwirbelsäule gibt es einen stumpfen Winkel, einen sanften „Knick‘. Es entsteht ein Flachrücken, unter Umständen sogar ein „unterer Rundrücken" (Lendenkyphose).

Vielfach wird dieser Knick unmittelbar über dem Kreuzbein als Hohlkreuz angesehen. Ungezählte junge Mädchen klagen über ihr hohles Kreuz, während sie in Wirklichkeit einen typischen Flachrücken haben.

Hauptkennzeichen sind vorgeschobener Unterkörper, sehr gestrecktes Hüftgelenk, eingezogener Bauch, zurückgeschobener Oberkörper, dazu oft gebeugte Knie. (S. 305, Tafel II, 7 u. 9)

3. Von kombinierten Haltungsfehlern sprechen wir, wenn sich ein früh entstandener Haltungsfehler mit einem später erworbenen verbindet, das heißt wenn ein beim Gehenlernen nicht genug aufgerichtetes Becken später infolge von Schlaffheit vorgeschoben, aber dabei das Hüftgelenk *nicht* gestreckt wird. Der Unterkörper wird also vorgeschoben, aber das Becken bleibt geneigt. Das ist die häufigste Form der hohlen Lende (Lendenlordose).

Hauptkennzeichen sind vorgeschobener Unterkörper, gebeugtes Hüftgelenk, gewölbter Bauch, hohle Lende, oft auch gebeugte Knie. (S. 305, Tafel II, 12)

Auf diese drei Grundformen gehen alle „normal", das heißt ohne schwere örtliche Erkrankung entstehenden Haltungsfehler zurück. Um sie zu verstehen, genügt es nicht, Abbildungen zu betrachten. Man muß den Bewegungsvorgang, durch den sie entstehen, *am eigenen Leibe erproben.* Nur wer eine Fehlleistung im eigenen Leibe nachfühlen kann, wird zur richtigen Leistung erziehen können. Ja, nur er wird die Fehlleistung überhaupt verstehen, denn das Wesen eines Haltungsfehlers liegt nicht in der Mechanik verschobener Gelenke, – die ist erst das Endergebnis. Es liegt in Erschlaffung und falscher Spannung der Muskeln, in Beengung und Verzerrung der Atmung. Es wird deshalb nur verstanden, wenn von diesen Fehlspannungen, von diesen Störungen und Verzerrungen ein deutliches Fantasiebild entsteht. Das kann nur durch eigene Erfahrung gewonnen werden.

4. Künstlich eingeübte Haltungsfehler. Die militärisch-turnerische Fehlhaltung ist der bekannteste. Sie hat eine gewisse äußere Ähnlichkeit mit den früh entstandenen Haltungsfehlern. Das Körpergewicht wird vorgelegt, so daß die Wadenmuskulatur stark angespannt werden muß, um das Fallen nach vorn zu verhüten, die Knie sind überstreckt, das Becken geneigt, die Lende stark gehöhlt, der dadurch vorgetriebene Bauch eingezogen, die Brust herausgepreßt, so daß die Rippenbögen hervorstehen, die unteren, losen Rippen nach innen eingesunken, die Rückenmuskulatur verspannt. (S. 304, Tafel I, 5)

Während der turnerische Typ längst als Irrtum erkannt ist, blüht und gedeiht heute ein neuer Typ der Fehlhaltung. Äußerlich ähnelt er etwas dem späten Haltungsfehler (oder der „Rührt Euch"-Stellung). Die Knie sind leicht gebeugt, der Unterkörper vorgeschoben, die Bauchmuskeln eingezogen, der Oberkörper etwas zurückgeneigt, das Körpergewicht ziemlich weit hinten. Die Haltung ist aber nicht schlaff, sondern durch Muskelspannung festgestellt und die vorfallenden Schulterblätter nach hinten zusammengezogen, was dem Ganzen eine gewisse äußere Straffheit gibt. Kennzeichnend ist die senkrechte Gesamtlinie anstelle der schräg vorgeneigten. (S. 304, Tafel I, 2)

Zur Organik der Haltungsfehler

Über die Wirkung der Atmung auf die Haltung ist unter „Atmung" berichtet worden. Jede Atemstörung verbindet sich mit einer charakteristischen Änderung der Haltung, wie umgekehrt jede Fehlhaltung zu einer Atemstörung führt. Das bedeutet: für jeden Haltungsfehler ist zunächst nach den *Ursachen oder Mit-Ursachen in einer möglicherweise gestörten Atmung* zu suchen.

Bekannt ist die Entstehung des schlaffen Rundrückens, häufig auch des Flachrückens, durch zu geringe Brustatmung, weniger bekannt schon die wölbende Wirkung übertriebener Brustatmung auf die Brustwirbelsäule*, noch weniger anscheinend der Einfluß eingesunkener Flanken und fehlender hinterer Zwerchfellatmung auf die Entstehung der hohlen Lende, wie sie im Kapitel Atmung geschildert wurde.

Umgekehrt wirkt aber auch jede Abweichung der Haltung störend auf die Atmung, denn sie verändert die Rumpfform und damit die Ansatzverhältnisse für die Atemmuskeln; in diesem Sinne gehört der ganze Rumpf zum Atemorganismus.

Darunter leidet wieder der Blutumlauf, der von der Atmung abhängt, – und zwar sowohl örtlich wie allgemein. Allgemein: wenn die Atmung zu gering ist, fehlt es an einem wichtigen Antrieb für den Rückstrom des Blutes; örtlich: wenn an einer bestimmten Stelle die Rumpfmuskeln falsch arbeiten, ändern sich die Druckverhältnisse für die inneren Organe. Die Folgen sind sehr häufig Zirkulationsstörungen in ihnen. Man kann wohl annehmen, daß Erkrankungen der inneren Organe fast immer mit Zirkulationsstörungen zusammenhängen, die wieder in Zusammenhang mit physiologisch falscher Haltung und Atmung stehen.

Jede Formveränderung des Rumpfes ändert aber auch die *Lage* der in ihm eingeschlossenen inneren Organe und schafft dadurch ungünstige Bedingungen für ihre Form und Tätigkeit. *Obere Haltungsfehler,* das heißt Formänderungen der Brustwirbelsäule und des Schultergürtels, wirken hauptsächlich auf die Rippenbewegung und auf die Form der Lunge, die sich nicht frei entfalten kann. *Untere Haltungsfehler,* das heißt gegenseitige Verschiebung von Unter- und Oberkörper, falsche

---

*Siehe Hofbauer: Physiologie und Pathologie der Atmung.

Beckenneigung und Verbiegungen der Lendenwirbelsäule wirken auf die Zwerchfelltätigkeit, auf das Zusammenspiel von Zwerchfell und Bauchmuskeln bei der Atmung, durch das die inneren Organe unter einen rhythmischen Wechseldruck gesetzt werden, sowie auf Durchblutung, Lage und Tätigkeit der Bauchorgane.

Bei *geneigtem Becken* wird der Bauchinhalt nach vorn geschoben und lastet auf den Bauchdecken; sie erschlaffen, ihre Tätigkeit bei der Ausatmung läßt nach, der rhythmische Wechseldruck auf die Bauchorgane wird gestört und ihre Durchblutung beeinträchtigt. Kennzeichnend ist der vorgetriebene Magen, bei schlaffen Menschen auch der hängende Unterleib.

Bei *vorgeschobenem Unterkörper und sehr aufrecht gestelltem Becken* werden die Bauchdecken nicht nur gedehnt, sie werden auch unwillkürlich angespannt, so daß sie sich bei der Einatmung nicht genügend lösen und das Zwerchfell sich nur wenig senken kann. Der Wechseldruck auf die Bauchorgane ist vermindert, ihre Durchblutung beeinträchtigt. Die Organe stehen unter zu starkem Druck und neigen unter krankmachenden Einflüssen zur Rückverlagerung.

Bei *hohler Lende*, besonders wenn die untersten Brustwirbel in die Höhlung einbezogen sind, sinken die unteren (losen) Rippen ein, sie bleiben dauernd in Ausatemstellung. Es entstehen eingefallene Stellen hinten in Gürtelhöhe; die hinteren, unteren Teile des Brustkorbs atmen nicht mit, die Lunge wird da nicht durchlüftet. Infolgedessen werden die mittleren Rippen bei der Einatmung überstark beansprucht; oft werden die Rippenbögen nach vorn herausgedrängt. Im Liegen berührt der mittlere Teil des Rückens nicht den Boden, die Rippenbögen stehen stark nach vorn heraus, der Rücken ist in der Gürtelgegend zu schmal, der Brustkorb von vorn nach hinten zu tief, (im Querschnitt rundlich statt oval).

Die hinteren und seitlichen Zwerchfellpartien können nicht frei arbeiten, weil die unteren Rückenstrecker und hinteren Bauchmuskeln verspannt sind und bei der Einatmung nicht nachgeben (sich also geradeso verhalten wie bei vorgeschobenem Unterkörper die vorderen Bauchmuskeln). Die unteren, größeren Teile der Lunge werden nicht durchlüftet.

Bei dem zu schmalen Rücken haben die oberen Bauchorgane hinten wenig Platz und werden nach vorn gedrängt. Dadurch steht der Bauch mehr vor, als nötig wäre. Ein normaler Rumpf ist, von hinten gesehen, breit, von der Seite gesehen schmal, also im ganzen breit und nicht tonnig. Der Bauch kann da flach sein ohne Verspannung. Man brauchte also nicht aus ästhetischen Gründen den Bauch *vorn* einzuziehen, wenn man ihn *hinten* lösen könnte.

Bezeichnend ist die Art, wie man mit dem Rücken am Boden liegt. Fast immer ist die Rückenfläche zu schmal, selbst wenn die Lendenwirbelsäule keinen „Tunnel" bildet; die seitlichen Teile des Rückens liegen nicht auf. Man staunt, wie „schlank" ein Mensch um Bauch und Mitte wird, wenn die verspannte Lendenmuskulatur sich löst und die losen Rippen beim Atmen bewegt werden.

Bei *gewölbter Lendenwirbelsäule* (Lendenkyphose) wird der Bauch eingezogen; nicht selten entsteht eine *quere Bauchfalte* über dem Nabel. Das Zwerchfell ist im Herabsteigen behindert, die mittleren Rippen (Rippenbögen) sinken ein, der Brustkorb ist dauernd in Ausatemstellung, die Einatmung ist zu gering, Brust- und Bauchorgane werden nach hinten gedrängt.

Bei zu *gewölbter Brustwirbelsäule* (Rundrücken, Brustkyphose), wenn sie aus schlaffer Haltung entspringt, wird der Brustkorb vorn zusammengepreßt und die Atembewegung verkleinert bis herauf zu den Lungenspitzen.

Bei *extrem flacher oder gar hohler Brustwirbelsäule* ist der Brustkorb flach, die Atmung im ganzen flach und klein. Die Ursache liegt oft nicht in der Haltung, sondern in der Atmung, da die Brustwölbung zum guten Teil als Folge des Zuges der Rippenheber bei der Einatmung entsteht (Hofbauer). Die Lungen haben nach hinten keinen Platz, sich zu entfalten, sie bleiben klein.

Beim *Hängekopf* und beim *Schwanenhals* werden die Ansatzpunkte der Rippenhalter (mm scaleni) nach vorn und unten verschoben, und die beiden oberen Rippen hängen zu tief. Die Lungenspitzenatmung wird beeinträchtigt, die Lungenspitzen sinken ein. Es entstehen sogenannte Salzfässer, vertiefte Ober- und Unterschlüsselbeingruben. Auf passives Hochziehen des Kopfes reagieren die Lungenspitzen dann mit befreitem Aufatmen.

Auch *Herzstörungen* können auf dem Umwege über eine gestörte Atmung mit Haltungsfehlern zusammenhängen. Da das Herz mit seiner unteren Fläche dem Zwerchfell anliegt, muß es seinen Bewegungen folgen. Es wird bei jeder Einatmung gedehnt und zieht sich bei jeder Ausatmung elastisch zusammen. Arbeitet das Zwerchfell schlecht, so ist dieser rhythmische Wechsel beeinträchtigt, das Herz wird dauernd zu stark oder dauernd zu wenig gedehnt, es fehlt ihm der Anreiz zur Tätigkeit, der von dieser passiven Bewegung ausgeht. So erklärt es sich, daß schlechte Atmer oft ein äußerst verwöhntes Herz haben, das auf jeden tiefen Atemzug mit Beschwerden reagiert. Es ist erstaunlich, wie eine kleine, aber ungewohnte Atemtätigkeit, ein leise gesummter, aber lang gehaltener Ton oder die darauf folgende tiefe Zwerchfellatmung bei einem empfindlichen Herzen Beschwerden hervorrufen kann. Solche Schockreaktionen verschwinden aber bald. Sogenannte Herzneurosen hängen oft eng mit der Atmung zusammen und sind von ihr weitgehend zu beeinflussen.

Einige charakteristische Fehlhaltungen.

Die drei natürlich entstehenden Grundformen der Fehlhaltung, die übermäßige Beckenneigung, der vorgeschobene Unterkörper und die Verbindung beider, können zu den verschiedensten Abweichungen in der Gestalt der Wirbelsäule führen. Zu welchen, das hängt von mancherlei Faktoren ab: von der Größe der Verschiebungen, von der vitalen Widerstandskraft gegen ihre verzerrenden Wirkungen, von seelischen Einflüssen.

Einige besonders charakteristische Formen sollen hier dargestellt werden, nicht weil sie häufiger vorkämen als weniger hervorstechende, sondern weil die weniger ausgeprägten, als mildere Formen grober Abweichungen, durch den Vergleich mit diesen leichter verstanden und beurteilt werden können. Kann man nämlich in der Fantasie den Entstehungsweg vom Normalen bis zur ausgeprägten Fehlhaltung nachgehen, so wird man irgendwo auf diesem Wege die Gestalt auffinden, wie sie uns dieser individuelle, unter keinen Typ einzuordnende Mensch darbietet. Und versteht man, wie eine Fehlhaltung zustande kommt, was an ihr Ursache, was Folge ist, und was Folge einer Folge, so bieten sich einfache und wirksame Mittel zum Ausgleich von selber an.

Vorgeneigter Flachrücken. Die erste Grundform, der zurückgeschobene Unterkörper, führt zu ganz verschiedenen Formen der Wirbelsäule je nach der Stärke der Beckenneigung und wohl auch nach dem Grade des (natürlich unbewußt wirkenden) Willens zum Aufrechtsein. Ihnen allen gemeinsam ist der vorgeneigte Oberkörper. Wir bezeichnen sie deshalb als *vorgeneigte Fehlhaltungen.* Bei mäßig geneigtem Becken kann der ganze Rumpf in einer mäßig geneigten Schräge nach vorn getragen werden, ohne daß sich die Wirbelsäule irgendwo zu biegen braucht. Lendenhöhlung und Brustwölbung kommen gar nicht zur Entfaltung; nur die Halshöhlung bildet sich aus, weil der Kopf, um nicht zu Boden zu blicken, sich etwas zurückbiegen muß. Es entsteht also *ein totaler Flachrücken*. Das ist die harmloseste Formveränderung der Wirbelsäule; sie bedingt keine große Änderung in der Gesamtform des Rumpfes und in den Lageverhältnissen der Organe. Der Flachrücken ist deshalb mehr ein Schwächezeichen als eine eigentliche Verbildung (S 304, Tafel I,) Da es mehrere nach Entstehung, Mechanik, Bedeutung und Behandlung verschiedene Formen des Flachrücken gibt, nennen wir diese wegen des vorgeneigten Oberkörpers den *vorgeneigten* Flachrücken.

Vorgeneigter Hohlrücken. Bei stärkerer Beckenneigung wäre ein Flachrücken kein genügender Ausgleich. Er würde zu schräg zu stehen kommen, und der Mensch würde nach vorn fallen. Deshalb muß sich die Lendenwirbelsäule durchbiegen, um den Oberkörper mehr zurück und wieder einigermaßen über den Unterkörper zu bringen. Es entsteht eine hohle Lende (Lendenlordose). Diese Haltung ist auch dann nicht normal, wenn die Lendenhöhlung nur gering ist; denn bei dem zurückgeschobenen Unterkörper bildet sich keine ausgleichende Brustwölbung aus. Es besteht ein unharmonisches Verhältnis zwischen der hohlen Lende und der flachen Brustwirbelsäule (S 304, Tafel I, 5)

Totaler Hohlrücken. Bei noch stärker geneigtem Becken reicht auch die Lendenhöhlung nicht mehr aus, den Oberkörper genügend nach hinten zu bringen. Die Brustwirbelsäule wird in die Höhlung einbezogen. Es entsteht ein *Ganzhohlrücken* (totaler Hohlrücken). (S 304, Tafel I, 5)

Ein solcher Ganzhohlrücken ist eine schwere Verbildung, denn die Form der Brustwirbelsäule wird dabei in ihr Gegenteil umgekehrt, von der Wölbung in die Höhlung, während zugleich in der Lende eine unnatürlich starke Höhlung entsteht. Fehlen einer angeblich natürlichen Biegung ist die harmloseste Form einer Wirbelsäulenveränderung, Übertreibung hat schon tiefere Wirkungen. Umkehrung aber, bei der eine Wölbung zur Höhlung oder eine Höhlung zur Wölbung wird, ist eine Verunstaltung, die tief in das organische Geschehen eingreifen muß.

Wenn wir mehr Sinn für Form hätten, brauchten wir keine fachgelehrten Unterweisungen, um eine solche Verbiegung zu empfinden. Wir würden mit unseren Augen sehen, daß hier der Formzusammenhang zwischen Unter- und Oberkörper zerstört ist, und noch spürbarer ihr Bewegungszusammenhang. Der Unterkörper – Beine, Gesäß, Kreuz – steht wie ein Tierkörper, der den Rumpf waagerecht tragen will; erst in der Lende besinnt sich der Rumpf auf die aufrechte Haltung, aber das ist zu spät. Die Verunstaltung erinnert etwas an Bilder von Kentauren, Pferdeleibern, aus denen statt des Halses ein menschlicher Oberkörper hervorwächst.

Hohlrunder Rücken. Alle bisher beschriebenen Typen stimmen darin überein, daß keine Brustwölbung zustande kommt. Das ist eine Folge des rückgeschobenen Unterkörpers. Anders ist es, wenn die Knie nicht überstreckt, der Unterkörper nicht zurückgeschoben, sondern unter den Oberkörper gestellt oder leicht vorgeschoben wird. Dann bildet sich über dem stark geneigten Becken eine übertriebene Lendenhöhlung und über dieser, sie ausgleichend, eine übermäßige Brustwölbung heraus. Es entsteht der bekannte Typ des hohlrunden Rückens. (S 305, Tafel II, 12)

Aus der zweiten Grundform, dem später erworbenen Haltungsfehler mit dem *vorgeschobenen Unterkörper,* leiten sich wiederum mehrere Sonderformen leichterer oder schwererer Veränderungen der Wirbelsäule ab. Da hier der Oberkörper gegen den Unterkörper nach hinten verschoben wird, kann man von *rückgeneigten Typen* sprechen. Gemeinsam ist ihnen das *Verschwinden der Lendenhöhlung.*

Rückgeneigter Flachrücken. Im einfachsten Falle neigt sich der ganze Rumpf in gestreckter Linie von vorn nach hinten; es gibt weder Lendenhöhlung noch Brustwölbung. Nur der Kopf, um nicht nach oben zu blicken, muß nach vorn geneigt werden; an Stelle der Halshöhlung entsteht ein charakteristischer Knick am Übergang von der Brust- zur Halswirbelsäule. (S 305, Tafel II, 7)

Diese Form des Flachrückens ist bei rasch wachsenden Jugendlichen häufig. Der Körper ist dann gestreckt und mager, er erscheint von der Seite gesehen „wie ein Strich". Auch das ist keine eigentliche Verbildung, wohl aber eine ausgesprochene Schwächeerscheinung.

Ebenso der *rückgeneigte Flachrundrücken,* der entsteht, wenn die Brustwirbelsäule gleichsam dem Zuge des vorgeneigten Kopfes nachgibt und sich mit nach vorn neigt. Hier entsteht eine Brustwölbung nicht auf natürlichem Wege, als Ausgleich gegen eine gehöhlte Lende, sondern auf unnatürliche Weise, durch Nachgeben an einen verkehrten Zug des

Tafel I

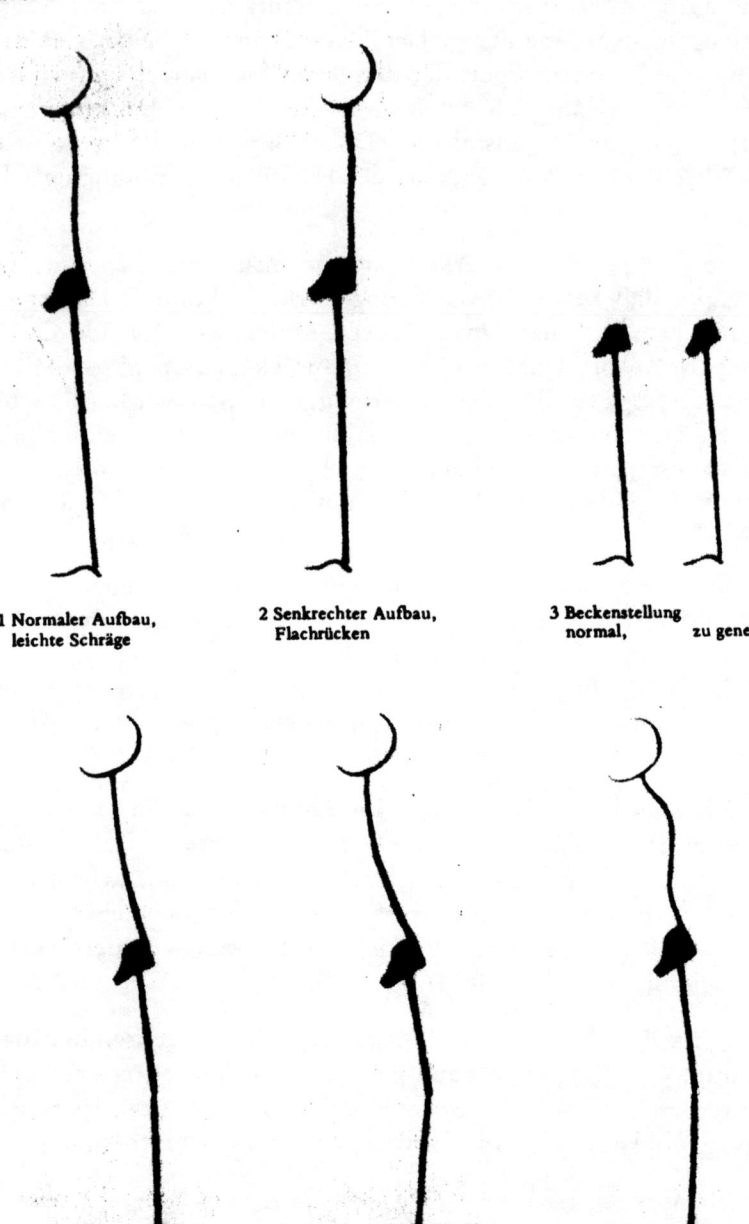

1 Normaler Aufbau,
  leichte Schräge

2 Senkrechter Aufbau,
  Flachrücken

3 Beckenstellung
  normal,   zu geneigt

4 Vorgeneigter Flachrücken

5 Vorgeneigter Hohlrücken

6 Hohlrunder Rücken

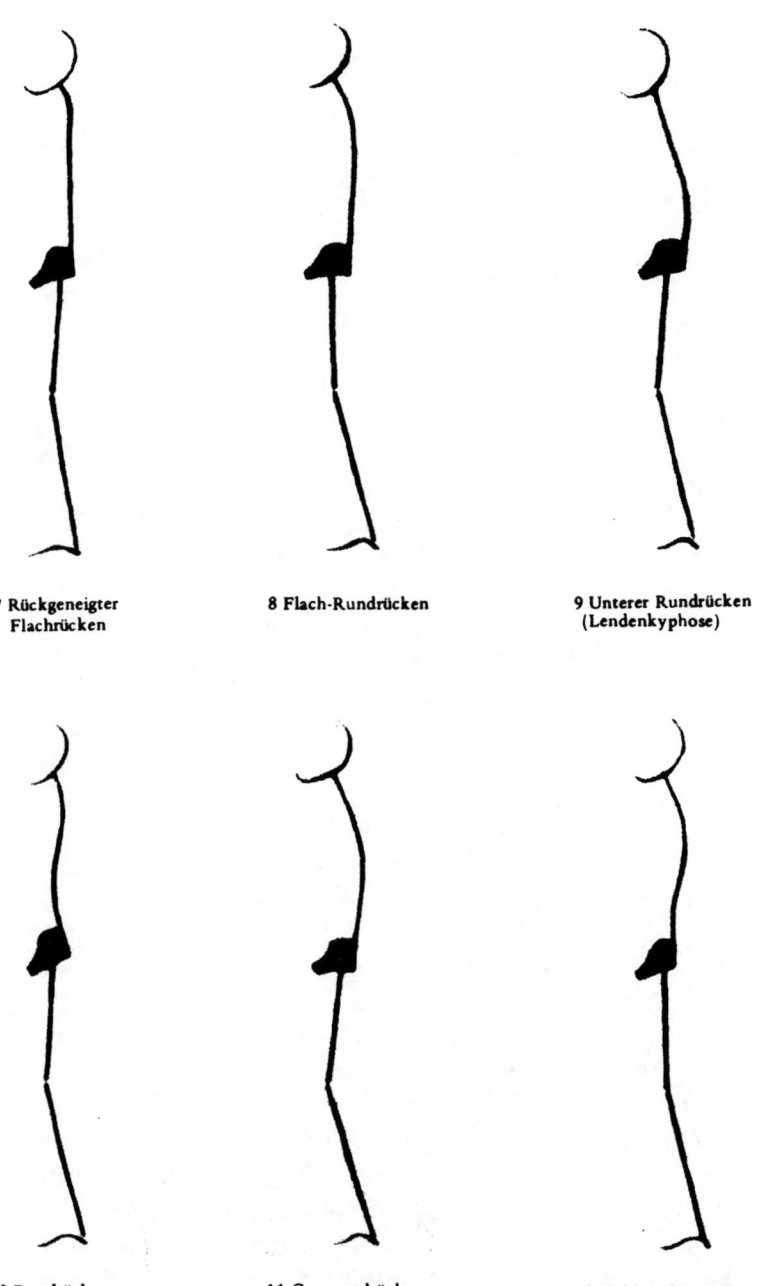

7 Rückgeneigter
Flachrücken

8 Flach-Rundrücken

9 Unterer Rundrücken
(Lendenkyphose)

10 Rundrücken
(Brustkyphose)

11 Ganzrundrücken
(Totalkyphose)

12 Hohlrunder Rücken

Kopfes, also als Folge einer Erschlaffung. Hals und Brust bilden dabei einen einzigen rückgewölbten Bogen. Die Lende bleibt flach. Die Atmung ist beengt und meist ganz gering. (S 305, Tafel II, 8)

Geschieht die Vorverbiegung, statt im Halsteil, im Lendenteil der Wirbelsäule, so mag das von außen besser aussehen, weil der Kopf richtig steht; in Wirklichkeit ist eine solche *Lendenkyphose* (Wölbung statt Höhlung), auch wenn sie gering ist, keine so unbedenkliche Sache wegen der Veränderung der unteren Rumpfform und der starken Einziehung des Bauches (quere Bauchfalte). (S 305, Tafel II, 9)

Im äußersten Falle bildet der ganze Rücken einen einzigen langen Bogen, den *Ganzrundrücken* (Totalkyphose). Der Bauch wird dabei extrem eingezogen; über dem Nabel entsteht als sichtbares Zeichen der verzerrten Form eine tiefe Bauchfalte. Die Schulterblätter fallen wie bei der vorigen Form stark nach vorn; von Haltung kann überhaupt keine Rede mehr sein, im Unterschied vom Ganzhohlrücken, der gewiß keine geringe Verbildung ist, aber den Eindruck des Aufrechten macht, weil der Brustkorb aufrecht ist. (S 305, Tafel II, 11)

Es fällt auf, daß trotzdem die vorgeneigte Haltung mit dem rückgeschobenen Unterkörper, dem geneigten Becken und der hohlen Lende heute als anstößiger empfunden wird als die schlaff rückgeneigte; die letzte gilt nur als schlechte Haltung, die erste, das „hohle Kreuz", wird als grotesk empfunden. Die Erklärung liegt im Schönheitsideal der Zeit. Der vorgeschobene Unterkörper mit dem rückgeneigten Rücken ist der Modetyp. Man mag sich damit „krumm" oder „gerade" halten, man bleibt immer innerhalb des Gewohnten. Dazu kommt, daß auch die Kleidung auf diesen Typ zugeschnitten ist und darauf „sitzt". Der rückgeschobene Unterkörper mit dem vorgeneigten Oberkörper galt unseren Urgroßeltern als normal; er entsprach ihrem Begriff von straffer und stolzer Haltung. Heute wirkt er komisch, und die Kleidung, die nicht darauf sitzt, läßt schon ein mäßiges Hohlkreuz als störend ins Auge fallen.

Rückgeneigter Hohlrundrücken. Die dritte Grundform der Fehlhaltung, die Verbindung von vorgeschobenem Unterkörper und geneigtem Becken, führt zu rückgeneigtem Hohlrundrücken. Vom vorgeneigten Hohlrücken unterscheidet er sich durch die meist vorgeschobenen Knie, den rückgeschobenen Oberkörper, auch durch die andere Form der Lendenhöhlung. Bei den vorgeneigten Typen ist sie lang, das heißt sie umfaßt die meisten Lendenwirbel, oft auch noch einige Brustwirbel; hier ist sie kurz; sie umfaßt nur die unteren Lendenwirbel. (S 305, Tafel II, 12)

Zum Ausgleich genügt es nicht, das Becken aufzurichten. Wird nicht gleichzeitig der Unterkörper zurückgeschoben, so entsteht ein rückgeneigter Flachrücken, – eine Scheinkorrektur, die häufig vorgenommen und als Erfolg angesehen wird.

Es zeigt sich, *wie wenig eine bloße Kennzeichnung der Wirbelsäulenform das Charakteristische einer Fehlhaltung heraushebt.* Wir haben zwei Typen des Flachrückens kennengelernt, zwei Typen des Hohlrückens und zwei Typen des Rundrückens, die in Aufbau und Kräftespiel, in Gestalt und Ausdruck den denkbar größten Gegensatz bilden. Entscheidender als die Form der Wirbelsäule sind, für Gestalt und Ausdruck wie für Diagnose und Behandlung, die *gegenseitige Stellung von Unter- und Oberkörper und die Neigung des Beckens.* Eine Darstellung, die die statisch ausschlaggebenden Tatsachen außer acht läßt – man findet sie nicht selten –, wird verwirren, statt zu klären. Wir stellen deshalb noch einmal gegenüber:

vorgeneigter Flachrücken mit rückgeschobenem Unterkörper und geneigtem Becken,

rückgeneigter Flachrücken mit vorgeschobenem Unterkörper und aufrechtem Becken, (vergleiche Tafel I, 4 mit Tafel II, 7)

vorgeneigter Hohlrücken mit rückgeschobenem Unterkörper und geneigtem Becken,

rückgeneigter Hohlrücken mit geneigtem Becken und vorgeschobenem Unterkörper. (vergleiche Tafel I, 5 mit Tafel II, 12)

rückgeneigter Flachrundrücken bzw. Ganzrundrücken mit vorgeschobenem Unterkörper und aufrechtem Becken,

hohlrunder Rücken mit geneigtem Becken und meist leicht vorgeschobenem Unterkörper (vergleiche Tafel II, 8 mit 12)

Zur Diagnose von Haltungsfehlern

Um ein zutreffendes und deutliches Bild von der Haltung eines Menschen zu bekommen, tut man gut, auf folgende *Beobachtungsmerkmale* zu achten:

1. Stellung der Füße: auswärts? einwärts? parallel? Senk-, Spreiz-, Hohl- oder Knickfüße? Einer oder beide? (Einseitige Fußfehler können zu seitlichen Verkrümmungen der Wirbelsäule (Skoliosen) führen). Ein Eingehen auf die heute so verbreiteten Fußschäden, die ihrer Entstehung nach Haltungsfehler sind, ist aus Raumgründen unmöglich. Körpergewicht auf den Fersen? Auf den Zehenballen?

Über der Fußmitte? Schwanken des ganzen Körpers über der Unterstützungsfläche zwischen Fersen und Zehenballen gibt Klarheit darüber. Nur wenn das Körpergewicht zwischen vorn und hinten verteilt ist, also über der Fußmitte ruht, erhält man ein richtiges Bild vom Aufbau.

2. *Kniegelenke:* gebeugt? gestreckt? überstreckt? Bei losem Strecken gebeugter Knie wie beim Lösen überstreckter ändert sich die Beckenstellung, und Haltungsfehler können sich ganz oder teilweise ausgleichen.

3. *Hüftgelenke:* gebeugt? gestreckt?

4. *Asymmetrien:* Stehen die Fußknöchel gleich hoch? die Hüften? die unteren Schulterblatt-Ecken? die Schulterkuppen? Sind die Taillendreiecke zwischen Arm und Rumpf gleich? die beiden Brustkorbhälften?

5. *Stellung von Ober- und Unterkörper:* was steht weiter vor, Schoßbein oder Brustbein? Im ersten Falle ist der Unterkörper vorgeschoben. Hat die hintere Profillinie einen Knick in der Höhe der Hüftgelenke (gebeugtes Hüftgelenk)? Wie stark ist das Kreuzbein nach vorn geneigt? (durch Tasten zu erkunden, da der Gesäßumriß dem Auge die Kreuzbeinlinie verbirgt). Sind die Oberschenkel vorn wulstig verdickt?

6. *Wirbelsäule* im Stehen: im ganzen flach oder stark gebogen? Lendengegend flach? hohl? rund? Brustwirbelsäule flach? rund? hohl? Halswirbelsäule hohl? (Kopf hängt nach hinten), flach? (Kopf hängt nach vorn).

Helfend ist auch die Betrachtung der Wirbelsäule im Stütz auf Händen und Knien (bei senkrecht stehenden Oberschenkeln und Armen), wie im aufrechten Sitzen bei gut gestützten Füßen. Da bildet nämlich eine normale Wirbelsäule eine gerade Linie. Höhlungen oder Wölbungen in Brust- oder Lendenwirbelsäule deuten auf Störungen.

Abweichungen, die im Kniestütz und im Sitzen die gleichen sind wie im Stehen, weisen auf Starrheiten, gegensinnige auf Schlaffheiten hin. Bleibt z. B. eine im Stehen hohle Lende auch im Kniestütz und gar im Sitzen hohl, so ist die Fehlhaltung verfestigt, sei es durch Muskelzüge oder — seltener — durch Veränderungen in den Gelenken. Tritt sie dagegen im Sitzen und im Kniestütz als Wölbung heraus, so ist das Gewebe schlaff und braucht Kräftigung. Das Gleiche gilt für den umgekehrten Fall, die gewölbte Lende, und für entsprechende Abweichungen der Brustwirbelsäule.

7. *Schultergürtel:* Stehen die Schulterblätter ab? Fallen sie vor? Hängen sie zu tief?
Wie hängen die Arme? zu weit vorn? (vorfallende Schultern), zu weit hinten? (zusammengezogene Schultern), gebeugt? gestreckt? Erscheinen sie sehr kurz? (hohe Schultern), überlang? (hängende Schultern).

Die Anwendung dieser Merkmale ergibt eine Reihe von Tatsachen, die beachtet werden müssen, wenn man im Gebiet der Haltungserziehung eine handwerklich solide Arbeit leisten will. Fruchtbar wird ihre Kenntnis aber erst, wenn sie sich in ein Gesamtbild einordnen, das die Fehlhaltung als Lebensvorgang, d. h. *als ein statisch wie organisch gesetzmäßig Gewordenes und immer weiter Werdendes* auffaßt.

Haltungsfragen des Schultergürtels

Der Schultergürtel, bestehend aus Schulterblättern und Schlüsselbeinen, die miteinander das Oberarmgelenk bilden und das Gewicht der Arme tragen, ist nur sehr lose am Rumpf befestigt. Das leicht bewegliche Brustbein-Schlüsselbeingelenk bildet seine einzige unmittelbare Verbindung mit dem Skelett. Mit dem Hauptstamm des Körpers, der Wirbelsäule, ist er nur durch Muskeln verbunden: er hängt gleichsam in der Muskulatur. Das kommt der Beweglichkeit der Arme zugute, macht aber zugleich den Schultergürtel zum verschieblichsten, in seiner Form gefährdetsten unter den Baugliedern des menschlichen Körpers. Es offenbart sich hier das eigentümliche, zum Nachsinnen auffordernde Gesetz, daß die Freiheit und Vielseitigkeit der leiblichen Betätigung, die den Menschen vor dem Tier auszeichnet, mit einem Verlust an Formsicherheit erkauft wird.

Wirkende Kräfte

Der Schultergürtel, belastet vom Gewicht der Arme, hängt auf dem Brustkorb „wie ein Kleid auf dem Kleiderbügel". Jede Veränderung der Brustkorbform bewirkt eine Verschiebung des Schultergürtels. Auf den Brustkorb wiederum wirken die Atembewegung und die Form der Wirbelsäule. Hinzu kommen Muskelkräfte, die an Schulterblättern und Schlüsselbeinen selbst angreifen. Es sind also folgende Einflüsse auf die Lage des Schultergürtels zu betrachten:

1. die Form der Brust- und Halswirbelsäule,
2. die von Haltung und Atmung bedingte Form des Brustkorbs,
3. die an Schultergürtel und Oberarmen ansetzende Rumpfmuskulatur.

Wirbelsäule und Schultergürtelform

Ein *runder Rücken* (Brustkyphose) läßt die Schulterblätter auseinander und nach vorn fallen und ihre unteren Ecken abstehen. Beim *schlaffen* Rundrücken pflegt dabei die gesamte Schultergürtelmuskulatur dünn, schwächlich, oft hart zu sein. Es entsteht der Eindruck allgemeiner Schwäche, verbunden mit kleiner, unzulänglicher Atmung. Anders beim Rundrücken des *Schwerarbeiters* mit stark nach hinten gewölbten Rippen und kräftiger, manchmal massiger Rücken- und Schultergürtelmuskulatur. Hier überwiegt der Eindruck der Formverzerrung durch falsche, dem Bau und dem inneren Leben des Leibes widerstreitende Bewegung.

Schwerer ist das Abstehen der Schulterblätter beim *Flachrücken* zu erklären. Es mag das Ergebnis mangelnder Rückwölbung der Rippen sein, deren Ursache wie die des Flachrückens selber in einer schwächlichen Atmung zu suchen ist. Beide, Flachrücken und abstehende „Flügel", wären dann Folgen der gleichen Ursache, nämlich einer schwächlichen Atmung. Es fehlt der Zug der Rippenheber als Wachstumsreiz für die Rippen und als umkrümmende Kraft für die Brustwirbelsäule.

Falsche Kopfhaltung (Hängekopf oder Schwanenhals) kann mittelbar auf die Lage des Schultergürtels wirken: die Ursprungsstelle der Rippenhalter (scaleni), welche die Halswirbelsäule mit den obersten Rippen verbinden, steht zu tief, die obersten Rippen hängen tiefer als normal, der Brustkorb läuft oben spitz zu, und Schlüsselbeine und Schulterblätter sinken herab.

Schultergürtel und Atmung

Jede Abweichung der Atembewegung verändert die Form des Brustkorbs und damit die Lage des Schultergürtels auf ihm. Die unharmonische Ausbildung und verzerrte Gestalt der Schultermuskulatur, besonders des Kapuzenmuskels, die so oft für Schultergürtelfehler verantwortlich gemacht wird, ist häufiger Folge als Ursache: genau wie bei einem falsch geheilten Knochenbruch oder einer verkehrten Haltung der Wirbelsäule passen sich die Muskelzüge der verzerrten Gestalt des Skeletts an. Dadurch hauptsächlich erklärt sich die Hartnäckigkeit der meisten Schultergürtelfehler gegenüber einer Ausgleichsgymnastik, die im wesentlichen bei der Muskulatur angreift und die Abweichungen der Atmung außer acht läßt. Läßt sich allenfalls ein einigermaßen normaler Aufbau der Wirbelsäule allein von der Muskulatur her anüben, – freilich auf Kosten der Atmung –, so ist eine normale Schultergürtelhaltung bei dissonanter Atemform kaum zu erreichen.

Schlecht durchblutete Lungenspitzen und tief hängende obere Rippen (asthenischer Typ) ergeben abfallende Schultern mit verlängerter Nackenlinie vom Ohr zur Schulterhöhe. Die mittleren und oberen Teile der Kapuzenmuskeln (mm trapecii) sind überdehnt.

Umgekehrt stehen bei geblähtem Brustkorb (Überwiegen der Einatmung über die Ausatmung, Asthma- und Emphysemtyp), die Schulterkuppen zu hoch, die Nackenlinie erscheint der Waagerechten angenähert und die Kapuzenmuskeln verkürzt und verdickt.

Starke Rückwölbung der Rippen als Ergebnis überwiegender Brustatmung schiebt die Schulterblätter auseinander und nach vorn; die Schlüsselbeine werden mit nach vorn gezogen, es entstehen Ober- und Unterschlüsselbeingruben.

Unzulängliche Zwerchfellatmung, ein sicheres Kennzeichen von Störung der unwillkürlichen Atem-Innervation, zeigt sich so gut wie immer verbunden mit Schlüsselbeingruben: es überwiegt dann beim Atmen die mehr oder minder willkürliche Tätigkeit der mittleren Rippen. Die Lungenspitzenatmung versagt erfahrungsgemäß etwa im selben Maße wie die des Zwerchfells; an ihre Stelle tritt Schlüsselbeinhochatmung. Und da bei schlecht durchatmeten Lungenspitzen die durch den Schulterring hindurch in den Hals emporragende Spitze des Brustkorbkegels zu klein ist, sinkt bei der geringsten Abweichung in der Form der oberen Brustwirbelsäule der Schultergürtel mit den Armen nach vorn.

Muskelkräfte und ihre Rückwirkung auf Brustkorb und Schultergürtel

Falscher Gebrauch und unharmonische Ausbildung der Brustkorb- und Schultergürtelmuskeln führen ebenfalls zu Verzerrungen des Schultergürtels. Einseitig trainiertes Rudern und Turnen (Stützübungen an Reck und Barren) verkürzt, ebenso wie einseitige Schwerarbeit, die großen

Brustmuskeln und zieht die Arme mitsamt dem Schultergürtel nach vorn. Oft gibt auch die Wirbelsäule dem Zug nach, und es entsteht ein Rundrücken.

Eine weitere Hauptursache von Schultergürtelfehlern ist die Hochatmung. Die zum Atmen mißbrauchten Hebemuskeln des Schultergürtels verkürzen sich, der Schultergürtel, statt auf dem Brustkorb zu ruhen, wird von häßlich verspannten Muskeln dauernd hochgehalten.

Fehlhaltung und Bewegungsablauf

Jeder Haltungsfehler wirkt störend auf den Fluß der Bewegung. Eine scheinbare Ausnahme bildet die Bewegung kleiner Kinder: bei ihnen sind Haltungsfehler eben erst im Entstehen und noch völlig beweglich; sie gleichen sich in der Bewegung aus, können sie deshalb nicht entstellen.

Allgemein verliert die Bewegung durch jede Abweichung vom naturgemäßen Aufbau an Fluß, Leben und sprechendem Ausdruck. Im besonderen bewirkt jeder Haltungsfehler ihm eigentümliche Störungen in Ablauf und Gesamtausdruck. Jede Verschiebung des *Unterkörpers* verändert die Bewegungen der Beine. Bei vorgeschobenem Unterkörper wird der Oberschenkel nicht genügend gehoben, das Bein verliert gleichsam die Selbsttätigkeit seiner Bewegung; es scheint sich wie ein Anhängsel des Rumpfes vorwärts zu schieben. Solche Beine sehen oft dünn, blaß und starr aus.

Im Gesamtausdruck wirkt sich das Vorschieben des Unterkörpers hemmend aus, besonders merklich beim Laufen. Bei schlaffer Muskulatur wirkt es unsicher, „gehemmt", schüchtern, unaktiv, bei angespannter unfrei, oft geziert. Die Unsicherheit erscheint da verdeckt, gleichsam maskiert.

Bei stark *geneigtem Becken und hohler Lende* scheinen umgekehrt die Beine überlastet zu sein. Oft sind die Oberschenkel vorn wulstig verdickt und mit überflüssiger Masse belastet. Es sieht aus, als könnten sie das Gewicht des Körpers nur schwer tragen.

Oberkörper und Unterkörper erscheinen unverbunden, die Bewegung kann durch die überhöhte Lende nicht durchlaufen; entweder fehlt ihr das Leichte, Federnde, oder es federn gleichsam Ober- und Unterkörper jeder für sich. Mit der Streckfähigkeit im Hüftgelenk fehlt eine wesentliche Hilfskraft zum Springen und Laufen. Dadurch entsteht der Eindruck einer gewissen Schwerfälligkeit – eine Wirkung, die durch das Federn gut gebauter Sprunggelenke nur verdeckt, nicht aufgehoben wird.

Starkes *seitliches Ausweichen des Beckens* beim Gehen (Schaukelbecken) ist dabei häufig, wenn Lendenteil der Rückenstrecker und Hüftgelenkmuskulatur schlaff sind. Sind sie hart und verspannt, so kann umgekehrt der Eindruck von Steifheit in den Hüften entstehen.

Eine naturwidrig *gewölbte Lende* gibt der Bewegung etwas Starres; es sieht aus, als ob die Wirbelsäule ein Stock wäre, – auch wenn sie in Wirklichkeit voll beweglich ist. Oft fehlt die Verwringung zwischen Ober- und Unterkörper, die ausgleichende Gegendrehung des Brustkorbs gegen die Beckendrehung beim Vorsetzen der Beine. Becken und Brustkorb sind wie ineinandergekeilt; bei jedem Schritt scheint sich der ganze Mensch etwas zu drehen.

Flache oder gar hohle *Brustwirbelsäule* gibt den Ausdruck des unnatürlich Geraden, einer äußerlich guten Haltung ohne inneren Gehalt. In der Bewegung wirkt sie leicht, aber leer.

Ein *runder Rücken* läßt die Bewegung so wenig durchlaufen wie ein hohler. Er gibt der Bewegung den Ausdruck des Steifen, auch wenn die Wirbeläsule gar nicht steif ist. Der Brustkorb wirkt schwächlich, wenn er von vorn nach hinten flach, er wirkt gestaut, wenn er zu tief ist. Die Leichtigkeit der Bewegung, die von guten Sprunggelenken und kräftiger Hüftmuskulatur ausgeht, überzeugt nicht, wenn eine oben unbewegliche Masse nur von unten her in Bewegung gesetzt wird. Es ist dann, als ob der Unterkörper die Bewegung hervorbrächte, aber nicht der Mensch.

Hochgezogene *Schultern* wirken gehemmt. Sie sind auch vielfach der Ausdruck seelischen Gehemmtseins. Zu tief hängende oder vorfallende geben der Bewegung einen müden, schlaffen Ausdruck. Bei vorgeschobenen Schulterblättern erscheinen die Arme wie falsch eingehängt, weil das Armgelenk zu weit vorn steht. Jede ihrer Bewegungen ist gleichsam unrein wie der Ton eines verstimmten Instruments, weil sie nicht vom richtigen Punkt ausgeht.

Mehr als alles andere entscheidet über das Menschliche im Ausdruck der Bewegung die *Kopfhaltung*. Sie bestimmt auch weitgehend den Gesichtsausdruck. Vorhängender und hintenüberfallender Kopf wirken unbeteiligt. Es ist, als wäre der Mensch in der Bewegung nicht anwesend.

Aufrechte *Kopfhaltung* ohne lebendige Wechselströmung mit dem Ganzen (Atmung, Kreislauf) wirkt starr und leblos. Das Gesicht hat dann nichts Durchströmtes. Es kann wohl Gefühle, Gedanken, Regungen der Bewußtseinssphäre ausdrücken, aber in ihm spricht nicht das ganze Sein des Menschen, sondern eben nur seine Oberschicht. Es überwiegt in seinem Ausdruck das Subjektive, es fehlt das Objektive und damit auch dem Subjektiven die Notwendigkeit. Der Mensch drückt etwas aus, statt daß *sich* etwas in ihm ausdrückt. Unverkennbar ist der Unterschied für den, der schauen kann. Erst vom innendurchströmten, beseelten Ausdruck des Gesichts empfängt die Bewegung das Gepräge des Notwendigen und Echten.

5. Probleme des orthopädischen Turnens

Positive Zielsetzung

Stärker als die Leibeserziehung der Gesunden wird die orhtopädische Arbeit mit Haltungsgestörten von unfruchtbaren Negationen bestimmt. Man bekämpft Fehler und meint damit Richtiges hervorbringen zu können.

Das entspricht dem heute noch fast allgemein herrschenden Gesundheitsbegriff, nach dem Gesundheit das Nichtvorhandensein von Krankheitssymptomen oder nachweisbaren Schäden ist. Gesundheit ist aber etwas Positives, nämlich die Fähigkeit eines Organismus, aus eigener Kraft schädigende Einflüsse abzuwehren, auch unter weniger günstigen Umweltbedingungen seine Anlagen voll zu entfalten und ihnen gemäß voll-lebendig zu funktionieren.

So ist auch eine normale Haltung keineswegs allein gekennzeichnet durch das Nichtvorhandensein von Haltungsfehlern. Ein Mensch, der gerade ist „wie ein Stock", hat keine normale, geschweige denn eine gute Haltung. Zu einer guten Haltung gehören Empfinden der eigenen Schwere (Gindler), lebensvolles Spiel mit dem Gleichgewicht, wache Bewegungsbereitschaft, gelöstes Insichruhen. Ihre Voraussetzungen sind ein unverstörtes Empfinden für die körpergemäße Form in jeder Stellung und Lage und eine auch weniger günstigen Um- und Innenweltbedingungen standhaltende vitale Spannkraft.

Normale Haltung in diesem Sinne entsteht *nie durch Fehlerbe-kämpfung allein,* so wenig wie lebenskräftige Gesundheit durch Vertreiben von Krankheiten entsteht. Der orthopädische Schüler mit der korrigierten Haltung, der gehemmten Atmung und der unvitalen Bewegung ist ein Ergebnis menschlicher Irrtümer und Einseitigkeiten.

Ein *positives* Bild, ein Bild der guten Haltung nicht nur, sondern des aufrechten *Menschen,* seines Ausdrucks und seines Gesamtverhaltens muß jedes Arbeiten an der Form des menschlichen Leibes bestimmen – und das dem geschwächten Menschen geltende ganz besonders. Ihm müssen alle Gegenmaßnahmen eingeordnet sein; besser: alle Gegenmaßnahmen müssen *zugleich Für-Maßnahmen* sein, durch die der Mensch sich *gelöst und zugleich lebendiger, spannkräftiger, aktiver* werden fühlt.

Lebendige Arbeitsweise

Eng verbunden mit den negativen Zielvorstellungen ist die ihnen entsprechende Arbeitsweise, das Abklappern immer gleicher „Übungen", meist Gegen-, statt auch Für-Übungen. Mögen sie selbst dem Einzelfall „individuell" angepaßt sein, sie würden selbst bei täglichem, gewissenhaftem Üben wenig fruchten, geschweige denn in einer oder zwei Wochenstunden. Denn nur was mit Lust und Liebe getan wird, schlägt an. Mit Langeweile und Widerwillen Geübtes bekommt so wenig wie widerwillig heruntergeschlungene Speisen.

Soll orthopädisches Turnen aufbauen, so muß es, – genau wie die Leibeserziehung des Gesunden es sollte –, sich an den Menschen wenden und nicht nur an seinen „Bewegungsapparat". Es muß *Spaß machen, Lebenslust und Bewegungsfreude* wecken, und das nicht bloß durch menschlich „nettes" Verhalten des Unterrichtenden, sondern durch Stoff und Arbeitsweise. ˈ

Oft wird es darüber hinaus zu lebendigem Interesse an den Problemen der gestörten Haltung und zu selbsttätigem Mitarbeiten an ihrer Lösung anregen können. Auch bei Kindern ist das möglich, ja Kinder sind im Durchschnitt aufgeschlossener für sachliche Aufgaben als wir verbildeten und oft abgestumpften Erwachsenen.

Ein Mensch kann selber empfinden lernen, was an seiner Haltung nicht stimmt, er kann ausprobieren, was ihm helfen könnte, und spüren, ob er an die falsch funktionierenden Stellen herankommt.

Dabei muß *jede Bewegung Gesamt- und nicht Teilbewegung* sein. Das hindert nicht, daß „gezielt" gearbeitet wird. Aber nie darf eine Stelle aus dem Zusammenhang „herausgeübt", immer muß der Teil vom Ganzen aus in Bewegung gebracht werden. Überflüssig zu sagen, daß es keine „Halten" geben, daß alles Üben, auch das individuell gezielte, fließende Bewegung sein soll.

Nichts darf festgelegt sein, weder Zeitmaß noch Bewegungsform und schon gar nicht die Atmung. Mechanisches Ein- und Ausatmen in willkürlich festgelegtem Übungstempo schafft neue Störungen zu den alten. Eine Frage genügt, um auch Kinder spüren zu lassen, ob die Atmung weiterläuft, und einige gesungene oder gesummte Töne, um zu erleben, daß es keinen roten Kopf und kein Gefühl des Druckes gibt, wenn sie fließt, ja daß anstrengende Bewegungen dadurch leichter werden.

Alles soll im Fluß, in lebendiger Wandlung bleiben: die Aufgaben wie die Wege zu ihrer Lösung, die Form der Bewegung wie ihre Geschwindigkeit. So nur wird die Atmosphäre von Spannung und freudiger Beteiligung erreicht, in der etwas wachsen kann.

Beweglichkeit

Beweglichkeitsübungen werden in ihrer Bedeutung für die Haltungserziehung meist überschätzt. Gewiß sind volle Beweglichkeit der Wirbelgelenke und Nachgiebigkeit der Rumpfmuskulatur Vorbedingungen jeder Haltungsänderung. Aber an ihnen fehlt es viel seltener, als es den Anschein hat.

Wenn sich eine Fehlhaltung, die im Stehen auf keine Weise zurechtzurücken ist, im Sitzen oder in Kriechstellung ohne Mühe ausgleichen läßt, so zeigt das, daß der Widerstand im Stehen nicht aus objektiver Steifheit von Gelenken oder Verkürzung von Muskeln kam, sondern aus Verspannung von Muskeln, die sich lösen sollten, also aus der *falschen Koordination*, die zu jeder Fehlhaltung gehört. Normale Haltung wäre objektiv möglich, aber ihr wird subjektiv Widerstand geleistet. Daß es sich bei angeblich verkürzten Muskeln vielfach nur um Verspannung handelt, dafür spricht auch die Tatsache, daß in der Regel auch die „steifsten" Menschen in der Narkose voll beweglich sind. In solchen Fällen − man spricht von Haltungsschwächen oder Haltungsfehlern ersten Grades − sind allgemeine Belebung, Anregung von Atmung und Kreislauf wichtiger als spezielle Beweglichkeitsübungen für bestimmte Gelenke und Muskeln.

Anders bei Haltungsfehlern zweiten Grades, bei denen Muskeln verkürzt sind und Teile der Wirbelsäule, nämlich die knorpeligen Zwischenwirbelscheiben, ihre Form verloren und unter dem Druck einer dauernd zu großen Krümmung Keilform angenommen haben. Dann setzen Muskeln und Wirbelsäule dem Zurechtrücken Widerstand entgegen; die Wirbelsäule gibt nicht mehr nach, und nur mit Anstrengung ist es möglich, die hohlen oder runden Stellen zu strecken, – etwa im Sitzen oder in Kriechstellung, wo das Becken nicht ausweichen kann. Solche Anstrengung zwecks Geradesitzens schafft aber nur neue Verspannungen zu den alten.

Bei „fixierten" Haltungsfehlern muß durch ausgiebiges Bewegen der steif gewordenen Stellen die Beweglichkeit wiederhergestellt werden. Und zwar genügt dazu nicht ein allgemeines Beweglichkeitstraining, weil sich dabei die steifen Stellen eigensinnig drücken und die Bewegung immer wieder aus dem noch beweglichen Teil der Wirbelsäule geholt wird. Oft sieht man zum Beispiel Tanzschülerinnen mit scheinbar äußerst gelenkigem Körper, die auch bei den stärksten Beugungen und Windungen bestimmte Teile der Wirbelsäule immer steif halten. Es sind vielmehr Bewegungen notwendig, die nur von einem bestimmten Teil der Wirbelsäule ausgeführt werden können. Das brauchen deshalb keineswegs naturwidrige Bewegungen zu sein. Ja es sind oft viel natürlichere als die beliebten Schlangenwindungen des Rumpfkreisens usw. In Kriechstellung z. B. muß bei jeder großen Beinbewegung die Lendenwirbelsäule, bei jeder Bewegung mit an den Boden geschmiegtem Oberkörper die Brustwirbelsäule bewegt werden: die Grunderkenntnis des Klapp'schen Kriechverfahrens*), aus der sich eine Fülle schöner, vital anregender Bewegungsformen ableiten läßt.

Wichtig ist es, unterbewegliche Gelenke nach *allen* Richtungen durchzubewegen und nicht nur nach der gestörten. Eine kyphotische („runde") Brustwirbelsäule z. B. spricht oft auf streckende („rückbeugende") Bewegungen erst an, wenn Muskeln und Bandscheiben durch seitbeugende und drehende geschmeidig geworden sind. Auch hier muß *das Ganze und nicht der Teil,* die Gesamtheit der Funktionen eines Gelenks angesprochen, statt die gestörte Funktion „isoliert" und damit unter ungünstige Bedingungen gesetzt werden.

Bei den Verwachsungen, den Haltungsfehlern dritten Grades, sind nicht nur die knorpeligen, elastischen Zwischenwirbelscheiben, sondern

---

* Dr. Bernhard Klapp „Das Klapp'sche Kriechverfahren"

auch die festen Wirbelknochen selber keilförmig geworden, bei der Höhlung (Lordose) hinten niedriger als vorn, bei der Wölbung (Kyphose) vorn niedriger als hinten, bei seitlichen Verbiegungen an der Innenseite der Kurve niedriger als an der Außenseite. Oft sind auch die Rippen in ihrer Form verändert (Rippenbuckel). Solche Verwachsungen sind weniger hoffnungslos, als es oft scheint. Geduldiges und selbsttätiges Arbeiten kann auch bei Erwachsenen noch manches bessern, besonders bei Einbeziehung der Atmung (Arbeitsweise Schroth-Meißen), die ja im Fehlerkreislauf der Verbildungen eine entscheidende Rolle spielt.

Fordern Haltungsfehler dritten Grades meist Einzelbehandlung, so läßt sich an Haltungsfehlern zweiten Grades auch in einem allgemeinen, nicht auf heilgymnastische Ziele gerichteten Bewegungsunterricht arbeiten, und das ist sehr nötig. Denn man muß nicht etwa denken, solche fixierten Haltungsfehler wären seltene Ausnahmen. Ungezählte Kinder, Jugendliche, beruflich einseitig arbeitende Erwachsene laufen in unseren Gymnastikhallen, auf unseren Sportplätzen herum mit mehr oder minder festgewachsenen runden, hohlen, auf alle möglichen Weisen verbogenen Rücken, mit verzerrten Schultergürteln, scheinbar völlig unmöglich eingehängten Armen. Wer sich die Wirklichkeit nach den ausgewählten Bildern in Zeitungen und Zeitschriften vorgestellt hat, der möchte sich fragen, ob er eigentlich unter Normalen sei oder in einem Krüppelheim.

Daran achselzuckend vorüberzugehen und mit solchen Jammergestalten schöne Schwünge oder Sprünge zu üben, die dann bei jedem eine Groteske werden, – nicht, weil es ihm an Bewegungssinn fehlt, sondern einfach weil der Körper dem Durchlaufen der Bewegung Widerstand entgegengesetzt –, ist nicht zu verantworten. Wo ein Wille ist, ist ein Weg. In jeden Gruppenunterricht läßt sich eine Fülle natürlicher Bewegungen einbauen, die für einige in der Gruppe notwendig und für alle anderen wertvoll und erfreulich sind. Und oft wird auch zu erreichen sein, daß der Einzelne, der es besonders nötig hat, einige Wochen intensiv an sich arbeitet mit der Aussicht, dadurch Hemmendes loszuwerden und sich freier Bewegung freuen zu können.

Was ein Unterricht wert ist, darüber geben in erster Linie nicht die Erfolge der günstig Veranlagten, der „Renommierschüler" Aufschluß, sondern die Entwicklung des Durchschnitts und nicht zuletzt auch das Freierwerden der Gehemmten.

Kraft

Aufrechte Haltung ist sehr viel mehr eine *Frage der allgemeinen Spann-kraft* als der örtlichen Muskelkraft. Ist z. B. ein Kind so schlaff in seiner Haltung, daß man ihm nicht die Hand geben kann, ohne daß es aus der Form gerät, dann liegt das nicht an der anatomischen Beschaffenheit seiner Rückenmuskeln, sondern an einer vitalen Trägheit, die diese Muskeln nicht zupacken läßt; denn man braucht ihm nur einen mäßig schweren Gegenstand zu halten zu geben, einen Sandsack oder Vollball, und schon strafft sich die Rückenmuskulatur, – aber nicht nur sie, sondern zugleich mit ihr das Zwerchfell –, und der Wackelpeter hat sich in einen fest dastehenden kleinen Menschen verwandelt.

Allgemeine vitale Kräftigung durch Freiluftleben, Hautpflege, Schwimmen, naturhafte Nahrung ist da das Entscheidende; örtliche Muskelkräftigung leistet nur bescheidene Hilfe.

Anders bei stark eingespurter oder gar schon fixierter Fehlhaltung. Aber auch hier ist es mit dem bekannten Rückenmuskel-Übungen nicht getan. Denn für den Aufbau ist die *relative* Kraft maßgebend, das *Kräfte-Verhältnis der verschiedenen Teile der Rückenstreckerwülste*, nicht ihre absolute Kraft. (s. Gaulhofer-Streicher, Österreichisches Volksschulturnen)

Jedes Mißverhältnis bewirkt ein falsches Zusammenarbeiten der Teile nicht nur im Stehen, sondern auch in der Bewegung. Automatisch springt bei den bekannten Rückenstreckerübungen, wie Spannbeuge oder Aufbeugen aus der Bauchlage, der stärkere Muskel für den schwächeren ein und nimmt ihm die Arbeit ab. Dieses falsche Zusammenspiel läßt sich gar nicht ausschalten, jedenfalls nicht ohne aus einer natürlichen Bewegung eine komplizierte Konzentrationsaufgabe zu machen (Spannbeuge!) Immer wieder sieht man bei Rückenübungen, die die oberen Muskeln stärken sollen, die unteren zu dicken Wülsten schwellen und die oberen kaum anziehen. So werden ungezählte Male die falschen Muskeln trainiert, bestenfalls die richtigen mit den falschen, aber nach wie vor *im falschen Kräfteverhältnis*. Das falsche Kräfteverhältnis wird immer fester eingeprägt. Muß man sich da wundern, wenn man schwächliche Kinder aus dem Turnen nicht selten zwar mit stärkerer Lendenmuskulatur, aber mit neu erworbenem „Hohl-kreuz" hervorgehen sieht?

Bei eingespurter Fehlhaltung und entsprechend gestörter Koordina-tion helfen nur Bewegungen, bei denen die zu schwachen Muskelgruppen die Hauptarbeit leisten müssen, ohne daß andere, ohnehin schon überentwickelte für sie einspringen können. Dazu aber ist individuelle Einzelbehandlung notwendig, wie sie sich in unserem sozialen Leben kaum durchführen läßt. Besser deshalb, man verzichtet auf Methoden, die sich in der Praxis so fragwürdig auswirken können, und geht einfachere und sicherere Wege.

Statt an das Abwegige sollte man sich an den *schlummernden Sinn fürs Richtige* wenden, den Menschen als Ganzes ansprechen, statt seine abweichenden Muskelfunktionen einzeln zu üben. Das ist möglich, wenn man etwa im aufrechten Sitzen am Boden (Schneidersitz), wo das Becken nicht ausweichen kann, einen schweren Gegenstand, Ziegelstein, Vollball usw. hebt, stemmt, wirft, schwingt, – seitliche Bewegungen spielen dabei eine wichtige Rolle. Dadurch werden die Rückenstrecker zu natürlicher und intensiver Tätigkeit genötigt, einer Tätigkeit, die umso wertvoller ist, als sie die Muskeln sogleich zu *der* Arbeit erzieht, die sie als Haltungsmuskeln tatsächlich zu leisten haben. Seitliches Stemmen eines Gewichtes z. B., sei es mit Arm oder Bein, belastet den Körper nach der Stemmseite und verlangt kräftige antagonistische Rückenmuskelarbeit an der entgegengesetzten Seite, um das Beugen des Rumpfes zu vermeiden.

Arbeit am Menschenleibe ist eben keine Rechenaufgabe, die man nach einem primitiven Schema erledigen könnte. Das Lebensgeschehen im Organismus ist eine Einheit. Zerpflückt man sie, so erweist sich, daß das Zusammespiel der Teile, im Lebensgefühl so einfach erscheinend, ein höchst kompliziertes ist. Das Lebenganze läßt sich aus Teilen schlechterdings nicht zusammensetzen. Nur wenn man es als Ganzes achtet und bestehen läßt, kann man hoffen, es im Sinne des biologisch Richtigen zu fördern.

Ausgleich

Unter Ausgleich versteht man im orthopädischen Turnen *Gegenbewegungen gegen eingespurte Bewegungsgewohnheiten:* Wölben von gehöhlten, Höhlen von gewölbten Stellen, Zusammenziehen auseinanderfallender Schultern, Herabziehen gehobener usw.

Man legt dabei Wert auf Überkompensation, d. h. Übertreibung der Bewegung über das Maß des für normale Haltung Notwendigen, damit etwa beim Wölben einer hohlen Stelle die in der Höhlung verkürzten

Muskeln gedehnt, beim Höhlen einer Rundung die überdehnten energisch verkürzt werden usw.

Da die Muskelfunktion an einer Stelle immer mit dem Verhalten der gesamten übrigen Haltemuskulatur gekoppelt ist, werden durch „richtige" Bewegung an einer Stelle fast durchweg *falsche Mitbewegungen* an anderen ausgelöst. Typisch ist z. B. das höhlende Einziehen der unteren Brustwirbel beim Zusammenziehen der Schulterblätter, oder das Verspannen der Schulterblattmuskulatur beim Höhlen einer gewölbten Lende, das Einziehen des Bauches beim Wölben einer hohlen. Damit werden neue Fehler an die Stelle alter gesetzt.

Diese Mitbewegungen schaffen neue Atemstörungen zu den alten, etwa zu den bereits eingesunkenen Flanken bei hohler Lende nun auch noch eine verspannte Bauchmuskulatur. Das Ergebnis ist bestenfalls – und selten genug! – eine „korrekte" Haltung, aber ein starrer, nervöser Mensch mit verschlechterter Atmung und Zirkulation.

Die besten Ausgleichsübungen sind einfach Abwandlungen von Beweglichkeitsübungen. Beim Durchbewegen einer gewölbten (kyphotischen) Lendenwirbelsäule in Kriechstellung etwa wird das Höhlen lange und ausgiebig gemacht, auch wohl durch Belastung mit Sandsack oder Ziegelstein ins Bewußtsein gehoben, das ausgleichende Wölben dagegen nur angedeutet; bei hohler (lordotischer) Lende umgekeht wird das Wölben betont und durch Belastung spürbar gemacht, das Höhlen nur angedeutet.

Jede Ausgleichsübung sollte zugleich eine ausgleichende „Atemübung" im Sinne der Naturatmung sein. Nirgend ist die Verbindung der Haltungs- mit der Atemerziehung so lebenswichtig wie hier. Das verzerrte Bewegungsgefühl, das sich in einer Fehlhaltung äußert, ist aufs engste verbunden mit fehlender oder übersteigerter Atemfunktion. Bei hohler Lende z. B. fehlt jedes Lebensgefühl in den Flanken, weil die losen Rippen eingesunken sind und die hinteren Zwerchfellpartien nicht arbeiten. Nur wenn zugleich mit dem Wölben der Lende die Flanken- und hintere Zwerchfellatmung wieder einsetzt, ist der Haltungsausgleich ein Gewinn an lebendiger Spannkraft.

Der Kern ist: man muß Ausgleichsübungen nicht als Gegenmaßnahmen zur Beseitigung von Fehlern auffassen, sondern als *Fürmaßnahmen zur Belebung und gleichsam zur Beseelung undurchströmter und mit dem Lebensganzen nicht genügend verbundener Stellen.* Je mehr das Beleben gelingt, umso leichter wird der Organismus von seiner Fehlhaltung lassen, umso eher wird er geneigt sein, sich eine bessere nicht nur aufdrängen zu lassen, sondern sie *anzunehmen*, d. h. in sein Lebensgeschehen einzubeziehen.

Bewegungen lassen kleine Änderung in der Betonung, eine winzige Abwandlung in Raumrichtung oder Größe kann die Wirkung einer Bewegung, ihre Ansprüche an Gelenke und Muskeln und damit ihre heilpädagogische Bedeutung völlig verändern. So wird die gleiche Bewegungsgrundform durch Abwandlung die einen beweglicher machen, die anderen kräftigen usw.

6. Arbeit am Aufbau

Haltung Sache des Bewegungssinns

Wenn man die Praxis des Schulturnens, des Sonderturnens, des orthopädischen Turnens, der Vereinsgymnastik betrachtet, könnte man auf den Gedanken kommen, Haltungserziehung bestehe in Beweglichkeits-, Kräftigungs- und allenfalls Ausgleichübungen, und Arbeit am Aufbau sei ein überflüssiger Luxus; denn man sucht sie da meist vergebens. Es wird vorgegangen, als ob Haltung allein oder auch nur im wesentlichen eine Sache der Körper-Marterie wäre. Aus der Tatsache, daß schlaffe oder verkürzte Muskeln und steife Gelenke eine normale Haltung unmöglich machen können, wird der Trugschluß gezogen, wenn man nur den „Bewegungsapparat" in Ordnung bringe, werde sich die aufrechte Haltung schon von selbst einstellen.

Das tut sie aber nicht, denn *Haltung ist Sache des Bewegungssinns*. Bewegliche Gelenke und normaler Muskeltonus sind zwar notwendige, aber keineswegs hinreichende Bedingungen aufrechter Haltung. Der Bewegungssinn aber ist bei jeder Fehlhaltung *falsch orientiert*. Man staunt, welches Mißverhältnis oft zwischen objektiver Form und subjektivem Empfinden besteht. Ein Lordotiker glaubt bereits einen Katzenbuckel zu machen, wenn seine hohle Lende knapp gestreckt ist, und ein Kyphotiker umgekehrt hat bei gestreckter Lende ein unangenehmes Gefühl von „hohlem Kreuz".

Soll aus der materiellen Möglichkeit aufrechter Haltung funktionelle Wirklichkeit werden, so muß in geduldiger Feinarbeit am *Sinn für den*

Aufbau gearbeitet werden, — eine der schwierigsten, aber auch schönsten Aufgaben leiblicher Bildung, weil hier unmittelbar am *Bilde des Menschen* gearbeitet wird. Hier erst kann mit Recht von Haltungs-Erziehung gesprochen werden.

Diagnose und Zielsetzung

Planmäßige Arbeit am Aufbau setzt eine Diagnose voraus. Je umfassender das Bild einer Fehlhaltung gesehen wird, umso besser ist die Aussicht, sie auf sinnvolle, lebenfördernde Weise auszugleichen. Die Diagnose „Lendenlordose" (hohle Lende) etwa, mit der ein Kind zum orthopädischen Turnen geschickt wird, gibt keinerlei Anhaltspunkte für ein sinngemäßes Helfen. Denn die hohle Lende ist ja nur das äußerlich auffälligste Warnzeichen einer im ganzen ungeeigneten Verhaltensweise beim Stehen wie in der Bewegung. Sie kann, wie unter Fehlhaltung gezeigt, aus ganz verschiedenen statischen Gegebenheiten erwachsen und mit ebenso verschiedenen Atemstörungen verbunden sein und wird dann ganz verschiedene Behandlungsweisen fordern.

Auch mit der umfassenderen Feststellung „Funktionsuntüchtigkeit der Beckenhalter, mangelnde Streckung im Hüftgelenk, zu große Beckenneigung, ausgleichende Lendenhöhlung" ist nicht einmal der statische Tatbestand hinreichend beschrieben. Es fehlt in diesem „Steckbrief": „eingesunkene lose Rippen, tiefe Taillenfalten, gewölbter Ober- oder Unterbauch, Muskelwülste vorn an den Oberschenkeln, sowie eventuell gebeugte oder überstreckte Knie", nicht zu reden von Form und Stellung der Füße, die auch dazu gehören.

Lebendig wird das Bild erst, wenn es *dynamisch statt statisch* und damit als Ganzheitsgeschehen statt als Summe von Teilen gesehen wird. Dann sagt die Formverbildung: dieser Mensch hat beim Aufrichten „vergessen", sein Hüftgelenk zu strecken. Sein Becken steht ein wenig so, als kröche er noch auf allen Vieren, erst oberhalb des Beckens besinnt er sich auf die aufrechte Haltung. Dadurch entsteht ein Bruch zwischen Unter- und Oberkörper, die Bewegung kann von unten nach oben, von oben nach unten nicht durchfließen. Es entsteht im Rücken und den Flanken eine undurchströmte, eingesunkene, leblos-schlaffe oder leblos-gespannte Gegend, an der Vorderseite eine gedehnte, aus der natürlichen Straffheitslage gezerrte Bauchdecke und in der Mitte eine unter falschen Druckverhältnissen leidende, falsch durchblutete Gruppe von Bauchorganen.

Die Atmung wird, bei schlecht arbeitendem Zwerchfell, einseitig in den Brustkorb gedrängt; seine Form zeigt die Folgen. Die Beine werden falsch belastet und bekommen Muskelwülste vorn an den Oberschenkeln, die nicht hingehören. In der Bewegung wird der Körper gleichsam in zwei Hälften geteilt. Der Unterkörper geht, läuft, springt, der Oberkörper, durch die Biegung der Lende vom inneren Mitschwingen mit seiner Bewegung abgeschnitten, schwebt gleichsam unverbunden darüber. Allenfalls läßt er sich durch die Bewegung mechanisch erschüttern, „durchfedern", keinesfalls aber nimmt er an dem, was da unten vorgeht, in innerleiblicher Wechselbeziehung teil.

Aus einer angemessenen, das Dynamische ebenso wie das Statische einschließenden, „ganzheitlichen" Diagnose ergibt sich die Notwendigkeit einer entsprechenden Behandlung von selbst. Wird ein Fehlgeschehen als *veränderter Lebensvorgang im Ganzen des Leibes,* ja als verändertes Verhalten des Menschen gesehen, so werden sich alle Ausgleichsmaßnahmen auf dieses vom Menschen ausgehende Lebensganze richten.

Als Ziel für die ausgleichende Behandlung einer hohlen Lende ergäbe sich daraus etwa:

Aufwecken der Atmung in den hinteren Zwerchfellpartien und an den losen Rippen.

Erziehung der Bauchmuskeln zum Nachgeben beim Ein-, zum (unwillkürlichen) Mitwirken beim Ausatmen.

Finden des Kontaktes zum Boden beim Stehen und Gehen, damit verbunden normales Strecken gebeugter oder überstreckter Kniegelenke.

Finden des Bewegungszusammenhangs zwischen Beinen und Becken, der Beckenhalterfunktion beim Strecken des Hüftgelenks, dadurch Sichstrecken der Lendenwirbelsäule.

Finden des Bewegungszusammenhangs zwischen Ober- und Unterkörper und Erhalten dieses Zusammenhanges in den Grundfunktionen des Gehens und Laufens.

Dies alles immer vom Ganzen her gesehen und in seinem Zusammenhang erarbeitet. An die Stelle willkürlichen Korrigierens von Einzelsymptomen, das Lebendiges wie einen technischen Apparat behandelt, tritt damit liebevolles Sicheinfühlen in Bewegungs- und Ausdrucksweise eines Lebewesens. *Haltungserziehung wird zu bildender Arbeit am Menschen.*

„Fernwirkungen"

Ohne Arbeit an Einzelheiten des Aufbaus, an Bein- und Beckenstellung, Wirbelsäule und Schultergürtel ist wirksame Haltungserziehung schwerlich möglich. Wo es scheint, als ob es mit ein paar Hinweisen oder einigen zurechtrückenden Griffen getan wäre, wird meist unbewußt gepfuscht. Daß dabei alle Teilarbeit mit echter, das Ganze durchfließender Gesamtbewegung geschehen muß, bedarf nach allem Früheren kaum der Erwähnung. Dennoch ist Teilarbeit nicht ohne Gefahren. Worauf es ankommt: immer vom Ganzen auszugehen und jedes Ergebnis einer Teilarbeit sogleich ins Ganze einzubauen, so daß es nicht eingefügter Baustein, sondern mitlebendes Glied im Ganzen wird.

Aus Gründen der Mechanik bietet sich für solche Teilarbeit das Leitwort „Aufbau von unten nach oben" an. Man baut einen Turm von unten nach oben und nicht von oben nach unten. Vom Verhalten der Füße und Beine hängt die Stellung des Unterkörpers zum Oberkörper und die Neigung des Beckens, von dieser die Gestalt der Wirbelsäule und von ihr die Lage des Schultergürtels ab.

Aber im Leibe wirken außer mechanischen Kräften organische. Durch sie *wirkt nicht nur das Untere auf das Obere, sondern auch das Obere auf das Untere.* Über einem durchatmeten Brustkorb rückt sich der Schultergürtel zurecht, aber auch umgekehrt: schiebt man gewaltlos und in Einklang mit der Innenbewegung den Schultergürtel an seinen Platz, so füllt und strafft sich der Brustkorb.

Überraschende *Fernwirkungen* kommen vor: Bauchmuskeln, die trotz allen Bemühens um Beckenneigung und Lendenwirbelsäule beim Ausatmen unbeweglich bleiben oder sich nur hoch oben unter den Rippenbögen krampfhaft einziehen, beginnen zu arbeiten, wenn durch Zurechtrücken des Schultergürtels der Brustkorb sich weitet. Untere Rückenstrecker, die trotz allen Zurechtrückens der Lendenwirbelsäule auf kein gutes Zureden ihre Verspannung aufgeben, lösen sich von selbst, wenn die erschlafften Strecker der Brustwirbelsäule anspringen.

Die Erklärung ist oft nicht leicht zu finden, bei stetigem Beobachten und Nachsinnen wird aber auf die Dauer der kausale Zusammenhang fast immer sichtbar. Die merkwürdige Wirkung der Brustkorbstellung auf die Tätigkeit der Bauchmuskeln etwa erklärt sich durch die veränderte Lage ihrer oberen Ansätze: durch die Hebung des Rippenrandes werden die Bauchdecken leicht gedehnt, und diese Dehnung reißt sie aus ihrer Schlaffheit und macht sie empfänglich für Arbeitsimpulse. Durch das Anspringen der Bruststrecker wird die Wirbelsäule gestreckt, der Brustkorb kann ohne Verspannen der Lendenstrecker und Höhlen der Lende gehalten werden, die Verspannung wird zwecklos, und die Lendenstrecker geben nach.

Solche „Fernwirkungen" muß man beachten und in die Aufbauarbeit einbeziehen, nicht als bewährte Rezepte, nach denen man einen Aufbaufehler mit ein für allemal erkannten Mitteln berichtigt, aber als Möglichkeit, für die man die Augen offen hat, und die unüberwindlich scheinende Schwierigkeiten auflösen helfen.

Die mechanisch einleuchtende Regel „Aufbau von unten nach oben" darf deshalb nicht starr befolgt werden, sie muß immer wieder durch Versuche organischer Einwirkungen von oben nach unten durchbrochen werden. Nur müssen solche Versuche unter einwandfreien mechanischen Bedingungen unternommen werden, das heißt, an der Brustwirbelsäule, an Brustkorb und Schultergürtel darf nur bei richtig stehendem Becken gearbeitet werden. Wird das Becken im Stehen „gekippt" oder weicht der Unterkörper nach vorn oder hinten aus, so wird man an der Haltung des Oberkörpers zunächst im Sitzen oder in Kriechstellung arbeiten, wo das Becken weniger leicht verschoben werden kann.

Unter- und Oberkörper

Die Stellung des Unterkörpers wie die Neigung des Beckens sind bedingt durch die Stellung der Beine, die Funktion ihrer Gelenke und Muskeln, und die wiederum ist weitgehend abhängig von der Funktion der Füße. Nur auf richtig arbeitenden Füßen können die Beine gerade stehen, als tragfähige Säulen für den Rumpf, und nur an gerade stehenden, weder x- noch o-beinig geknickten Beinen mit gestreckten, aber nicht überstreckten Knien können die Beckenhaltermuskeln ihrer Aufgabe gemäß funktionieren. Auf diese Zusammenhänge kann hier im einzelnen nicht eingegangen werden.

Die normale Stellung des Unterkörpers und damit die leichte Schräge der Gesamtlinie einerseits, das belebte Zusammenspiel von Ober- und

Unterkörper andererseits wird am leichtesten auf beweglicher Unterlage, auf einer Rolle, einer gleitenden Decke, einem schwankenden Baumstamm gefunden. Hier rückt sich der Aufbau von selbst zurecht, und das ist wichtig, weil mit dem vorgeschobenen Unterkörper nicht nur die natürliche Trägheit, sondern auch die Mode im Bunde ist. Dagegen helfen keine Gründe; nur die eigene Erfahrung, an sich und anderen kann überzeugen.

Weiches Strecken der Kniegelenke ist dabei wichtig. Denn von der Stellung der Beine hängt ja der ganze Aufbau ab, und wenn die Ausgleichsbewegungen nur in halber Kniebeuge (wie beim Skilaufen) vor sich gehen, kommt es zu keiner aufrechten Haltung.

Was sich auf diese Weise verändert hat, fühlt sich gut an. Und das ist wichtig. Denn mechanisches Zurechtrücken, auch wenn dabei Becken und Brustkorb an ihren Platz gebracht werden, nimmt die Innenbewegung nicht mit und fühlt sich dadurch „komisch“, ja „falsch“ an. Es wird vom Lebensgefühl nicht bejaht und braucht deshalb endloses Wiederholen, um sich einzuspuren, – während lebendig Erfahrenes als „richtig“, normal, ja entlastend und wohltuend empfunden wird, weil es Atmung und Kreislauf anregt und ins Lebensgefühl eingeht.

Bloßes Stehen auf schwankender Unterlage genügt nicht. Erst Bewegungsversuche der verschiedensten Art, Bücken und Aufrichten, Gewichtübertragen, spielende Bein- und Armbewegungen, Gehen – sogar Tanzschritte sind möglich – führen zu einem sicheren, auch in der Bewegung standhaltenden Empfinden für das Übereinander von Unter- und Oberkörper.

Denn es kommt darauf an, das in der „Gefahr“ Gefundene auf den festen Boden mit hinüberzunehmen, auf ihm so zu stehen und sich so zu bewegen, als ob er sich noch unter einem bewegte, und so zu erleben, daß jedes Stehen und alle Bewegung Spiel mit dem Gleichgewicht ist.

Als drittes kommt hinzu die *Bewährung* des Gefundenen in aufbaugefährdenden Bewegungen, auch in der Fortbewegung, bei der die Kontrolle erschwert ist. Schwingen, Heben, Reichen, Fangen, Werfen mäßig schwerer Dinge geben dazu Gelegenheit. In der Tiefe sind sie am leichtesten; je höher die Arme sich heben, umso größer die Gefahr, in die Gewohnheitshaltung zurückzurutschen.

In der Fortbewegung ist die Bewegung rückwärts eine gute Vorstufe für das Vorwärts. Der Unter-, nicht der Oberkörper „führt“ dabei; nur so ist freie Beinbewegung möglich. Wie sinnwidrig und hemmend das „Becken vor" in der Bewegung ist, das demonstriert sich drastisch im Rückwärtslaufen mit vorgeschobenem Unterkörper, bei dem der ganze Mensch wie ein einziger Hemmungsmechanismus anzusehen ist. Im Vorwärts dagegen führt der Brustkorb, nicht das Becken. Man legt sich mit der Brust gegen den Sturm, nicht mit dem Bauch.

Das alles sind nur Hinweise; die methodischen Möglichkeiten sind unerschöpflich. Je deutlicher das Ziel, das heißt, das erfahrene und erlebte Bild des Aufbaus wird, umso reicher strömen die Einfälle zu seiner Verwirklichung.

Beckenneigung

Die Beckenneigung ist eines der schwierigsten Kapitel der Haltungserziehung, schon deshalb, weil das geneigte Becken aus der frühen Kindheit stammt und das Gefühl für die Streckung des Hüftgelenks nicht verlorengegangen, vielmehr gar nicht erst entwickelt worden ist.

Es gibt freilich einen sehr einfachen Weg, das „hohle Kreuz", das sichtbarste Kennzeichen der gebeugten Hüfte, zum Verschwinden zu bringen: man schiebt die Körpermitte (die Magengegend) so weit vor, daß das Hüftgelenk automatisch gestreckt wird, – ein sehr beliebtes Manöver, das bei allen seine Wirkung tut, die nicht das Pech haben, das Becken zugleich zu neigen und vorzuschieben.

Man treibt damit aber den Teufel mit dem Beelzebub aus, indem man die Schlaffheit des Hohlkreuzes durch die Verspannungen des vorgeschobenen Unterkörpers ersetzt, wobei nichts gewonnen wird als eine schlankere Linie, aber auf Kosten von Verdauungs- und Unterleibsfunktionen.

Nochmals sei darauf hingewiesen, daß die Ursache des geneigten Beckens im *Versagen der Beckenhalter* und nicht etwa des großen Gesäßmuskels liegt. Der wird zum Strecken des stark gebeugten Hüftgelenks in der Bewegung, beim Berg- und Treppensteigen, beim Kniebeugen, beim Springen benutzt. Trainiert man ihn, seinen natürlichen Aufgaben entgegen, zum Haltemuskel, so schafft man eine den Ausdruck freier Beweglichkeit störende Verspannung.

An die Beckenhalter heranzukommen, ist schwierig, weil sie keine Bewegungs-, sondern Haltemuskeln sind. Stellt man Bewegungsaufgaben, bei denen das Hüftgelenk gestreckt werden muß, so springen meist die Gesäßmuskeln an, und die Beckenhalter verharren in ihrer

Schlaffheit. Wäre es anders, so genügte es ja, Kniebeugen zu üben oder zu springen, um die Beckenhaltung zu bessern. Man sieht aber, daß beim Springen das Becken ebenso geneigt bleibt wie im Stehen.

Die Beckenhalter müssen arbeiten, wenn man in Kriechstellung auf Händen und Knien das Becken um seine die beiden Hüftgelenke verbindende Querachse dreht, indem man die Lende abwechselnd höhlt und wölbt (Mensendiecks „Beckenschaukel"). Erleichtert wird das durch ein auf das Kreuzbein gelegtes Gewicht (Sandsack), das gehoben und gesenkt wird. Wichtig, daß beim Wölben Gesäß- und Bauchmuskeln weich bleiben. (Abbildung S. 329)

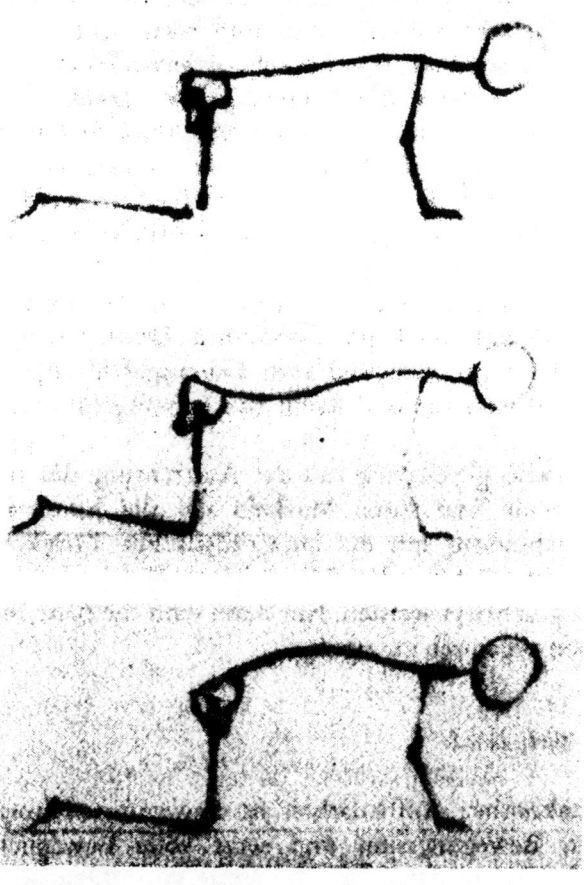

Zunächst ergibt das ein Empfinden dafür, daß das Becken sich um die horizontale Achse der beiden Hüftgelenke drehen läßt, daß es tief geneigt sein kann und dann die Lendenwirbelsäule mit hineinzieht, und daß es sich aufrichten und die Lende strecken, ja sogar wölben kann. Weniger deutlich wird dabei die Funktion der bewegenden Muskeln, weil ihre Belastung zu gering ist, und weil sie in der Dehnung arbeiten. Gegen erhebliche Last dagegen müssen die Beckenhalter arbeiten, wenn man im Rückenliegen mit etwas hochgelegten Füßen (Fersen auf Fußbank oder Hocker) das Becken bis zur Streckung des Hüftgelenks (aber nicht weiter) anhebt. Hier arbeiten die Beckenhalter in der Verkürzung, also günstig, und sie haben genau die gleiche Aufgabe wie im Stehen, nämlich die Hüftgelenke aus *geringer* Beugung zu strecken. Man kann dabei deutlich spüren, daß die Rückseite der Oberschenkel die Arbeit tut, und daß Gesäß- und Bauchmuskeln frei bleiben können. Man weiß nun, was arbeiten muß und was nicht, und wird dieses „Funktionsgefühl" in Stehen mit hinübernehmen können.

Mechanisch wäre damit die Aufgabe gelöst; organisch ist sie es nicht. Denn es erweist sich, daß das veränderte Muskelgefühl in den Oberschenkeln nicht genügt, um die neue Beckenhaltung dem Lebensgefühl einzuverleiben. Durch das Aufrichten des Beckens werden nämlich einerseits neue Lage- und Zirkulationsverhältnisse in der Bauchhöhle geschaffen, andrerseits mit der Streckung der vorher gehöhlten Lende die Statik des Rumpfes, das Übereinander von Becken und Brustkorb, die Stellung der unteren Rippen verändert. Diese Änderungen werden als unnatürlich empfunden und vom Lebensgefühl abgelehnt, solange nicht die Innenbewegung und damit das Lebensgefühl sich auf sie umgestellt hat.

Es muß deshalb gleichzeitig mit der Aufrichtung des Beckens an der Lendenwirbelsäule und ihren Muskeln, an der hinteren Zwerchfellatmung in Verbindung mit der antagonistischen Tätigkeit der Bauchmuskeln, an den vorstehenden Rippenbögen und an den eingesunkenen losen Rippen gearbeitet werden. Nur dann wird die neue Beckenstellung dem Menschen organisch zu eigen.

Aufbau der Wirbelsäule

Worauf es ankommt: Aufbauarbeit ist Bewegungsbildung. Sie wendet sich an den Bewegungssinn und setzt volle Beweglichkeit voraus. Keineswegs kommt es darauf an, die Wirbelsäule irgendwie zu strecken, sondern es soll das *Empfinden* für ihre Streckung entwickelt werden. Daß die Wirbelsäule sich strecken läßt, nirgend steif ist, und daß man sie in irgendwelchen Stellungen strecken *kann*, daß der Körper also „weiß", welche Muskeln er gebrauchen muß, um Wölbungen abzuflachen und Höhlungen auszugleichen, wird vorausgesetzt.

Nunmehr kommt es darauf an, das rechte Maß, das *Kräfteverhältnis* zu finden, in dem die Muskeln der verschiedenen Wirbelsäulenabschnitte zusammenarbeiten müssen. Von selbst geht das keineswegs. Jeder, der sich verkehrt hält, setzt, wenn er sich aufzurichten versucht, zunächst eine neue Fehlhaltung an die Stelle der alten. So wird etwa eine Brustkyphose durch eine Lendenlordose ausgeglichen, statt durch Strecken der Brustwirbelsäule, oder eine Lendenlordose durch Vorschieben des Unterkörpers, statt durch Aufrichten des Beckens und Strecken der Lendenwirbelsäule.

Im Stehen (oder auch im Knien) am Empfinden für das Sichstrecken der Wirbelsäule zu arbeiten, ist denkbar unzweckmäßig, weil da der Unterkörper durch Vor- oder Rückschieben ausweicht. Auch arbeitet man im Stehen ganz nutzlos gegen den Widerstand der in der Gewohnheitshaltung stellenweise verspannten Rückenstrecker. Im Liegen, Sitzen oder in Kriechstellung dagegen löst sich ein gut Teil dieser Widerstände von selbst.

Aufbauerziehung im Liegen

Es scheint zunächst widersprechend, am Gefühl für den Aufbau arbeiten zu wollen in einer Lage, in der gar nichts übereinandergebaut wird. Aber die Praxis erweist die Möglichkeit. Die Erklärung liegt in der Organik der Haltung. Der Aufbau ist nur zum Teil Sache des Gewichtsausgleichs zwischen den Körpermassen, zu einem andern Teil ist er Sache des *organischen Zusammenhangs dieser Massen*; und je tiefer man experimentierend in den Gegenstand eindringt, umso mehr drängt sich die Überzeugung auf, daß die aufbauregelnde Kraft im Körper gar nicht allein der Gleichgewichtssinn ist, sondern – mindestens ebenso wirksam – das *unbewußte Empfinden für diesen organischen Zusammenhang*. Ein unverstörtes kleines Kind findet spontan seinen Aufbau, obwohl es noch sehr unsicher im Gleichgewicht ist; und ein gleichgewichtssicherer Erwachsener kann seinen Aufbau verzerren, ohne je in die Gefahr des Fallens zu kommen.

Für den von außen Beobachtenden ist die mechanische Betrachtung, die den Gewichtsausgleich zwischen den Massen in den Mittelpunkt rückt, ein wichtiges Mittel, zu verstehen, warum der Aufbau so und nicht anders sein muß; für den Sichbewegenden aber ist die unmittelbar wirkende Triebfeder, seine Form zu bewahren, allemal *die Empfindung, so am lebendigsten, am freiesten zu sein.* Für das Gewicht seiner einzelnen Körpermassen hat der Mensch von Natur kein Gefühl; dagegen wird ihm jede Störung des innerleiblichen Zusammenhangs als Mißbehagen spürbar, wenn auch die Empfindung selten bis ins Bewußtsein dringt.

Natürliche Aufbauarbeit soll sich an die naturgegebenen Triebfedern halten. Sie soll das unbewußte Empfinden des organischen Zusammenhangs ins Bewußtsein heben. Dafür bieten Liegen, Sitzen, Kriechstand gute Möglichkeiten.

Im *Rückenliegen* werden die streckunghemmenden Verspannungen besonders deutlich sichtbar. Viele Menschen liegen mit kaum weniger Anspannung, als sie stehen. Man findet in illustrierten Zeitschriften Bilder liegender Sportmädchen und Filmschauspielerinnen, die man aufrechtstellen und für Stehbilder ausgeben kann, wenn man Kopf und Füße bedeckt. (siehe Bild 11)

Am auffälligsten ist meist, daß die Lende den Boden nicht berührt und das Becken nicht aufliegt, sondern mit dem oberen Ende des Kreuzbeins in der Luft steht. Die Lendenwirbelsäule bildet einen „Tunnel".

Aber auch zu schmales Aufliegen, bei dem nur der mittlere Teil des Rückens den Boden berührt und seine seitlichen Teile abstehen, ist ein Zeichen von Verspannungen. Das ist kein wirkliches, sondern ein Scheinliegen. Der Mensch ruht nicht, er ist mit seinem Lebensgefühl noch oben, während der Körper „liegt".

Liegen mit der Wirbelsäule auf einem (wenn nötig umwickelten) Stab und Bewegungsversuche in dieser Lage können die Verspannungen lösen, – einer der genialen Einfälle Elsa Gindlers –, und bewirken, daß danach im Liegen auf flachem Boden der Rücken mit breiter Fläche und die Wirbelsäule ihrer ganzen Länge nach aufliegt. Das Polster darf allerdings nicht zu dick sein, denn eben der schmerzhafte Druck auf die herausstehenden Stellen der Wirbelsäule ist es unter anderem, der zum Verteilen des Drucks auf die ganze Wirbelsäule durch Lösen verspannter Streckmuskeln und Anlegen gehöhlter Stellen nötigt.

Das Wesentliche der erstaunlichen Wirkung mag allerdings in dem in dieser Lage völlig ungewohnten Spiel mit dem gefährdeten Gleichgewicht liegen, das die Lebensgeister mächtig anregt und dadurch hartnäckige Erstarrungen löst. Dies nur als Hinweis auf eine Möglichkeit, nicht etwa als Allheilmittel für verbogene Wirbelsäulen. Es soll zeigen, daß man es nicht nötig hat, Haltungsübungen im üblichen Sinne zu machen, um die Haltung zu bessern. In der schwierigen, alle vitalen Kräfte ins Spiel setzenden Auseinandersetzungen mit dem bald nach dieser, bald nach jener Seite ziehenden Schwergewicht lernen die Rückenstrecker, wie sie zusammenarbeiten, wo sie nachgeben und wo sie anziehen müssen, damit die Wirbelsäule, sich der stabförmigen Unterlage anpassend, zu ihrer natürlichen Stabform zurückfindet; und der so gefundene neue Zustand wird als der natürlich-richtige empfunden; er wird vom Lebensgefühl bejaht und ins Lebensgefühl aufgenommen. So ergibt sich von selbst und ohne Zureden *nach solchem Spiel eine veränderte Haltung*, und zwar nicht eine nur mechanisch verbesserte, sondern eine von innen her gewandelte und belebte.

Im Kriechen

Wirkt das Liegen auf die Haltung im wesentlichen durch Wecken des Empfindens für den organischen Zusammenhang, so ist Kriechen, gestützt auf Hände und Knie, besonders geeignet, den *Bewegungssinn* für das Strecken der Wirbelsäule zu entwickeln. Die Beckenstellung macht hier kaum Schwierigkeiten, – dafür allerdings der Schultergürtel; aber sie lassen sich überwinden.

Das Kriechen als Aufbauerziehung unterscheidet sich grundsätzlich vom Kriechen als Beweglichkeits- oder Ausgleichsübung, wie es Klapp in das orthopädische Turnen eingeführt hat. Dort werden große, hier kleine Bewegungen verlangt. Dort soll die Wirbelsäule nach der versteiften oder minder entwickelten Richtung ausgiebig bewegt, hier soll sie *in ihrer Streckform* nach den verschiedensten Richtungen durch den Raum getragen werden. Es handelt sich also um *Kriechen mit in sich ruhendem Rumpf*.

Wie weit das Empfinden für die Streckung der Wirbelsäule bei einem Menschen entwickelt ist, wie weit er Beugung und Streckung zu empfinden fähig ist wird im Kriechen unmittelbar sichtbar. Es gibt sehr wenige Menschen, bei denen die Wirbelsäule eine gerade Linie bildet, oder die auch nur fähig sind, sie in dieser Stellung zu strecken. Die einen halten die Lende gehöhlt, die anderen gewölbt, – oft auch solche, die im Stehen eine hohle Lende haben; bei vielen bildet sich eine Wölbung zwischen den Schulterblättern, die im Stehen gar nicht da ist, bei anderen entsteht in diesem Abschnitt eine Höhlung.

Eine gute Hilfe zum Finden der normalen Form ist die Belastung der gehöhlten oder gewölbten Stelle mit einer mäßigen Last (leichter Sandsack). Es muß dabei genau ausprobiert werden, an welcher Stelle die Last liegen muß. Beim Ausgleich der Lendenhöhlung zum Beispiel gehört sie nicht in den Scheitel der Höhlung, sondern aufs Kreuzbein, das sich heben soll.

Das Empfinden der Last wirkt nicht nur belebend auf die belasteten Stellen; die Vorstellung, den Sandsack höher oder tiefer zu tragen, hilft auch, die Bewegung an der richtigen Stelle anzusetzen und Verspannungen zu vermeiden, wie ja allgemein Bewegung mit Dingen und gegen spürbaren Widerstand natürlicher verläuft als unbelastete. Selbst der so schwer zugänglichen Brustlordose kommt man auf diese Weise bei.

Gewichtverlagern im Kriechstand, Kriechen mit geradem Rücken (ein längs auf die Wirbelsäule gelegter Stab erhält das Empfinden für ihre Streckung), seitliches Abrollen auf den Rücken und Wiederfinden der Stabform im Kriechen, das ist eine sehr reizvolle Aufgabe. Hier verliert das Kriechen seinen tierähnlichen Ausdruck; es wirkt als durchaus menschliche Bewegung. Besonders helfend ist auch hier die *Bewegung rückwärts*; sie gibt ein sehr deutliches Bewußtsein der Streckform, das dann in die Vorwärtsbewegung mit hineingenommen werden kann.

Es ist immer wieder erstaunlich zu sehen, wie Menschen nach solchem besonnenen und zusammengehaltenen Kriechen stehen und gehen. Man sieht unmittelbar: da ist etwas an lebendigem Aufbaugefühl gewachsen. Ein verschütteter Sinn ist wieder wach geworden. Man braucht nicht zu korrigieren, die Natur hat sich selbst korrigiert.

Im Sitzen

Aufbauarbeit im Sitzen, auf lehnenlosem Sitzgerät in richtiger Höhe, bietet wichtige Möglichkeiten der Haltungserziehung. Ähnlich wie im Kriechstand fallen die Schwierigkeiten der Unterkörperstellung fort, und die Beckenneigung ist hier noch leichter auszugleichen.

Bei den wenigsten Menschen steht im Sitzen das Kreuzbein senkrecht meist ist das Becken nach vorn oder hinten geneigt und die Lende entsprechend gehöhlt oder gewölbt. Man sitzt dann vor oder hinter den Sitzhöckern, statt auf ihnen. Erst nach Ausgleich der Beckenneigung bekommt man ein zutreffendes Bild vom Zustand der Wirbelsäule und ihrer Muskeln. Es gilt dann, ähnlich wie beim Kriechstand, daß die Umkehrung der Gewohnheitsform, das heißt die Entstehung von Höhlungen an sonst gewölbten und von Wölbungen an sonst gehöhlten Stellen mehr auf Schwäche, die Beibehaltung der Gewohnheitsform mehr auf Steifheit oder Verspannung deutet.

Besonders wichtig für das Finden der Wirbelsäulenform ist das *Sitzen auf beweglicher Unterlage*, zum Beispiel auf der Schmalkante eines zusammenklappbaren Feldstühlchens oder auf einem einbeinigen Hocker („Pilz"). Dabei wird oft durch bloßes intensives Versuchen ohne jede Hilfe von außen eine gelöst aufrechte Haltung gefunden, die den stärksten Ausdruck der Lebendigkeit wie der Geistesgegenwart hat.

Besondere Schwierigkeit bereitet im Sitzen die Nackengegend (obere Brust- und untere Halswirbel). Darauf soll hier nicht eingegangen werden

Da zahllose Menschen ihre Berufsarbeit im Sitzen tun, ist das Sitzen eine ebenso wichtige – und zu unrecht vernachlässigte – Aufgabe der Bewegungsbildung wie das Stehen. Beweglich aufrecht sitzen zu können und einige der kleinen Hilfsmittel zu kennen, mit denen man sich bei stundenlangem Sitzen lebendig halten kann, das würde viele Berufstätige vor Unlustgefühlen, Beschwerden und späterer Krankheit bewahren.

Eine schwierige Aufgabe der Haltungserziehung ist das *Sitzen am Boden*. Verliert der Europäer schon auf dem Stuhl sitzend meist seine Form, so bietet er am Boden sitzend einen geradezu jämmerlichen Anblick.

Jedes kleine Kind dagegen, wenn es nur Gelegenheit zu freiem Spiel am Boden hat, sitzt in den verschiedensten und „schwierigsten" Stellungen mühelos aufrecht, ein Zeichen, daß wir naturgegebene Fähigkeiten verkümmern lassen.

Wichtig ist das Sitzenkönnen am Boden einmal, weil es die Beinvenen entlastet, die bei dauernd hängenden und nicht bewegten Beinen leicht erschlaffen, besonders bei Schwangeren; vor allem aber, weil es erfahrungsgemäß beruhigt und konzentriert (Buddhasitz), während das Sitzen auf meist zu hohen und dazu oft nach hinten abschüssigen Stühlen nervös und schlaff macht.

Das Bücken

Sich bücken mit weich nachgebenden Knien und vorgeneigtem, aber geradem Rücken stellt dem Aufbau ähnliche Aufgaben wie die sogenannten Rumpffällungen im Stehen. Rumpffällungen aber sind unnatürliche und verspannende Plackereien. Diese Art des Bückens dagegen ist eine Naturbewegung, bei unsern Städtern zwar selten, bei Bauern und

Eingeborenen aber vielfach üblich und bei jedem spannkräftigen kleinen Kind zu beobachten. Hier kann am Aufbau in einer einfachen Naturbewegung gearbeitet und dabei erfahren werden, was echter, nicht von subjektiven Gefühlen hinzugebrachter, sondern der Bewegung innewohnender Ausdruck ist. (Siehe Zeichnung S. 49)

Kniebeugen ·dagegen sind schwierige Bewährungsübungen für die Haltung und zum Finden des Aufbaus nicht zu verwenden. Wo es geschieht, werden sie zu leblosen technischen Kunststücken.

Im Stehen und Sitzen

Im Stehen am Aufbau der Wirbelsäule zu arbeiten, ist nur fruchtbar bei schon sicherem Empfinden für Unterkörperstellung und Beckenneigung. Wirksamer als Worte sind dann helfende Griffe. Ein feinfühlig gewordener Mensch läßt sich zurechtrücken und gibt dem leisesten Druck nach.

Aufbauarbeit im besten Sinne ist das von der Atemschule Schlaffhorst-Andersen gefundene „Schwingen", das Gewichtverlagern im Stehen über die Gleichgewichtsgrenze hinaus gegen die stützende Hand eines Helfers. Innenbewegung und Außenbewegung wirken hier so innig zusammen, daß es unmöglich ist, von einer solchen Bewegung zu sagen, ob sie mehr Atem- oder Aufbauübung ist. Durch die Gewichtsverlagerung werden einerseits die Gleichgewichtsreflexe der Atmung ins Spiel gesetzt, andererseits der Aufbau gefährdet und die haltenden Muskeln zu fortwährender Bereitschaft und aktivem Zupacken genötigt. Mit groben, willkürlichen Spannungen ist dabei nichts zu erreichen; Hartmachen von Muskeln, sei es am Rumpf oder an den Gliedern, zerstört die sensible Bereitschaft, die Feinfühligkeit für die führende Hand des Helfers. Nur mit feinsten Muskelspannungen gelingt es, der Führung zu folgen, ohne nachzugeben und abzuknicken, die Form zu wahren, ohne die Bewegung zu hemmen.

Man muß also die Willensspannung aufgeben und auf Unwillkürliches vertrauen, und dabei erfährt man, daß der Atem der Muskeltätigkeit zuhilfekommt. Je feiner die äußeren Spannungen, umso mehr füllt sich der Rumpf von innen auf. Ohne irgendwo starr zu werden, wird er so fest ineinandergefügt, daß es keinerlei subjektive Bemühung mehr kostet ihn auch in der stärksten Neigung ineinanderzuhalten.

Für den Helfer scheint sich das Gewicht zu vermindern in dem Maße, wie der Rumpf sich innen auffüllt, eine Erscheinung, die eben durch die wachsende Festigkeit des Ganzen zu erklären ist. Ein fest ineinandergefügter Mensch ist um soviel leichter zu halten und zu bewegen als ein wackeliger, wie ein waches Kind, das Spannung hat, leichter zu tragen ist als ein schlaff herabhängendes schlafendes.

Der Mensch macht hier die wichtige Erfahrung, daß nicht er selbst sich zu halten braucht, sondern daß *etwas in ihm ihn hält*, und daß dieses Es umso stärker wirkt, je mehr er sich ihm anvertraut und auf subjektive Bemühungen verzichtet,   daß er umso sicherer steht, je mehr er sich dem Fallen aussetzt.

Straffes Stehen und aufrechtes Sitzen werden auf diese Weise aus Anstrengungen zu *Ruhehaltungen*. Man braucht sich nicht mehr zum Geradesitzen zu ermahnen, denn man fühlt sich im krummen Ineinanderhocken schlaff und müde, im Aufrechtsein aber belebt und getragen. Für die Bewegung bedeutet solch bewegliches Stehen und Sitzen die höchste Bereitschaft. Es stellt die Aufgaben, die in der Alltagsbewegung gestellt werden, und es nötigt, sie mit Mitteln zu lösen, die der Bewegung günstig sind, statt sie zu hemmen.

Rumpfspannung

Vom Spannungszustand des Mittelkörpers in erster Linie hängt die Belebtheit des Aufbaus ab. Je straffer der Rumpf von innen aufgefüllt ist, umso weniger werden die äußeren Haltemuskeln in Anspruch genommen (siehe oben „Atemspannung"). Bei schlaffem Mittelkörper und eingefallenen Flanken müssen die Rückenstrecker mit harten, willkürlichen Spannungen arbeiten, um die Arbeit des Haltens zu bewältigen; bei guter antagnostischer Zusammenarbeit von Ein- und Ausatemmuskeln, die den Mittelkörper in jedem Augenblick von innen her straff hält, genügt beinahe der Ruhetonus der Rückenstrecker, um die Wirbelsäule mühelos aufrecht zu erhalten.

Mittelkörpergymnastik ist Arbeit an der Atmung. Das sagt aber nicht, daß sie in Atemübungen bestehe. Im Gegenteil, mit bloßen Atemübungen ist Atemspannung schwer zu erreichen. Innerer Widerstand durch Sing- und Sprechversuche oder äußerer durch Heben, Tragen, Ziehen, Schieben erweist sich als nötig.

Brustkorb und Schultergürtel sind in der Aufbauarbeit nicht zu trennen, da sie in der Form voneinander abhängen. Bei eingesunkenem Brustkorb fallen die Schulterblätter auseinander oder nach vorn. Vorfallende Schulterblätter hindern die freie Bewegung der oberen Rippen und engen den Brustkorb ein. Schiebt man die Schulterblätter an ihren Platz, so wölbt sich der Brustkorb; bekommt der Brustkorb Spannung, so rücken sich die Schulterblätter zurecht.

Brustkorb und Schultergürtel stellen der Haltungserziehung besondere Aufgaben. Ihre Beweglichkeit nämlich leidet unter jedem Feststellen durch gewohnheitsmäßiges oder eingeübtes Hartmachen von Muskeln.

Der Brustkorb ist Atemorgan, nicht Organ der Bewegung, und soll von willkürlicher Bewegung überhaupt verschont bleiben. Der Schultergürtel ruht auf einem gut atmenden Brustkorb im Gleichgewicht; er wird von der Schwerkraft in seine Lage gezogen, nicht aus ihr heraus. Muskeltätigkeit wird erst nötig, wenn das Körpergewicht verlagert oder eine Last bewegt wird.

Schlimmer noch: jedes willkürliche Arbeiten mit den Schultergürtelmuskeln führt zu Verspannungen auch in der Tiefe des Leibes. Bauch und Flanken werden eingezogen, die Wirbelsäule unterhalb oder zwischen den Schulterblättern gehöht. Der festgeklammerte Schultergürtel wird zum Störungsherd.

Oft findet man bei Menschen, die sich straff aufrecht halten, merkwürdig gehemmte Armbewegungen. Die Oberarme werden ausgerollt und nach hinten festgehalten, auch die Unterarme hängen etwas ausgerollt, leicht entsteht der Eindruck von X-Armen. Die Ursache liegt im Verspannen der Muskeln, die die Schulterblätter zusammenziehen. Eine falsche Haltungsschulung kann die Schuld an dieser Hemmung tragen. Statt nämlich bei lose hängenden Schulterblättern die Brustwirbelsäule allein mit den Rückenstrecken aufzurichten, erleichtert man sich die Arbeit, indem man gleichzeitig die Schulterblätter zusammenpreßt. Damit werden die Schulterblätter zwar einigermaßen an ihren Platz gerückt, aber mit Mitteln, die sie und mit ihnen die Arme ihrer freien Beweglichkeit berauben und durch Feststellen der mittleren Rippen das Ausatmen erschweren.

Wie bei der Wirbelsäule, so ist auch beim Schultergürtel Mindestspannung der haltenden Muskulatur und feinste Lösungsbereitschaft eine Grundbedingung guter Haltung. Nicht auf die absolute Kraft der haltenden Muskeln kommt es an, sondern auf die Ausgeglichenheit ihres Tonus. Ein Zuviel ist genau so schädlich wie ein Zuwenig. Werden Muskelgruppen, die verschiedene Aufgaben haben, hier die Rückenstrecker und die Zusammenzieher der Schulterblätter, durch Üben zusammengekoppelt, so wird man im Eifer, zwei Fliegen mit einer Klappe zu schlagen, nur erreichen, daß die einen sich jedesmal mit anspannen, wenn die andern arbeiten müssen. Der eigentümlich menschliche Ausdruck einer harmonischen Nackenlinie und gelöst hängender Arme entspringt der Beweglichkeit des Schultergürtels und geht verloren, sobald Teile seiner Muskulatur verspannt werden.

Niemals bekommt man mit festgeklemmtem Schultergürtel eine freie gelöste Haltung. *Freiheit und Gelöstheit* aber sind das Wesentliche im Ausdruck des Schultergürtels, wie aufrechte Straffheit das Wesentliche im Ausdruck der Wirbelsäule ist (s. Bild 20). Seelische Hemmungen und Verspannungen der Schultergürtelmuskulatur stehen in enger Beziehung. Befangenheit pflegt sich in hochgezogenen oder festgeklemmten Schultern zu äußern, und jede Verhärtung der Schultermuskeln (z. B. durch rheumatische Belastung) behindert das freiströmende Lebensgefühl.

Alle diese Gründe machen es notwendig, an Brustkorb und Schultergürtel mit großer Behutsamkeit zu arbeiten. Alle aktive Bewegung muß mit weicher, unwillkürlicher Spannung geschehen. Helfend ist hier feinfühliges Zurechtrücken des Schultergürtels durch einen Partner und Bewähren der so geschaffenen Haltung in kleinerer und größerer Bewegung und mit wachsender Belastung der Arme.

Geschieht dies Zurechtrücken im Einklang mit der Innenbewegung, so erfassen die Muskeln selbsttätig, was sie zu tun haben, und es ist nicht nötig, sie hart zu machen. Kräftigung der Muskeln wird durch Heben, Tragen, Stemmen, Stützen usw. in guter Haltung erreicht.

Kopfhaltung

Zwei Haupttypen der Fehlhaltung sind zu unterscheiden: Hängekopf und Schwanenhals. Kopfhänger haben meist eine flache Brustwirbelsäule, oft Flachrücken mit vorgeschobenem Unterkörper; ein Schwanenhals (Halslordose) entsteht umgekehrt als Ausgleich für eine zu stark gewölbte Brustwirbelsäule.

Die Kopfhaltung kann deshalb nur im Zusammenhang mit dem gesamten Aufbau in Ordnung gebracht werden. Solange die Beckenstellung nicht in Ordnung ist, kann man im Stehen an ihr kaum sinnvoll arbeiten.

Der beste Weg zu aufrechter Kopfhaltung ist wohl das Tragen einer mäßigen Last auf dem Kopfe. Bei Kopfhängern muß die Last mehr vorn liegen, damit sie genötigt sind, den Kopf zurückzunehmen, beim Schwanenhals ziemlich weit hinten, so daß der Hinterkopf sich gegen die Last stemmen und sie hochschieben muß.

Die Last kann auf dem Kopf ruhen (Sandsack), sie kann auch balanciert werden (Buch, Stab, Ball). Balancieren auf dem Kopf macht die Haltung beweglich und lebensvoll. Dabei wird auch eine der Hauptschwierigkeiten der Haltungserziehung mühelos überwunden: die Umstellung der Blickrichtung. Ändert nämlich das Gesicht seine Neigung, so muß die Lidspalte verkleinert oder vergrößert und die Blickrichtung geändert werden. Beim Umhergehen mit der Last, beim Ausweichen, Drehen und Wenden, Niederhocken und Aufstehn, beim Laufen, Ballwerfen und -fangen usw. stellt sich das Auge auf die veränderten Blickverhältnisse ein, und die neue Haltung wird nicht mehr als unnatürlich empfunden.

In der Haltung drückt sich der Mensch aus. Frei getragener Kopf, gefüllte Lungenspitzen, gelöst hängende Schultern und Arme geben ihm einen Ausdruck von Freiheit und Würde. Dieser Ausdruck muß im Leitbild der Haltung wirksam sein.

Es genügt nicht, irgendwie den Kopf hochzuhalten. Der dreiste Blick und der „keep smiling"-Ausdruck hübscher Turn- und Tanzmädchen befriedigt nicht, selbst wenn an der Form der Wirbelsäule nichts auszusetzen wäre. Wenn irgendwo, verlangen wir hier, daß die Haltung *von innen heraus wächst*. Die Kopfhaltung soll Selbstvertrauen ausdrücken, aber kein ichhaftes. Der Blick soll weder nach innen versinken, noch umherguckend nach außen gerichtet sein. Empfänglichkeit und Aktivität, Horchen und Tun sollen sich das Gleichgewicht halten.

Ein Urbild der Haltung in diesem Sinne geben die Königsstatuen der Ägypter wie die Balimädchen mit ihrer in sich ruhenden, freien Kopfhaltung (Bild 18).

Bewährung

Bewährung des Aufbaus *in der Bewegung* ist auf jeder Stufe der Haltungserziehung notwendig, weil sich erst bei aufbaugefährdender Bewegung erweist, wie weit die neu gefundene Haltung dem Menschen wirklich zu eigen geworden ist. Eine Haltung, die nur gleichsam auf Zuruf eingenommen wird, aber wieder verlorengeht, sobald man etwas anfängt, ist wertlos.

Eine gute Bewährung ist das Aufgeben und Wiederfinden des Aufbaus, also etwa das Sichbücken und Aufrichten, das Sichsetzen und Wiederaufstehen, bei welchen beiden der Aufbau der Wirbelsäule erhalten bleibt und nur die Beckenstellung geändert wird, oder das Niederlegen zum Boden, das den gesamten Aufbau auflöst.

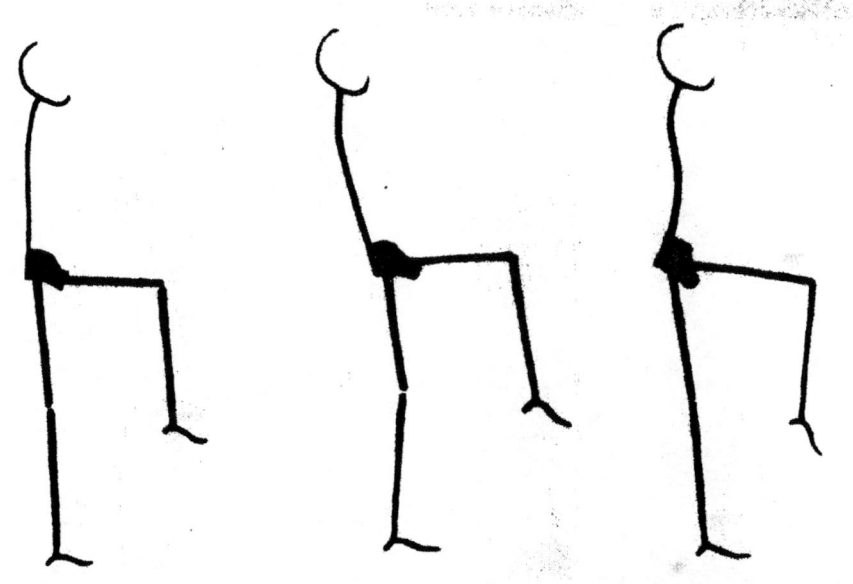

1 Ausgleich von unten her: 2 Ausgleich von oben her: 3 Bein und Fuß verspannt,
  Aufbau bleibt erhalten   „Standwaage"   Lende hohl

Die Überleitung zum Aufbau in der Bewegung bilden Gliederbewegungen, die den Hauptschwerpunkt verschieben. Jede verlangt eine Ausgleichsbewegung des Rumpfes, und es kommt darauf an, ob diese Ausgleichsbewegung den Aufbau zerstört, oder ob sie ihn bewahrt. Beinheben vorwärts z. B. verlangt eine Ausgleichsbewegung nach rückwärts. Macht der Oberkörper diese Bewegung, so entsteht die typische Haltung mit vorgeschobenem Unterkörper: nicht der Ober-, sondern der Unterkörper muß zurückweichen.

Seitliche Arm- oder Beinbewegungen fordern Ausgleichsbewegungen nach der entgegengesetzten Seite. Weicht der Oberkörper zur Seite aus, so entsteht etwas wie der Anfang einer seitlichen Standwaage: der ganze Aufbau wird schief. Wieder muß eine Verschiebung des Unterkörpers

341

den Ausgleich bringen; dadurch wird es möglich, daß Ober- und Unterkörper übereinander bleiben. (Zeichnungen S. 342)

Die tänzerische Gymnastik arbeitet fast durchweg mit solchen aufbauzerstörenden Ausgleichsbewegungen, wodurch eine billige Ästetik zustandekommt, aber der Ausdruck des Aufrechten, der gerade hier so recht sprechend werden könnte, aus der Bewegung verschwindet.

Nicht darum kann es sich natürlich handeln, solche Bewegungen zu verbieten. Standwaagen sind ja nicht „falsch", sie haben ihr Recht wie jede Bewegung. Falsch aber ist es, wenn jede größere Beinbewegung unbeabsichtigt zur Standwaage wird.

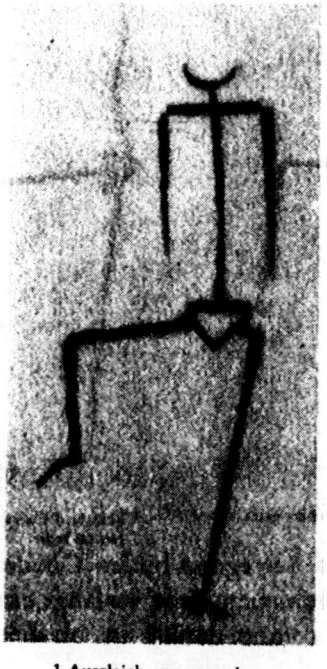 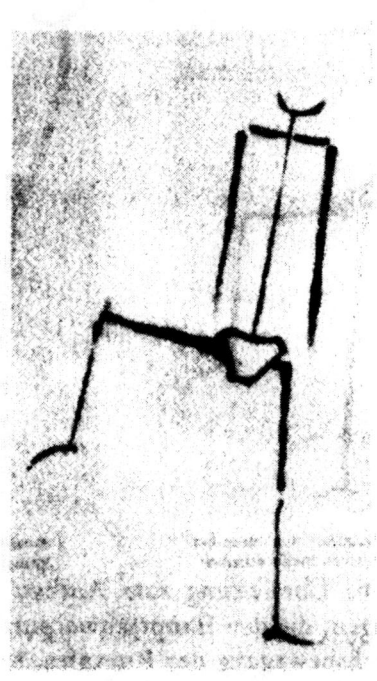

1 Ausgleich von unten her:
Harmonische Bewegung

2 Ausgleich von oben her:
„Standwaage"

Kräftigung

Bewährung des Aufbaus kräftigt die haltende Muskulatur, wenn Schultern, Kopf oder Glieder mit Gewichten belastet sind. Armschwingen mit leeren Händen oder mit leichten Dingen (Ball, Holzkugel) verlangt sicheres Empfinden für den Aufbau, wendet sich also an den Bewegungssinn; Armschwingen mit fühlbarer Last, mit Sandsack, schwerem Ball, Hocker usw. verlangt außerdem Kraft von den haltenden Muskeln, die verhindern müssen, daß man dem Schwung schlaff nachgibt und die Form zerreißt. Einen leichten Ball zu heben und zu werfen, ist, was die Haltung angeht, Sache des Ausgleichs; ein schwerer Ball fordert außerdem erhebliche Muskelkraft, und zwar bei vorwärtsgerichteten Bewegungen von der gesamten Haltemuskulatur, bei seitlichen von der der entgegengesetzten Seite, — was für die Behandlung seitlicher Wirbelsäulenverbiegungen (Skoliosen) wichtig ist.

Im Unterschied von den sogenannten örtlichen Muskelkräftigungsübungen, die meist die Muskulatur auf Kosten des Bewegungssinns stärken, entwickelt sich bei dieser Art von Kräftigung der *Bewegungsinn im gleichen Maße wie die Muskeln.* Die haltende Muskulatur wächst als Ganzes, sie entwickelt sich wie *ein* Organ. Sie wächst durch ihre natürliche Funktion in ihre natürliche Funktion hinein, statt durch eine künstliche in eine Ersatzfunktion.

7. Aufbau in der Bewegung

Bewegungs-, nicht Haltevorgang

Aufbau in der Bewegung heißt nicht, seine Haltung trotz der Bewegung und gegen sie bewahren, sondern es heißt, sie gleichsam *durch die Bewegung neu finden.* Haltung in der Ruhe wird durch feine, äußerlich kaum wahrnehmbare Schwankungen über der Unterstützungsfläche geschaffen, Haltung in der Bewegung durch größere, äußerlich sichtbare Bewegungen des ganzen Leibes. Beidemale ist Bewegung die Triebkraft, der eigentliche Ursprung der Haltung. *Haltung ist ein kinetischer Vorgang, kein statischer,* ein dynamischer, kein formaler. Haltung in der Bewegung kommt nicht dadurch zustande, daß der Mensch ein bestimmtes Formideal bewahren will, sondern dadurch, daß der Organismus sich gegen Gefährdung seiner Gestalt durch ausgleichendes Verschieben seiner Massen, gegen Bedrohung seiner inneren Lebenstätigkeit durch Sichauffüllen und Sichstraffen zur Wehr setzt.

Die übliche Auffassung ist eine andere. Sie sieht den Aufbau in der Ruhe und den in der Bewegung als im wesentlichen statische Vorgänge an. Man „hat" den Aufbau, die Bewegung gefährdet ihn, aber man hält ihn gegen alle Gefahren fest. Diese Auffassung ist es, die dann unausgesprochen in die Bewegungsweise übergeht. Die Haltung, selbst wenn sie in der Ruhe gelöst war, bekommt dann in der Bewegung etwas Starres, das auf die Bewegung übergreift. Die Bewegung kann nicht durchfließen. Mag sie äußerlich Wellenform haben, – innen kann sie nicht strömen. Die Haltung wird zum Hemmnis für die Bewegung.

Der Unterschied

Aufbau in der Bewegung ist nicht das gleiche wie Aufbau in der Ruhe. Zwar der Körperform, der Übereinanderlagerung der Massen nach stimmen beide überein, aber nicht nach ihrer Entstehung. Beide sind verwandt, aber zugleich verschieden. Verwandt sind sie, insofern beide Balanciervorgänge sind, verschieden, insofern die Gefährdung des Gleichgewichts in beiden Fällen verschiedene Ursprünge hat.

Aufbau in der Ruhe ist Bewegung, – ein feines, ruhendes Schwanken über der Unterstützungsfläche, das den Menschen in jedem Augenblick unter andere Gleichgewichtsbedingungen setzt, und ein immer neues Finden von Spannung und Streckung in immer neuem Ringen ums Gleichgewicht. Aufbau in der Bewegung ist dem verwandt, insofern auch hier der Mensch unter stets wechselnden Gleichgewichtsbedingungen und damit vor immer wechselnden Aufgaben steht. Er ist davon verschieden, insofern diese wechselnden Aufgaben durch aktive äußere Bewegungen der Glieder vom Menschen selbst hervorgebracht, also ihm nicht nur von außen gestellt werden. Der Mensch selbst gefährdet durch seine Bewegung seinen Aufbau, – beim Gehen, Laufen, Federn, Springen usw. durch Tätigkeit der Beine, beim Schieben, Ziehen, Heben, Tragen, Schwingen usw. durch Tätigkeit der Arme, und in beiden Fällen durch selbsttätiges Verlagern des Hauptschwerpunktes.

Jede Gliederbewegung *verschiebt den Hauptschwerpunkt* und nötigt dadurch aus statischen Gründen zur *Veränderung des Aufbaus.* Jede wirkt außerdem auf Atmung und Blutströmung, sowohl örtlich wie allgemein, und übt dadurch Einfluß auch auf die inneren Lebensverhältnisse im Rumpf, die ihrerseits wieder auf die Art der ausgleichenden Bewegungen zurückwirken.

Es gilt also, auf die Gleichgewichtsgefährdungen in der *Bewegung*, die anderer Art sind als die in der Ruhe, richtig zu antworten, – mecha-

nisch richtig, das heißt durch Neufinden des Aufbaus statt durch Verzerren oder Festhalten, und organisch richtig, das heißt durch Auffüllen, Weiten und Straffen von innen her, statt durch Engwerden und
Hartmachen.

Rumpfbewegungen beim Gehen und Laufen

Beispiele für die äußere Änderung der Rumpfform in Reaktion auf die
Bewegung der Glieder sind unter Bewährung und Kräftigung angegeben.
Die Änderung geht von der *Ausgleichsbewegung von Unterkörper und
Becken* aus: bei *Vorwärtsbewegung* von Arm oder Bein schwingt der
Unterkörper zurück, und das Becken richtet sich noch stärker auf,
worauf die Wirbelsäule mit Streckung in Lende, Brust und Hals antwortet. Jedes Beinheben bringt somit eine Streckung, jedes Niederstellen und Gewichtübertragen eine Rückkehr der Wirbelsäule zu ihrer
Federform mit sich, so daß jeder Schritt den *Wechsel zwischen ge-
schwungener und gestreckter Wirbelsäule* in sich trägt, also als wirkliche, feine Wellenbewegung durch den ganzen Rumpf läuft.

Ein noch stärkerer Gestaltwechsel geschieht in der *seitlichen Richtung*. Da nämlich in der Fortbewegung das ganze Gewicht abwechselnd
auf dem einen und dem andern Bein allein ruht, wird die Symmetrie der
Körperform aufgehoben. Das Becken weicht ausgleichend nach der
Seite des Standbeins aus und stellt sich schief, und es entsteht eine
seitliche Wirbelsäulenverbiegung, die sogenannte *statische Skoliose*,
deren Studium auch für das Verständnis und die Behandlung der krankhaften Skoliosen wichtig ist (S. 374, Tafel III, 1)

Übertriebene Ausgleichsbewegung und Schiefstellung des Beckens
führt zum „Schaukelbecken", dem in den Hüften wiegenden Gang;
weicht dagegen statt des Beckens der Oberkörper zur Seite aus, und
wird das Becken durch Anspannung der Hüftgelenkmuskeln geradege-
halten, so entsteht eine kleine seitliche Standwaage und ein Gang, bei
dem Kopf und Oberkörper zwischen rechts und links hin- und her-
schwanken (Standwaagengang, „Entengang") Tafel III, 2.

Eine dritte Gestaltänderung ist die vom Sport her bekannte *Verwringung* des Rumpfes in der Fortbewegung. Beim Vorschwingen des
Beines wird das Becken ein wenig um die senkrechte Achse gedreht,
und damit nicht der ganze Körper in eine das Vorwärts hemmende
Drehung gerate, dreht sich der Brustkorb mit Schultergürtel und Armen
in die entgegengesetzte Richtung. Beim Vorschwingen des rechten

Beines dreht sich das Becken nach links, der Oberkörper nach rechts, und umgekehrt beim Vorschwingen des linken Beines. Das Armschwingen beim Gehen und Laufen, bei dem der linke Arm zugleich mit dem rechten Bein vorschwingt, ist deshalb eine so große Erleichterung, weil es die Gegendrehung des Oberkörpers durch das Beharrungsvermögen der pendelnden Arme unterstützt.

Diese Verwringung kann auch entbehrt oder auf ein Mindestmaß beschränkt werden. Das fordert größere Beherrschung der Beckenbewegung. Im Kunsttanz ist diese Beherrschung notwendig, weil erst sie die Arme als Hilfswerkzeuge der Fortbewegung entbehrlich und für Eigenbewegung freimacht. Durch Gehen und Laufen mit getragenen oder tragenden Armen wird die Oberkörperdrehung eingeschränkt und damit Beherrschung der Beckendrehung erreicht.

Versucht man, sich diese drei gleichzeitig vorgehenden Gestaltänderungen des Rumpfes mit ihrem komplizierten Ineinander von Strecken und Beugen, Seitneigen und Aufrichten, Drehen und Gegendrehen vorzustellen, so erkennt man erst mit voller Deutlichkeit, *wie anders der Aufbau in der Bewegung zustandekommt als in der Ruhe*, und wie wenig dabei von Haltung im eigentlichen Sinne gesprochen werden kann. Ober- und Unterkörper sind, im Gegensatz zum Übereinander beim Stehen, in *fortwährender Verschiebung gegeneinander* begriffen, und jeder Punkt des Rumpfes ist in *fortlaufender wellig-spiraliger* Bewegung.

Auf diese eigentümlichen *Verschiebungen und Verwringungen* hat sich die Innenbewegung einzustellen, durch lebendiges Antworten auf ihre mannigfachen Lebensantriebe wie durch bewahrendes Gegenwirken gegen ihre zerrenden Wirkungen. Es leuchtet ein, welche hervorragende Rolle dabei die *Atemspannung* spielen muß. Jede Verschiebung wird zur Verzerrung, wenn die Weichteile zwischen Brustkorb und Becken ihr widerstandslos nachgeben, und sie führt zum Verspannen, wenn sie sich ihr durch äußere Muskelspannung widersetzen. Nur durch *gegenwirkendes Auffüllen des Mittelkörpers von innen her*, nur durch antagonistisches Gegenspiel zwischen Zwerchfell und Bauchdecke kann die elastisch-straffe Verbindung zwischen Unter- und Oberkörper geschaffen werden, die den zerrenden Wirkungen der Bewegung Widerstand leistet, den Leib als Lebensganzes bewahrt und den Aufbau in der Bewegung lebendig hält.

Aufbau und Gliederbewegung

Zweierlei also gehört zum Aufbau in der Bewegung: mechanisch richtige Verschiebungs- und Verwringungsbewegungen innerhalb des Rumpfes und organisch richtiges Antworten der Innenbewegung auf diese Bewegungen. Beides aber wird wiederum von der *Art der Gliederbewegungen* entscheidend mitbestimmt. Denn nur auf organisch richtige Bewegung kann die Innenbewegung lebendig antworten. Nur wenn die Gliederbewegung in ihrem inneren Ablauf wie in ihrer äußeren Gestalt in Fühlung mit der Innenbewegung verläuft, wirkt sie belebend auf die Innenbewegung zurück.

Auch in ihrem äußeren Verlauf, in ihrer Mechanik also müssen die Bewegungen der Glieder dem Bau des Knochengerüsts und der Lage und Bestimmung der Muskeln entsprechen. Denn Bewegungswerkzeuge und innere Organe bilden eine funktionelle Einheit; jeder falsche Gebrauch der Bewegungswerkzeuge wirkt störend auf die innere Lebenstätigkeit, auch wenn es sich nur um Arme und Beine und nicht um die dem Atemorganismus benachbarten Rumpfmuskeln handelt. Für das Auge ist es ein weiter Weg vom Bein bis zum Zwerchfell; bedenkt man aber, daß die Beine durch die Beuger des Hüftgelenks (mm psoas und iliaci minor und major) gleichsam ihre Wurzeln durch das Becken hindurch bis zur Lendenwirbelsäule erstrecken, wo die hinteren Zwerchfellfasern ansetzen, daß ferner die großen Gefäße, die sie versorgen, aus der Bauchhöhle kommen, und daß ihre Nerven genau wie die Muskeln durchs Becken laufen, bevor sie zu den Beinen gelangen, so versteht man, daß vom richtigen oder falschen Gebrauch dieser Muskeln die Art der Druckwirkungen auf Nerven, Gefäße und innere Organe der Bauchhöhle abhängt.

Jede falsche Gliederbewegung erschwert den Aufbau, verleitet zu falschen Ausgleichsbewegungen oder zum faulen Festhalten der Haltung, hemmt den Atem und stört die Blutströmung. Man kann sein Bein heben in einer Weise, die zum Rückschieben des Oberkörpers, zum Einziehen von Lende und Flanken verführt, ja geradezu nötigt, und in einer Weise, die dem Oberkörper Lust macht, ausgleichend vorzuschwingen, den Flanken, sich bewahrend aufzufüllen, dem Zerchfell, sich kraftvoll zu senken, der Lende, sich zu strecken.

Wird z. B. beim Gehen, Laufen, Springen vorwärts (noch häufiger bei der Rückwärtsbewegung) das Knie nicht spannkräftig gehoben, sondern der Oberschenkel nur vorgependelt, so fehlt meist auch das Rückschwingen des Beckens, das dem Gehen und Laufen den Ausdruck des

Ruhens in der Aktivität verleiht, es fehlt dem Zwerchfell der Antrieb zum Tiefgang und den Beckenorganen die Lageveränderung und der Durchblutungsreiz. Der Unterkörper erscheint trotz weitausgreifender Beinbewegung leblos, weil die Beinbewegung nicht durch den Unterkörper bis zur Körpermitte durchklingt, weder innerlich noch äußerlich. Die Bewegung erscheint vital unbeteiligt.

Und ebenso ist es mit dem Oberkörper. Armbewegungen, die zu falschen Verschiebungen der Schulterblätter verführen, hemmen das äußere Durchlaufen der Bewegung durch die Wirbelsäule bis zum Becken, stören die Lungenspitzenatmung und die Durchblutung von Brustkorb und Armen und wirken leblos und unnotwendig, auch wenn sie hübsch und geschickt sind.

Es hängt also vom Wie der Gliederbewegung ab, ob die Ausgleichsbewegungen des Rumpfes richtig oder falsch, starr oder belebt, verspannt oder gelöst ablaufen. Das bedeutet: es muß sich nicht nur der Rumpf ausgleichend auf die Bewegungen der Glieder, sondern es müssen sich auch *die Bewegungen der Glieder auf die Aufbaubedürfnisse des Rumpfes einstellen.* Sie dürfen den Rumpf nicht zu Verzerrungen verleiten, sollen ihm vielmehr Impulse zum richtigen Aufbau geben.

Aufbau in der Bewegung heißt also, *die Bewegungen der Glieder so mit den Aufbaubedürfnissen des Rumpfes in Einklang bringen, daß richtige Ausgleichsbewegungen von Ober- und Unterkörper möglich sind,* und daß der Rumpf Lust zum Sichfüllen und -strecken bekommt,

und gleichzeitig *im Rumpf die Bewegungen der Glieder so mitspüren,* daß der Rumpf in jedem Augenblick die Gleichgewichtsverschiebungen, die von den Gliederbewegungen ausgehen, feinfühlig ausgleichen und so seinen *Aufbau in Fühlung mit den Bewegungen der Glieder fortwährend* neu finden kann.

Haltungserziehung als Bewegungsbildung

Das bedeutet: die Aufbauerziehung in der Bewegung ist mit Ausgleichs- und Atemspannungsübungen des Rumpfes nicht abgetan. Die *Elemente der Arm- und Beinbewegung* im Zusammenhang mit den ausgleichenden Rumpfbewegungen gehören notwendig dazu. Ihre Erarbeitung ist ebenso Innenbewegungs- wie Außenbewegungsbildung. Die Glieder sollen gleichsam *Fühler sein, die der Rumpf ausstreckt,* ihre Bewegung geleitet von der Gestalt und durchströmt von der Organtätigkeit des Rumpfes, und der Rumpf wiederum soll ein feinfühlendes Instrument sein, das keine Gliederbewegung unbeteiligt geschehen läßt, sondern auf jede mit äußerer Ausgleichsbewegung und innerer Lebenserhöhung antwortet.

Was damit eigentlich gemeint ist, läßt sich mit Worten kaum deutlich machen. Wer sich aber einmal die Zeit nimmt, ein kleines Kind in seiner Bewegung zu beobachten: wie da das Ausstrecken eines Armes sichtbar zur Gleichgewichtsaufgabe wird, wie in dem schwierigen Ringen ums Gleichgewicht der ganze Rumpf in Bewegung gerät und sich anders einstellt, der wird verstehen, daß es alles andere als theoretische Erwägungen, daß es unmittelbare praktische Erfahrungen sind, die zu der hier vertretenen *kinetischen Auffassung der Haltungserziehung* geführt haben. Bei guten Tänzern und Schauspielern übrigens bekommt man in seltenen Fällen ähnliches zu sehen, leider nicht als Frucht der tänzerischen Gymnastik, sondern trotz ihrer. Nicht zu beschreiben ist, wie dann die kleinste Geste *spricht,* wie sie unmittelbar zum Ausdruck des Seelischen, zur Gebärde wird.

Darauf also kommt es an, die *Bewegungen der Arme und Beine zu Gleichgewichtsaufgaben werden zu lassen.* Im völlig labilen, gelösten Stehen auf einem Bein, besser noch auf bewegter Unterlage, auf Rolle, Stab, gleitender Decke erarbeitet, werden sie gleichsam zum Zwiegespräch zwischen Rumpf und Gliedern. Die Glieder stellen eine Frage, der Rumpf antwortet durch ausgleichende Formwandlung. Der Leib spricht als Lebensganzes und durch ihn der Mensch. Wenn so das Durchlaufen der Gliederbewegung durch den Rumpf, das Sichrichten und -strecken, das Sichauffüllen und Durchströmtwerden der Glieder von den Lebensimpulsen aus der Körpermitte praktisch erspürt und erlebt wird, dann erst bildet sich eine lebendige Vorstellung davon, was Aufbau in der Bewegung heißt. Das innere und äußere Wechselspiel zwischen Rumpf und Gliedern wird dann als eigentliche Mitte der Bewegung, als „Bewegungszentrum" erfahren. *Aufbau in der Bewegung wird zur Grundlage der Bewegungsbildung.*

8. Entstehung und Behandlung der Skoliosen

Krankheiten und körperliche Verbildungen sind so weit Gegenstand der Bewegungslehre, wie sie durch Bewegung bedingt und also durch sie zu beeinflussen sind. In diesem Sinne soll hier auf einen bisher zu wenig beachteten Faktor aufmerksam gemacht werden, der bei der Entstehung der seitlichen Wirbelsäulenverkrümmungen entscheidend mitwirkt, und der deshalb für ihre Behandlung wesentlich ist. Es mag an dieser Einzelfrage deutlich werden, wie eine neue Schau des Bewegungsproblems auch Aufgaben der Krankengymnastik in ein neues Licht rückt und neue Wege zu ihrer Lösung sichtbar werden läßt.

Entstehung

Als unmittelbare Entstehungsursache für die meisten Verbiegungen der Wirbelsäule wird *falsche Belastung* angesehen, und das mit Recht. Man braucht nur einen Gesunden mit dem rechten Fuß etwas erhöht zu stellen und dann das Körpergewicht gleichmäßig auf beide Beine verteilen lassen (der Einfachheit wegen benutzen wir hier ein für allemal das Beispiel der linkskonvexen Lenden- und der rechtskonvexen Brustskoliose), so bekommt man einige der wesentlichen Züge einer Skoliose vor Augen gestellt: mit dem schief gestellten Becken wird das Kreuzbein links seitlich geneigt, die Lendenwirbelsäule biegt sich ausgleichend nach rechts, eine sogenannte statische Skoliose ist entstanden.

Aber offenbar ist — auch abgesehen von krankhaften organischen Ursachen wie Wirbelentzündungen und Narbenbildungen — die falsche Belastung *nicht die einzige Ursache* dieser „Belastungsdifformitäten", sonst müßten alle Kinder, die sich beim Schreiben schief halten, oder die ihre Schulmappe regelmäßig an einem Arm tragen, oder die ihre kleinen Geschwister umherschleppen (wie viele tun das!), eine Skoliose bekommen. Anderes wirkt mit: überstandene oder noch fortdauernde Rachitis, allgemeine Schwäche, verkehrte Lebensweise und Ernährung, vielleicht auch konstitutionelle Ursachen.

Aus diesem Ursachenkomplex heben wir als für die Behandlung besonders wichtig die *allgemeine Atem- und Zirkulationsschwäche* heraus. Ein vital vollkräftiges Kind bekommt keine Skoliose, es sei denn, daß tiefliegende krankhafte Schädigungen mitwirken. Es ist allemal Schwäche, Mattigkeit, herabgesetzte Vitalität, geminderte Spannkraft, oft im Gefolge seelischer Verstörungen, die dem Kinde das Geradestehen zur Last machen und es dazu treiben, in die Schiefhaltung auszuweichen.

Stehen auf einem Bein, Sitzen mit Mehrbelastung der einen Beckenhälfte ist beim Erwachsenen wie beim Kinde eine typische Ausweich- und Schwächehaltung. Darüber dürfen übernommene Schönheitsideale, die das Symmetrische als steif empfinden lassen, nicht hinwegtäuschen.

Kein gesundes Kleinkind, kein Primitiver, kein kräftiger Bauer steht oder sitzt so.

Kinder, die das nicht nötig haben, weil sie voll spannkräftig sind und körperlich wie seelisch nicht überfordert werden, bekommen keine Skoliose, auch wenn sie sich bei einseitigem Tragen oder bei falsch geleiteten Schreibbemühungen vorübergehend schief halten. Daraus müssen in der Behandlung der Skoliosen die Folgerungen gezogen werden.

Wird die *allgemeine* Atem- und Zirkulationsschwäche heute im Heilplan der Wirbelsäulenverbiegungen wenigstens durch Massage, Luftbäder usw. berücksichtigt – wenn auch leider da nicht, wo es am nötigsten wäre, nämlich in der Art der Bewegungen, mit denen im orthopädischen Turnen gegen die Verbildung angekämpft wird –, so wird eine andere, äußerst wirksame Entstehungsursache der Skoliosen bis heute kaum beachtet, geschweige denn in ihrer verhängnisvollen Wirkung gewürdigt. Das ist die *spezielle und örtliche Mitwirkung der Atembewegung* beim Zustandekommen der Verbildung und die Art ihres Wirkens.

Die Skoliose wird im allgemeinen als Ergebnis gewohnheitsmäßiger Schiefhaltung und die Verbildung von Muskeln, Knorpeln und Knochen als Ergebnis funktioneller Anpassung an diese Schiefhaltung angesehen. Die Atmung zieht man allenfalls zur Erklärung der Wirbelsäulendrehung und der Brustkorbverbildung mit heran; für die seitliche Krümmung aber und für ihre böse *Verschlimmerungstendenz,* die das eigentliche Charakteristikum dieser Erkrankung bildet, glaubt man mit statischen Erklärungsursachen auszukommen. Ist einmal die Schiefhaltung da, so argumentiert man, dann wirkt die Schwerkraft dauernd im Sinne der Verschlimmerung.

Das stimmt. Aber es gilt genau so für die gleichseitigen Verbiegungen, für die Lordosen und Kyphosen, wie für die Asymmetrien der Rumpfform. Wie kommt es, daß dort die Verschlimmerungstendenz entfernt nicht so böse ist wie hier, daß gleichseitige Haltungsfehler nur ausnahmsweise zu schweren Verwachsungen führen, während unbehandelte Skoliosen oft in furchtbare Mißbildungen mit schwerster Schädigung der inneren Organe übergehen?

Es geschieht, weil dort die beeinträchtigte Atmung nur eine – wenn auch wesentliche – Komponente im Kräftespiel ist, während hier die Atembewegung als *eine der Hauptursachen,* und zwar als eine Tag und Nacht wirkende, in den Verschlimmerungsvorgang eingeordnet ist. Die Verschlimmerungstendenz der Skoliosen und damit die Entwicklung einer einfachen Schiefhaltung zu einer „Verwachsung", einer schweren

Verbildung der Wirbelsäule und des Brustkorbs, ist das Ergebnis eines *Fehlerkreislaufs zwischen falscher Belastung und einseitiger Atmung, also zwischen Statik und Kinetik*, Mechanik und Organik.

Schiefatmung als Entstehungsursache

Jede einseitige Bewegungsbeschränkung führt nämlich zu einseitiger Erschlaffung der Atemmuskulatur und zur *Schiefatmung*. Schon bei einseitiger Verletzung der Hand, bei der der Arm einige Wochen wenig bewegt oder gar in der Binde getragen wird, erschlafft der Mittelkörper an der kranken Seite, die Flanken sinken ein, die Lungenspitzen lassen mit Atmen nach, und die Schulter sinkt herab.

Jede Skoliose zeigt die gleichen Erscheinungen. An der konkaven Seite einer Lendenskoliose zeigt sich der Mittelkörper erschlafft und das Zwerchfell nur minimal tätig; an der Gegenseite ist die Mittelkörper-muskulatur (Bauchdecke) gedehnt und in Spannung und das Zwerchfell aktiv. An der Konkavseite einer Brustskoliose ist der Brustkorb einge-sunken und atmet wenig, an ihrer Konvexseite stehen die Rippen hoch und werden kräftig bewegt.

Wer mit den Wirkungen der Atembewegung auf Haltung, Bewegung und Körperform jahrelang experimentiert, wer immer wieder erfahren hat, welch mächtiger Hebel zur Besserung gerade hartnäckiger Skoliosen die Atmung ist, dem drängt sich die Überzeugung auf, daß diese auffal-lende und tiefgreifende Veränderung der Atembewegung nicht nur eine Folge, sondern in vielen Fällen geradezu *Ursache* der Verbildung ist. Er gewinnt den Eindruck, daß alle mechanischen Einwirkungen, seien es Beweglichkeits-, Ausgleichs- oder örtliche Kräftigungsübungen, nur vor-bereitenden Wert haben, und daß erst mit der *Bekämpfung der Schief-atmung* die Heilmaßnahmen an die eigentliche Krankheitsursache heran-kommen.

Ist dieser Eindruck zu begründen? Kann der Atembewegung mit ihren verhältnismäßig kleinen Ausschlägen ein so großer ursächlicher Einfluß auf Haltung und Körperform zuerkannt werden? Daß einseitige Atmung zu seitlicher Verbiegung der Wirbelsäule führen kann, beweisen die postpleuritischen Skoliosen, die bei einseitiger Atembehinderung durch Verwachsung zwischen Rippenfell und Brustfell oder durch Bildung einer Knochenbrücke zwischen zwei Rippen entstehen. Die physiologische Erklärung liegt hier im einseitig überwiegenden Zug der

Rippenheber an der Wirbelsäule (siehe Hofbauer, Physiologie und Pathologie der Atmung).

Tatsächlich also kann einseitige Atmung allein und ohne Hilfe statischer Kräfte eine seitliche Verbiegung der Wirbelsäule hervorbringen. Der verhältnismäßig geringe, aber Tag und Nacht fortwirkende Zug der Atemmuskeln an der Wirbelsäule genügt, um im Verlaufe von Wochen oder Monaten ihre Form in ähnlicher Weise zu verändern, wie es bei den statischen Skoliosen infolge von Schiefhaltung geschieht.

Daß aber auch bei der Entstehung der *statischen* Skoliosen die Schiefatmung eine wichtige Mitursache ist, macht eine einfache Überlegung einleuchtend, ja man möchte sagen, zwingend: die als Ursache angenommene Schiefhaltung wirkt anfänglich – solange sie noch nicht fixiert ist – nur stundenweise. Sie wird in der Bewegung und im Schlaf wieder ausgeglichen. Es ist also kein Grund einzusehen, warum Muskeln und Bänder sich verkürzen, Gelenke steif werden sollten, da ja schon geringe tägliche Bewegung ein sonst ungebrauchtes Gelenk vor Versteifung und seine Muskeln vor Verkürzung bewahrt.

Versteifung tritt also erst ein, wenn die Verbiegung in Bewegung und Ruhe nicht mehr ausgeglichen, die Fehlhaltung sogar im Schlaf beibehalten wird. Das aber geschieht, wenn an der zusammengepreßten Seite der Atem nachgibt, wenn das Zwerchfell es aufgibt, in dem verengten Raum zwischen Brustkorb und Becken gegen den vergrößerten Druck der zusammengepreßten Bauchorgane anzuatmen, wenn die Rippenheber der seitlich gebeugten Brustkorbhälfte unter ähnlich ungünstigen Bedingungen arbeiten müssen, und wenn in beiden Fällen an der Streckseite die Atemmuskeln *durch Mehrarbeit den Verlust auszugleichen streben.*

Die Atmung nämlich, zart und sensibel wie sie ist, reagiert im Guten wie im Bösen weit rascher als die auf gröbere Anstöße eingestellte Außenbewegung. Längst bevor die Muskeln der Wirbelsäule endgültig darauf verzichten, den im Sitzen oder beim Tragen schief gehaltenen Körper in der freien Bewegung wieder aufzurichten, versagt an der beengten Seite der Atem und setzt bald auch in der Bewegung nicht mehr mit voller Kraft ein. Und nun erst beginnt der verhängnisvolle Kreislauf.

Aus der uns bekannten Wechselwirkung zwischen Atmung und Haltung wird nun ein *Fehlerkreislauf zwischen Schiefhaltung und Schiefatmung.* Allgemeine Atem- und Zirkulationsschwäche führt zur ausweichenden und als weniger anstrengend empfundenen Schiefhaltung.

Infolge der Schiefhaltung wird der Atem an der konkaven Seite der Wirbelsäule eingeengt, an der konvexen vergrößert. Diese Schiefatmung wird zur Gewohnheit und wirkt nun ihrerseits auf die Haltung zurück.

Bei einseitiger Zwerchfellatmung nämlich fehlt an der versagenden Seite die Atemspannung, durch die gleichsam ein prall gefülltes Kissen zwischen Brustkorb und Becken eingeschoben wird. Ohne die aufrichtende Kraft der Atemspannung aber ist die Haltung für die versagende Seite allein auf die Spannkraft der Rückenmuskeln angewiesen, während ihr auf der andern beide Kräfte zur Verfügung stehen.

Ebenso geht es bei einseitiger Brustatmung. Es wird da von den Rippenhebern der beiden Seiten ein verschieden starker Zug auf die Wirbelsäule ausgeübt, so daß sie selbst bei gleich stark arbeitenden Streckmuskeln sich dennoch nach der schwächer atmenden Seite hinüberneigen muß.

So zieht die zur Gewohnheit gewordene Schiefatmung Schiefhaltung nach sich *auch in den Lagen, in denen sie vorher noch nicht stattfand,* z. B. in lebhafter Bewegung. Darunter leidet die Durchblutung der Beugeseite und unter der schlechten Durchblutung wiederum die Haltung. Die Schiefhaltung wird aus einem Augenblicksvorgang zur Bewegungsgewohnheit, und damit nun ·wieder wird dem Atem der Anreiz zum Ausgleich und zur Überwindung seiner Einseitigkeit entzogen, der ihm durch symmetrische Außenbewegung zuteil werden könnte. So wird die Atmung immer einseitiger und in ihrer Folge die Wirbelsäule immer krummer. *Schiefhaltung und Schiefatmung steigern sich wechselseitig.*

Die Verschlimmerungsneigung der Skoliosen hat also keineswegs nur statisch-mechanische, sie hat auch, ja vorwiegend, kinetisch-organische Gründe. Hat der Organismus die Kraft, mit Atmung und Blutströmung den mechanisch verbiegenden Kräften entgegenzuwirken, so entsteht allenfalls eine kleine Verbiegung, aber keinesfalls eine gefährliche Skoliose mit Verschlimmerungsneigung.

Fehlerkreisläufe

Im einzelnen bilden sich folgende Fehlerkreisläufe heraus:
    1. Fehlerkreislauf zwischen einseitiger Atmung und Wirbelsäulenverbiegung.
Bei statischer Lumbalskoliose linkskonvex (wie sie z. B. durch Verschiebung des Körpergewichts auf das rechte Bein entsteht), werden

Brustkorb und Becken rechts einander genähert, die Zwerchfellatmung rechts beeinträchtigt, links verstärkt.

Rechts verminderte Zwerchfellatmung nimmt dem Rumpf rechts das „Luftkissen" zwischen Becken und Brustkorb und läßt den Brustkorb weiter nach rechts heruntersinken. Gleichzeitig wird (ebenfalls unter dem Einfluß einseitiger Zwerchfellatmung) die Lendenwirbelsäule nach links hinten herausgedreht.

Schiefhaltung mit erhöhter rechter Schulter bewirkt rechtskonvexe Dorsalskoliose. Der Brustkorb wird rechts gedehnt links zusammengerückt, die Rippenatmung links vermindert, rechts vermehrt.

Bei linksverminderter Brustatmung üben die Rippenheber rechts größeren Zug an der Wirbelsäule und helfen sie weiter nach links zu biegen, und zugleich drehen sie sie nach hinten rechts heraus. Es entsteht so die typische Rumpfform des Skoliotikers die durch eine Vereinigung von Seitbeugung und Verdrehung der Wirbelsäule gekennzeichnet ist.

2. *Fehlerkreislauf zwischen einseitiger Atmung und einseitiger Entwicklung des Brustkorbes.*

Bei rechtskonvexer Dorsalskoliose wird die Wirbelsäule nach links gebeugt und durch die rechts überwiegende Atmung nach rechts hinten herausgedreht, und mit ihr die rechte Brustkorbhälfte. Die rechten Rippen werden überentwickelt, die linken bleiben in der Entwicklung zurück. Es entsteht ein rechtsseitiger Rippenbuckel, der nun wiederum verstärkend auf die Biegung der Wirbelsäule wirkt.

3. Endlich der bekannte *Fehlerkreislauf zwischen Schiefhaltung und Veränderung von Knochen und Muskeln.*

Durch die dauernd gewordene Schiefhaltung werden die Rückenstrecker einseitig entwickelt. An der konvexen Seite treten sie wulstig hervor, an der konkaven verkümmern sie.

In der Nähe des Scheitels der Verbiegung versteifen die nur noch einseitig bewegten Wirbelgelenke. Die einseitig zusammengepreßten knorpeligen Zwischenwirbelscheiben werden keilförmig. Sogar die Wirbelknochen entwickeln sich ungleichseitig.

Behandlungshinweise

Zwei wichtige Folgerungen ergeben sich aus dem Gesagten für die Behandlung der Skoliosen. Die eine geht die *Arbeitsweise des orthopädischen Turnens* an die andere seinen *Stoff.*

1. Alles orthopädische Turnen muß *Innenbewegungs*turnen sein. Unverbundene Bewegung darf es in der Behandlung des kranken Menschen noch viel weniger geben als in der Erziehung des gesunden. Belebung des Leibes und Beseelung der Bewegung muß das Prinzip sein, das alle Arbeit durchdringt und gestaltet. Darauf braucht hier nicht eingegangen zu werden; es ist der Inhalt dieses Buches.

2. Im Stoffplan einer kausalen Skoliosenbehandlung muß *spezielle Atemtherapie mit dem Ziel der Wiederherstellung einer symmetrischen Atmung* einen wichtigen Platz einnehmen. Sie bildet nicht nur einen wesentlichen Bestandteil, sie gehört in den Mittelpunkt.

Denn von den beiden unmittelbaren Krankheitsursachen, der Schiefhaltung und der Schiefatmung, ist nur die eine, die Schiefatmung, gleich von Beginn der Behandlung an zu beeinflussen. Auf die Schiefhaltung kann erst gewirkt werden, wenn die Beweglichkeit der Wirbelsäule wiedergewonnen ist, was oft lange Zeit in Anspruch nimmt. Durch alle diese Monate aber wirkt die Atmung fortwährend im Sinne der Verkrümmung weiter. Es läßt sich vorstellen, was eine Stunde Bewegung am Tage bessern kann, wenn sie gegen dreiundzwanzig Stunden Schiefatmung ankämpfen muß.

Kausale Behandlung der Skoliosen heißt deshalb *Atembehandlung.* Ihr Ziel ist, durch Überwindung der Schiefatmung den Atem aus einem überlegenen Gegner zum Verbündeten zu gewinnen. Das bedeutet: *Atemerziehung gehört in den Mittelpunkt des orthopädischen Turnens,* nicht in dem Sinne, daß sie andere Heilmaßnahmen überflüssig machte, wohl aber in dem, daß sie alle durchdringen und ihrem Ziel einordnen muß. Hier sei nochmals auf die Arbeitsweise Schroth-Meißen hingewiesen, die durch Atmen in ausgleichenden Stellungen erstaunliche Veränderungen erzielt.

Jedes mechanische Turnen bekämpft die *Erscheinungsformen* der Krankheit, die Unbeweglichkeit und die Schiefhaltung, es verschlimmert aber zugleich eine ihrer wesentlichen *Ursachen,* die Atem- und Zirkulationsschwäche. Das ist die Erklärung für die im Verhältnis zu Mühe, Scharfsinn und Sorgfalt so bescheidenen Erfolge des orthopädischen Turnens in schwereren Fällen. Es bleibt bei den Symptomen und kommt nicht an die Ursache heran.

Es fehlt erstens die Belebung des ganzen Leibes von der Innenbewegung her, und daher fehlt jeder Bewegung das Belebende, den ganzen Organismus Durchströmende. Sie bleibt Teilübung. Ist diese Mechanik des Übens schon für gesunde Kinder eine Gefahr, so für diese vital geschwächten geradezu Gift. Und dieses Gift wirkt auf den widerstandsschwachen Körper in seiner vollen Konzentration. Oft bieten Kinder, die durch solche Behandlung gegangen sind, ein geradezu erschreckendes Bild dar. Die Bewegungseinheit ist zerrissen, der Körper wie auf Draht gezogen.

Es fehlt zweitens die *spezielle* Atemerziehung, der Kampf gegen die Schiefatmung mit allen geeigneten Mitteln. Die Verbindung von Turnübungen mit willkürlichen Ein- und Ausatembewegungen ist für diese kausale Maßnahme kein Ersatz, und das aus dreifachem Grunde:

erstens, weil diese Atemübungen nur den Brustkorb, nicht den Mittelkörper berücksichtigen und häufig den Fehler im Mittelkörper verstärken, indem sie den im Brustkorb bekämpfen,

zweitens, weil willkürliche Atemübungen sehr wenig fördernden Einfluß auf die unwillkürliche Alltagsatmung haben,

und drittens, weil sie die vitale Schwäche, den Mangel an unwillkürlichen Impulsen, die Störung von Lebensgefühl und Lebensganzheit verstärken, die eine der Entstehungsursachen der Skoliose ist.

Es fehlt ferner häufig die Beachtung der mit der seitlichen Verkrümmung verbundenen *gleichseitigen Haltungsfehler,* der falschen Unterkörperstellung und Beckenneigung und der Lordosen (besonders der Lende), während Kyphosen schon ernster genommen werden.

Das *Üben mit hohler Lende* ist vom Gesichtspunkt der Atmung wie der Haltung gleich bedenklich. Denn es unterdrückt die hintere Zwerchfellatmung und die Flankenatmung, wird dadurch verstörend auf die ohnehin geschwächten Atemimpulse und zerstört die für die aufrechte Haltung so wichtige Mittelkörperspannung; es kann sehr leicht, indem es die Erscheinungen der Skoliose bekämpft, eine Lendenlordose hervorrufen. Viele Kinder kommen aus dem orthopädischen Turnen mit verdorbener Atmung und Haltung und zerrissener Bewegungseinheit.

Das Verbinden einseitiger Ausgleichsübungen mit Armheben an der konkaven und Hereinpressen der konvexen Seite einer Dorsalskoliose („der Schüler turnt links hoch bei rechter Dorsal- und linker Lumbalskoliose") ist eine in mehreren Hinsichten *fragwürdige Maßnahme.*

Erstens ist es, wie schon angedeutet, mechanisch falsch in bezug auf die Schiefatmung, denn es fördert den Knick in der Gürtellinie, die Schiefatmung des Mittelkörpers, und damit eine der Ursachen der Lumbalskoliose. Zweitens zerrt es durch Überbetonung der Brustatmung den Atem aus seiner Naturform und verstärkt damit seine als Krankheitsursache wirkende Schwäche. Und drittens mechanisiert es den Bewegungsablauf und wirkt dadurch im gleichen Sinne ursachenverstärkend.

Endlich verzichtet das orthopädische Turnen in den meisten Fällen auf eine planmäßige *Arbeit an Haltung und Bewegung,* verläßt sich also darauf, daß Ausgleichsübungen, die eine normale Haltung und Bewegung *möglich* machen, von selbst eine solche *hervorbringen* werden.

Das ist ein Irrtum. Denn eine Skoliose ist nicht nur eine Verzerrung der Körperform, sondern sie ist immer verbunden mit einem *Verlust an Formgefühl* und einer *Abirrung des Bewegungssinns.* Der Skoliotiker *fühlt sich gerade, wenn er schief ist.* Das wird nicht anders dadurch, daß seine Muskeln und Sehnen so weit gelockert und gekräftigt werden, daß er sich gerade halten *könnte,* wenn er wüßte, wie das anfangen. Er weiß es eben nicht, und von selber wird er es auch nicht lernen. Mit anderen Worten: Es genügt nicht, am Körper zu arbeiten; *Arbeit am Bewegungssinn,* der etwas Seelisches ist, muß hinzukommen. Der Schüler muß ein Bewußtsein davon bekommen, wie sich Geradesein in Ruhe und Bewegung anfühlt, und dieses Bewußtsein muß sich so mit dem Erleben eines flutenden innerleiblichen Lebens verbinden, daß für ihn Geradesein gleichbedeutend wird mit Lebendigsein, Krafthaben, Wollen und Können. Nur dann kann eine Schiefhaltung von innen her überwunden werden.

Zur Behandlung der Skoliosen gehören:

1. Allgemeinbehandlung durch Luft- und Sonnenbäder, Taulaufen oder andere belebende Anwendungen, frischkostreiche Ernährung, reichlich Schlaf und Bewegung, wenn nötig Ganzmassagen.

2. Massage, und zwar Atemmassage zur allgemeinen Belebung und zum Beweglichmachen des Brustkorbes, und Rücken- und Wirbelsäulenmassage zur besseren Durchblutung von Knorpeln, Bändern und Muskeln.

3. Atemerziehung, und zwar allgemeine Belebung der Atemtätigkeit durch Griffe, Laute, Töne, Innenbewegungsanregungen aller Art, geführte (sogenannte passive) Bewegungen usw.

und spezielle Ausbildung, verkümmerter Atemfähigkeiten. Dazu gehört:

Wiederherstellung der fast immer verkümmerten Zwerchfelltiefatmung, der Flanken- und Lungenspitzenatmung im allgemeinen,

und sorgfältige Ausgleichsbehandlung für die beiden ungleich arbeitenden Hälften des Atemorganismus, also Zwerchfell- und Flankeneinatmung an der eingesunkenen Seite des Mittelkörpers (Konkavität der Lendenskoliose),

Ausatemtätigkeit der Bauchmuskeln und der Flanken an der Gegenseite,

Einatemtätigkeit der mittleren Rippen und der Lungenspitzen an der unterentwickelten Brustkorbhälfte (Konkavität der Brustskoliose) unter sorgfältiger Beachtung der Bauchmuskelausatmung an dieser Seite,

Brustkorbausatmung an der Gegenseite bei Erhaltung der Mittelkörperspannung an dieser Seite,

einseitige Atemspannungsarbeit für die eingesunkene Mittelkörperhälfte. Besonders geeignet sind einseitige Trage- und Stemmbewegungen im Stehen und Sitzen mit Sandsack, Vollball oder Ziegelstein mit dem Arm der gesunden Seite, die Rückenstrecker und Atemspannung der kranken Seite in Anspruch nehmen, ebenso einseitige Druck-, Stütz-, Klopf- und Stampfbewegungen.

4. *Wirbelsäulengymnastik*, nämlich passive und aktive Beweglichkeitsübungen; zu letzteren gehören die gleichseitig ausgeführten Übungen des Klapp'schen Kriechverfahrens, die im Sinne eines organischen, innenbelebten Bewegungsablaufs ausgestaltet werden können,

Ausgleichsübungen für die Wirbelsäule, die erst mit wachsender Beweglichkeit möglich und fruchtbar werden (das sogenannte Redressement des orthopädischen Turnens). Dazu gehören einseitige Bein-, Arm- und Rumpfbewegungen in Kriechstellung und im Sitzen mit Hochlagerung einer Beckenhälfte auch die Klapp'schen Kriechübungen in einseitiger Ausführung, jedoch in sorgfältiger Anpassung an den Einzelfall (ein Schema ist hier unmöglich) und unter individueller Kontrolle von Atmung und Bewegung,

einseitige Kräftigungsübungen für die langen Rückenstrecker, die zum Teil schon in den Ausgleichsübungen und den einseitigen Atemspannungsübungen enthalten sind, wichtig auch die „gezielten" Kräftigungsübungen von Dr. Niederhöffer, die sich an die *kurzen* Rückenstrecker wenden und dem Einzelfall aufs feinste angepaßt werden.

5. *Haltungs- und Bewegungsbildung*, die erst bei hinreichender Beweglichkeit der Wirbelsäule und einiger Atemspannung an der eingesunkenen Mittelkörperseite möglich wird.

Dazu gehört: Geradestellen des ungleich hoch stehenden und meist auch einseitig heraustretenden Beckens bei gleicher Belastung beider Beine im Stehen und Bewährung dieser Beckenstellung im passiven und aktiven Gewichtverlagern, im Bücken, Federn, Springen, in Armbewegungen usw.

Gleichseitige Mittelkörperarbeit wie Treten, Stampfen, Klopfen, „Schwingen", Stützen usw. mit Erhaltung der Spannung an der eingesunkenen Seite.

Arbeit am Aufbau der Wirbelsäule, wie sie in der Haltungserziehung angedeutet ist, wobei besonders die Haltung bei Armarbeit (Halten, Stützen, Ziehen, Schieben, Werfen, Fangen usw.) beachtet werden muß, und Arbeit am Aufbau in der Fortbewegung, wie sie am Schluß der Haltungserziehung geschildert wird. (S. 347–349)

Diese Arbeit am Aufbau ist — es soll noch einmal betont werden — ein notwendiger und unentbehrlicher Bestandteil der Skoliosenbehandlung. Denn ein unsymmetrisch funktionierender Bewegungssinn kommt kaum je wieder von selbst in Ordnung. Selbst die spät und rein von außen erworbenen Schiefhaltungen nach Beinverletzungen, schweren Nervenentzündungen usw. pflegen den Bewegungssinn so zu verwirren, daß der Kranke noch schief geht, nachdem seine Muskeln längst wieder voll funktionsfähig geworden sind. Nicht bloß Gelenke und Muskeln, *der Mensch selbst muß umlernen und neulernen.*

VI. FORM

1. Das Problem der Form in der menschlichen Bewegung

Dem Tier ist die Form seiner Bewegungen von der Natur ein für allemal mitgegeben. Ein gesundes Tier hat eine bestimmte Bewegungsweise und nur eine. Es kann aus ihr so wenig heraus wie aus seinem Leibe. Goethe: „Die Tiere werden von ihren Gliedern tyrannisiert."

Beim Menschen ist die Bewegungsform labil und wandelbar. Die Tatsache der Bewegungsstile beweist es. Es gibt ihrer so viele, wie es Kulturstile gibt; denn die Gestalt eines vom Menschen geschaffenen Dinges ist immer auch eine Ausprägung seiner Bewegungsweise.

In dieser Beweglichkeit, im Nichtfestgelegtsein der menschlichen Bewegung, liegt die Möglichkeit der Verzerrung und Entartung ebenso wie die der schöpferischen Leistung beschlossen. Beide gehören zum Wesen des Menschen. Daß der Mensch zur Selbstbestimmung geschaffen ist, so fern er immer diesem seinem Ziele sein mag, braucht man nicht notwendig aus philosophischen Erwägungen abzuleiten; wer recht hinschaut, kann es auch aus dem Bau und der Funktionsweise seines leiblichen Organismus ablesen.

Zum Problem wird die Form der Bewegung erst in zivilisatorischen Spätzeiten. Solange Menschen und Völker gesund sind, wird sie ebenso ungesucht gefunden wie der Klang beim Singen oder der Gebrauch eines Werkzeugs oder Musik-Instruments. Gelehrt und gelernt wird, *was* man zu tun hat, aber nicht, *wie* man es mache. Man lernt das Geigen durch geigen, das Tanzen durch tanzen und das Laufen durch laufen.

Erst seit fünfzig bis hundert Jahren zeigt sich, daß das nicht mehr zum Ziele führt, und nun wird *das Wie zum Problem*. Es entsteht der grundsätzliche Irrtum, man könne verkümmerten Formsinn durch eine erlernte Technik ersetzen; vielfach wird überhaupt die Form mit Technik gleichgesetzt, ganz besonders im Bereich der Bewegung. Denn hier fehlt das große Kunstwerk, das anderwärts – etwa in der Musik – den Rang der Technik als eines Untergeordneten und Dienenden deutlich macht.

Nun beginnt im Sport die Jagd nach der zweckmäßigen, in Gymnastik und Tanz die nach der „schönen" Form, in beiden Fällen mit Unrecht Stil genannt, eben weil Form mit Technik gleichgesetzt wird.

Form kann der Mensch seiner Bewegung nicht geben; sie kann nur wachsen. Zweckmäßig wird die Bewegung von selber, wenn sie im Kontakt mit einem ungestörten leiblichen Innenleben und in lebendigem Reagieren auf die wechselnden Umweltbedingungen in jedem Augenblick neu gefunden wird. Imitiert man stattdessen den äußeren Ablauf etwa von Nurmis – gewiß zweckmäßigen – Beinbewegungen beim Laufen und übt diesen Ablauf ein, so zerstört man damit den Kontakt des ganzen Menschen mit dem Ganzen der im Augenblick wirkenden Bedingungen, und es entsteht *Scheinform*. Ebenso wenig ist die im guten Sinne des Wortes *schöne* Bewegung etwas, das man machen oder lernen kann. Zwar kann man einen gefälligen oder „anmutigen" Bewegungsablauf einüben, aber man erreicht damit eben höchstens eine äußere Glätte, eine Technik, die vom unsicher gewordenen Geschmack der Zeit gutgläubig für Form genommen wird.

Echte Form hat mit ästhetischen Wertungen nichts zu tun. Schön und häßlich sind subjektive Geschmacksurteile oder von außen herangetragene, mehr oder minder willkürliche, konventionelle Wertbegriffe; Form dagegen ist eine von innen her bestimmte Erscheinung, aus der Sache selbst gewachsen und notwendig.

So ist es zum Beispiel eine willkürliche Geschmackskonvention der Tänzer, wenn sie und das Publikum es schön finden, am herabhängenden Bein den Fuß nach unten zu strecken, statt ihn ebenfalls hängen zu lassen. Wo bestimmte Bewegungsformen mit innerer Notwendigkeit als schön empfunden werden, – man vergleiche etwa das Bewegungsbild der Griechen mit dem der Ägypter und dieses mit dem gotischen –, da hat das ganz andere als ästhetische Gründe. Als schön werden sie empfunden, weil sie das Lebensgefühl ihrer Epoche aussprechen, weil sie mit Notwendigkeit aus ihren inneren Kräften, den geistig-weltanschaulichen wie den sinnlich-vitalen erwachsen.

Form wird *nicht von außen,* vom Sinneseindruck bestimmt, den sie auf den Beschauer üben soll, *sondern von innen,* von Kräften, die im Formschaffenden wirken. Sie entsteht innerlich notwendig aus einem Spiel mit- und gegeneinander wirkender Kräfte und läßt sich nicht von außen durch Geschmacksurteile festlegen. Wo die Form konventionell festgelegt oder – im Gegensatz dazu – der Geschmackswillkür des Einzelnen überlassen ist, da ist sie entweder erstarrt oder in der Auflösung begriffen. Beides erfahren wir im modernen Tanz, das eine im Ballett, das andere nicht selten im Ausdruckstanz.

Nicht also wird die Form vom Begriff der Schönheit bestimmt, sondern umgekehrt wird, wo die Form lebendig ist, der Schönheitsbegriff von der Form geprägt: *schön ist, was innerlich notwendig aus dem Spiel wirkender Kräfte hervorgeht.*

Dem modernen Empfinden ist dieser dynamische Schönheitsbegriff nicht so fremd. Für uns sind die ägyptischen Königsbilder nicht mehr häßlich, weil sie so symmetrisch, so „steif" dasitzen; denn wir haben gelernt, diesen unbeweglichen Sitz als Ausdruck mächtiger Innenkräfte zu erleben. Wir lehnen Mathias Grünewald nicht ab, weil er schmerzverzerrte Gebärden oder leichenfarbene Körper malt. Denn wir wissen, daß die dunklen Untertöne des Lebens in aller großen Kunst mitschwingen müssen, und daß sie als geheime Begleitstimmen auch dem Heiteren in der Kunst erst die Tiefe verleihen.

Jene spielerische Ästhetik, die das Schöne mit dem sinnlich Angenehmen gleichsetzte, ist seit dem ersten Weltkrieg endgültig überwunden. Der Mensch, wieder unmittelbar vor die Abgründe des Lebens gestellt, kann himmelblaue Harmonie nicht mehr bejahen. Schönheit, die das Dunkle nicht einbezieht, ist für ihn unwahr.

Für die Schönheit der menschlichen Bewegung trifft das genau so zu wie für die Schönheit in der Kunst. Die ästhetische Linie ist in der menschlichen Bewegung *in keinem Falle ein Wert;* das gilt für Gymnastik und Tanz genau wie für die Alltagsbewegung. Wir müssen es uns abgewöhnen, die Frage der Form als ein ästhetisches, wir müssen lernen, sie als ein *dynamisches Problem* anzusehen.

2. Haltung als formendes Prinzip

Die formenden Kräfte in der menschlichen Bewegung sind objektiver Art. Sie gehen aus von der naturgegebenen Gestalt des Menschenleibes. Diese Gestalt kann sich in der Bewegung bewahren, sie kann aber auch verzerrt werden, denn sie ist dem Menschen anvertraut, nicht aufgenötigt. Das Mittel, durch das der Mensch seine Gestalt in der Bewegung bewahrt, ist die Haltung. Sie ist es, die der Bewegung durch Wahrung der menschlichen Gestalt den Ausdruck des Menschlichen aufprägt. Echte Bewegungsform ist *durch Haltung in der Bewegung sich ausprägende Gestalt des Menschenleibes.*

Innenbewegung und Haltung stehen in der Bewegung im Verhältnis von Inhalt und Form. Die Innenbewegung verleiht der Bewegung Leben und Wärme, aber sie gibt ihr keine Form. Eher neigt sie, die Form aufzulösen. Atem und Blutstrom brauchen nur durch einen freudigen oder schmerzlichen Eindruck oder durch körperliche Anstrengung ins Wogen zu geraten, und schon versuchen sie, die Haltung aufzulösen: man sieht es, und man fühlt es mit, wie der Mensch „seine Haltung verliert", – und damit seinen Halt.

Die Haltung wirkt den auflösenden Strebungen der Innenbewegung entgegen; sie verhindert, daß das Leben zerfließt, daß die Wärme verströmt und sich erschöpft. Denn die innere Quelle ist nicht unerschöpflich; wer sie in gewaltsamen Ausbrüchen verströmen läßt, hat kein Wasser, wenn er es braucht. Davor bewahrt die Haltung.

An der Haltung zerren von außen Schwere, Trägheit, Fliehkraft – Kräfte der „toten" Natur. Sie streben, dem Leibe und damit der Bewegung eine von außen kommende Form aufzunötigen, sie formlos zu machen im Sinne der organischen, von innen her bestimmten Form. Durch die Haltung leistet der Mensch diesen formverzerrenden Einflüssen von außen Widerstand, strafft er sich gegen den erschlaffenden Zug; sie erhält seine Gestalt und gibt damit seiner Bewegung Form.

Daß die Haltung der Bewegung Form verleiht, gilt allerdings nur für eine *labile,* im Wie ihres Zustandekommens immerfort sich wandelnde Haltung. Wird die Haltung durch gleichzeitiges Verspannen aller in Frage kommenden Muskeln „festgeklemmt", so gibt sie der Bewegung nicht Form, sondern macht sie starr selbst bei äußerem Wechsel.

Das immer wechselnde Zusammenspiel der haltenden Muskulatur ist es, das sich auf die von Augenblick zu Augenblick wechselnden Bedingungen des Gleichgewichts und der Innenbewegung feinfühlig reagierend einstellt.

Eine solche Haltung gibt dem Strom des inneren Lebens das Bett, in dem er fließt. Eine starre und ein für allemal festgelegte Haltung macht den Innenbewegungs-Strom zum Kanal, in dem das Wasser einförmig und träge dahinfließt; eine labile gibt ihm in jedem Gelände eine andere Gestalt, in jedem die ihm wesensgemäße.

Denn das Bett wird dem Fluß ja nicht von einer äußeren Kraft gemacht; er gräbt es sich selbst. So wird auch der Bewegung ihre Gestalt nicht von außen her durch die Haltung aufgenötigt, sondern der Innenbewegungsstrom selbst bildet sie sich. Die Art, wie bei einer bestimmten

Bewegung die Form des Leibes erhalten wird, wird von denselben Kräften der Innenbewegung bestimmt wie die Bewegung selbst.

Dieselben lustigen kleinen Zwerchfellstöße, die dem Laufen das rasche kurze Auf und Ab verleihen, geben auch dem Rumpf die kleinen Spannungsstöße, durch die er dabei seinen Aufbau bewahrt; denn die Spannungsstöße vom Zwerchfell her fordern die entsprechenden in den äußeren Antagonisten des Zwerchfells. Mit derselben Bewegungsweise also, mit der die Atemmuskulatur den Gehalt der Bewegung ausdrückt, schafft die Rumpfmuskulatur die den Aufbau erhaltenden Spannungen. Die Muskeltätigkeit, durch die die Haltung zustande kommt, spiegelt die Tätigkeit der Atemmuskeln.

So ist die *Haltung die formende Kraft für die Bewegung;* aber die Form, die sie prägt, ist – vorausgesetzt, daß die Haltung lebensvoll ist – nicht von außen herangetragenes Schema, sondern *lebendige, von innen her geprägte Gestalt.* Sie ist dem Inhalt nicht aufgezwungen, sondern *vom Inhalt selbst bestimmt,* ihn ebenso aussprechend wie bewahrend.

Die Haltung ist für die Innenbewegung gleichsam ein Stauwehr, an dem sie aufschäumt und anwächst, bis sie, den Damm überflutend, in die äußere Bewegung hineinströmt, sie verstärkend, vergrößernd oder in neue Bahnen lenkend, ihre Gestalt wandelnd. Dem Zuge, mit dem bei einer Schwungbewegung die Fliehkraft die Arme aus dem Rumpf herauszerren will, stellt sich die Haltung als formbewahrende Kraft entgegen. Indem sie die widerstandslose Vergrößerung des Schwunges hemmt, läßt sie das von der Bewegung geweckte innere Leben und mit ihm den Bewegungsimpuls anwachsen, bis er, die hemmende Kraft überwiegend, sich in neuer Raumrichtung, in neuer Gestalt, etwa im Übergang in eine andere Schwungebene, in einem Schritt, einer Drehung Luft macht, womit die Flutwelle der Innenbewegung abklingt und die Bewegung, bei beruhigter Innenströmung, gleichsam von vorn beginnt. So wirkt die Haltung nicht nur als formendes Prinzip in der Bewegung; durch den Widerstand, durch den sie den Innenstrom in neue Bahnen lenkt, ist sie auch an der *Wandlung der Form* mittelbar beteiligt.

Bewegungsform kommt nicht von außen, sie wächst von innen. Sie ist Prägung der Bewegung zum Ausdruck der menschlichen Gestalt und damit des Menschen. Das Werkzeug, durch das die Bewegung zum Ausdruck der menschlichen Gestalt geprägt wird, ist die Haltung. Geformte Bewegung ist von den bewahrenden Kräften der Haltung durchwirkte Bewegung.

3. Zur Bedeutung der Kopfhaltung für den Bewegungsablauf

Hier soll von neuentdeckten Zusammenhängen gesprochen werden, die vielleicht einmal Bedeutung für die Leibeserziehung erlangen könnten.

Im Jahre 1942 brachte der Utrechter Anatomie-Professor Rudolf Magnus den Nachweis für das Vorhandensein eines bisher unbekannten Nervenorgans, der von ihm so genannten „Zentralkontrolle", von der aus das ganze Muskelsystem der Tiere in seiner Zusammenarbeit gelenkt wird, und die er in einem Muskelkomplex zwischen Kopf und Nacken, dicht unterhalb des Schädels, gefunden hatte. Schon zwei Jahre darauf gelang es dem bedeutenden amerikanischen Biologie-Professor Coghill, diese Zentralkontrolle auch an lebenden Tieren nachzuweisen: nach Entfernung des Organs brach die Koordination, das geordnete Muskelspiel der Tiere zusammen.

Schon um die Jahrhundertwende aber war der damals in Australien lebende englische Rezitator F. Mathias Alexander aufgrund persönlicher Erfahrungen zu dem gleichen Ergebnis gelangt. Durch ein Stimmleiden unfähig geworden, seinen Beruf auszuüben, hatte er durch Selbstbeobachtung im Spiegel festgestellt, daß er beim Deklamieren in der Begeisterung seinen Kopf in den Nacken warf, die Hinterhauptmuskeln verspannte, den Kehlkopf herabdrückte und hörbar einatmete. Und er glaubte zu bemerken, daß er umso heiserer wurde, je mehr er das tat. Gelang es ihm, den Kopf oben zu lassen und die Muskeln zu lösen, so blieb der Kehlkopf an seinem Platz, und das ziehende Atemgeräusch verschwand.

Allmählich gelang es ihm, seine Kopfhaltung zu ändern, gewiß keine einfache Sache bei einem Haltungsfehler, der – zum „bedingten Reflex" geworden – sich so eng mit dem Gefühlsleben verbunden hatte. Und damit verschwand die Heiserkeit; seine Stimme wurde wieder normal.

Alexander schloß aus diesen Erfahrungen auf das Vorhandensein eines nervlichen Koordinierungsorgans für die gesamte Bewegungsmuskulatur, das er „Primär-Kontrolle" nannte. Nach England zurückgekehrt, begann er zu lehren, und seine drei Bücher bringen eine Fülle von Zeugnissen berühmter wie unbekannter Schüler, darunter Bernhard Shaw, für die erstaunlichen Heilerfolge seiner Arbeit.

Wenn es stimmt, daß in den Hinterhauptmuskeln ein Nervenorgan für die Bewegungssteuerung liegt – und nach allem Gesagten ist daran kaum zu zweifeln –, so ergeben sich daraus Folgerungen für die Leibeserziehung, die den Zusammenhang zwischen Aufbau und Bewegung neu beleuchten. Verkehrte Kopfhaltung mit verspannten oder schlaffen Hinterhauptmuskeln ist dann nicht nur ein Haltungsfehler unter anderen, sondern darüber hinaus ein zentral wirkender *Störfaktor für den Ablauf der gesamten Bewegung.*

Denn wenn die Koordination des gesamten Muskelsystems, das eine funktionelle Einheit bildet, von einem Nervenorgan in den Hinterhauptmuskeln gesteuert wird, und wenn dieses Organ nur bei gelöst aufrechter Kopfhaltung richtig arbeiten kann, so hängt jede Bewegung in ihrem Ablauf von der Kopfhaltung ab, und man wird nur dann zu gelöster und „ganzheitlich" von innen her gesteuerter Bewegung kommen, wenn man die Kopfhaltung in die Bewegungsbildung einbezieht. Womit gemeint ist, daß nicht nur etwaige formale Fehlhaltungen besonders beachtet werden, sondern daß ein naturgemäßes, gelöstes Tragen des Kopfes erarbeitet wird. Nur wenn der Kopf auf der Wirbelsäule *balanciert* wird wie eine Kugel auf einem Stab, was ein weiches und feinfühliges Verhalten der Halsmuskeln verlangt, kann das empfindliche Steuerungsorgan unbehindert arbeiten.

So wenig wir von diesen Zusammenhängen noch wissen, – wir sind für die Bedeutung einer normalen Steuerung nicht ohne Empfinden. Ein spastisch gelähmtes Kind, bei dem die zentrale Steuerung versagt, wirkt anders auf uns als ein Mensch mit einer schweren Skoliose, ein Buckliger, ein Krüppel. Bei diesem empfinden wir immer noch die – wenn auch verzerrte – Menschengestalt; und wenn er lebendig und beteiligt wirkt, so werden wir seinen entstellten Körper bald vergessen. Ganz anders ein Spastiker. Seine unkontrollierten Bewegungen wecken nicht nur Mitleid, sie wecken etwas wie Entsetzen. Unmittelbar spüren wir, hier versagt die zentrale Beziehung des Menschen zu seinem leiblichen Instrument.

Etwas Ähnliches empfinden wir, wenn ein scheuendes Pferd den Kopf in den Nacken wirft und mit wild verdrehten Augen davonstürmt, vielleicht in den nächsten Abgrund. Und es wundert uns nicht mehr zu hören: wenn es mißlingt, zu verhindern, daß ein spastisch gelähmtes Kind während der Behandlung den Kopf in den Nacken wirft, setzen alle spastischen Reflexe mit voller Stärke ein, und wir können von dieser Behandlungsstunde keinen Erfolg mehr erwarten.

Wer mit der Kopfhaltung an sich selbst experimentiert, sie in die Bewegungsbildung einbezieht, ja von ihr ausgeht, indem er sich den Bewegungsablauf gleichsam von dem aufrecht balancierten Kopf her diktieren läßt, wird diesen Zusammenhang bestätigt finden. Allerdings nur, sofern es ihm gelingt, den Kopf nicht in der „richtigen" Haltung festzustellen, sondern mit ihm zu balancieren. Und das verlangt, daß er allmählich lernt, das Gewicht des Kopfes beim Bewegen, beim Vor-, Rück- und Seitneigen zu spüren. Denn nur so kann er in der Bewegung die immer wechselnde gleichgewichtige Kopfhaltung finden, in der der Zug der Schwerkraft nach vorn den nach hinten, ihr Zug nach rechts den nach links ausgleicht, so daß der Kopf in jeder Bewegung ohne Haltespannung aufrecht getragen werden kann. Damit erwächst ihm eine zuverlässige Führung und ein unmittelbares Ganzheitserleben. An vielen Stellen beginnt er zu spüren, wie falsch doch immer noch das scheinbar, nämlich der äußeren Form nach, Richtige sein kann. Aber das wird ihn nicht entmutigen. Denn er wird dabei innerlich ruhig, ohne zu erschlaffen, und er gewinnt etwas von dem, was uns so sehr nottut: von dem Vertrauen, daß er den Schwierigkeiten des Lebens wird begegnen können, ohne „den Kopf zu verlieren".

4. Die Polarität der Bewegung

Die Dynamik, aus der die Form einer Bewegung hervorgeht, ist eine vielfältige, keine einfache. Nicht *eine* Kraft schafft Form, sondern viele mit- und gegeneinander.

Bewegung ist ein antagonistischer Vorgang. Das Gegenspiel der Kräfte gehört zu ihrem Wesen. Wenn man erst einmal begonnen hat, in das Gestaltwerden der menschlichen Bewegung hineinzublicken, entdeckt man auf Schritt und Tritt neue Antagonismen. Schon die einfache mechanische Einrichtung, daß jede Bewegung aus dem Zusammenspiel von Muskeln und Gegenmuskeln, Synergisten und Antagonisten erwächst, verliert nun etwas von ihrem zweckhaften Charakter. Gewiß, sie ist zweckmäßig; aber sie ist mehr als das: sie *spricht*. Wenn einem das deutlich wird, wenn man in die Sprache der menschlichen Bewegung sich einzuleben beginnt, dann rückt einem die Frage nahe, ob denn wirklich, wie es die Kausalforschung anzusehen pflegt, Gestalt und Ausdruck Mittel zu biologischen Zwecken, oder ob nicht möglicherweise umgekehrt biologische Zweckmäßigkeit ein Mittel im Dienste von

Ausdruck und Gestalt sei: „Gestaltung, Umgestaltung, des ewigen Sinnes ewige Unterhaltung". (Goethe)

Die menschliche Bewegung ist eine *polare Erscheinung*. Unter Polarität verstehen wir das Zusammenwirken zweier Gegenkräfte, die sich nicht ausschließen, sondern ergänzen, die sich gegenseitig nicht hemmen, sondern fördern und steigern.

Zwischen zwei Magnetpolen bildet sich ein Kraftfeld. Eisenfeilstaub, in dieses Kraftfeld gestreut, ordnet sich in bestimmten „Kraftlinien" an: auf jedes Stäubchen wirken zwei entgegengesetzte Kräfte, die im Zusammenwirken ihm seinen Ort bestimmen. Nur wenige sind in der Mitte zwischen den Kraftpolen, aber jedes ist an seinem Ort im Gleichgewicht. Es entsteht ein charakteristisches, lebendig und ausdrucksvoll wirkendes Bild.

Wie das Sichordnen der Eisenteilchen, so verläuft auch die menschliche Bewegung im Spannungsfeld entgegengesetzter Kräfte. Aus der immer verschiedenen Art ihres Zusammenwirkens empfängt sie ihre Form, ihre Spannung, ihren Ausdruckgehalt.

Es wirkt die Innenbewegung gegen die Haltung; sie strömt gegen das Stauwehr und sucht es zu überfluten. Es wirkt die Haltung gegen die Innenbewegung; sie setzt ihr Widerstände und läßt sie dadurch anschwellen. Es wirkt die Haltung gegen Fliehkraft, Trägheit, Schwere und hält den Körper zusammen, den sie aus seiner Form zu zerren trachten. Es wirken diese mechanischen Kräfte gegen die Haltung, aber auch gegen die Innenbewegung, die sie, wenn es ihnen gelingt, den Rumpf auseinanderzuzerren, verstören, verwirren, verschütten. Es wirkt die Innenbewegung gegen Fliehkraft, Trägheit, Schwere; sie gibt dem Rumpf die Spannung, gegen ihre mechanischen Zugwirkungen seine Form zu erhalten.

Es gibt eine Fülle solcher Kräftepaare, und jede Bewegung ist *von vielen durchwirkt*. So ist etwa Laufen *zugleich ruhend und fortstrebend, zugleich bodenverbunden und leicht, weich und straff, gelöst und spannkräftig*. Immer müssen beide Kräfte wirksam sein, damit die Bewegung Form bekommt, aber keineswegs stehen sie immer im gleichen Verhältnis zueinander. So wenig im magnetischen Kraftfeld die Eisenteilchen sich auf die Mitte zwischen beiden Polen zusammenziehen, so wenig liegt richtige Bewegung in der Mitte zwischen ruhend und fortstrebend, schwer und leicht, weich und straff. *Immer ist sie beides, aber immer in einem anderen Verhältnis*. Es gibt nicht eine, sondern viele Kraftlinien, nicht eine, sondern viele Möglichkeiten des Gleichgewichts.

Laufen kann mehr schwer, erdgebunden, körperhaft, und es kann mehr leicht, federnd, dem Springen schon verwandt, es kann mehr träge oder mehr beschwingt, mehr weich oder mehr straff, mehr fortstrebend oder mehr ortgebunden und jedesmal richtig sein. Richtig ist es, solange – in welchem Verhältnis immer – *beide Gegenkräfte* noch in ihm wirken, und sofern sie *ein Gleichgewicht* – nicht *das* Gleichgewicht! – finden; falsch wird es, wenn nur noch *eine* Kraft wirkt, wenn es nur schwer, hängend, oder nur leicht, schwebend, ohne Verbindung mit dem Boden, wenn es nur weich, das heißt schlaff, oder nur hart, das heißt verspannt, wenn es nur ortgebunden, also klebend oder nur fortstrebend, also hastig wird. Falsch wird es auch, wenn beide Gegensätze darin sind, aber ohne eine rechte Beziehung zueinander. Es entsteht dann das Bild dissonanter, zugleich schlaffer und verspannter, müder und gehetzter, träger und doch nicht ruhender Bewegung.

Es gibt also nicht eine richtige Form des Laufens, des Gehens, des Springens, sondern unbegrenzt viele; sie quellen in jedem Augenblick neu aus dem immer anders strömenden Lebensgefüge des Individuums.

Form kann nicht gemacht werden, sie wird *gefunden.* Sie ist nicht ein für allemal da, sondern *entsteht immer neu.* Sie wird mit Hilfe der Haltung, die ihr Werkzeug ist, in jedem Augenblick neu geschaffen und *verfällt, wenn sie nicht erneuert wird.*

Die Form einer Bewegung ist das irrationale Kräfteverhältnis, in dem sich in ihr die Gegensätze zur Einheit zusammenfinden.

Das Geheimnis der Bewegungsform liegt also in der *Zwiekräftigkeit* der Bewegung in ihrer Polarität. Von ihr aus muß man das Bild einer Bewegung ansehen, wenn es lebendig werden soll.

Vom Wesentlichen einer Bewegung hat man kein Bild, wenn man nur ihren äußeren Verlauf kennt; denn weder ihr Gehalt noch ihre Form sind darin beschlossen. Man weiß dann genau das von ihr, was auch ein guter Automat machen könnte. Wesentliches vom Gehalt einer Bewegung gibt ihr Innenbewegungsablauf, die Art, wie das innere Leben in ihr fließt. Aber das Eigentümliche ihrer Gestalt und die Mannigfaltigkeit ihrer Gestalten sind nur zu fassen in der *verschiedenen Gewichtigkeit von Kräften und Gegenkräften* und in der *Mannigfaltigkeit der Innenströmungen,* die aus diesem Kräftespiel entspringen.

Es genügt daher nicht, den mechanischen Verlauf einer Bewegung, ihre „Technik" zu schildern, um ein Bild von ihr zu bekommen. Man kann sehr genau wissen, wie beim Gehen das Bein sich hebt und schwingt, der Fuß abrollt, das Gewicht übertragen wird, der Schultergürtel sich in Gegendrehung zum Becken bewegt, und dennoch nichts Wesentliches vom Gehen wissen.

Es genügt aber auch nicht, die einer Bewegung eigene innere Lebensströmung, ihre Organik zu kennen – obwohl man damit ihrem Bilde näher kommt als mit der Mechanik. Deutlich, lebendig, sprechend und mitteilbar wird das Bild einer Bewegung erst, wenn sie *dynamisch, als Kräftespiel* im polaren Spannungsfeld von Kraft und Gegenkraft gesehen wird.

Die mechanische Betrachtung faßt die Bewegung von außen. Sie ist rational daher bequem; aber sie ist unzulänglich: sie ergibt nie gehaltvolle Form, immer nur leere Hülle. Die organische begreift die Bewegung von innen her, bleibt aber im Bios, in der naturhaften Lebensströmung befangen. Erst die dynamische Betrachtung dringt über das Naturhafte hinaus in den eigentümlich menschlichen Bereich vor. Sie schaut die Bewegung, wie ein Künstler die menschliche Gestalt schaut: als Form, das heißt, als Verkörperung eines Gehaltes, als „in Geheimniszustand erhobenes Inneres" (Novalis). Sie erst erlaubt es, in der Bildung des Leibes und seiner Bewegung *den ganzen Menschen zu erfassen.*

5. *Gehen* Die folgenden *Bewegungsbilder* sind nur dem verständlich, der die vorangehenden Kapitel der allgemeinen wie der besonderen Bewegungslehre kennt. Auch dann fordern sie gründliches Sicheinleben. Der Leser, der – sehr begreiflich – sich an der konkreten Beschreibung bestimmter Bewegungen über die Grundauffassungen des Buches rasch unterrichten will, wird finden, daß ihm grundlegende Begriffe unverständlich sind, und er wird sich, liest er über diese Begriffe hinweg, befremdet, wohl auch zum Widerspruch gereizt fühlen.

Gehen kann Kraft und Zielstrebigkeit ausdrücken, Lust und Leben, Würde und Gelassenheit, verhaltene, innenlebendige Stille. Unser Gehen tut all das nicht. Es spricht von Hast, von Mattheit, von Zwecken und Begierden, auch von Eitelkeit, Unsicherheit, Geltungsdrang. Die Bewegung ist uns kein Instrument, kein Ausdruck unseres wirklichen Seins; wir wissen nicht, welche Möglichkeiten zu leben und uns als lebendig zu empfinden, uns in der Bewegung gegeben sind. Wir verstehen es nicht, uns durch das Maß und die Gefülltheit unserer Bewegung in bewegtem Ruhen zu erhalten.

Der moderne Mensch hat das Gehen verlernt. Mehr noch: er weiß kaum mehr, daß Gehen eine Bewegung ist; für ihn ist es nicht viel mehr als ein Transport. In Wirklichkeit ist Gehen *Ausdruck* wie kaum eine andere Bewegung. In ihm verkörpert sich die Individualität eines Menschen, sein leiblicher und seelischer Zustand und in unserer Zeit — unbemerkt, aber eindringlich — die ganze Unsicherheit, Angst, Sorge, Not, Gier, die Gestalt- und Würdelosigkeit einer ihrer selbst und ihrer Werte und Normen unsicher gewordenen Gesellschaft.

Wenn man sich die Zeit nimmt, einmal in Ruhe die Menschen etwa auf einem Großstadtplatz zu betrachten, so, wie man sonst Bilder oder Statuen betrachtet, dann kann einem das Grausen kommen. Was haben die Menschen aus ihrem Leibe gemacht, von dem sie doch bekennen, er sei das Ebenbild Gottes! Sie rennen, den Kopf voran, den Körper steif, die Beine wie Stöcke unterschiebend und die Arme wie an Bindfadengelenken schlenkernd, sie schieben sich lustlos, müde voran, das Gesicht starr und unbeteiligt. Kleinzügig, ängstlich, gehemmt trippeln sie wie mit zusammengebundenen Knien und angepreßten Armen, oder sie schieben forsch, mit unechtem Selbstgefühl den Unterkörper voran und ziehen den Oberkörper nach; selbst beim Laufen bringen sie es nicht bis zum Vorlegen der Brust: ein Bild der Stumpfheit, der Kraft- und Ausdruckslosigkeit, ein wahrhaft unmenschliches Bild.

Äußere Mit-Ursachen sind die glatten und harten Asphaltstraßen, — den Pferden baute man besondere Sandwege, die Menschen sind das nicht wert —, und mehr noch bewegunghemmendes und fußverbildendes Schuhwerk, enge Röcke, Rock- und Hosenbünde, Gürtelriemen, die unbemerkt als Dauerfesseln wirken und die Bewegungsfreude, das Element aller guten Bewegung, empfindlich dämpfen. Wem es ernst ist mit dem Wunsch, mit seinem Leibe in Freundschaft zu leben, dem wird seine Bewegungsfreiheit im Alltag mehr wert sein als die billigenden Blicke der Umwelt auf seine modegerechte Hülle.

Auch der Mangel an natürlichen Hindernissen wirkt mit. Denn gehen ist eine *kleine,* den Organismus nur mäßig in Anspruch nehmende Bewegung; es bleibt nur lebensvoll, wenn Hindernisse zu überwinden sind. Gebirgler, die als Kinder barfuß die Geröllhalden auf- und abliefen, Küstenbewohner, die sich gegen den Sturm vorwärtskämpfen, Bauern, die über den gepflügten Acker schreiten, können gehen.

Auch kleine Kinder gehen noch aus der Lebensganzheit: an Stelle der äußeren Hindernisse tritt bei ihnen die Auseinandersetzung mit der noch nicht ganz gelösten Aufgabe des Gehenlernens, die ja auch durch die raschen Veränderungen des Organismus dauernd abgewandelt wird. Aber spätestens in den ersten Schuljahren zerbricht die schöne Einheit; nur im Laufen wird sie noch wiedergefunden.

Daß das Gehen neu erarbeitet werden muß, will den Leuten schwer eingehen. Sie bringen es doch mit, jeder meint es zu können, – und dabei gibt es kaum eine Bewegung, die so automatenhaft, so ohne Empfindung abläuft, kaum eine, die so festgefahren ist. Hinzu kommt, daß das Gehen keine starken Impulse weckt wie etwa das Laufen oder Springen, daß es den Bewegungstrieb nicht anspricht. Es verlangt, was der moderne Mensch am schwersten aufbringt: ruhende Spannkraft, nach innen gesammelte Energie. Das macht das Gehen zur schwersten aller Aufgaben der Bewegungsbildung.

Andererseits ist es nächst dem Aufbau die wichtigste. Der Gang eines Menschen ist ein untrüglicher Prüfstein seines leiblichen Gebildetseins. Mag einer die schönsten Sprünge und Schwünge können, – wenn er nicht gehen kann, gehen im Alltag, auf den Berufswegen, bei der Hausarbeit, so beweist das, daß seine Schwünge und Sprünge nur gelernte Künste sind.

Dasselbe gilt vom Sitzen und Stehen. Gehen, stehen und sitzen sind, abgesehen von den eigentlichen Arbeitsbewegungen (aber wie wenige arbeiten heute noch körperlich in diesem Sinne!) die einzigen Bewegungen, die im Alltag fortwährend vorkommen. Wer sie nicht mit Leben füllt, wem sie nicht Instrument sind, für den mag Bewegung ein Vergnügen sein; eine Lebensäußerung ist sie ihm nicht.

Äußerer Ablauf

Will man wissen, was gehen ist, so wird man gut tun, es da zu beobachten, wo man vor Entartungserscheinungen sicher sein kann: in Filmen von Natur- oder mit der Maschinenzivilisation noch nicht vertrauten Kulturvölkern.

Das Schaubild, der Rhythmus, das Temperament, die Klangfarbe sind bei verschiedenen Völkern sehr verschieden. Die einen betonen das Straffe, die andern das Weiche, die einen eilen, die anderen schreiten oder wandeln gemächlich; bald überwiegt im Ausdruck das Freie und Naturhafte, bald Schönheit und Harmonie: es gibt nicht *ein*, nicht *das* richtige Gehen, es gibt *unbegrenzt viele Möglichkeiten*.

Rein Körperlich gesehen, sind all diese Gestalten des menschlichen Gehens Abwandlungen einer bestimmten, deutlichen. und beschreibbaren Grundform. Und zwar handelt es sich dabei um ein *Wechselspiel zwischen Beinen, Becken und Brustkorb.* Jede der Beinbewegungen, die die verschiedenen Phasen des Schreitens bedingen, verbindet sich näm-

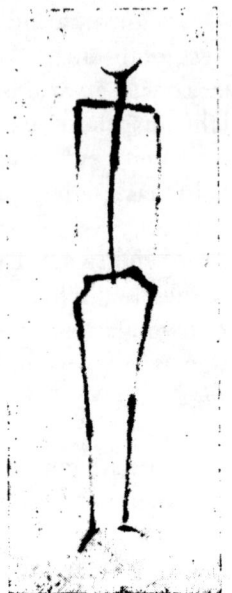

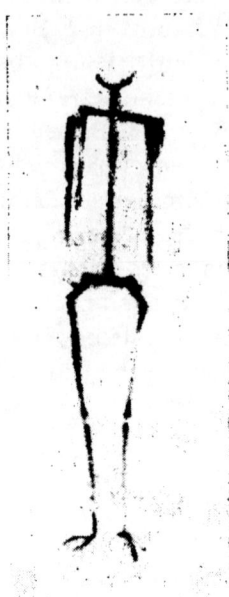

1 Harmonischer seitlicher Ausgleich
„Statische Skoliose"

2 Dissonanter Ausgleich
Seitliche „Standwaage"

3 Schräge: Kraftvoll und zielstrebig

4 Vorgeschobener Unterkörper:
zurückgehalten, gehemmt

lich mit einer bestimmten Bewegung des Beckens, und diese wiederum bewirkt eine ausgleichende Bewegung der Wirbelsäule und mit ihr des Brustkorbs und des Schultergürtels. Diese Bewegungen sind entscheidend für Ablauf und Ausdruck der Bewegung. Sie sind es, die das Gehen aus einer Tätigkeit der Beine zwecks Fortbewegung des Rumpfes zu einer organischen, intensiven und ausdrucksgeladenen, wiewohl äußerlich nicht großen Bewegung des ganzen Leibes machen.

Becken und Wirbelsäule

Die Grundlagen zum Verständnis des Folgenden gibt das Kapitel Aufbau. Das Becken vollführt beim Gehen (und ähnlich beim Laufen und Springen) mannigfache Bewegungen, denen die Wirbelsäule ausgleichend folgt.

1. Beim Verlagern des Gewichtes auf das vorgestellte Bein, das damit zum Standbein wird, senkt sich das Becken an der Spielbeinseite, so daß es mitsamt dem Kreuz- und Steißbein ein wenig schief gestellt wird. Die Wirbelsäule reagiert darauf im Sinne der „statischen Skoliose" mit einer seitlichen Krümmung, die sich beim nächsten Übertragen einen Augenblick ausgleicht, um dann in die entgegengesetzte überzugehen. (S 374, Tafel III, 1)
Diese Bewegung gibt dem Gehen das Weiche. Es entsteht eine leichte seitliche Neigung des Brustkorbs zur Standbeinseite (griechische Statuen!); das seitliche Schwanken von Brustkorb und Kopf nach der Seite des Standbeins wird vermieden.
Übertriebenes Sinkenlassen des Beckens (Schlaffheit der Oberschenkel-Abspreizer) macht das Gehen weichlich und schaukelnd. Verspannung der Abspreizer hindert die seitliche Beckenneigung und führt zu seitlichem Schwanken von Kopf und Brustkorb nach der Seite des Standbeins wie bei seitlicher Standwaage („Entengang"). Tafel III, 2.

2. Beim Vorschwingen des Spielbeins wird die entsprechende Beckenseite ein wenig mit nach vorn genommen, so daß das Becken sich um die senkrechte Achse dreht. Damit keine hemmende Drehung des ganzen Körpers entsteht, wird der Brustkorb ausgleichend in entgegengesetzter Richtung ebenfalls um die Senkrechte gedreht, und zwar im allgemeinen mit Hilfe der in Gegenrichtung zu den Beinen schwingenden Arme. (Gleichzeitiges Vorschwingen von rechtem Bein und linkem Arm mit Verwringung der Wirbelsäule).

Diese ausgleichende Gegendrehung ist beim Gehen nur klein und wenig augenfällig; dennoch ist sie mitbestimmend für seinen Ausdruck. Sie gibt dem Gehen etwas Gelöst-Schwingendes; ihr Fehlen bewirkt eine leichte Störung.

3. Zu Schiefneigung und Drehung kommt beim Gehen noch eine dritte Bewegung des Beckens, ein leichtes Vorneigen im Durchgangsmoment der „Schrittstellung" mit stark vorgelegtem Gewicht und ein maximales Aufrichten beim Anheben des Oberschenkels. Auch diese Bewegung, klein, aber bei vollbeweglichem, kräftigem Gehen deutlich spürbar, teilt sich der Wirbelsäule mit, deren leichte Krümmungen sich beim Knieheben ausgleichen und beim Übertragen in die Schrittstellung wieder erscheinen. Eine Art Welle läuft so bei jedem Schritt durch die Wirbelsäule. Dies Rückschwingen von Becken und Wirbelsäule in ihre Ruhehaltung ist es, das dem Gehen den Ausdruck des Ruhenden auch in kräftiger Vorwärtsbewegung verleiht.

Auf solche Weise, zugleich einseitig gesenkt, vorgedreht (um die Senkrechte kreisend) und vor-rück-verschoben, beschreibt also jeder Punkt des Beckens eine komplizierte räumliche Kurve, und die Wirbelsäule, indem sie sich zugleich seitlich krümmt, oben und unten in entgegengesetzter Richtung dreht (verwringt) und in der Vorrückwärtsrichtung streckt, eine ebenso komplizierte Wellenbewegung. Diese Bewegungen sind es, die *das Gehen zur Gesamtbewegung machen* und ihm das Schwindende, wellig Fließende geben.

Während die beiden ersten Beckenbewegungen samt ihren Wirkungen auf Wirbelsäule und Brustkorb bekannt sind, wird das wechselnde Neigen und Aufrichten des Beckens wenig beachtet. So bekommt das Gehen trotz allen Federns leicht etwas Starres. Das wellige Mitschwingen der Wirbelsäule kann eben durch federnde Fußgelenke nicht ersetzt werden.

Was hier als Versuch einer Bewegungsanalyse, also nacheinander, dargestellt wurde, verläuft in Wirklichkeit gleichzeitig und als einheitliches Ganzes. Die geschilderten Bewegungen von Becken und Wirbelsäule werden nicht gemacht, sondern sie *geschehen* als Folgen statischer Gesetze. Wollte man sie einüben, so bekäme man ein verkünsteltes, gewollt anmutiges oder forsches Gehen. Bei gelöstem, reagierbereitem Verhalten dagegen, bei Kontakt mit Boden, Schwerkraft usw. stellen sie sich ungesucht ein.

Kennen sollte man sie, um sehen und urteilen zu können. „Lehren" lassen sie sich nur auf mittelbare Weise.

Von der Bewegung des Oberschenkels im Hüftgelenk hängt die Freiheit und Entschiedenheit der Bewegung ab. Aus der (als Ausgangspunkt der fortlaufenden Bewegung gedachten) Schrittstellung pendelt das Spielbein nicht nur vor, sein Oberschenkel wird vielmehr mit Hilfe der Hüftbeuger (m iliacus, psoas usw.) *aktivgehoben,* so daß sein Fuß nicht schleifend, sondern von oben her *greifend* den Boden erreicht.

Vor der eigentlichen Vorwärtsbewegung, der Gewichtsübertragung, sollte das Spielbein sich strecken, denn eine geknickte Säule ist wenig geeignet, Gewicht zu tragen. Das geschieht, nach aktivem Heben des Knies, bei kleinerem Schritt beinahe ohne Muskeltätigkeit, allein kraft der Schwere; bei weitem Ausgreifen wird der Unterschenkel durch aktives Strecken des Kniegelenks (m quadriceps femoris) nach vorn gebracht. Erst wenn der Fuß bei gestrecktem Knie den Boden berührt, beginnt das Übertragen des Körpergewichtes vom Standbein aufs Spielbein.

Wird statt dessen das Gewicht auf das noch gebeugte Bein übertragen, so muß das Strecken bei schon belastetem Bein vor sich gehen: in das Gehen kommt, ähnlich wie beim Bergsteigen, etwas wie das Strecken aus einer Teilkniebeuge, -- eine sinnlose Kraftvergeudung, aber auch eine Trübung des reinen Bewegungsbildes: Gehen auf ebenem Boden sollte leicht und frei, nicht mühsam und ziehend erscheinen.

Das Übertragen geschieht durch die Tätigkeit des (jetzt hinteren) Standbeins, das, sich rückwärts *vom Boden abstemmend,* „den Boden nach hinten wegschiebend", sein Fußgelenk streckt (Wadenmuskulatur) und dadurch die Sohle von hinten nach vorn vom Boden „abwickelt". Vom Rückstemmen wird der Ausdruck des Gehens ebenso entscheidend mitbestimmt wie vom Vorheben des Spielbeins.

Wichtig ist vollständiges Übertragen des Gewichts bis auf den Höhepunkt des Fußgewölbes, nicht etwa nur auf die Ferse. Das zum Standbein werdende vorgesetzte Bein soll das Gewicht gleichsam bewußt aufnehmen und balancieren, sonst steht es beim Beginn des neuen Schrittes unsicher und muß sich verspannen.

Beim Anheben des nun vom Gewicht befreiten hinteren Beines kann ausgleichend ein unmerkliches, feines Zurückschwingen des Körpergewichts stattfinden. Dies Rückschwingen gibt dem Gehen den Ausdruck des Ruhenden.

Gelöstheit und Sicherheit des Gehens hängen also wesentlich vom weichen Strecken des Kniegelenks vor dem Verlagern und von der Vollständigkeit des Übertragens ab. Ohne das wird das Gehen, das doch die müheloseste Art der Fortbewegung darstellt, mühsam im Ausdruck und gestört im Rhythmus.

Fußbewegung

Wie ungeklärt noch die Mechanik selbst der alltäglichsten Bewegungen ist, zeigt die immer noch unentschiedene Diskussion um die verschiedenen Auffassungen des Gehens. Soll man, wie es jeder Unbefangene auf der Straße tut, mit der Ferse zuerst den Boden greifen und beim Übertragen des Gewichts den Fuß von der Ferse zur Zehe vom Boden abrollen? Soll man die ganze Sohle aufsetzen? Soll man mit den Zehen zuerst den Boden greifen und zunächst den Fuß von der Zehe zur Sohle an den Boden anrollen, um ihn dann beim Übertragen in umgekehrter Richtung wieder abzurollen?

Jeder verficht seine Auffassung als die richtige. In Wirklichkeit sind alle drei richtig: es gibt *nicht eine, sondern viele Formen des Gehens,* und jede Gelegenheit fordert eine andere. Bei kräftigem Ausschreiten auf der Straße ist dem Europäer das Greifen mit der Ferse natürlich. Wie wenig der Zehengang der Indianer unserm Bewegungsgefühl entspricht, zeigen zur Genüge die dauernd verspannten Waden von Tanzschülern, wenn sie versuchen, ihn in den Alltag zu übertragen.

Gemächliches Gehen erlaubt, die ganze Sohle in einem niederzusetzen, und in der Beschwingtheit des Tanzes greifen die Zehen voran, ohne daß die Wadenmuskeln sich verspannen müssen.

Ebenso wird über die Richtung der Füße beim Gehen gestritten. Die Gymnastiker setzen allgemein die Füße geradeaus, also parallel, die Tänzer auswärts. Aber das ist keine Lösung, denn wer sich, etwa als Tänzer, in die verschiedensten Raumrichtungen sicher bewegen will, muß beides können.

Daß auswärtsgesetzte Füße im Alltag nichts zu suchen haben, darüber sind sich heute Ärzte und Gymnasten einig. Sie schädigen das Fußgewölbe und sind sowohl Ursachen wie Symptome des Senk- und Plattfußes, (Charlie-Chaplin-Gang). Ebenso wenig aber sind sie in der Vorwärtsbewegung beim Tanz zulässig: sie verwirren den Richtungsausdruck, indem sie eine Schräge hineinbringen, und wirken dadurch grotesk auf den von Balletkonventionen unberührten Zuschauer.

Anders beim Drehen: während der Drehung würde der gerade aufgesetzte Fuß zum eingedrehten werden, — eine Stellung, die grotesk wirkt. Hier wird deshalb mit Recht der Fuß auswärts gestellt. Aber nicht nur der Fuß, sondern das ganze Bein wird ausgerollt; sonst entsteht das groteske Bild nach innen blickender Knie bei ausgerollten Füßen. Geschieht das Ausrollen im Hüftgelenk, so leidet auch das Fußgewölbe keinen Schaden, weil dann Fuß und Unterschenkel nicht gegeneinander verdreht werden; ja es wird sogar gehoben.

Ähnliche Gründe sprechen für das Ausrollen beim Seitwärtsgehen mit Überkreuzen: das überkreuzende Spielbein würde das Becken in eine Drehung hineinziehen, die den Ausdruck der reinen Seitbewegung zerstören müßte. Das Ausrollen im Spielbein hindert diese Drehung.

All diese Bemerkungen sind nicht im dogmatischen Sinne zu verstehen. Über die Einzelheiten läßt sich reden; wesentlich ist die Einsicht, daß hier nicht *eines* richtig ist, sondern vieles, und daß an einem Ort falsch sein kann, was am andern richtig wäre: richtig ist, was der gegebenen Situation entspricht.

Bild

Gehen ist *Gesamtbewegung*. Das gilt freilich für alle Bewegung, aber für das Gehen in besonderem Sinne. Beim Laufen, Springen, Sichbücken, Heben ist von selbst, wenigstens äußerlich, der ganze Körper beteiligt, beim Gehen dagegen ist es das „bequemste", den festgestellten Rumpf durch eine bloße Beinbewegung vorwärts zu schieben und allenfalls noch bei raschem Tempo die Arme etwas pendeln zu lassen; und so geschieht es. Das heißt: äußerlich geschieht wenig, innerlich nichts.

Daß diese Erstarrung gelöst, das ausgefahrene Geleise verlassen, das Gehen wieder Bewegung werde, wie es in der frühen Kindheit war, ist die Grundforderung, der gegenüber alle anderen zweiten Ranges sind. Die seelische Beteiligung, die ein Sehender bitterer vermißt als alle technischen oder ästhetischen Züge, erwacht von selber in dem Maße, wie die Bewegung als innenlebendiger Vorgang im ganzen Leibe gespürt wird. Zerstreuter oder allzu forscher Ausdruck ist ein sicheres Zeichen, daß keine volle Gesamtbewegung erreicht ist, auch wenn all ihre äußeren Merkmale zu sehen sind.

Zur Gesamtbewegung – und damit im eigentlichen Sinne überhaupt erst zur Bewegung – wird das Gehen durch das feine Gegeneinander- und Zusammenspielen – beides gehört dazu – von Becken und Brustkorb. Dieses Wechselspiel ist *Gleichgewichtsspiel*. Eindringlich erlebt wird es, wenn bei hoch angehobenem Knie durch vielfältiges Verlagern des Gewichts oder durch kleine Bewegungen des gehobenen Beines das Stehen zur Gleichgewichts-Aufgabe gemacht wird. Das spielende Hin- und Herschwingen des Standbeines nach allen Richtungen ist es, das die feinen Ausgleichsbewegungen von Wirbelsäule und Brustkorb in Gang setzt, auf denen das Durchschwingen des Gehens durch den ganzen Rumpf beruht. Lebensvoll freilich wird das Durchschwingen erst, wenn ein durchatmeter Rumpf die Ausgleichs-Anstöße aufnimmt und mit lebendigem Reagieren von Kreislauf und Atmung beantwortet.

Dies belebende Gleichgewichtsspiel aus dem Stehen ins Gehen hinüberzunehmen und es in allen Formen und Abwandlungen des Gehens zu bewahren, ist die eigentliche Kunst beim Gehen. Helfen kann dabei das „Fahren" vor- und rückwärts auf der Rolle oder auf einem am Boden gleitenden Teppichläufer und der Versuch, auf der bewegten Unterlage zu gehen. Ist einmal in der Erfahrung lebendig geworden, wie sich durch und durch bewegliches Gehen anfühlt, so wird es auch auf dem festen Boden wiederzufinden sein. Hier sei nochmals eine Bemerkung über die *Bedeutung der Haltung* für das Gehen erlaubt. Es gibt keinen guten Gang bei schlechter Haltung; denn schlechte Haltung bedeutet allemal einen starren Rumpf, der kein Zusammenspiel von Becken und Brustkorb zuläßt. Die meisten Gehfehler lassen sich auf entsprechende Haltungsfehler zurückführen.

Andererseits kann Gehen zugleich Haltungserziehung sein. Beide, Stehen und Gehen, fordern eben dieselbe innerleibliche Labilität; sie sind Ausprägungen der gleichen Organ- und Rumpffunktionen.

Die Bewegung des Spielbeins ist eine Mischung aus Vorschwingen und Heben-Senken. Das Gefühl dafür wird wach, wenn man beim Gleichgewichtsspiel im Stehen den Fuß des Spielbeins mit einem Sandsack belastet (oder auch beide Füße beim Gehen). Nicht zufällig haben die Bergbewohner mit ihren schweren Stiefeln einen kraft- und ausdrucksvollen (und dabei keineswegs schweren!) Gang. Die Last bringt den Bewegungsablauf zur Empfindung.

Weiches Vorschwingen und kräftiges Heben-Senken des Beines gehören zu den polaren Gegenkräften beim Gehen. Je nach dem Überwiegen des einen oder anderen bekommt die Bewegung mehr den Ausdruck ruhend-beschwingten Schreitens oder lustbetonter Aktivität. Der weitausgreifende Marsch fordert beides in starker Ausprägung; dem kleinen Schritt gibt das weiche Vorschwingen das Schwingende, Zarte des Walzers, die Betonung des Auf-Ab das Lustvoll-Stampfende mancher Volkstänze. Übrigens sollten Stampfschritte keinen dumpfen Klang geben.

Das Schlagen des Fußes gegen den Boden, das einen hellen Ton gibt, ist ihre natürliche Grundform.

Es versteht sich, daß solche Bemerkungen nicht als methodische Rezepte gemeint sind, sondern als Hinweise zur Verdeutlichung der Bewegungsweise.

Gutes Gehen ist bodenverbunden und aufrecht, *wurzelnd und leicht zugleich*. Betrachtet man den durch den Wald wandernden Mann im Balifilm „Inseln der Dämonen' ', so staunt man über das Leichte, Federnde seines Ganges, aber mehr noch über die innige Fühlung mit dem Boden, – eine Fühlung des ganzen Leibes, nicht nur der Füße. Solches Gehen erscheint als Ausdruck fließender Lebendigkeit im Unterschied von der windspielartigen, nervösen Leichtigkeit federnder Füße und Wirbelsäulen etwa bei Tänzerinnen, die über den Boden hinwegeilen, ohne sich mit ihm auseinanderzusetzen. Im Miteinander von schwer und leicht, wurzelnd und strebend offenbart sich einer der „lebenschaffenden Widersprüche", die überall in der Natur wirken, und deren immer anderes Ausgewogensein der Bewegung das mannigfach Wechselnde, immer Gleiche und immer Verschiedene geben, während jedes Einseitige sich festfährt und leblos wird.

Was *Bodenverbindung* beim Gehen heißt, ist auf flachem Zimmerboden schwer zu erfahren. Allenfalls kann mit dem Fuße, aber kaum mit dem ganzen Leibe die Beziehung geknüpft werden. *Experimentieren im Gelände* ist kaum zu entbehren. Das Sichhineintasten in die Unebenheiten des Waldbodens, in den elastischen Widerstand sich biegenden Heidekrauts, in den ganz andersartigen raschelnden Herbstlaubs, in die Nachgiebigkeit von Sand und Kies, die feinen Berührungen des Grases, – das spielende Hineinstemmen und Herausziehen des Beines, das Erproben der mannigfachen Ausgleichsbewegungen des über der unebenen Fläche balancierenden Rumpfes, das ist es, was ganz eigentlich die Beziehung zwischen Fuß und Boden, Leib und Boden, Boden und Lebensgefühl knüpft und sie immer neu belebt. Kinder wissen, was sie tun, wenn sie immer wieder vom Wege ab und in den Wald hineinlaufen. Ihr Tappen in dürrem Laub, in gebreitetem Heu, in Sand und Kies ist mehr als Spielerei, es ist lebenweckendes Spiel.

Auf solche Weise lernt auch der *Fuß* seine Aufgabe verstehen. Daß er im Tanz zum Instrument werden kann — auch da wird er oft mißhandelt — wissen wir. Könnte er es auch im Alltag bleiben, es gäbe keine Fußleiden.

Es gibt heute kaum ganz gesunde Füße, kaum voll bewegliche und greiffähige Zehen. Fußgymnastik genügt nicht. Hinzukommen muß, was eigentlich in ihr enthalten sein sollte, es aber selten ist, die Feinfühligkeit in Bein und Fuß, die sie empfinden läßt wie Arm und Hand. Wer seine Füße als ausdrucksfähig im vitalen Sinne erlebt, wird sie im Gehen nicht wie ein mechanisches Werkzeug benutzen. Wie das Gehen im ganzen ja nach inneren und äußeren Umständen verschieden ist, so wird es auch das Spiel zwischen Fuß und Boden sein. Bald ist der Fuß nur dienendes Glied des Beines, bald wird er eigentätig; bald greifen die Zehen vor, saugen sich gleichsam an den Boden an, bald tastet die Ferse vor, „wickelt" sich weich an ihm entlang; bald schmiegt der Fuß sich mehr dem Boden an, bald drückt er sich federnd von ihm ab; bei ausgreifendem Marsch stemmt er kraftvoll zurück, als wollte er den Boden hinter sich zurückschieben, bei behutsamen Auftreten im Krankenzimmer weiß er so weich zu werden, daß er es nicht nötig hat, auf die Zehen zu steigen. Die Möglichkeiten sind unerschöpflich. Füße, die so feinfühlig spielen können, bleiben nicht nur gesund, sie sind auch Quellen einfacher Lebensfreude in Alltag und Tanz.

Zielstrebigkeit, Voranwollen, Impuls gehören zum Gehen ebenso wie *Ruhe, Gelassenheit, Zurückschwingen*. Was das eine ohne das andere wird, kann man auf jeder Großstadtstraße erleben: Hast, Getriebensein, Flüchtigkeit im einen, Mattheit und müde Schwerfälligkeit im andern Falle, in beiden aber Entleiblichung.

Zielstrebigkeit äußert sich in der Vorwärtsrichtung jeder Bewegung, im Zusammengefaßten, aufs kleinste Maß Beschränkten seitlicher Ausweichbewegungen, in Schmalspurigkeit und geringen Schwankungen von Becken und Oberkörper, mehr aber noch im Blick. Gehen mit unbeteiligtem oder umherirrendem Blick ist im Ausdruck beinahe wie Taumeln.

Körperlich verwirklicht sich die Zielstrebigkeit des Gehens im führenden Voran des Brustkorbes, der verstärkten Schräge, und in der energischen Abwicklung, dem Sichabstemmen des hinteren Fußes vom Boden. Führt das Becken oder die Körpermitte (die Magengrube), so mögen die Beine sich noch so energisch gebärden, es wird immer etwas Zurückgehaltenes, ja Gehemmtes im Gehen sein; das volle Voran ist nicht da — von der falschen Belastung und der unharmonischen Muskeltätigkeit der Beine gar nicht zu reden. (S. 374, Tafel III, 3 u. 4)

Fehlt die ausgleichende Gegenstrebung nach hinten, so wird langsames Gehen weichlich, rasches flüchtig oder hastig. Sich voranlegen und sich zurückstemmen, die Beziehung zum Ziel und die Beziehung zu dem, was man hinter sich läßt, beide gehören zu einem ausgewogenen Kräftespiel. In der Eile sind sie kraftvoll und groß, in der Ruhe fein und zart, von außen kaum zu erkennen; dasein müssen immer beide. (s. Bild 8)

Den Ausdruck des Harmonischen, der Gelassenheit und Würde, den eigentlich *menschlichen Ausdruck,* gewinnt das Gehen durch das wohl ausgewogene Zusammenspiel zwischen Becken- und Brustkorbdrehung, das wellige Durchschwingen der Bewegung durch die Wirbelsäule bis hinauf zum freigetragenen Kopf, durch Streckung in Knie- und Hüftgelenk und beweglich getragenen Schultergürtel. Entscheidend für den Ausdruck ist die Kopfhaltung. Die zartbelebte Gesichtsfarbe, die bei gelöster Hals- und Nackenmuskulatur die freie Blutströmung anzeigt, macht die Beteiligung des ganzen Menschen glaubhaft.

Gelöstes Hängen in Schulter- und Ellenbogengelenk macht es den Armen möglich, mühelos gestreckt zu schwingen, und zwar als ganze, also im Schultergelenk, nicht in der Ellenbeuge (siehe Balibilder!). Ein sicheres Gefühl für das richtige Maß der Armschwingung im Verhältnis zur Größe der Schritte gehört zu ausgeglichenem Gehen.

Formen des Gehens

Von den unzähligen Abstufungen des Gehens seien hier nur einige grundlegende Naturformen genannt. Ausgreifender *Wanderschritt* empfängt seinen Charakter vom zielgerichteten Voran. Die Größe des Schrittes wird nicht vom vorgreifenden, sondern vom hinteren, abstemmenden Bein bestimmt. Dadurch bleibt die Bewegung schwunghaft und das Auftreten weich. Vollständiges Strecken beim Übertragen ist schwer möglich, aber schlaffes Einsinken in die Knie würde die Spannung auflösen.

Langsames *Schreiten* ist nicht etwa eine Übertragung des Gehens ins Zeitlupentempo. Gleichmäßiges Verlangsamen jeder Schrittphase bringt eine tote Ruhe. Man muß sich viel Zeit nehmen zum Gleichgewichtsspiel auf dem Standbein, viel Zeit zum Übertragen des Gewichts, Muße zu leichtem Zurückschwingen. Im Verhältnis dazu darf die Beinführung nicht zu sehr in die Länge gezogen werden. Nicht in der Beinführung liegt die Stetigkeit der Bewegung, sondern im ruhevollen Schwingen des ganzen Körpers.

Sehr *kleine* Schritte werden leicht lustlos, schlaff oder gehemmt. Es kommt darauf an, daß sie belebt, frisch, impulsiv bleiben, auch wenn sie langsam sind. Für das fehlende Ausgreifen nach vorn tritt hier ein ausgiebigeres Heben und Senken des Oberschenkels ein, für das Ausströmen der Bewegung in den Raum ein verhaltenes inneres Spiel des Atems.

Zehengang (besser Ballengang) ergibt sich auf natürliche Weise nur beim Tanzen; im übrigen ist er eine Kunstform. Meist verursacht er starre Beine und zitternde Wadenmuskeln, und von da läuft die Hemmung durch den ganzen Unterkörper.

Die Hauptursache liegt in der Gefährdung des Aufbaus. Auf der verkleinerten Unterstützungsfläche sind die Gleichgewichtsverhältnisse andere, und das Empfinden für den Aufbau wird unsicher. Das geringste Vorschieben des Unterkörpers bewirkt verspannte Bauchmuskeln, gedrückte Venen und schlecht durchblutete Waden. Nur bei sicherem Empfinden für Gleichgewicht und Aufbau bleiben die Waden weich und die Bewegung menschlich. Sonst ist sie eine leere Fertigkeit.

Räumliches Gehen

Gehen rückwärts, seitwärts und in Kurven ist keine tänzerische Sonderaufgabe; es kommt vielfach im Alltag vor. Besonders beim Arbeiten in kleinen, verstellten Räumen wird es gebraucht, und es wird aus einer Plage zum Vergnügen, wenn es als Bewegung erlebt wird.

In der musischen Erziehung ist leibliches Erfahren und Erleben der Raumrichtungen ein allgemein gangbarer Weg zum Erleben des Räumlichen in bildender Kunst, besonders in Baukunst und Bildhauerei. Der Musik untergeordnet, wird es zum Mittel der musikalischen Formenkunde.

Räumliches Gehen kann ebenso einfach und sachlich sein wie einfaches Voran. Ästhetische Beigaben trüben das Bewegungsgefühl. Die Freude an der Sache kommt von selbst, wenn man beim Tanzen erlebt, wie es die Ausdrucksmittel bereichert.

Rückwärtsgehen wird nur frei, wenn die Beinbewegung im Hüftgelenk ausgiebig ist. Nicht kleiner als beim Vorwärtsgehen sollte sie sein, eher größer. Denn das *Knieheben bildet hier den Auftakt* zum Ausgreifen des Beines nach hinten, und beide müssen miteinander im Gleichgewicht sein. Wird das Heben überschlagen, so wird die Bewegung un-

384

frei. Demgemäß führt beim Rückwärtsgehen die Lende, nicht der Oberkörper. Führt der Oberkörper, so fehlt es der Bewegung an Aktivität, sie wird zu einer Art Fallen mit unterschobenem Bein.

Seitwärtsgehen fordert feines Richtungsgefühl. Alle seitliche Bewegung wird *von der Flanke geführt*. Mit dem richtungssicheren Setzen der Füße ist es nicht getan. Die ganze führende Seite wird vom Atem her aufgefüllt – beim Gehen nach rechts überwiegt die Flankenatmung rechts und umgekehrt – und spürt von oben bis unten die Seitrichtung. Die Beine, nachgestellt oder einander überkreuzend, heben sich ausgiebig und greifen kräftig den Boden.

Beim *Kurvengehen* „führt" der äußere, nicht der innere Arm; die Arme, falls seitlich getragen, bilden also eine Verlängerung des Radius; der innere Arm weist auf den Mittelpunkt.

Bequemer, und darum üblich, ist es, mit dem inneren Arm zu führen, so daß der Oberkörper die Drehung des Beckens nicht mitmacht, sondern, hinter ihm zurückbleibend, sich mit dem Rücken in die Innenseite der Kurve legt. Das verleiht jene billige Schein-Anmut, die aus Lässigkeit kommt; es ist Anmut-Spielerei. Nur wenn, ohne Verwringung in der Körpermitte, das Ganze auf- und ineinander bleibt, wird die Krümmung des räumlichen Weges ihrer jeweiligen Intensität gemäß im ganzen Leibe empfunden. Nur dann kommt sie zu kraftvollem Ausdruck.

Bergsteigen weckt Lebensgefühl und macht Freude; warum nicht auch das *Treppensteigen?* Kinder tun es noch mit Lust; Jugendliche nehmen mit Vergnügen zwei Stufen auf einmal; warum wird es so bald beschwerlich, lange vor dem Altwerden? Nicht weil die Kräfte nachlassen, sondern weil wir es denkbar unzweckmäßig anfangen. Auch Jugendliche tun das schon; nur spüren sie nicht, wie sie sich mühen.

Treppensteigen ist wesentlich eine Sache der Gewichtverlagerung. Bleibt man senkrecht, statt sich schräg vorzulegen, so daß der Schwerpunkt hinter, statt über dem steigenden Bein liegt, so verlängert man den Lastarm (Hebelgesetz) und macht sich unnötige Mühe: man muß dann die eigene Last nicht bloß heben, sondern sie zugleich unter ungünstigen Bedingungen vorwärts drücken.

Auch Abwärtssteigen, sei es auf Stufen oder im Gelände, ist eine Gleichgewichtsaufgabe. Dem Zug nach vorn und unten begegnet man durch Rückverlagern des Schwerpunkts. Geschieht das, wie üblich, durch Zurücklegen des Oberkörpers, so ergibt sich, von der Seite gesehen, ein groteskes Bild: der Unterkörper steigt ab, und der Oberkörper

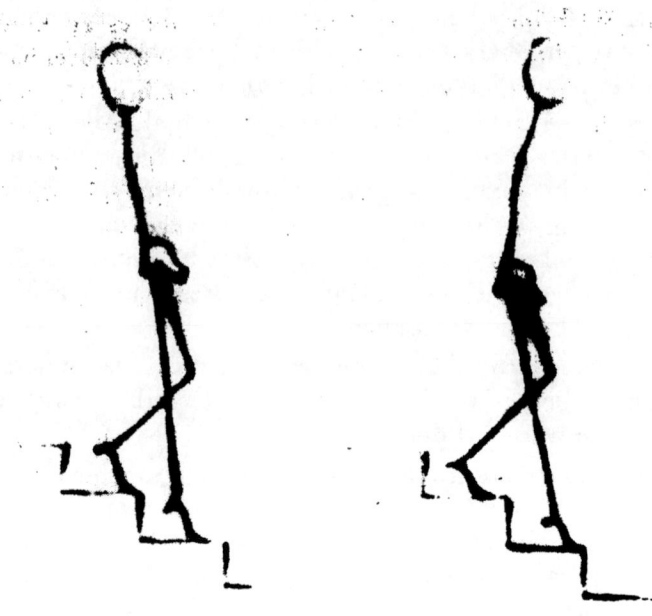

1 Rückgelegter Oberkörper:
schlaff, abwesend

2 gelöst, kraftvoll, beteiligt

folgt fast wie einer, der in der Kutsche sitzt und sich vom Pferd, dem Unterkörper, ziehen läßt, als ginge ihn das Ganze nichts an.

Man versuche einmal ruhig und beteiligt, eine Treppe *rückwärts auf- und abzusteigen!* Da muß man den Bewegungsablauf ganz neu suchen, und am Unterschied wird man erst spüren, wie festgelegt man beim gewohnten Vorwärtssteigen ist.

Was macht man da eigentlich? Man will hinauf und zielt nach oben. Aber hinauf kommt man ja nur, indem man den Widerstand der festen Treppenstufen überwindet. Hinunter also muß man zielen, um hinauf zu kommen!

Schon die unangenehmen Unterleibsbeschwerden, die viele Frauen bei längerem Absteigen bekommen, beweisen, daß da etwas nicht stimmt. Feinfühlige Menschen bemerken aber auch unmittelbar, daß ihre Bauchmuskeln und ihre Beine sich verspannen, und daß der Zusammenhang zwischen oben und unten, das Lebensgefühl im Unterkörper und das Gleichgewichtsspiel zwischen Brustkorb und Becken verloren geht. Es lockt sie, zu versuchen, ob das nicht auch anders ginge.

Es ist nicht ganz einfach, – auch für den, der ein gutes Körpergefühl hat; denn Beteiligung des Oberkörpers an der Bewegung des Unterkörpers verlangt hier eine starke Änderung der Gewohnheitshaltung. Um das Wechselspiel zwischen oben und unten möglich zu machen, muß man nämlich den Oberkörper so weit vor nehmen, daß man zunächst zu fallen meint, bis man dahinter kommt, daß durch Rückschieben des Unterkörpers der Zug nach unten genau so gut ausgeglichen werden kann wie durch Hintenüberlegen des Oberkörpers, und daß damit erst Leben in die Bewegung kommt.

Wer an der Richtigkeit dieser Behauptung zweifelt, braucht nur Kindern beim Gleiten auf einer abschüssigen Schlitterbahn zuzusehen: entweder finden sie diese Haltung, oder sie fallen, und zwar nicht selten gefährlich auf den Hinterkopf.

Es fühlt sich merkwürdig an, das ist wahr: etwas „gefährlich", etwas unsicher; man kann sich gar nicht so einfach plumpsen lassen, man muß fein ausgleichen, mit Leib und Seele dabeisein. Aber eben darin liegt der bewegungsbildende Wert; hier wird an einer schwierigen Aufgabe, die starkes Abweichen vom Gewohnten fordert, deutlich erlebt, was es heißt, Oben und Unten in Verbindung zu bringen. So wird das *Absteigen zu einer hohen Schule des Aufbaus und zu einer Vorschule des Gehens und Laufens*. Man lernt daran, was ungehemmtes Vorwärtswollen, was Sichhineinwagen in die Bewegung ist. Kräftiges Abwärtslaufen auf einem schräg gelegten, federnden Brett ist einer der besten und einfachsten Zugänge zu freiem Laufen auf ebenem Boden.

Ebenso ist das Treppensteigen, besonders auf ungewohnt hohen Stufen (30–35 cm), eine Lehre für Aufbau und Gewichtübertragen im Gehen. Wer sie durchgemacht hat, weiß schon Wesentliches vom Gehen. Mechanisch betrachtet, ist Treppensteigen eine Verbindung von Gehen und Kniebeuge. Das heißt, es liegen in ihm die Elemente der ruhigen Vorwärtsbewegung und der Streckung aus mäßiger Einbeinkniebeuge.

Steigen ist Gehen auf verschobenen Ebenen: die schräge Gesamtlinie, das Heben, Vorschwingen und Raumgreifen des Spielbeins und das Gewichtübertragen mit aktivem Abrollen (Sichabstemmen) des Standbeins beim Aufsteigen entsprechen dem Gehen, das Hochstemmen des Körpergewichts mit dem vorderen Bein der Kniebeuge.

Steht der Rumpf senkrecht statt schräg vorgeneigt, so kann beim Aufsteigen das Gewicht nicht weit genug vorgelegt werden, der Oberkörper, statt zu führen, wird gleichsam nachgezogen, der Fuß wird nur mit Zehen und Ballen aufgesetzt, die Sohle kann nicht mitarbeiten, der Schritt wird hart und unelastisch, das Abrollen des hinteren (unteren) Fußes unvollständig und die Strecker des vorderen Beines überlastet, weil das hintere nicht genügend helfen kann. Die ganze Bewegung wirkt steif und gehemmt.

Häufig sieht man das Umgekehrte, besonders bei raschem Steigen: der Rumpf, statt die Linie des Standbeins fortzusetzen, wird im Hüftgelenk vorgebeugt, der Oberkörper liegt tief, gleichsam dicht über der Treppe, besonders wenn jede zweite Stufe überschlagen wird. In beiden Fällen läuft die Bewegung nicht durch. Der Rumpf wird festgestellt, die Beine arbeiten allein. Im ersten tun sie es mühsam und gehemmt, im zweiten geschickt aber flüchtig; in beiden wird das wesentliche überschlagen, das, was das Steigen zur Bewegung macht.

Freies und kräftiges Ausgreifen des Spielbeins ist beim Steigen womöglich noch wichtiger als beim Gehen: nur wenn der Fuß vor dem Niedersetzen über der Stufe schwebt, kann er sie recht greifen. Er soll mit ganzer Sohle weich und tastend aufgesetzt werden. Die Empfindung der Last und des Bodenwiderstandes ist es, die der Bewegung das Ruhende und Ausgewogene gibt.

Der Schwung für das Aufsteigen wird aus der Gewichtverlagerung, die Muskelkraft aus der Tätigkeit *beider* Beine geholt. Kräftiges Abstemmen des hinteren Fußes kommt den Knie- und Hüftstreckern des vorderen Beines zu Hilfe. Beide Beine können trotz der Leistung weich bleiben, – man sieht es bei kleinen Kindern, die auf eine Fußbank steigen –, wenn Atemspannung da ist. Nur wenn Schwerkraft, Rumpfspannung, vorderes Bein und hinterer Fuß zusammenarbeiten, wird das Steigen leicht und zugleich bodenverbunden.

Keineswegs stemmen die Beine einen unbewegten Rumpf hoch. Das Gleichgewichtsspiel zwischen Unter- und Oberkörper ist es, das der Bewegung Schwingung und Leben gibt. Es ist nicht ganz dasselbe wie beim Gehen: durch das stärkere Vorlegen des Gewichts bekommt es etwas größeren Bewegungsspielraum.

Im dreiteiligen Rhythmus der Bewegung hat die Streckung als Leistungsteil die Betonung, Heben und Niederstellen des Spielbeins bilden den zweiteiligen Auftakt.

Beim Absteigen ist nächst dem Aufbau das elastische Auffangen des Gewichts mit Beinen und Wirbelsäule wichtig. Die Mitarbeit der Kniestrecker beim Auffangen geschieht meist unwillkürlich, dagegen läßt es die Muskulatur des Fußgelenks leicht an elastischem Mittun fehlen. Beide Füße sollen von vorn bis hinten bzw. von hinten bis vorn abrollen. Ein feines Gefühl dafür gibt das Auf- und Absteigen an einem steilen Waldweg, besonders wenn beim Ab- wie beim Aufsteigen zwischen Vorwärts- und Rückwärtsgehen gewechselt wird.

6. Laufen

Dem Bewegungsbild des Laufens ist in der fachlichen Praxis ein kleines Unglück zugestoßen: es ist in „gymnastisches" und „sportliches" Laufen gespalten worden. Natürlich gibt es viele Formen des Laufens, aber sie alle sind Abwandlungen *einer* Grundform. Wenn sich stattdessen zwei gegensätzliche Grundformen auftun, die eine zweckmäßig und zu Leistungen führend, die andere schön, aber zur Leistung nicht tauglich, dann stimmt etwas nicht. Denn in der Natur ist alles zweckmäßig und schön zugleich. Was zweckwidrig ist, kann nicht organisch richtig sein, und seine Schönheit keine echte.

Laufen ist der Empfindung nach dem Fliegen verwandt, freudebetont. Kleine Kinder laufen lachend und jauchzend, mit ausgebreiteten Armen. Hier erleben wir, was Laufen als Gebärde ist. Zugleich aber ist Laufen eine Form der Fortbewegung, und zwar sowohl der kurzen wie der dauernden. Um nicht erschöpfend zu wirken, muß es Ruhen einschließen. Wenn man das verkennt, kommt man zu einem falschen, einseitig aktiv betonten Bewegungsbild.

Das Laufen verlangt starken Impuls nach vorn, Sichabstoßen von hinten, Willen, Raum hinter sich zu lassen; zugleich aber liegt in ihm Verweilen, ruhende Verbindung zum Boden. Auf und Ab, Voran und Verweilen müssen im Gleichgewicht sein. Aus dem Augenblick des Ruhens erneuert sich bei jedem Schritt die Kraft; wird er überschlagen, so wirkt das Laufen ruhelos, mühsam – oder aber flüchtig.

Eine Grundform des Laufens ist rhythmisches Traben am Platz oder in geringster Fortbewegung, wie es wohl jeder Mensch herausfindet, wenn er sich in ruhendem Stehen vorstellt, auf einem Schlitten zu stehen und von einem kleinen Pferd im Trab gezogen zu werden. Aus der Fantasievorstellung bekommt das Laufen dann von selbst sein Gleichgewicht zwischen Auf und Ab, zwischen Voranwollen und Verweilen.

Das rhythmische Auf und Ab ergreift das Ganze. Es genügt nicht, daß die Beine traben und die Wirbelsäule federt, die ganze Körpermasse muß mitschwingen. Schön sieht man das bei schweren Ackergäulen, wenn sie auf der Weide zu laufen beginnen. Da bekommt selbst die grobe Masse Rhythmus und dadurch eine Anmut, die man dem plumpen Körper nicht zugetraut hätte. Überall muß die Laufschwingung sichtbar werden, in den Armen, ob sie nun pendeln oder getragen werden, im Brustkorb, im oberen Rücken, im Nacken, ja in Färbung und Ausdruck des Gesichts. Die glänzendste Technik, verbunden mit strahlendem Lächeln, ist unbewußter Bluff, wenn das schwingende Geschehen nicht durchs Ganze durchläuft.

Im Einzelnen gehört zum Laufen Gleichgewicht zwischen leicht und schwer. Es darf kein Kleben, aber auch kein Springen sein. Aus dem ruhenden Einsinken erwächst der Impuls zum elastischen Hochfedern. Dieses Hochfedern aber darf nicht zum Sichabstoßen nach oben werden. Das weiche, bogenförmige Vorwärts bleibt der Grundrhythmus der Bewegung.

Auch schnelles Laufen soll ruhend und bodenverbunden bleiben, nicht gejagt oder stürzend, nicht flüchtig und den Boden kaum berührend, nicht springend und schnellend. Wirkt Laufen erschöpfend, gerät man außer Atem, wird das Gesicht blaß, der Herzschlag unruhig, so stimmt der Rhythmus nicht.

Der Rhythmus entscheidet. Ohne ihn führt der bloße Vorwärts-Impuls niemals zu einem Laufen, das beseelt ist.

Der Rhythmus ist es, der Sportlern oft fehlt. Da die Einzelheiten der Technik als Einzelheiten statt aus dem Gesamtimpuls gelehrt werden, wirkt ihr Laufen mechanisch, und zwar nicht nur auf den ästhetisch interessierten Zuschauer, sondern auf den Läufer selbst: er findet keinen Zugang zu den Kraftquellen und ermüdet sich unnötig. Vergleicht man die Bilder zweier Marathon-Läufer, eines Brasilianers und eines Indianers eine Minute nach dem Lauf, so sieht man den einen ruhend, in vollendeter Haltung und mit gelöstem Gesicht, den andern qualvoll nach Luft ringend, erschöpft, verzerrt. Das macht: unser sportliches Training wird einseitig aus der Mechanik, aus der intellektuellen Berechnung geholt. (Siehe Bild 14 u. 15)

Und betrachtet man beide Läufer in der Bewegung, so bestätigt das eckige, unharmonische, nur zweckbestimmte Bild des einen, das weiche, harmonische, elementar-ausdrucksvolle des andern, daß Lebenswichtiges fehlt: der Ausdruck des Menschlichen. Der geht eben verloren, wenn der Körper wie ein Arbeitstier zur Leistung gezwungen wird, statt aus dem Ganzen seines inneren Lebens freudig mitzuschwingen.

Zur Mechanik des Laufens

Das Vorangreifen der Beine ist eine Voraussetzung raumgreifenden Laufens. Ebenso wichtig und viel zu wenig beachtet ist ihre Aktivität im Auf und Ab. Denn von ihr hängt die Bewegung des Beckens und das Mitschwingen von Wirbelsäule und Schultergürtel ab. Bloßes Voranrudern ohne aktives Heben und Senken der Oberschenkel ergibt keinen harmonischen Ablauf.

Beim Niedersetzen wird das Körpergewicht mit federndem Fuß-, Knie- und Hüftgelenk aufgefangen, der Fuß schmiegt sich von den Zehen bis zur Ferse an den Boden und stemmt sich elastisch ab. Die Größe der Schritte wird, wie beim Gehen, wesentlich durch den Grad des Rückstemmens mit dem hinteren Bein bestimmt.

Laufen ist kein Fallen mit auffangenden Beinen. Fallen und Sichauffangen ist deshalb kein geeigneter Zugang zum Laufen. Wenn dagegen ein Helfer, hinter dem Laufenden stehend, ihn eine Weile am Becken zurückhält und ihn dadurch nötigt, am Platz zu laufen, bis die volle Aktivität erreicht ist, so wird ein kraftvolles, weder fallendes noch springendes Laufen herauskommen.

Zum Bewegungsbild des Laufens gehört die *Bewegung rückwärts* nicht nur als Abwandlung, sondern als Bestandteil. Erst im Rückwärtslaufen prägt sich das Bild des Aufbaus und des Durchfließens durch Wirbelsäule und Brustkorb voll aus. Daß Laufen kein Fallen ist, wird in der Rückwärtsbewegung besonders deutlich. Legt man den Oberkörper zurück und läßt sich von ihm nach hinten ziehen, so wird der Rumpf starr. Beweglich bleibt er nur, wenn nach rückwärts die Lende führt und der Oberkörper frei aufgerichtet bleibt. Je weiter ausgreifend der Schritt nach hinten wird, umso kräftiger wird das Knieheben vor dem Rückgreifen betont.

Die Rumpfbewegung ist beim Laufen im wesentlichen die gleiche wie beim Gehen. Das gilt insbesondere von den Bewegungen des Beckens und der Wirbelsäule und von der Gegendrehung des Schultergürtels.

Den Unterkörper beim Laufen vorzuschieben, ist beim „gymnastischen" Laufen zur ästhetischen Konvention geworden. Die vielfältige Bewegung des Beckens wird damit verändert und zum Teil verhindert, die Wirbelsäule schwingt nicht vollständig mit, und ein kräftiges Heben der Oberschenkel wird überflüssig, ja unmöglich.

Auf den ersten Blick hat diese Art des Laufens etwas Bestechendes. Man lehnt den Oberkörper wie im Klubsessel zurück und läßt sich von den Beinen spazierenfliegen. Für den Zuschauer entsteht dabei durch das Feststellen des Rumpfes, das Beherrschung vortäuscht, ein Schein von Anmut und Leichtigkeit.

Stellt man sich aber einmal vor, daß der Oberkörper nur lose auf den Unterkörper aufgesetzt wäre, so sieht man ihn in der Fantasie nach hinten herunterfallen. Betrachtet man gar neben dieser Kunstform organisches Laufen mit zurückgelassenem Unterkörper und vorgelegtem

Brustkorb, so fällt es einem wie Schuppen von den Augen: plötzlich sieht man, wie starr die andere Laufform war. Das lockere Durchfließen durch den ganzen Rumpf und der überzeugend menschliche Ausdruck der in der Bewegung führenden Brust lassen keinen Zweifel aufkommen.

Beim Laufen *„führt"* der *Brustkorb*, (Zeichn. 1), nicht die „Körpermitte" (Magengrube) oder gar das Becken (Zeichn. 2). Er wird frei und

1   2

schwingend getragen, die Nackenmuskeln gelöst, die Schultern tief und die Arme in Gegendrehung des Schultergürtels zum Becken gelöst schwingend.

Da die Laufgeschwindigkeit zur Pendellänge der Arme in Widerspruch steht, müssen die Arme verkürzt werden. Bei normalem Lauftempo genügt dazu das Beugen der Finger zur losen Faust und ein leichtes Runden im Ellenbogengelenk. Die rechtwinklig abgeknickten und im Ellenbogengelenk festgestellten Arme der Sportler machen ein lebendiges Durchschwingen der Bewegung durch die Arme unmöglich. Auch bei raschem Laufen kann der – nun stärker angewinkelte – Unterarm in der Ellenbeuge beweglich getragen werden. Sinnlos ist auch das übertriebene Drehen des ganzen Brustkorbs, wie man es häufig auf Sportplätzen sieht. Die Arme sollen im Schultergelenk frei schwingen.

Durch das Tragen der Arme in horizontaler Richtung, wie es in der Gymnastik vielfach üblich ist, wird das Laufen wesentlich erschwert, weil nunmehr die Beckendrehung, statt durch die schwingenden Arme ausgeglichen zu werden, durch Muskeltätigkeit verhindert werden muß. Der Sinn solchen Laufens ist, die Arme für Eigentätigkeit in Spiel oder Tanz frei zu machen, ohne die Geschwindigkeit und Wendigkeit des Laufens zu verringern. Getragene Arme dürfen nicht festgestellt werden, in hübscher runder Linie so wenig wie in steif gestreckter. Beweglich bleiben sie, wenn sie etwas zu tragen haben. Leichter noch als durch Tragen wird die Unabhängigkeit der Arme von der Beckenbewegung durch spielende Bewegung mit Ball, Reifen, Tamburin während des Laufens erreicht.

Spielformen

Im *Bogenlaufen* bleiben Oberkörper und Unterkörper übereinander. Das Zurücklassen der äußeren Brustkorbhälfte, wodurch unter Verdrehung der Wirbelsäule der Blick zur Außenseite der Kurve gerichtet wird, ist zwar bequem, aber keineswegs die Naturform. Niemand wird das machen, wenn er mit starker innerer Beteiligung ein Hindernis umläuft, etwa um einen Ball aufzufangen. Da hält er sich unwillkürlich zusammen, weil er nur so zur Leistung bereit ist. Wenn man heute diese Art des Bogenlaufens fast überall als Normalform geübt sieht, so darf das nicht darüber hinwegtäuschen, daß es im Grunde nicht viel mehr ist als eine zur Konvention gewordene „anmutige" Nachlässigkeit.

Sehr viel wertvoller ist das Umgekehrte, das Bogenlaufen mit dem Blick zum Mittelpunkt. Es nötigt den Läufer, mit dem Oberkörper der Fliehkraft Widerstand zu leisten, statt sich ihr zu überlassen, und damit der aus Lässigkeit entspringenden Außendrehung des Brustkorbs durch eine Innendrehung entgegenzuwirken. Damit wird die Naturform vorbereitet, das *Bogenlaufen ohne Drehung* mit festem Mittelkörper und weichen Gliedern.

Laufspiel im Raum, d. h. Laufen vorwärts und rückwärts, seitlich, in Gerade und Schräge, in Bögen usw. verlangt Wechsel in Geschwindigkeit und Schrittgröße, Wechsel zwischen Verhaltenheit und Ausströmen, Höhe und Tiefe in Anpassung an die Gestalt der Lauflinie und fließende Übergänge zwischen den Gegensätzen, also das, was man in der Musik accelerando und ritardando, crescendo und decrescendo nennt. Ohne das ist „räumliches" Laufen eine willkürliche technische Spielerei.

Denn Bewegungsgestalt wie Bewegungsrhythmus stehen in strenger Beziehung zur räumlichen Richtung. Eine Schräge im Raum verlangt eine andere Einstellung als eine zu den Wänden des Raumes parallele Gerade, das Rückwärts eine andere als das Vorwärts. Jedes Enger- und Weiterwerden einer Kurve fordert feinempfindliche Anpassung in Spannung, Höhe, Tiefe, Größe, Geschwindigkeit. So erwachsen in unzählbarer Vielfalt Rhythmen, die sich keinem musikalischen Metrum fügen, aber dennoch strenge, notwendige Gestalt haben. Erst das selbsttätige Spielen mit diesen Mitteln macht die Fülle der Gestaltungsmöglichkeiten frei, die im Laufen beschlossen liegen. Hier wird etwas erfahren, was die Bewegung über das bloß Alltägliche hinaus wesentlich macht, nämlich das Gesetzmäßige im Irrationalen, die *Form*. Damit eröffnet sich in dem elementaren Stoff der eigenen Bewegung ein Zugang zum Aufnehmen wie zum gestaltenden Tun auch in andern Bereichen der Kunst.

7. Springen

Bild

Das Wesentliche beim Springen ist der *Impuls*. Auf seine Echtheit kommt es an. Die Bewegung soll also nicht aus dem bloßen Willensbefehl geholt werden, geschweige denn aus der „Technik", den Bewegungen von Fuß-, Knie- und Hüftgelenk, zusammengesetzt. Vielmehr muß die Technik, soll sie die Bewegung nicht entseelen, in die schon gekonnte, als Ganzes schon erarbeitete Bewegung unmerklich einfließen, ihr dienend, nicht sie beherrschend.

Nirgend ist die Gefahr, die Bewegung zu einer bloßen Technik zu machen, so groß wie bei den sportlichen Leistungssprüngen, – womit nicht gesagt sein soll, daß sie von den Tänzern gemieden würde. Daß auch auf diesem Wege Leistungen erreicht werden können, zeigt die Erfahrung. Die Frage ist, wo die Kraft dazu hergeholt wird. Die harten und in der Leistung verzerrten Gesichter unserer Sportler und ihr frühzeitiges Nachlassen zeugen nicht für Kontakt mit den Quellen. Ebenso pflegen die Tänzer in den meisten Fällen das Springen als eine im wesentlichen technische Kunstfertigkeit. Der gefühlsbetonte Ausdruck oder das unvermeidliche Lächeln, mit dem manche von ihnen ihre Sprünge begleiten, mag das verdecken; beide kommen aber nicht

aus der vitalen Quelle, sondern sind zum technisch Gelernten dazugetan.

Aber woher denn die Leistung holen, wenn nicht aus der Technik?
Es gibt zwei Quellen: den leiblich-seelischen *Antrieb* und ein in die
Phantasie aufgenommenes und dem Körper einverleibtes *Bild* der Bewe-
gung.

Spring-Impuls ist etwas anderes als Bewegungsdrang. Bewegungsdrang
ist ein ganz allgemeiner, ungesonderter Zustand. Der Hungernde will
essen, gleich was, wenn es nur Nahrung ist; so drängt der aufgestaute
Bewegungstrieb nach Bewegung, gleich welcher Art sie sei, wenn es nur
ein Sich-Ausarbeiten ist – oder ein Sich-Austoben.

Dagegen ist der Spring-Antrieb auf eine bestimmte Bewegung gerichtet und beruht auf einem ganz bestimmten körperlichen Zustand,
nämlich auf der Bereitschaft des gesamten Muskelorgans, insbesondere
auch des Zwerchfells, zu schnellkräftiger Zusammenziehung. Dieser
Bereitschaftszustand, der gleiche, der zum Schrei, zum Schlag, zum
Stoß gebraucht wird, spiegelt sich im Seelischen als eine lustbetonte
Neigung besonderer Art, die man, wie alle sinnlichen Empfindungen,
nur durch eigene Erfahrung kennen lernen kann, und die durch Schrei,
Schlag, Stoß oder Sprung zu ihrer Befriedigung kommt.

Sprünge, die aus solchem Antrieb kommen, erhalten ihre Gestalt von
innen her. Sie werden lebensvoll im Ausdruck und rein im Ablauf, und
technische Einzelheiten lassen sich ihnen mühelos einbauen.

Holt man dagegen das Springen aus dem bloßen allgemeinen Bewegungstrieb, so bekommt man zufällige, ungeordnete Bewegungen, denen
die Lenkung von innen her fehlt, und ist genötigt, von außen her als
Technik anzuarbeiten, was auf einem andern Wege spielend von innen
geholt werden könnte.

Das *Bewegungsbild*, als zweite Quelle der Springleistung, braucht
nicht unbedingt bewußt zu sein. Es entsteht beim Kinde, wenn es sich
ohne Anleitung eine neue Bewegung erarbeitet, etwa das Klettern, das
Radfahren oder das Schilaufen, unbewußt mit der Bewegung. Man weiß
fürs ganze Leben, wie es sich anfühlt, und kann es sich von daher
jederzeit wiederholen.

Ist dagegen eine Bewegung in der Kindheit falsch, kraftvergeudend,
ohne Rhythmus erlernt worden, so muß das neue Bewegungsbild
bewußt in Phantasie und Bewegungsgefühl aufgenommen werden. Das
gilt mehr oder minder für jede Bewegung, ganz besonders aber für eine
so verführerische wie das Springen, das so leicht den Ehrgeiz zu abge-

schnittenen, lebensfernen Leistungen aufstachelt, das Ich in den Mittelpunkt rückt und dadurch den Springer aus dem natürlichen Lebenszusammenhang herausreißt. Wer das übertrieben oder ausgedacht findet, sehe sich das Springen eines Rehs oder das insichruhende Hüpfen kleiner Kinder an und vergleiche sie mit den Bewegungen von Sportlern oder Tänzern.

Im einzelnen ist wichtig das *Gleichgewicht zwischen Schwere und Leichtigkeit,* Tiefe und Höhe. Wer das Springen als bloße Überwindung der Schwere auffaßt, wird immer zu Überspannungen kommen, die sich freilich recht geschickt unter einem Scheinbild von Leichte und Mühelosigkeit verbergen lassen. Soll die Bewegung harmonisch und – was wichtiger ist – der Mensch in ihr im Gleichgewicht sein, so muß in ihr wie in jeder andern das Moment des *Ruhens* wirksam sein. Man muß sich vom Boden aufgenommen, auf und in ihm ruhend und gleichsam von ihm elastisch emporgeschnellt fühlen. Das Sich-Hochreißen im Sprung, wohl gar noch verbunden mit einem Hochreißen des Brustkorbs und der Arme, ist ein Gewaltakt, der dem Springen das Freie und Heitere nimmt, das sein Wesen ausmacht. Auch im Springen müssen Aktivität und Rezeptivität im Gleichgewicht sein. Man muß fühlen, daß sich durch die Berührung mit dem Boden der Impuls erneuert. Man muß in den Boden hineinsinken, nicht um auf ihm zu bleiben, aber um sich aus ihm den neuen Antrieb zu holen, wie sich Antäos die Kraft aus der Berührung mit der Erde holte.

Springen verkörpert Leichtigkeit, aber diese Leichtigkeit kommt aus der Schwere, sie wirkt sich aus wie der Gegenstoß eines elastischen Bodens gegen den Aufprall des Körpergewichts. Es kann sich anfühlen, als ob man von einer federnden Unterlage emporgeschleudert würde.

Ein gutes äußeres Kennzeichen bildet der Spannungszustand der Beine beim Springen. Bei guten indischen Tänzern z. B. gibt es auch im höchsten Sprung keine knolligen Wadenmuskeln. Die Muskulatur bleibt in der schnellkräftigen Anspannung weich.

Freie, weite Körpermitte und weiche Muskulatur durch den ganzen Körper sind Kennzeichen gelösten Springens. Die übliche Art des Atmens, das Sichvollpumpen beim Hochschnellen und das Sichentleeren beim Heruntersinken, ist damit kaum zu vereinigen. Eher gelangt man zum Gleichgewicht, wenn man – wider alle Atemkonventionen – beim Hochschnellen ausatmet, wie es sich von selbst ergibt, wenn der Sprung mit einem Schrei verbunden wird. Es wird dann durch das Sichfüllen beim Niederspringen ein allzu schweres Einsinken und durch das

Ausatmen beim Hochschnellen ein Zerreißen der Innenverbindung zwischen Unter- und Oberkörper verhindert. Daß in Volkstänzen so häufig beim Hochsprung gejauchzt oder geschrieen wird, spricht für die Richtigkeit dieser Zuordnung.

Zur „Technik" des Springens

Stärker als in jeder anderen Bewegungsweise ist im Springen das Element des *Federns* wirksam. Federn ist ein Grundbestandteil aller Bewegung. Es tritt in Tätigkeit, sobald die Bewegung eine gewisse Geschwindigkeit erreicht. Als Bewegungselement gehört es, genau wie etwa die Atemspannung des Rumpfes oder der rhythmische Ablauf der Muskeltätigkeit, in jedes Bewegungsbild hinein und ist in jedem enthalten.

Denn *Elastizität ist eine Grundeigenschaft des Organismus*. In allen Gelenken finden sich elastische Knorpelschichten, die, zusammengedrückt oder gedehnt, zu ihrer ursprünglichen Form zurückzukehren streben. Darüber hinaus können mehrere Gelenke zusammenwirkend die Eigenschaft einer Feder entwickeln: gebeugte Gelenke schnellen elastisch in die Streckung, und gestreckte kehren in die Beugung zurück. So verhält sich z. B. die Wirbelsäule mit ihren elastischen Bandscheiben wie eine Feder, die, zusammengedrückt, in die Streckung, und gedehnt, in die Normallage zurückkehrt. Fußgelenk, Kniegelenk und Hüftgelenk wirken durch ihre gemeinsame Beugung und darauffolgende Streckung wie eine Feder, die Muskeln des Schultergelenks können durch ihre wechselnde Zusammenziehung und Dehnung beim Schwingen des Armes, bei einer Schlag- oder Stoßbewegung federnd wirken usf.

Beim Springen federt die ganze Wirbelsäule in ihren Knorpelbestandteilen, es federn die Fuß-, Knie- und Hüftgelenke, und es federn die klappenden Hände, die schwingenden oder emporgeworfenen Arme.

Eine Grundform alles Springens ist das einfache Federn am Platz oder in den Raum hinein auf beiden Füßen („Gummiballsprünge") oder im Schritt, wie es sich organisch aus dem kleinen parallelen Armschwingen nach vorn und hinten, dem federnden Sichschaukelnlassen entwickelt.

Kleines federndes Schrittspringen als rhythmisch fließende Fortbewegung schafft ein sicheres Gefühl für das Gleichgewicht zwischen Ruhe und Aktivität, Auffang und Abstoß, Schwere und Leichtigkeit, das über Lebendigkeit, Schönheit und Beseeltheit einer Sprungform entscheidet.

Wir sahen einen Leiermann auf der Straße und um ihn herum tanzende Kinder. Ein kleiner Junge, auf- und abfedernd wie ein lebendig gewordener Gummiball, setzte uns alle in Entzücken: leicht, gelöst und voller Leben war seine Bewegung, und das erstaunlichste, „technisch vollkommen ‘. Was sie an Lust und Schönheit auf uns überströmte, läßt sich mit Worten nicht sagen. Da hatten wir ein Vorbild des Springens: *Tanzen ist es, nicht Gymnastik*, Leichtigkeit ohne Hochwollen, Unbeschwertheit aus dem Ruhen in der Schwere, Zartheit trotz Schnellkraft.

Federn im Dreitakt betont das Schwingende, Erdverbundene, Federn im Zweitakt das Abstoßende, Schnellende im Sprung. Zwischen beiden liegen alle Abstufungen des Federns. Etwas von beiden muß in jeder sein: immer schwingend, nie hart selbst das spitzeste, und immer aufwärtsgerichtet, nie am Boden klebend noch das weichste.

Kleines Schrittfedern in alle Raumrichtungen hinein, auch im Drehen und in Kurven läßt die Bewegung mühelos, spielend werden. Rhythmusänderungen, Zwischenschritte, Zwischenbewegungen der Beine usw. bilden den Übergang zu improvisierendem Tanzen, in dem der eigentliche Sinn des freien Springens liegt.

Vergrößertes Schrittfedern führt zu Laufsprüngen, dem „großen Laufen‘. Entscheidend ist das Gefühl für die Harmonie des Springbogens, das heißt für das Gleichgewicht zwischen Höhe und Weite.

Zum Springen gehören Füße, die nicht nur Kraft und Beweglichkeit haben, sondern außerdem die Fähigkeit zu rascher, vollständiger Streckung von Fuß-, Knie- und Hüftgelenk (Schnellkraft), sowie ein sicheres Gefühl für den richtigen Aufbau des Fußgelenks über den Zehenballen und der Knie über der Unterstützungsfläche: kein Herübersinken der Fußknöchel nach außen, kein Einrollen zum X-Bein.

Schwierigkeiten bereitet oft das Strecken im Hüftgelenk, das mit Veränderungen des Aufbaus verbunden wird. Fast jeder Mensch sinkt beim Springen zunächst in seine sonst schon überwundene Fehlhaltung zurück: der eine schiebt den Unterkörper vor, der andere zurück, der dritte neigt das Becken und höhlt die Lende. Sicherer Aufbau im Springen wird leichter erreicht, wenn es ohne Ehrgeiz in bezug auf Höhe oder Weite als spielende Fortbewegung erarbeitet und erlebt wird. Die Steigerung muß wie von selbst kommen ohne eine spürbare Änderung in Aufbau und Spannungsverhältnissen.

Die Bewegungen von Becken, Wirbelsäule und Schultergürtel sind beim Springen im wesentlichen die gleichen wie beim Gehen und Laufen. Für das Schrittspringen, das ja nur ein federnd hochschnellendes

Laufen ist, leuchtet das ein. Für andere Sprungformen gilt es ebenso. Immer geht nämlich dem Absprung eine Zusammenziehung des Rumpfes mit Aufrichten des Beckens und Ausgleich der Lendenhöhlung voran, so daß die ganze Wirbelsäule in Bewegung gerät und mit ihr Brustkorb und Schultergürtel.

Wichtig ist weiches Federn der Wirbelsäule. Die echte Springlust, der Tanzfreude näher verwandt als der Lust an der Leistung, hängt mit diesem weichen Durchfedertwerden der Wirbelsäule, des Brustkorbs, des ganzen Rumpfes und der inneren Organe zusammen. Ein Kennzeichen guten Springens ist die ungezwungene Haltung des Kopfes, die Weichheit der Halsmuskulatur und der gelöste Ausdruck des Gesichts, das es nicht nötig hat zu lächeln, um heiter zu erscheinen.

Die Arme sollen weder rudern noch starr gehalten werden. Mitschwingend oder getragen, werden sie mit durchfedert bis in die Fingerspitzen hinein.

Spielformen

Spielformen des Springens sollten nicht trainiert, sondern improvisiert werden. Die Technik kommt dabei besser weg, als man vermuten mag. Es ist erstaunlich, wie rasch eine Bewegung ihre Härten und Ungeschicklichkeiten verliert, wenn sie auf immer neue Weise von innen geholt wird.

Viele Spielformen des Springens wachsen als natürliche Steigerung aus anderen Bewegungen heraus: Laufsprünge aus dem Laufen, flaches, weites Hüpfen aus dem Marsch, hohes, spitzes aus dem Federn, weiches schwingendes aus Walzerschritten, Dreischrittsprünge aus Beinschwingen, Hochsprünge aus Ballspielen usw. Die Möglichkeiten sind unerschöpflich.

Aus dem federnden Tanzen ergeben sich durch Hochschwingen eines oder beider Beine, durch Zwischenschritte usw. die mannigfachsten Sprungformen. Sie bleiben lebendig, solange sie auftauchen und wieder versinken. Durch Einüben verlieren sie ihre Frische, werden leer und machanisch.

Das Springen ist von allen Übungsformen der Gymnastik die bedenklichste, weil es zu ichhaftem Ehrgeiz, zu mechanischem Trainieren, zur leeren oder gar durch sogenannten Ausdruck verkitschten Form verführt. Wer Leistung will, soll Hoch- oder Weitsprung trainieren; freies Springen aber muß Spiel bleiben, wenn es menschlich sein soll.

8. Schwingen

Schwingen ist ein vieldeutiges Wort. Schwung ist ein Zustand der Seele wie des Leibes. Schwingung im Sinne des innerlich Bewegten, des lebendig Pulsierenden hat jede leibhafte Bewegung.

Das Pendeln eines Gliedes um sein Ursprungsgelenk, das im engeren Sinne als Schwingen bezeichnet wird, finden wir in der Natur in den Flugbewegungen der Vögel: die Flügel schwingen auf und ab, daher die „Schwingen ‘, „Schwungfedern", „sich emporschwingen". In der menschlichen Bewegung sind es die Arme, die beim Laufen und Gehen schwingend um die Verbindungsachse der Oberarmgelenke pendeln; mit dem Arm holt man Schwung zu Schlag und Wurf, mit den Beinen zum Tanz: man „schwingt das Tanzbein ‘.

Schwingen ist also keine selbständige Bewegungsform wie Gehen, Laufen oder Springen, sondern ein Bestandteil anderer Bewegungen: des Gehens, Laufens, Tanzens, des Schlagens, Werfens usw.: ein Bewegungs-*Element*.

Dagegen macht die neuzeitliche Gymnastik sogenannte Schwungbewegungen mit und ohne Gerät zu eigenen, selbständigen Übungsformen. Sie verbindet schwingende Bewegungen der Arme mit federndem Nachgeben der Beine und des Rumpfes und bringt damit das ganze „Außen" des Körpers in einheitliche, wellig durchlaufende Bewegung.

Diese Schwungbewegungen sind zur unterscheidenden, fast möchte man sagen, zur grundlegenden Übungsform neuzeitlicher, auf das Rhythmische gerichteter Gymnastik geworden. Ihr körper- und bewegungsbildender Wert wird oft überschätzt. Es ist wahr: sie üben das *äußere* Durchlaufen der Bewegung durch die Körpermasse, und bei ungewöhnlich „steifen" Menschen können sie äußere Bewegungshemmungen wegräumen. Zugleich aber verdecken sie durch runden, „rhythmischen" Ablauf die *inneren;* und darin liegt ein großer Nachteil. Zieht man in Betracht, daß die gleichen lösenden Wirkungen mit rhythmisch fließender Bewegung am Boden ohne diesen Nachteil zu erreichen sind, so wird man diese Übungen keinesfalls in den Mittelpunkt einer Leibeserziehung stellen mögen.

Das *Armschwingen,* wohl die bekannteste Bewegungsform der neuzeitlichen Gymnastik, ist ein Kampf zwischen Fliehkraft und leiblichen Eigenkräften, Passivität und Aktivität, Nachgeben und Gegenhalten. Die Fliehkraft strebt die pendelnden Arme aus dem Körperzusammenhang herauszureißen und diesen Zusammenhang zu lockern, indem sie am

Brustkorb zerrt und den Aufbau gefährdet. Die Aufgabe ist, ihr zugleich nachzugeben und zu widerstehen.

Die Eigenkräfte gehen teils von der äußeren Bewegungsmuskulatur, teils vom Atemvorgang aus. Von außen wirken die Beweger des Schultergelenks teils unterstützend bzw. verstärkend (schwunggebend), teils gegenhaltend (antagonistisch), und bestimmen dadurch Ausmaß, Gleichgewicht, Kraft der Bewegung. Die Armmuskulatur gibt die haltende Spannung, die den Arm in seiner mäßig gestreckten oder leicht gebeugten Form erhält und Überstrecken und Schlenkern verhindert.

Rückenstrecker und Bauchdecken in ihren verschiedenen Schichten arbeiten antagonistisch zusammen, um das Nachgeben im Rumpf einzuschränken. Beim Vorschwingen wirken die geraden Bauchmuskeln dem Rückbeugen des Oberkörpers entgegen. Bei seitlichem und schrägem Schwingen verhindern schräge Bauchmuskeln und Rückenstrecker gemeinsam unerwünschtes seitliches Rumpfbeugen.

Von innen ist es die Atemspannung die dem Rumpf den Gegenhalt gegen die zerrenden Wirkungen der Fliehkraft gibt. Der gefüllte Mittelkörper verleiht ihm *inneren Halt* (siehe „Atemspannung und Haltung") und nimmt den Rumpfmuskeln ein gut Teil ihrer Haltearbeit ab.

Die Atemspannung weitet den Rumpf; die Haltespannung der Rumpfmuskeln strebt, ihn einzuengen. Zwischen Sichweiten von innen und Verengen von außen entsteht ein Gegenspiel das dem Schwingen seine lebensvolle Spannung gibt: rechtes Schwingen ist zugleich kraftvoll und verhalten.

Fehlt es an Atemspannung, so gewinnen die mechanischen Haltekräfte das Übergewicht über die organischen. Der Mittelkörper wird zwar fest, aber zugleich eng; die Rumpfmuskulatur umschließt ihn wie ein Korsett, das den Atem nicht voll durchströmen läßt. Der Ausdruck des Verhaltenen weicht einem Ausdruck willensmäßiger Beherrschung. Es fehlt der Bewegung an innerem Leben; sie bekommt etwas technisch Beherrschtes, Glattes. Der Ausdruck nähert sich dem einer gut gekonnten Übung.

Das Wesentliche des Schwingens liegt also im polaren *Wechselspiel zwischen Fliehkraft und inneren organischen Eigenkräften*. Die Muskelkräfte der Rumpfmuskulatur haben dabei nicht selbständige, sondern dienende Aufgaben. Sie sollen den Rumpf gerade soviel zusammenhalten, daß der weitende Atemstrom frei durchschwingen kann. Tun sie mehr, so stören sie das innere Durchfließen der Bewegung.

Solche Störung wird vielfach verdeckt durch federndes Nachgeben in Wirbelsäule, Hüfte, Knien und Fußgelenken. Es sieht dann alles weich und fließend aus, obwohl die Spannungen der Muskulatur hart sind. Der äußere wellige Fluß täuscht über den Mangel an innerer Führung hinweg.

Keineswegs ist solch ausgiebiges „Mitbewegen des Hauptschwerpunktes" beim Schwingen notwendig. In der Natur kommt es kaum vor. Auch wenn das Becken an seinem Platz bleibt und Rumpf und Beine sich nicht verschieben, kann die Bewegung weich und wellig den Leib durchlaufen. Der ganze Schwung läuft dann gleichsam innerlich ab; von außen wirkt die Bewegung beinahe geführt und sehr streng. Das fordert mehr kraftvolle Spannung in den gegenhaltenden Rumpfmuskeln, besonders wenn – bei sehr ruhigem Bewegungstempo – durch einen seiner Länge nach mitgeschwungenen Stab der Arm verlängert und sein Schwerpunkt weiter vom Körper weg verlagert wird, – zugleich aber vollkommene Weichheit und Nachgiebigkeit dieser Muskeln.

Solche gehaltenen Schwünge haben einen eigentümlichen Reiz. Sie geben ein Gefühl verhaltener, innenströmender Kraft, wie es Bach'sche Musik ausstrahlt. Man erlebt dabei etwas wie geistige Lenkung der Bewegung und ein nicht nur physisches Kraftgefühl: der Körper wird nicht als Körper gefühlt. Man spürt nur Willen und Wirkung, – aber einen Willen von völlig anderer, ja entgegengesetzter Art als der uns geläufige harte, befehlende, erzwingende; einen Willen, der nicht eingreift, sondern gleichsam nur innerlich spricht, und dem freiwillig gehorcht wird.

Was es heißt, die Bewegung zu lenken, ohne sich um sie zu bemühen, Kraft zu entfalten, ohne sich zu plagen, in der Leistung Mensch zu bleiben und nicht zum Arbeitstier zu werden, kann man hier überzeugend und beglückend erfahren.

Form und Ausdruck des Schwingens *wechseln mit dem Verhältnis der in ihm wirkenden Kräfte.* Im polaren Gegenspiel von Fliehkraft und Eigenkraft, innerer und äußerer Spannung, Federn und Festigkeit, Weichheit und Herbheit, Tiefe und Höhe, Strömung und Verhaltenheit, Sichschwingenlassen und Sichschwingenwollen kann mehr die eine oder mehr die andere dieser Kräfte betont sein. Jedes Verhältnis beider ist möglich und ergibt eine eigene Bewegungsgestalt, einen eigenen „Klang". Keine von beiden darf fehlen.

Weitere Abwandlungen ergeben sich aus Zeitmaß und Geschwindigkeit. Der walzerartig schwingende Dreiertakt ergibt weiche gedehnte Schwünge, der Zweiertakt kraftvoll knappe. Ruhiges Tempo bringt den

Übergang zur geführten Bewegung und zum gebundenen Schreiten, lebhaftes zur Staccato-Bewegung und zu beschwingtem Springen.

Den einfachsten *Zugang* zum Armschwingen bildet auf- und abfederndes Sichschaukeln, bei dem die Arme von selber ins Pendeln geraten. Es ergeben sich dabei ausladende und weich durchlaufende Bewegungen, die aus gymnastischen Vorführungen bekannten großen Rumpf- und Armschwünge.

Zu gebundenem und mehr gehaltenem Schwingen leitet das Übertragen des Körpergewichts in Schrittstellung. Die Bewegung wird weich und fließend, ohne stark nachzugeben. Die Grundform des schwingenden Tanzens, der Walzerschritt, wird gefunden.

Eine herbe und strenge Form des Schwingens entsteht, wenn die Bewegung von den Armen allein begonnen und vom übrigen Körper nur mit sparsamster Mitwirkung begleitet wird. Diese Form ist in der Gymnastik nicht üblich. Sie ist die kraftvollste und innerlich reichste.

Es ist wertvoll, *auf verschiedenen Wegen* zum Schwingen zu kommen, denn jeder Zugang bedeutet eine andere Innenschwingung, einen anderen Gehalt. Das gilt für jede Bewegung, aber fürs Schwingen besonders.

Das eigentliche Problem beim Schwingen ist nämlich: wie kann man es lebendig halten? Es handelt sich hier ja nicht um Naturbewegungen wie Gehen, Laufen, Springen, gar Tanzen, sondern eben um *Übungen,* die weder im Alltag noch im festlich erhöhten Leben aus Bewegungsdrang oder Ausdrucksverlangen unmittelbar entspringen, sondern zu pädagogischen Zwecken erfunden worden sind. Die Erfahrung zeigt denn auch, daß diese Übungen trotz ihrer naturhaften Form leichter mechanisch werden als die eigentlichen Naturformen.

Weniger noch als andere Bewegungen verträgt deshalb das Schwingen ein gleichförmiges Üben. Fortwährende fließende *Abwandlung in Größe, Kraft, Geschwindigkeit, Raumrichtung* ist notwendig, um im äußeren Schwingen das innere zu erhalten.

Wichtig ist, zart und allmählich von *innen* her „in Fahrt" zu kommen. Legt man gleich in voller Größe los, so ist der innere Antrieb bald vertan. Nichts soll festgelegt sein. Allmähliche Übergänge von pendelndem zu kreisendem und von da zu achtförmigem Schwingen und zu freien Kurven in Ebene und Raum halten Fantasie und Körpergefühl lebendig. *Ein* Arm schwingt oft lebensvoller als beide. Einbeziehung von Händen und Fingern in die Bewegung (aber nicht willkürliches Hantieren mit ihnen) gibt neue Antriebe.

Letztlich aber ist das Armschwingen überhaupt nicht eine Bewegung, die sich selber trägt. Ganz eingeschmolzen in naturhaftes Sichbewegen wird es nur da, wo es Anschwung zu anderen Bewegungen, zum Schleudern, Werfen, Gehen, Drehen, Springen usw. ist. Als eigene Übungsform behält es etwas Schulmäßiges.

Das *Beinschwingen,* in der tänzerischen Gymnastik beliebt, ist in der Körperbildung der Laien ein wenig Stiefkind. Mit Unrecht, denn die kräftige Durchblutung der Beckenorgane, die es bewirkt, kann einseitig Arbeitenden Sitz- und Steh-, Hand- und Kopfarbeitern nur wohltun. Und für alle Tanzfreudigen wird durch die freie Beweglichkeit im Hüftgelenk und die Fähigkeit mit den Beinen zu „sprechen", der Bereich leiblichen Selbstvertrauens und elementaren Ausdrucks erweitert. Denn „das Tanzbein zu schwingen", ist eine lebendige Äußerung der Tanzfreude und als solche lebensnäher als Armschwingen.

Für die Mechanik des Beinschwingens ist entscheidend die freie Beweglichkeit der Oberschenkel im Hüftgelenk nach vorn und zur Seite und das gelöste Nachgeben des Beckenbodens. Rückwärts gibt es keine Beinbewegung, da hier die Hüftgelenke durch starke Bänder gehemmt sind. Das scheinbare Rückwärtsschwingen der Beine geschieht durch Neigen des Beckens und starkes Höhlen der Lende oder durch standwaagenartiges Vorneigen des Oberkörpers. Für die Beckenorgane ist das ohne Wert, und für die Haltung bildet es eine Gefahr, da es die Neigung zur Lendenlordose bestärkt. Seitlich ist das Bein auswärts gerollt freier und — durch die Beugemöglichkeit im Knie — weicher hochzuschwingen als mit vorwärts blickendem und gestrecktem Knie.

Dem Aufbau bietet das Beinschwingen Schwierigkeiten. Die statischen Verhältnisse liegen ähnlich wie beim Gehen: um beim Vorschwingen das Gleichgewicht zu erhalten, muß der Unterkörper ausgleichend nach hinten ausweichen, so daß die Lende sich streckt und die ganze Wirbelsäule durchschwungen wird.

Brustkorb und Kopf bleiben dabei senkrecht über dem Standbein. Meist sieht man das Umgekehrte: das Becken wird mit dem schwingenden Bein vorgeschoben und der Oberkörper nach Art einer beginnenden Standwaage zurückgelegt: ein ästhetisch ansprechendes Ausweichen, das ohne wirklich durchgreifende Bewegung den Schein der Beweglichkeit hervorbringt.

Ebenso beim Beinschwingen seitwärts: schwingt das rechte Bein, so weicht das Becken und nicht der Oberkörper nach links aus; sonst entsteht eine Standwaage nach links. Solches Ausgleichen ist Gleichgewichtsaufgabe und wird am lebendigsten im Gleichgewichtsspiel auf beweglicher Unterlage. Eistänzer geben manchmal ein erfreuendes Bild. Da sind die weiten Beinbewegungen wirklich Schwünge und nicht nur tänzerische Gymnastik.

Nur im Ganzen des Sichbewegens behält das Beinschwingen seinen ursprünglichen Gehalt von Lebenslust und Überschwang; als für sich geübter Bewegungsvorgang verliert es bald seinen Reiz und wird zur Freiübung. Anders, wenn es, aus dem Sichschwingen, dem Übertragen des Gewichts entwickelt, allmählich ansteigt und in die Fortbewegung eingebaut wird. Es wird dann zum Tanzen; und nur da wird es recht lebendig. Im Tanzen – nicht im Tanz. Denn einen Tanz zu erlernen, in dem Beinschwünge vorkommen, ist kein Weg. Aus freiem Spiel mit der Bewegung muß dieser große, lebensvolle Schwung als Höhepunkt hervorgehen.

Sichschwingen

Schwingendes Verlagern des ganzen Körpers über der Unterstützungsfläche ist als eine Art leiblicher Ganzheitserziehung von der Atemschule Schlaffhorst-Andersen erarbeitet worden. Wenn es bis heute nicht die Verbreitung gefunden hat, die seinem Wert entspricht, so mag das an den großen Ansprüchen liegen, die sie an Selbstzucht und Sammlung stellt, auch wohl an ihrer Unscheinbarkeit, die sie wenig geeignet macht, bei Vorführungen zu glänzen.

Es handelt sich um mannigfach abgestuftes Verlagern des Körpergewichts im aufrechten Stehen über der Unterstützungsfläche der am Boden ruhenden Füße. „Schwingen" werden diese Bewegungen wohl genannt, weil der ganze, in sich ruhende Körper dabei um einen festen Drehpunkt „pendelt", ähnlich wie beim Schwingen am Reck, – nur daß hier der „Aufhängepunkt" des Pendels in den Fußgelenken liegt.

Im Unterschied vom üblichen schwunghaften Pendeln der Glieder unter Mitbewegung des Rumpfes bleibt bei dieser Art des Schwingens der Aufbau unverändert; äußere Bewegung gibt es nur im Fußgelenk. Wir finden die Bewegungsweise auf altägyptischen Bildwerken dargestellt. Auch als Kinderspiel kommt sie in primitiver Form unter dem Namen „toter Mann" vor.

Bis zur Gleichgewichtsgrenze kann das Körpergewicht selbsttätig nach vorn und rückwärts oder von rechts nach links in eine leichte Schräge hinein verlagert werden; es kann auch kreisend diese vier Richtungen verbinden. Hält man sich (hängend oder gestützt oder auch beides im Wechsel) an einem festen oder mäßig bewegten Gegenstand, etwa an einem Baumast, an der Tischkante, dem Fensterflügel oder auch an den Händen eines Mitspielers, so kann man weit und weiter über die Gleichgewichtsgrenze hinausschwingen. Es entsteht eine Art Schaukelbewegung, die auf Atmung und Kreislauf mächtige und je nach Bewegungsrichtung und Unterstützungspunkt verschiedene Wirkungen übt.

Anstelle des Sichselberhaltens kann das Stützen auch durch die Hände eines Helfers geschehen, die vorn, hinten oder seitlich an jeder Stelle des Rumpfes sich anlegen und so eine unerschöpfliche Fülle verschiedenartiger Bewegungsaufgaben stellen können. Das Besondere dieser Bewegungsweise liegt in dem eigentümlichen Verhältnis von Empfänglichkeit und Aktivität, das sie fordert. Scheinbar passiv, verlangt das Geschwungenwerden in Wirklichkeit eine umfassende Aktivität: man soll sich der Führung des Helfers überlassen, mit jeder von ihm angeregten Bewegung mitgehen, aber dabei völlig aufeinandergebaut, besser ineinandergefügt bleiben. Schon um den Aufbau in den verschiedensten Schräglagen gegen die Zugwirkungen der Schwerkraft zu bewahren, muß dabei die gesamte Rumpfmuskulatur arbeiten: in der Schräge rückwärts hauptsächlich die der Rückseite, um das Einknicken, das Sichsetzen zu verhindern, in der Schräge vorwärts die der Vorderseite, in der Rechtsschräge die der rechten Seite und umgekehrt.

Das geschieht nun nicht mit beliebiger oder zufälliger Muskelspannung, sondern genau in dem für die aufrechte Haltung *notwendigen Kräfteverhältnis*, also proportioniert und harmonisch. Dadurch wird das Schwingen zu einem kaum ersetzbaren Mittel der Haltungserziehung.

Hinzu kommt die *Wirkung des Schwingens auf Atmung und Kreislauf*. Es ist eine planmäßige Erziehung zur Reaktionsfähigkeit der inneren Lebensvorgänge. Die Gleichgewichtsreflexe der Atmung werden hier nach allen Richtungen in Tätigkeit gesetzt. Je nach der Richtung der Bewegung, nach ihrer Größe, nach dem Ort, an dem die Hand – die eigene oder die des Helfers – die Stütze gibt, wird mehr das Zwerchfell oder werden mehr die Lungenspitzen oder die Flanken aktiviert, wird der Atem mehr nach hinten, nach der Seite, nach unten, nach oben gelenkt, beruhigt oder beschleunigt, kurz nach allen Richtungen geschmeidig gemacht. Und ebenso wird der Kreislauf zu feinstem Reagieren auf immer neue Gleichgewichtsanforderungen erzogen.

In der Bewegung schwer zu beobachten, wird das *nach* der Bewegung auch dem ungeschulten Blick an der belebten Hautfarbe und der tiefgehend veränderten Atmung sichtbar. Tatsächlich hat ein feinfühliger und erfahrener Helfer im Schwingen ein Mittel in der Hand, planmäßig an Reaktionsfähigkeit, Form und Rhythmus der Atmung zu arbeiten, ohne „Atemübungen" zu machen, und in allmählichem Übergang von der halb- zur vollaktiven Bewegung, vom Geschwungenwerden zum Sichselberschwingen und von da zur Alltagsbewegung den Partner mehr und mehr selbständig werden zu lassen.

Das Weichbleiben der äußeren Muskulatur in der den Aufbau bewahrenden Formspannung ist dabei zugleich Bedingung und Aufgabe: das Freiwerden der Atmung entlastet die haltenden Muskeln (siehe „Atemspannung"), und das weiche Nachgeben der Rumpfmuskeln ermöglicht die allseitige freie Beweglichkeit von Zwerchfell und Brustkorb, es „macht dem Atem Platz".

Denn bei verspannter Rumpfmuskulatur ist allseitig freie Atmung nicht möglich; ein starres „Muskelkorsett" schnürt Brustkorb und Mittelkörper ebenso ein wie eines aus Stoff und Stangen; und umgekehrt wird bei unzureichender Atmung die fehlende Atemspannung automatisch durch Verspannung der Rumpfmuskulatur ersetzt. So entsteht ein Fehlerkreislauf zwischen Atmung und Rumpfmuskulatur, der beim Schwingen in einen Förderkreislauf umgewandelt werden kann.

Solches Schwingen ist keine gymnastische Übung im gewöhnlichen Sinne. Es kann eher dem Stimmen eines Instrumentes verglichen werden als dem Turnen. Mechanisch geübt, ist es wertlos; feinfühlig und mit Empfänglichkeit ausgeführt, kann es eine Quelle leiblicher Bildung sein.

Worauf es ankommt: *Weichbleiben, nichts starr werden lassen* (Beine, Rücken). Jedes Gefühl von Steifheit, Härte oder Ermüdung ist ein Zeichen falscher Spannung. Immer weicher, immer beweglicher, immer durchfluteter muß es sich anfühlen, bis man schließlich überhaupt *nicht mehr Körper, nur noch Bewegung empfindet.*

Dabei muß man ganz ineinander bleiben, in jeder Lage gleichsam sich selbst bewahren, und das Gefühl behalten, auf den eigenen Beinen und Füßen zu stehen, so weit man auch über die Gleichgewichtsgrenze hinauskommt. Zugleich aber muß man ganz wach sein, horchend, den Boden und die Hand des Helfers spürend, fortwährend die Muskelspannung an Rumpf, Beinen, Armen wechselnd, die einen lösend, während die anderen einsetzen, *den Aufbau immer neu finden*, während sich äußerlich sichtbar nichts an ihm ändert: eine *Erziehung zum vitalen Improvisieren* mit Atmung, Kreislauf und feinsten, äußerlich nicht sichtbaren Muskelspannungen, wie es etwa beim Skilaufen, beim Klettern, beim Tanzen, beim Vomblattspielen gebraucht wird, – überall da, wo die eingeübten „automatisierten" Bewegungen versagen.

Darüber hinaus erzieht das Schwingen zu *vitalem Selbstvertrauen und leiblichem Mut*. Die Angst vorm Fallen nur zu „*beherrschen*", ist keine lebenfördernde Aufgabe. Ziel für eine leib- und sinnenfrohe Körperbildung ist, keine Angst zu *haben*. Wir wissen, wie es damit geht, etwa beim Ski- oder Schlittschuhlauf: dem einen ist jeder Fall ein Schock, auch wenn er sich nicht verletzt; Lust und Leichtigkeit sind in kurzem verbraucht, und er kann nur noch mit zusammengebissenen Zähnen weitermachen. Dem anderen ist das Fallen eine Lebensanregung, er bekommt Lust und Kraft davon, selbst wenn er sich einmal wehtut.

Solch positives Reagieren auf Schock-Reize kann erarbeitet werden. Jenes Angstgefühl, das beim „toten Mann" willensmäßig unterdrückt werden muß (Anleitung: sich „ganz steif" hintenüberfallen lassen!), wird beim Schwingen mit der wachsenden Reaktionsfähigkeit von Atmung und Kreislauf *aufgelöst*. An die Stelle des toten Mannes tritt der lebendige Mensch mit den gelösten Muskeln und der Lust am Wagnis.

Man bekommt das sichere Gefühl, mir kann nichts passieren; selbst wenn der Helfer mich fallen ließe, könnte ich mich nicht verletzen. Und tatsächlich gibt es auf Überraschungen durch den Helfer, auf plötzliche Änderungen in Richtung und Tempo, ja sogar auf scheinbares Fallenlassen bald keinen Schock, kein Stocken der inneren Bewegung mehr, sondern ein tiefes, vertrauendes Sichauffüllen, verbunden mit der unwillkürlich und unmittelbar einsetzenden richtigen Bewegungsreaktion. *Vitale Geistesgegenwart* könnte man es paradox nennen.

Als Bewegungselement steckt das Sichschwingen in aller menschlichen Bewegung und in jeder menschlichen Arbeit; denn jede – sitzende wie stehende – geschieht im Aufrechtsein, und das heißt im Spiel mit dem Gleichgewicht, das eben ein feines Sichschwingen über der Unterstützungsfläche ist.

Ein Element des Gehens und des Tanzens bildet das Sichschwingen, soweit es nicht über die Gleichgewichtsgrenze hinausgeht. Dem ruhigen Gehen gibt es das innerlich Bewegte, dem straffen Marsch das Strömende im Gegensatz zum Abgehackten, Ruckhaften, dem Tanzen Weichheit und Bodenständigkeit bis hinein ins Springen.

Sichschwingen über die Gleichgewichtsgrenze hinaus ist ein Element des Schiebens und Ziehens sowie der Hang- und Stützübungen am Gerät. Was wir im übertragenen Sinne Schwingung nennen, hängt mit dem leiblichen Vorgang des Sichschwingens zusammen. Es ist mit dem menschlichen Körper ähnlich wie mit einem Gong: *seine Bewegung „klingt", solange er schwingt*, und das heißt praktisch, solange er mit dem Gleichgewicht spielt. Wird er festgestellt, so kann weder Willensanspannung noch Erregungsbetrieb den Spürfähigen über das „Blecherne" seiner Bewegung hinwegtäuschen.

9. Sitzen

Sitzen ist Ausdrucksbewegung. Die ägyptischen Statuen zeigen es ebenso wie griechische Reliefs oder Michelangelos Propheten und Sybillen. Auf dem deutschen Tänzerkongreß 1926 sahen wir den javanischen Tänzer Raden Mas Jodjana minutenlang unbeweglich am Boden sitzen, und mehr als tausend Zuschauer lauschten gebannt. Auch die Ruhe spricht; aus ihr tönt inneres Leben.

Sitzen ist Bewegung, Gleichgewichtsspiel; nur als solches kann es lebensvoll sein. Was herauskommt, wenn mit dem Augenblick des Sichsetzens die Bewegung aufhört, zeigt der Anblick sitzender Leute in Büros, Schulen, Versammlungsräumen, Wartezimmern, Bus und Bahn. Schwer zu beschreiben, was sie eigentlich tun. Manche kleben wie angenagelt, andere schieben sich unruhig hin und her, wieder andere hängen hilflos auf ihren Stühlen, daß man denkt: ein Grad Schlaffheit mehr, und sie rutschen ab. Aufrecht, in sich ruhend und behaglich, wie es jedes gesunde Kleinkind kann, sitzt kaum einer.

Und nun frage man einmal Menschen in Sitzberufen, Büroangestellte, Näherinnen, Postbeamte; man wird erschrecken, wie wenige frei von Kreuzweh, Schmerzen zwischen den Schulterblättern, Magenbeschwerden, Unterleibs- und Verdauungsstörungen sind. Im Grunde braucht man sie nur anzusehen, um das zu wissen.

Sonderbar: es gibt mehr Sitzberufe als jemals, aber niemand kann sitzen. Als kleines Kind zwar hat es jeder gekonnt. Man betrachte nur spielende Kinder, wie sie am Boden, auf dem Bordstein sitzen, mit welch prachtvoller Spannung, aufrecht und gelassen, mit gelöst ruhenden Beinen und im Sitzen fortwährend in Bewegung. (Bild 2 u. 4)

Aber dann kam man in die Schule. Man entsinnt sich noch gut, wie man in der engen, jede Bewegung hemmenden Schulbank hin- und herrutschte, nicht vorn und nicht hinten sitzen konnte, sich von einer Seite auf die andere schob und immer gequälter, immer „nervöser" wurde. Und damit wars dann ein für allemal vorbei mit dem rechten Sitzen. Acht bis zwölf Jahre Sitzquälerei genügen, um Spannung, Lust, Behagen auszutreiben. Und so soll dann ein Mensch den dritten Teil seines Lebens verbringen. Ist das nötig?

Die „orthopädische Schulbank" ist keine Lösung. Aber an ihre Stelle gehören nicht Stühle und Tische, sondern Hocker, und sie müssen so gebaut sein, daß sie sich raumsparend aufeinanderstapeln lassen. Denn Bewegung ist ein Lebenselement der Kinder und Jugendlichen und eine Bedingung gesunder Entwicklung. Wird sie unmöglich gemacht, so werden Atemschäden, Haltungsfehler, Wirbelsäulenverbiegungen und allgemeine Schwäche weiter gezüchtet werden.

Bewegung könnte zumindest in den unteren Klassen, das ganze Schulleben durchfluten, Sitzen eine unter vielen Verhaltensweisen sein. Sehr viel mehr, als schulmeisterliche Weisheit sich heute noch träumen läßt, kann in der Bewegung oder in ständigem Wechsel zwischen Sitzen und Bewegung, ja vieles sogar *durch* Bewegung erarbeitet werden und wird dann besser und rascher eingehen.

Was die Schule heil läßt, verderben dann unsere ungeeigneten *Sitzmöbel*: viel zu hohe Stühle hindern die Füße, am Boden zu ruhen, setzen dadurch die Oberschenkel dem Druck der Stuhlkante aus und verführen zum Überschlagen der Beine. Polsterstühle machen das Balancieren auf den Sitzknorren unmöglich und zerstören damit die Beweglichkeit im Sitzen; nach hinten statt nach vorn abfallende Sessel im Wohnraum und Auto nötigen zum halben Liegen und lassen innere und äußere Muskeln erschlaffen. Und um das Maß voll zu machen, führt man in modernen Schulen Stühle ein, auf denen das Gesäß in Vertiefungen ruht, so daß ein Teil des Sitzdrucks von den Sitzknorren ab und auf die Muskeln verlagert wird, zum Schaden ihrer Durchblutung.

Druck auf die Beinvenen, — je nachdem passiv durch die Stuhlkante oder aktiv durch Überschlagen der Beine bewirkt —, stört von den Beinen aus die Zirkulation im Rumpf; die Haltungsmuskeln, schlecht durchblutet, ermüden; der Rumpf sinkt schlaff zusammen; dadurch wieder erschlaffen Zirkulation und Atmung: ein prachtvoller Fehlerkreislauf.

Für den, der will, gibt es Lösungen genüg: Verkürzen der Beine an Stühlen und Tischen, Gebrauch niederer Hocker, die überdies das erschlaffende Anlehnen unmöglich machen, Aufstellen der Füße auf eine Fußbank, oder, wo all das nicht geht, Sitzen auf einem keilförmigen, nach hinten ansteigenden Roßhaarkissen, das die Beinvenen entlastet und eine aufrechte Beckenhaltung erleichtert.

Das Schaukeln auf dem auf seine Vorderbeine gestellten Stuhl gilt als Ungezogenheit; es ist aber ein instinktiver Notwehrakt, der die Oberschenkel vom Druck der Stuhlkante befreit und dem Sitzen die belebende Beweglichkeit zurückgibt. Auch das höchst „ungehörige" Sitzen auf der vorderen Stuhlkante, noch besser schräg über Eck, entlastet die Venen und hilft Spannung halten.

Sitzen ist nicht „Halte", sondern Bewegung: Das Becken balanciert auf den beiden Sitzknorren wie auf den Bügeln eines Schaukelstuhls. Dies Balancieren ist es, was das Schlaff- oder Starrwerden beim Sitzen verhindert. Es hält den Atem reagierbereit und die Blutströmung in Bewegung und macht damit die Atemspannung im Mittelkörper möglich, die auch im Sitzen die wichtigste Haltungshilfe ist.

Die *Haltung beim Sitzen* hängt von der Beckenstellung ab. Steht das Becken auf seinen beiden Stützpunkten aufrecht, so daß das *Kreuzbein senkrecht* steht, so strecken sich Lenden- und Brustwirbelsäule zur geraden Linie. Nur so ist bewegliches Sitzen mit voller Atmung möglich. Wird dagegen das Becken nach hinten geneigt, so als ob man sich legen wollte, so wird *der Rücken rund* und der Bauch überm Magen eingezogen und unten vorgewölbt. Zwerchfell- und Brustatmung werden gestört und die Zirkulation in den Bauchorganen behindert.

Neigt man umgekehrt durch unnötiges Anspannen der Hüftbeuger das Becken nach vorn, als ob man aufstehen wollte, so muß man, um aufrecht zu sitzen, den Brustkorb ausgleichend zurückschieben, *die Lende höhlt sich*, und die Rippenbögen treten nach vorn heraus. Flanken- und hintere Zwerchfellatmung werden behindert, und das Verspannen der Lendenstrecker bewirkt Ermüdung, zirkulationsstörenden Druck und oft hartnäckige Kreuzschmerzen.

Müdigkeit und Unlust, Krampfadern oder Hämorrhoiden, quälende Schmerzen in der Lende oder zwischen den Schulterblättern, Störungen der Verdauungs- oder Unterleibsorgane können Folgen verkehrten Sitzens sein.

Gutes Sitzen ist zugleich ruhend und aufrecht; es ist ein *Ruhen in aufrechter Haltung.* Dazu gehört die Beteiligung der Beine und Füße, ihre gelöste Verbindung mit dem Boden, ihre gute Durchblutung, ihr Empfinden für die kleinen Lageänderungen, mit denen sie die Blutströmung im Leib immer wieder in Bewegung bringen können.

Mitatmende, gefüllte Lungenspitzen erleichtern den Schulterblättern das Hintenbleiben und den Armen das gelöste Hängen. Die Hände können ihre Verbindung mit dem Rumpf spüren und durch ihre Bewegung Atmung und Blutumlauf anregen.

Ein gutes Empfinden für die Beweglichkeit im Sitzen wie für die Streckung der Wirbelsäule in Verbindung mit dem Gleichgewichtsspiel auf den Sitzknorren gibt das *Balancieren auf dem „Pilz"*, einem einbeinigen Hocker mit Gummifuß, der außerdem ein ausgezeichnetes Gerät zum Lösen verspannter Bauch- und Beckenbodenmuskeln und zur Aktivierung der Zirkulation im Unterleib ist. (Elsa Gindler)

Langes Sitzen wird durch gelegentliches *Wechseln der Sitzart* erleichtert. Besonders nötig wird das in Sitzberufen sein, wenn es alle Tage gleich zugeht und kein lebendiges Interesse den Arbeitenden munter hält. Denn es ist natürlich viel leichter, etwa als Lehrer vor der Klasse, als Mitarbeiter in einer Arbeitsgemeinschaft in Spannung zu bleiben, als in gewohnter, vielleicht mechanischer Tätigkeit ohne Lust und Liebe. Durch Beinbewegungen wie kleines, leises Stampfen, kräftiges Dehnen der Beinrückseite mit gegenstrebendem Strecken der Wirbelsäule, Gleiten der Füße nach allen Richtungen kann man Lebensgefühl und Arbeitslust wachhalten.

Man kann vorn, hinten, mitten, rechts, links, seitlich, über Eck auf dem Stuhl sitzen. Jedesmal haben Beine und Füße eine andere Lage, eine andere Aufgabe, andere Bewegungsmöglichkeiten. Man kann bald das eine, bald das andere Bein unter-, nicht überschlagen und dadurch Lende und Unterleib entlasten und Zwerchfell und Flanken in Bewegung bringen; man kann halb stehend sitzen und so aus der Passivität herauskommen. Zu allem gehört ein wenig „Mut im Alltag".

Zum Niedersitzen und Aufstehen noch eine Bemerkung. Meist wirkt es starr und leer oder lahm und mühselig. Es hilft auch nicht, eine technisch gekonnte Kniebeuge daraus zu machen. Die *falsche* Anstrengung zwar wird in den *Beinen* gespürt, aber die richtige Spannung kommt nicht aus den Beinen, sondern aus der Mitte. Wichtig ist die *richtige Gewichtsverteilung.* Je mehr beim Aufstehen das Gewicht des

Oberkörpers nach vorn gebracht, also der Rumpf vorgeneigt wird, um so leichter haben es die Beine.

Zu starkes Vorbeugen wirkt komisch mühsam, fehlendes starr und unnatürlich. Beim Aufstehen wie beim Niedersetzen kommt es darauf an, das *richtige Maß des Vorneigens* zu finden, das eben hinreicht, um mit Hilfe guter Rumpfspannung die Beine weich und unbemüht zu strecken oder zu beugen.

10. Arbeitsbewegungen

Der moderne Mensch arbeitet fleißig, aber verbissen und ohne Lust. Wo immer man die Ursachen finden mag, – die Maschine ist nur eine unter vielen –, von heute auf morgen werden sie nicht wegzuschaffen sein; so müssen wir versuchen, dem Zustand selber beizukommen, wie es immer gehen mag. Man läßt ja auch eine Krankheit nicht weiterwüten, weil man ihre Ursachen noch nicht ausschalten kann.

Etwas wie eine Krankheit ist das verkrampfte Arbeiten wirklich; jedenfalls *macht* es krank. Es vergeudet Energie, es weckt Unlust bis zum Widerwillen, es macht nervös, kribbelig, reizbar, es gibt dadurch Anlaß zu Reibungen mit der Umwelt, es bedeutet etwas wie einen dauernden seelischen Krankheitsreiz. Man kann erschrecken, wenn man den Gesichtsausdruck arbeitender Menschen – besonders oft der Hausfrauen – betrachtet: so verzerrt, so hart, ja manchmal böse sehen sie aus.

Um so merkwürdiger erscheint es, daß Arbeitsbewegungen in der Bewegungsbildung kaum Beachtung finden. Ist es vielleicht, weil sie nicht „schön" genug sind? Es ist wahr: während Spielereien wie die sogenannten Mäh- oder Holzhackerschwünge hübsch wirken, sehen gut ausgeführte wirkliche Arbeitsbewegungen für den Zuschauer „nach nichts aus", Handwerker z. B. arbeiten so spielend, daß der Laie unwillkürlich meint, die Arbeit müsse er auch können. Aber ästhetische Effekte sollten ja wohl nicht den Ausschlag geben.

Sogenanntes Mähen, sogenanntes Holzhacken, sogenanntes Glockenläuten usw. sind für die wirkliche Arbeit wertlos, denn das freie Schwingen, Schlagen, Stoßen, Drücken, Ziehen hat mit ihr nicht viel mehr als den Namen gemeinsam. „Mähen" ist ein Querschwung, „Holzhacken" ein Tiefschwung; Drücken oder Ziehen gar sind pantomimische Ausdrucksbewegungen. Das Wesentliche der Arbeitsbewegungen ist der reale Widerstand; ohne ihn ist all das ein So-tun-als-ob.

Warum lernt man im Schulturnen nicht heben, tragen, ziehen, schieben, graben, schippen, drehen, reiben? Ist es weniger lebenswichtig als lesen und schreiben? Für die Mehrzahl der Menschen gewiß nicht. (Man denke nur an die Hausfrauen!) Und die Minderzahl, die all dergleichen im späteren Beruf nicht nötig hat, braucht es doppelt, um einmal erleben zu können, wie schön es ist, nach einem langen Sitztag sich körperlich auszuarbeiten und die Lust elementaren Schaffens zu spüren.

Übrigens muß man nicht denken, Arbeitsbewegungen wären ein nüchterner und langweiliger „Lehrstoff". Das Gegenteil ist richtig: jeder Lehrer weiß, wie gern Kinder und Große an und mit Geräten turnen. Das *Erproben der Kräfte am Widerstand* liegt mindestens so sehr in der menschlichen Natur wie freies Spielen, ja als Übung liegt es ihr näher, wie man an den Spielen der Kinder sieht. Gymnastik als „Freiübung" ist eigentlich nur da natürlich, wo es gelingt, sie aus der Tanzlust zu entwickeln oder mit ihr zu verbinden.

Allen kraftfordernden Arbeitsbewegungen ist gemeinsam, daß die Leistung nur zum geringsten Teil von den Armen, *zum größten von Rumpf und Beinen ausgeht.* Gleiten die Füße weg, so ist es unmöglich, eine Last zu heben, zu ziehen, wegzuschieben. Notwendig ist also, daß Hände und Arme am Rumpf, der Rumpf an den Beinen und diese am Boden *festen Widerhalt finden.* Die stemmenden Beine und der kraftvoll gespannte Rumpf sind es, die den Hauptteil der Arbeit tun; die Arme leiten die eingesetzte Kraft auf die Hände weiter, die den Gang der Bewegung lenken.

Jede Arbeit fordert daher eine elastisch-feste Verbindung zwischen dem Ansatzpunkt der Last und dem der Kraft, zwischen den die Last greifenden Händen und den sich gegen den Boden stemmenden Füßen. Ein wackeliger Körper arbeitet so schlecht wie ein Spaten mit losem Stiel.

Durch den Spannungsbogen, der von den Händen über Arme, Rumpf und Beine zu den Füßen verläuft, soll der Druck oder Zug sich in möglichst ungebrochener Linie fortpflanzen. Jeder vermeidbare Knick bedeutet Kraftverlust. Doppelt gilt das für den Knick in der Lende, der die Atemspannung des Mittelkörpers unmöglich macht und die Zirkulation stört.

Die Arme (wir denken hier an das Ziehen und Schieben, bei dem sie in Formspannung gehalten werden, Formspannung im Unterschied von bewegender Arbeitsspannung) sind leicht gebogen, also weder gestreckt noch geknickt: geknickte Arme bedeuten Kraftvergeudung, gestreckte ungünstige Belastung der Ellenbogen- und Schultergelenke und Einengung des Brustkorbs. (Zeichnung 1)

Entscheidend für die richtige Verwendung der Kraft sind nächst diesen mehr mechanischen Forderungen die organischen: der Arbeitsrhythmus, bei dem *die streckende, nicht die beugende Bewegung betont* und ruhend ausgedehnt wird,

ein geordneter Aufbau, der allen Organen, besonders Herz und Lungen und den versorgenden Gefäßen die besten Arbeitsbedingungen sichert,

die innere Rumpfspannung, die die Rumpfmuskulatur entlastet und die Gefäße vor Druck schützt,

und der frei und geruhig fließende Atem, der den Blutumlauf unterstützt und ein Gefühl des Gleichgewichts und der relativen Leichtigkeit auch bei schwerer Arbeit gibt.

Je nach dem Maß der Anstrengungen kann dabei der Atem weiterfließen wie sonst, nur tiefer, es kann der Leistungsteil der Bewegung mit der Ausatmung verbunden sein, oder es kann sogar bei kurzer Anstrengung — beim Aufladen einer Last z. B. — der Atem gehalten werden, wenn Hals und Kehlkopf dabei frei, die Stimmritze weit und die Gesichtsmuskeln lose sind. Pressen (s. Kapitel „Atmung") ist schädlich.

1 Zweckmäßiger Krafteinsatz   2 Rundrücken und herausgezerrte Schultern, Verspannungen im Bauch

Alle Muskeln an Gesicht, Hals und Körper sollen sich *weich* anfühlen, auch die der Arme und Beine; Spannung darf *allein in der Körpermitte* zu empfinden sein, und es soll eine elastische, freie Spannung sein, keine enge und harte. Das Zugreifen soll auch bei vollem Krafteinsatz spielend sein. *Statt mit Körper und Willen, soll die Arbeit mit Leib und Seele, mit Mut, Lust und Leben getan werden.* Die Leistung „geistig" vollbringen, nennt man es in Ostasien.

Schieben

Wir nehmen den einfachen Fall einer Last mit dem Angriffspunkt in Brusthöhe. Zwei Kräfte wirken zusammen: Schwerkraft und Muskelkraft. Je schräger man sich gegen die Last legt, umso stärker kommt die Schwerkraft zur Wirkung: der senkrecht stehende Körper trägt sich selber, der geneigte lädt sein Gewicht auf seine Stütze, die Last, ab, und zwar umso mehr, je schräger er steht.

3   4

Zweckwidrig: Körperlast und Stemmkraft der Beine wirken in falscher Richtung

Aber auch die Muskelkraft wird weit besser ausgenützt, wenn man sich schräg neigt. Die Kraft, mit der sich die Füße gegen den Boden stemmen, pflanzt sich nämlich durch die Körperachse geradlinig fort, muß aber vom Schultergelenk aus in die waagerechte Richtung der Arme umgelenkt werden. Dabei teilt sich die Kraft in zwei Komponenten, eine waagerechte und eine senkrechte, von denen nur die waagerechte zur Wirkung kommt, die senkrechte aber verloren geht. Je größer nun der stumpfe Winkel zwischen Körperachse und Armen, um so weniger Kraft geht dabei verloren. Steht der Körper senkrecht, so hört die Stemmkraft der Beine völlig auf zu wirken, und die Kraft muß allein aus den Armen und der Haltemuskulatur des Rumpfes geholt werden. Daraus, und nicht in erster Linie aus der Hilfe der Schwerkraft, erklärt sich die mechanische Überlegenheit des schrägstehenden Partners über den senkrecht stehenden beim Schiebekampf. (Zeichnung Seite 415, 1 und 416, 3 u. 4)

In der *Organik* des Schiebens geben Mittelkörperspannung und freie Brust den Ausschlag. Man muß sich das Schieben nicht als Arbeit vorstellen, sondern als ein ruhiges Vorwärtsgehen mit schräg vorgeneigtem Körper und leicht gebeugten Armen und Beinen. Man geht vorwärts, als ob kein Widerstand da wäre. Dabei können die Glieder weich und belebt bleiben. Läßt man den Schultergürtel nicht aus seiner Form zerren, so können die anfangs angestrengten Arme ihre Arbeit immer geringer werden lassen, sie gleichsam auf den Rumpf abladen, so daß sie sich lose und warm durchblutet anfühlen. Und ebenso lernen die Beine, bei ihrem kräftigen Voran weich zu bleiben; schließlich ists, als ob man nur noch mit dem Impuls, gleichsam ohne Körper arbeitete, ein Lustgefühl, das in krassem Gegensatz zur Mühe und Unlust angespannter Arbeitsgesichter steht.

Man denke nicht, das würde dann Schönheit anstelle von Kraft. Im Gegenteil: immer wieder erleben muskelstarke Menschen zu ihrer Verblüffung, daß ihnen zarte, aber aufbau- und atemsichere *im Schiebekampf überlegen* sind. In Form bleiben, innerlich und äußerlich, ist hier alles. Fehlte uns die eigene Erfahrung, die Bilder von ringenden Indern, Negern usw. würden es uns bestätigen.

Übrigens ist der Schiebekampf kein Weg der Bewegungsbildung, sondern ihre Bewährung. Von der Bewegungsbildung, dem sorgsamen Erarbeiten der Bewegung in Form, Kräftespiel und Rhythmus gehen zwei Wege: der eine zur praktischen Anwendung in Alltag und Sport, der andere zum freien, rhythmischen Spiel, zu Bewegungsgestaltung und Tanz. Für den Alltag gilt es, die verschiedensten Anlässe und die durch sie bedingten Abwandlungen der Form zu erproben, für die sportliche Form des Schiebekampfes, auf unvorhergesehene Änderungen in Kraft, Angriffsrichtung, Geschwindigkeit rasch und ohne Formverlust zu antworten, für Spiel und Tanz, mit dem An- und Abschwellen des Druckes zwischen den aneinandergelegten Händen zweier Partner in feiner gegenseitiger Anpassung spielen zu lernen: von kräftiger Arbeit bis zur zartesten Berührung, im Übergehen vom Vorwärts zum Rückwärts und Seitwärts, vom Gradeaus zum Drehen, vom Gehen zum Laufen oder Hüpfen, vom Schieben zur freien Bewegung, von einem Partner zum andern.

Ziehen

Ziehen ist schwieriger als Schieben. Vor allem gefährdet es den Schultergürtel. Läßt man die Schulterblätter nach vorn zerren, so ist der Brustkorb beengt, die Arme verspannen sich, das einheitliche Bewegungsgefühl, das feine Durchfließen durch den ganzen Leib geht verloren, der Atem wird gestört, die Beine tun zu wenig, und so kommen die verschiedensten Fehlerkreisläufe in Gang. Im Prinzip ist es dasselbe wie beim Schieben: in Form bleiben, Spannung finden, atmen, die Arme entlasten und mit Rumpf und Beinen arbeiten. Geht es rückwärts (Aufziehen von Schubladen, Tauziehen, Ziehkampf), so führt die Lende, nicht etwa der Oberkörper; aber die Wirbelsäule bleibt gestreckt. Ein runder Rücken bedeutet wegrutschende Schulterblätter und einsinkenden Brustkorb.

Geht es vorwärts (Karrenziehen), so führt eindeutig der Brustkorb, aber nicht, indem er sich aus der Gesamtlinie des Körpers nach vorn drängt, sondern ganz ihr eingefügt. Auch dabei können die Arme weich bleiben. Das ist zum guten Teil eine Frage der Lungenspitzenatmung, mit der — auf dem Wege über die Brustkorb-Form — die Durchblutung der Arme zusammenhängt.

Viel besser als mit den Armen zieht sichs mit dem Unterkörper. Die Last wird an einem breiten, um das Becken (nicht etwa um die Mitte!) gelegten Gurt befestigt. Es zeigt sich dann, daß die Arme zum Ziehen gar nicht nötig sind, und daß ihre Beteiligung nur eine unnötige Erschwerung der Haltungsarbeit und eine nutzlose Belastung von Brustkorb und Schultergürtel bedeutet.

Wieder gehen gleichgebahnte Wege zur praktischen Anwendung in Alltag und Sport nach der einen, zur frei gestalteten Bewegung nach der andern Seite. In beiden Fällen ist ein deutliches Bewußtsein von Form, Rhythmus und Kräftespiel notwendige Vorbedingung. Ziehkämpfe ohne gebildeten Bewegungssinn bedeuten Erziehung zu schlechter Haltung und falschem Krafteinsatz. Nur als Bewährung eines zuvor erworbenen Könnens entfalten Ziehkämpfe ihren kräftigenden und formbildenden Wert.

Spiel- und Lernformen sind das Ziehen zu zweit an einem Stab, an beiden Händen, an einer Hand, am Becken, mit Seil. Besondere Freude macht das Ziehen im Wechsel mit Schleudern des Partners. Da ergeben sich wunderschöne rhythmische Spiele. Abwandlungen in Form, Rhythmus, Zeit, Kraft führen zum Tanz hinüber.

Werfen, fangen, schlagen, stoßen

Solche Bewegungen stellen besondere Aufgaben. Viele verspannen dabei ihre Körper- und Gesichtsmuskulatur, stören ihren Atem und strengen sich nervlich unnütz an. Sogar eine so leichte Arbeit wie das Maschinenschreiben wird dann zur Nervenstrapaze, während es bei richtigem Einsatz der Kräfte und bei Mitwirkung der Atemmuskulatur zum vergnüglichen Spiel wird.

Beobachtet man gute Spieler beim Schlagball, Handball, Völkerball, so fällt auf, wie klein, gemessen, kurz ihre Bewegungen beim Fangen und Werfen, wie fest ineinandergefügt ihre Körper sind, wie sie auch beim Hochspringen sich nie stark strecken, – wie beinahe kindlich bescheiden all ihre Bewegungen sind. Sie scheinen den Elan für die Bewegung von innen zu holen; nach außen geschieht ganz wenig; man staunt, wie da mit scheinbar geringster Aktivität große Wirkungen erzielt werden.

In Wirklichkeit entspricht die Aktivität genau der Wirkung, aber sie sitzt *innen, nicht außen.* Konzentrierte innere Spannung macht *volle Kraftentfaltung bei kleinster Bewegung und schnellkräftig-weichen Muskeln* möglich.

Das gemeinsame Element aller solchen Bewegungen ist der *Zwerchfellstoß,* wie er sich bei „zwerchfellerschütterndem" Lachen, beim Schluchzen, bei kurzem Schrei, beim Staccatosingen, bei jedem „Explosivlaut" ereignet.

Spricht jemand ein scharfes ß, z, k, t, ch oder f, so kann man in der Gegend seiner Magengrube einen deutlichen Stoß spüren. Er rührt von der ruckhaften Zusammenziehung des Zwerchfells und der Bauchmuskeln her. Um nämlich die Luft durch die enge Öffnung zwischen Zunge und Zähnen, Zunge und Gaumen, Zunge und Unterlippe zu treiben, müssen die Bauchmuskeln und ihr Antagonist, das Zwerchfell, sich plötzlich, scharf und kurz spannen.

Legt man die Hand, statt auf die Magengrube, auf die hinteren langen Bauchmuskeln (mm quadrati lumborum), so ist bei den meisten Menschen kein Stoß zu fühlen, ein Zeichen, daß diese und die hinteren Zwerchfellfasern nicht mitarbeiten. Durch die bloße Vorstellung gelingt es aber meist, sie in Tätigkeit zu setzen. Vermindert man nun noch die Lautschärfe, so daß der Stoß im Mittelkörper stärker empfunden wird als der im Munde, so hat man den Vorgang, der allen „Staccato"-Bewegungen als Bewegungselement zugrundeliegt.

Viele Volkstänze enthalten dieses Element im Händeklappen, Schreien, Stampfen, Schlagen gegen die Schuhsohle usw. Durch Klappen, Stampfen und Schreien kann es in volkstümlicher und einleuchtender Weise erarbeitet werden. Immer kommt es darauf an, den Abprall *in der Körpermitte* zu spüren, Arm, Hand und Bein dagegen weich zu lassen. An der Schreibmaschine, am Klavier kann man erproben, was diese Art des Arbeitens aus dem Mittelkörper bedeutet. Es wird lebendig und spielend-fröhlich.

Aber das ist nicht das einzige. Beim Klavierspielen bemerkt man, daß man eine neue Beziehung zu den Fingern gewinnt. Man hat das Gefühl, *weniger mit dem Willen zu kommandieren und mehr von einem seelischen Zentrum aus zu lenken.* Die Technik wird leichter, der Ausdruck unmittelbarer.

Vom Schlagen führt der Weg zum *Fangen,* das leichter ist als Werfen. Ein mit Papier umwickelter und in Stoff eingenähter Ziegelstein ist für den Anfang besser als ein Ball: er nötigt durch seine Form zu Genauigkeit und Konzentration. Es kommt darauf an, im Rumpf, besonders im Brustkorb, der unter dem Anprall des Gewichts leicht einsinkt, fest zu bleiben. Auch Arme und Hände sollen anfangs nicht nachgeben, der Anprall soll ganz mit der *inneren* Spannung aufgefangen werden: *feste Brust und weiche Arme.*

Auf den schweren Ball läßt sich das ohne weiteres übertragen, für den leichten Ball ist es nicht so einfach. Auch hier kann es erarbeitet werden, den leichten Stoß *innen* abprallen zu lassen und die Hand, wie immer sie greife, weich und fühlend zu erhalten.

Beim *Werfen* (gemeint ist hier der Wurf, der unmittelbar in die Weite oder Höhe zielt, nicht das Abwerfen aus dem Schwung) kommt es darauf an, mit schnellkräftigem Strecken des Armes, das dem Ball die Geschwindigkeit gibt, den Zwerchfellstoß zu verschmelzen. Die Armbewegung soll so klein wie möglich sein, vor allem die Schulter nicht „ausgerenkt" werden. Zielen und Werfen lassen sich nicht zugleich erarbeiten, es sei denn, daß einer das Werfen schon vorher heraus hat. Erst muß das Werfen gekonnt sein; dann kommen Weite, Höhe und Ziel-sicherheit spielend und wie von selbst.

Heben und Tragen

Das Heben schwerer Lasten ist für den Unerfahrenen nicht ungefährlich. Aber auch an mäßigen Lasten kann man sich verheben. Im harmloseren Falle ist es das ruckweise Anheben, bei dem sich die Rückenstrecker so plötzlich zusammenziehen, daß eine Muskel- oder Sehnenzerrung ent-steht. Viel übler ist die gewaltsame Spannung der Bauchmuskeln, durch die ein „Bruch", eine Lücke in der Bauchdecke oder eine Verlagerung der Unterleibsorgane entstehen kann. Die Ursache liegt in hastigem, unbesonnenem Zugreifen, in falscher Haltung und mangelnder Atem-spannung.

Kraft wird gespart, wenn die Last so nahe wie möglich der Längs-achse des Körpers hochgezogen wird. Wägt man sie vor dem Anheben, so erlebt man keine störenden Überraschungen; man setzt das rechte Maß von Kraft ein und wird nicht zu ruckhaften Muskelkontraktionen genötigt.

Volle *Atemspannung* ist hier entscheidend. Das Atemhalten nach der Einatmung kann helfen, wenn die Atemmuskeln genug Kraft haben, um den Rumpf ohne Kehlverschluß weit zu halten. Sonst ist stöhnendes oder tönendes Ausatmen besser. Pressen mit Kehlverschluß, verspann-tem Hals und rotem Kopf schädigt Herz und Kreislauf. Wichtig ist das *Halten der Spannungslinie im Aufbau.* Solange der Oberkörper richtig über dem Unterkörper steht, arbeiten in der Hauptsache die Rücken- und Brustmuskeln; schiebt sich das Becken vor so werden die Bauch-muskeln überlastet und es entsteht Bruch- und Verlagerungsgefahr.

Die Beine sollen vorn und hinten gleiche Spannung haben und bei allem Stemmen weich sein, die Arme durch die feste Stütze des Brust-korbs entlastet werden, so daß die Hände fühlend bleiben. Schön ist das da zu sehen, wo das Heben mit Gleichgewichtsaufgaben verbunden ist, die Feinfühligkeit verlangen und das Starrwerden der Muskeln nicht zulassen, so beim Aufbau von Pyramiden im Zirkus.

Auch das *Tragen* ist um so leichter, je näher der Längsachse die Last gelagert wird. Am leichtesten trägt man auf dem Kopf oder auf beiden Schultern, wie die Maurer Ziegelsteine tragen. Auch hier ist freilich guter Aufbau die Voraussetzung. Tragen mit schlechter Haltung kräftigt die Haltemuskeln in ihrer dissonanten Funktion und übt dadurch die Fehlhaltung wirksam ein.

Etwas belastender schon ist das Gewicht auf dem Rücken, besonders wenn es an den Schultern hängt. Ein Tornister trägt sich leichter als ein Rucksack, weil er in sich fest ist, aus demselben Grunde ist ein fest gepackter Rucksack ungleich besser zu tragen als ein loser. Eingebaute Hüftstützen bringen erhebliche Erleichterung, obwohl sie das Gewicht erhöhen: sie laden einen Teil der Last auf das Becken ab und entlasten damit Brustkorb und Schultergürtel, ähnlich wie das der Beckengurt beim Ziehen tut.

Rucksacktragen stellt große Forderungen an Haltung und Atmung. Kinder und Jugendliche sollten deshalb (besonders in den Perioden starken Längenwachstums) nur leicht tragen. Jugendliche mit schwerem Wandergepäck sehen oft erschreckend verzerrt aus. Der Brustkorb erliegt der Last. Um den Zug nach hinten einigermaßen auszugleichen, werden Kopf und Schultern nach vorn genommen, die Brustmuskeln verkürzen sich, Schultern und Nacken gehen breit auseinander, von freier schöner Wanderhaltung bleibt nichts übrig.

Das ist nicht nötig. Eine Last, die den Kräften entspricht, kann man in aufrechter Haltung, mit breiter Brust und gehobenem Kopf tragen. Die *Art des Aufladens* ist entscheidend. Oft genügt es, vor dem Aufladen die Lungenspitzengegend tüchtig zu klopfen, den Schultergürtel zurechtzurücken, und dann gleich von Anfang an den ganzen Oberkörper schräg vorzulegen. Dann bleibt der Brustkorb breit, und man geht aufrecht, statt unter der Last dahinzukriechen.

Schwere Lasten in Koffern oder Taschen werden am besten auf beide Arme verteilt. Das lohnt sich, obgleich es lästig ist, keine Hand frei zu haben. Besser einen der beiden Koffer abzustellen oder beide Taschen für einen Augenblick an eine Hand zu nehmen, als sich schiefgezerrt und japsend abzuschleppen.

Bei gleichmäßig belasteten Armen kann der weit gehaltene Rumpf mittragen. Die Beine dürfen nicht wie Stöcke vorangeschoben werden, sie können sich trotz Belastung heben, so daß die Füße aktiv den Boden greifen und sich gegen das Plattgedrücktwerden wehren. Auch die Arme müssen die Last nicht passiv an sich ziehen lassen. Sie versuchen, sich „kurz" zu halten (ähnlich wie beim Ziehen und Hängen) und sich lieber andeutungsweise zu beugen als gezerrt zu werden. Kopf und Schultern bleiben frei, man bleibt Mensch und wird nicht Packesel.

Dasselbe gilt für das Tragen an *einem* Arm. Nur kommt hier das Gegenhalten der Rumpfmuskulatur gegen den einseitigen Zug hinzu.

Nur scheinbar macht man sichs mit dem starken Hinüberlegen nach der unbelasteten Seite leichter. Besser, man bleibt mehr aufrecht und gleicht, wenn nötig, durch Abheben des freien Armes aus.

11. Geräteturnen

Geräteturnen aller Art, soweit es den Armen und dem Schultergürtel das Gewicht des Körpers zu tragen gibt, kann verbildend auf die Körperform wirken. Junge, einseitig geübte Reck- und Barrenturner haben einen überentwickelten Oberkörper, dünne Beine und meist einen durch Verkürzung der großen Brustmuskeln verzerrten Brustkorb, oberen Rundrücken und verzerrten Schultergürtel. Es hat deshalb seinen guten Grund, daß beim Turnen von jeher besonderer Wert auf Wahrung der Form gelegt wird. So grotesk auch das leibfremde Strammstehen vor und nach der Übung wirkt: es ist die ungeschickte Verwirklichung einer richtigen Forderung.

Wichtiger noch als die Haltung vor und nach der Übung ist freilich die Bewahrung der Form *in* ihr. Stützen und Hängen sind Bewährungsübungen für die Haltung, und zwar schwierige. Beim *Stützen* an Reck und Barren hängt das ganze Körpergewicht am Schultergürtel. Fehlt es an Spannkraft, so wird der Körper auseinandergezerrt. Der Brustkorb fällt gleichsam aus dem Schultergürtel heraus, so daß die Schulterkuppen hochrutschen. Außerdem werden sie durch die Anspannung der großen Brustmuskeln nach vorn gezogen, die mittleren Rippen werden dadurch in Einatemstellung festgestellt, das am Brustkorb hängende Gewicht des Unterkörpers dehnt die Bauchmuskeln und erschwert ihnen das Nachgeben bei der Einatmung. So entsteht, besonders bei Kindern und Jugendlichen in den wenig widerstandsfähigen Perioden des Längenwachstums, das unerfreuliche Bild eines in seiner Ganzheit, seinem Bewegungszusammenhang gestörten, unharmonischen Körpers, unharmonisch nicht nur in seinen Formen, sondern schlimmer noch in seinen inneren Lebensvorgängen, denn mit der Atmung leidet die Blutströmung.

Ärger noch ist es beim Hängen. Besonders junge Mädchen neigen dazu, sich bei den beliebten Hangübungen an den Ringen auseinanderzerren zu lassen. Die Schulterblattmuskeln werden so gedehnt, daß die Schulterblätter nur noch in der Haut zu hängen scheinen, und die Mitte wird so eng, daß man sich fragt, wo mag da noch Atem sein? Betrachtet man hervorragende Turner am Trapez, wie man sie manchmal – nicht immer – im Zirkus sieht, bekommt man ein ganz anderes Bild. Der Rumpf ist fest ineinandergefügt, viel kürzer als bei den ausgezerrten jungen Körpern in den Turnhallen, die Mitte weit und straff, Ober- und Unterkörper bleiben dicht zusammen, die Brust ist voll, die Schultern nicht übermäßig hochgerissen, die Arme eher leicht gebeugt als überstreckt. Atemspannung gleicht die zerrende Wirkung der Schwerkraft aus. Der Körper bleibt ein fest ineinandergefügtes Ganzes.

Dieser enge Zusammenhang ist es, der der Bewegung Feinheit und Anmut verleiht, eine Anmut, die aus der Sicherheit und Leichtigkeit der Bewegung, dem Durchlaufen jeder Bewegung durch den ganzen Leib, dem fein empfundenen Rhythmus der Bewegung in Zeit, Kraft und Raum fließt. Nur bei solchen Turnern ist es dem Zuschauer möglich, den Schock zu vermeiden, der aus der Angst vor dem Absturz kommt, und sich menschlich teilnehmend von Herzen an ihnen zu freuen.

Worauf es ankommt: sich zusammenhalten, kurz und rund bleiben, statt lang und dünn zu werden. Alle Kraft wird aus der Rumpfspannung geholt; die Arme bleiben weich und fühlend, und die Beine empfinden die Bewegung der Arme mit, statt wie tote Klötze am Körper zu hängen. Der Brustkorb läßt sich nicht einzwängen; die Arme lassen ihm Platz zur Ausdehnung. In keinem seiner Glieder ist der Körper tote Masse, in jedem belebtes, mit allen andern mitfühlendes Organ.

Es geht hier um die *Form*. Daß Form wesentlich ist, wissen die Turner besser als die Sportler, und ihr Formbegriff ist echter, weil er nicht von äußeren Zwecken bestimmt wird. Aber er will von außen, durch willentliche Muskelspannung eine Einheit erzwingen, die vorgetäuscht ist; echt und wirklich wäre sie nur durch innere Spannung zu erreichen.

Man hat dieser künstlichen Form das Turnen in natürlichem Ablauf entgegengesetzt, – mit Recht und mit Unrecht: mit Recht, weil in der Bewegungsbildung nichts gut sein kann, was gegen die Natur ist, – mit Unrecht, weil es ohne Form nicht geht, und weil Form zwar ein Wesenszug echter Natur, aber unserer denaturierten Natur nicht mehr eigen ist. Das uns subjektiv Natürliche ist leider vom objektiv Naturgemäßen oft so weit entfernt, daß es uns kein Maßstab mehr sein kann. „Natürlich" turnen wird leicht zum Gehampel. Nicht die bloße Natürlichkeit, sondern die Natur-*Form* ist es, die wir der künstlichen des alten Geräteturnens entgegensetzen müssen.

Es wäre nicht nötig, daß unsere Turner und Sportler unter der Oberfläche frischer Aktivität so tot, so entleert, so materiell wirkten. Auch

Turnen kann etwas wie Tanzen sein, wenn der Leib dabei beseelt bleibt. Einige wenige Artisten haben das, Rastelli war so einer, und jeder, mag er es erkennen oder nur empfinden, sieht sie mit Entzücken.

Entscheidend dafür ist, neben der Haltung, der Gesamtablauf der Bewegung, ihr Rhythmus, der Innenrhythmus der einzelnen Übung wie der Folge von Übungen in Raum und Zeit. Eine Turnübung oder eine Übungsfolge, gleich ob an einem Gerät oder an mehreren nacheinander, beginnt aus dem Stehen und endet im Stehen. Was zwischen Beginn und Ende liegt, muß ein Ganzes, eine fließende Folge, eine „Bewegungsmelodie" sein. Schon das Stehen selbst gehört dazu. Anfang und Ende sind wesentlich für jeden rhythmischen Ablauf. Die Gestalt des Stehens, ob gesammelt und von innen her gestrafft, oder ob stramm und leer, entscheidet über das Folgende; darüber, wie der Impuls zur Bewegung aus dem Stehen entspringt, wie die Bewegung ansteigt, ihren Höhepunkt findet, abklingt, von neuem an- und abschwillt und schließlich zur Ruhe kommt. Ob ein gestaltetes Ganzes entsteht oder nur ein Nacheinander unzusammenhängender Bruchstücke, davon hängt letztlich der menschliche Ausdruck des ganzen Geräteturnens ab.

Schlußbetrachtung:

Das Experiment als Erkenntnisquelle der Bewegungslehre

Bewegung ist eine Naturerscheinung. Aufgabe der Bewegungslehre ist es, zu erkunden, wie die menschliche Bewegung im Sinne der Natur, also biologisch richtig verlaufen sollte. Kinder und Naturvölker haben dafür ein unmittelbares Empfinden, sie bewegen sich richtig, ohne es zu wissen oder zu wollen. In den erwachsenen Menschen zivilisierter Länder ist dies Empfinden mehr oder minder verkümmert. Sie verstehen die Sprache der Natur nicht mehr und müssen deshalb in menschlicher Sprache bei ihr anfragen. Das Mittel dazu ist das Experiment.

Es muß einmal gesagt werden, daß *das Experiment und nur das Experiment* ein wissenschaftlich zulängliches Instrument für die Erforschung der menschlichen Bewegung bildet. Mit angeblich zwingenden Schlüssen aus anatomischen und physiologischen Sachverhalten läßt sich alles beweisen und alles widerlegen. Die unübersehbare Fülle der Tatsachen und Zusammenhänge läßt unzählige Trugschlüsse zu, und die Mehrzahl der „wissenschaftlichen Beweise" für Bewegungsprinzipien und Übungsvorschriften beruht auf solchen Trugschlüssen.

Da wird etwa der sachlich richtige Grundsatz, die Füße parallel und nicht auswärts zu setzen, mit der Tatsache begründet, daß sie beim aufgehängten Skelett parallel baumeln, — als ob das völlig veränderte Verhalten der von allen Muskelzügen befreiten toten Knochenmasse, noch dazu unter den die Statik umkehrenden Verhältnissen des Hängens, jemals Aufschluß über die richtige Funktion im Stehen und Gehen geben könnte!

Zur Kräftigung der Muskeln wird statt der natürlichen Arbeitsleistung an realen Widerständen das Üben mit antagonistischer Muskelspannung empfohlen (heute als „Isometrik" große Mode): je stärker die Antagonisten gegenziehen, um so mehr müssen sich die Synergisten anstrengen. Höchst einleuchtend und grundfalsch! Denn eine der wichtigsten Eigenschaften aller organischen Bewegung, das fein abgestufte, unwillkürliche Zusammenspiel von Mit- und Gegenspielern, das nicht um ein Milligramm mehr Gegenspannung zuläßt, als zur Ausführung der Bewegung in der gewünschten Schnelligkeit oder Langsamkeit notwendig ist, wird durch solch willkürliches Anspannen der Gegenspieler in Grund und Boden verdorben, das Gefühl dafür ertötet statt entwickelt.

Den Rat, zum Erlernen der Zwerchfellatmung die Lendenwirbelsäule mit Einatmen zu höhlen und mit Ausatmen zu wölben, findet man mit der Weit- und Engstellung der Bauchdecken bei der Zwerchfell- Ein- und Ausatmung und mit der (an sich richtigen) Annahme nervös-reflektorischer Zusammenhänge begründet. Unbeachtet bleibt dabei leider, daß bei der Zwerchfellatmung diese Weit- und Engstellung der Bauchdecken *ringsum,* als sowohl vorn wie seitlich und hinten stattfindet, während das Höhlen der Lendenwirbelsäule umgekehrt zum Engstellen der hinteren und seitlichen Bauchdecken-Abschnitte führt. Die Folge ist, daß eine Senkung nur im vorderen, wegen der Kürze der vorderen Zwerchfellfasern für die Atmung wenig ergiebigen Teil des Zwerchfells zustandekommt, während zugleich durch das Höhlen der Lende die unteren (losen) Rippen nach innen gedrückt und die weitaus längeren und dadurch ergiebigeren seitlichen und hinteren Zwerchfellfasern in ihrer Tätigkeit behindert werden, anstelle einer allseitigen Zwerchfellatmung also eine bloße Bauchatmung hervorgebracht wird.

Bewegung ist eine Naturerscheinung, kein Verstandesphänomen; und der menschliche Verstandesorganismus tut uns nicht den Gefallen, die Naturgesetze unabhängig von aller Erfahrung (a priori) in sich zu tragen wie etwa die Grundsätze der allgemeinen Logik. Daß in der Naturwissenschaft nicht die Spekulation, sondern die Erfahrung entscheidet, und daß durch Schlußverfahren das Verhalten der Dinge und Wesen nur erklärt, nicht aber bestimmt werden kann, ist seit Galilei ein selbstverständlicher Grundsatz aller Naturforschung. Die gesamte Technik ist auf ihn gegründet. Wenn die Literatur über Bewegung und Leibeserziehung von Verstößen gegen diesen Grundsatz voll ist, so ist das ein Zeichen grundsätzlicher Unklarheit auf diesem Gebiet der Naturerkenntnis. Wissenschaftliche Erwägungen werden durch solchen Dilettantismus in Mißkredit gebracht, und Leute, die etwas von der Bewegung verstehen, werden unter Umständen zu grundsätzlicher Ablehnung rationaler Methoden verführt.

Es genügt nun freilich in der Menschenkunde nicht, sich an die tägliche Erfahrung zu halten, so wenig wie es etwa beim Studium der Tiere genügt, zahme oder gefangene zu beobachten. Der Mensch ist das anpassungs-, aber auch entartungsfähigste aller Lebewesen, und das mit gutem Grunde; es hängt eng mit seiner Bestimmung zusammen.

Es gibt deshalb nicht „den" Menschen, wie es das Eichhörnchen oder den Fuchs gibt. In jedem Erdteil, jedem Klima, jedem Lande, jeder Umgebung, jeder sozialen Ordnung verhalten sich die Menschen anders. Eine ungeheure Kluft klafft, besonders in zivilisierten Ländern und großen Städten, zwischen dem, was der untersuchende Arzt am Gesunden beobachtet, und dem, was wir normal zu nennen berechtigt wären. Ein kaum beschaffbares Material aus aller Herren Länder und umfassende vergleichende Studien wären notwendig, um ein einigermaßen zutreffendes Bild des Normalen zu gewinnen, — soweit es eine gemeinsame Norm überhaupt gibt.

Nicht von der täglichen Erfahrung also, sondern vom Experiment muß die Bewegungsforschung ausgehen; aber sie darf nicht in ihm steckenbleiben. Auf die Feststellung, daß etwas geschieht, folgt die Frage, warum es so und nicht anders geschehe. Hier haben Anatomie und Physiologie ihren Platz: das Verhalten des Organismus unter bestimmten, bewußt herbeigeführten Bedingungen wird auf bestimmte Eigentümlichkeiten seines Baus, auf bestimmte Lebensvorgänge in seinem Innern, auf die Arbeitsweise seiner Organe, auf die vom Nervensystem gesteuerte Art ihres Zusammenwirkens zurückgeführt. Aus den so gefundenen Erklärungen ergeben sich Hinweise für neue Fragestellungen, neue Experimente, und diese wieder führen zur Erkenntnis neuer Zusammenhänge zwischen Bewegung und Körperbau, Bewegung und Lebenstätigkeit.

Auf diese Weise, als Erklärungsgrundlagen für das durch Erfahrung Ermittelte, werden die fest gegründeten Erkenntnisse der Anatomie und der Physiologie fruchtbar für die Bewegungslehre und darüber hinaus für die Methodik der Bewegungsbildung, — während der Versuch, von den Ergebnissen der Anatomie und Physiologie ausgehend, die Eigenschaften der menschlichen Bewegung durch Schlußverfahren zu ermitteln, mit Notwendigkeit auf Abwege führt. Weder die bloße Erfahrung noch der bloße Gedanke bringen brauchbare Ergebnisse; die *Wechselwirkung zwischen Denken und Tun, Experiment und Schlußverfahren* ist es, die zunächst einmal zu richtigen, *fruchtbaren Fragestellungen* und daraus folgend zu diskutierbaren, weil sachlich begründeten Ergebnissen führt. Denn hier wie überall ist die Stellung des Problems entscheidend; nur auf richtig gestellte Fragen erhält man richtige Antworten.

Ebensowenig wie aus anatomischen und physiologischen Sachverhalten läßt sich aus einem psychologisch-philosophisch begründeten *Begriff des Rhythmus* ein zureichendes Bild der menschlichen Bewegung ableiten. Denn ein solcher Begriff, der die Gesamtheit aller rhythmischen Erscheinungen in anorganischer wie organischer Natur, in Kunst und menschlichem Leben umfaßt (Klages), muß notwendig im allgemeinen bleiben. Für die Anwendung auf den konkreten Gegenstand wird ihn jeder nach seiner Auffassung auslegen, und für eine klärende Diskussion bietet er keine Maßstäbe.

Freilich verläuft alle menschliche Bewegung rhythmisch; aber ihr Rhythmus ist in innerleiblichen Lebensvorgängen gegründet, und nicht alles, was mit den Aussagen eines richtig definierten Ryhthmus-Begriffs übereinstimmt, ist darum schon leib- und lebensgemäß. Der menschliche Leib ist ein Gebilde der Natur. Was ihm wesensgemäß ist, läßt sich aus keiner Theorie ableiten, — sei diese nun auf intellektuellem oder auf irrational-anschaulichem Wege gewonnen. Allein auf den „fruchtbaren Boden der Erfahrung" (Kant) läßt sich in Dingen der Natur zuverlässige Erkenntnis gründen.

Nicht nur der Bewegungslehre, auch der Wissenschaft können aus solcher Wechselwirkung Früchte erwachsen. Durch die lebendige Auseinandersetzung zwischen Bewegungsexperiment und Wissenschaft, Theorie und Praxis wird die Theorie selbst in ein neues Licht gerückt. Die Wichtigkeit mancher Forschungsergebnisse wird erst durch ihre Anwendung und deren umwälzende Folgen in ganzem Umfange sichtbar. Indem zum Beispiel die neueren Erkenntnisse aus der Physiologie des vegetativen Nervensystems auf Fragen der Bewegungslenkung (Innervation) und des Muskelspiels (Koordination) angewandt werden, bestätigen sich nicht bloß experimentell gewonnene Erkenntnisse über Ursprung und Ablauf der Bewegung, sondern es ergeben sich methodische Folgerungen, die, weit hinaus über die Leibeserziehung des Gesunden, neue und aussichtsreiche Wege in der Krankenbehandlung (Massage, Atempflege, Bewegungstherapie, Abhärtungsmaßnahmen usw.) sichtbar werden lassen, und die die Wissenschaft wiederum zu neuen Forschungen anregen können.

Experimentieren heißt, der Natur Fragen stellen und auf ihre Antwort horchen. Dabei verlangt und entwickelt jedes Forschungsgebiet seine eignen Methoden.

Gegenstand des Experiments ist in der Physik das Ding, der Körper, der Stoff, in der Biologie die Pflanze, das Tier. Sie alle sind reine und eindeutige Verkörperungen der Natur und verhalten sich unbeirrbar nach ihren Gesetzen. In der Bewegungslehre ist der Gegenstand des Experiments der *Mensch,* und zwar der Mensch unseres Lebensbereichs.

Der ist aber alles andere als ein reines Naturwesen. Darin liegt die besondere Schwierigkeit des Experimentierens auf diesem Gebiet: das Gesetz der Natur soll zur Darstellung gebracht werden an einem Wesen, das diesem Gesetz fortwährend zuwiderhandelt.

Darin liegt aber zugleich das Fruchtbare diese Experiments: am Schwanken zwischen Menschenwillen und Naturgesetz, ichhaftem und naturgemäßen Verhalten erst wird uns Bewegungs- und Naturblinden greifbar deutlich, was das wesentlich Naturhaft an der Bewegung ist.

Jedes Kind und jeder Primitive könnte es uns ja lehren; aber wir können es von ihnen nicht lernen, weil wir es nicht *sehen* können.Das Bild naturhaft geschlossener Bewegung hat nämlich etwas so Elementares und Selbstverständliches, daß wir es immer nur im Ganzen, nicht im Einzelnen, nur im Ausdruck und nicht in den körperlichen Vorgängen auffassen. Beispiel und Gegenbeispiel sind notwendig, um uns die Augen zu öffnen. Sie liefert uns der bewegungsgestörte Mensch, wenn er beginnt, ,,geschehen zu lassen" statt zu ,,machen" (Jacoby).

Der Mensch ist also hier nicht passiver Gegenstand des Experiments, sondern unentbehrlicher Mitarbeiter. Seine Mitarbeit besteht in der inneren *Haltung*, in der er experimentiert: er hat seinen Eigenwillen auszuschalten, seine Bewegungsgewohnheiten aufzugeben und sich ohne Vorurteil und ohne Absicht zur Verfügung zu stellen.

Den Eigenwillen aufgeben, heißt nicht passiv werden; sich zur Verfügung stellen, heißt nicht nichtstun. Alle Bewegung ist Antwort auf Eindrücke, Reaktion auf Reize, seien es Umwelt- oder Inweltreize. Diese Antwort gibt der Mensch; *er* ist es, der sich bewegt; es kommt darauf an, wer den Bewegungsablauf lenkt, das menschliche Ich oder das Es der im Menschen wirkenden Natur. Aktivität also wird verlangt, aber eine horchende und gehorsame, bei der das Ich sich zum Sprachrohr des Es macht.

Wenn man einen Menschen auf eine schwankende Unterlage stellt, etwa auf eine gleitende Decke oder auf ein am Boden liegendes Stück Baumstamm, — Beispiele, die zum Teil bereits unter Bewegungslenkung, Atmung, Haltung usw. zur Beleuchtung bestimmter Sonderfragen herangezogen wurden, sollen hier auf ihre prinzipielle Bedeutung angeschaut werden —, so versucht er zunächst, in seiner gewohnten Haltung und durch krampfhafte Ausgleichsbewegungen der Glieder das gefährdete Gleichgewicht zu halten; er löst die Aufgabe nach seinem Ichwillen. Bleibt er dabei und übt er fleißig weiter, so wird die groteske Hampelei allmählich aufhören, er wird geschickt und sicher: er hat für die Aufgabe eine *Ichlösung* gefunden, – eine Scheinlösung im Sinne der Natur.

Will er die richtige Lösung finden, so muß er seine Sicherungsaktionen unterlassen, er muß Glieder und Haltung lösen und sich der Gefahr des Fallens aussetzen. Dann erfährt er, daß etwas in ihm die Schwankungen des Gleichgewichts auffängt, etwas, das nicht sein Ich ist, und das gleichsam für ihn handelt. Und dabei geschieht etwas Merkwürdiges: der Mensch scheint sich in seiner Leiblichkeit zu verwandeln. Die Haltung ändert sich, sie rückt sich zurecht; es entstehen zarte und unwillkürliche Muskelspannungen anstelle der harten und krampfhaften. Es entsteht eine völlig neue Art, das Gleichgewicht zu halten, besser es zu finden, eine bewegliche, spielende und weiche statt einer starren, mühsamen und krampfhaften. Der Experimentierende und mit ihm der etwaige Zuschauer kann dreierlei lernen:

erstens, was *Gleichgewicht* ist, mit was für einer Art von Bewegungen es gefunden und immer neu gefunden wird, wie diese ausgleichenden Bewegungen entstehen, und wie sie verlaufen,

zweitens, welcher Art die biologisch richtige, naturgemäße *Muskeltätigkeit* ist, wie weich, wie ungewollt und wie spielend,

und drittens, was *Haltung* ist, wie sie entsteht, und wie an ihr nichts festgehalten, alles beweglich und gleichsam strömend ist.

Es kommt also darauf an, den Menschen *vor Aufgaben zu stellen, die er mit seinen gewohnten Bewegungsabläufen nicht lösen kann,* und die es ihm deshalb nahelegen, *aus dem eingefahrenen Geleise herauszutreten,* seine gewohnten Reaktionen zu unterlassen und *sich horchend für neue, naturgemäße Reaktionen zu öffnen.*

Geeignet sind zunächst alle Aufgaben, die bei gefährdetem Gleichgewicht gelöst werden müssen. Die Bedingung ist aber, daß das Gleichgewicht gefährdet *wird,* daß also nicht der Versuchende es durch Willensbewegungen gefährdet. Seiltänzer und Eisläufer zeigen uns durch ihre elementaren, geschlossenen und naturhaften Bewegungen, daß hinreichend schwierige Gleichgewichtsaufgaben mit willkürlichen Bewegungen nicht gelöst werden können. Andererseits dürfen die Aufgaben für den Versuchenden nicht so schwierig sein, daß er unruhig wird und in krampfhafte Überaktivität gerät.

Das Beispiel zeigt, daß Experimentieren hier – genau wie in der Naturwissenschaft – alles andere ist als Drauflosprobieren. Nur bei *zweckmäßiger Anordnung der Versuchsbedingungen* bekommt man Resultate. Und da man die Resultate, auf die man hinzielt, ja nicht vorher kennt, gehören Wachsein und ein aufnahmefähiges Organ für das

Gesuchte dazu, um herauszuspüren, wie man den Versuch einrichten, wie man die Frage stellen muß, um Antwort zu erhalten.

Hinzu kommt, daß hier am *Menschen* experimentiert wird, am Menschen, der Individuum ist, und dessen Reaktionen nicht in ein Schema zu bringen sind. Jeder verhält sich anders, und für jeden müssen die Versuchsbedingungen individuell abgewandelt werden.

Der Mensch ist aber nicht nur Individuum, er ist außerdem ein soziales Wesen. Von der Art, wie der Versuchsleiter sich mit ihm in Fühlung setzt, wird es abhängen, ob er unbefangen oder befangen reagiert, ob sich seine „Hemmungen" beim Versuch lösen oder verfestigen, ob er auf sich starrt oder von sich loskommt, ob er sich der Natur in sich verschließt oder sich ihr öffnet.

Ein anderes Beispiel: wenn ein noch nicht durch körperliches Training abgestumpfter Mensch durch bestimmte Bewegungen, etwa durch rasches Drehen oder durch Sichlegen aus dem Gehen — es gibt da viele Möglichkeiten — zu *rascher Umstellung des Kreislaufs* genötigt wird, so gerät er in leibliche Verwirrung, vergißt seine gewohnte Einstellung und tut anschließend, gleichsam aus Versehen, in seiner Bewegung Dinge, die er bei ruhiger Überlegung nie zustande brächte. Seine Bewegung gerät, wenn auch nur für den Augenblick, aus der zur zweiten Natur, zur Routine gewordenen Ablaufsform, sie lockert sich gleichsam auf, sie wird suchend und neu findend. Aus solchen Versuchen läßt sich eine Fülle von Zügen naturhafter Bewegung ablesen.

Wege dieser Art, den Menschen gleichsam zu überlisten, das Ich für den Augenblick auszuschalten und so Gelegenheit zu neuen Reaktionen zu schaffen, gibt es viele. Jeder solche Versuch kann Züge zum Bild naturhafter Bewegung beitragen. Aber der Sinn dafür muß erst wach werden. Es ist wie bei schwierigen Laboratoriumsversuchen oder beim Beurteilen einer Röntgenplatte: ein Anfänger sieht nicht viel, und oft dauert es Monate, bis er einigermaßen zu urteilen gelernt hat.

Bewegung mit Dingen ist ein weiteres Gebiet fruchtbaren Experimentierens. „Ding" sagen wir, nicht „Gerät". Denn als Gerät gefaßt, dient ein Gegenstand einem vorgesetzten Zweck, während er, als Ding betrachtet, den Menschen unmittelbar anspricht und die Frage nach seinem Gebrauch offen läßt.

Ein Ding verlangt, je nach seiner Art, seiner Gestalt, seinem Gewicht, seinem Baustoff einen bestimmten, ihm eigentümlichen Bewegungsablauf. Eine feste Kugel fordert andere Bewegungen als ein Gummiball, ein Stab andere als ein Reifen, ein leichter Ball andere als ein schwerer.

Es ist möglich, sich in die Art eines Dinges, in Gestalt, Oberfläche, Baustoff, Gewicht usw. hineinzutasten, die Bewegung ganz und gar, also weit über das Zwecknotwendige hinaus, aus den sensiblen Reizen speisen zu lassen, die es übt. Gelingt das, so erfährt man dabei nicht nur, wie man mit dem Ding umgehen muß, sondern darüber hinaus, wie biologisch richtige Bewegung verläuft, wie sie sich anfühlt, und wie man sich verhalten muß, um sie zu finden.

Man gelangt dabei zu Bewegungsweisen, die man bisher nicht kannte, und die sich erheblich von denen unterscheiden, die man bei den alltäglichen Verrichtungen anzuwenden pflegt.

Voraussetzung ist, daß man sich bis ins einzelne und mit großer Geduld den Weg der Bewegung vom Ding zeigen läßt. Probiert man nur obenhin, oder denkt man sich gar im Kopfe aus, welche Bewegungen zu ihm passen könnten, und drängt man im übrigen seine gewohnten Abläufe dem Ding auf, so gelant man zu einem billigen Schema statt zu fruchtbarer Einsicht.

Daß Kugeln rollende oder kreisende, Stäbe geradlinige Bewegungen verlangen, ist eine jener Binsenwahrheiten, die sich bei näherem Zusehen als Halb-, ja Unwahrheiten erweisen: man kann Kugeln auch stoßen, Stäbe rollen oder schwingen. Auf das Wie kommt es an, nicht auf das Was. Man schwingt eine Kugel anders als einen Ball, einen Ball anders als einen Stab, und alle drei anders als einen Menschen. Worin aber das Andersartige liegt, das kann nur mit der feinfühligen Hand und dem reagierbereiten Leibe erprobt werden, und dazu gehört ein auf rasche Ergebnisse verzichtender, nüchtern-geduldiger Mensch.

Ein Beispiel: Kein Mensch kann gut massieren, wenn er eingeübte Griffe nach einem gelernten Schema an seinem Patienten abübt. Jeder gute Masseur weiß: die besten Griffe sind die, welche die Hand, nicht der Kopf, in Anpassung an den Augenblickszustand des Kranken find~t. Genau so ist es mit dem Finden neuer Bewegungen in Anpassung an die Eigenart eines Spielgeräts. Es fordert Gelassenheit, viel Zeit und eine nüchterne, anspruchslose Hingabe.

Eine Quelle grundlegender Erkenntnisse ist die experimentelle Erforschung der *Atemreflexe und ihrer Wirkung auf den Ablauf der Bewegung,* das Ausüben der verschiedenartigsten Einflüsse, die auf die Atmung wirken, und das Beobachten der Veränderungen, mit denen Atmung, Haltung, Körperform und Bewegungsweise auf sie antworten.

Solche Einflüsse sind z. B. passive Bewegungen, Massage-Griffe und die verschiedensten Laute und Töne vom Schrei bis zum Gesang, vom Raunen bis zum Sprechen, auch kleine eigene Bewegungen; große geben meist keine Reaktionen, sondern stiften nur Unruhe im Atem. (Siehe unter „Wege und Irrwege der Atemerziehung", sowie unter Innenbewegung „Erlebte Innenbewegung" und „Durchströmte Bewegung").

Die Atmung reagiert nicht sofort. Oft antwortet sie auf einen Reiz zunächst nur mit Verwirrung; erst der dritte oder vierte Atemzug bringt eine positive Raktion. Manche Menschen sind sehr schwer aus ihrer Atemroutine zu bringen. Andre reagieren rasch und stark, sind aber von dem, was da in ihnen zu wogen beginnt, so hingenommen, daß sie es ohne Absicht mit Hilfe der Phantasie verstärken und verändern; so kommen sie zwar zu großen Atemzügen, aber zu keiner Zwiesprache zwischen Außentun und Innenleben: ihre Atemantworten sind mehr Aktionen als Reaktionen.

Auch hier ist es nicht leicht, urteilen zu lernen, da förderliche und schädliche, naturgemäße und abwegige Reaktionen wirr durcheinanderlaufen. Physiologisches Wissen, unermüdliches Vergleichen und empfängliches Anschauen des Menschenleibes in seiner gesunden Gestalt an Kindern und Primitiven und an Werken der Kunst wirken zusammen, um allmählich das Bild des Normalen zu schaffen, das uns der Mensch unserer Umgebung heute kaum noch darbieten kann.

Man erfährt dabei nicht bloß, wie die Atmung, sondern auch, wie die äußere Bewegung biologisch richtig verläuft. Denn es gibt Bewegungsweisen, die Atem- und Kreislaufreflexe hemmen und solche, die sie fördern. Es gibt eine Bewegung, die – so rundlinig und „rhythmisch" sie wirken mag – das innerleibliche Leben stört und von ihm auch keine Impulse empfängt, und es gibt eine, die – unscheinbar wie alles Echte – dennoch das innere Leben zum Strömen bringt und aus ihm immer neue Anregung schöpft.

Solche Versuche sind nicht ganz leicht. Sie verlangen ein *Horchen und Gehorchen,* das auf Allereinfachstes eingestellt ist. Wir haben aber den Blick für das Einfache verloren und übersehen es, selbst wo es uns offen vor Augen liegt.

Sie verlangen Verzicht auf billigen Erfolg, denn mit den Ergebnissen im einzelnen läßt sich nicht viel anfangen, erst aus einer großen Fülle von Erfahrungen läßt sich ein Bild gewinnen.

Sie verlangen ein hohes Maß von Hingabe, Geduld und Selbstverleugnung, denn die Beobachtungsfähigkeit muß erst entfaltet werden; das zu Beobachtende ist nicht eindeutig, das Lebendige ist vielfältig in seinen Reaktionen, die Individuen verhalten sich sehr verschieden, die Kausalketten sind verwickelt. Das Ergebnis läßt sich nicht erzwingen; es läßt sich, einmal gewonnen, auch nicht nach Willkür wiederholen, es will hervorgelockt werden.

Entscheidend bei solchem Experimentieren ist die innere Haltung, die ein Gelingen erst möglich macht: nichts zu erwarten und für alles geöffnet zu sein; nichts zu wollen, aber alles, was kommt, mit voller Beteiligung aufzunehmen; dabei zu sein, aber nicht mit verbissener Aufmerksamkeit, die jede Reaktion erdrosselt, sondern mit ruhender, aufnehmender Sammlung; zu horchen, ohne passiv zu werden; zu tun und zugleich geschehen zu lassen.

Wie sich dann die Einzelergebnisse zum Gesamtbild zusammenfügen, und zu welchem Gesamtbild, wird wesentlich von der Blickweite des Schauenden abhängen. Wer das Bewegungsproblem lediglich als eine Körper- oder Gesundheitsfrage im weiteren Sinne betrachtet, wird ein anderes Bild gewinnen, als wer in ihm ein Glied des Kulturproblems unserer Zeitwende sieht. An der Forscherarbeit kann jeder teilnehmen, der ehrlich, das heißt um der Wahrheit und nicht um des Erfolges willen sucht; das Gesamtbild wird nur der richtig schauen, dem sich das Bewegungsproblem unter die menschlichen und geistigen Grundfragen der Zeitwende einordnet.

Literatur

Gerda Alexander,   die Lehre von der Entspannung und Eutonie,
Karl F. Haug – Verlag Ulm/Donau.

F. Mathias Alexander,   Man's Supreme Inheritance,
The Universal Constant in Living,
The Use of the Self,
Constructive Conscious Control of the
Individual,
F. Mathias Alexander Foundation, 16 Ashley
Olace, London S W i.

A. Bethe,   die Anpassungsfähigkeit des Nervensystems,
Zeitschrift „Die Naturwissenschaft", März 1933

Rudolf Bode,   Ausdrucksgymnastik.

Brücke,   Fortschritte in der Erkenntnis des vegetativen Nervensystems,
„Die Naturwissenschaften", 1928, Heft 45-47.

Clauser,   Atemtyp und Neurosen,
Medizinische Klinik 1951.

Deinert,   Atemfehlformen in Schulklassen,
Zeitschrift „Atem und Mensch".

Herbert Fritsche,   Der Erstgeborene.

Dr. Volkmar Glaser,   Sinnvolles Atmen.

Gaulhofer-Streicher,   Oesterreichisches Volksschulturnen.

Elfriede Hengstenberg,   Erfahrungen aus meinem Kinderunterricht,
Gymnastik VI, Heft 9/10.

Hofbauer,   Atempathologie und -therapie.

Dr. Bernhard Klapp,   Das Klappsche Kriechverfahren.

Gregor Krause,   Bali, Georg Müller, München 1926.

Leeser-Lasario,   Vokaltypenlehre.

Lange/Roux,   Funktionelle Anpassung.

Mensendieck,   Funktionelles Frauenturnen.

Parow,   Funktionelle Atempathologie und -therapie.

G. A. Roemer,   Zeitschrift „Psychologie und Medizin", 1925, Heft 1.

Schlaffhorst-Andersen, Atmung und Stimme.

Dr. J. L. Schmidt,   Atemheilkunst.

Katharina Schroth,   Ein Kind ändert sein skoliotisches Schicksal.
                        Atem, Massage, Entspannung, moderne Gymnastik,
                        4/1964.

Tirala,   Heilatmung bei Blutdruck-, Herz- und Kreislaufkrankhei-
                        ten.

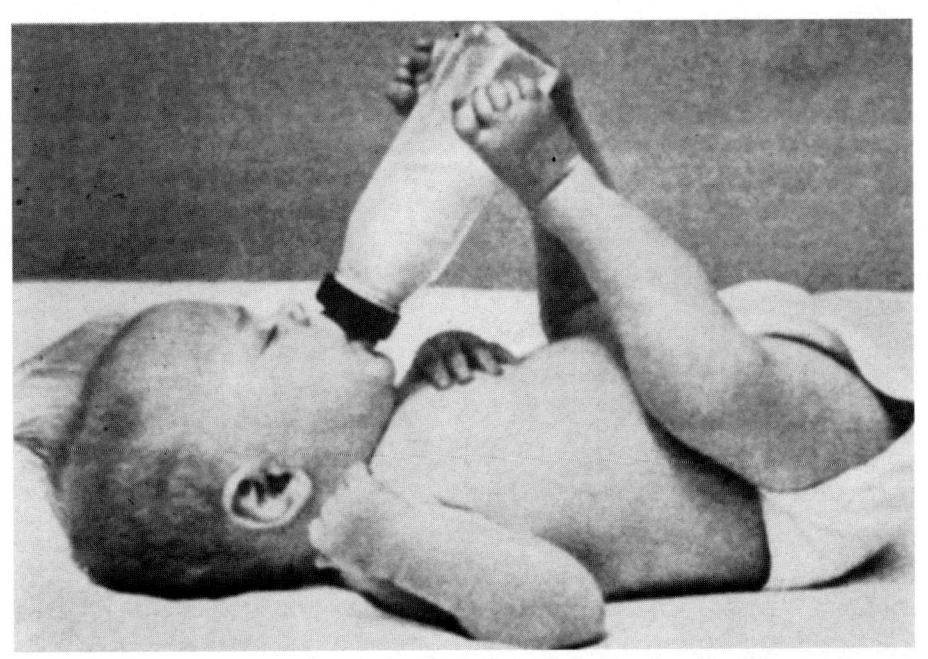

Trinkender Säugling

Unbegreiflich, daß wir das einmal gekonnt haben, als wir noch nichts „konnten"!
Welche Leistung, die schwere Flasche mit dem Mund zu tragen, sie mit den Füßen im
Gleichgewicht zu halten! Die Beine arbeiten in einer Lage, bei der uns schon ohne
Trinken eng im Bauch würde. Und dabei nichts von Bemühung. Die Arme liegen ruhend.
Still und versunken nimmt das Kind seine Nahrung auf.
Aus „Hör zu", Köln 1955, Nr. 50

Spielendes Kind

Ausgewogenes Gleichgewicht bei starker seitlicher Bewegung. Der rechte Arm strebt fort, ohne zu zerren, Rumpf und linkes Bein halten gegen, ohne hart zu werden. Wie zart tastet der linke Fuß, wie gelöst ruht das rechte Knie. Wie weich sind Arme und Hände (Eigenfoto).

2

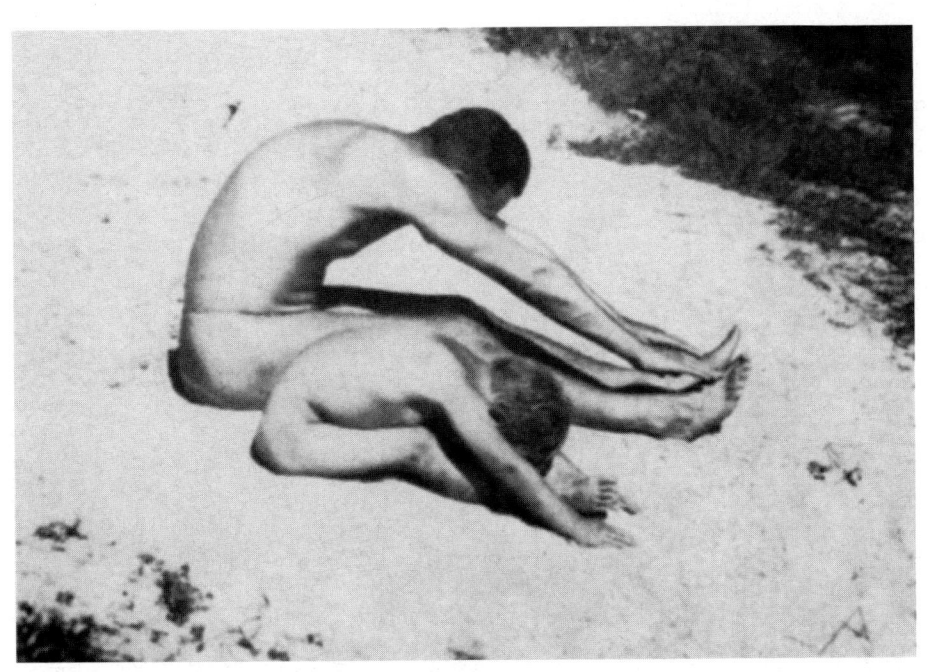

Trotz des schlechten väterlichen Vorbildes, — eingezogener Leib, zerrende Arme, verspannte Schulterblattmuskeln, — läßt der Kleine ruhend das Gewicht seines Oberkörpers wirken. Arme und Beine sind gelöst, der Kopf liegt wie zum Schlaf auf den Beinen. Was ist nun Ursache, was Wirkung?

Zerrt der Vater, weil er „steif" ist? Oder ist er vielleicht steif, weil er Gewalt anwendet?

In der Narkose wäre er ebenso beweglich wie sein Sohn.

Aus Fr. Wolf, die Natur als Arzt und Helfer

3

Gestrafft von Interesse an der Sache — das ist echte Spannung. Das *Kind* sitzt aufrecht, nicht „der Körper".

Und auch hier: der Kontakt mit der herabgefallenen Kugel ist es, der den kleinen Menschen bis in die Fingerspitzen strafft.

aus einer illustrierten Zeitschrift.

Wie das Kind bei der Sache ist! *Ein* Antrieb bis in die Finger- und Zehenspitzen hinein. Nicht nur der Arm, der ganze Rücken dehnt sich nach dem fortgerollten Ball (unten), aber nichts wird überdehnt, denn alles gibt nach.

Oder der Kletternde (oben links): die Mauer ist hoch, aber der Fuß tastet ebenso zart wie die Fingerspitzen, und der Ausdruck des Beteiligtseins ist so stark, daß man denkt: durch nichts abzulenken.

Eigenphoto

Die freuen sich mit „Leib und Seele". Echter Ausdruck im ganzen Leibe. Auch das Bein freut sich. Da lacht man mit.

Schreitender Indianerjunge mit Flöte
Ein kraftvolles, bodenverbundenes Schreiten und Tragen. Der Junge strömt Kraft und Ruhe aus, weil er ganz in sich ruht, auf sein Spiel gesammelt. Schreiten, Tragen und Musizieren sind eins.
**Foto Werner Bischoff (aus der Ausstellung „das fotografische Werk",
Kunstgewerbemuseum Zürich 1957)**

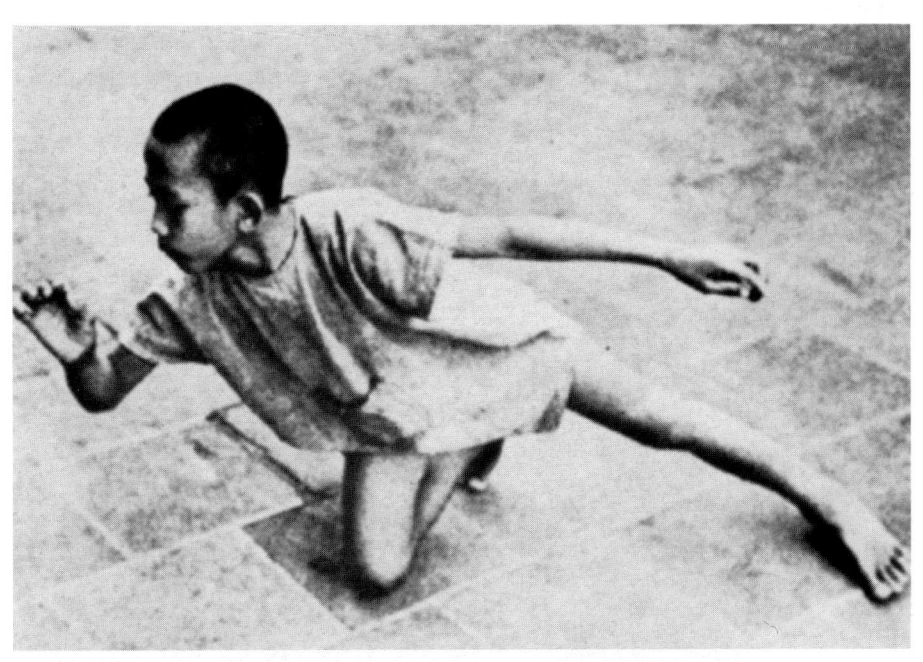

Javanischer Junge beim Spiel

Das muß man einmal probieren! Fast schwebendes Gleichgewicht, gewiß eine schwierige Aufgabe. Aber die gesammelte Hingabe ans Spiel läßt das gar nicht bewußt werden. Ungewollt werden Arm und Bein in die Gegenrichtung geführt; ohne Anspannung fließt das Strecken bis in Finger und Zehen hinein. Was unterscheidet solche Alltagsbewegung noch von Tanz?
Aus „Family of Man", Museum of modern Art, New York

Junge besteigt einen Elefanten

Auf dem Tier gibt es keine Stufen, aber mit seinen nackten Füßen steigt der Junge auf wie von einem Schemel. Welche Verbundenheit mit dem Riesen! Das gefährdete Gleichgewicht ist es, das die tastenden Hände und Füße empfänglich macht für Gestalt und Bewegung des lebendigen Bodens. Ungebrochen wie beim Kleinkind ist der Zusammenhang des Leibesganzen, spielend sicher die Bewegung, weich die stützenden Arme, gelöst das Gesicht.
Aus dem Film „Elefantenboy"

Der Eine ruht, weil er es braucht, die Andere läßt sich in der Pose des Ruhens fotografieren. Hohle Lende, ringsum eingezogener Bauch, gehaltener Kopf, gespannte Beine und Füße. Dagegen der Neger-Arbeiter! Jedes Glied, gleichsam jedes Gramm seines Körpers ruht, spürt den tragenden Boden, schmiegt sich ihm an. Man löst sich selber, indem man ihn anschaut. Der Neger aus „Atlantis" Heft 6, 1935, das liegende Mädchen aus einer alten Nummer der „Koralle".

Bergsteigerin
Ruhig, furchtlos, vertrauend. Wachsam und dabei ganz gelöst.Selbst die Hände, von deren
Festhalten doch das Leben abhängt, sind weich. Mit dem bloßen Leistungswillen ist es hier
nicht getan; notwendig zu horchen, wie der Organismus selbst es will.
Aus einer alten Illustrierten; Foto Kastenmüller

Zwei Schiläufer

Scheinbar tun sie beide dasselbe. Aber wie angespannt sieht der Linke aus (Bachelor), wie hart um die Mitte, und wie gelöst schaut dagegen der Rechte (Hoel). Wie frei gewachsen seine Arme aus der Brust, wie weich greifen die Hände, — fast wie Kinderhände. Wie weit ist der Mittelkörper. Und wie beteiligt, wie wach und angstlos erwartungsvoll der Ausdruck! Aus einer amerikanischen Illustrierten

13

*Der Indianer-Läufer Aurelio, beim Schnellauf über 265 km, in
27 Stunden, einen Fluß durchquerend.*
Was zunächst auffällt: die harmonische Körperform, die gleichmäßig entwickelte
Muskulatur, nirgend hypertrophisch; die glatte Oberfläche, keine noch so geringe Spur
einer Einziehung. Dann die Einheit, das Ineinandergefügtsein des Körpers, die Ruhe im
raschen Voran, die ungestörte Atmung, kenntlich an Brustkorb und Kopfhaltung; auch
die Leichtigkeit, mit der der Stab gehalten wird. Dabei gehts tage- und nächtelang barfuß
über Stock und Stein, noch dazu mit einer harten Eichenkugel, die der Läufer mit den
nackten Füßen vor sich hertreibt. Hier ist das Laufen Lebensbedürfnis, nicht
Trainingsprodukt. Auch die Zuschauer sitzen ja auf keiner Tribüne; sie laufen
s t u n d e n l a n g zum Vergnügen mit.
Aus Grix, „Unter Olympiasiegern und Indianerläufern"

14

Der argentinische Sportler Zabala (links) und der mexikanische Indianerläufer Aurelio (rechts) kurz nach ihren Siegen im Marathonlauf. Wie muß der eine gelaufen sein, wie der andere! Zabala hat sich ausgepumpt bis nahe zum Zusammenbrechen, Aurelio steht ungebrochen, spannkräftig, ruhend und gesammelt aufrecht.
Aus Grix „unter Olympiasiegern und Indianerläufern", Limpert, Berlin 1935

Der Mann zerrt, verspannt sich und macht sich eng. Der Junge bleibt gelöst und weit in der Brust.

Aus „der rote Luftballon"

16

Pascal möchte den Luftballon fangen, aber aus seinem Bewegungsrhythmus läßt er sich darum noch lange nicht herausbringen.

Junge Frau auf Bali
Wie angstlos gelassen sie die schwere Schale trägt, die Arme nicht greifbereit, sondern weich
und schwer von gelösten Schultern herabhängend.
Mittelkörper, Brust, Hals, Kopf, Schale ein Ganzes, eines gleichsam aus dem andern hervor-
wachsend und zugleich auf ihm ruhend. Keine körperliche Arbeit, ein gelassener Spaziergang
scheint es, und das auf diesem durchwurzelten Boden; wie müssen die Füße da tasten!
Aus Gregor Krause, Bali, Georg Müller, München 1926.

18

Bali-Kinder beim Frühstück
Ganz versunken ins Essen, sind sie doch ohne Gier. Wie sie ruhend dasitzen, scheinen sie mehr aufzunehmen als nur ihre Speisen. Man meint, die weiche Luft mitzuspüren, die sie umstreicht.
Aus Gregor Krause „Bali"

Bogentänzer auf Bali
Alles an ihm ist zugleich straff und gelöst. Weit der Rumpf, frei und ruhend die Glieder: das
stützende Bein am Boden, der Arm auf dem Knie, die Schulter, aus der er wächst. Und wie
die Hand den Bogen hält! Sicher, aber zart, ihn liebend umfassend. Der ganze Mensch in
jedem Gliede anwesend, in sich ruhend und bereit, in jedem Augenblick auf den Partner zu
reagieren.
Aus Gregor Krause „Bali"

Jüngling auf Bali, nach dem Bade eingeschlafen
So kann einer schlafen! Und wir? Wie sehen wir aus, wenn wir im Sitzen einschlafen?
Welche Spannung gehört dazu, so gelöst zu schlafen und doch nicht zusammenzusinken.
In diese Richtung vitaler Spannkraft sollte in unsern Tagen die Leibeserziehung zielen,
statt die Leistung zum Götzen zu machen und den Menschen vital zu erschöpfen.
Aus Gregor Krause ,,Bali''

Ausbalanciert auf kleiner, noch dazu schräger Unterstützungsfläche, klammert er sich doch nicht an, bleibt weich und kann eben dadurch ganz sicher ruhen.
Aus Gregor Krause „Bali"

Junger Mann auf Bali, sich waschend
Welch unbequemes Sitzen unter dem kalten Gebirgsbach! Kaum, daß Becken und Füße Halt
finden. Aber wie gelassen hockt er da, zusammengekauert, aber nirgend eng, spürend
hingegeben an sein Tun, – im Gleichgewicht. Sich-Waschen, und es wirkt wie eine
Tanzbewegung.
Aus Gregor Krause „Bali"

23

Junger Bauer auf Bali
Ganz versunken, in sich geschlossen, gelöst, — und doch nicht abwesend. Für
uns schwer zu glauben, daß das ein Bauer ist.
Aus Gregor Krause „Bali"

Flötenspieler auf Bali
Ganz hingegeben seinem Tun, beseelt in allen Gliedern, begleitet er gleichsam selber tanzend
die Tänzer.
Aus Georg Krause „Bali"

Das ist Aufbau! Beweglich und aufrecht zugleich, weich und voll Spannkraft. Und wie mit Leib und Seele beteiligt ist das Kind, wie ganz! Alles an ihm geht, vom Fuß bis zum Kopf. Alles trägt den Ball, von den Fingerspitzen durch Arme und Rücken bis in die Zehen. Alles ist weich und prall zugleich.

Frei, gelöst, nirgend festgeklemmt, emfpindend von den Fußsohlen bis in die Fingerspitzen, tanzt er gleichsam auf dem Rücken des weich schreitenden jungen Tieres, nach außen gerichtet, wie wir Abendländer einmal sind, aber dennoch auch bei sich und seinem „kindlichen" Partner.
(aus einer amerikanischen Zeitschrift)